W0263621

ERNESTO CESÀRO

ORD. PROFESSOR AN DER KÖNIGL. UNIVERSITÄT ZU NEAPEL

VORLESUNGEN ÜBER NATÜRLICHE GEOMETRIE

AUTORISIERTE DEUTSCHE AUSGABE

VON

Dr. GERHARD KOWALEWSKI

O. Ö. PROFESSOR AN DER TECHN. HOCHSCHULE ZU DRESDEN

MON VERRE N'EST PAS GRAND,
MAIS JE BOIS DANS MON VERRE.
(A. DE MUSSET.)

ZWEITE AUFLAGE

MIT EINEM ANHANG ÜBER DIE VERALLGEMEINERTE NATÜRLICHE GEOMETRIE

MIT 48 IN DEN TEXT GEDRUCKTEN FIGUREN

Springer Fachmedien Wiesbaden GmbH 1926

ISBN 978-3-663-15206-4   ISBN 978-3-663-15769-4 (eBook)
DOI 10.1007/978-3-663-15769-4

SEINEM TEUREN UND BERÜHMTEN LEHRER

PROFESSOR

VALENTINO CERRUTI

AN DER UNIVERSITÄT ZU ROM

WIDMET DIESES BUCH

ALS ZEICHEN DER DANKBARKEIT

E. CESÀRO.

Vorrede des Verfassers.

Es sollen hier in systematischer Weise die Grundformeln der natürlichen Analysis der geometrischen Gebilde entwickelt und auf möglichst
elementarem Wege ohne zu grosse Häufung die einfachsten Anwendungen davon auseinandergesetzt werden. Dabei ist der einzige Zweck
der, die Macht der Methode der natürlichen Geometrie ins rechte Licht
zu rücken und zu zeigen, in wie hohem Masse sie allen gebräuchlichen
Verfahrungsweisen überlegen ist, wenn es sich um das Studium der
Eigenschaften des Raumes im Infinitesimalen handelt. Ausserdem wird
eine einförmige und zweckmässige Bezeichnungsweise festgesetzt, die
ich zur Annahme empfehlen möchte, und die es erlaubt, die Rechnungen in eleganter Form zu erledigen. Mein Wunsch ist es, den
Lesern das Interesse an Untersuchungen, wie sie hier geboten werden,
so lebendig mitzuteilen, wie es mich selbst durchdringt. Dies ist das
Programm eines kurzen Cyclus von Vorlesungen, die ich vor mehr als
fünf Jahren an der Königlichen Universität zu Neapel gehalten habe,
und die ich jetzt in der Lage bin, der geschätzten mathematischen
Jugend Deutschlands in ihrer Sprache darbieten zu können.

Neapel, am 13. Januar 1900.

E. Cesàro.

Vorwort des Herausgebers.

Eine deutsche Übersetzung der „Lezioni di geometria intrinseca"
von E. Cesàro dürfte schon deshalb dem mathematischen Publicum
Deutschlands nicht unwillkommen sein, weil dieses ausgezeichnete Buch
die einzige systematische Darstellung derjenigen geometrischen Untersuchungen enthält, die man unter dem Namen geometria intrinseca oder,
wie wir übersetzt haben, natürliche Geometrie begreift. Das Wesen
dieser Art von Geometrie, deren erste Elemente im Anfang des 19. Jahr-
hunderts deutsche Mathematiker begründet haben, kurz und erschöpfend
zu charakterisieren, ist schwer. Negativ lässt sich darüber sagen, dass
diese Geometrie fremdartige Elemente, wie sie in der gewöhnlichen
analytischen Geometrie die Wahl eines bestimmten Coordinatensystems
in die Untersuchung hineinbringt, zu vermeiden sucht. Welche Vorteile dadurch erreicht werden, wird dem Leser des Cesàro'schen Buches

sehr bald fühlbar werden. Es würde ganz unmöglich sein, eine derartige Fülle geometrischer Thatsachen, wie sie hier geboten wird, in so eleganter Weise unter Benutzung anderer Methoden zu gewinnen.

Der Herr Verfasser hat sein Werk bei Gelegenheit dieser Herausgabe einer eingehenden Revision unterzogen, manche Verbesserung vorgenommen und auch zahlreiche Zusätze gemacht. Was die Bibliographie der natürlichen Geometrie anbetrifft, so sei für die Ebene auf das Referat des Herrn E. Wölffing in Band 1 (3. Folge) der Bibliotheka Mathematika (S. 142 ff.) verwiesen. Es war anfangs beabsichtigt, dem vorliegenden Buche einen bibliographischen Anhang beizugeben, der im wesentlichen eine Weiterführung der Arbeit des Herrn Wölffing geworden wäre. Hiervon ist jedoch wieder Abstand genommen worden, weil die Literatur der natürlichen Geometrie z. T. in Zeitschriften verstreut ist, die dem Leser nur schwer zugänglich sein würden. Hätte der Herr Verfasser selbst eine Literaturübersicht geben wollen, so wäre er nur zu oft genötigt gewesen, seine eignen, für die natürliche Geometrie fundamentalen Arbeiten zu citieren.

Den Herren E. Cesàro und E. Wölffing bin ich für die Teilnahme an der Lectüre der Correcturbogen zu Dank verpflichtet, ebenso der verehrlichen Verlagshandlung, die mich durch ihr stets bereitwilliges Entgegenkommen in hervorragender Weise unterstützt hat. Auf Wunsch der Verlagshandlung ist dem Buche ein ausführliches Sachregister beigefügt worden, das die Benutzung des Buches erleichtern soll.

Leipzig, im April 1901.   **Dr. Gerhard Kowalewski.**

Vorwort zur zweiten Auflage.

Die Bedeutung von Cesàros Geometria intrinseca ist durch die jetzt in hoher Blüte stehende verallgemeinerte natürliche Geometrie erheblich gesteigert. Diese wichtige geometrische Disziplin wurde von G. Pick begründet, dem geistvollen Prager Gelehrten, der zu einer Zeit, als die maßgebenden Mathematiker Deutschlands auf die Lieschen Theorien noch geringschätzig herabblickten, ständig Vorlesungen aus dem Lieschen Ideenkreise hielt. Er hat sich in hervorragender Weise um die Weiterbildung dieser Theorien verdient gemacht, und eine der schönsten Früchte, die er dabei erntete, war seine verallgemeinerte natürliche Geometrie. Wir hoffen und wünschen, daß der Anhang über diese Geometrie, den wir dem photomechanischen Neudruck dieses Buches beifügen, das Interesse der Geometer für das Gesamtgebiet der natürlichen Geometrie neu beleben möchte.

Dresden, April 1926.   **Dr. Gerhard Kowalewski.**

Inhaltsübersicht.

	Seite
Natürliche Discussion der ebenen Curven	1
Fundamentalformeln für die natürliche Analysis der ebenen Curven	21
Bemerkenswerte ebene Curven	40
Berührung und Osculation	67
Die Rollcurven	81
Die Schwerpunkte	97
Barycentrische Analysis	111
Scharen ebener Curven	136
Gewundene Curven und Regelflächen	154
Bemerkenswerte gewundene Curven	178
Allgemeine Theorie der Flächen	193
Übungen über die Flächen	222
Infinitesimale Deformationen der Flächen	249
Die Congruenzen	259
Die dreidimensionalen Räume	269
Curven in Überräumen	289
Überräume	303
Verschiedene Bemerkungen	
Über die Anwendung der Grassmann'schen Zahlen	320
Über das Gleichgewicht biegsamer und unausdehnbarer Fäden	324
Über die Elasticitätsgleichungen in Überräumen	327

Bemerkung.

Die auf Seite 54 ff. behandelten Curven, zu welchen Sinusspiralen und Ribaucour'sche Curven als ganz specielle Fälle gehören, sind nach einem Vorschlag von Herrn Wölffing Cesàro'sche Curven zu nennen.

An verschiedenen Stellen des Buches ist die Mehrzahl des Wortes „Cosinus" überflüssiger Weise mit einem ' versehen.

Statt „Cardioide" ist besser zu schreiben „Kardioide".

Erstes Kapitel.

Natürliche Discussion der ebenen Curven.

§ 1. Tangente und Normale.

Es seien M und M' zwei Punkte einer ebenen Curve. Man halte M fest und lasse M' längs der Curve nach M hinrücken. Wenn dabei die Gerade MM' einer Grenzlage zustrebt, so erhält sie in dieser den Namen Tangente, und die in M auf der Tangente errichtete Senkrechte heisst die Normale der Curve in M. Wir werden immer voraussetzen, dass man bei gegebenem M den Punkt M' so nahe an M wählen kann, dass der Bogen MM' in jedem Punkte eine Tangente besitzt und überdies der Winkel φ, den die Tangente in M mit einer festen Geraden bildet, immer in dem-

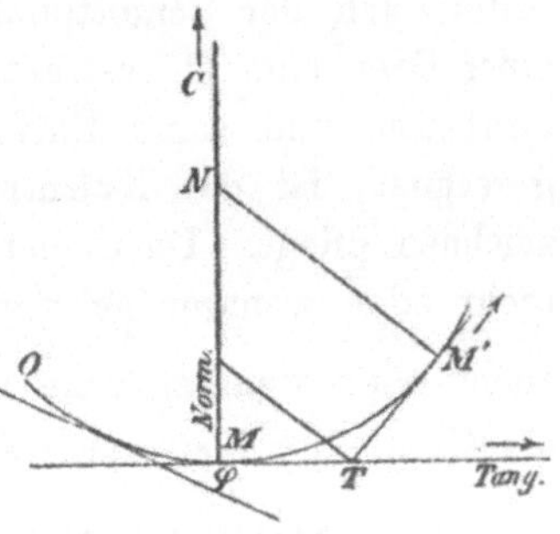

Fig. 1.

selben Sinne variiert, wenn M sich M' unbegrenzt nähert. Unter diesen Bedingungen ist klar, dass die Länge δs des Bogens MM' einerseits grösser ist als die der Sehne MM', andrerseits aber kleiner als die Summe der Abstände u und v des Punktes M' von der Normale und der Tangente in M. Man hat demnach

$$\sqrt{u^2 + v^2} < \delta s < u + v,$$

und da nach der Definition der Tangente

$$(1) \qquad \lim \frac{v}{u} = 0$$

ist, wenn M' nach M hinrückt, so hat man gleichzeitig

$$(2) \qquad \lim \frac{\delta s}{u} = 1.$$

In der Folge werden wir als unabhängige Veränderliche immer die Länge s des Bogens OM annehmen, die wir in einem gegebenen Sinne von einem unter den Punkten der Curve beliebig gewählten Anfangspunkte O rechnen. Wird demgemäss als unendlich klein von erster Ordnung das Increment festgesetzt, welches s beim Übergange von M zu M' erhält, d. h. die Länge δs des Bogens MM', so ersieht man aus (2), dass man beim Aufsuchen der Grenzwerte von Verhältnissen δs durch u ersetzen darf; ferner zeigt die Formel (1), dass v eine unendlich kleine Grösse von höherer Ordnung ist. Demnach ist unter den unendlich vielen durch M hindurchgehenden Geraden die Tangente durch den Umstand charakterisiert, dass ihre Entfernungen von den zu M unendlich benachbarten Curvenpunkten unendlich klein von höherer Ordnung sind.

§ 2. Krümmung.

Wir wollen annehmen, dass, wenn M' nach M hinrückt, gleichzeitig auch der Schnittpunkt N der beiden Normalen in M und M' einer Grenzlage C zustrebt. Der Punkt C heisst das Krümmungscentrum und seine Entfernung von M, in einem gegebenen Sinne gerechnet, ist der Krümmungsradius, welchen man mit ϱ zu bezeichnen pflegt. Da es natürlich ist, den infinitesimalen Bogen MM' mehr oder weniger gekrümmt zu nennen, je nachdem der Punkt N mehr oder weniger nahe an M liegt, so wird man dazu geführt $\frac{1}{\varrho}$ als Mass der Krümmung anzunehmen. Inzwischen hat man

$$MC = \lim MN = \lim (v + u \cot \delta\varphi) = \lim \frac{u}{\delta\varphi};$$

mithin ist

$$(3) \qquad \frac{1}{\varrho} = \lim \frac{\delta\varphi}{\delta s}.$$

Man kann also die Krümmung auch betrachten als den Grenzwert des Verhältnisses des Winkels $\delta\varphi$ zu dem Bogen δs. Offenbar variiert ϱ im allgemeinen von einem Curvenpunkte zum andern, d. h. die Krümmung ist eine Function des Bogens, und wir werden sehr bald sehen, dass die Kenntnis dieser Function genügt, um die Gestalt der Curve zu bestimmen, nicht aber, um ihre Lage in der Ebene zu fixieren. Aus diesem Grunde nennt man die Relation

$$f(s, \varrho) = 0,$$

welche in jedem Punkte einer Curve zwischen s und ϱ besteht, die natürliche Gleichung dieser Curve.

§ 3.

Auch der Winkel φ ist eine Function von s, und die Gleichung (3) sagt uns, dass die Krümmung gerade die Ableitung dieser Function ist. Daraus folgt, wenn die Winkel φ von der Tangente in dem (willkürlichen) Anfangspunkte der Bogen gerechnet werden,

$$\varphi = \int_0^s \frac{ds}{\varrho},$$

vorausgesetzt, dass das Integral einen Sinn hat. Dies wird sich bei denjenigen Curven, deren Betrachtung wir im Auge haben, immer erreichen lassen. Es wird nämlich genügen, den Anfangspunkt O so nahe an M zu wählen, dass in jedem Punkte des Bogens OM die Tangente existiert. Die Function φ ist für die Discussion der ebenen Curven, die durch ihre natürliche Gleichung gegeben sind, von grosser Wichtigkeit. Wenn mit der Annäherung von s an eine bestimmte endliche oder unendliche Grenze φ unendlich gross wird, so existiert in dem entsprechenden Punkte M keine Tangente mehr. Wir werden immer voraussetzen, dass dies nur in isolierten Punkten eintritt.

§ 4.

Wir wollen für einen Augenblick den Anfangspunkt der Bogen nach M verlegen und M' in genügender Nähe von M wählen, um auf dem Bogen MM' jeden Punkt mit unbestimmter Tangente auszuschliessen. Beachtet man, dass

$$(4) \qquad \frac{du}{ds} = \cos \varphi, \qquad \frac{dv}{ds} = \sin \varphi$$

ist, so liefert die Regel von l'Hospital ohne weiteres

$$(5) \qquad \lim \frac{v}{u^2} = \frac{1}{2} \lim \frac{\operatorname{tg} \varphi}{u} = \frac{1}{2\varrho},$$

wenn M' nach M hinrückt. Demnach ist der Abstand der zu M unendlich benachbarten Curvenpunkte von der Tangente in M im allgemeinen unendlich klein von zweiter Ordnung. Er wird dagegen unendlich klein von einer höheren oder niedrigeren Ordnung als der zweiten, wenn die Krümmung null bezw. unendlich ist. Ferner ist zu bemerken, dass bei gegebener natürlicher Gleichung und nach Berechnung von φ die Integration der Formeln (4) u und v als Functionen von s liefert und jeden beliebigen Bogen der Curve zu construieren gestattet, der keine Punkte mit unbestimmter Tangente enthält. Auf diese Weise ist gezeigt, dass die verschiedenen Stücke einer Curve, welche nur an den Endpunkten keine bestimmte Tangente besitzen, in ihrer Gestalt durch die natürliche Gleichung bestimmt sind, während dagegen ihre Lage zueinander, sowie die Lage der ganzen Curve in der Ebene willkürlich bleibt.

§ 5. Beispiele.

a) Wenn die Krümmung in jedem Punkte null ist, so hat man $\varphi = 0$, $u = s$, $v = 0$, mithin ist die Curve eine Gerade. Man findet allgemeiner einen Kreis vom Radius a, wenn $\varrho = a$ ist. In der That ist dann

$$\varphi = \frac{s}{a}, \quad u = a \sin \frac{s}{a}, \quad v = a\left(1 - \cos \frac{s}{a}\right),$$

und man erkennt ohne weiteres, dass alle Punkte der Curve von dem einzigen Krümmungscentrum um a entfernt sind, und dass in diesem alle Normalen zusammenlaufen. Im besondern kann man $\varrho = 0$ als die natürliche Gleichung eines isolierten Punktes betrachten. Eine beliebige Gleichung, welche nur die Variable ϱ enthält, stellt ein System von Punkten und von Kreisen dar, die reell oder imaginär sind.

b) Als Kettenlinie bezeichnet man die durch die Gleichung

$$\varrho = a + \frac{s^2}{a}$$

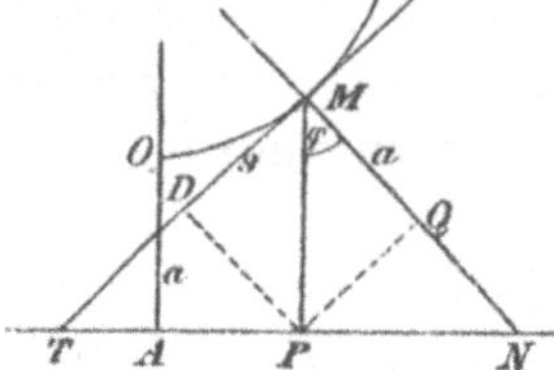

Fig. 2.

dargestellte Curve. Im Anfangspunkte der Bogen ist $\varrho = a$. Wenn ferner s unbegrenzt zunimmt, so wächst auch ϱ beständig bis ins Unendliche, während

$$(6) \qquad \varphi = \int_0^s \frac{ds}{\varrho} = \operatorname{arc\,tg} \frac{s}{a}$$

von 0 bis $\frac{\pi}{2}$ wächst. Die Tangente strebt also einer zu ihrer Anfangslage senkrechten Stellung zu und rückt dabei ins Unendliche, da

$$u = a \int_0^\varphi \frac{d\varphi}{\cos \varphi} = a \log \operatorname{tg}\left(\frac{\varphi}{2} + \frac{\pi}{4}\right)$$

mit s unendlich zunimmt. Dasselbe findet für negatives s statt: die Curve ist offenbar symmetrisch inbezug auf die Normale im Anfangspunkte. Die Parallele, welche im Abstande a zu der Tangente im Anfangspunkte derart gezogen ist, dass sie die Curve nicht trifft, heisst die Directrix. Nun ist

$$v = a \int_0^\varphi \frac{\sin \varphi}{\cos^2 \varphi}\, d\varphi = \frac{a}{\cos \varphi} - a.$$

Bedeutet also P die Projection von M auf die Directrix, so ist die Projection von MP auf die Normale beständig gleich a. Da sich überdies aus (6) $s = a\,\mathrm{tg}\,\varphi$ ergiebt, so ist die Projection von MP auf die Tangente gleich dem Bogen OM. Bemerkt man endlich, dass $\varrho \cos^2\varphi = a$ ist, so sieht man, dass das Krümmungscentrum in M inbezug auf M symmetrisch ist zu dem Punkte, in welchem die Normale die Directrix schneidet.

c) Bei der Kettenlinie gleichen Widerstandes, einer Curve, die durch die Gleichung

$$\varrho = \frac{a}{2}\left(e^{\frac{s}{a}} + e^{-\frac{s}{a}}\right)$$

definiert wird, führt die Berechnung von φ zu den Formeln

$$\varrho = \frac{a}{\cos\varphi}, \quad s = a \log \mathrm{tg}\left(\frac{\varphi}{2} + \frac{\pi}{4}\right),$$

aus welchen man ersieht, dass ϱ und φ mit s variieren wie bei der Kettenlinie. Ausserdem zeigt die erste Formel, dass die Projection des Krümmungsradius auf die Normale im Anfangspunkte der Bogen constant ist. Zu beachten sind auch die Formeln $u = a\varphi$, $v = a \log \dfrac{\varrho}{a}$, welche man durch Integration der Gleichungen (4) erhält.

§ 6. Wendepunkte und Spitzen.

Kehren wir wieder zu der Formel (5) zurück, um folgende Betrachtung anzustellen: Wenn in einem Punkte M die Krümmung einen endlichen, von Null verschiedenen Wert hat, so liegt die Curve (in der Umgebung von M) ganz auf einer Seite der Tangente. Denn beim Hinrücken von M' nach M nimmt v, welches auch das Vorzeichen von u sein mag, schliesslich das Vorzeichen von ϱ an und behält dasselbe. Wir wollen jetzt aber annehmen, die Bogenlängen seien von M aus gerechnet und ϱ convergiere nach Null oder wachse unbegrenzt wie die n-te Potenz von s. Dies wird immer eintreten, wenn zwischen s und ϱ eine algebraische Relation besteht, in welchem Falle man überdies behaupten kann, dass n rational ist. Nun hat man unter der Annahme $n < 1$

$$(7) \qquad \lim \frac{v}{u^{2-n}} = \frac{1}{2-n} \lim \frac{\mathrm{tg}\,\varphi}{u^{1-n}} = \frac{1}{(2-n)(1-n)} \lim \frac{s^n}{\varrho} \lessgtr 0,$$

und man erkennt aufs neue, dass zwischen der Curve und der Tangente eine Berührung höherer Ordnung als gewöhnlich besteht, wenn ϱ unendlich ist ($n < 0$), und eine Berührung niedrigerer Ordnung, wenn ϱ gleich Null ist ($0 < n < 1$). In beiden Fällen hat die Curve in der Umgebung des betrachteten Punktes das gewöhnliche Aussehen, wenn n der Quotient einer geraden Zahl durch eine ungerade Zahl ist.

Wenn dagegen n der Quotient von zwei ungeraden Zahlen ist, so wechselt v gleichzeitig mit u sein Zeichen, d. h. die Curve durchsetzt in M die Tangente, und dies erkennt man auch in directerer Weise durch die Bemerkung, dass ϱ mit s sein Zeichen wechselt. In diesem Falle nennt man den Punkt M einen **Wendepunkt** oder **Inflexionspunkt**. Wenn hingegen n der Quotient einer ungeraden Zahl durch eine gerade Zahl ist, so darf die infinitesimale Grösse u nur positive Werte annehmen. Für jeden derselben nimmt v zwei Werte mit entgegengesetzten Zeichen an. Die Curve existiert also nur auf einer Seite der Normale und besitzt dort zwei Zweige, welche durch die Tangente voneinander getrennt werden. Man sagt in diesem Falle, dass in M eine **Spitze** vorhanden oder dass M ein **Rückkehrpunkt** sei. Spitzen und Wendepunkte können demnach nur für diejenigen Werte von s auftreten, welche Wurzeln der Gleichungen

$$\varrho = 0, \quad \frac{1}{\varrho} = 0$$

sind, und es ist nützlich, zu bemerken, dass, wenn man nur die einfachen Wurzeln in Betracht zieht, die erste Gleichung die Spitzen, die zweite die Wendepunkte liefert.

§ 7. Asymptoten.

Wenn mit unendlich zunehmendem s die Function φ sich einem endlichen Grenzwerte α nähert, so kann sich die Krümmung nicht einem von Null verschiedenen Grenzwerte nähern. Lässt man nämlich die Existenz eines solchen Grenzwertes zu, so ist

$$(8) \qquad 0 = \lim \frac{(\varphi - \alpha)s}{s} = \lim \left(\varphi - \alpha + \frac{s}{\varrho} \right) = \lim \frac{s}{\varrho}.$$

Man hat also einen Berührungspunkt höherer Ordnung, dessen Coordinaten inbezug auf die Tangente und Normale in einem beliebigen Punkte (welcher jedoch derart gewählt sein muss, dass φ endlich bleibt) durch Integration der Gleichungen (4) gewonnen werden:

$$u = \int_0^\alpha \varrho \cos \varphi \, d\varphi, \quad v = \int_0^\alpha \varrho \sin \varphi \, d\varphi.$$

Es ist möglich, dass die vorstehenden Integrale unendlich sind, und in diesem Falle liegt der betrachtete Punkt im Unendlichen, aber die Tangente der Curve in jenem Punkte ist vollkommen bestimmt durch den Winkel α und durch ihre Entfernung vom Anfangspunkte

$$q = u \sin \alpha - v \cos \alpha = \int_0^\alpha \varrho \sin (\alpha - \varphi) d\varphi,$$

welche einen bestimmten Wert haben kann. Die so erhaltene Gerade, die Grenzlage der Tangente in einem Punkte M, welcher längs eines gegebenen Zweiges der Curve ins Unendliche fortrückt, nennt man Asymptote. Man beachte nunmehr, dass die letzte Formel den Wert der Entfernung q kennen lehrt, welche die Asymptote von einem beliebigen Punkte der Curve hat. Nimmt man an, dass dieser Punkt sich rückwärtsschreitend nach dem nächstliegenden Punkte hinbewegt, in welchem φ unendlich wird, so transformiert sich der Ausdruck für q in

$$\int_{-\infty}^\alpha \varrho \sin (\alpha - \varphi) d\varphi = \int_0^\infty \varrho \sin \psi d\psi,$$

wenn $\alpha - \varphi = \psi$ gesetzt wird. Berechnet man also

$$\psi = \int_s^\infty \frac{ds}{\varrho}$$

und bestimmt ϱ als Function von ψ, so wird die gesuchte Entfernung gegeben sein durch die Formel

$$(9) \qquad q = \int_0^\infty \varrho \sin \psi d\psi.$$

Wenn man dagegen annimmt, dass der Punkt auf demselben Curvenzweige, der bereits von dem Berührungspunkte durchlaufen wurde, nun seinerseits ins Unendliche fortrückt, so ist klar, dass α nach Null convergiert, und dasselbe kann man daher von q sagen, d. h. die Entfernung des auf der Curve beweglichen Punktes von der Asymptote convergiert nach Null. Wir wollen endlich bemerken, dass infolge von (8) die Asymptote nur existieren kann, wenn ϱ gleichzeitig mit s unendlich gross wird, und zwar von einer höheren Ordnung. Findet man, dass die Ordnung gleich dem Quotienten einer ungeraden Zahl durch eine gerade Zahl ist, so kann man sagen, die Curve verhalte sich im Unendlichen wie in der Umgebung eines gewöhnlichen Punktes. Sie hat also zwei Zweige, welche in entgegengesetztem Sinne ins Unendliche verlaufen, und zwar auf einer und derselben Seite der Asymptote. Wenn dagegen die Ordnung gleich dem Quotienten einer geraden oder ungeraden Zahl durch eine ungerade Zahl ist, so werden die beiden Zweige durch die Asymptote voneinander getrennt und verlaufen

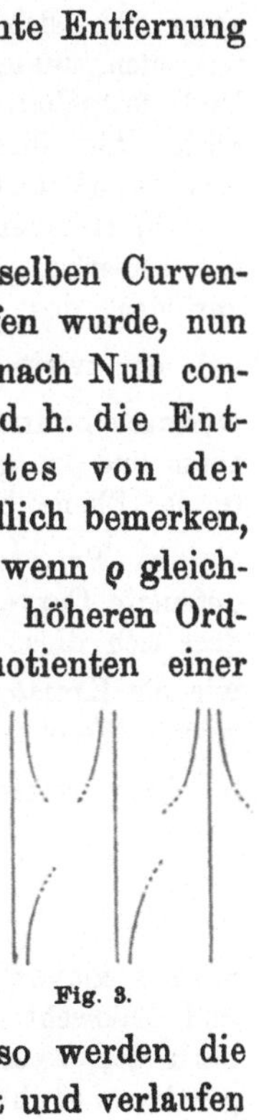

Fig. 3.

in entgegengesetztem oder in demselben Sinne. Man hat in dem ersten Falle eine **Inflexionsasymptote** und im zweiten eine **Cuspidalasymptote**.

§ 8. Beispiele.

a) Die durch die Gleichung $\varrho^2 = 2as$ dargestellte Curve hat im Anfangspunkte einen Rückkehrpunkt. Dann umkreist sie den Anfangspunkt in

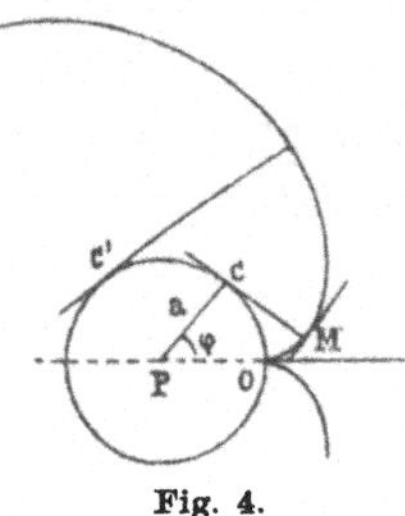

einer unendlichen Zahl von Windungen, die immer schwächer gekrümmt sind und ins Unendliche verlaufen. Man hat in der That $\varrho = a\varphi$ und sieht also, dass ϱ und φ, welche mit s verschwinden, gleichzeitig mit s unbegrenzt zunehmen. Der Abstand eines beliebigen Curvenpunktes von der Cuspidaltangente ist

$$v = a \int_0^\varphi \varphi \sin \varphi\, d\varphi = a(\sin \varphi - \varphi \cos \varphi).$$

Fig. 4.

Also ist der Abstand des Krümmungscentrums von derselben Geraden $a \sin \varphi$, und demnach liegen die **Krümmungscentra auf einem Kreise vom Radius** a. Da überdies MC gerade gleich dem Kreisbogen OC ist, so kann man sich die Curve von dem einen Ende eines um den Kreis gewickelten unausdehnbaren Fadens beschrieben denken, während das andre Ende festgehalten und der Faden unter fortwährender Spannung abgewickelt wird. Aus diesem Grunde giebt man der betrachteten Curve den Namen **Kreisevolvente**.

b) Nehmen wir wieder die beiden Kettenlinien (§ 5, b, c), so können wir bemerken, dass zwar bei beiden ϱ und φ mit s in derselben Weise variieren, dass aber bei der ersten u mit s unendlich wird, während man bei der zweiten $\lim u = \pm \frac{1}{2} \pi a$ hat, wenn s nach $\pm \infty$ convergiert. Demnach besitzt die Kettenlinie gleichen Widerstandes zwei parallele Asymptoten und ist ganz enthalten in dem Streifen von der Breite πa, den diese in der Ebene bestimmen.

c) **Tractrix** nennt man die durch die Gleichung $\varrho = a\sqrt{e^{\frac{2s}{a}} - 1}$ definierte Curve. Nimmt man s unendlich klein an, so erkennt man sofort, dass sich diese Curve in der Umgebung des Anfangspunktes ebenso verhält wie die Kreisevolvente, welche durch die Gleichung $\varrho = \sqrt{2as}$ dargestellt wird. Wenn aber s ins Unendliche wächst, so nähert sich der Winkel φ beständig wachsend dem Grenzwerte $\frac{\pi}{2}$, weil $\varrho = a\,\mathrm{tg}\,\varphi$ ist. Da nun

$$u = \int_0^\varphi \varrho \cos \varphi\, d\varphi = a(1 - \cos \varphi)$$

nach a convergiert, so sieht man, dass in der Entfernung a von der Spitze und senkrecht zur Cuspidaltangente eine Asymptote existiert. Überdies ist nach der zweiten der gefundenen Formeln der Abschnitt der Tangente, welcher zwischen dem Berührungspunkte und der Asymptote liegt, beständig gleich a. Die erste Formel führt zu einer einfachen Construction des Krümmungscentrums. Sie zeigt nämlich, dass die Projection des Krümmungscentrums auf die Asymptote in den Schnittpunkt dieser mit der Tangente fällt. Um endlich den beiden Bestimmungen Rechnung zu tragen, welche ϱ für jeden Wert von s hat, muss man sich die Curve vorstellen als bestehend aus zwei unendlichen Zweigen, welche symmetrisch inbezug auf die gemeinsame Cuspidaltangente liegen.

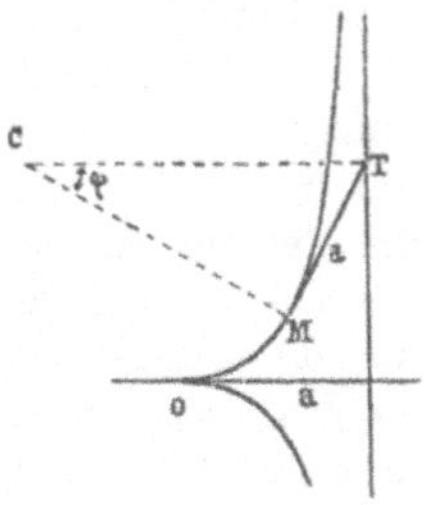

d) Sehr wichtig ist die Curvenclasse, welche durch die Gleichung

$$\frac{s^2}{a^2} + \frac{\varrho^2}{b^2} = 1$$

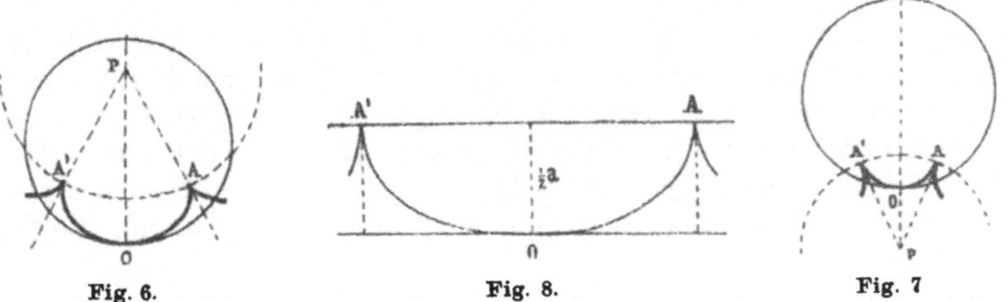

Fig. 5.

definiert wird. Dieser Gleichung genügt man, indem man $s = a \sin \theta$, $\varrho = b \cos \theta$ setzt, so dass $\varphi = \dfrac{a}{b}\theta$ ist. Ein Bogen von der Länge $2a$, der inbezug auf den Anfangspunkt symmetrisch ist, liegt ganz innerhalb des Kreises vom Radius b, welcher ihn in jenem Anfangspunkte $(\theta = 0)$ berührt, und er endigt in zwei Spitzen $\left(\theta = \pm \dfrac{\pi}{2}\right)$. Inbezug auf die Tangente und die Normale im Anfangspunkte sind die Coordinaten einer Spitze

$$u = a \int_0^{\frac{\pi}{2}} \cos \frac{a\theta}{b} \cos \theta \, d\theta = -\frac{ab^2}{a^2 - b^2} \cos \frac{\pi a}{2b},$$

$$v = a \int_0^{\frac{\pi}{2}} \sin \frac{a\theta}{b} \cos \theta \, d\theta = \frac{ba^2}{a^2 - b^2} - \frac{ab^2}{a^2 - b^2} \sin \frac{\pi a}{2b}.$$

Die Cuspidaltangenten treffen sich also in einem Punkte P, der die Entfernung $\dfrac{ab^2}{a^2 - b^2}$ bezw. $\dfrac{ba^2}{a^2 - b^2}$ von den Spitzen und vom Anfangspunkte hat. Der um P als Centrum mit dem Radius $\dfrac{ab^2}{a^2 - b^2}$ beschriebene Kreis heisst die Directrix (Leitkreis). Um dem Zeichenwechsel Rechnung zu tragen, den ϱ erleidet, wenn s gleich a wird, muss man sich die Curve als bestehend aus mehreren Bogen denken, die einander in den Spitzen berühren.

Fig. 6.

Fig. 8.

Fig. 7

Der Ort der letzteren ist gerade die Directrix. Jenachdem $a > b$ oder $a < b$ ist, liegt die Curve ausserhalb oder innerhalb der Directrix. Im ersteren Falle nennt man sie eine Epicycloide (Fig. 6), im zweiten eine Hypocycloide (Fig. 7). Besonders bemerkenswert ist die Cycloide (Fig. 8.)

Sie wird dargestellt durch die Gleichung $s^2 + \varrho^2 = a^2$ und ist sozusagen die Curve, welche zwischen den Hypocycloiden und den Epicycloiden steht. Ihre Directrix ist geradlinig.

Im allgemeinen ist die Zahl der Spitzen unendlich. Aber bei denjenigen cycloidalen Curven, welche man gewöhnlich zu betrachten hat, ist das Verhältnis $a : b$ rational, und diesem Umstande ist es zu danken, dass die Spitzen in eine bestimmte endliche Zahl von Punkten fallen, welche die Ecken eines regulären Polygons bilden. Diese können von einem Punkte, der die Curve continuierlich durchläuft, in derselben Reihenfolge getroffen werden, wie sie auf dem Leitkreise liegen. Es kann aber auch vorkommen, dass der bewegliche Punkt die Spitzen in einer andern Reihenfolge nacheinander erreicht, und dann hat man eine sternförmige cycloidale Curve. Die einfachsten Epicycloiden sind diejenigen, welche nur eine Spitze haben. Soll der bewegliche Punkt, von der Spitze A ausgehend, nach A zurück kehren, ohne eine andre Spitze getroffen zu haben, so muss der Winkel zwischen den positiven Richtungen der Cuspidaltangente und der Tangente im Anfangspunkte, d. h. $\dfrac{\pi a}{2b}$, gleich einem ungeraden Vielfachen (aber mindestens dem Dreifachen) von $\dfrac{\pi}{2}$ sein. Im einfachsten Falle muss $a = 3b$ sein, und dann hat man die Cardioide (Fig. 9 links), welche also durch die Gleichung $s^2 + 9\varrho^2 = $ Const. dargestellt wird. Allgemeiner stellt, wenn

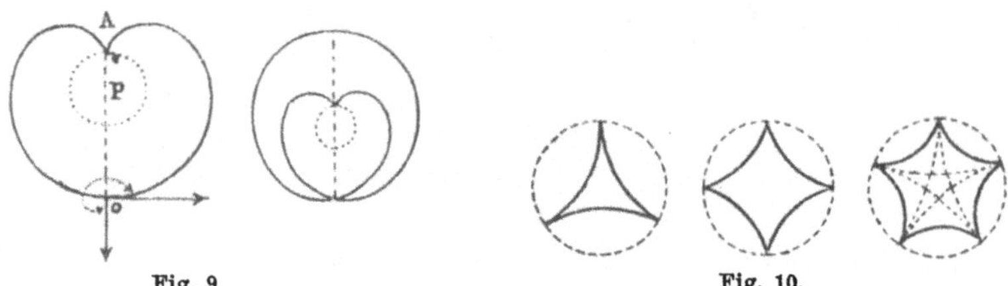

Fig. 9.   Fig. 10.

n eine ungerade Zahl ist, die Gleichung $s^2 + n^2\varrho^2 = $ Const. eine Epicycloide mit einer Spitze dar, welche für $n = 5, 7, 9, \ldots$ eine immer compliciertere sternförmige Cardioide wird. Die einfachsten Hypocycloiden sind diejenigen, welche drei oder vier Spitzen haben (vgl. Fig. 10). Bei ihnen ist der Winkel $\pi - \dfrac{\pi a}{b}$ der dritte oder der vierte Teil von 2π, und man hat demnach $b = 3a$ für diejenigen mit drei Spitzen und $b = 2a$ für die andern. Die Hypocycloide mit drei Spitzen wird also durch die Gleichung $9s^2 + \varrho^2 = $ Const. dargestellt und diejenige mit vier Spitzen, welche man auch Astroide nennt, durch die Gleichung $4s^2 + \varrho^2 = $ Const. Für den Fall von fünf Spitzen (Fig. 10 rechts) hat man ausser der Hypocycloide $25s^2 + 9\varrho^2 = $ Const. auch noch die sternförmige Hypocycloide $25s^2 + \varrho^2 = $ Const. u. s. w.

e) **Pseudocycloiden** sind die Curven, welche dargestellt werden durch die Gleichungen

$$s^2 - \varrho^2 = a^2, \quad \varrho^2 - s^2 = a^2,$$

denen man genügt, indem man

$$s = \frac{a}{2}\left(e^{\varphi} \pm e^{-\varphi}\right), \quad \varrho = \frac{a}{2}\left(e^{\varphi} \mp e^{-\varphi}\right)$$

setzt, wo φ die gewöhnliche Bedeutung hat. Die erste Curve hat eine Spitze ($\varphi = 0$, $s = a$), in deren Umgebung sie sich verhält wie die Evolvente eines Kreises vom Radius a in der Umgebung ihrer Spitze. Die

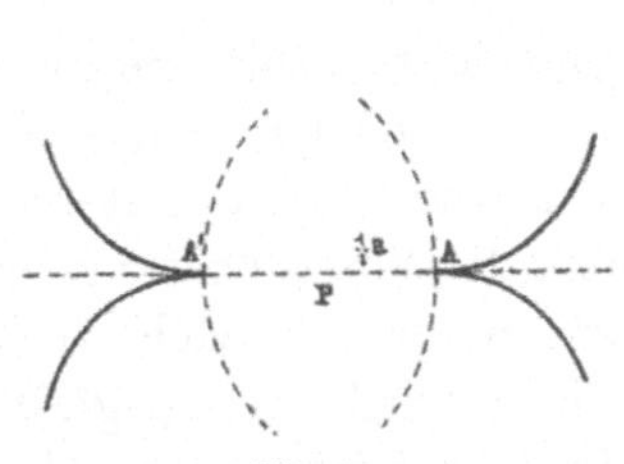

Fig. 11.   Fig. 12.

zweite verhält sich dagegen in der Umgebung des Anfangspunktes ($\varphi = 0$, $\varrho = a$) wie eine Kettenlinie gleichen Widerstandes. Beide Curven machen mit zunehmendem s unendlich viele Windungen, welche sich ins Unendliche ausdehnen und die von einem Punkte ausgehenden Geraden immer genauer unter dem Winkel $\frac{\pi}{4}$ schneiden. In der That hat man bei geeigneter Wahl des Anfangspunktes P der Coordinaten u und v für einen beliebigen Punkt

$$u = \frac{1}{2}\left(s \cos \varphi + \varrho \sin \varphi\right), \quad v = \frac{1}{2}\left(s \sin \varphi - \varrho \cos \varphi\right).$$

Es folgt daraus, dass die Pseudocycloide mit Spitze die Radienvectoren unter einem Winkel trifft, welcher von 0 bis $\frac{\pi}{4}$ wächst, während für die andre derselbe Winkel von $\frac{\pi}{2}$ bis $\frac{\pi}{4}$ abnimmt. Ausserdem sind die **Projectionen des Radiusvectors PM auf die Tangente und auf die Normale in M bezüglich gleich der Hälfte des Bogens s und der Hälfte des Krümmungsradius in M.**

§ 9. Asymptotische Punkte.

Wir haben noch diejenigen Wurzeln von ϱ zu betrachten, für welche die Function φ unendlich gross wird. In dem Punkte M, der einer dieser Wurzeln entspricht, existiert keine Tangente. Eine solche existiert aber nach den von uns gemachten Voraussetzungen in einem Punkte M', der in genügender Nähe von M liegt, und in allen dazwischen liegenden Punkten. Wenn M' nach M hinrückt, so führt die Tangente in M' unendlich viele Umdrehungen immer in demselben Sinne aus und wird schliesslich unbestimmt. Die Curve wickelt sich also unbegrenzt um den Punkt M herum, welcher aus diesem Grunde ein **asymptotischer Punkt** heisst, obwohl er von M' auch nach einem endlichen Wege erreicht werden kann. Die Coordinaten eines solchen Punktes berechnet man durch Integration der Formeln (4). Diese liefern, wenn man φ als Integrationsvariable annimmt,

$$(10) \qquad u = \int\limits_0^\infty \varrho \cos \varphi\, d\varphi, \quad v = \int\limits_0^\infty \varrho \sin \varphi\, d\varphi,$$

vorausgesetzt, dass man den Anfangspunkt so wählt, dass φ im Verlauf der Integration endlich bleibt, d. h. dass zwischen dem Anfangspunkte und dem betrachteten Punkte keine andern Punkte mit unbestimmter Tangente existieren. Man kann sofort das Vorhandensein eines asymptotischen Punktes in M constatieren, wenn sich nach Verlegung des Anfangspunktes der Bogen nach M herausstellt, dass ϱ gleichzeitig mit s unendlich klein wird, aber von einer Ordnung, die nicht kleiner als 1 ist. Alsdann hat man in der That anstatt (7)

$$\lim \frac{\varphi}{\log s} = \lim \frac{s}{\varrho} \gtrless 0,$$

und für $n > 1$

$$\lim \varphi\, s^{n-1} = -\,\frac{1}{n-1}\lim \frac{s^n}{\varrho} \gtrless 0,$$

d. h. φ wird unendlich, wenn s und ϱ nach Null convergieren. Dagegen haben wir für $n < 1$ gesehen (§ 6), dass die Tangente bestimmt ist.

§ 10. Asymptotische Kreise.

Um alle Fälle von Punkten mit unbestimmter Tangente zu berücksichtigen, müssen wir alle endlichen oder unendlichen Werte von s suchen, für welche die Function φ unendlich wird. Da nun, wenn der Anfangspunkt nach M verlegt wird,

$$\lim \frac{\varphi}{s} = \lim \frac{1}{\varrho}$$

ist, falls das zweite Glied existiert, so ersieht man, dass für die endlichen Werte ϱ verschwindet, dass diese also asymptotischen Punkten entsprechen. Nur wenn s zusammen mit φ unbegrenzt zunimmt, kann es vorkommen, dass ϱ sich einem von Null verschiedenen Grenzwerte a nähert. Alsdann windet sich die Curve, anstatt sich um einen Punkt herumzuwickeln, asymptotisch um einen Kreis vom Radius a, und zwar innerhalb oder ausserhalb desselben, je nachdem der absolute Betrag von ϱ sich oberhalb oder unterhalb seines Grenzwertes hält. Es kann aber auch vorkommen, dass die Curve sich schliesslich ohne Ende um die Kreisperipherie schlängelt, was dann eintritt, wenn ϱ unaufhörlich um seinen Grenzwert herum oscilliert. Im folgenden werden wir sehen, dass der Mittelpunkt des asymptotischen Kreises die Grenzlage ist, welcher das Krümmungscentrum in M zustrebt, wenn sich M auf der Curve vom Anfangspunkte der Bogen unendlich entfernt. Man muss also, um die Coordinaten jenes Mittelpunktes zu finden, anstatt der integrierten Formeln (4) die beiden folgenden benutzen:

$$u = \int_0^s \cos \varphi \, ds - \varrho \sin \varphi, \quad v = \int_0^s \sin \varphi \, ds + \varrho \cos \varphi.$$

Folglich ist in der Grenze

$$(11) \qquad u = -\int_0^\infty \frac{d\varrho}{d\varphi} \sin \varphi \, d\varphi, \quad v = \int_0^\infty \frac{d\varrho}{d\varphi} \cos \varphi \, d\varphi.$$

Die asymptotischen Kreise enthalten offenbar die asymptotischen Punkte als Specialfall, und man verificiert übrigens leicht durch partielle Integration, dass die Formeln (11) sich auf die Formeln (10) reducieren, wenn ϱ für unendlich grosses φ nach Null convergiert. A priori klar ist es, dass nur bei der Herumwicklung um einen Punkt die Windungen einer Curve so eng werden können, dass sie den genannten Punkt nach einem endlichen Wege erreicht. Wenn ferner ϱ und φ zusammen mit s unbegrenzt zunehmen, so ist auch der asymptotische Kreis unendlich gross, und dies kann man so ausdrücken, dass man sagt, die Curve wickele sich asymptotisch um den unendlich fernen Punkt. Man kann z. B. sagen, dass die Kreisevolvente und die Pseudocycloiden (§ 8, a, e) im Unendlichen einen asymptotischen Punkt haben.

§ 11. **Beispiele.**

a) Der Krümmungsradius der durch die Gleichung $\varrho = a e^{\frac{s}{a}}$ dargestellten Curve nimmt beständig zu von Null bis Unendlich, wenn s das ganze System der reellen Zahlen wachsend durchläuft. Der Winkel

$$\psi = \int_s^\infty \frac{ds}{\varrho} = \frac{a}{\varrho}$$

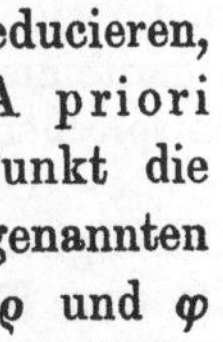

Fig. 13.

nimmt dagegen ab von Unendlich bis Null. Die Curve besitzt demnach einen asymptotischen Punkt ($s = -\infty$) und eine Asymptote ($s = \infty$), die von einander um

$$q = a \int_0^\infty \frac{\sin \psi}{\psi} \, d\psi = \frac{\pi a}{2}$$

entfernt sind. Die Curve ist geometrisch definiert durch die Eigenschaft $\varrho\psi = a$: auf dem Kreise mit dem Centrum C, der durch M hindurchgeht, schneidet die von C auf die Asymptote gefällte Senkrechte von M aus einen Bogen von constanter Länge ab.

b) Eine lineare Gleichung zwischen s und ϱ lässt sich, wenn sie die beiden Veränderlichen wirklich enthält, immer auf die Form $\varrho = ks$ bringen, indem man als Anfangspunkt der Bogen den Punkt wählt, in welchem ϱ verschwindet. In diesem Punkte wird die Function φ, die proportional $\log s$ ist, unendlich. Der Anfangspunkt der Bogen ist also ein asymptotischer Punkt der Curve. Von ihm ausgehend wird der Krümmungsradius immer grösser und wächst ebenso wie φ gleichzeitig mit dem Bogen unbegrenzt. Die Curve umkreist demnach den Anfangspunkt in einer unendlichen Zahl von Windungen, die sich ins Unendliche ausdehnen, wo sie einen zweiten asymptotischen Punkt besitzen. Diese merkwürdige Curve nennt man **logarithmische Spirale**, und der im Endlichen gelegene asymptotische Punkt heisst der **Pol** der Spirale. Eine homogene Gleichung zwischen s und ϱ stellt ein System von reellen oder imaginären logarithmischen Spiralen dar und auch von Punkten oder von Kreisen: diese sind, wie man im folgenden noch besser einsehen wird, Grenzfälle der logarithmischen Spirale, welche den Werten Null und Unendlich von k entsprechen.

c) Die Eigenschaften der logarithmischen Spirale leitet man mit Leichtigkeit ab aus den auf den Pol bezogenen Ausdrücken für u und v, die man für einen beliebigen Punkt der Curve berechnet. Man erhält ohne weiteres

$$u = ks \int_0^{-\infty} e^{k\varphi} \cos\varphi \, d\varphi = -\frac{k^2 s}{1+k^2}, \qquad v = ks \int_0^{-\infty} e^{k\varphi} \sin\varphi \, d\varphi = \frac{ks}{1+k^2}.$$

Daraus folgt $k = \cot\theta$, wenn man mit θ den spitzen Winkel bezeichnet, den die Spirale in M mit dem Radiusvector OM bildet. Die **logarithmische Spirale trifft also alle vom Pol ausgehenden Geraden unter einem constanten Winkel.** Wir werden im folgenden sehen, dass diese Eigenschaft die logarithmische Spirale charakterisiert, vorausgesetzt, dass man die Werte 0 und $\frac{\pi}{2}$ von θ ausschliesst, welchen die Geraden und die Kreise entsprechen, und dass man überdies den Pol im Endlichen wählt. Inzwischen hat man

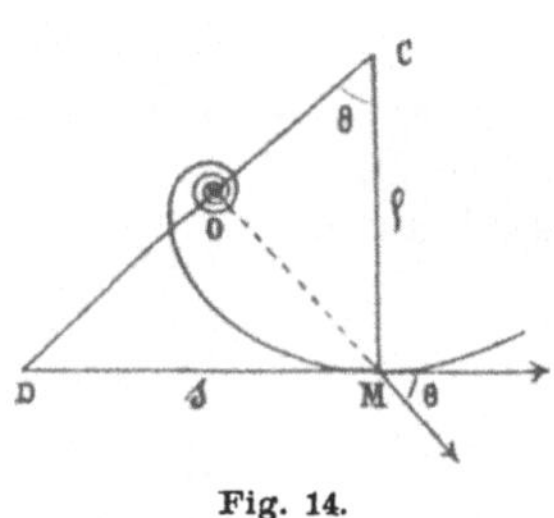

Fig. 14.

$$\sqrt{u^2 + v^2} = \frac{ks}{\sqrt{1+k^2}} = s\cos\theta = \varrho\sin\theta.$$

Die in O auf dem Radiusvector OM errichtete Senkrechte trifft also die Normale in dem Krümmungscentrum und schneidet auf der Tangente von M aus eine Strecke ab, die gleich der Länge des Bogens OM ist. Auch dies sind (wie wir sehen werden) charakteristische Eigenschaften der logarithmischen Spirale.

d) **Klothoide** nennt man die durch die Gleichung $s\varrho = a^2$ definierte Curve. Hier ist die Function φ proportional s^2. Sie ist endlich für $s = 0$, wo ϱ unendlich ist, und unendlich für $s = \pm\infty$, wo $\varrho = 0$ ist. Also ist der Anfangspunkt der Bogen ein Inflexionspunkt. Von ihm ausgehend wird die Krümmung nach beiden Seiten hin immer stärker, so dass die Curve sich asymptotisch um ihre beiden Endpunkte wickelt, welche symmetrisch inbezug auf den Anfangspunkt liegen. Da

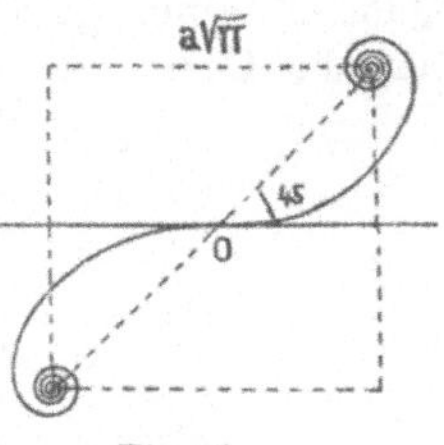

Fig. 15.

$$\varphi = \int_0^s \frac{ds}{\varrho} = \frac{s^2}{2a^2}, \quad \varrho = \frac{a^2}{s} = \pm\frac{a}{\sqrt{2\varphi}}$$

ist, so sind die Coordinaten eines asymptotischen Punktes inbezug auf die Tangente und die Normale im Anfangspunkte

$$u = \frac{a}{\sqrt{2}}\int_0^\infty \frac{\cos\varphi}{\sqrt{\varphi}}\,d\varphi, \quad v = \frac{a}{\sqrt{2}}\int_0^\infty \frac{\sin\varphi}{\sqrt{\varphi}}\,d\varphi.$$

Bemerkt man nun, dass

$$u + iv = \frac{a}{\sqrt{2}}\int_0^\infty \varphi^{-\frac{1}{2}} e^{i\varphi}\,d\varphi = a\sqrt{\frac{i\pi}{2}}$$

ist, so findet man sofort $u = v = \frac{a}{2}\sqrt{\pi}$. Die beiden asymptotischen Punkte sind also gegenüberliegende Ecken eines Quadrates, welches dem Kreise mit dem Radius a gleich ist.

e) Betrachten wir allgemeiner die Curven, deren **Krümmung einer Potenz des Bogens proportional ist**. Schreibt man ihre Gleichung in der Form $\varrho = ks^n$, so findet man für $n = 1$ die logarithmische Spirale wieder, für $n = -1$ die Klothoide, für $n = \frac{1}{2}$ die Kreisevolvente. Lässt man den Fall $n = 1$ bei Seite, so sieht man sofort, dass φ wie s^{1-n} variiert, und es ist zweckmässig, dem Coefficienten k, den man immer als positiv voraussetzen kann, die Form

$$k = \pm\frac{a^{1-n}}{1-n}$$

zu geben. Dies vorausgeschickt sei n zwischen 0 und 1 enthalten und sei der Quotient einer ungeraden Zahl durch eine gerade Zahl. Dann hat man Curven analog der Kreisevolvente, d. h. mit einer einzigen Spitze im Anfangspunkte der Bogen. Diesen umkreisen sie in immer weniger gekrümmten Windungen, welche asymptotisch den unendlich fernen Punkt umwickeln. Für die andern rationalen Werte von n, die zwischen 0 und 1 liegen, hat die Curve zwar im Anfangspunkte mit der Tangente eine Berührung niedrigerer Ordnung, verhält sich aber in ihm wie in einem gewöhnlichen Punkte oder erleidet daselbst eine Inflexion, so dass ihre allgemeine Form ganz verschieden von der der Kreisevolvente ist (vgl. Fig. 16). Ist n

negativ und gleich dem Quotienten von zwei ungeraden Zahlen, so hat man Curven analog der Klothoide, d. h. mit einer Inflexion im Anfangspunkte der Bogen und mit zwei asymptotischen Punkten; ist aber n der Quotient einer geraden Zahl durch eine ungerade Zahl oder umgekehrt, so hat die Curve zwar mit der Tangente im Anfangspunkte eine Berührung höherer Ordnung, verhält sich aber in demselben wie in einem gewöhnlichen Punkte oder besitzt daselbst eine Spitze, und sie hat als Ganzes keine Ähnlichkeit mehr mit der Klothoide, obgleich jede ihrer Hälften der Hälfte einer Klothoide gleicht (vgl. Fig. 17).

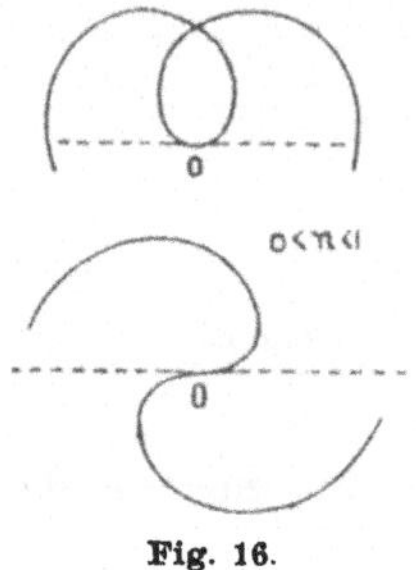

Fig. 16.

In jedem Falle erkennt man unter Benutzung der Formeln (10), dass der Anfangspunkt die Entfernung

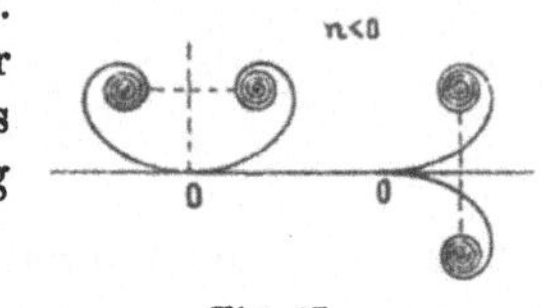

Fig. 17.

$$a\,\Gamma\!\left(\frac{2-n}{1-n}\right)$$

von den asymptotischen Punkten hat, und dass die Gerade, welche ihn mit jedem derselben verbindet, um $\dfrac{\pi}{2(1-n)}$ gegen die Tangente im Anfangspunkte geneigt ist. Endlich hat man für $n > 1$ wie bei der logarithmischen Spirale ($n = 1$) einen asymptotischen Punkt im Anfangspunkte der Bogen; der asymptotische Punkt im Unendlichen fällt aber fort, weil φ nicht gleichzeitig mit s unendlich wird. Um zu sehen, ob von dem unendlich fernen Punkte eine Asymptote ausgeht, genügt es, die Formel (9) zu benutzen und darin zu setzen

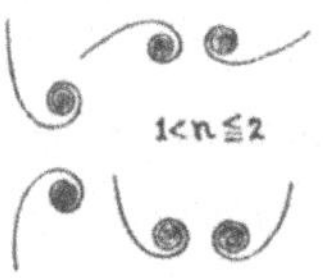

Fig. 18.

$$\psi = \int_s^\infty \frac{ds}{\varrho} = \left(\frac{a}{s}\right)^{n-1}, \quad \varrho = \frac{a}{n-1}\,\psi^{-\frac{n}{n-1}}.$$

Man erhält dann sofort die Entfernung von dem asymptotischen Punkte:

$$q = \frac{a}{n-1}\int_0^\infty \psi^{-\frac{n}{n-1}}\sin\psi\,d\psi.$$

In der Umgebung der unteren Grenze verhält sich das Integral wie $\int \psi^{-\frac{1}{n-1}}\,d\psi$. Also existiert die Asymptote im Endlichen nur für $n > 2$, und in diesem Falle findet man

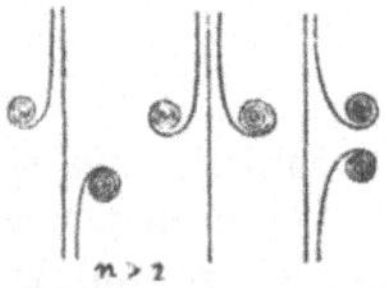

$$q = a\,\Gamma\!\left(\frac{n-2}{n-1}\right)\cos\frac{\pi}{2(n-1)}.$$

Fig. 19.

Nimmt n unbegrenzt zu, so nähert sich die Curve der Ausartung in einen Punkt und eine Gerade, die in der Entfernung $q = a$ voneinander liegen. Dies geschieht für jeden Zweig in folgender Weise: Der Bogen von der Länge a, dessen eines Ende in dem asymptotischen Punkte liegt, zieht sich nach und nach auf diesen Punkt zusammen, während der übrigbleibende Curventeil sich schliesslich auf der Asymptote ausbreitet.

f) Analog der Kettenlinie (§ 5, b) sind die durch die Gleichung

$$\varrho = b - \frac{s^2}{a}$$

dargestellten Curven, solange a und b entgegengesetzte Zeichen haben. Für $b = -a$ findet man die Kettenlinie wieder, da es ja erlaubt ist, das Zeichen von ϱ umzukehren. Für $b = k^2 a$ erhält man dagegen die Pseudocatenarien. Wenn s dem absoluten Betrage nach kleiner als ka ist, so findet man

$$\varphi = \int_0^s \frac{a\,ds}{k^2 a^2 - s^2} = \frac{1}{2k} \log \frac{ka+s}{ka-s}.$$

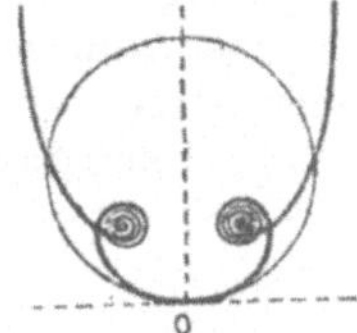

Fig. 20.

Ein erster Bogen, von der Länge $2ka$, wickelt sich also asymptotisch um seine beiden Enden. Er ist symmetrisch inbezug auf den Anfangspunkt und liegt ganz innerhalb des Kreises vom Radius $k^2 a$, welcher die Curve im Anfangspunkte berührt. Da

$$s = ka \frac{e^{k\varphi} - e^{-k\varphi}}{e^{k\varphi} + e^{-k\varphi}}, \quad \varrho = \frac{4k^2 a}{(e^{k\varphi} + e^{-k\varphi})^2}$$

ist, so sind die Coordinaten eines asymptotischen Punktes inbezug auf die Tangente und die Normale im Anfangspunkte

$$u = 4k^2 a \int_0^\infty \frac{\cos\varphi\,d\varphi}{(e^{k\varphi} + e^{-k\varphi})^2} = \frac{\pi a}{e^{\frac{\pi}{2k}} - e^{-\frac{\pi}{2k}}},$$

$$v = 4k^2 a \int_0^\infty \frac{\sin\varphi\,d\varphi}{(e^{k\varphi} + e^{-k\varphi})^2} = \frac{\pi a}{2\left(e^{\frac{\pi}{4k}} + e^{-\frac{\pi}{4k}}\right)}.$$

Es wickeln sich ferner von den asymptotischen Punkten ab und erstrecken sich ins Unendliche zwei andere Zweige, die denjenigen der Spirale $s^2 = a\varrho$ analog sind. Ihre Punkte entsprechen den Werten von s, die grösser als ka oder kleiner als $-ka$ sind. Für jeden Zweig ist die Richtung der Tangente bestimmt durch den Winkel

$$\psi = \int_s^\infty \frac{a\,ds}{s^2 - k^2 a^2} = \frac{1}{2k} \log \frac{s+ka}{s-ka}.$$

Die beiden Zweige haben keine im Endlichen gelegene Asymptote, weil die Entfernung einer Asymptote von dem entsprechenden asymptotischen Punkte, die durch die Formel (9) gegeben wird,

$$q = 4k^2 a \int_0^\infty \frac{\sin\psi\,d\psi}{(e^{k\psi} - e^{-k\psi})^2}$$

ist. Andrerseits lässt sich constatieren, dass dieses Integral keinen endlichen Wert hat, indem man bemerkt, dass es sich in der Umgebung der unteren Grenze wie $\log \psi$ verhält. Wie die beiden unendlichen Zweige in den asymptotischen Punkten mit dem endlichen Zweige zusammenhängen, geht aus der vorhergehenden Discussion nicht hervor (und es kann auch nach dem, was am Ende des § 4 gesagt worden ist, nicht daraus hervorgehen). Aber es ist leicht zu sehen, dass sich die Curve in der Umgebung eines jeden der asymptotischen Punkte verhält wie das Paar von logarithmischen Spiralen $\varrho^2 = 4k^2 s^2$ in der Umgebung des gemeinsamen Pols.

g) **Pseudotractricen** nennt man die durch die Gleichung

$$\varrho = ka\sqrt{1 - e^{-\frac{2s}{a}}}$$

definierten Curven. Diese Gleichung geht in der Umgebung des Anfangspunktes in $\varrho = k\sqrt{2as}$ über. Die Pseudotractrix verhält sich also anfangs wie die Evolvente eines Kreises vom Radius $k^2 a$. Sie ändert aber bald ihr

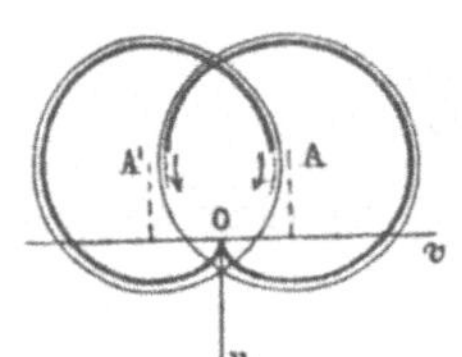

Verhalten, da ϱ mit wachsendem s nicht unbegrenzt zunimmt, sondern sich vielmehr dem Grenzwerte ka nähert. Die Curve besitzt also, entsprechend den beiden Bestimmungen von ϱ, zwei asymptotische Kreise. Da man, von der Cuspidaltangente aus gerechnet,

$$\varphi = \frac{1}{2k} \log \frac{ka + \varrho}{ka - \varrho}$$

Fig. 21.

hat, so liefern die Formeln (11)

$$u = -4k^2 a \int_0^\infty \frac{\sin\varphi\, d\varphi}{(e^{k\varphi} + e^{-k\varphi})^2} = -\frac{\pi a}{2\left(e^{\frac{\pi}{4k}} + e^{-\frac{\pi}{4k}}\right)},$$

$$v = \pm\, 4k^2 a \int_0^\infty \frac{\cos\varphi\, d\varphi}{(e^{k\varphi} + e^{-k\varphi})^2} = \pm\frac{\pi a}{e^{\frac{\pi}{2k}} - e^{-\frac{\pi}{2k}}}$$

für die Coordinaten der Centra der asymptotischen Kreise. Die Strecke, welche auf der Cuspidalnormale von einem asymptotischen Kreise abgegrenzt wird, erscheint vom Centrum aus unter einem Winkel, der nicht beliebig klein gewählt werden kann. Der genannte Winkel hat sein Minimum für einen Wert von k, der sehr nahe an 0,655 liegt. In diesem Falle sind die Abstände der Centra der asymptotischen Kreise von der Normale und Tangente an der Spitze Teile des Radius, die sehr nahe an den Werten 0,663 und 0,439 liegen.

h) **Was für Curven werden dargestellt durch eine quadratische Gleichung zwischen s und ϱ, in welcher das Glied ϱ^2 nicht vorkommt?** Wenn $s\varrho$ fehlt, so lässt sich die Gleichung, wenn sie nicht ein Punktepaar darstellt, auf die Form $\varrho = as^2 + 2bs + c$ zurückführen und stellt Pseudocatenarien dar oder Curven, die der Kettenlinie analog sind, je nachdem $ac - b^2$ negativ oder positiv ist. Wenn $s\varrho$ nicht fehlt, so kann man der Gleichung immer die Form geben

$$\varrho = b + ks + \frac{a^2}{s}.$$

Solange k von Null verschieden ist, hat der Wert von b keinen grossen Einfluss auf die Gestalt der Curve im allgemeinen. Setzt man demgemäss $b = 0$, so ergiebt sich

$$\varphi = \frac{1}{2k} \log \left(1 + k\frac{s^2}{a^2}\right).$$

Wenn k positiv ist, so nimmt φ gleichzeitig mit s und ϱ unbegrenzt zu. Ausserdem wird ϱ auch im Anfangspunkte der Bogen unendlich, in dessen Umgebung sich die Curve verhält wie eine Klothoide ($s\varrho = a^2$) in der Nachbarschaft des Inflexionspunktes. Die Curve hat also im Anfangspunkte eine Inflexion und macht auf beiden Seiten desselben unendlich viele Windungen, welche nach und nach in eine logarithmische Spirale ($\varrho = ks$) übergehen. Der Krümmungsradius nimmt seinen kleinsten Wert $a' = 2a\sqrt{k}$ in zwei bestimmten Punkten A und A' an, und in der Umgebung eines jeden von ihnen verhält sich die Curve wie eine Kettenlinie $\left(\varrho = a' + 2k^2\frac{s^2}{a'}\right).$

Ist dagegen k negativ, so wird in den Punkten A und A' die Krümmung gleichzeitig mit φ unendlich. Dies sind also asymptotische Punkte, und in der Umgebung eines jeden von ihnen verhält sich die Curve wie das Spiralenpaar $\varrho^2 = 4k^2s^2$ in der Umgebung des gemeinsamen Pols. Ist endlich k (aber nicht b) gleich Null, so stellt die Gleichung eine Curve dar, welche ausser einer

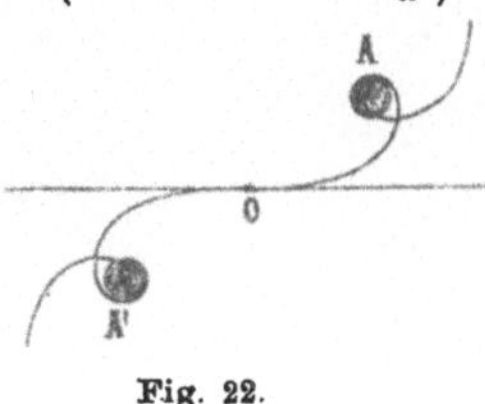

Fig. 22.

Inflexion im Anfangspunkte ein Paar asymptotischer Kreise vom Radius b besitzt (einen inneren und einen äusseren), da offenbar, wenn s dem absoluten Betrage nach unendlich wächst, ϱ nach b convergiert und andrerseits

$$\varphi = \frac{s}{b} - \frac{a^2}{b^2} \log \left(1 + \frac{bs}{a^2}\right)$$

unbegrenzt zunimmt. Überdies wächst φ auch dann ins Unendliche, wenn s sich dem Werte $-\dfrac{a^2}{b}$ nähert.

Man hat also in endlicher Entfernung vom Anfangspunkte einen asymptotischen Punkt, in dessen Um-

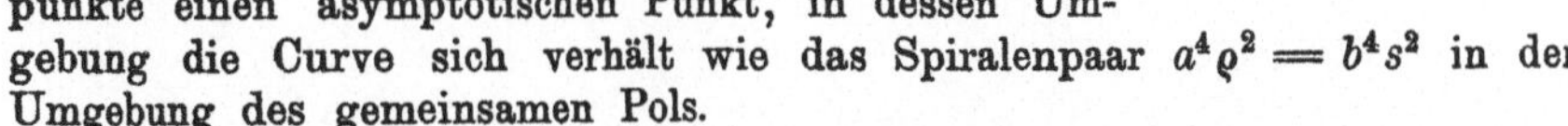

Fig. 23.

gebung die Curve sich verhält wie das Spiralenpaar $a^4\varrho^2 = b^4s^2$ in der Umgebung des gemeinsamen Pols.

    i) Wenn ferner das Glied ϱ^2 nicht fehlt, so lässt sich die Gleichung im allgemeinen durch passende Wahl des Anfangspunktes auf eine der folgenden Formen zurückführen:

$$\varrho = b + ks \pm k'\sqrt{a^2 - s^2}, \quad \varrho = b + ks \pm k'\sqrt{s^2 - a^2},$$

$$\varrho = b + ks \pm k'\sqrt{s^2 + a^2}.$$

2*

In einem Ausnahmefall aber, nämlich dann, wenn die Glieder zweiten Grades ein vollständiges Quadrat bilden, kann man der Gleichung die Form geben

$$\varrho = b + ks \pm \sqrt{2as}.$$

Als ganz specielle Fälle $(b = 0,\ k = 0)$ findet man die Cycloide, die beiden Pseudocycloiden und die Kreisevolvente wieder. Wir wollen dem Leser die Mühe überlassen, zur Übung das Studium aller dieser Curven zu Ende zu führen und sie nach einer möglichst kleinen Zahl von Normaltypen zu classificieren.

Zweites Kapitel.

Fundamentalformeln für die natürliche Analysis der ebenen Curven.

§ 12.

Von jetzt an werden wir als Coordinatenaxen immer die Tangente und die Normale der Curve in einem beliebigen Punkte M wählen. Es werde ein Punkt P betrachtet, der mit M beweglich ist: P' sei seine Lage, wenn sich der Anfangspunkt M nach M' verschoben hat; x und y seien die Coordinaten von P, $x + \delta x$ und $y + \delta y$ diejenigen von P' inbezug auf die Axen mit dem Anfangspunkte M. Im allgemeinen ändern sich beim Übergange von den ursprünglichen Axen zu denjenigen mit dem Anfangspunkte M'

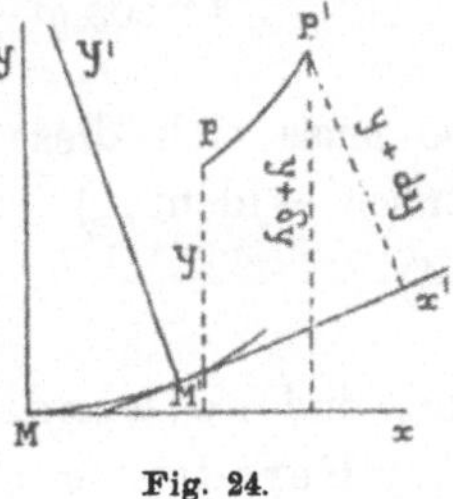

Fig. 24.

die Coordinaten x und y; sie sind also Functionen von s, und wenn M' unendlich nahe an M liegt, so sind die Coordinaten von P' inbezug auf die Axen mit dem Anfangspunkte M' offenbar $x + dx$, $y + dy$. Bezeichnen wir nun mit u, v und mit $\delta\varphi$ die Coordinaten von M' inbezug auf die ursprünglichen Axen und den Winkel, um welchen sich die x-Axe beim Übergange von der ersten zur zweiten Lage dreht, so hat man

$$x + \delta x = u + (x + dx)\cos\delta\varphi - (y + dy)\sin\delta\varphi = u + x + dx - y\delta\varphi,$$

$$y + \delta y = v + (x + dx)\sin\delta\varphi + (y + dy)\cos\delta\varphi = v + y + dy + x\delta\varphi,$$

d. h., wenn man durch $\delta s = ds$ dividiert und sich an die ersten drei Gleichungen des vorigen Kapitels erinnert,

$$(1) \qquad \frac{\delta x}{ds} = \frac{dx}{ds} - \frac{y}{\varrho} + 1, \qquad \frac{\delta y}{ds} = \frac{dy}{ds} + \frac{x}{\varrho}.$$

Dies sind die Fundamentalformeln, aus welchen durch Nullsetzen von δx und δy, d. h. unter Voraussetzung des Zusammenfallens von P' mit P, unmittelbar die wichtigen Bedingungen

$$(2) \qquad \frac{dx}{ds} = \frac{y}{\varrho} - 1, \qquad \frac{dy}{ds} = -\frac{x}{\varrho}$$

hervorgehen, welche notwendig und hinreichend für die Unbeweglichkeit des Punktes (x, y) sind. In Polarcoordinaten ($x = r \cos \theta$, $y = r \sin \theta$) lauten diese Bedingungen

$$(3) \qquad \frac{dr}{ds} = - \cos \theta, \qquad \frac{d\theta}{ds} = - \frac{1}{\varrho} + \frac{\sin \theta}{r}.$$

Will man ferner, dass eine Gerade in der Ebene in Ruhe bleibt, die durch ihren Abstand q vom Anfangspunkte und durch den Winkel φ definiert ist, um welchen sich ihre positive Richtung drehen muss, um mit derjenigen der Tangente zusammenzufallen, so hat man auszudrücken, dass die Gleichung der Geraden

$$x \sin \varphi + y \cos \varphi + q = 0$$

durch unendlich viele Lösungen von (2) befriedigt wird. Da man nun durch Differentiation erhält

$$(x \cos \varphi - y \sin \varphi) \left(\frac{d\varphi}{ds} - \frac{1}{\varrho} \right) - \sin \varphi + \frac{dq}{ds} = 0,$$

so muss sich diese Relation spalten in die beiden folgenden (geometrisch evidenten)

$$(4) \qquad \frac{d\varphi}{ds} = \frac{1}{\varrho}, \qquad \frac{dq}{ds} = \sin \varphi.$$

Sie sind notwendig und hinreichend für die Unbeweglichkeit der Geraden (φ, q).

§ 13.

Bevor wir weitergehen, wollen wir auf einige Consequenzen der Formeln (3) und (4) aufmerksam machen. Nehmen wir an, s wachse ins Unendliche, und die Entfernung zwischen M und einem festen Punkte P nähere sich dabei einem endlichen Grenzwerte a. Die Coordinaten r und θ von P genügen den Gleichungen (3) und da r nach a convergiert, so kann seine Ableitung sich keinem von Null verschiedenen Grenzwerte nähern. Wenn also ein solcher Grenzwert existiert, so liefert die erste der Formeln (3) $\lim \theta = \frac{\pi}{2}$. Jetzt lässt sich aber dieselbe Betrachtung auf θ anwenden, und die zweite Formel (3) liefert daher $\lim \varrho = a$. Also ist der Kreis vom Radius a mit dem Mittelpunkte in P ein asymptotischer Kreis der Curve. Wenn umgekehrt die Curve einen asymptotischen Kreis besitzt, so kann sich die Entfernung zwischen M und dem Centrum des Kreises keinem vom Radius des Kreises verschiedenen Grenzwerte nähern. Sonst würde ein Grenzwert von ϱ existieren, der von dem ersten verschieden ist. Bemerkt man ferner, dass die Coordinaten des Krümmungscentrums $r = \varrho$, $\theta = \frac{\pi}{2}$ sind, und dass die erste nach a convergiert, so sieht man, dass mit unendlich zunehmendem s das Krümmungscentrum allmählich nach dem Mittelpunkte des asymptotischen Kreises hinrückt. Diese Bemerkung füllt eine in § 10 gelassene Lücke aus und führt zu einer genaueren Einsicht in das Wesen der asymptotischen Kreise. In analoger Weise lässt sich im Anschluss an die zweite Formel (4) eine für die Aufsuchung der Asymptoten nützliche Bemerkung machen. Hat nämlich q für unendlich zunehmendes s den Grenzwert Null, so kann φ keinen andern Grenzwert haben, d. h. wenn die Tangente eine Grenzlage hat, so ist diese notwendig die betrachtete feste Gerade (vgl. § 7).

§ 14.

Aus den Formeln (2) und (4) geht folgende bemerkenswerte Thatsache hervor, die für die natürliche Geometrie von grundlegender Bedeutung ist: Die zur Fixierung der Punkte und Geraden der Ebene dienenden Parameter sind Functionen von s, deren Ableitungen sich durch diese Functionen selbst ausdrücken lassen. So zeigen die Formeln (2), dass die ersten Ableitungen der Coordinaten x, y eines festen Punktes lineare Functionen der Coordinaten selbst sind, und das Gleiche lässt sich von den weiteren Ableitungen behaupten, wie man durch Differentiation und wiederholte Anwendung von (2) erkennt. Werden nun alle Curven mit einer gegebenen Eigenschaft gesucht, so wird man im allgemeinen auf eine Relation

$$f(x, y, x', y', \cdots, \varphi, q, \varphi', q', \cdots, s) = 0$$

geführt. Dieselbe enthält eine gewisse Anzahl Coordinaten von Punkten und Geraden, die in der Ebene fest sind, und muss bestehen, welchen Wert auch s haben mag. Nun ist aber klar, dass man die gegebene Relation nur zu differenzieren braucht, um daraus sofort eine andre zwischen denselben Coordinaten zu erhalten, indem man die Ableitungen der Coordinaten mit Hilfe der Unbeweglichkeitsbedingungen herausschafft. Man gelangt in dieser Weise nicht nur zu einer neuen Eigenschaft der unbekannten Curven, sondern es wird durch fortgesetzte Differentiation immer gelingen, ein System von Relationen aufzustellen derart, dass man die Coordinaten $x, y, x', \cdots$ eliminieren kann. Dann hat man die aus der Elimination hervorgehende Differentialgleichung zu integrieren, um die natürliche Gleichung der gesuchten Curven zu finden.

§ 15. **Geometrische Örter.**

Die Coordinaten x, y eines Punktes P seien als Functionen von s bekannt. Wie verfährt man, um den Ort von P zu bestimmen? Die Fundamentalformeln liefern sofort die Werte von δx und δy. Ferner hat man, um das Bogenelement von (P) auszudrücken, $ds'^2 = \delta x^2 + \delta y^2$. Es ist also

$$(5) \qquad s' = \int \varkappa\, ds,$$

wenn man

$$\varkappa^2 = .\left(\frac{dx}{ds} - \frac{y}{\varrho} + 1\right)^2 + \left(\frac{dy}{ds} + \frac{x}{\varrho}\right)^2$$

setzt. Man bestimme die Neigung der Tangente der unbekannten Curve (P) im Punkte P gegen die x-Axe mittels der Formel $\operatorname{tg}\theta = \dfrac{\delta y}{\delta x}$, und bemerke, dass die Tangente von (P) in P' gegen die Tangenten der Curve (M) in M und M' um $\theta + \delta\varphi'$ bezw. $\theta + d\theta$ geneigt ist. Es ist also $\delta\varphi' = \delta\varphi + d\theta$, folglich nach Division mit ds

$$(6) \qquad \frac{\varkappa}{\varrho'} = \frac{1}{\varrho} + \frac{d\theta}{ds},$$

vorausgesetzt, dass der positive·Sinn der Normale von (P) in folgender Weise festgesetzt wird: Lässt man die positive Richtung der Tangente sich so lange drehen, bis sie mit derjenigen der x-Axe zusammenfällt, so fallen auch die positiven Richtungen der Normale und der y-Axe zusammen. Schliesslich hat man nur noch s zwischen (5) und (6) zu eliminieren, um die natürliche Gleichung von (P) zu erhalten.

§ 16. **Enveloppen.**

Die Gleichung $f(x, y, s) = 0$ stellt im allgemeinen eine einfach unendliche Schar von Curven dar. Jede von ihnen entspricht einem bestimmten Punkte der Curve (M). Die den Punkten M und M' entsprechenden Curven, welche unendlich benachbart sind, können einen oder mehrere Punkte gemein haben. Dieselben muss man bei dem Übergange des Anfangspunktes von M nach M' als fest betrachten. Die Coordinaten eines solchen Punktes erhält man demnach durch Differentiation der Gleichung $f = 0$ unter der Annahme, dass die Bedingungen (2) erfüllt sind. Sie sind also die Lösungen des Systems

$$(7) \qquad f(x, y, s) = 0, \quad \left(\frac{y}{\varrho} - 1\right)\frac{\partial f}{\partial x} - \frac{x}{\varrho}\frac{\partial f}{\partial y} + \frac{\partial f}{\partial s} = 0.$$

Sind auf diese Weise x und y als Functionen von s bekannt, so hat man auf sie nur noch das im vorigen Paragraphen auseinandergesetzte

Verfahren anzuwenden, um die natürliche Gleichung des Ortes der erwähnten Schnittpunkte zu erhalten. Diesen Ort nennt man die Enveloppe der Curven $f = 0$. Es kann jedoch vorkommen, dass die Gleichungen (7) sich auf eine einzige reducieren. Alsdann hat man eine einzige Curve, wie es z. B. eintritt, wenn $f = 0$ die Gleichung der Curve (M) selbst ist. Diese Bemerkung wird uns im folgenden von Nutzen sein.

§ 17.

Man beweist leicht, dass die Enveloppe alle eingehüllten Curven berührt. Es sei in der That P ein gemeinsamer Punkt der beiden Curven $f = 0$, die zwei unendlich benachbarten Punkten M und M' auf der Curve (M) entsprechen. θ und θ' seien die Neigungen, welche die Tangenten der Enveloppe und der Eingehüllten in P gegen die x-Axe haben. Hält man s fest, so ist offenbar der Wert von tg θ' durch das Verhältnis $\frac{\delta y}{\delta x}$ gegeben, welches sich aus der Relation

$$\frac{\partial f}{\partial x} \delta x + \frac{\partial f}{\partial y} \delta y = 0$$

ergiebt. Dagegen bestimmt man θ mit Hilfe des in § 15 angegebenen Verfahrens und erhält also

$$\operatorname{tg} \theta = \frac{\dfrac{dy}{ds} + \dfrac{x}{\varrho}}{\dfrac{dx}{ds} - \dfrac{y}{\varrho} + 1}, \qquad \operatorname{tg} \theta' = -\frac{\dfrac{\partial f}{\partial x}}{\dfrac{\partial f}{\partial y}},$$

während x und y den Gleichungen (7) genügen. Bildet man nun tg $(\theta - \theta')$, so tritt im Zähler der Ausdruck

$$\left(\frac{dx}{ds} - \frac{y}{\varrho} + 1\right)\frac{\partial f}{\partial x} + \left(\frac{dy}{ds} + \frac{x}{\varrho}\right)\frac{\partial f}{\partial y} = \frac{\partial f}{\partial x}\frac{dx}{ds} + \frac{\partial f}{\partial y}\frac{dy}{ds} - \left(\frac{y}{\varrho} - 1\right)\frac{\partial f}{\partial x} + \frac{x}{\varrho}\frac{\partial f}{\partial y}$$

auf. Derselbe reduciert sich infolge von (7) auf

$$\frac{\partial f}{\partial x}\frac{dx}{ds} + \frac{\partial f}{\partial y}\frac{dy}{ds} + \frac{\partial f}{\partial s} = \frac{df}{ds} = 0.$$

Also ist $\theta = \theta'$.

§ 18. Übungsbeispiele.

a) Um die natürliche Gleichung eines Kreises vom Radius a, d. h. den Ort der Punkte zu finden, welche von einem festen Punkte (Centrum) um a entfernt sind, kann man in folgender Weise verfahren. Sind x und y die Coordinaten des Centrums, so muss immer $x^2 + y^2 = a^2$ sein. Durch Differentiation unter Beachtung von (2) kommt ferner $x = 0$. Zunächst laufen also alle Normalen im Centrum zusammen. Durch nochmalige Differentiation erhält man $y = \varrho$ und dann durch Einsetzen von x und y in die erste Relation $\varrho = a$.

b) **Um alle Curven zu finden, welche constante Krümmung haben,** genügt die Bemerkung, dass bei constantem ϱ die Bedingungen (2) von dem Punkte $(x = 0, y = \varrho)$ erfüllt werden. Also ist dieser Punkt fest, und die Curve ist notwendig ein Kreis vom Radius ϱ, da ja alle ihre Punkte sich in der **constanten** Entfernung ϱ von dem festen Punkte $(0, \varrho)$ befinden.

c) **Welche Curve trifft unter constantem Winkel θ alle von einem Punkte ausgehenden Geraden?** Wendet man die Formeln (3) auf die Polarcoordinaten $(r, \pi - \theta)$ des festen Punktes an, so erhält man

$$\frac{dr}{ds} = \cos\theta, \quad 0 = -\frac{1}{\varrho} + \frac{\sin\theta}{r}.$$

Aus der ersten leitet man ab $r = s\cos\theta$, wenn man übereinkommt die Bogen von dem festen Punkte aus zu rechnen. Durch Einsetzen in die zweite findet man $\varrho = s\cot\theta$, die Gleichung einer **logarithmischen Spirale** (§ 11, b, c).

d) **Welches ist die Curve, deren Normalen (zwischen den Incidenzpunkten und den Krümmungscentren) durch eine Gerade halbiert werden?** Man hat auszudrücken, dass der Punkt $(x = 0, y = \frac{1}{2}\varrho)$ eine Gerade beschreibt. Die Formeln (1) liefern

$$\frac{\delta x}{ds} = \frac{1}{2}, \quad \frac{\delta y}{ds} = \frac{1}{2}\frac{d\varrho}{ds}.$$

Ferner ist $\operatorname{tg}\theta = \dfrac{d\varrho}{ds}$, und die Formel (6) zeigt, dass man haben muss

$$(8) \qquad \frac{d\theta}{ds} = -\frac{1}{\varrho},$$

was übrigens sofort aus der Bemerkung hervorgeht, dass sich im Falle einer festen Geraden θ von dem gewöhnlichen φ nur im Vorzeichen unterscheidet. Es ergiebt sich also successiv

$$\operatorname{tg}\theta\frac{d\theta}{ds} = -\frac{1}{\varrho}\frac{d\varrho}{ds}, \quad \log\cos\theta = \log\varrho + \text{Const.}, \quad \varrho = a\cos\theta.$$

Integriert man ferner die Gleichung (8), nachdem man den Sinn, in welchem die Bogen gerechnet werden, umgekehrt hat, und fixiert den Anfangspunkt geeignet, so kommt

$$s = \int \varrho\, d\theta = a\sin\theta.$$

Also ist $s^2 + \varrho^2 = a^2$, d. h. die angegebene Eigenschaft charakterisiert die **Cycloide** (§ 8, d).

e) **Eine Curve zu finden, deren Krümmungscentra inbezug auf die Curve selbst symmetrisch sind zu den Punkten, in welchen die Normalen von einer Geraden getroffen werden.** Diesmal ist es der Punkt $(x = 0, y = -\varrho)$, welcher sich längs einer Geraden bewegen muss. Wiederholt man die Rechnungen des vorhergehenden Übungsbeispiels, so erhält man successiv

$$\frac{\delta x}{ds} = 2, \quad \frac{\delta y}{ds} = -\frac{d\varrho}{ds}, \quad \operatorname{tg}\theta = -\frac{1}{2}\frac{d\varrho}{ds},$$

ferner

$$\operatorname{tg}\theta\,\frac{d\theta}{ds} = \frac{1}{2\varrho}\frac{d\varrho}{ds}, \quad \log\cos\theta = -\log\sqrt{\varrho} + \text{Const.}, \quad \varrho = \frac{a}{\cos^2\theta}$$

und endlich, wenn man den Sinn, in welchem die Bogen gerechnet werden, umkehrt,

$$s = \int \varrho\,d\theta = a\operatorname{tg}\theta, \quad \varrho = a + \frac{s^2}{a}.$$

Dies ist die Gleichung einer Kettenlinie (§ 5, b).

f) **Eine Curve zu finden von solcher Beschaffenheit, dass die Strecke, welche auf der Tangente vom Berührungspunkte aus durch eine Gerade abgeschnitten wird, constant ist.** Hier handelt es sich darum, auszudrücken, dass der Punkt ($x = a$, $y = 0$) eine Gerade beschreibt. Nun hat man

$$\frac{\delta x}{ds} = 1, \quad \frac{\delta y}{ds} = \frac{a}{\varrho}, \quad \operatorname{tg}\theta = \frac{a}{\varrho}.$$

Aus der letzten Gleichung, welche sich mit Hilfe von (8) auf die Form

$$\cot\theta\,\frac{d\theta}{ds} = -\frac{1}{a}$$

bringen lässt, leitet man ohne weiteres successiv ab

$$\log\sin\theta = -\frac{s}{a}, \quad \varrho = a\cot\theta = a\sqrt{e^{\frac{2s}{a}} - 1}$$

und erhält also die natürliche Gleichung einer Tractrix (§ 8, c).

g) **Eine Curve zu finden, deren Krümmungsradius in jedem Punkte gleich der Strecke ist, die auf der Normale von zwei parallelen Geraden abgeschnitten wird.** Mit andern Worten: Wenn a der Abstand der beiden Geraden ist, so soll die Projection des Krümmungsradius auf eine feste Gerade beständig gleich a sein, so dass man hat $a = \varrho\sin\varphi$. Um die Unveränderlichkeit der Richtung der Geraden auszudrücken, hat man

$$\frac{d\varphi}{ds} = \frac{1}{\varrho} = \frac{\sin\varphi}{a},$$

mithin

$$\frac{1}{\sin\varphi}\frac{d\varphi}{ds} = \frac{1}{a}, \quad \log\operatorname{tg}\frac{\varphi}{2} = \frac{s}{a}, \quad \varrho = \frac{a}{\sin\varphi} = \frac{a}{2}\left(e^{\frac{s}{a}} + e^{-\frac{s}{a}}\right).$$

Die gesuchte Curve ist also eine Kettenlinie gleichen Widerstandes (§ 5, c).

h) Welche Curven haben in ihrer Ebene einen Punkt von solcher Beschaffenheit, dass die Projection des Radiusvectors auf die Tangente dem Bogen proportional ist? Es wird verlangt, dass für eine Lösung (x, y) der Gleichungen (2) $x = ks$ ist. Die erste Bedingung (2) zeigt aber, dass gleichzeitig $y = (k + 1)\varrho$ sein muss und die zweite führt zu einer Gleichung, deren Integration

$$ks^2 + (k + 1)\varrho^2 = \text{Const.}$$

ergiebt. Wenn man die Constante gleich Null annimmt, so erhält man ein Paar logarithmischer Spiralen. Sonst hat man eine Epicycloide $(k > 0)$, eine Hypocycloide $(k < -1)$ oder (wenn k zwischen 0 und -1 liegt) eine Curve vom pseudocycloidischen Typus (§ 8, e). Giebt man der Gleichung der Curve die Form

$$\frac{s^2}{a^2} + \frac{\varrho^2}{b^2} = 1,$$

so findet man leicht den Wert von k. Dann wird

$$x = \frac{b^2 s}{a^2 - b^2}, \quad y = \frac{a^2 \varrho}{a^2 - b^2}.$$

Um zu beweisen, dass dies die Coordinaten des Mittelpunktes P des Leitkreises (§ 8, d) sind, genügt die Bemerkung, dass y gleichzeitig mit ϱ verschwindet, d. h. dass der gefundene Punkt derjenige ist, in welchem sich die Cuspidaltangenten treffen. Übrigens findet man noch, dass x gerade gleich dem Radius des Leitkreises wird.

i) Um alle Curven zu finden, die einer gegebenen Curve ähnlich sind, genügt folgende Bemerkung: Sind inbezug auf die gegebene Curve r und θ die Polarcoordinaten des Ähnlichkeitspunktes, so wird sich, wenn man ihn auf eine beliebige ähnliche Curve bezieht, die erste Coordinate mit einer Constanten k multiplicieren, während die andre ungeändert bleibt. Die Bedingungen (3) werden

$$k\,\frac{dr}{ds'} = -\cos\theta, \quad \frac{d\theta}{ds'} = -\frac{1}{\varrho'} + \frac{\sin\theta}{kr}.$$

Daraus ergiebt sich, dass $s' = ks$, $\varrho' = k\varrho$ sein muss. Demnach erhält man die einer gegebenen Curve ähnlichen Curven, indem man in der Gleichung dieser Curve s und ϱ mit einer willkürlichen Constanten multipliciert. Im besondern bemerke man, dass dieses Verfahren bei den Gleichungen $\varrho^2 = 2as$, $s^2 + \varrho^2 = a^2$ u. s. w. auf eine blosse Änderung des Wertes von a hinausläuft. Also sind alle Kreisevolventen ähnliche Curven, und das Gleiche lässt sich von den Cycloiden, den Kettenlinien u. s. w. behaupten. Dagegen bleibt jede lineare Gleichung zwischen s und ϱ dem Wesen nach ungeändert, und es lassen sich daher alle einer gegebenen logarithmischen Spirale ähnlichen Curven mit der nämlichen Spirale zur Deckung bringen. Mit andern Worten: Die logarithmischen Spiralen haben die merkwürdige Eigenschaft, ihre Gestalt nicht zu ändern, wenn man sie von einem beliebigen Punkte aus (gleich stark in allen Richtungen) dilatiert. Für sie löst sich die Dilatation auf in eine Translation und eine darauffolgende Rotation um die neue Lage des Pols.

j) Zwei Curven lassen sich unter Umständen (wenn sie nämlich ähnlich sind) in eine solche Lage bringen, dass die Tangenten in zwei Punkten M und M', die in gerader Linie mit einem festen Punkte P liegen, parallel sind. Es kann nun auch vorkommen, dass für zwei Curven die Tangenten in den Punkten M und M', deren Verbindungsgerade durch P geht, anstatt parallel zu sein, inbezug auf MM' antiparallel sind. Alsdann nennt man die Curven invers, und P ist das Inversionscentrum. Die Polarcoordinaten von P seien (r, θ) inbezug auf die Curve (M) und (r', θ') inbezug auf (M'). Offenbar ist $\theta' = \pi - \theta$, wenn man übereinkommt, dass

M und M' die bezüglichen Curven in demselben Sinne durchlaufen müssen, um in gerader Linie mit P zu bleiben, und wenn die Richtung der Normale von (M') der in § 15 gemachten Festsetzung entspricht. Bemerkt man nun, dass die Neigung der Tangente von (M') gegen die Tangente von (M) 2θ ist, so giebt die Formel (6)

$$\frac{\varkappa}{\varrho'} = \frac{1}{\varrho} + 2\frac{d\theta}{ds} = \frac{\sin\theta}{r} + \frac{d\theta}{ds}.$$

Andrerseits werden die Bedingungen (3) für die Curve (M')

$$\frac{dr'}{ds} = \varkappa\cos\theta, \qquad \frac{\varkappa}{\varrho'} = \frac{\varkappa\sin\theta}{r'} + \frac{d\theta}{ds}.$$

Vergleicht man diese letzte mit der ersten der erhaltenen Relationen, so ersieht man, dass $\varkappa = \dfrac{r'}{r}$ ist, was sich übrigens sofort aus einer sehr einfachen geometrischen Betrachtung ergiebt. Dies vorausgeschickt hat man

$$\frac{dr'}{ds} = \frac{r'}{r}\cos\theta = -\frac{r'}{r}\frac{dr}{ds},$$

mithin nach Integration $rr' = a^2$. Der Kreis vom Radius a mit dem Mittelpunkte in P ist der Grundkreis der Inversion: auf seine Peripherie fallen notwendig alle Schnittpunkte der beiden Curven, da ja r nicht gleich a werden kann, ohne dass das Gleiche mit r' geschieht. Trägt man endlich den Wert von $\varkappa$ in die erste Relation ein, so erhält man

$$\frac{r}{\varrho} + \frac{r'}{\varrho'} = 2\sin\theta,$$

und die geometrische Interpretation dieser Gleichung zeigt, dass **auch die Krümmungscentra in zwei entsprechenden Punkten mit dem Inversionscentrum in gerader Linie liegen.**

k) Die Inversion unterscheidet sich nicht wesentlich von der Transformation vom Index -1. Die Transformation vom Index ν besteht darin, dass man einem gegebenen Punkte einen andern Punkt entsprechen lässt, dessen Affix proportional der ν-ten Potenz des Affixes des ersten Punktes ist. Verfährt man wie bei der Inversion, so gelingt es leicht, zu **beweisen, dass die Tangenten in zwei entsprechenden Punkten sich auf dem durch die genannten Punkte und den Pol bestimmten Kreise treffen,** und man findet die Relationen

$$a^{\nu-1}s' = \nu\int r^{\nu-1}ds, \qquad a^{\nu-1}\varrho' = \frac{\nu r^\nu \varrho}{r + (\nu-1)\varrho\sin\theta}$$

Aus ihnen kann man durch Elimination von s für eine beliebige Curve die natürliche Gleichung der transformierten Curve vom Index ν ableiten.

l) Für eine gegebene Curve die Fusspunktcurve inbezug auf einen Punkt zu finden, d. h. den Ort der Fusspunkte der von einem festen Punkte P auf die Tangenten der Curve gefällten Lote. Wendet man die Formeln (1) an auf die Coordinaten $x = r\cos\theta$, $y = 0$ der Projection M' des Punktes P auf die Tangente, so erhält man

$$\frac{\delta x}{ds} = \frac{r}{\varrho}\sin\theta, \qquad \frac{\delta y}{ds} = \frac{r}{\varrho}\cos\theta,$$

mithin $\dfrac{\delta y}{\delta x} = \cot \theta$. Daraus folgt, dass die Normale der Fusspunktcurve inbezug auf die Tangente von (M) zu PM antiparallel ist. Folglich halbiert sie den Radiusvector PM. Überdies sieht man, dass $\varkappa = \dfrac{r}{\varrho}$ ist. Folglich wird die Formel (6), wenn man beachtet, dass in ihr θ durch $\dfrac{\pi}{2} - \theta$ zu ersetzen ist,

$$\frac{r}{\varrho\varrho'} = \frac{1}{\varrho} - \frac{d\theta}{ds} = \frac{2}{\varrho} - \frac{\sin\theta}{r}.$$

Die natürliche Gleichung der Fusspunktcurve ergiebt sich also durch Elimination von s aus den Gleichungen

$$s' = \int \frac{r}{\varrho}\, ds, \qquad \varrho' = \frac{r^2}{2r - \varrho \sin\theta}.$$

Ist z. B. die gegebene Curve ein Kreis vom Radius a und gehört P der Peripherie an, so dass $\varrho = a$, $s = 2a\theta$, $r = 2a \sin\theta$ ist, so entnimmt man aus den letzten Formeln successiv

$$s' = 4a\int \sin\theta\, d\theta = -4a\cos\theta, \qquad \varrho' = \frac{4a}{3}\sin\theta, \qquad s'^2 + 9\varrho'^2 = 16a^2.$$

Also ist die gesuchte Fusspunktcurve eine Cardioide (§ 8, d). Wir wollen schliesslich bemerken, dass der Ausdruck von ϱ' zu der folgenden äusserst einfachen Construction des Krümmungscentrums C' führt: Wenn die Projection H des Krümmungscentrums der gegebenen Curve auf den Radiusvector sich in N auf die Normale projiciert, so enthält die Gerade PN das Krümmungscentrum der Fusspunktcurve. In der That! Wenn L die Projection von P auf die Normale ist und Q der Treffpunkt des Radiusvectors mit LM' (der Normale der Fusspunktcurve), so giebt die Transversale $PC'N$ in dem Dreieck LMQ:

$$\frac{r - \varrho'}{\varrho' - \frac{1}{2}r} = \frac{LC'}{QC'} = \frac{PM \cdot LN}{PQ \cdot MN} = 2\,\frac{r - \varrho\sin\theta}{\varrho\sin\theta}, \quad \text{u. s. w.}$$

m) Wichtig sind diejenigen Curven, deren Krümmung dem Normalenabschnitt zwischen dem Incidenzpunkte und einer festen Geraden proportional ist. Für eine solche Curve hat also das Verhältnis $q\varrho : \cos\varphi$ einen constanten Wert. Zunächst werden wir annehmen, dieser Wert sei negativ, so dass man auf Grund der Formeln (4) schreiben kann

$$q = -\frac{a^2}{\varrho}\cos\varphi = -a^2\frac{d}{ds}\sin\varphi = -a^2\frac{d^2q}{ds^2}.$$

Daraus folgt bei geeigneter Fixierung des Anfangspunktes der Bogen $q = ka\cos\dfrac{s}{a}$, wo k eine willkürliche Constante bedeutet, welche man immer als positiv voraussetzen kann. Die Differentiation liefert für $\sin\varphi$ den Wert $-k\sin\dfrac{s}{a}$, und die drei Relationen

$$q = ka\cos\frac{s}{a}, \qquad \sin\varphi = -k\sin\frac{s}{a}, \qquad \varrho = -\frac{a^2}{q}\cos\varphi$$

genügen, um uns von der Gestalt der Curve Rechenschaft zu geben. Im Anfangspunkte ($s = 0$) hat man $\varphi = 0$, $q = ka$, $\varrho = -\dfrac{a}{k}$. Also geht die

Curve vom Anfangspunkte aus in den beiden Richtungen parallel zu der festen Geraden, welcher sie sich immer mehr nähert in dem Masse, als s zunimmt. Ist $k < 1$, so kann man s bis $\pm\dfrac{1}{2}\pi a$ variiren lassen und hat alsdann $\sin\varphi = \mp k$, $q = 0$, $\varrho = \infty$, d. h. die Curve durchsetzt schliesslich die Gerade und hat dort eine Inflexion. Die Gerade teilt also die Curve in unendlich viele congruente Bogen von der Länge πa. Jeder derselben

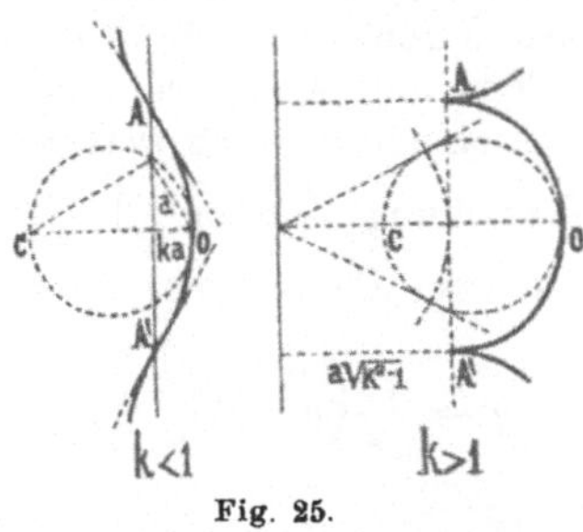

Fig. 25.

endigt auf der genannten Geraden in zwei Inflexionspunkten. Die Tangenten in diesen Punkten lassen sich auf Grund der Bemerkung construieren, dass sie parallel den Sehnen (von der Länge a) sind, welche vom Anfangspunkte O nach den Schnittpunkten der Geraden mit dem Kreise gehen, der über dem Krümmungsradius in O als Durchmesser beschrieben ist. Ist $k > 1$, so kann s die Werte $\pm\dfrac{1}{2}\pi a$ nicht erreichen, da der absolute Betrag von $\sin\varphi$ die Einheit nicht überschreiten kann. Sobald man beim Zunehmen von s $\sin\dfrac{s}{a} = \pm\dfrac{1}{k}$ hat, wird φ gleich $\mp\dfrac{1}{2}\pi$ und ϱ verschwindet, während q den Wert $a\sqrt{k^2 - 1}$ annimmt. Man hat also unendlich viele congruente Bogen, deren jeder in zwei Spitzen endigt, und der Ort der unendlich vielen Spitzen ist eine Parallele zu der gegebenen Geraden. Die natürliche Gleichung erhält man leicht, indem man in dem Ausdruck von ϱ für φ und q ihre Werte einsetzt. Sie lautet:

$$\varrho = \frac{a}{k}\sqrt{1 + (1 - k^2)\,\operatorname{tg}^2\frac{s}{a}}\;.$$

Zwischen beiden Curventypen steht der Kreis, welcher der Annahme $k = 1$ entspricht. Aus der natürlichen Gleichung ergiebt sich, dass in der Umgebung des Anfangspunktes diese Curven sich verhalten, wie wenn ihre Gleichung

$$\varrho = \frac{a}{k} + \frac{1 - k^2}{2\,k}\cdot\frac{s^2}{a}$$

lautete, diejenigen vom ersten Typus haben also das Aussehen einer Kettenlinie und diejenigen vom zweiten Typus das einer Pseudocatenarie. Diese letzteren verhalten sich ferner in der Umgebung einer Spitze wie die Evolvente eines Kreises vom Radius $\dfrac{a}{\sqrt{k^2 - 1}}$, die ersteren dagegen in der Umgebung eines Inflexionspunktes wie die Klothoide $s\varrho = \dfrac{a^2}{k}\sqrt{1 - k^2}$.

n) Wenn die Constante positiv ist, so findet man, dass q der Differentialgleichung $q = a^2\dfrac{d^2q}{ds^2}$ genügen und demnach die Form

$$q = \lambda e^{\frac{s}{a}} + \mu e^{-\frac{s}{a}}$$

mit den willkürlichen Constanten λ und μ haben muss. Erteilt man einer der Constanten den Wert 0, so findet man die Tractrix wieder. Wir wollen deshalb annehmen, λ und μ seien von Null verschieden. Alsdann wird man durch geeignete Wahl des Anfangspunktes die Werte der Constanten ändern und erreichen können, dass sie wenigstens dem absoluten Betrage nach einander gleich werden: es wird dazu genügen, dem Anfangspunkte die Verrückung $\frac{1}{2}\, a \log\left(\mp\,\frac{\mu}{\lambda}\right)$ längs der Curve zu erteilen. Wir erhalten also zwei Curventypen, je nachdem in den Formeln

$$q = \frac{ka}{2}\left(e^{\frac{s}{a}} \mp e^{-\frac{s}{a}}\right), \quad \sin\varphi = \frac{k}{2}\left(e^{\frac{s}{a}} \pm e^{-\frac{s}{a}}\right), \quad \varrho = \frac{a^2}{q}\cos\varphi$$

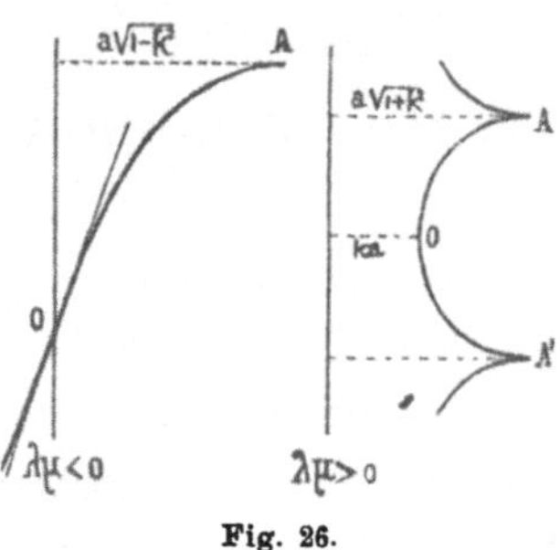

Fig. 26.

das obere oder das untere Zeichen gewählt wird. Setzt man $s = 0$, so erkennt man, dass bei den Curven vom ersten Typus der Anfangspunkt auf der festen Geraden liegt und sie daselbst eine Inflexion haben. Dagegen liegt bei denjenigen vom zweiten Typus der Anfangspunkt ausserhalb der Geraden, ist aber immer noch der ihr am nächsten liegende Punkt. Die Tangente im Anfangspunkte der Curven vom ersten Typus bildet mit der Geraden einen Winkel, dessen Sinus k ist (folglich muss $k < 1$ sein), während bei den Curven vom zweiten Typus die Tangente parallel zu der festen Geraden ist. Inzwischen darf bei keiner dieser Curven s unbegrenzt zunehmen; denn der absolute Betrag von $\sin\varphi$ kann die Einheit nicht überschreiten, folglich kann s nur bis zu dem Werte

$$s = a \log\frac{1 + \sqrt{1 \mp k^2}}{k}$$

variiren, und dann ist $q = a\sqrt{1 \mp k^2}$, $\varphi = \pm\frac{1}{2}\pi$, $\varrho = 0$, d. h. man hat eine Spitze, in welcher die Tangente senkrecht zu der festen Geraden ist. Die unendlich vielen analogen Spitzen liegen alle auf einer in der Entfernung $a\sqrt{1 \mp k^2}$ zu der festen Geraden gezogenen Parallelen.

§ 19. Parallele Curven.

Parallel heissen zwei Curven, welche dieselben Normalen haben. Um auszudrücken, dass der Punkt (x, y) eine zu der Curve (M) parallele Curve beschreibt, genügt es, $x = 0$ und $\delta y = 0$ zu setzen. Dann werden die Formeln (1)

$$(9) \qquad \frac{\delta x}{ds} = 1 - \frac{y}{\varrho}, \quad \frac{dy}{ds} = 0.$$

Die zweite Gleichung zeigt, dass y einen constanten Wert a haben muss, und zwei parallele Curven sind daher auch äquidistant. Wenn umgekehrt eine Curve auf den Normalen einer andern von den Incidenzpunkten aus gerechnet Strecken von der Länge a abschneidet, so sind die beiden Curven parallel, da man bei Anwendung der Formeln (1) auf den Punkt $(x = 0, y = a)$ $\delta y = 0$ erhält. Die erste Gleichung (9) giebt, wenn man beachtet, dass $ds' = \delta x$ ist, $s' = s - a\varphi$, und aus der Formel (6) entnimmt man, da $\theta = 0$ ist, $\varrho' = \varrho - a$. Also haben zwei parallele Curven dieselben Krümmungscentra. Um die natürliche Gleichung der unendlich vielen Parallelcurven einer gegebenen Curve zu erhalten, genügt es, s aus den Gleichungen $s' = s - a\varphi$, $\varrho' = \varrho - a$ zu eliminieren. Es ist nützlich, zu bemerken, dass man der Gleichung einer Schar von parallelen Curven immer die Form geben kann

$$(10) \qquad s = \int \frac{f(\varrho + a)}{\varrho + a}\, \varrho\, d\varrho,$$

indem man die Function f in geeigneter Weise bestimmt. In der That hat man für $a = 0$

$$s = \int f(\varrho)\, d\varrho, \quad \varphi = \int \frac{f(\varrho)}{\varrho}\, d\varrho,$$

mithin

$$s' = s - a\varphi = \int \left(1 - \frac{a}{\varrho}\right) f(\varrho)\, d\varrho = \int \frac{f(\varrho' + a)}{\varrho' + a}\, \varrho'\, d\varrho'.$$

§ 20. Evolute und Evolventen.

Evolute einer Curve nennt man die Enveloppe ihrer Normalen. Da diese gleichzeitig die Normalen jeder andern parallelen Curve sind, so sieht man, dass eine und dieselbe Curve die Evolute einer ganzen Schar von parallelen Curven ist: diese nennt man die Evolventen der betrachteten Curve. Dies vorausgeschickt giebt die Gleichung der Normale $(x = 0)$, wenn man sie differenziert, $y = \varrho$. Also ist die Evolute einer ebenen Curve der Ort ihrer Krümmungscentra: eine geometrisch evidente Eigenschaft (vgl. § 2). Um die natürliche Gleichung der Evolute einer gegebenen Curve (M) zu finden, muss man die Formeln (1) auf die Coordinaten $x = 0$, $y = \varrho$ des Punktes C, des Krümmungscentrums von (M) in M, anwenden.

Man erhält

$$(11) \qquad \frac{\delta x}{ds} = 0, \quad \frac{\delta y}{ds} = \frac{d\varrho}{ds},$$

ferner, wenn man alles, was sich auf die Evolute bezieht, mit dem Index 1 auszeichnet, $ds_1 = \delta y = d\varrho$. Also ist bei geeigneter Fixierung des Anfangspunktes der Bogen $s_1 = \varrho$. Daraus folgt, dass

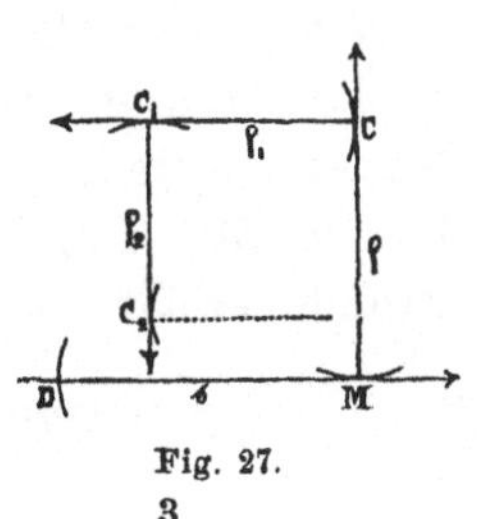

Fig. 27.

jeder Curvenbogen gleich der Differenz der Tangenten in seinen Endpunkten ist, gerechnet von den Berührungspunkten bis zu einer beliebigen Evolvente. Hiernach ist folgendes klar: Wenn ein unausdehnbarer Faden, der anfangs auf eine Curve aufgewickelt ist, sich in der Ebene derart abwickelt, dass er fortwährend gespannt bleibt, so beschreiben seine Punkte die unendlich vielen Evolventen der betrachteten Curve. Endlich leitet man, da $\theta = \frac{\pi}{2}$ ist, aus (6) ab $\varrho_1\,ds = \varrho\,d\varrho$. Man erhält also die natürliche Gleichung der Evolute einer gegebenen Curve durch Elimination von s aus den Gleichungen

$$(12) \qquad s_1 = \varrho\,, \qquad \varrho_1 = \varrho\,\frac{d\varrho}{ds}\,.$$

§ 21.

Wir wollen an dieser Stelle folgendes bemerken: Wenn mit unendlich wachsendem s die betrachtete Curve sich asymptotisch um einen Kreis mit dem Mittelpunkte P herumwickelt, so gehen die Gleichungen (11) in die Unbeweglichkeitsbedingungen für das Krümmungscentrum über: dies stimmt mit dem zusammen, was wir in § 13 gesehen haben. Überdies liefert die zweite der Formeln (12) $\lim \varrho_1 = 0$, und da die auf die Evolute bezügliche Function φ unbegrenzt zunimmt wie die auf die gegebene Curve bezügliche (welche sich von jener nur um eine Constante unterscheidet), so hat die Evolute in P einen asymptotischen Punkt. Also sind die Mittelpunkte der asymptotischen Kreise einer Curve asymptotische Punkte der Evolute. Ganz dieselben analytischen Verhältnisse bieten sich, wenn in einem Punkte mit bestimmter Tangente ϱ ein Minimum oder Maximum ist. Dann hat die Evolute im allgemeinen einen Rückkehrpunkt. Von alledem kann man sich leicht geometrisch Rechenschaft geben (vgl. §§ 6, 9).

§ 22.

Die Evolute der Evolute einer Curve nennt man die zweite Evolute dieser Curve. Die Evolute der zweiten Evolute ist die dritte Evolute u. s. w. (vgl. Fig. 27). Es seien s_n und ϱ_n der Bogen und der Krümmungsradius der n-ten Evolute von (M) in einem gegebenen Punkte M. Durch Anwendung der Formeln (12) auf die $(n-1)$-te Evolute erhält man

$$s_n = \varrho_{n-1}\,, \qquad \varrho_n = \varrho_{n-1}\,\frac{d\varrho_{n-1}}{ds_{n-1}} = \varrho_{n-1}\,\frac{ds_n}{ds_{n-1}}\,,$$

so dass

$$\frac{ds_n}{\varrho_n} = \frac{ds_{n-1}}{\varrho_{n-1}} = \ \ldots\ldots\ = \frac{ds}{\varrho}$$

ist, mithin

$$(13) \qquad \varrho_n = \varrho\,\frac{d}{ds}\,\varrho_{n-1}\,.$$

Wenn also in der Reihe ϱ, ϱ_1, ϱ_2, ϱ_3, $\ldots$ von Functionen von s ein beliebiges Glied gegeben ist, so hat man nur seine Ableitung zu bilden und dieselbe mit ϱ zu multiplicieren, um das folgende Glied zu erhalten. Wählt man noch einfacher als unabhängige Variable die Function φ, welche der Curve und allen ihren Evoluten gemeinsam ist, so erkennt man sofort, indem man in (13) $\varrho\,d\varphi$ für ds setzt, dass ϱ_1, ϱ_2, ϱ_3, $\ldots$ die successiven Ableitungen von ϱ nach φ sind.

§ 23.

Wir wollen mit einer Bemerkung schliessen, die nicht ohne Interesse ist. Wenn in einem Punkte M die Krümmungscentra C, C_1, C_2, C_3, $\ldots$ sich einem Grenzpunkte P nähern, so ist dieser derselbe für alle andern Punkte von (M), wenigstens auf einem in der Umgebung von M passend bestimmten Bogen. In der That ist die Zulassung der Existenz einer Grenzlage P gleichwertig mit der Annahme, dass die Reihen

$$(14) \qquad x = -\varrho_1 + \varrho_3 - \varrho_5 + \cdots, \qquad y = \varrho - \varrho_2 + \varrho_4 - \cdots$$

convergieren: die Summen dieser Reihen sind gerade die Coordinaten von P. Inzwischen ergiebt sich unter Benutzung der Formel (13)

$$\varrho\,\frac{dx}{ds} = -\varrho_2 + \varrho_4 - \varrho_6 + \cdots = y - \varrho, \qquad \varrho\,\frac{dy}{ds} = \varrho_1 - \varrho_3 + \varrho_5 - \cdots = -x,$$

d. h. die Bedingungen (1) sind erfüllt. Also ist P ein fester Punkt in der Ebene der Curve.

§ 24. Übungsbeispiele.

a) **Was für eine Curve ist die Evolute der Tractrix?** Schreibt man die Gleichung der Tractrix in der Form

$$\varrho^2 + a^2 = a^2 e^{\frac{2s}{a}},$$

so erhält man durch Differentiation

$$\varrho_1 = a\,e^{\frac{2s}{a}} = a + \frac{\varrho^2}{a} = a + \frac{s_1^2}{a}\,.$$

Die gesuchte Curve ist also eine Kettenlinie.

b) Verfährt man analog bei der Gleichung $k^2a^2 - \varrho^2 = k^2a^2c^{-\frac{2s}{a}}$, so erhält man

$$\varrho_1 = k^2ae^{-\frac{2s}{a}} = k^2a - \frac{\varrho^2}{a} = k^2a - \frac{s_1{}^2}{a}\,.$$

Also ist (§ 11, f, g) **die Pseudocatenarie die Evolute einer Pseudo-tractrix.**

c) Wir wollen die Curven finden, welche unter constantem Winkel unendlich viele gleiche Kreise schneiden, deren Mittelpunkte auf einer Geraden liegen. Offenbar haben die Coordinaten des Mittelpunktes eines Kreises inbezug auf die Tangente und die Normale in dem entsprechenden Punkte der unbekannten Curve constante Werte a und b. Mit Rücksicht darauf leitet man aus (1) ab

$$\frac{\delta x}{ds} = 1 - \frac{b}{\varrho}\,, \quad \frac{\delta y}{ds} = \frac{a}{\varrho}\,, \quad \operatorname{tg}\theta = \frac{a}{\varrho - b}\,;$$

mithin wird

$$s = -\int \varrho\, d\theta = \int \frac{a\varrho\, d\varrho}{(\varrho - b)^2 + a^2}\,.$$

Jetzt wollen wir uns der Formel (10) bedienen, um die zu der unbekannten Curve im Abstande b gezogene Parallelcurve zu bestimmen. Man findet

$$s = \int \frac{a\varrho\, d\varrho}{\varrho^2 + a^2} = \frac{a}{2}\log(\varrho^2 + a^2) + \text{Const.}, \quad \text{d. h.} \quad \varrho = a\sqrt{e^{\frac{2s}{a}} - 1}\,,$$

und die gesuchten Curven sind demnach Parallelcurven einer Tractrix. **Sie sind also die unendlich vielen Evolventen der Kettenlinie.**

d) Die Evolute der logarithmischen Spirale erhält man unmittelbar durch Differentiation der natürlichen Gleichung $\varrho = ks$. Man findet $\varrho_1 = k\varrho = ks_1$, ferner in analoger Weise $\varrho_2 = ks_2$ u. s. w. **Also ist die logarithmische Spirale allen ihren Evoluten congruent.** Wenn man überdies bemerkt, dass $\varrho_n = k^{n+1}s$ ist, so sieht man, dass für ein k, welches dem absoluten Betrage nach kleiner als 1 ist, die Formeln (14) liefern

$$x = -\frac{k^2s}{1 + k^2}\,, \quad y = \frac{ks}{1 + k^2}\,.$$

Der Punkt P, von welchem in § 23 gesprochen wurde, ist also in dem vorliegenden Falle kein andrer als der Pol (§ 11, b) der Curve.

e) Auch die Cycloide ist ihren Evoluten congruent. In der That ergiebt sich aus $s^2 + \varrho^2 = a^2$ durch Differentiation $\varrho_1 = -s$, und da $s_1 = \varrho$ ist, so hat man $s_1{}^2 + \varrho_1{}^2 = a^2$. Dagegen leitet man aus $s^2 - \varrho^2 = \pm a^2$ ab $s_1{}^2 - \varrho_1{}^2 = \mp a^2$. Also sind zwei Pseudocycloiden (§ 8, e) mit gleichem Parameter und von verschiedenem Typus immer so beschaffen, dass jede die Evolute der andern ist. Es folgt daraus, dass jede Pseudocycloide ihren Evoluten von gerader Ordnung congruent ist.

f) Allgemeiner leitet man aus der Gleichung $b^2s^2 + a^2\varrho^2 = a^2b^2$ ohne Schwierigkeit ab $b_1{}^2s_1{}^2 + a_1{}^2\varrho_1{}^2 = a_1{}^2b_1{}^2$, wo $a_1 = b$, $b_1 = \dfrac{b^2}{a}$ gesetzt worden ist. Da hiernach die Gleichung der Evolute aus derjenigen der ursprünglichen Curve erhalten werden kann, indem man s und ϱ mit $\frac{a}{b}$ multipliciert, so sieht man, dass die Epicycloiden und Hypocycloiden ihren Evoluten ähnlich sind. Betrachtet man die geometrische Progression, welche mit den Gliedern a und b beginnt, so wird die n-te Evolute der durch die Parameter a und b definierten cycloidalen Curve durch das n-te und $(n+1)$-te Glied der Progression definiert. Convergiert die letztere, was allein bei den Epicycloiden der Fall ist (§ 8, d), so ist die in § 23 gemachte Bemerkung anwendbar, und man findet

$$x = \frac{b^2 s}{a^2 - b^2}, \qquad y = \frac{a^2 \varrho}{a^2 - b^2}.$$

Dies sind gerade (vgl. § 18, h) die Coordinaten des Centrums des Leitkreises, auf welchen sich also die successiven Evoluten der Epicycloide allmählich zusammenziehen.

g) Giebt es Curven, bei welchen jeder Punkt und das entsprechende Krümmungscentrum der Evolute in gerader Linie mit einem festen Punkte liegen? Suchen wir allgemeiner die Enveloppe von MC_1. Die Gleichung dieser Geraden ist $\varrho x + \varrho_1 y = 0$. Durch Differentiation erhält man $(\varrho + \varrho_2) y = \varrho^2$. Also sind die Coordinaten des Berührungspunktes P von MC_1 mit seiner Enveloppe

$$(15) \qquad x = -\frac{\varrho \varrho_1}{\varrho + \varrho_2}, \qquad y = \frac{\varrho^2}{\varrho + \varrho_2},$$

und durch Anwendung des in § 15 angegebenen Verfahrens würde man in jedem Falle zu der Gleichung der Enveloppe gelangen. Soll P fest sein, so muss man ausdrücken, dass die Bedingungen (2) von den vorstehenden Functionen x und y erfüllt werden. Es ist aber vorzuziehen, die Differentiationen fortzusetzen, indem man die letzte der erhaltenen Gleichungen, d. h. $(\varrho + \varrho_2) y = \varrho^2$, wieder aufnimmt. Beachtet man die Ausdrücke der Coordinaten, so findet man $\varrho \varrho_3 = \varrho_1 \varrho_2$ und sieht auf diese Weise, dass C_3 der Geraden MC_1 angehört. Inzwischen überzeugt man sich leicht, dass der Punkt P der Geraden CC_2 angehört. Dies bedeutet, dass die Curve (C) dieselbe Eigenschaft wie (M) hat. Folglich gehört C_4 der Geraden CC_2 an u. s. w. Die Curven, welche wir suchen, sind also so beschaffen, dass ihre successiven Krümmungscentra in einem beliebigen Punkte M auf zwei Geraden liegen, welche um den festen Punkt P rotieren, wenn M die Curve (M) durchläuft. Was für Curven sind dies? Schreibt

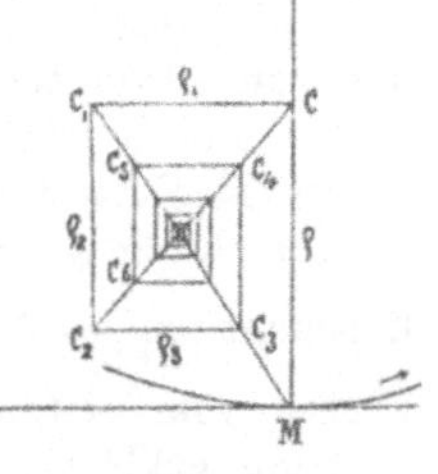

Fig. 28.

man die Gleichung $\varrho \varrho_3 = \varrho_1 \varrho_2$ in der Form $\dfrac{\varrho}{\varrho_1} = \dfrac{\varrho_2}{\varrho_3}$, so leitet man daraus, wenn man sich an die Relation (13) erinnert und integriert, sofort ab $\varrho_2 = k\varrho$, ferner durch nochmalige Integration $\varrho_1 = ks$ und endlich $\varrho^2 - ks^2 = \text{Const.}$ Also sind die gesuchten Curven diejenigen vom cycloidischen oder pseudocycloidischen Typus und die logarithmischen Spiralen. Trägt man überdies in (15) die Werte $\varrho_1 = ks$, $\varrho_2 = k\varrho$ ein, so erhält man

$$x = -\frac{ks}{1+k}, \quad y = \frac{\varrho}{1+k}$$

und erkennt auf diese Weise, dass der feste Punkt P der Mittelpunkt des Leitkreises ist (vgl. § 18, h). Zu denselben Curven würde man auch gelangen, wenn man nur die Bedingung stellte, dass C_1 und C_3 in gerader Linie mit M liegen sollen.

h) Um die Evolvente des Kreises vom Radius a zu finden, genügt es, in der zweiten Formel (12) $\varrho_1 = a$ zu setzen. Man erhält dann $\varrho\, d\varrho = a\, ds$, mithin $\varrho^2 = 2as$, und auf diese Weise ist der Name gerechtfertigt, womit wir die durch diese Gleichung dargestellte Curve zu Anfang (§ 8, a) belegt haben. Wünscht man nunmehr eine Evolvente der Evolvente, so hat man die Ausdrücke (12) für s_1 und ϱ_1 in $\varrho_1^2 = 2as_1$ einzusetzen und findet dann durch Integration, dass ϱ^3 proportional s^2 ist. Man wird auf diese Weise dazu geführt, die Gleichung einer $(n-1)$-ten Evolvente des Kreises in der Form $\varrho^n = k_n s^{n-1}$ anzunehmen. Inzwischen findet man mit Hilfe der Formeln (12), dass die natürliche Gleichung der Evolute dieser Curve $\varrho^{n-1} = \left(1 - \frac{1}{n}\right)^{n-1} k_n s^{n-2}$ ist, und andrerseits muss $\varrho^{n-1} = k_{n-1} s^{n-2}$ sein. Der Vergleich der beiden Gleichungen gestattet k_n zu berechnen (wenn man sich erinnert, dass $k_1 = a$ ist), und man findet auf diese Weise, dass die Gleichung

$$\varrho^n = \frac{n!}{n^n}\, a s^{n-1}$$

eine $(n-1)$-te Evolvente des Kreises vom Radius a darstellt. Die successiven Evolventen nehmen immer mehr die Form einer logarithmischen Spirale an, da mit unbegrenzt wachsendem n die natürliche Gleichung in $\varrho = es$ übergeht.

i) Alle Curven $\varrho = ks^n$ haben Evoluten von derselben Art. Man weiss (§ 11, e), dass diese Curven vier verschiedenen Typen angehören, je nachdem n in eins der vier Intervalle fällt, die durch die Grenzen $-\infty$, $0, 1, 2, \infty$ bestimmt sind. Wir wollen daran erinnern, dass zu den Curven vom ersten Typus die Klothoide und zu denen vom zweiten die Kreisevolvente gehört. Die Curven vom vierten Typus sind durch das Vorhandensein von Asymptoten im Endlichen charakterisiert, während diejenigen vom dritten ins Unendliche verlaufen wie die Curve $a\varrho = s^2$, welche eine bekannte Evolvente besitzt (§ 11, a). Bei Anwendung der Formeln (12) auf die Gleichung $\varrho = ks^n$ erhält man eine analoge Gleichung, in welcher der Exponent $n_1 = 2 - \frac{1}{n}$ geworden ist. Daraus folgt, dass die Evoluten der Curven vom ersten Typus dem vierten angehören, was sich durch die Bemerkung erklärt, dass aus den Punkten höherer Berührung mit der Tangente die Asymptoten hervorgehen. Die Evoluten der Curven vom zweiten Typus gehören demselben oder dem ersten Typus an. Bei den übrigen Typen gehören die Evoluten dem dritten Typus an. Dieser letzte Typus kommt bei der Bildung der successiven Evoluten schliesslich immer zum Vorschein, mit Ausnahme der Kreisevolventen. In der That hat der Exponent n für die v-te Evolute den Wert

$$n_v = \frac{(v+1)\,n - v}{vn - (v-1)},$$

und man sieht leicht, dass für $\nu \geqq 2$ und für ein n, welches negativ oder grösser als 1 ist, $1 < n_\nu < 2$ ist. Nur die Curven vom zweiten Typus haben Evoluten von allen Typen, da offenbar die ν-te Evolute bezüglich vom dritten, vierten, ersten oder zweiten Typus ist, je nachdem n einem der Intervalle angehört, die durch die Grenzen $0,\ \dfrac{\nu - 2}{\nu - 1},\ \dfrac{\nu - 1}{\nu},\ \dfrac{\nu}{\nu + 1},\ 1$ bestimmt sind, und zwar mit Ausschluss der Grenzen selbst, welche dem Kreise und seinen Evolventen und der logarithmischen Spirale entsprechen. Da nun aber die Zwischenzahlen mit unbegrenzt zunehmendem ν nach 1 convergieren, so ist klar, dass in jedem Falle schliesslich der dritte Typus überwiegt. Übrigens kann man zu diesem Schluss durch die Bemerkung gelangen, dass es, wenn n zwischen 0 und 1 enthalten ist, genügt, $(\nu - 1)(1 - n) > 1$ zu machen, damit n_ν zwischen 1 und 2 falle. Da ferner in allen Fällen $\lim n_\nu = 1$ ist, so zeigt sich deutlich die Tendenz aller Evoluten, die Gestalt einer logarithmischen Spirale anzunehmen.

Drittes Kapitel.

Bemerkenswerte ebene Curven.

§ 25. Kegelschnitte.

Einen **Kegelschnitt** nennt man jede Curve, die im gewöhnlichen cartesischen System mit unbeweglichen Axen durch eine Gleichung zweiten Grades zwischen den Coordinaten x und y ihrer Punkte dargestellt wird. Wird der Kegelschnitt auf die Tangente und die Normale in einem beliebigen Punkte M bezogen, so fehlt in der Gleichung das absolute Glied. Da ferner für ein nach Null convergierendes x (§§ 1, 4)

$$\lim \frac{y}{x} = 0, \quad \lim \frac{y}{x^2} = \frac{1}{2\varrho}$$

sein muss, so sieht man, dass die Gleichung auch von dem Gliede mit x frei sein muss, so dass man ihr die Form

$$(1) \qquad y = \frac{1}{2}(\alpha x^2 + \beta y^2 + 2\gamma xy)$$

geben kann, indem man für den Augenblick mit α die Krümmung in M bezeichnet. Man bemerke, dass wegen der willkürlichen Wahl des Anfangspunktes M im allgemeinen, wenn x unbegrenzt zunimmt, auch y unendlich gross von derselben Ordnung sein wird, und dass man daher das erste Glied von (1) gegen das zweite vernachlässigen darf. Dieses letztere lässt sich immer in zwei Linearfactoren zerlegen:

$$\alpha x^2 + \beta y^2 + 2\gamma xy = (\lambda x + \mu y)(\lambda' x + \mu' y).$$

Im Unendlichen verhält sich also die Curve schliesslich wie ein Paar von Geraden

$$(2) \qquad \lambda x + \mu y = q, \quad \lambda' x + \mu' y = q'.$$

Sie sind conjugiert imaginär, wenn die Discriminante $\varDelta = \alpha\beta - \gamma^2$ positiv ist, reell und von einander verschieden, wenn $\varDelta < 0$ ist. Im ersten Falle nennt man den Kegelschnitt eine **Ellipse**, im zweiten eine

Hyperbel. Zwischen den Ellipsen und Hyperbeln steht die **Parabel**, die durch $\varDelta = 0$ charakterisiert wird. Ferner nennt man eine **gleichseitige Hyperbel** den Kegelschnitt, der sich im Unendlichen verhält wie ein Paar orthogonaler Geraden. Dieselbe wird charakterisiert durch die Bedingung für die Orthogonalität der Geraden (2), d. h. $\lambda\lambda' + \mu\mu' = 0$, welche sich auf $\alpha + \beta = 0$ reduciert.

§ 26. Asymptoten.

Denken wir uns auf den linken Seiten der Gleichungen (2) für x und y die Coordinaten der Curvenpunkte eingesetzt. Dadurch wird die Gleichheit zwischen den linken und rechten Seiten aufgehoben. Sie wird sich aber, wenn der Punkt (x, y) auf der Curve ins Unendliche fortrückt, nach und nach wiederherstellen, falls man für q und q' die Grenzwerte der linken Seiten setzt. Da nun die Differenzen zwischen den linken und den entsprechenden rechten Seiten abgesehen von endlichen Factoren die Entfernungen des Punktes (x, y) von den beiden Geraden darstellen, so sind diese Asymptoten der Curve (§ 13). Inzwischen erkennt man durch Hervorziehen des Factors x aus $\lambda x + \mu y$ und $\lambda' x + \mu' y$ ohne weiteres folgendes: Wenn sich diese Grössen für unendlich zunehmendes x endlichen Grenzwerten nähern, so convergiert das Verhältnis $\frac{y}{x}$ bei der ersten Grösse nach $-\frac{\lambda}{\mu}$, bei der zweiten nach $-\frac{\lambda'}{\mu'}$. Unter Berücksichtigung der Relationen

$$\lambda\lambda' = \alpha, \quad \mu\mu' = \beta, \quad \lambda\mu' + \mu\lambda' = 2\gamma, \quad \lambda\mu' - \mu\lambda' = 2i\sqrt{\varDelta}$$

findet man demnach:

$$q = \lim (\lambda x + \mu y) = \lim \frac{2y}{\lambda' x + \mu' y} = \frac{2\lambda}{\lambda\mu' - \mu\lambda'} = -\frac{i\lambda}{\sqrt{\varDelta}},$$

$$q' = \lim (\lambda' x + \mu' y) = \lim \frac{2y}{\lambda x + \mu y} = \frac{2\lambda'}{\mu\lambda' - \lambda\mu'} = \frac{i\lambda'}{\sqrt{\varDelta}}.$$

Für die Parabel $(\varDelta = 0)$ werden diese Werte unendlich, und überdies ist $\alpha x^2 + \beta y^2 + 2\gamma xy$ das Quadrat von $\lambda x + \mu y$ oder von $\lambda' x + \mu' y$. Nähert sich also $\varDelta$ der Null, so stellen die Gleichungen (2) in der Grenze ein Paar von zusammenfallenden Geraden dar, die ins Unendliche gerückt sind.

§ 27. Mittelpunkt und Durchmesser.

Durch Auflösung der Gleichungen (2) findet man, dass die Asymptoten, seien sie reell oder imaginär, sich immer in dem reellen Punkte

$$(3) \qquad x = -\frac{\gamma}{\varDelta}, \quad y = \frac{\alpha}{\varDelta}$$

schneiden. Es ist nützlich, zu bemerken, dass diese Coordinaten den Gleichungen

$$(4) \qquad \alpha x + \gamma y = 0, \quad \gamma x + \beta y = 1$$

genügen, welche man also an Stelle der Gleichungen (2) setzen darf, sofern dieselben zur Aufsuchung des genannten Punktes dienen sollen. Schreibt man nun (1) in der Form

$$2y = (\alpha x + \gamma y)x + (\gamma x + \beta y)y,$$

so zeigen die Formeln (4), dass die rechte Seite y wird, dass mithin die Gleichung von den Werten (3) nicht befriedigt wird. Es genügt aber, diese Werte zu verdoppeln, um die Gleichung zu erfüllen. Also ist der durch die Coordinaten (3) bestimmte Punkt O ein Mittelpunkt der Curve, d. h. er halbiert alle hindurchgehenden Sehnen. Ferner liefert die Gleichung (1) bei beliebiger Wahl von y für x zwei Werte, deren arithmetisches Mittel $-\frac{\gamma y}{\alpha}$ ist. Also ist für den Mittelpunkt einer beliebigen zur Tangente in M parallelen Sehne $\alpha x + \gamma y = 0$, d. h. er genügt der ersten Gleichung (4), welche die Gerade OM darstellt. Nennt man also den Ort der Mittelpunkte einer Schar paralleler Sehnen einen Durchmesser, so sieht man, dass die Durchmesser eines Kegelschnitts die durch den Mittelpunkt hindurchgehenden Geraden sind.

§ 28. Scheitel und Axen.

Axen nennt man diejenigen Durchmesser, welche Normalen des Kegelschnitts sind, und Scheitel ihre Schnittpunkte mit demselben. Soll M ein Scheitel sein, so ist dazu nach den Formeln (3) erforderlich, dass γ verschwindet. Alsdann hat die Strecke OM die Länge $a = \frac{\alpha}{\varDelta} = \frac{1}{\beta}$. Inzwischen wird die Gleichung des Kegelschnitts, wenn man für den Augenblick den Anfangspunkt nach O verlegt,

$$(5) \qquad \alpha x^2 + \beta y^2 + 2\gamma xy = \frac{\alpha}{\varDelta}$$

und reduciert sich, wenn M ein Scheitel ist und man $b^2 = \frac{a}{\alpha}$ setzt, auf

$$(6) \qquad a^2 x^2 + b^2 y^2 = a^2 b^2.$$

Mit Hilfe dieser Gleichung kann man sich rasch einen Überblick über die Gestalt der Curve in den verschiedenen Fällen verschaffen.

Man überzeugt sich dabei, dass es zwei Axen giebt (die die Winkel
der Asymptoten halbieren) und vier Scheitel, die bei der Ellipse
($b^2 > 0$) sämtlich reell und von denen bei der Hyperbel ($b^2 < 0$)
zwei reell und zwei imaginär sind. Wir
werden beständig mit a die positive Wurzel
von a^2 und mit b oder mit $\dfrac{b}{i}$ die positive
Wurzel von b^2 oder $- b^2$ bezeichnen und im
ersten Falle $a > b$ voraussetzen, indem wir,
wenn es nötig ist, a mit b vertauschen. Nach
diesen Vereinbarungen unterscheiden wir in
beiden Fällen die eine, stets reelle Axe, auf
welcher der Kegelschnitt die Strecke $2a$ be-

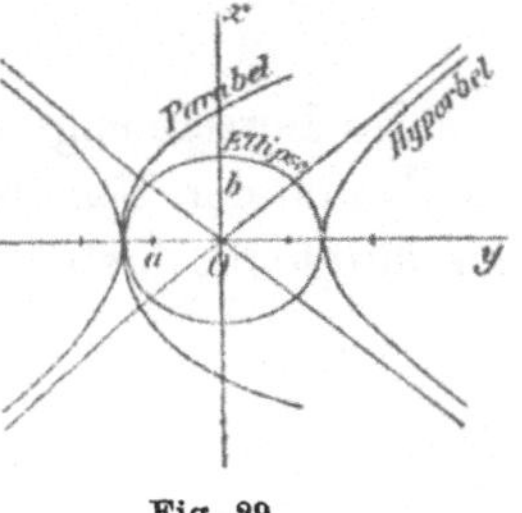

Fig. 29.

stimmt, von der andern durch die Bezeichnung Focalaxe. Dies
vorausgeschickt wollen wir die Focalaxe um θ und um θ' sich drehen
lassen und ihre neuen Lagen als x- bezw. y-Axe wählen. Die Gleichung (6) transformiert sich in

$$a^2(x \sin\theta + y \sin\theta')^2 + b^2(x \cos\theta + y \cos\theta')^2 = a^2 b^2.$$

Sie wird von dem Gliede xy frei sein, wenn man θ' derart an θ
bindet, dass sich $a^2 \sin\theta \sin\theta' + b^2 \cos\theta \cos\theta'$ auf Null reduciert, wenn
man also zwischen θ und θ' die Relation aufstellt

$$(7) \qquad \operatorname{tg}\theta \operatorname{tg}\theta' = - \frac{b^2}{a^2}.$$

Die Gleichung erhält also wieder die Form (6), und da für jeden Wert,
den man einer der Coordinaten erteilt, die andre gleiche und entgegengesetzte Werte annimmt, so sieht man, dass die Durchmesser des
Kegelschnitts sich paarweise einander zuordnen lassen derart, dass bei
jedem Paare jeder Durchmesser die zu dem andern parallelen
Sehnen halbiert. Zwei derartige Durchmesser nennt man conjugiert. Man bemerke, dass jede Asymptote mit sich selbst conjugiert
ist, und dass das einzige Paar orthogonaler conjugierter Durchmesser
von den beiden Axen gebildet wird. Hierbei schliessen wir jedoch
die Gleichheit zwischen b und a aus, welche nur stattfindet, wenn der
Kegelschnitt sich auf einen Kreis reduciert. Es ist ferner nützlich zu
bemerken, dass nur beim Kreise und bei der gleichseitigen
Hyperbel jedes orthogonale Durchmesserpaar zu einem andern orthogonalen Paare conjugiert ist, da zum gleichzeitigen
Bestehen von

$$\operatorname{tg}\theta \operatorname{tg}\theta' = - \frac{b^2}{a^2}, \quad \cot\theta \cot\theta' = - \frac{b^2}{a^2}$$

offenbar erforderlich ist $a^4 = b^4$, d. h. $a^2 = \pm\, b^2$. Wir werden bald sehen, dass man bei Annahme des untern Vorzeichens gerade die gleichseitige Hyperbel erhält.

$$\S\ 29.$$

Die Berechnung der Halbaxen a und b lässt sich leicht ausführen auf Grund der Bemerkung, dass sich beim Übergange von (5) zu (6) eine durch die erste der Discriminanten

$$\begin{vmatrix} \alpha & \gamma \\ \gamma & \beta \end{vmatrix}, \qquad \begin{vmatrix} \dfrac{\alpha}{b^2 \varDelta} & 0 \\ 0 & \dfrac{\alpha}{a^2 \varDelta} \end{vmatrix}$$

definierte quadratische Form orthogonal in eine andre transformiert hat, die durch die zweite Discriminante definiert wird. Eine solche Transformation lässt die orthogonalen Invarianten ungeändert, und es ist demnach

$$\alpha + \beta = \left(\frac{1}{a^2} + \frac{1}{b^2}\right)\frac{\alpha}{\varDelta}, \quad \alpha\beta - \gamma^2 = \frac{\alpha^2}{a^2 b^2 \varDelta^2},$$

woraus sich ergiebt

$$(8) \qquad a^2 + b^2 = \frac{\alpha(\alpha+\beta)}{\varDelta^2}, \quad ab = \frac{\alpha}{\varDelta^{\frac{3}{2}}}.$$

Diese Formeln zeigen, dass die **gleichseitige Hyperbel** durch die Relation $b = ia$ charakterisiert wird, und dass für die **Parabel** a und b unendlich sind. Wenn man überdies die Relation

$$(9) \qquad \frac{a^2 b^2}{(a^2 + b^2)^{\frac{3}{2}}} = \frac{\alpha^{\frac{1}{2}}}{(\alpha + \beta)^{\frac{3}{2}}}$$

beachtet, die man durch Elimination von $\varDelta$ aus (8) erhält, so sieht man folgendes: Lässt man γ^2 unter Festhaltung von α und β zunehmend nach $\alpha\beta$ convergieren, so verwandelt sich die durch die Halbaxen a und b definierte Ellipse allmählich in eine Parabel, und zwar geschieht dies in der Weise, dass die Halbaxen unbegrenzt wachsen, während die linke Seite von (9) beständig gleich einer bestimmten Länge p bleibt, die man den **Parameter** der Parabel nennt. Es folgt daraus, dass b nicht von derselben Ordnung wie a unendlich werden kann, sonst würde das erste Glied von (9) wie a ins Unendliche wachsen. Man muss also annehmen, dass b gegen a vernachlässigt werden darf, und dann geht (9) über in $\lim \dfrac{b^2}{a} = p$.

§ 30. Die natürliche Gleichung.

Wir wollen den Anfangspunkt als beweglich längs der Curve betrachten und die Gleichung (1) differenzieren, indem wir ausdrücken, dass x und y die Unbeweglichkeitsbedingungen erfüllen, und gleichzeitig beachten, dass α, β, γ Functionen von s sind. Die dabei sich ergebende Gleichung

$$\left(\alpha - \frac{1}{\varrho}\right)x + \gamma y = \frac{1}{2}\left(\frac{d\alpha}{ds} - \frac{2\gamma}{\varrho}\right)x^2 + \frac{1}{2}\left(\frac{d\beta}{ds} + \frac{2\gamma}{\varrho}\right)y^2 + \left(\frac{d\gamma}{ds} + \frac{\alpha - \beta}{\varrho}\right)xy$$

muss mit (1) zusammenfallen (§ 16). Folglich ist $\alpha = \dfrac{1}{\varrho}$, ferner

$$(10) \quad \frac{d\alpha}{ds} = \left(\alpha + \frac{2}{\varrho}\right)\gamma, \quad \frac{d\beta}{ds} = \left(\beta - \frac{2}{\varrho}\right)\gamma, \quad \frac{d\gamma}{ds} = \gamma^2 - \frac{\alpha - \beta}{\varrho}.$$

Die erste von diesen Formeln giebt sofort

$$\gamma = \frac{\varrho}{3}\frac{d}{ds}\frac{1}{\varrho} = \frac{d}{ds}\log\varrho^{-\frac{1}{3}} = -\frac{\varrho_1}{3\varrho^2}.$$

Man braucht nur die Werte von α und γ in die erste Gleichung (4) einzusetzen, um die von Mac-Laurin angegebene Construction des Krümmungscentrums C_1 der Evolute eines Kegelschnitts zu erhalten. In der That wird die genannte Gleichung $3\varrho x = \varrho_1 y$, und es lässt sich daraus folgern, dass, wenn der Durchmesser OM die Normale der Evolute in Q trifft, die Strecke QC_1 von dem Krümmungscentrum des Kegelschnitts im Verhältnis von 1 zu 3 geteilt wird. Zu der Formel (10) zurückkehrend, bemerken wir, dass

$$\frac{d}{ds}(\alpha + \beta) = (\alpha + \beta)\gamma, \quad \frac{d\varDelta}{ds} = 2\gamma\varDelta$$

ist, d. h.

$$\frac{d}{ds}\log(\alpha + \beta) = \frac{d}{ds}\log\varrho^{-\frac{1}{3}}, \quad \frac{d}{ds}\log\varDelta = \frac{d}{ds}\log\varrho^{-\frac{2}{3}}.$$

Daraus folgt, wenn A und B zwei willkürliche Constanten bedeuten,

$$(11) \quad \alpha + \beta = A\varrho^{-\frac{1}{3}}, \quad \varDelta = B\varrho^{-\frac{2}{3}}.$$

Andrerseits ist

$$\gamma^2 = -\alpha^2 + \alpha(\alpha + \beta) - \varDelta = -\alpha^2\left(1 - A\varrho^{\frac{2}{3}} + B\varrho^{\frac{4}{3}}\right)$$

oder auch

$$(12) \quad \frac{1}{9}\left(\frac{d\varrho}{ds}\right)^2 = -1 + A\varrho^{\frac{2}{3}} - B\varrho^{\frac{4}{3}}.$$

Also ist die natürliche Gleichung des Kegelschnitts

$$s = \frac{1}{3}\int \frac{d\varrho}{\sqrt{-1 + A\varrho^{\frac{2}{3}} - B\varrho^{\frac{4}{3}}}}.$$

§ 31.

Um die Constanten A und B als Functionen der Halbaxen zu bestimmen, erinnern wir an folgendes (§ 28): Wenn M ein Scheitel ist, so enthält die Normale den Mittelpunkt, mithin hat man auf Grund von (3) $\gamma = 0$, und der Wert von a oder von b wird ausgedrückt durch

$$\frac{\alpha}{\varDelta} = \frac{\alpha}{B\varrho^{-\frac{2}{3}}} = \frac{1}{B\varrho^{\frac{1}{3}}}.$$

Wenn man demnach in der Gleichung, die man durch Nullsetzen der rechten Seite von (12) erhält, $\varrho^{\frac{2}{3}} = \frac{1}{B^2 z}$ setzt, so besitzt die so transformierte Gleichung

$$1 - ABz + B^3 z^2 = 0$$

gerade die Wurzeln a^2 und b^2, mithin hat man

$$a^2 + b^2 = \frac{A}{B^2}, \quad a^2 b^2 = \frac{1}{B^3},$$

und daraus ergiebt sich

(13) $$A = (a^2 + b^2)\,(ab)^{-\frac{4}{3}}, \quad B = (ab)^{-\frac{2}{3}}$$

Man bemerke überdies, dass auf der Focalaxe und auf der andern Axe (aber sonst nirgends) die Krümmung die Werte $B^3 a^3 = \frac{a}{b^2}$ und $B^3 b^3 = \frac{b}{a^2}$ hat. Zu den Formeln (13) hätte man viel schneller auf einem andern Wege gelangen können, da offenbar zwischen den Formeln (11) und (8) kein Unterschied besteht; aber das von uns zur Ableitung von (11) eingeschlagene Verfahren hat den Vorteil, immer anwendbar zu sein, ohne Vorkenntnisse über die Eigenschaften der Curve vorauszusetzen. Unter Verwertung der Formeln (13) wird nunmehr die natürliche Gleichung des Kegelschnitts

(14) $$s = \frac{1}{3}\int \frac{d\varrho}{\sqrt{\left(1 - \left(\frac{b\varrho}{a^2}\right)^{\frac{2}{3}}\right)\left(\left(\frac{a\varrho}{b^2}\right)^{\frac{2}{3}} - 1\right)}}.$$

Welche besondere Form hat diese Gleichung bei der Parabel und bei der gleichseitigen Hyperbel? Im Falle der gleichseitigen Hyperbel hat man $b = ia$, und die Formeln (13) liefern $A = 0$, $B = -a^{-\frac{4}{3}}$. Dagegen hat man bei der Parabel $B = 0$, und der Wert von A wird erhalten, wenn man sich daran erinnert, dass die linke Seite von (9) den Parameter p darstellt, so dass $A = p^{-\frac{2}{3}}$ ist. Also sind die natürlichen Gleichungen der Parabel und der gleichseitigen Hyperbel bezüglich

$$(15) \qquad s = \frac{1}{3} \int \frac{d\varrho}{\sqrt{\left(\frac{\varrho}{p}\right)^{\frac{2}{3}} - 1}}, \quad s = \frac{1}{3} \int \frac{d\varrho}{\sqrt{\left(\frac{\varrho}{a}\right)^{\frac{4}{3}} - 1}}.$$

§ 32. Brennpunkte und Krümmung.

Wir wollen untersuchen, bei welchen Curven die Summe der Entfernungen jedes Punktes von zwei festen Punkten constant ist. Sind $F(r, \theta)$ und $F'(r', \theta')$ die beiden Punkte, so muss $r + r' = 2a$ sein. Daraus folgert man durch Differentiation unter Beachtung der ersten Unbeweglichkeitsbedingung $\theta + \theta' = \pi$. Also halbiert die Normale den Winkel zwischen den Radienvectoren. Ferner leitet man aus den Bedingungen

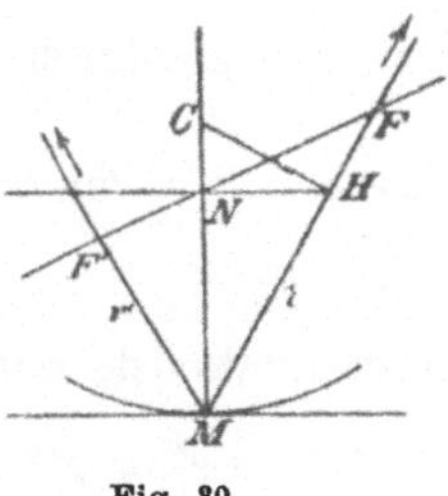

Fig. 30.

$$(16) \qquad \frac{d\theta}{ds} = -\frac{1}{\varrho} + \frac{\sin\theta}{r}, \quad \frac{d\theta'}{ds} = -\frac{1}{\varrho} + \frac{\sin\theta'}{r'}$$

durch Addition ab

$$(17) \qquad \frac{2}{\varrho} = \left(\frac{1}{r} + \frac{1}{r'}\right) \sin\theta.$$

Wenn man in dem Punkte N der Normale, der auf FF' liegt, eine Senkrechte auf der Normale errichtet, so bestimmt diese auf den Radienvectoren Abschnitte MH und MH', deren Länge ι durch die Formel

$$\frac{2}{\iota} = \frac{1}{r} + \frac{1}{r'}$$

gegeben ist. Nun erhält man aber aus (17) $\iota = \varrho \sin\theta$, folglich gelangt man zur Construction des Krümmungscentrums, indem man noch in H die Senkrechte auf dem Radiusvector errichtet und sie in C mit der Normale zum Schnitt bringt. Inzwischen reduciert sich die Gleichung (17) auf die Form $rr' = a\varrho \sin\theta$ und giebt dann zu einer interessanten Bemerkung Anlass. Der Krümmungsradius der Fusspunktcurve von (M) inbezug auf F ist (§ 18, 1)

$$\varrho' = \frac{r^2}{2r - \varrho \sin\theta} = \frac{ar}{2a - r'} = a.$$

Also ist die Fusspunktcurve von (M) inbezug auf F (oder F') ein Kreis vom Radius a. Mit andern Worten: Man kann die

Curve (M) immer als die Enveloppe der Senkrechten betrachten, die auf den Geraden eines Büschels in deren Schnittpunkten mit einem Kreise errichtet sind. Zu den Formeln (16) zurückkehrend, wollen wir bemerken, dass man aus denselben durch Subtraction auch ableiten kann

$$2\frac{d\theta}{ds} = \left(\frac{1}{r} - \frac{1}{r'}\right)\sin\theta = \frac{r'-r}{a\varrho},$$

und da $r + r' = 2a$ ist, so erhält man zugleich

$$r = a\left(1 - \varrho\frac{d\theta}{ds}\right), \quad r' = a\left(1 + \varrho\frac{d\theta}{ds}\right),$$

woraus sich durch Multiplication und Integration ergiebt

$$(18) \qquad \frac{\varrho}{a}\sin\theta = 1 - \varrho^2\left(\frac{d\theta}{ds}\right)^2, \quad s = \int \frac{\varrho\,d\theta}{\sqrt{1 - \frac{\varrho}{a}\sin\theta}}.$$

Andrerseits ist, wenn man mit $2c$ die Entfernung FF' bezeichnet,

$$4c^2 = r^2 + r'^2 + 2rr'\cos 2\theta = (r + r')^2 - 4rr'\sin^2\theta$$
$$= 4(a^2 - a\varrho\sin^3\theta),$$

folglich behält $a\varrho\sin^3\theta$ beständig den Wert $a^2 - c^2 = b^2$, und es ist

$$(19) \qquad \varrho = \frac{b^2}{a\sin^3\theta}.$$

Wenn man jetzt in (18) für θ seinen Ausdruck als Function von ϱ einsetzt, so gelangt man wieder zu der Gleichung (14) für den Fall $b^2 > 0$. Also gehören die bisher erhaltenen Eigenschaften den Ellipsen an. Um zu den Hyperbeln zu gelangen, hat man sich nur die vorstehenden Rechnungen unter Zugrundelegung der Relation $r - r' = 2a$ wiederholt zu denken, d. h. unter der Voraussetzung, dass die Differenz der Entfernungen von zwei festen Punkten constant bleibt. Man erhält dann sofort $\theta + \theta' = 2\pi$. Bei der Hyperbel ist es also die Tangente, die den Winkel zwischen den Radienvectoren halbiert. Die übrigen Eigenschaften bleiben ungeändert. Die Punkte F und F' nennt man die Brennpunkte des Kegelschnitts, $2c$ ist die Focaldistanz, und das Verhältnis k von c zu a nennt man die Excentricität des Kegelschnitts. Offenbar ist $k < 1$ bei der Ellipse, $k > 1$ bei der Hyperbel und im besonderen $k = 0, 1, \sqrt{2}$ bei dem Kreise, der Parabel und der gleichseitigen Hyperbel. Wie liegen die Brennpunkte zu den Axen? Die Normale enthält die Brennpunkte, wenn $\theta = \frac{\pi}{2}$ ist. Alsdann zeigt die Formel (19), dass $\varrho = \frac{b^2}{a}$ ist, und wir haben gesehen

(§ 31), dass dies nur auf der Focalaxe eintritt. Ferner befindet sich dann der Mittelpunkt von FF' in der Entfernung $\frac{1}{2}(r+r')=a$ von M und fällt also mit dem Mittelpunkte der Curve zusammen. Demnach liegen die Brennpunkte auf der Focalaxe und sind gleich weit vom Mittelpunkte entfernt.

§ 33. Anwendung auf die Parabel.

a) Die Betrachtungen des vorigen Paragraphen sind nicht auf die Parabel anwendbar. Aber die gewonnenen Schlussfolgerungen gelten für einen durch beliebig grosse Halbaxen definierten Kegelschnitt und sind demnach schliesslich in einer speciellen Form auch für die Parabel gültig. Man halte die Focalaxe einer Ellipse und auf der Axe einen Scheitel fest und lasse dann a und b unbegrenzt zunehmen derart, dass das Verhältnis $\frac{b^2}{a}$ nach p convergiert. Die andern Scheitel, der Mittelpunkt und ein Brennpunkt F' werden ins Unendliche fortrücken, dagegen wird sich der Brennpunkt F einer Grenzlage nähern, in welcher seine Entfernung vom Scheitel

$$\lim (a-c) = \lim \frac{b^2}{a+c} = \lim \frac{b^2}{2a} = \frac{1}{2}p$$

ist. Die für die Ellipse gefundene Fusspunktcurve hat den Radius a und verwandelt sich daher für unendlich grosses a schliesslich in eine Gerade, welche der Symmetrie wegen auf der Axe senkrecht stehen muss. Da der

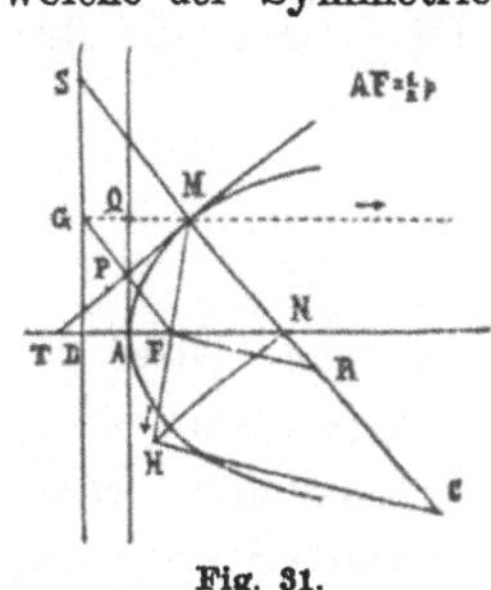

Fig. 31.

Fusspunkt des von F auf die Scheiteltangente gefällten Lotes der Scheitel selbst ist, so können wir also behaupten, dass die Fusspunktcurve einer Parabel in bezug auf den Brennpunkt die Scheiteltangente ist. Das von F auf die Tangente in M gefällte Lot möge in P die Tangente und in G die durch M zur Axe gezogene Parallele treffen. Beachtet man, dass diese Parallele die Grenzlage des Radiusvectors MF' ist, so erkennt man sofort, dass die Tangente in M den Winkel FMG halbiert. Also ist das Dreieck FMG, dessen Winkelhalbierende in M senkrecht auf der Basis steht, gleichschenklig. Daraus folgt zunächst, dass P die Basis FG halbiert. Mithin sind, wenn Q der Fusspunkt des von M auf die Tangente im Scheitel A gefällten Lotes ist, die Dreiecke PQG und PAF congruent. Also ist $AP = PQ$, d. h. zur Construction der Tangente in M genügt es, M mit dem Mittelpunkte von AQ zu verbinden. Ferner ist $QG = AF = \frac{p}{2}$, mithin liegt der Punkt G auf dem Lote, welches in dem zu F in bezug auf A symmetrischen Punkte auf der Axe errichtet ist. Die so construierte Gerade nennt man die Directrix der Parabel. Zu einer einfacheren Construction der Tangente (oder der Normale) gelangt man durch die Bemerkung, dass der Normalenabschnitt MN gleich und parallel GF ist, dass mithin seine Projection auf die Axe gleich derjenigen von GF, d. h. gleich p ist. Es wird also genügen, auf der Axe von der Projection des Punktes M aus eine Strecke von der Länge p abzutragen, und zwar in der Richtung, welche vom Scheitel nach dem Brennpunkte führt. Der Endpunkt dieser Strecke wird, verbunden mit M, die Normale in M liefern. Endlich ist, eben weil FMG gleichschenklig ist, $MF = MG$. **Also ist jeder Punkt der Parabel gleich weit entfernt von der Directrix und vom Brennpunkte.**

b) Gehen wir jetzt zur Construction des Krümmungscentrums über. Aus den in § 32 angegebenen Gründen hat man im Schnittpunkte N der Normale mit der Axe ein Lot auf der Normale zu errichten, das den Radiusvector MF in H trifft, dann in H ein Lot auf dem Radiusvector, das die Normale in C trifft. Bemerkt man nun, dass die Dreiecke MFN, NFH gleichschenklig sind, so sieht man sofort, dass MH von F halbiert wird. Es ist also unnötig, H zu construieren, da es offenbar genügen wird, in F auf dem Radiusvector ein Lot zu errichten und seinen Schnittpunkt R mit der Normale zu bestimmen. Das gesuchte Krümmungscentrum wird der zu M inbezug auf R symmetrische Punkt sein. Mit andern Worten: **Die Projection des Krümmungsradius auf den Radiusvector ist doppelt so gross als der Radiusvector selbst.** Ist S der Schnittpunkt der Normale und der Directrix, so sind die rechtwinkligen Dreiecke MFR, MGS congruent, da sie in M gleiche Winkel haben und andrerseits, wie wir gesehen haben, $MF = MG$ ist. Es folgt daraus $MR = MS$, und man erhält auf diese Weise eine zweite Construction des Krümmungscentrums, auf Grund deren man sagen kann, dass die Parabel der Cycloide und der Kettenlinie (§ 18, d, e) analog ist: **der Krümmungsradius ist doppelt so gross als die Strecke, welche die Directrix auf der Normale vom Incidenzpunkte aus abschneidet.**

§ 34. Cassini'sche Ovale.

Cassini'sche Ovale oder Cassinoiden nennt man die Örter der **Punkte, für welche das Product der Entfernungen von zwei festen Punkten constant ist.** Es seien F und F' die beiden festen Punkte, die wir der Kürze wegen als Brennpunkte bezeichnen werden; $2b$ sei ihr Abstand, O der Mittelpunkt von FF' und ψ die Neigung von OM gegen FF'. Offenbar ist O ein Mittelpunkt der Curve. Wenn nämlich ein Punkt der Definition genügt, so thut das Gleiche der inbezug auf O zu ihm symmetrische Punkt. Aus einem analogen Grunde können wir hinzufügen, dass die Curve inbezug auf die Focalaxe und die in O auf der genannten Axe errichtete Senkrechte symmetrisch ist. Sind nun r und θ die Polarcoordinaten des Mittelpunktes, so sind die Entfernungen des Anfangspunktes M von den Brennpunkten gegeben durch $\sqrt{r^2 + 2br \cos\psi + b^2}$, und die Definition der Curve drückt sich in der Gleichung aus

$$(20) \qquad r^4 - 2b^2 r^2 \cos 2\psi + b^4 = a^4.$$

Aus dieser erhält man durch Differentiation

(21) $$r^2 \cos \theta = b^2 \cos (2\psi - \theta),$$

wenn man beachtet, dass

$$\frac{d\psi}{ds} = \frac{d}{ds}(\varphi + \theta) = \frac{1}{\varrho} + \frac{d\theta}{ds} = \frac{\sin \theta}{r}$$

ist. Die Elimination von r aus (20) und (21) liefert nun

(22) $$a^2 \cos \theta = b^2 \sin 2\psi,$$

und (21) geht dann über in

$$r^2 = a^2 \sin \theta + b^2 \cos 2\psi.$$

Aus dieser Formel in Verbindung mit (20) gewinnt man die folgenden:

(23) $$\cos 2\psi = \frac{r^4 - a^4 + b^4}{2b^2 r^2}, \quad \sin \theta = \frac{r^4 + a^4 - b^4}{2a^2 r^2}.$$

Demnach ist abgesehen vom Vorzeichen

(24) $$s = \int \frac{dr}{\cos \theta} = \int \frac{2a^2 r^2 dr}{\sqrt{[(a^2 + b^2)^2 - r^4]\,[r^4 - (a^2 - b^2)^2]}}$$

Dagegen erhält man, wenn man (22) differenziert und alles als Function von r ausdrückt,

(25) $$\varrho = \frac{2a^2 r^3}{3r^4 - a^4 + b^4}.$$

Die Elimination von r aus (24) und (25) würde alsdann die natürliche Gleichung der Cassinoiden liefern.

§ 35.

Die Elimination hat keine Schwierigkeit, wenn $a = b$ ist. Alsdann erhält die Cassinoide den Namen Lemniscate. Die Formeln (24) und (25) gehen über in

(26) $$s = \int \frac{2a^2 dr}{\sqrt{4a^4 - r^4}}, \quad \varrho = \frac{2a^2}{3r},$$

und die Elimination von r giebt

$$s = 3 \int \frac{d\varrho}{\sqrt{\left(\dfrac{\varrho}{c}\right)^4 - 1}},$$

nachdem man $c = \frac{1}{3}a\sqrt{2}$ gesetzt hat. Dies ist die natürliche Gleichung der Lemniscate. Sie zeigt, dass ϱ von seinem kleinsten Werte c an beständig und unbegrenzt wächst, während nach (26) r

von dem Maximum $a\sqrt{2}$ bis zu Null abnimmt. Andrerseits werden die Formeln (23)

$$(27) \qquad\qquad \cos 2\psi = \sin \theta = \frac{r^2}{2a^2},$$

mithin ist $\psi = \pm \dfrac{\pi}{4}$ für $r = 0$ und $\theta = \dfrac{\pi}{2}$ für $r = a\sqrt{2}$. Zieht man also die Symmetrie der Curve inbezug auf die Focalaxe in Betracht, so erkennt man, dass die Lemniscate durch den Mittelpunkt mit zwei Zweigen hindurchgeht, welche daselbst beide einen Wendepunkt haben und sich unter rechtem Winkel schneiden. Ferner trifft sie in zwei andern Punkten, die in der Entfernung $a\sqrt{2}$ vom Mittelpunkte liegen, die Focalaxe senkrecht. Überdies zeigen die Formeln (27), dass immer $2\psi = \dfrac{1}{2}\pi - \theta$ ist, woraus folgt, dass die **Neigung der Normale gegen die Focalaxe dreimal so gross ist als die des Radiusvectors.** Diese Eigenschaft gestattet in einem Punkte die Normale zu construieren, wenn die Brennpunkte gegeben sind. Will man ferner das Krümmungscentrum haben, so genügt die Bemerkung, dass infolge von (27) die zweite Formel (26) $r = 3\varrho \sin \theta$ giebt, dass also die **Projection des Krümmungsradius auf den Radiusvector** MO **der dritte Teil von** MO **ist.** Auf Grund dieser Eigenschaft kann man sagen, dass die Lemniscate der Parabel (vgl. § 33, b) und der logarithmischen Spirale (§ 11, c) analog ist.

§ 36.

Jede Cassinoide liegt mit allen ihren Punkten im Endlichen. In der That darf, wenn der Ausdruck (24) reell sein soll, r^2 nicht grösser als $a^2 + b^2$ und niemals kleiner sein als der absolute Betrag von $a^2 - b^2$. Man ersieht inzwischen aus der ersten Formel (23), dass $\sin \psi$ für $r^2 = a^2 + b^2$ sowie für $r^2 = b^2 - a^2$ verschwindet. Mithin trifft die Curve die Axe in vier Punkten, wenn $a < b$, und nur in zweien, wenn $a > b$ ist. Die Art und Weise, wie r variiert, zeigt ferner, dass die Curve im ersten Falle aus zwei gleichen Ovalen, im zweiten aus einem einzigen geschlossenen Zuge besteht. Sie trifft die Focalaxe immer unter rechtem Winkel, da $\cos \theta$ nach (22) gleichzeitig mit $\sin \psi$ verschwindet. Über-

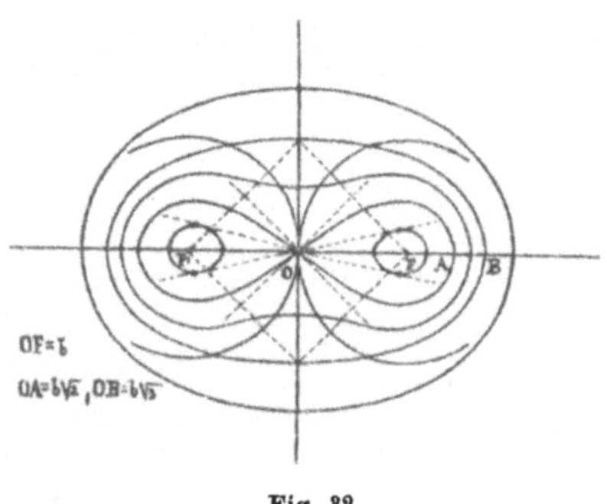

Fig. 32.

dies erhält man aus (21) $r = \pm b$ für $\theta = \psi \gtrless \frac{\pi}{2}$, mithin gehören die am weitesten von der Axe entfernten Punkte dem über der Focaldistanz als Durchmesser beschriebenen Kreise an. Es ist aber zu bemerken, dass dieser Kreis die Curve nicht trifft, wenn der Wert von r nicht zwischen den vorhin gefundenen Grenzen enthalten ist: dies findet statt für $a > b\sqrt{2}$. Setzt man ferner $r^2 = a^2 - b^2$, so wird nach (23) ψ gleich $\frac{\pi}{2}$, und man erhält so die Schnittpunkte mit der im Mittelpunkte auf der Focalaxe errichteten Senkrechten. Die um diese Punkte als Mittelpunkte mit dem Radius a beschriebenen Kreise schneiden sich in den Brennpunkten. Dieser Umstand gestattet die Brennpunkte in analoger Weise zu construieren, wie es bei den Kegelschnitten üblich ist. Aus der zweiten Formel (23) ersieht man noch, dass die Tangente den Mittelpunkt enthält, wenn $r^4 = b^4 - a^4$ ist, was nur bei den Cassinoiden mit zwei Ovalen $(a < b)$ eintreten kann. Die Discussion der Formel (25) zeigt, dass die Krümmung an jenen Stellen ihren kleinsten Wert erreicht. Endlich hat man auf den aus einem Zuge bestehenden Cassinoiden $(a > b)$ vier Wendepunkte für

$$r^4 = \frac{1}{3}(a^4 - b^4),$$

vorausgesetzt dass dieser Wert von r zwischen die gefundenen Grenzen fällt, zu welchem Zwecke $a < b\sqrt{2}$ sein muss. Wenn $a > b\sqrt{2}$ ist, so ist die Cassinoide überall convex wie eine Ellipse, und ihre Krümmung variiert zwischen den Grenzen

$$\frac{a^2 - 2b^2}{a^2\sqrt{a^2 - b^2}}, \quad \frac{a^2 + 2b^2}{a^2\sqrt{a^2 + b^2}}.$$

Alle diese Curven lassen sich leicht mit Hilfe einer Transformation vom Index $\frac{1}{2}$ (§ 18, k) aus einem Paare von Kreisen ableiten, die um die Brennpunkte als Centra mit dem Radius $\frac{a^2}{b}$ beschrieben sind. Die beiden Kreise treffen sich entweder garnicht, oder sie treffen sich, indem sie die beiderseitigen Mittelpunkte aussen lassen, oder sie treffen sich so, dass in jeden der Mittelpunkt des andern hineinfällt. Je nachdem der eine oder der andre Fall stattfindet, erhält man alle Formen von Cassinoiden. Sie entsprechen bezüglich den Annahmen

$$a < b, \quad b < a < b\sqrt{2}, \quad b\sqrt{2} < a.$$

Im besondern entsteht die Lemniscate aus einem Paare gleicher sich berührender Kreise und die andre specielle Cassinoide $(a = b\sqrt{2})$ aus einem Paare von Kreisen, deren jeder durch den Mittelpunkt des andern hindurchgeht.

§ 37. Ribaucour'sche Curven und Sinusspiralen.

Wir stellen uns hier die Aufgabe, diejenigen Curven zu studieren, bei denen der Krümmungsradius proportional dem vom Incidenzpunkte aus gerechneten Normalenabschnitt ist, welchen die inbezug auf einen festen Kreis genommene Polare dieses Punktes abgrenzt. Wir werden den Kreis als Directrix (Leitkreis) und seinen Mittelpunkt als Pol bezeichnen. Zwei besondere Fälle bieten sich hier unmittelbar dar. Die Directrix kann sich auf den Pol reducieren, und dann erhalten wir Curven, die durch folgende Eigenschaft charakterisiert sind: Die Projection des Krümmungscentrums auf den Radiusvector teilt diesen in constantem Verhältnis. Diese Curven nennt man Sinusspiralen. Zu ihnen gehören z. B. die drei am Ende von § 35 angeführten Curven. Es kann andrerseits der Fall eintreten, dass die Directrix geradlinig ist, und dann erhalten wir die Ribaucour'schen Curven, für die wir Beispiele in den drei am Schluss von § 33 erwähnten Curven besitzen. Bei ihnen ist der Krümmungsradius proportional dem zwischen dem Incidenzpunkte und einer festen Geraden enthaltenen Normalenabschnitt. Besonders bemerkenswert ist die Parabel, welche auf Grund der beiden in § 33 gefundenen Constructionen sowohl der einen wie der andern Gattung angehört. Dies vorausgeschickt sei R der Radius und O das Centrum des Leitkreises. x und y seien die cartesischen Coordinaten des Punktes O, r und θ seine Polarcoordinaten, und es werde mit $(n+1)\varrho$ der Normalenabschnitt bezeichnet, der zwischen dem Incidenzpunkte M und der Polare von M inbezug auf den Leitkreis enthalten ist. Ziehen wir durch M eine Tangente an den Leitkreis. Der zwischen M und dem Berührungspunkte liegende Abschnitt derselben ist die Kathete eines rechtwinkligen Dreiecks, dessen Hypotenuse r und dessen andre Kathete gleich R ist, und hat als Projection auf die Hypotenuse $(n+1)\varrho \sin\theta$. Mithin ist

$$(28) \qquad\qquad r^2 - R^2 = (n+1)\varrho y.$$

Differenziert man unter Berücksichtigung der Unbeweglichkeitsbedingungen, so ergiebt sich

$$(29) \qquad\qquad (n-1)\varrho x - (n+1)\varrho_1 y = 0.$$

Also teilt der Radiusvector den Krümmungsradius der Evolute in dem constanten Verhältnis $-\dfrac{n+1}{2n}$. Dies ist eine charakteristische Eigenschaft der Curven, mit deren Studium wir uns beschäftigen, da offenbar die Integration von (29) notwendig zu der

Formel (28) mit R als willkürlicher Constante zurückführt. Eine andre Eigenschaft kommt zum Vorschein, wenn man den Kreis betrachtet, dessen Durchmesser der zwischen M und der Polare von M inbezug auf den Leitkreis enthaltene Normalenabschnitt ist. Wir wissen aus den Elementen der Geometrie, dass **dieser Kreis orthogonal zu dem Leitkreise ist**. Sucht man nun seine Enveloppe, so hat man die Gleichung $x^2 + y^2 = (n + 1)\varrho y$ zu differenzieren und gelangt alsdann wieder zu der Gleichung (29). Die durch diese Gleichung dargestellte Gerade trifft den Kreis in M und in einem andern Punkte M', so dass die Enveloppe aus (M) und aus einer andern Curve (M') besteht. Inzwischen wird die Gleichung (29) von den Coordinaten des Pols befriedigt. Wenn M die Curve durchläuft, **so dreht sich also die Gerade MM' um den Pol**. Überdies sind die Tangenten der Enveloppe in M und in M', da sie in diesen Punkten auch den eingehüllten Kreis berühren müssen (§ 17), antiparallel inbezug auf MM'. Also ist die Curve (M') zu (M) invers (§ 18, j).

§ 38. **Die natürliche Gleichung.**

Auf Grund der Unbeweglichkeitsbedingungen hat man

$$(30) \qquad r\,dr = -\,x\,ds = \varrho\,dy\,,$$

ferner nach Division durch (28)

$$\frac{r\,dr}{r^2 - R^2} = \frac{dy}{(n+1)y}\,,$$

mithin

$$(31) \qquad r^2 - R^2 = (n + 1)c^2 \left(\frac{y}{c}\right)^{\frac{2}{n+1}},$$

vorausgesetzt, dass n endlich und von 0 und -1 verschieden ist. Setzt man das letzte Ergebnis in (28) ein, so erhält man

$$(32) \qquad \varrho = c \left(\frac{y}{c}\right)^{-\frac{n-1}{n+1}}$$

Den aus dieser Formel berechneten Wert von y braucht man nur in (31) einzusetzen, um auch x zu erhalten. Man findet

$$(33) \qquad x = c \left(\frac{\varrho}{c}\right)^{-\frac{n+1}{n-1}} \sqrt{(n+1)\left(\frac{\varrho}{c}\right)^{\frac{2n}{n-1}} + \frac{R^2}{c^2}\left(\frac{\varrho}{c}\right)^{2\frac{n+1}{n-1}} - 1}\,,$$

$$y = c \left(\frac{\varrho}{c}\right)^{-\frac{n+1}{n-1}}$$

Endlich ist auf Grund von (30) $s = -\int \frac{\varrho}{x}\, dy$, d. h.

$$(34)\qquad s = \frac{n+1}{n-1}\int \frac{d\varrho}{\sqrt{(n+1)\left(\frac{\varrho}{c}\right)^{\frac{2n}{n-1}} + \frac{R^2}{c^2}\left(\frac{\varrho}{c}\right)^{2\frac{n+1}{n-1}} - 1}}.$$

Dies ist die allgemeine natürliche Gleichung unserer Curven. Man gelangt dazu leichter unter Benutzung der Formel (29), die sofort

$s = \frac{n+1}{n-1}\int \frac{y}{x}\, d\varrho$ liefert; u. s. w.

§ 39.

Bevor wir weiter gehen, wollen wir auf einige Consequenzen der Formeln (31) und (32) aufmerksam machen. Wird vorläufig der Fall eines unendlich fernen Pols bei Seite gelassen, so sieht man leicht folgendes: Wenn $n^2 \gtrless 1$ ist, so kann die Curve die Directrix nicht unter schiefem Winkel treffen noch ausserhalb derselben einen Wendepunkt oder einen Rückkehrpunkt besitzen, da in den Schnittpunkten der Curve mit der Directrix $(r = R)$ und nur in diesen Punkten die Krümmung null oder unendlich wird. Überdies treffen die Curven, deren Index kleiner als -1 ist, die Directrix garnicht und sind demnach frei von Wendepunkten und Spitzen; bei denjenigen, deren Index grösser als -1 ist, aber kleiner als 1, ist die Krümmung im Endlichen niemals null; und die Krümmung derjenigen, deren Index grösser als 1 ist, ist immer endlich. Im besonderen gilt folgendes: Die Krümmung einer Sinusspirale kann in endlicher Entfernung vom Pol und ausserhalb dieses Punktes weder verschwinden noch unendlich werden. Daraus folgt z. B., dass eine Sinusspirale nur eine einzige Spitze oder einen einzigen asymptotischen Punkt oder einen einzigen Wendepunkt besitzen kann, und dass mit diesem notwendig der Pol zusammenfällt. Die Spiralen mit einem Index, der kleiner als -1 ist, sind frei von derartigen Punkten, da sie den Pol nicht enthalten. Schliesst man die Sinusspiralen $(R = 0)$ aus, so ergiebt sich das Verhalten unserer Curven in der Nähe der Directrix ohne Schwierigkeit aus ihrer natürlichen Gleichung. In der That überwiegt, wenn ϱ null oder unendlich wird, in der Gleichung (34) unter dem Wurzelzeichen schliesslich immer der mittlere Term. Daraus folgt, dass sich die Curve in der Umgebung jedes reellen Schnittpunktes mit der Directrix so verhält, als ob ihre Gleichung die Form hätte $\varrho^2 s^{n-1} = $ Const., und man kann sie, je nachdem n grösser oder dem absoluten Betrage nach kleiner ist als die Einheit, einem derjenigen Curventypen (§ 24, i) zuschreiben, bei denen die Krümmung proportional einer Potenz des Bogens ist, und die bezüglich durch die Klothoide und durch die Kreisevolvente vertreten werden. Man kann noch hinzufügen (§ 11, e), dass, wenn n rational, aber nicht gleich dem Quotienten von zwei ungeraden Zahlen ist, die Curve überall, wo sie den Leitkreis trifft, einen Rückkehrpunkt hat, mithin **ganz innerhalb oder ganz ausserhalb des Leitkreises liegt**. Offenbar behält diese letzte Behauptung ihre Gültigkeit bei allen Curven mit einem Index $n < -1$, eben deshalb, weil solche Curven die Directrix garnicht treffen.

§ 40. Beispiele.

a) Jeder Wert des Index n definiert eine Curvenfamilie, die immer eine Ribaucour'sche Curve und eine Sinusspirale einschliesst. Die einfachste von allen ist die durch den Index 1 definierte: die Gleichung (32) sagt uns sofort, dass es sich um eine Familie von Kreisen handelt. Ist a die Entfernung des Pols vom Centrum eines Kreises mit dem Radius b, so kann man auf der Peripherie dieses Kreises immer einen Punkt derart wählen, dass die Coordinaten des Pols $x = a$, $y = b$ sind, und dann liefert die Formel (28) $R^2 = a^2 - b^2$. Demnach ist der Leitkreis zu dem gegebenen Kreise orthogonal, und dies ist der einzige vorkommende Fall, wo die Curve und ihre Directrix sich treffen, ohne dass die Krümmung null oder unendlich wird. Im besondern kann man einen beliebigen Kreis als Sinusspirale oder als Ribaucour'sche Curve betrachten, jenachdem der Pol auf den Kreis selbst verlegt wird oder ins Unendliche fortrückt.

b) Interessant ist die durch den Index — 2 definierte Curvenfamilie. Sie besteht aus allen Kegelschnitten. Um sich davon zu überzeugen, genügt die Bemerkung, dass für $n = -2$ die erste in § 37 bewiesene Eigenschaft zu der Mac-Laurin'schen Construction (§ 30) führt, und auf diese Weise erkennt man ausserdem, dass bei den Kegelschnitten der Pol im Mittelpunkte liegt. Übrigens reduciert sich die Gleichung (34) gerade auf die Form (14), wenn man $n = -2$, $c^2 = ab$, $R^2 = a^2 + b^2$ setzt, und die Formeln (33) werden

$$x = \left(\frac{a^2 b^2}{\varrho}\right)^{\frac{1}{3}} \sqrt{\left(1 - \left(\frac{b\varrho}{a^2}\right)^{\frac{2}{3}}\right)\left(\left(\frac{a\varrho}{b^2}\right)^{\frac{2}{3}} - 1\right)}, \quad y = \left(\frac{a^2 b^2}{\varrho}\right)^{\frac{1}{3}}.$$

Dies sind die Coordinaten des Mittelpunktes, da in den Scheiteln d. h. für $\varrho = \frac{a^2}{b}$ oder $\varrho = \frac{b^2}{a}$ die Grösse x verschwindet, während y gleich b oder gleich a wird. Betrachtet man ferner den für R gefundenen Wert, so sieht man, dass der Leitkreis eines Kegelschnitts der umbeschriebene Kreis des über den Axen construierten Rechtecks ist. Da R bei der gleichseitigen Hyperbel verschwindet und bei der Parabel unendlich wird, so kann man hinzufügen, dass die Sinusspirale und die Ribaucour'sche Curve vom Index — 2 mit der *gleichseitigen Hyperbel* bezw. der *Parabel* identisch sind. Welcher Art auch der Kegelschnitt sein mag, immer liefert die blosse Definition unserer Curven eine neue Construction des Krümmungscentrums. Denn sie sagt uns, dass dasselbe symmetrisch ist zu dem Schnittpunkte der Normale und der Polare des Incidenzpunktes inbezug auf den Leitkreis. Endlich gestattet die am Ende von § 37 bewiesene Eigenschaft zu behaupten, dass diejenigen Kreise, welche inbezug auf die Tangenten zu den über den Krümmungsradien eines Kegelschnitts beschriebenen symmetrisch sind, den Leitkreis senkrecht schneiden und noch von einer zweiten Curve eingehüllt werden, die inbezug auf den Mittelpunkt zu dem betrachteten Kegelschnitt invers ist.

c) Noch interessanter ist die Curvenfamilie, welche dem Wert 0 des Index entspricht. Die Formel (31) passt nicht für alle Curven der Familie, da die Wahl der Constanten so getroffen wurde, dass dieselbe für $n = 0$ aufhört willkürlich zu sein. Man braucht aber nur die rechte Seite von (31) mit einem constanten Factor k zu multiplicieren. Dann erhält man aus den Formeln (31) und (28) $r^2 - R^2 = k y^2 = \varrho y$, ferner wird

$$x = -\frac{1}{k}\sqrt{(k-1)\varrho^2 + k^2 R^2}, \quad y = \frac{\varrho}{k}.$$

Übrigens sind zur Auffindung aller Curven vom Index 0 keine neuen Rechnungen erforderlich. Denn die Gleichung (29) wird $\varrho x + \varrho_1 y = 0$ und sagt uns, dass das Krümmungscentrum der Evolute dem Radiusvector angehört. Nun wissen wir aber (§ 24, g), dass diese Eigenschaft die cycloidalen Curven charakterisiert, wenn man so alle durch die allgemeine natürliche Gleichung

$$\varrho^2 = \alpha s^2 + 2\beta s + \gamma$$

dargestellten Curven nennen will. Wir haben gesehen, dass diese Gleichung für $\alpha < -1$ die Hypocycloiden darstellt, für $\alpha = -1$ die Cycloiden, für $-1 < \alpha < 0$ die Epicycloiden, für $\alpha = 0$ die Kreisevolventen, für $\alpha > 0$ zwei Familien von pseudocycloidalen Curven, und zwar mit oder ohne Spitze, je nach dem Vorzeichen von $\beta^2 - \alpha\gamma$. Zwischen den beiden letzteren stehen sozusagen die logarithmischen Spiralen, für welche $\beta^2 = \alpha\gamma$ ist. Bemerkt man, dass

$$\varrho_1 = \alpha s + \beta = \sqrt{\alpha\varrho^2 + (\beta^2 - \alpha\gamma)}$$

ist, so liefert die Formel (29)

$$x = -\frac{\varrho_1}{\varrho} y = -\frac{1}{k}\sqrt{\alpha\varrho^2 + (\beta^2 - \alpha\gamma)},$$

und durch Vergleichung mit dem obenstehenden Wert von x ergiebt sich $k = 1 + \alpha$, $k^2 R^2 = \beta^2 - \alpha\gamma$, d. h. der Radius des Leitkreises ist durch die Formel

$$R = \frac{\sqrt{\beta^2 - \alpha\gamma}}{1 + \alpha}$$

gegeben, und es wird auf diese Weise klar (vgl. § 8, e), weshalb die eine der beiden Familien von pseudocycloidalen Curven keine Spitze hat: diese müssen in der That dem Leitkreise angehören (§ 39), der im Falle $\beta^2 < \alpha\gamma$

imaginär ist. Der Wert von R wird unendlich für $\alpha = -1$ und verschwindet für $\beta^2 = \alpha\gamma$. Also sind die Ribaucour'sche Curve und die Sinusspirale vom Index 0 mit der *Cycloide* bezw. der *logarithmischen Spirale* identisch. Bemerkt man ferner, dass, wenn ϱ verschwindet, $x = -R$, $y = 0$ wird, so erkennt man, dass der Pol nichts andres als der Treffpunkt der Cuspidaltangenten ist. Der Leitkreis ist demnach gerade der, dem wir ursprünglich (§ 8, d) diesen Namen beigelegt haben. Endlich nehmen die in § 37 angeführten Eigenschaften für $n = 0$ eine sehr einfache Form an: das Krümmungscentrum einer cycloidalen Curve in einem Punkte M gehört der Polare von M inbezug auf den Leitkreis an. Überdies schneiden die über den Krümmungsradien einer cycloidalen Curve beschriebenen Kreise den Leitkreis senkrecht und werden noch von einer zweiten Curve eingehüllt, die zu der gegebenen invers ist.

§ 41.

Lässt man c nach Null oder nach Unendlich convergieren, je nach dem Werte von n, so kann man erreichen, dass $c^{\frac{2n}{n-1}}$ mit R unbegrenzt zunimmt. Aber das Verhältnis dieser Grössen wird den endlichen und bestimmten Wert $a^{\frac{n+1}{n-1}}$ haben, wenn man

$$R = c \left(\frac{c}{a}\right)^{\frac{n+1}{n-1}}$$

setzt. Alsdann wird die Gleichung (34)

$$(35) \qquad s = \frac{n+1}{n-1} \int \frac{d\varrho}{\sqrt{\left(\dfrac{\varrho}{a}\right)^{2\frac{n+1}{n-1}} - 1}}.$$

Dies ist die natürliche Gleichung der Ribaucour'schen Curven. Wir wissen bereits, dass man für $n = 1$ einen Kreis, für $n = 0$ eine Cycloide, für $n = -2$ eine Parabel finden muss. In der That giebt für $n = 0$ die Formel (35) $s^2 + \varrho^2 = a^2$, und für $n = -2$ findet man die erste Gleichung (15) wieder. Für $n = 3$ und für $n = -5$ erhält man die folgenden Curven:

$$s = 2 \int \frac{d\varrho}{\sqrt{\left(\dfrac{\varrho}{a}\right)^4 - 1}}, \qquad s = \frac{2}{3} \int \frac{d\varrho}{\sqrt{\left(\dfrac{\varrho}{a}\right)^{\frac{4}{3}} - 1}},$$

die deshalb bemerkenswert sind, weil man nur s in $\frac{2}{3}s$ und $2s$ bezüglich zu verwandeln braucht, um die Gleichungen der Lemniscate und der gleichseitigen Hyperbel zu erhalten. Für $n = -\frac{1}{3}$ erhält man eine Curve, die der durch die Gleichung

$$s = -\frac{1}{2} \int \frac{\varrho\, d\varrho}{\sqrt{(b+\varrho)\,(a-b-\varrho)}}$$

dargestellten Schar paralleler Curven (§ 19) angehört, und da man für $b = \frac{1}{2}a$ findet $4s^2 + \varrho^2 = \text{Const.}$, so kann man sagen, dass die Ribaucour'sche Curve vom Index $-\frac{1}{3}$ Parallelcurve einer Astroide (§ 8, d) ist. Lässt man endlich n ins Unendliche wachsen, so erhält man eine Kettenlinie gleichen Widerstandes. Diese ist aber keine Ribaucour'sche Curve. Das wird sofort klar, wenn wir uns erinnern, dass wir zu der Gleichung (34) unter der Voraussetzung eines endlichen n gelangten.

<h2 style="text-align:center">§ 42.</h2>

Es ist nötig, zu bemerken, dass man bei den Ribaucour'schen Curven für die Polare von M inbezug auf den Leitkreis ohne weiteres die Directrix setzen darf. Allerdings ist zu beachten, dass die erstere und nicht die Directrix diejenige Gerade ist, welche auf der Normale einen Abschnitt proportional ϱ bestimmen soll. Es ist aber klar, dass das Gleiche von der Directrix gesagt werden kann, da diese offenbar den Abstand zwischen M und der Grenzlage seiner Polare halbiert. Ist übrigens q der Normalenabschnitt, den eine Senkrechte zu OM bestimmt, die im Abstande $r - R$ von M liegt und die infolgedessen den Leitkreis berührt und mit unendlich zunehmendem R allmählich in ihn übergeht, so hat man

$$r - R = q \sin\theta, \quad \lim \frac{r}{R} = 1.$$

Demnach wird die Formel (28)

$$\left(1 + \frac{R}{r}\right) q = (n+1)\varrho,$$

für unendliches R also $2q = (n+1)\varrho$. Endlich wollen wir bemerken, dass die Formel (32)

$$\varrho^{-\frac{n+1}{n-1}} = \lim \frac{-y}{\dfrac{2n}{c^{n-1}}} = \lim \frac{r}{R} \lim \frac{R\sin\theta}{\dfrac{2n}{c^{n-1}}} = a^{-\frac{n+1}{n-1}} \sin\theta$$

liefert, woraus sich ergiebt:

$$\varrho = a(\sin\theta)^{-\frac{n-1}{n+1}}, \quad \lim (r - R) = \frac{n+1}{2}\, a\, (\sin\theta)^{\frac{2}{n+1}}.$$

Die Discussion dieser Formeln zeigt, dass die Directrix einer Ribaucour'schen Curve Normale derselben ist in allen reellen oder imaginären Punkten, wo die Curve mit ihrer Tangente eine Berührung von einer niedrigeren oder höheren Ordnung als gewöhnlich hat. Die Curven vom Index $n < -1$ treffen die Directrix nicht und sind demnach frei von Wendepunkten und Spitzen; bei denjenigen, deren Index grösser oder dem absoluten Betrage nach kleiner als 1 ist, wird die Krümmung auf der Directrix null bezw. unendlich. In der Umgebung der Directrix wird die Curve auf Grund von (35) annähernd durch die Gleichung $\varrho^2 s^{n-1} = $ Const. dargestellt, mithin sind die am Ende von § 39 gemachten Bemerkungen auch auf die Ribaucour'schen Curven anwendbar. Wichtig vor allen sind die Curven, bei welchen das Verhältnis $\frac{\varrho}{q}$ eine ganze Zahl ν ist, d. h. die Curven vom Index $\frac{2}{\nu} - 1$. Ribaucour hat sie in vier Geschlechter eingeteilt: für $\nu > 0$ hat man das cycloidische und das circulare Geschlecht, für $\nu < 0$ das parabolische und das catenoidische Geschlecht, je nachdem in jedem Falle ν gerade oder ungerade ist. Man bemerke, dass die einfachsten Curven in den vier Geschlechtern den Werten $0, 1, -2, -3$ ($\nu = 2, 1, -2, -1$) des Index entsprechen und gerade die Cycloide, der Kreis, die Parabel und die Kettenlinie sind, nach denen die entsprechenden Geschlechter ihre Namen haben.

§ 43.

Es genügt, in (34) $R = 0$ zu setzen, um die natürliche Gleichung der Sinusspiralen zu erhalten:

$$(36) \qquad s = \frac{n+1}{n-1} \int \frac{d\varrho}{\sqrt{\left(\frac{\varrho}{a}\right)^{\frac{2n}{n-1}} - 1}}.$$

Man bemerke, dass die vorstehende Gleichung, wenn s mit $1 + \frac{1}{n}$ multipliciert wird, wieder eine Ribaucour'sche Curve, und zwar vom Index $2n - 1$, darstellt. Wir wissen bereits, dass man für $n = 1$ einen Kreis, für $n = 0$ eine logarithmischen Spirale, für $n = -2$ eine gleichseitige Hyperbel hat. Für $n = -\frac{1}{2}$ und für $n = -2$ reduciert sich (36) auf die beiden Gleichungen (15), welche die Parabel und die gleichseitige Hyperbel darstellen. Beachtet man, dass im Scheitel der Parabel der Pol den Krümmungsradius halbieren muss und dass andrerseits p die Länge des letzteren ist, so sieht man, dass im

Falle der Parabel der Pol mit dem Brennpunkte identisch ist. Was die gleichseitige Hyperbel anbetrifft, so wissen wir bereits, dass bei ihr der Pol der Mittelpunkt ist (§ 40, b). Für $n = \frac{1}{2}$ giebt die Gleichung (36) $s^2 + 9\varrho^2 =$ Const., und für $n = 2$ findet man die Gleichung der Lemniscate (§ 35). Also sind die durch die Indices $\frac{1}{2}$ und 2 definierten Sinusspiralen die Cardioide (§ 8, d) und die Lemniscate. Die in § 39 gemachten Bemerkungen gestatten hinzuzufügen, dass der Pol der ersten in der einzigen Spitze liegt, welche die Curve besitzt, und der Pol der zweiten der Mittelpunkt ist, da in ihm, wie wir gesehen haben, die Curve Inflexionen hat. Endlich erhält man für $n = \frac{1}{3}$ eine Curve, die der Schar von parallelen Curven angehört, welche durch die Gleichung

$$s = -2 \int \frac{\varrho \, d\varrho}{\sqrt{(b + \varrho)(a - b - \varrho)}}$$

dargestellt werden. Da diese für $b = \frac{1}{2} a$ in $s^2 + 4\varrho^2 =$ Const., die Gleichung einer Epicycloide mit zwei Spitzen, übergeht, so sieht man, dass die Sinusspirale vom Index $\frac{1}{3}$ Parallelcurve einer bestimmten Epicycloide ist.

§ 44.

Die in § 37 gefundenen Eigenschaften nehmen im Falle der Sinusspiralen eine einfachere Form an. Zum Beispiel: Die vom Pol aus an eine Sinusspirale gezogenen Berührungskreise bestimmen auf den Normalen Abschnitte, die den Krümmungsradien proportional sind. Dies folgt unmittelbar aus der Definitionsgleichung (28), welche im vorliegenden Falle $r = (n + 1)\varrho \sin \theta$ wird und uns mit grosser Leichtigkeit noch andre Eigenschaften der Sinusspiralen erkennen lässt. Nennt man z. B. χ und ψ die Neigungen der Normale und des Radiusvectors gegen eine feste Normale und schreibt die obengenannte Gleichung in der Form

$$\frac{1}{\varrho} = (n + 1) \frac{\sin \theta}{r},$$

so leitet man daraus durch Integration ab $\chi = (n + 1)\psi$, wenn man sich daran erinnert, dass

$$\frac{d\chi}{ds} = \frac{1}{\varrho}, \quad \frac{d\psi}{ds} = \frac{\sin \theta}{r}$$

ist. In dem erhaltenen Resultate erkennt man unmittelbar die Verallgemeinerung einer bekannten Eigenschaft der Lemniscate (§ 35). Es folgt daraus der Satz: **Dreht sich der Radiusvector gleichförmig um den Pol, so thut die Tangente dasselbe inbezug auf den Berührungspunkt.** Auf diese Eigenschaft bezieht sich die (zu umständliche) Bezeichnung „Curven proportionaler Inflexion", die Laquière für die Curven vorgeschlagen hat, welche man gewöhnlich doppelt unzutreffend Sinusspiralen nennt. Für $R = 0$ liefern nunmehr, wenn man, wie es bereits bei der Reduction von (34) auf (36) geschehen musste, $\dfrac{c}{a} = (n+1)^{\frac{n-1}{2n}}$ setzt, die Formeln (31) und (33)

$$r = (n+1)a\left(\frac{\varrho}{a}\right)^{-\frac{1}{n-1}}, \quad y = (n+1)a\left(\frac{\varrho}{a}\right)^{-\frac{n+1}{n-1}}$$

Inzwischen zeigt die Gleichung (36), dass ϱ nur, wenn $0 < n < 1$ ist, verschwinden und nur, wenn $n < 0$ oder $n > 1$ ist, unendlich werden kann. Andrerseits sagt uns die erste der beiden vorstehenden Formeln, dass, wenn die Krümmung null oder unendlich wird, der Radiusvector r unendlich wird oder verschwindet, jenachdem n negativ ist oder nicht. Also haben nicht nur die Sinusspiralen mit einem Index $n < -1$, wie in § 39 gesagt worden ist, sondern alle Sinusspiralen mit negativem Index die Eigenschaft, den Pol nicht zu enthalten. Dieser ist dagegen immer ein Punkt der Curve, wenn $n \geq 0$ ist; und da die Gleichung (36) in der Umgebung der Werte 0 und ∞ von ϱ die Form $\varrho = ks^{1-n}$ annimmt, so sieht man (§ 11, e), dass die Sinusspiralen mit positivem Index im Pol einen Inflexionspunkt oder einen Rückkehrpunkt haben, je nachdem der Index der Quotient einer geraden Zahl durch eine ungerade Zahl oder umgekehrt ist; und sie verhalten sich daselbst wie in einem gewöhnlichen Punkte, wenn der Index der Quotient von zwei ungeraden Zahlen ist, obwohl sie dort mit der Tangente eine höhere oder niedrigere Berührung haben, je nachdem n grösser oder kleiner als 1 ist. Zwischen diesen Spiralen und denjenigen, die den Pol nicht enthalten ($n < 0$), steht die logarithmische Spirale ($n = 0$). Während bei den ersteren alle Punkte im Endlichen liegen, erstrecken sich die letzteren ins Unendliche, und wenn man sich den Index stetig abnehmend denkt, so bezeichnet sein Durchgang durch Null den Augenblick, in welchem die Curve den Pol verlässt, um sich ins Unendliche auszubreiten. Dieser Umstand giebt eine Erklärung dafür, wie es kommt, dass in diesem Augenblick allein die Curve zu dem Pol asymptotisch ist. Endlich kann, wenn $n < 0$ ist, der Krümmungsradius nur unendlich werden, und dann werden auch r und s unendlich, während y nach Null oder nach Uncndlich convergiert, je nachdem der absolute Betrag von n grösser oder kleiner als 1 ist. Es folgt daraus, dass nur die Sinusspiralen mit einem Index $n < -1$ mit Asymptoten behaftet sind, die im Endlichen liegen. Diese Asymptoten gehen von dem Pol aus und bestimmen um ihn lauter Winkelräume von gleicher Grösse $\frac{\pi}{n}$. In der That convergiert, wenn der Punkt auf einem Zweige, der eine Asymptote zulässt, ins Unendliche fortrückt, θ nach einem Vielfachen von π. Wenn aber $\lim \theta = -\nu\pi$ ist, so erhält man

$$\lim \psi = \frac{1}{n} \lim \left(\frac{\pi}{2} - \theta \right) = (2\nu + 1) \frac{\pi}{2n},$$

und zwei solche Werte, die zwei aufeinanderfolgenden Werten von ν entsprechen, unterscheiden sich gerade um $\frac{\pi}{n}$.

§ 45. Transformationen.

a) Die Sinusspiralen sind auch wegen der grossen Leichtigkeit bemerkenswert, mit der sich die einen aus den andern durch verschiedene Transformationen ableiten lassen. Wenn z. B. M' die Projection des Pols auf die Tangente einer Spirale (M) vom Index n ist, so sind, wie wir wissen, die Coordinaten des Pols inbezug auf (M') $r' = y$, $\theta' = \theta$, und andrerseits ist der Krümmungsradius durch die Formel (§ 18, 1)

$$\varrho' = \frac{r^2}{2r - \varrho \sin \theta} = \frac{n+1}{2n+1} r = \frac{r'}{(n'+1) \sin \theta'}$$

gegeben, wenn man $n' = \frac{n}{n+1}$ setzt. Also ist die Fusspunktcurve einer Spirale vom Index n inbezug auf den Pol eine Spirale vom Index $\frac{n}{n+1}$. Z. B. sind die Fusspunktcurven der logarithmischen Spirale (inbezug auf den asymptotischen Punkt), der Parabel (inbezug auf den Brennpunkt), des Kreises (inbezug auf einen seiner Punkte), der gleichseitigen Hyperbel (inbezug auf den Mittelpunkt) bezüglich eine logarithmische Spirale, eine Gerade, eine Cardioide, eine Lemniscate; die Fusspunktcurve einer Cardioide inbezug auf den Rückkehrpunkt ist Parallelcurve einer Epicycloide; u. s. w. Allgemeiner ist, wenn n eine ganze Zahl ist, die Spirale vom Index $\frac{1}{n}$ die $(n-1)$-te Fusspunktcurve eines Kreises inbezug auf einen seiner Punkte; die Spirale vom Index $\frac{2}{2n+1}$ ist die n-te Fusspunktcurve einer gleichseitigen Hyperbel inbezug auf den Mittelpunkt; u. s. w.

b) Auf ähnliche Weise erhält man bei Anwendung der Transformation vom Index ν (§ 18, k), wenn man bemerkt, dass $a^{\nu-1} r' = r^\nu$ ist,

$$\varrho' = \frac{v r' \varrho}{r + (v - 1)\varrho \sin\theta} = \frac{v r'}{(n + v)\sin\theta} = \frac{r'}{(n' + 1)\sin\theta'},$$

wobei $n' = \dfrac{n}{v}$ gesetzt worden ist. Also entsteht durch eine Transformation vom Index v aus einer Spirale vom Index n eine Spirale vom Index $\dfrac{n}{v}$. Im besondern lässt sich die Fusspunktcurve einer Spirale vom Index n aus dieser Curve auch mit Hilfe einer Transformation vom Index $n + 1$ ableiten. Für $v = -1$ sieht man, dass zwei Sinusspiralen mit gleichen und entgegengesetzten Indices inverse Curven sind. Es sind z. B. invers zueinander die folgenden Curven: zwei logarithmische Spiralen, Gerade und Kreis, Parabel und Cardioide, gleichseitige Hyperbel und Lemniscate. Für andere Werte von v erkennt man, dass durch Transformation vom Index 2 aus der Geraden und dem Kreise eine Parabel und eine Cardioide hervorgehen, die auch durch Transformation vom Index 4 aus der gleichseitigen Hyperbel und der Lemniscate entstehen; u. s. w. Endlich wollen wir bemerken, dass alle diese Curven sich leicht aus dem Kreise ableiten lassen, wenn man als Pol einen Punkt der Peripherie und die Tangente in diesem als Polaraxe annimmt. In der That geht jede Sinusspirale vom Index n aus dem Kreise durch eine Transformation vom Index $\dfrac{1}{n}$ hervor.

§ 46.

Dem Leser sei zur Übung die Untersuchung derjenigen Curven empfohlen, deren osculierende Kreise, nachdem man sie einer Dilatation (oder Contraction) von den entsprechenden Berührungspunkten aus unterworfen hat, unter constantem Winkel α einen festen Kreis schneiden. Ist R der Radius dieses Kreises und nimmt man an, dass durch die Dilatation der Durchmesser jedes osculierenden Kreises $(n + 1)\varrho$ wird, so führt eine analoge Rechnung wie die in § 38 leicht zu der natürlichen Gleichung dieser Curven:

$$s = \frac{n+1}{n-1} \int \frac{d\varrho}{\sqrt{(n+1)\left(\dfrac{\varrho}{c}\right)^{\frac{2n}{n-1}} + 2\dfrac{R}{c}\left(\dfrac{\varrho}{c}\right)^{\frac{n+1}{n-1}}\cos\alpha + \dfrac{R^2}{c^2}\left(\dfrac{\varrho}{c}\right)^{2\frac{n+1}{n-1}}\sin^2\alpha - 1}}$$

Für $\alpha = \dfrac{\pi}{2}$ findet man die vorhin untersuchten Curven wieder und für $R = 0$ bei beliebigem α die Sinusspiralen. Für unendliches R und $\alpha = 0$ lässt sich die Gleichung leicht auf die Form

$$(37) \qquad s = \frac{n+1}{n-1} \int \frac{d\varrho}{\sqrt{\left(\dfrac{\varrho}{a}\right)^{\frac{n+1}{n-1}} - 1}}$$

reducieren und stellt Curven dar, die eine gewisse Verwandtschaft mit den Ribaucour'schen haben. Anstatt wie diese einen gemeinsamen Durchmesser für alle dilatierten Osculationskreise zuzulassen, besitzen sie eine allen diesen Kreisen gemeinsame Tangente. Im besondern fallen die Tangenten in den Spitzen in eine zusammen, während dies bei den Ribaucour'schen Curven für die Normalen stattfindet. Wendet man ferner auf den Punkt $(x = 0$, $y = \frac{1}{2}(n + 1)\varrho)$ das in § 15 angegebene Verfahren an, so findet man, dass die dilatierten Osculationskreise ihre Mittelpunkte auf einer Ribaucour'schen Curve vom Index $\frac{2n}{1-n}$ haben. Daraus folgt, dass jede Curve (37) sich auch als einer von den beiden Zweigen der Enveloppe aller Kreise betrachten lässt, die ihre Mittelpunkte auf einer Ribaucour'schen Curve haben und die Directrix dieser Curve berühren. Ein sehr einfaches Beispiel erhält man für $n = \frac{1}{3}$, in welchem Falle die Gleichung (37) eine Epicycloide mit zwei Spitzen darstellt. Ihre Krümmungsradien werden in der That im Verhältnis von 2 zu 1 von dem Leitkreise geteilt, auf den die Mittelpunkte aller Kreise fallen, die zwischen die Epicycloide und einen Durchmesser des festen Kreises einbeschrieben sind.

Viertes Kapitel.

Berührung und Osculation.

§ 47.

Wenn in einem Punkte M zwei Curven sich berühren, d. h. wenn ihre Tangenten in M zusammenfallen, so kann es vorkommen, dass auch die Krümmungscentra zusammenfallen. Verlegt man alsdann die Anfangspunkte nach M, so kann man die beiden Curven in der Umgebung von M als dargestellt durch dieselbe natürliche Gleichung betrachten, wenn man von unendlich kleinen Grössen absieht. Sie sind also an jener Stelle mehr als einander berührend, weil eine bestimmte natürliche Gleichung ja nur eine einzige Curve darstellen kann. Diese höhere Berührung spricht sich darin aus, dass die Differenz $\varrho - \varrho'$ der Krümmungsradien in zwei auf den beiden Curven durch denselben Wert von s definierten Punkten gleichzeitig mit s unendlich klein wird, und es ist durchaus natürlich, als Index der mehr oder weniger innigen Berührung die Ordnung anzunehmen, von welcher $\varrho - \varrho'$ unendlich klein wird. Da ferner im allgemeinen Falle (einfache Berührung) $\varrho - \varrho'$ nicht unendlich klein wird, so wollen wir übereinkommen zu sagen, dass die beiden Curven eine Berührung von der Ordnung n haben, wenn $\varrho - \varrho'$ unendlich klein von der Ordnung $n - 1$ wird, so dass man die einfache Berührung als eine solche von erster Ordnung bezeichnen kann. Bei alledem ist stillschweigend vorausgesetzt, dass ϱ und ϱ' endlich sind; wir werden ferner annehmen, dass sie sich in der Umgebung von M nach ganzen, positiven Potenzen von s entwickeln lassen und werden auf diese Weise unsere Untersuchung auf die Berührung in gewöhnlichen Punkten beschränken, indem wir jedoch den Leser unablässig ermuntern es mit den vielen kleinen Schwierigkeiten aufzunehmen, welche das vollständige Studium der Berührung zweier Curven in solchen Punkten (Wendepunkten, Spitzen, asymptotischen Punkten, u. s. w.) bietet, in deren Umgebung die erwähnte Form der Entwickelung nicht immer möglich ist.

§ 48.

Versieht man alle für den Punkt M berechneten Grössen mit dem Index 0, so hat man

$$\varrho = \varrho_0 + s\left(\frac{d\varrho}{ds}\right)_0 + \frac{s^2}{2}\left(\frac{d^2\varrho}{ds^2}\right)_0 + \frac{s^3}{6}\left(\frac{d^3\varrho}{ds^3}\right)_0 + \cdots,$$

und eine analoge Gleichung kann man für ϱ' hinschreiben. Soll also $\varrho - \varrho'$ unendlich klein von der Ordnung $n-1$ werden, so ist dazu notwendig und hinreichend, dass

$$\varrho_0 = \varrho'_0, \ \left(\frac{d\varrho}{ds}\right)_0 = \left(\frac{d\varrho'}{ds}\right)_0, \cdots, \left(\frac{d^{n-2}\varrho}{ds^{n-2}}\right)_0 = \left(\frac{d^{n-2}\varrho'}{ds^{n-2}}\right)_0, \left(\frac{d^{n-1}\varrho}{ds^{n-1}}\right)_0 \gtrless \left(\frac{d^{n-1}\varrho'}{ds^{n-1}}\right)_0$$

ist. Andrerseits zeigt das bekannte Bildungsgesetz für die Krümmungsradien $\varrho_1, \varrho_2, \varrho_3, \ldots$ der successiven Evoluten (§ 22) ohne Schwierigkeit, dass

$$(1) \qquad\qquad \varrho_n = \varrho^n \frac{d^n\varrho}{ds^n} + \cdots, \ \frac{d^n\varrho}{ds^n} = \frac{\varrho_n}{\varrho^n} + \cdots$$

ist, wobei wir in der ersten Gleichung alle Ableitungen von niedrigerer Ordnung als der n-ten und in der zweiten alle Glieder, welche ϱ_n nicht enthalten, ungeschrieben lassen. Man sieht auf diese Weise, dass ϱ_n nur von den n ersten Ableitungen von ϱ, und zwar sicherlich von der n-ten, abhängt, und dass der Ausdruck der n-ten Derivierten von ϱ zwar ϱ_n, nicht aber ϱ_{n+1}, ϱ_{n+2}, u. s. w. enthält. Dies vorausgeschickt sind die gefundenen Bedingungen offenbar äquivalent mit den folgenden

$$\varrho = \varrho', \ \varrho_1 = \varrho'_1, \ \varrho_2 = \varrho'_2, \ldots, \varrho_{n-2} = \varrho'_{n-2}, \ \varrho_{n-1} \lessgtr \varrho'_{n-1} \ (\text{im Punkte } M).$$

Sollen also zwei Curven in einem gegebenen Punkte eine Berührung von der Ordnung n haben, so ist dazu notwendig und hinreichend, dass für diesen Punkt die $n-1$ ersten Krümmungscentra der einen Curve mit denen der andern zusammenfallen, während die n-ten Krümmungscentra verschieden bleiben. Aus diesem Satze geht hervor, dass, wenn zwei Curven eine Berührung n-ter Ordnung haben, ihre ν-ten Evoluten eine solche von der Ordnung $n-\nu$ haben. Mithin lässt sich der genannte Satz auch so aussprechen: Sollen zwei Curven eine Berührung n-ter Ordnung haben, so ist dazu notwendig und hinreichend, dass ihre $(n-1)$-ten Evoluten sich einfach berühren.

§ 49.

Man kann folgendes als evident betrachten: Je schneller von einem Punkte ausgehend die Krümmung einer Curve dem absoluten Betrage nach wächst, um so mehr ist dieselbe bestrebt von der Tangente in jenem Punkte abzuweichen, und von zwei sich berührenden Curven ist diejenige, welche in dem gemeinsamen Berührungspunkte eine grössere Krümmung hat, mehr als die andere bestrebt sich von der Tangente zu entfernen. Übrigens rechtfertigt sich dies vollständig durch eine genauere Untersuchung des Verhaltens der beiden Curven in der Umgebung des Berührungspunktes (§ 4). Wenn n ungerade ist, so nimmt das Verhältnis von $\varrho - \varrho'$ zu s^{n-1} schliesslich ein bestimmtes Vorzeichen an, welches auch das Vorzeichen von s sein mag. Mithin liegt in der Umgebung von M eine der Curven innerhalb der andern, und dies ist offenbar der allgemeine Fall. Ist n gerade, so wechselt s^{n-1} mit s sein Vorzeichen, mithin hat man $\varrho > \varrho'$ auf einer Seite von M und $\varrho < \varrho'$ auf der andern, d. h. die beiden Curven durchsetzen einander. Also **können zwei Curven in demselben Punkte einander durchsetzen und berühren; dies ist aber ein sicheres Kennzeichen einer höheren Berührung.** Wenn dagegen die beiden Curven einander berühren ohne sich zu kreuzen, wie es im allgemeinen stattfindet, so hat man nicht immer eine einfache Berührung, da es, wie wir gesehen haben, ausnahmsweise auch eine höhere Berührung sein kann; in diesem Falle ist aber die Ordnung ungerade, und da $\varrho - \varrho'$ in der Nähe der Null ein bestimmtes Vorzeichen bewahrt, so kann man hinzufügen, dass **die Differenz $\varrho - \varrho'$ in dem betrachteten Punkte ein Minimum oder Maximum ist.**

§ 50. Osoulation.

Hat man einen Punkt M auf einer Curve fixiert und ist eine zweite Curve $f(s, \varrho) = 0$ gegeben, so ist es möglich, einen oder mehrere Punkte M' auf der zweiten Curve zu finden von folgender Beschaffenheit: Bringt man M' mit M und die Tangente in M' mit der Tangente in M zur Deckung, so wird die Berührung, welche im allgemeinen von der ersten Ordnung ist, eine solche von der zweiten. Es genügt in der That, die Gleichung der zweiten Curve nach s aufzulösen, indem man für ϱ den Wert einsetzt, den der Krümmungsradius im Punkte M der ersten Curve hat. Anstatt die Curve (M') als gegeben anzunehmen, stelle man sich nunmehr die Aufgabe, dieselbe unter den unendlich vielen Curven, welche durch die natürliche Gleichung

$$(2) \qquad f(s, \varrho, a_1, a_2, \ldots, a_{n-2}) = 0$$

(mit $n - 2$ willkürlichen Parametern) dargestellt werden, derart zu wählen, dass die Berührung von einer möglichst hohen Ordnung wird. Durch $n - 2$ successive Differentiationen können wir aus (2) ebensoviele Relationen ableiten, welche die folgende Form haben:

$$f_1 (s, \varrho, \varrho_1, a_1, a_2, a_3, \ldots, a_{n-2}) = 0,$$

$$(3) \qquad f_2 (s, \varrho, \varrho_1, \varrho_2, a_1, a_2, \ldots, a_{n-2}) = 0,$$

$$\cdots \cdots \cdots \cdots \cdots \cdots \cdots$$

$$f_{n-2} (s, \varrho, \ldots, \varrho_{n-2}, a_1, \ldots, a_{n-2}) = 0.$$

Diese müssen ebenso wie die Formel (2) für die Curven (M') identisch bestehen. Denkt man sich nun an Stelle von $\varrho, \varrho_1, \ldots, \varrho_{n-2}$ die Werte eingesetzt, welche diese Grössen im Punkte M der ersten Curve haben, so entsteht ein System von $n - 1$ Gleichungen, welches bestimmte Werte für $s, a_1, u_2, \ldots, a_{n-2}$ liefert. Bei jeder Lösung des Systems werden die Werte der a dazu dienen, eine unter den unendlich vielen durch die Gleichung (2) dargestellten Curven zu bestimmen, und der Wert von s wird auf der so erhaltenen Curve (M') einen Punkt M' definieren. Bringt man diesen Punkt mit M zur Deckung derart, dass sich die Curven dort berühren, so werden dieselben die $n - 1$ ersten Krümmungscentra gemein haben, und im allgemeinen ist kein Grund vorhanden, dass auch die n-ten Krümmungscentra zusammenfallen. Die Berührung wird demnach die Ordnung n erreichen, und es ist klar, dass man a priori keine höhere Berührung verlangen kann. Dies hindert jedoch nicht, dass eine solche Berührung wegen einer der Curve (M) innewohnenden Eigentümlichkeit thatsächlich eintreten kann. Im allgemeinen Falle sagt man, dass unter den durch die Gleichung (2) definierten Curven (M') zu der gegebenen Curve osculierend ist. Tritt ausnahmsweise der Fall ein, dass sich, während man zwischen den beiden Curven nur eine Berührung von der Ordnung n herbeizuführen sucht, eine noch innigere Berührung zwischen ihnen herausstellt, so sagt man, die Curve (M') sei zu (M) superosculierend. Es giebt also in jeder $(n - 2)$-fach unendlichen Curvenschar einfach unendlich viele Curven, die mit einer gegebenen Curve (M) eine Berührung n-ter Ordnung haben, und nur in besondern Punkten von (M) kann es eintreten, dass die Ordnung der Berührung die Zahl n überschreitet.

§ 51. Osculierender Kreis.

Die vorhergehenden Betrachtungen sind nicht anwendbar, wenn in der Formel (2) s nicht vorkommt, d. h. im Falle der Kreise. Die unendlich vielen Kreise, welche eine gegebene Curve in einem Punkte M berühren, haben ihre Mittelpunkte O auf der Normale der Curve in M. Aber solange O von C verschieden ist, ist die Berührung einfach und wird, wenn O mit C zusammenfällt, im allgemeinen nur von der zweiten Ordnung. Also ist unter den die Curve in M berührenden Kreisen derjenige der osculierende, dessen Mittelpunkt das Krümmungscentrum ist. Da ferner die Berührung von zweiter Ordnung ist, so durchsetzt im allgemeinen der osculierende Kreis im Berührungspunkte die Curve, und dies ist sogar eine Eigenschaft, welche ihn unter den unendlich vielen Kreisen, die die Curve in demselben Punkte berühren, charakterisiert. Wenn wir uns vorstellen, dass der Mittelpunkt O eines berührenden Kreises die Normale in einem gegebenen Sinne durchläuft, vom Unendlichen ausgehend, um wieder ins Unendliche zurückzukehren, so wird es nur ein einziges Mal vorkommen können, dass der Kreis die Curve durchsetzt, während für jede andre Lage von O die Curve in der Umgebung von M entweder ganz innerhalb des entsprechenden Kreises liegt (was offenbar eintritt, wenn O ins Unendliche rückt) oder ganz ausserhalb (z. B., wenn O sich M unendlich nähert). Unter den einfach unendlich vielen Kreisen, die eine Curve osculieren, können einige die Curve in speciellen Punkten superosculieren. Da alsdann die Berührung im allgemeinen von der dritten Ordnung ist, so kann man auf Grund der Schlussbemerkung in § 49 behaupten, dass $\varrho - \varrho'$, d. h. ϱ, ein Minimum oder Maximum ist. Ist umgekehrt ϱ ein Minimum oder Maximum, so muss die Berührung von einer höheren, und zwar ungeraden, Ordnung sein. Stellt man sich demnach vor, dass der Berührungspunkt die Curve immer in demselben Sinne durchläuft, so steigt jedesmal, wenn der osculierende Kreis ein Minimum oder Maximum wird, die Berührung mindestens bis zur dritten Ordnung auf und ist jedenfalls von ungerader Ordnung. Dann durchsetzt der osculierende Kreis die Curve nicht mehr. Dies ist also ein sicheres Merkmal für eine Superosculation, die sich überall da deutlich anzeigt, wo die Curve in der Umgebung eines Punktes inbezug auf die Normale symmetrisch ist.

§ 52.

Wir wollen annehmen, die Curven (M') seien, anstatt durch die Formel (2) dargestellt zu sein, durch ihre cartesische Gleichung inbezug auf die Tangente und die Normale in einem Punkte M einer bekannten Curve gegeben. Wir wollen ferner in der Umgebung von M die Möglichkeit der Entwickelung von y nach ganzen positiven Potenzen von x

$$(4) \qquad y = Ax^2 + Bx^3 + Cx^4 + \cdots$$

zulassen. Diese Entwickelung kommt bei passender Bestimmung der Coefficienten jeder Curve zu, welche die gegebene Curve in M berührt, und im besondern kommt sie der Curve (M) selbst zu. Um die der Curve (M) entsprechenden Coefficienten zu bestimmen, genügt es, (4) zu differenzieren und die abgeleitete Gleichung mit (4) zu identificieren (§ 16). Man erhält so

$$A = \frac{1}{2\varrho}, \quad B = \frac{1}{3}\frac{dA}{ds}, \quad C = \frac{1}{4}\frac{dB}{ds} + \frac{A^2}{2\varrho}, \; \ldots$$

d. h.

$$(5) \qquad A = \frac{1}{2\varrho}, \quad B = -\frac{\varrho_1}{6\varrho^3}, \quad C = \frac{3(\varrho^2 + \varrho_1{}^2) - \varrho\varrho_2}{24\varrho^5}, \; \ldots$$

Das Bildungsgesetz dieser Coefficienten zeigt schon, dass der ν-te Coefficient nur von den ν ersten Krümmungsradien, und zwar sicher von dem ν-ten, abhängt. Also müssen für alle Curven, die in M eine Berührung von der Ordnung n haben, die $n-1$ ersten Coefficienten dieselben Werte haben. Um die Curve (M') zu bestimmen, welche (M) osculiert, braucht man jetzt nur in (4) die Werte (5) einzutragen und dann die Entwickelung (4) in die Gleichung von (M') einzusetzen, indem man aber alle die n-te übersteigenden Potenzen von x vernachlässigt. Man erhält auf diese Weise eine Gleichung, die identisch erfüllt sein muss, und dieser Umstand gestattet die Coefficienten in der Gleichung von (M') zu bestimmen. Wir wollen bei dieser Gelegenheit folgende Bemerkung machen: Schreibt man die Entwickelung (4) für eine beliebige Curve, die mit M eine Berührung n-ter Ordnung hat, so sind die beiden ersten ungleichen Coefficienten in den beiden Entwickelungen die n-ten, da sie sicher von ϱ_{n-1} und von $\varrho'_{n-1} \lessgtr \varrho_{n-1}$ abhängen. Also ist die Differenz $y - y'$ der Ordinaten unendlich klein von der Ordnung $n + 1$, d. h. man kann in der Umgebung des Berührungspunktes die beiden Curven als zusammenfallend betrachten, wenn man von unendlich kleinen Grössen von höherer Ordnung als der n-ten absieht. Hiernach ist es leicht, die Behauptungen des § 49 präciser zu fassen. Endlich wollen wir bemerken, dass es manchmal vorzuziehen ist, anstatt der einen Entwickelung (4) in analoger Weise die Entwickelungen von x und y als Functionen von s zu benutzen. Aus den Relationen

$$\frac{dx}{ds} = \cos\varphi, \qquad \frac{dy}{ds} = \sin\varphi$$

leitet man durch successive Differentiationen ab

$$\frac{d^2x}{ds^2} = -\frac{\sin\varphi}{\varrho}, \quad \frac{d^3x}{ds^3} = -\frac{\cos\varphi}{\varrho^2} + \frac{\varrho_1\sin\varphi}{\varrho^3},$$

$$\frac{d^4x}{ds^4} = \frac{3\varrho_1\cos\varphi}{\varrho^4} + \frac{\varrho^2 + \varrho\varrho_2 - 3\varrho_1{}^2}{\varrho^5}\sin\varphi, \; \ldots,$$

$$\frac{d^2y}{ds^2} = \frac{\cos\varphi}{\varrho}, \quad \frac{d^3y}{ds^3} = -\frac{\sin\varphi}{\varrho^2} - \frac{\varrho_1\cos\varphi}{\varrho^3},$$

$$\frac{d^4y}{ds^4} = \frac{3\varrho_1\sin\varphi}{\varrho^4} - \frac{\varrho^2 + \varrho\varrho_2 - 3\varrho_1{}^2}{\varrho^5}\cos\varphi, \; \ldots,$$

mithin ist

$$(6) \quad x = s - \frac{s^3}{6\varrho^2} + \frac{\varrho_1 s^4}{8\varrho^4} + \cdots, \quad y = \frac{s^2}{2\varrho} - \frac{\varrho_1 s^3}{6\varrho^3} - \frac{(\varrho^2 + \varrho\varrho_2 - 3\varrho_1{}^2)s^4}{24\varrho^5} + \cdots$$

§ 53. Anwendungen.

a) Die Zahl der Kegelschnitte ist vom Standpunkte der natürlichen Geometrie zweifach unendlich. Daraus folgt, dass man von einem Kegelschnitt wird sagen können, er osculire eine Curve, wenn er mit ihr eine Berührung vierter Ordnung hat. Setzt man nun in die Gleichung des Kegelschnitts

$$(7) \quad y = \frac{1}{2}(\alpha x^2 + \beta y^2 + 2\gamma xy)$$

die Entwickelungen (6) ein, indem man alle die vierte übersteigenden Potenzen von s vernachlässigt, so gelingt es leicht, α, β, γ als Functionen der Krümmungsradien $\varrho, \varrho_1, \varrho_2$ der gegebenen Curve (M) zu bestimmen. Anstatt der Entwickelungen (6) ist es im vorliegenden Falle vielleicht vorzuziehen, die eine Entwickelung (4) anzuwenden, indem man sie auf die drei ersten Glieder beschränkt und beim Einsetzen in (7) die Potenzen von x von der fünften aufwärts vernachlässigt. Auf die eine oder die andre Weise gelangt man zu den folgenden Resultaten:

$$(8) \quad \alpha = \frac{1}{\varrho}, \quad \beta = \frac{9\varrho^2 + 5\varrho_1{}^2 - 3\varrho\varrho_2}{9\varrho^3}, \quad \gamma = -\frac{\varrho_1}{3\varrho^2}.$$

Also ist die Gleichung des osculierenden Kegelschnitts

$$(3\varrho x - \varrho_1 y)^2 + (9\varrho^2 + 4\varrho_1{}^2 - 3\varrho\varrho_2)y^2 = 18\varrho^3 y.$$

b) Will man, dass die Berührung nur von der dritten Ordnung sei, so erhält man unendlich viele Kegelschnitte, die noch immer durch die Gleichung (7) dargestellt werden, wo α und γ die Werte (8) haben, während β, der einzige Coefficient, welcher von ϱ_2 abhängt, willkürlich bleibt. Für $\beta = \frac{\gamma^2}{\alpha}$ erhält man eine Parabel und für $\beta = -\alpha$ eine gleichseitige Hyperbel. Daraus folgt, dass die Gleichungen der osculierenden Parabel und der osculierenden gleichseitigen Hyperbel bezüglich

$$(3\varrho x - \varrho_1 y)^2 = 18\varrho^3 y, \quad x^2 - y^2 - \frac{2\varrho_1}{3\varrho} xy = 2\varrho y$$

sind.

c) Um die Grösse der Axen des osculierenden Kegelschnitts zu bestimmen, muss man sich daran erinnern (§ 29), dass man

$$a^2 + b^2 = \frac{\alpha(\alpha + \beta)}{\varDelta^2}, \quad ab = \frac{\alpha}{\varDelta^{\frac{3}{2}}}$$

hat, wo $\varDelta = \alpha\beta - \gamma^2$ ist. Setzt man der Kürze wegen

$$\mathscr{P} = 9\varrho^2 + 4\varrho_1{}^2 - 3\varrho\varrho_2, \quad \mathscr{H} = 18\varrho^2 + 5\varrho_1{}^2 - 3\varrho\varrho_2,$$

so liefern die Werte (8)

$$(9) \quad \alpha + \beta = \frac{\mathscr{H}}{9\varrho^3}, \quad \varDelta = \frac{\mathscr{P}}{9\varrho^4},$$

und die vorhergehenden Formeln werden

$$(10) \qquad a^2 + b^2 = \frac{9 \, \mathcal{S} \varrho^4}{\mathscr{P}^2}, \quad ab = \frac{27 \varrho^5}{\mathscr{P}^{\frac{3}{2}}}.$$

Aus diesen gewinnt man

$$a = \frac{3 \varrho^2}{\mathscr{P} \sqrt{2}} \sqrt{\mathcal{S} + \sqrt{\mathcal{S}^2 - 36 \mathscr{P} \varrho^2}}, \quad b = \frac{3 \varrho^2}{\mathscr{P} \sqrt{2}} \sqrt{\mathcal{S} - \sqrt{\mathcal{S}^2 - 36 \mathscr{P} \varrho^2}}$$

Man bemerke, dass die innere Wurzel immer reell ist, da die Identität besteht

$$\mathcal{S}^2 - 36 \mathscr{P} \varrho^2 = (5 \varrho_1^2 - 3 \varrho \varrho_2)^2 + 36 \varrho^2 \varrho_1^2.$$

§ 54. Invarianten.

Für eine Schar (2), die aus einer $(n-2)$-fach unendlichen Zahl von Curven besteht, giebt es eine Function der n ersten Krümmungsradien, welche längs jeder Curve der Schar beständig gleich Null bleibt. In der That erhält man durch Differentiation der letzten der Formeln (3) eine weitere Relation

$$f_{n-1} (s, \varrho, \varrho_1, \varrho_2, \ldots, \varrho_{n-1}, a_1, a_2, \ldots, a_{n-2}) = 0,$$

welche identisch für alle Curven (2) bestehen muss. Eliminiert man nun $s, a_1, a_2, \ldots, a_{n-2}$ aus dem System, welches durch Hinzufügung der letzten Gleichung und der Gleichung (2) selbst aus dem System (3) entsteht, so gelangt man zu einer Relation

$$(11) \qquad F(\varrho, \varrho_1, \varrho_2, \ldots, \varrho_{n-1}) = 0,$$

deren erstes Glied eben die Invariante der Schar (2) ist. Die Kenntnis der Invariante gestattet in jedem Punkte das n-te Krümmungscentrum zu construieren, wenn die $n-1$ ersten Krümmungscentra bekannt sind, und die Construction, welche man erhält, charakterisiert die Curven (2). Es ist in der That evident, dass jede Invariante zu einer ganz bestimmten Curvenschar gehört, deren Gleichung man demnach durch die Kenntnis der Invariante allein ersetzen kann. Um sich davon zu überzeugen, bemerke man, dass durch Einsetzung der Werte (1) in die Formel (11) diese eine Differentialgleichung $(n-1)$-ter Ordnung wird, von der man durch Integration wieder zu einer Gleichung zwischen s und ϱ aufsteigt, welche $n-1$ willkürliche Constanten enthält. Von diesen Constanten bilden aber $n-2$ das System von Parametern, welches in der Gleichung (2) auftritt, und die letzte ist durch die Wahl des Anfangspunktes der Bogen bestimmt. Man kann jedoch nicht bloss das n-te Krümmungscentrum construieren, wenn man die Invariante kennt, sondern auch alle folgenden Krümmungscentra. In der That können wir die Gleichung (11) unbegrenzt oft differenzieren und erhalten dabei ebensoviele Relationen

$$(12) \qquad F_1(\varrho, \varrho_1, \ldots, \varrho_n) = 0, \qquad F_2(\varrho, \varrho_1, \ldots, \varrho_{n+1}) = 0,$$
$$F_3(\varrho, \varrho_1, \ldots, \varrho_{n+2}) = 0, \ldots,$$

welche successiv die Werte von ϱ_n, ϱ_{n+1}, ϱ_{n+2}, ... als Functionen von ϱ, ϱ_1, ϱ_2, ..., ϱ_{n-2} liefern. Das Verschwinden der Invariante F in einem gegebenen Punkte einer Curve (M) zeigt an, dass die Curve (2), welche (M) in jenem Punkte osculiert, mit derselben auch das n-te Krümmungscentrum gemein hat, d. h. dass die Ordnung der Berührung n übersteigt, dass also eine Superosculation stattfindet. Endlich wollen wir bemerken, dass man durch Elimination von ϱ, ϱ_1, ..., $\varrho_{\nu-1}$ aus (11) und den ν ersten Relationen (12) eine Relation

$$F^{(\nu)}(\varrho_\nu, \varrho_{\nu+1}, \ldots, \varrho_{n+\nu-1}) = 0$$

erhält und man ohne weiteres behaupten kann, dass $F^{(\nu)}(\varrho, \varrho_1, \ldots, \varrho_{n-1})$ die Invariante der Curvenschar ist, welche aus den ν-ten Evoluten der Curven der gegebenen Schar (2) besteht. Soll in einem Punkte einer gegebenen Curve eine Berührung $(n + \nu)$-ter Ord nung mit einer Curve der Schar (2) stattfinden, so ist dazu notwendig und hinreichend, dass in jenem Punkte F, F', F'', ..., $F^{(\nu-1)}$ verschwinden, nicht aber $F^{(\nu)}$.

§ 55. Beispiele.

a) Die cycloidalen Curven (vgl. § 24, g) bestimmen eine zweifach unendliche Curvenfamilie, die durch die Invariante $\varrho_1 \varrho_2 - \varrho \varrho_3$ charakterisiert wird. Werden aber die genannten Curven derart particularisiert, dass aus der ganzen Familie eine einfach unendliche Schar ausgesondert wird, so darf die Invariante nicht mehr ϱ_3 enthalten, und in der That findet man, dass die Invarianten der Kreisevolventen, der logarithmischen Spiralen, der Cycloiden, der Pseudocycloiden, der Epicycloiden mit drei Spitzen, u. s. w. bezüglich ϱ_2, $\varrho_1{}^2 - \varrho \varrho_2$, $\varrho + \varrho_2$, $\varrho - \varrho_2$, $9\varrho + \varrho_2$, u. s. w. sind.

b) Die Invarianten der Parabeln und der gleichseitigen Hyperbeln sind gerade die in § 53, c mit $\mathscr{P}$ und $\mathscr{H}$ bezeichneten Ausdrücke, da dieselben Functionen von ϱ, ϱ_1, ϱ_2 sind, welche auf Grund der Formeln (9) bezüglich auf jeder Parabel und auf jeder gleichseitigen Hyperbel verschwinden. Ausserdem zeigt die zweite Formel (10), dass der eine Curve osculierende Kegelschnitt eine Hyperbel oder eine Ellipse ist, jenachdem $\mathscr{P}$ negativ oder positiv ist. Die Werte von s, für welche $\mathscr{P}$ oder $\mathscr{H}$ verschwindet, bestimmen auf jeder Curve die Punkte, wo eine Superosculation mit einer Parabel oder mit einer gleichseitigen Hyperbel stattfindet.

c) Um die Invariante $\mathscr{C}$ der Familie aller Kegelschnitte zu finden, genügt es, die eine oder andere der Gleichungen (10) zu differenzieren. Man erhält auf diese Weise $\mathscr{C}$ unter einer der folgenden Formen

$$\mathscr{C} = 8\mathscr{H}\varrho_1 - 3\varrho^2 \frac{d\mathscr{H}}{ds} = -3\varrho^{\frac{14}{3}} \frac{d}{ds} \frac{\mathscr{H}}{\varrho^{\frac{8}{3}}}, \qquad \mathscr{C} = 10\mathscr{P}\varrho_1 - 3\varrho^2 \frac{d\mathscr{P}}{ds} = -3\varrho^{\frac{16}{3}} \frac{d}{ds} \frac{\mathscr{P}}{\varrho^{\frac{10}{3}}}.$$

Führt man die Rechnung in der einen oder andern Weise aus, so findet man, dass die Invariante der Kegelschnitte

$$\mathcal{C} = 36\,\varrho^2\varrho_1 + 40\,\varrho_1{}^3 - 45\,\varrho\varrho_1\varrho_2 + 9\,\varrho^2\varrho_3$$

ist. Endlich gestatten die Formeln (10) auch noch, $\mathcal{C}$ längs einer beliebigen Curve als Function der Halbaxen des osculierenden Kegelschnitts auszudrücken:

$$\mathcal{C} = -27\,\varrho^{\frac{14}{3}}\frac{d}{ds}\frac{a^2 + b^2}{(ab)^{\frac{4}{3}}}, \quad \mathcal{C} = -27\,\varrho^{\frac{16}{3}}\frac{d}{ds}\frac{1}{(ab)^{\frac{2}{3}}}.$$

Der letzte Ausdruck führt, da bekanntlich πab den Flächeninhalt der durch die Halbaxen a und b befinierten Ellipse misst, zu der Bemerkung von Gravé, dass die eine Curve in einem Punkte M osculierende Ellipse nicht einen constanten Flächeninhalt bewahren kann, wenn M die Curve durchläuft. Hinzugefügt sei, dass das Zeichen von $\mathcal{C}$ dazu dient, zu erkennen, ob der genannte Flächeninhalt zu- oder abnimmt. Wenn er ein Minimum oder ein Maximum wird, so verschwindet $\mathcal{C}$, mithin steigt die Berührung mindestens bis zur fünften Ordnung.

d) Bemerkenswert sind die Curven, welche durch die Invariante

$$\mathcal{I}(\lambda, \mu) = \lambda\varrho^2 + (\mu + 1)\varrho_1{}^2 - \varrho\varrho_2$$

definiert werden, für jedes Wertepaar λ, μ. So z. B. unterscheiden sich $\mathcal{I}\left(3, \frac{1}{3}\right)$ und $\mathcal{I}\left(6, \frac{2}{3}\right)$ nicht von $\mathcal{P}$ und von $\mathcal{S}$; die Kettenlinien gleichen Widerstandes sind charakterisiert durch $\mathcal{I}(1, 1)$, die logarithmischen Spiralen durch $\mathcal{I}(0, 0)$, und allgemeiner ist $\mathcal{I}(0, \mu)$ die Invariante derjenigen Curven, bei welchen der Bogen proportional der $(1 - \mu)$-ten Potenz des Krümmungsradius ist; $\mathcal{I}(\lambda, 0)$ ist die Invariante der durch die Gleichung

$$s = \int \frac{d\varrho}{\sqrt{2\lambda \log \frac{\varrho}{a}}}$$

dargestellten Curven; u. s. w. Sind λ und μ von Null verschieden, so führt die Integration von $\mathcal{I} = 0$ zu der natürlichen Gleichung

$$s = \int \frac{d\varrho}{\sqrt{\frac{\lambda}{\mu}\left(\left(\frac{\varrho}{a}\right)^{2\mu} - 1\right)}},$$

welche im besondern die Ribaucour'schen Curven und die Sinus-spiralen vom Index n (§§ 41, 43) darstellt, je nachdem man die eine oder die andere der folgenden Annahmen macht:

$$\lambda = \frac{n - 1}{n + 1}, \quad \mu = \frac{n + 1}{n - 1}; \quad \lambda = \frac{n(n - 1)}{(n + 1)^2}, \quad \mu = \frac{n}{n - 1}.$$

Für $\lambda\mu = \frac{1}{4}$ stellt dieselbe Gleichung die bemerkenswerten Curven dar (§ 46), deren osculierende Kreise, nach einem constanten Verhältnis vergrössert, eine feste Gerade berühren. Bemerkt man ferner, dass

$$\frac{d\mathcal{I}}{ds} = 2\lambda\varrho_1 - \varrho_3 + (2\mu + 1)\frac{\varrho_1\varrho_2}{\varrho}$$

ist, so sieht man sofort, dass, wenn $2\mu + 1 = 0$ ist, die Invariante der Evoluten $2\lambda\varrho - \varrho_2$ ist. Da dies die Invariante der cycloidalen Curven $\varrho^2 = 2\lambda s^2 + \cdots$ ist, deren jede im allgemeinen die Evolute einer analogen Curve ist, so kann man sagen, dass die durch die Invariante $\mathcal{I}\left(\lambda, -\frac{1}{2}\right)$ definierten Curven gewisse Parallelcurven zu cycloidalen Curven sind. Derartige Curven sind (vgl. §§ 41, 43, 46) die Ribaucour'sche Curve vom Index $-\frac{1}{3}$, die Sinusspirale vom Index $\frac{1}{3}$ und die krumme Linie, welche alle um die Punkte einer Cycloide beschriebenen Tangentialkreise der Directrix berührt; sie ist Parallelcurve einer gewissen andern Cycloide. Bei allen diesen Curven führt die geometrische Interpretation der Gleichung $\mathcal{I} = 0$ zu der folgenden sehr einfachen Construction des dritten Krümmungscentrums, falls die beiden ersten bekannt sind: **Teilt man CM im Verhältnis von λ zu $1 - \lambda$ und CC_1 im Verhältnis von $(\mu + 1)\lambda$ zu $1 - (\mu + 1)\lambda$ und errichtet in dem ersten Teilpunkte ein Lot auf der Geraden, welche ihn mit dem zweiten verbindet, so geht dieses Lot durch C_2.**

e) In analoger Weise kann man die in § 37 definierten Curven untersuchen. Setzt man

$$\mathbf{P} = (n-1)^2\varrho^2 + (n+1)^2\varrho_1^2 + (n^2-1)(\varrho_1^2 - \varrho\varrho_2),$$

$$\mathbf{H} = \frac{n}{n+1}\left[(n-1)^2\varrho^2 + (n+1)^2\varrho_1^2\right] + (n^2-1)(\varrho_1^2 - \varrho\varrho_2),$$

so findet man, dass die Invariante der genannten Curven

$$\mathbf{C} = 2n\varrho_1\left[(2n-1)\mathbf{P} - 2(n+1)\mathbf{H}\right] + (n-1)(n^2-1)\varrho(\varrho_1\varrho_2 - \varrho\varrho_3)$$

ist, und dass der Leitkreis sein Centrum in dem Punkte

$$(13) \qquad x = \frac{(n^2-1)\varrho^2\varrho_1}{\mathbf{P}}, \qquad y = \frac{(n-1)^2\varrho^3}{\mathbf{P}}$$

und den Radius

$$R = (n-1)\frac{\varrho^2}{\mathbf{P}}\sqrt{-(n+1)\mathbf{H}}$$

hat. Daraus folgt sofort, dass $\mathbf{P}$ und $\mathbf{H}$ die Invarianten der Ribaucour'schen Curven $(R = \infty)$ und der Sinusspiralen $(R = 0)$ sind und dass die Gleichung des Leitkreises

$$x^2 + y^2 - \frac{2}{\mathbf{P}}(n-1)\varrho^2\left[(n+1)\varrho_1 x + (n-1)\varrho y\right] + \frac{n+1}{\mathbf{P}}(n-1)^2\varrho^4 = 0$$

ist. Dieselbe reduciert sich bei den Ribaucour'schen Curven auf

$$(14) \qquad y = \frac{n+1}{2}\varrho - \frac{n+1}{n-1}\cdot\frac{\varrho_1}{\varrho}x.$$

§ 56. Übungsbeispiele.

a) **Den Ort der Mittelpunkte der osculierenden Kegelschnitte einer gegebenen Curve zu bestimmen.** Die Coordinaten des Mittelpunktes kann man aus den Formeln (13) für $n = -2$ ableiten oder auch aus den

Formeln (3) des vorigen Kapitels, indem man darin die Werte (8) und (9) einträgt. Wendet man auf diese Coordinaten

$$(15) \qquad x = \frac{3\varrho^2 \varrho_1}{\mathscr{P}}, \qquad y = \frac{9\varrho^3}{\mathscr{P}}$$

das gewöhnliche Verfahren (§ 15) an, so erhält man

$$\frac{\delta x}{ds} = \frac{\mathscr{C} \varrho_1}{\mathscr{P}^2}, \qquad \frac{\delta y}{ds} = \frac{3\mathscr{C} \varrho}{\mathscr{P}^2},$$

und man sieht, dass die Tangente durch M hindurchgeht. Ferner wird

$$\varkappa = \frac{\mathscr{C}}{\mathscr{P}^2} \sqrt{9\varrho^2 + \varrho_1{}^2}, \qquad \varrho' = \frac{\mathscr{C}\varrho}{\mathscr{P}^3} (9\varrho^2 + \varrho_1{}^2)^{\frac{3}{2}}.$$

Man findet z. B. im Falle der Hypocycloide mit drei Spitzen $(9s^2 + \varrho^2 = \text{Const.})$ $\mathscr{P} = 36a^2$, $\mathscr{S} = 45a^2$, $\mathscr{C} = -3240a^2s$. Fixiert man in geeigneter Weise den Sinn und den Anfangspunkt der Bogen, so liefern die vorhergehenden Formeln

$$s' = \frac{15s^2}{4a}, \qquad \varrho' = \frac{15s\varrho}{8a}$$

und schliesslich $9s'^2 + 4\varrho'^2 = \text{Const.}$ Der gesuchte Ort ist also eine Hypocycloide mit sechs Spitzen, wovon drei mit denen der gegebenen Curve zusammenfallen.

    b) Die Enveloppe der Leitlinien der eine gegebene Curve osculierenden Parabeln zu finden. Aus der Formel (14) erhält man für $n = -2$ die Gleichung der Leitlinie. Differenziert man dieselbe, so kommt

$$(\varrho_2 - 3\varrho) x + 4\varrho_1 y + 2\varrho\varrho_1 = 0,$$

und aus beiden Gleichungen ergiebt sich $x = 0$, $y = -\dfrac{\varrho}{2}$. Also berührt die Directrix ihre Enveloppe auf der Normale der Curve. Wendet man auf die Coordinaten des Berührungspunktes die gewöhnlichen Fundamentalformeln an, so erhält man

$$(16) \qquad \varkappa = \frac{\sqrt{9\varrho^2 + \varrho_1{}^2}}{2\varrho}, \qquad \varrho' = \frac{(9\varrho^2 + \varrho_1{}^2)^{\frac{3}{2}}}{2\mathscr{P}}.$$

Für die Hypocycloide mit drei Spitzen erhält man $\varrho' = \dfrac{3}{8}a$. Also berühren die Leitlinien der osculierenden Parabeln einer Hypocycloide mit drei Spitzen sämtlich den Leitkreis.

    c) Dagegen werden für $\mathscr{S} = 0$, da sich alsdann $\mathscr{P}$ auf $-(9\varrho^2 + \varrho_1{}^2)$ reduciert, die Formeln (16)

$$\varrho' = \frac{1}{2} \sqrt{9\varrho^2 + \varrho_1{}^2}, \qquad s' = \int \frac{\varrho'}{\varrho} ds,$$

d. h.

$$\varrho' = \frac{3}{2} \varrho \left(\frac{\varrho}{a}\right)^{\frac{2}{3}}, \qquad s' = \frac{1}{2} \int \frac{\varrho^{\frac{2}{3}} d\varrho}{\sqrt{\varrho^{\frac{4}{3}} - a^{\frac{4}{3}}}},$$

und durch Elimination von ϱ entnimmt man daraus

$$s' = \frac{1}{5} \int \frac{d\varrho'}{\sqrt{\left(\frac{2\varrho'}{3a}\right)^{\frac{4}{3}} - 1}}.$$

Also berühren die Leitlinien der osculierenden Parabeln einer gleichseitigen Hyperbel eine Sinusspirale vom Index $-\frac{2}{3}$.

d) Den Ort der Brennpunkte der osculierenden Parabeln einer gegebenen Curve zu finden. Wenn man beachtet, dass der Brennpunkt inbezug auf die Tangente symmetrisch ist zu der Projection von M auf die Directrix (§ 33, a), so findet man, dass seine Coordinaten

$$x = -\frac{3\varrho^2\varrho_1}{2(9\varrho^2 + \varrho_1{}^2)}, \qquad y = \frac{9\varrho^3}{2(9\varrho^2 + \varrho_1{}^2)}$$

sind. Mithin ist

$$\frac{\delta x}{ds} = \frac{(9\varrho^2 - \varrho_1{}^2)\mathscr{P}}{2(9\varrho^2 + \varrho_1{}^2)^2}, \qquad \frac{\delta y}{ds} = \frac{3\mathscr{P}\varrho\varrho_1}{(9\varrho^2 + \varrho_1{}^2)^2}.$$

Diese Formeln sagen uns, dass die Normale des Ortes der Brennpunkte die Strecke MC im Verhältnis von 1 zu 3 teilt und dass die Tangente den von M aus gerechneten Abschnitt halbiert, welchen die Leitlinie auf der Tangente von (M) bestimmt. Ferner erhält man

$$\frac{1}{\varkappa} = 2\left(\frac{\mathfrak{S}}{\mathscr{P}} - 1\right), \qquad \frac{\varrho}{\varrho'} = 2\left(3\frac{\mathfrak{S}}{\mathscr{P}} - 5\right).$$

Z. B. hat man, wenn $9s^2 + \varrho^2 = \text{Const.}$ ist, $s' = 2s$, $\varrho' = \frac{2}{5}\varrho$, $9s'^2 + 25\varrho'^2 = \text{Const.}$ Also gehören die Brennpunkte der osculierenden Parabeln einer Hypocycloide mit drei Spitzen einer Epicycloide an, welche dieselben Spitzen hat. Auf ähnliche Weise liefern, wenn $\mathfrak{S} = 0$ ist, die letzten Formeln $s' = \frac{1}{2}s$, $\varrho' = \frac{1}{10}\varrho$, und daraus lässt sich leicht ableiten, dass die osculierenden Parabeln einer gleichseitigen Hyperbel ihre Brennpunkte auf einer der Curven haben, die durch die Invariante $\mathscr{J}\left(\frac{6}{25}, \frac{2}{3}\right)$ definiert sind. Endlich liegen bei jeder Curve der durch die Invariante $\mathscr{J}\left(-\frac{3}{2}, -\frac{1}{6}\right)$ definierten Familie die Brennpunkte der osculierenden Parabeln in gerader Linie. Es ist zu bemerken, dass diese Curven gerade diejenigen sind (§ 55, d), deren osculierende Kreise, von den entsprechenden Berührungspunkten aus auf $\frac{1}{4}$ verkleinert, eine feste Gerade berühren.

e) Den Ort der Mittelpunkte der osculierenden gleichseitigen Hyperbeln einer gegebenen Curve zu bestimmen. Für $\mathfrak{S} = 0$ liefern die Formeln (15)

$$x = -\frac{3\varrho^2\varrho_1}{9\varrho^2 + \varrho_1{}^2}, \qquad y = -\frac{9\varrho^3}{9\varrho^2 + \varrho_1{}^2};$$

ferner findet man

$$\frac{\delta x}{ds} = \frac{(9\varrho^2 - \varrho_1{}^2)\mathfrak{S}}{(9\varrho^2 + \varrho_1{}^2)^3}, \qquad \frac{\delta y}{ds} = -\frac{6\mathfrak{S}\varrho\varrho_1}{(9\varrho^2 + \varrho_1{}^2)^2},$$

und leitet daraus ab

$$\frac{1}{\varkappa} = \frac{\mathscr{P}}{\mathscr{H}} - 1 \,, \quad \frac{\varrho}{\varrho'} = 3\,\frac{\mathscr{P}}{\mathscr{H}} - 1 \,.$$

Im besondern wird, wenn $9\,s^2 + \varrho^2 = \text{Const.}$ ist, $s' = 5\,s$, $\varrho' = \frac{5}{7}\,s$, $9\,s'^2 + 49\,\varrho'^2 = \text{Const.}$, mithin liegen die Mittelpunkte der osculierenden gleichseitigen Hyperbeln einer Hypocycloide mit drei Spitzen auf einer sternförmigen Epicycloide, welche dieselben Spitzen hat. Endlich bilden die Curven, welche von gleichseitigen Hyperbeln, deren Mittelpunkte in gerader Linie liegen, osculiert werden, die durch die Invariante $\mathscr{J}\left(\frac{3}{2}, \frac{1}{6}\right)$ charakterisierte Familie. Sie gehören (§ 55, d) derselben Klasse an, wie die am Ende des vorigen Übungsbeispiels gefundenen, abgesehen von der Änderung des Verhältnisses $\frac{1}{4}$ in $-\frac{1}{2}$.

f) Die vorhergehenden Rechnungen lassen sich allgemeiner bei den durch die Invariante **C** definierten Curven ausführen. So leitet man aus den Formeln (13) ab

$$(17) \qquad \frac{\delta x}{ds} = -\,\frac{(n+1)\,\mathbf{C}\,\varrho_1}{\mathbf{P}^2} \,, \quad \frac{\delta y}{ds} = -\,\frac{(n-1)\,\mathbf{C}\,\varrho}{\mathbf{P}^2} \,,$$

und man sieht sofort, dass die Tangente des Ortes der Mittelpunkte der Leitkreise durch M hindurchgeht. Die Curve, welche an die Stelle der Hypocycloide mit drei Spitzen tritt, ist immer eine Hypocycloide ($n < 0$) oder eine Epicycloide ($n > 0$) und wird durch die Gleichung

$$(18) \qquad (n-1)^2 s^2 + (n+1)^2 \varrho^2 = a^2$$

dargestellt. Für dieselbe ist

$$\mathbf{P} = \frac{2\,n\,(n-1)^2}{(n+1)^3}\,a^2\,, \quad \mathbf{H} = \frac{(2\,n-1)\,(n-1)^2}{(n+1)^3}\,a^2\,, \quad \mathbf{C} = \frac{4\,n\,(2\,n-1)\,(n-1)^4}{(n+1)^5}\,a^2 s.$$

Wenn $\mathbf{H} = 0$ ist, so führen die Formeln (17) zu den folgenden

$$\frac{1}{\varkappa} = \frac{\mathbf{P}}{\mathbf{H}} - 1 \,, \quad \frac{\varrho}{\varrho'} = \frac{n-1}{n+1}\cdot\frac{\mathbf{P}}{\mathbf{H}} - 1 \,,$$

mit deren Hilfe man den Ort der Pole der Sinusspiralen vom Index n bestimmt, die eine gegebene Curve osculieren; und wenn diese die Curve (18) ist, so findet man eine analoge Curve, die dem Werte $2 - \frac{1}{n}$ von n entspricht.

Fünftes Kapitel.

Die Rollcurven.

§ 57.

Wenn eine Curve (M_0) auf einer in der Ebene festen Curve (M) fortgerollt wird, ohne dabei zu gleiten, so sagt man, dass (M_0) sich auf (M) abwickelt, die Curven, welche von den mit der beweglichen Curve fest verbundenen Punkten beschrieben werden, heissen Rollcurven, und die feste Curve ist die Basis dieser Rollcurven. Mit der Bezeichnung Rollcurve soll nicht eine Curve von specieller Natur gemeint sein (da ja bei passender Wahl von (M) und (M_0) jede Curve eine Rollcurve ist), sondern nur die Aufmerksamkeit auf eine Erzeugungsweise der betrachteten Curve gelenkt werden. Zu den Eigenschaften, deren sich die Rollcurven erfreuen, kann man oft mit Hilfe von einfachen und eleganten geometrischen oder kinematischen Betrachtungen gelangen. Dieselben haben jedoch nicht jenen Charakter analytischer Gleichförmigkeit, der die Verfahrungsweisen der natürlichen Geometrie auszeichnet und sie in so hohem Maasse geeignet für die Untersuchungen der Infinitesimalgeometrie macht. Inbezug auf die Tangente und die Normale, welche die bewegliche Curve und die feste Curve im Berührungspunkte M gemein haben, müssen die Coordinaten x und y eines mit der beweglichen Curve fest verbundenen Punktes P den Bedingungen für Unbeweglichkeit genügen

$$(1) \qquad \frac{dx}{ds_0} = \frac{y}{\varrho_0} - 1, \qquad \frac{dy}{ds_0} = -\frac{x}{\varrho_0}.$$

Andrerseits sind die Variationen, welche die genannten Coordinaten in der festen Ebene erfahren, durch die Formeln (§ 12)

$$(2) \qquad \frac{\delta x}{ds} = \frac{dx}{ds} + \frac{y}{\varrho} + 1, \qquad \frac{\delta y}{ds} = \frac{dy}{ds} - \frac{x}{\varrho}$$

gegeben, vorausgesetzt, dass man den Sinn der Normalenrichtung bei der festen Curve umkehrt, und da auf Grund der Definition $ds = ds_0$ ist, so gehen die Formeln (2) mit Hilfe von (1) in

$$(3) \qquad \frac{\delta x}{ds} = \frac{y}{\mathfrak{R}}, \quad \frac{\delta y}{ds} = -\frac{x}{\mathfrak{R}}$$

über, wo

$$(4) \qquad \frac{1}{\mathfrak{R}} = \frac{1}{\varrho} + \frac{1}{\varrho_0}$$

gesetzt worden ist. Dividiert man also die Formeln (3) durch einander, so sieht man, dass die Neigung der Tangente von (P) gegen die Tangente von (M) durch die Formel $\operatorname{tg} \vartheta = -\frac{x}{y}$ gegeben ist; wenn also r und θ die Polarcoordinaten von P sind, so ist $\vartheta = \theta + \frac{\pi}{2}$, d. h. die Normale von (P) im Punkte P geht durch M. Ausserdem ergiebt sich aus denselben Formeln (3), dass das Verhältnis des Bogenelements von (P) zu demjenigen von (M) $\varkappa = \frac{r}{\mathfrak{R}}$ ist, d. h. es wird

$$(5) \qquad s' = \int \frac{r}{\mathfrak{R}} ds .$$

Auch hat man bekanntlich (§ 15), wenn die positiven Richtungen der Tangente und der Normale von (P) derart fixiert werden, dass sie durch eine gemeinsame Drehung mit den auf (M) bezüglichen zum Zusammenfallen gebracht werden können,

$$\frac{\varkappa}{\varrho'} = \frac{1}{\varrho} - \frac{d\vartheta}{ds} .$$

Inzwischen ist wegen der Unbeweglichkeit von P in der Ebene von (M_0) die Bedingung

$$\frac{d\vartheta}{ds} = \frac{d\theta}{ds_0} = -\frac{1}{\varrho_0} + \frac{\sin \theta}{r}$$

erfüllt. Folglich ist

$$\frac{\varkappa}{\varrho'} = \frac{1}{\mathfrak{R}} - \frac{\sin \theta}{r} ,$$

d. h.

$$(6) \qquad \frac{1}{\varrho'} = \frac{1}{r} - \frac{\mathfrak{R} y}{r^3} .$$

Drückt man die rechten Seiten von (5) und (6) als Functionen von s_0 (oder von s) aus, so führt die Elimination dieser Variablen in jedem Falle zu der natürlichen Gleichung der Rollcurve.

§ 58.

Auch die Formel (6) lässt eine einfache geometrische Deutung zu. Wenn C, C_0, C' die Krümmungscentra der Curven (M), (M_0), (P) sind, und wenn sich C auf PM in L projiciert und man mit Q denjenigen Punkt von PC_0 bezeichnet, welcher auf der in M auf PM

errichteten Senkrechten liegt, so gehört der Punkt C' der Geraden QC an. In der That giebt, wenn N der Schnittpunkt von QC und PM ist, die Transversale PQC_0 in dem Dreieck CMN

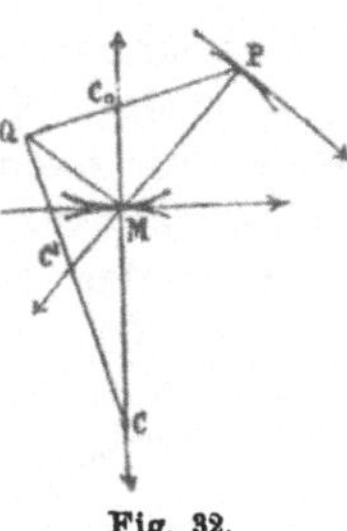

Fig. 32.

$$\frac{PN}{PM} = \frac{CC_0}{MC_0} \cdot \frac{QN}{QC} = \frac{\varrho + \varrho_0}{\varrho_0} \cdot \frac{MN}{ML} = \frac{\varrho}{\mathfrak{R}} \cdot \frac{PN - r}{\varrho \sin \theta}$$

$$= \frac{r}{\mathfrak{R}} \cdot \frac{PN - r}{y},$$

woraus man successiv ableitet

$$\frac{PN}{PN - r} = \frac{r^2}{\mathfrak{R}y}, \quad PN = \frac{r^3}{r^2 - \mathfrak{R}y} = \varrho' = PC',$$

d. h. N ist gerade C'. Um also C' zu construieren, genügt es, die Gerade PC_0 mit der auf PM in M errichteten Senkrechten zum Schnitt zu bringen und den so erhaltenen Punkt mit C zu verbinden: diese Verbindungsgerade schneidet PM in C'.

§ 59. Anwendungen.

a) Ein Kreis vom Radius ι wickelt sich auf einem andern ab, der den Radius R hat: welches ist die von einem Punkte P der Peripherie des ersten Kreises erzeugte Rollcurve? In den obigen Formeln hat man zu setzen

$$\varrho = R, \quad \varrho_0 = \iota, \quad \theta = \frac{s}{2\iota}, \quad r = 2\iota \sin \theta.$$

Werden die Bogen der Rollcurve in umgekehrtem Sinne von dem Punkte aus gerechnet, in welchem die Normale auch Normale der Basis ist $\left(\theta = \frac{\pi}{2}\right)$, so liefern die Formeln (5) und (6)

$$s' = \frac{4\iota^2}{\mathfrak{R}} \cos \theta, \quad \varrho' = \frac{4\iota^2}{2\iota - \mathfrak{R}} \sin \theta,$$

und aus (4) erhält man

$$\mathfrak{R} = \frac{R\iota}{R + \iota}, \quad 2\iota - \mathfrak{R} = \frac{R + 2\iota}{R + \iota} \iota.$$

Setzt man also

$$a = \frac{4\iota^2}{\mathfrak{R}} = 4 \frac{\iota}{R}(R + \iota), \quad b = \frac{4\iota^2}{2\iota - \mathfrak{R}} = 4\iota \frac{R + \iota}{R + 2\iota},$$

so ist die Gleichung der Rollcurve

$$(7) \qquad \frac{s'^2}{a^2} + \frac{\varrho'^2}{b^2} = 1.$$

Umgekehrt hat man, wenn diese Gleichung gegeben ist und a und b die positiven Wurzeln von a^2 und b^2 sind,

$$R = \frac{ab^2}{a^2 - b^2}, \quad \iota = \pm \frac{1}{2} \frac{ab}{a \pm b}.$$

Also kann man jede Curve (7) in zwei Weisen als erzeugt von einem Punkte eines Kreises betrachten, der sich auf dem Leitkreise abwickelt. Wenn im besondern ein Kreis sich auf einer Geraden abwickelt, so beschreibt jeder seiner Punkte eine Cycloide. Ist $a^2 > b^2$, so ist einer der Werte von $\imath$ positiv wie R, der andere ist negativ, aber absolut genommen grösser als R, so dass der bewegliche Kreis immer ausserhalb der Basis liegt. Dagegen haben für $a^2 < b^2$ die beiden Werte von $\imath$ dasselbe, demjenigen von R entgegengesetzte Zeichen und sind, absolut genommen, kleiner als R. In diesem Falle liegen die beweglichen Kreise innerhalb des festen Kreises, und in allen Fällen ist die algebraische Summe der beiden Werte von $\imath$ gleich $- R$.

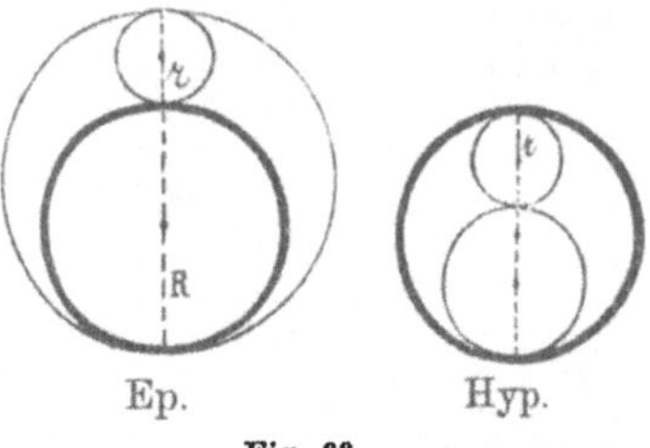

Fig. 33.

Demnach hat man eine Hypocycloide oder eine Epicycloide, je nachdem der erzeugende Kreis sich innerhalb oder ausserhalb des Leitkreises bewegt.

b) Zu den vorstehenden Resultaten gelangt man auch mit Leichtigkeit unter Benutzung der in § 58 angegebenen Construction. Aus dieser Construction ergiebt sich sofort, dass das Krümmungscentrum der Rollcurve (P) sich auf demjenigen Durchmesser des festen Kreises befindet, welcher durch den Punkt hindurchgeht, der auf dem beweglichen Kreise dem Punkte P diametral gegenüberliegt. Dies vorausgeschickt sei Q der genannte Punkt und N der zweite Schnittpunkt der Normale PM mit der Directrix. Es ist leicht, zu beweisen, dass CN parallel PQ ist. Projiciert man nun das harmonische Quadrupel $PC_0 Q \infty$ von C aus auf die Normale, so erhält man $PMC'N$. Also ist C' harmonisch conjugiert zu P inbezug auf MN. Daraus folgt, dass das Krümmungscentrum von (P) der Polare von P inbezug auf den Leitkreis angehört. Andrerseits ist bekannt (§ 40, c), dass diese Eigenschaft die cycloidalen Curven charakterisiert. Ist eine derartige Curve durch die Gleichung (7) gegeben, so hat man sich, um R und $\imath$ zu berechnen, daran zu erinnern, dass die Coordinaten des Mittelpunktes des Leitkreises

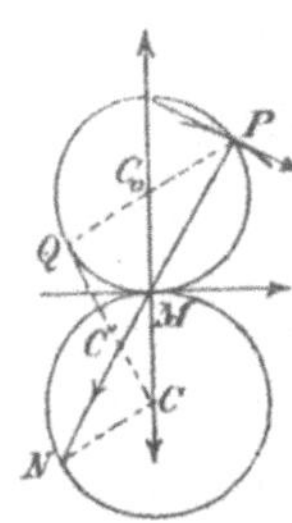
Fig. 34.

$$(8) \qquad x = \frac{b^2 s}{a^2 - b^2}, \qquad y = \frac{a^2 \varrho}{a^2 - b^2}$$

sind, und zu beachten, dass die erste in den Spitzen ($\varrho = 0$, $s = \pm a$) den Wert $\pm R$ annehmen muss und die zweite den Wert $R + 2\imath$ im Anfangspunkte ($s = 0$, $\varrho = \pm b$). Man erhält dann sofort

$$R = \frac{ab^2}{a^2 - b^2}, \qquad R + 2\imath = \pm \frac{a^2 b}{a^2 - b^2}.$$

c) Jetzt wollen wir eine cycloidale Curve auf einer Geraden abwickeln und die Rollcurve suchen, die vom Mittelpunkte des Leitkreises erzeugt wird. Aus der Formel (4) erhält man, da ϱ unendlich ist,

$\mathfrak{R} = \varrho_0$, und aus (8), wenn man diese Formeln auf die Curve (M_0) anwendet,

$$r^2 = \frac{b^4 s_0{}^2 + a^4 \varrho_0{}^2}{(a^2 - b^2)^2} = a^2 \frac{b^4 + (a^2 - b^2)\varrho_0{}^2}{(a^2 - b^2)^2};$$

ferner wird die Formel (6)

$$\frac{1}{\varrho'} = \frac{(a^2 - b^2) r^2 - a^2 \varrho_0{}^2}{(a^2 - b^2) r^3} = \frac{a^2 b^4}{(a^2 - b^2)^2 r^3}, \quad \text{d. h.} \quad \varrho' = \frac{r^3}{R^2}.$$

Entsprechend liefert die Formel (5)

$$s' = \int \frac{a r^2 dr}{\sqrt{(r^2 - R^2)(a^2 R^2 - b^2 r^2)}}.$$

Daraus ergiebt sich, wenn man r aus den beiden letzten Formeln eliminiert,

$$s' = \frac{1}{3} \int \frac{d\varrho'}{\sqrt{\left(1 - \frac{b^2}{a^2}\left(\frac{\varrho'}{R}\right)^{\frac{2}{3}}\right)\left(\left(\frac{\varrho'}{R}\right)^{\frac{2}{3}} - 1\right)}}.$$

Also ist die gesuchte Rollcurve ein Kegelschnitt (§ 31), dessen Axen proportional a und b sind, während der Parameter gleich dem Radius des Leitkreises ist. Im besondern beschreibt, wenn eine Pseudocycloide (§ 8, e) sich. auf einer Geraden abwickelt, ihr Pol eine gleichseitige Hyperbel. Einen andern besonderen Fall erhält man durch die Bemerkung, dass die Gleichung (7) sich in die bekannte Gleichung der Evolvente eines Kreises vom Radius R verwandelt, wenn man den Anfangspunkt in eine Spitze verlegt, s und ϱ mit b multipliciert und dann a und b ins Unendliche wachsen lässt derart, dass das Verhältnis von b^2 zu a nach R convergiert. Unter diesen Bedingungen stellt die letzte natürliche Gleichung in der Grenze eine Parabel dar, und es beschreibt also, wenn die Evolvente eines Kreises sich auf einer Geraden abwickelt, der Mittelpunkt des Kreises eine Parabel.

d) Bei einer Sinusspirale vom Index n genügen bekanntlich (§ 37) die Coordinaten des Pols der Bedingung $r^2 = (n + 1)\varrho_0 y$, mithin giebt, wenn man ϱ unendlich gross annimmt, so dass $\mathfrak{R} = \varrho_0$ wird, die Formel (6)

$$\varrho' = \frac{r^3}{r^2 - \varrho_0 y} = \frac{n+1}{n} r.$$

Also ist der Krümmungsradius der von dem Pol beschriebenen Rollcurve proportional zu dem zwischen der Rollcurve und ihrer Basis enthaltenen Normalenabschnitt. Andrerseits wissen wir (§ 42), dass diese Eigenschaft die Ribaucour'schen Curven charakterisiert, deren Index n' mit n durch die Relation

$$\frac{2}{n'+1} = \frac{n+1}{n}, \quad \text{d. h.} \quad n' = \frac{n-1}{n+1}$$

zusammenhängt. Wir finden auf diese Weise das folgende Theorem von Bonnet: Wenn eine Sinusspirale vom Index n sich auf einer Geraden abwickelt, so beschreibt ihr Pol eine Ribaucour'sche Curve vom Index $\frac{n-1}{n+1}$. Setzt man z. B. successiv $n = 0, -\frac{1}{2}, \frac{1}{2}$, u. s. w., so sieht man folgendes: Wenn eine logarithmische Spirale sich auf einer Geraden abwickelt, so beschreibt ihr Pol eine Gerade; wenn eine Parabel sich auf einer Geraden abwickelt, so beschreibt ihr Brennpunkt eine Kettenlinie; wenn eine Cardioide sich auf einer Geraden abwickelt, so bewegt sich ihre Spitze parallel zu einer Astroide; u. s. w. Das Theorem von Bonnet lässt sich auch aus der in § 58 angegebenen Construction ableiten, auf Grund deren die Gerade PC_0 durch den Schnittpunkt der durch C' und durch M zur Basis und zu PM gezogenen Senkrechten hindurchgeht. In der That hat man, wenn N die Projection von C_0 auf PM ist, nach der Definition der Sinusspiralen

$$n = \frac{PN}{NM} = \frac{PC_0}{QC_0} = \frac{PM}{MC'}, \quad \text{mithin} \quad \frac{PM}{PC'} = \frac{n}{n+1} = \frac{n'+1}{2},$$

wenn $n' = \dfrac{n-1}{n+1}$ ist, und die letzte Proportion definiert gerade die Ribaucour'schen Curven vom Index n'.

e) Auf welcher Curve muss sich eine Sinusspirale abwickeln, wenn ihr Pol eine Gerade beschreiben soll? In diesem Falle ist es ϱ', welches unendlich sein soll, folglich muss man haben

$$r^2 = \mathcal{R}y = (n+1)\varrho_0 y, \quad \text{mithin} \quad \varrho_0 = -\frac{n}{n+1}\varrho.$$

Ist also

$$s_0 = \frac{n+1}{n-1} \int \frac{d\varrho_0}{\sqrt{\left(\dfrac{\varrho_0}{a}\right)^{\frac{2n}{n-1}} - 1}}$$

die Gleichung der Spirale, so ist die der unbekannten Basis

$$s = \frac{n}{n-1} \int \frac{d\varrho}{\sqrt{\left(\dfrac{\varrho}{a'}\right)^{\frac{2n}{n-1}} - 1}}.$$

Nun beachte man, dass dies die Gleichung einer Ribaucour'schen Curve ist, deren Index n' mit n durch die Relation

$$\frac{n'+1}{n'-1} = \frac{n}{n-1}, \quad \text{d. h. } n' = 2n - 1$$

zusammenhängt. **Die Curve, auf welcher sich eine Sinusspirale vom Index n abwickeln muss, wenn ihr Pol eine Gerade beschreiben soll, ist also eine Ribaucour'sche Curve vom Index $2n - 1$.** Man muss jedoch darauf achten, die beiden Curven so zu legen, dass sie nur, wenn n zwischen -1 und 0 enthalten ist, einander die convexen Seiten zukehren. Andernfalls hat man

$$\varrho_0 = \frac{n}{n+1}\varrho, \quad \mathcal{R} = \frac{n+1}{2n+1}\varrho_0, \quad \varrho' = \frac{2n+1}{2n}r,$$

und der Pol beschreibt eine Ribaucour'sche Curve vom Index $\dfrac{2n-1}{2n+1}$.

f) Bei der Abwickelung eines Kegelschnitts auf einer Geraden erzeugen die Brennpunkte wichtige Curven, welche man als Delaunay'sche Curven bezeichnet hat. Wir haben an einer andern Stelle (§ 32) gesehen, dass die Coordinaten eines Brennpunktes, r und θ, den Relationen

$$(9) \qquad r(2a - r) = a\varrho_0 \sin\theta, \quad a\varrho_0 \sin^3\theta = b^2$$

genügen. Auf Grund der ersten liefert die Formel (6)

$$(10) \qquad \frac{1}{\varrho'} = \frac{1}{r} - \frac{\varrho_0 \sin\theta}{r^2} = \frac{1}{r} - \frac{2a-r}{ar} = \frac{1}{a} - \frac{1}{r}.$$

Inzwischen erhält man aus der natürlichen Gleichung der Kegelschnitte

$$ds_0 = \frac{ab\,d\varrho_0}{3\sqrt{\left(a^2 - (ab\varrho_0)^{\frac{2}{3}}\right)\left((ab\varrho_0)^{\frac{2}{3}} - b^2\right)}},$$

und ϱ_0 lässt sich als Function von r ausdrücken, indem man θ aus den Gleichungen (9) eliminiert. Man findet $(ab\varrho_0)^{\frac{2}{3}} = r(2a - r)$; ferner liefert die Formel (5)

$$(11) \qquad s' = \int \frac{ab\,dr}{(2a - r)\sqrt{k^2 a^2 - (r - a)^2}},$$

wenn man mit k die Excentricität bezeichnet. Die Elimination von r aus (10) und (11) führt zu der Gleichung

$$(12) \qquad s' = \int \frac{ab\,d\varrho'}{(\varrho' - 2a)\sqrt{k^2(\varrho' - a)^2 - a^2}},$$

woraus man durch Ausführung der Integration die natürliche Gleichung der Delaunay'schen Curven gewinnt:

$$(13) \qquad \varrho' = a\frac{1 + k^2 - 2k\cos\dfrac{s'}{a}}{k\left(k - \cos\dfrac{s'}{a}\right)}.$$

Man erhält Curven von zwei durchaus verschiedenen Typen, je nachdem die positive Zahl k kleiner oder grösser als 1 ist, d. h. je nachdem der erzeugende Kegelschnitt eine Ellipse oder eine Hyperbel ist. Die Curven vom ersten Typus nennt man auch elliptische Kettenlinien, diejenigen vom zweiten hyperbolische Kettenlinien. Der Fall $k = 1$ (Parabel) ist bereits bei den vorletzten Anwendungen betrachtet worden. Übrigens liefert unsere Formel (10), wenn a unendlich wird, $\varrho' = -r$, eine Eigenschaft, welche die Kettenlinie charakterisiert. Also erscheint die im eigentlichen Sinne sogenannte Kettenlinie als Grenzcurve, welche die elliptischen von den hyperbolischen Kettenlinien scheidet. Die wichtigste Eigenschaft, welche im folgenden benutzt werden wird, ist durch die Formel (10) gegeben. Man bemerke, dass man, wenn in dieser Formel ϱ' und r um a vermehrt werden, $r\varrho' = a^2$ erhält, eine Eigenschaft, welche früher (§ 18, m) untersuchte Curven charakterisiert. Zu demselben Resultate gelangt man auch durch die Bemerkung, dass die Parallelcurven zu der Curve (12) durch die Gleichung

$$s = \int \frac{ab\varrho\,d\varrho}{(\varrho + c)(\varrho + c - 2a)\sqrt{k^2(\varrho + c - a)^2 - a^2}},$$

dargestellt werden (§ 19), welche für $c = a$

$$(14) \qquad \varrho = \frac{a}{k} \sqrt{1 + (1 - k^2)\, \mathrm{tg}^2 \frac{s}{a}}$$

wird. Ausserdem gelangt man für $c = 2a$ wieder zu der Gleichung (12) zurück, d. h. jede Delaunay'sche Curve ist zu einer congruenten Curve parallel.

    g) Die Delaunayschen Curven lassen sich (wenn man nicht von ihrer Erzeugungsweise selbst Gebrauch machen will) sehr leicht discutieren unter Benutzung der Formeln (9), (10) und (13), aus denen sich ergiebt

$$(15) \qquad \cot \theta = \frac{k \sin \frac{s'}{a}}{1 - k \cos \frac{s'}{a}}, \qquad y = a \sqrt{1 + k^2 - 2k \cos \frac{s'}{a}},$$

wobei in der zweiten Formel das Wurzelzeichen immer positiv gewählt sein soll. Die Tangente wird parallel zu der festen Geraden, wenn $\cot \theta$ verschwindet, d. h. für $s' = 0$, $\pm \pi a$, $\pm 2\pi a$, ... Dies tritt also auf zwei Parallelen zu der genannten Geraden ein, zwischen denen die ganze Curve liegt, da die zweite Formel (15) offenbar zeigt, dass für $\cos \frac{s'}{a} = \pm 1$

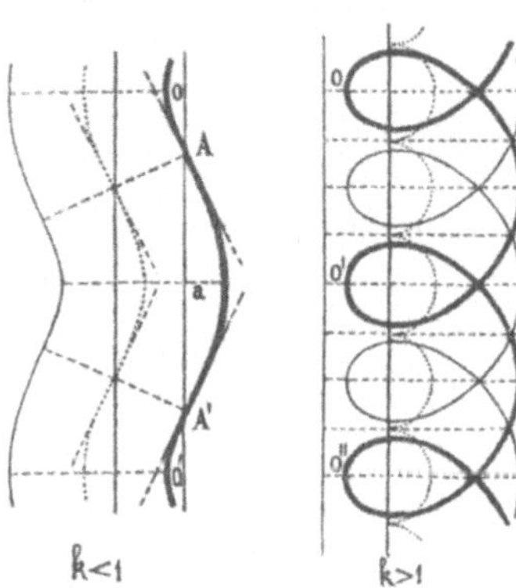

Fig. 35.

y den kleinsten bezw. den grössten Wert annimmt: der grösste Wert ist $(1 + k)a$, der kleinste ist $(1 - k)a$ oder $(k - 1)a$, je nachdem $k < 1$ oder $k > 1$ ist. In der ersten Reihe von Punkten liefert die Formel (13) für ϱ' den extremen Wert $a - \frac{a}{k}$, der negativ oder positiv sein kann, und in der zweiten den andern extremen Wert $a + \frac{a}{k}$, der immer positiv ist. Man sieht, dass nur für $k < 1$ die Krümmung ihr Zeichen wechselt, und zwar findet dies statt, wenn ϱ' unendlich wird, d. h. nach (13) für $\cos \frac{s'}{a} = k$. Aus den Formeln (15)

ersieht man, dass $\cos \theta$ alsdann den Wert k erreicht, der ein Maximum ist, und dass y den Wert $a\sqrt{1 - k^2}$ annimmt. Also hat die Curve unendlich viele Inflexionspunkte im Abstande $a\sqrt{1 - k^2}$ von der festen Geraden, und diese bestimmt auf allen Inflexionsnormalen Abschnitte von der Länge a, wie auch aus der Formel (10) hervorgeht, die $r = a$ liefert für $\varrho' = \infty$. Es ist ferner klar, dass jede Inflexionsnormale eine solche auch für alle Parallelcurven ist, woraus im besondern folgt, dass die Schnittpunkte der genannten Normalen mit der festen Geraden die Inflexionspunkte der Curve (14) sind, die, wie wir gesehen haben, parallel zu der betrachteten Curve und zu einer andern congruenten Curve ist. Dass die beiden letzteren Curven parallel und congruent sind, kann man sich leicht klar machen, wenn man sich zwei gleiche Ellipsen denkt, die sich auf einer Geraden abwickeln, indem sie inbezug auf dieselbe beständig symmetrisch bleiben: ein Brennpunkt der einen Ellipse und der entgegengesetzte Brennpunkt der andern bleiben auf Grund einer bekannten Eigenschaft der Ellipsen (§ 32) beständig in gerader Linie mit dem Berührungspunkte und erzeugen auf diese Weise zwei Delaunay'sche Curven, die congruent und parallel sind. Ganz anders wird das Aussehen unserer Curven, wenn $k > 1$ ist. Alsdann ist ϱ' immer positiv, während dagegen $\cot \theta$ unbegrenzt wachsen kann, d. h. die Curve hat nirgends eine Inflexion und die Tangente kann senkrecht zu der festen Geraden werden: dies tritt ein für $\cos \dfrac{s'}{a} = \dfrac{1}{k}$, in welchem Falle man aus der zweiten Formel (15) $y = a \sqrt{k^2 - 1}$ erhält. Also trifft die im Abstande $a \sqrt{k^2 - 1}$ zu der festen Geraden gezogene Parallele die Curve in unendlich vielen Punkten senkrecht, und es ist klar, dass auf diese Parallele die unendlich vielen Spitzen der Curve (14) fallen müssen, welche der Schar der Parallelcurven der betrachteten Curve angehört.

§ 60. Inflexionskreis.

Die Formel (6) zeigt, dass ϱ unendlich wird für alle Punkte, welche der Gleichung $r = \Re \sin \theta$ genügen. Dieselbe definiert einen Kreis, den man Inflexionskreis nennt. Also ist der Inflexionskreis der Ort der Punkte, welche in einem gegebenen Augenblick Inflexionspunkte auf ihren Bahncurven sind. Trägt man auf der Normale von (M_0) die Strecke $MH = \Re$ ab, so ist der Inflexionskreis über MH als Durchmesser beschrieben, mithin ist er auf Grund von (4) inbezug auf C_0 ähnlich dem über MC als Durchmesser beschriebenen Kreise. Es ist klar, dass im Punkte H in jedem Augenblick die Inflexionstangenten zusammenlaufen. Man bemerke im besondern, dass jeder längs einer Geraden sich bewegende Punkt beständig auf dem Inflexionskreise liegen muss und die von dem Punkte durchlaufene Gerade beständig durch H hindurchgehen muss. Wenn umgekehrt bei der Abwickelung einer Curve auf einer beliebigen Basis ein mit der beweglichen Curve fest verbundener Punkt nicht aufhört sich in jedem Augenblick auf dem Inflexionskreise zu befinden, so ist seine Bahncurve geradlinig, da ja die Gleichung $\varrho' = \infty$ eine Gerade definiert. Was die Spitzen der unendlich vielen Bahncurven anbetrifft, so ersieht man aus der Formel (6), dass im allgemeinen ϱ' nicht verschwinden kann, ohne dass r verschwindet. Also fallen die Spitzen der Rollcurven auf die Basis. Ausnahmsweise können solche in der ganzen Ebene auftreten: dies ist der Fall, wenn $\Re$ unendlich wird, d. h. für $\varrho_0 = -\varrho$. Dann ist gleichzeitig $\varkappa = 0$, d. h. wenn die bewegliche Curve die feste Curve osculiert, so bleiben die mit der ersten fest verbundenen Punkte für einen Augenblick wie unbeweglich und in ihnen haben die zugehörigen Bahncurven Rückkehrpunkte. Wenn dagegen $\Re$ verschwindet, d. h. wenn in den Berührungspunkt eine Spitze der einen oder der andern Curve fällt, so hat man $\varkappa = \infty$, $\varrho' = r$, d. h. der Berührungspunkt scheint gegenüber allen Punkten der Ebene unbeweglich und ist Krümmungscentrum von allen ihren Bahncurven.

§ 61. Theoreme von Steiner und Habich.

Für die Rollcurven mit geradliniger Basis werden die Formeln (5) und (6)

$$s' = \int \frac{r}{\varrho_0}\, ds_0, \quad \frac{1}{\varrho'} = \frac{1}{r} - \frac{\varrho_0 \sin \theta}{r^2}.$$

Andrerseits sind für die Fusspunktcurve von (M_0) inbezug auf P die Werte von s und ϱ durch die Formeln

$$s'' = \int \frac{r}{\varrho_0}\, ds_0, \quad \frac{1}{\varrho''} = \frac{2}{r} - \frac{\varrho_0 \sin \theta}{r^2}$$

gegeben (§ 18, 1). Also ist

$$s'' = s', \quad \frac{1}{\varrho''} - \frac{1}{\varrho'} = \frac{1}{r}.$$

In der ersten Gleichung liegt das Theorem von Steiner: Jeder Bogen einer Rollcurve mit geradliniger Basis ist gleich dem entsprechenden Bogen der Fusspunktcurve der beweglichen Curve inbezug auf den erzeugenden Punkt. Die zweite Gleichung führt zu dem Theorem von Habich. Wenn man darin das Zeichen von ϱ' umkehrt, um den in § 57 gemachten Vereinbarungen zu entsprechen, so erkennt man, dass bei der Abwickelung der von P aus gebildeten Fusspunktcurve von (M_0) auf (P) der Durchmesser des Inflexionskreises gerade r ist. Inzwischen sind die Coordinaten von P inbezug auf die Fusspunktcurve $r'' = y$, $\theta'' = \theta$ und genügen der Gleichung $r'' = r \sin \theta''$, d. h. der Punkt P gehört beständig dem Inflexionskreise an. Wenn also bei der Abwickelung einer Curve auf einer Geraden ein in der Ebene der Curve fester Punkt P die Rollcurve (P) beschreibt, so lässt die Fusspunktcurve der ersten Curve inbezug auf P, wenn sie sich auf (P) abwickelt, den Punkt P eine Gerade beschreiben.

§ 62. Beispiele.

a) Ist die Curve (M_0) eine Sinusspirale vom Index n', so ist, wie wir wissen (§ 59, d), die Rollcurve (P), welche von dem Pol beschrieben wird, eine Ribaucour'sche Curve vom Index $\dfrac{n' - 1}{n' + 1}$. Andrerseits ist bekannt (§ 45, a), dass die Fusspunktcurve von (M_0) inbezug auf P eine andre Spirale vom

Index $\dfrac{n'}{n'+1}$ ist. Wir gelangen also auf einem neuen Wege (vgl. § 59, e) zu dem Satze, dass der Pol einer Sinusspirale vom Index $\dfrac{n'}{n'+1} = n$, die sich auf einer Ribaucour'schen Curve vom Index $\dfrac{n'-1}{n'+1} = 2n-1$ abwickelt, eine Gerade beschreibt.

b) Ist (M_0) ein Kegelschnitt, so ist die von einem Brennpunkte erzeugte Rollcurve (P) eine Delaunay'sche Curve, und man weiss (§ 32), dass die Fusspunktcurve des Kegelschnitts inbezug auf P der über der Focalaxe als Durchmesser beschriebene Kreis ist. Man bemerke, dass umgekehrt jeder Kreis, wie man auch den Punkt P in seiner Ebene fixieren mag, die Fusspunktcurve eines ganz bestimmten Kegelschnitts ist, der seinen Brennpunkt in P hat. Also ist die Curve, auf welcher man einen Kreis abwickeln muss, wenn ein gegebener Punkt in seiner Ebene eine Gerade beschreiben soll, eine Delaunay'sche Curve.

§ 63.

Wenn der Punkt P in der Ebene von (M_0) nicht fest ist, so muss man vor allem die Bahncurve kennen, die er in der genannten Ebene beschreibt und die Lage, welche er in jedem Augenblick auf derselben einnimmt. Zu dem Ende genügt es, den Krümmungsradius ϱ'' der Bahncurve und das Verhältnis $\varkappa_0$ ihres Bogenelements zu demjenigen von (M_0) zu geben, so dass diese Grössen als bekannte Functionen von s_0 zu betrachten sind. Wir wollen uns auf die Untersuchung des einfachsten Falles beschränken, wo die Bahncurve beständig orthogonal zu den Radien PM ist. Aus dieser Bedingung muss sich eine Beziehung zwischen $\varkappa_0$ und ϱ'' ergeben. Um die Rechnungen etwas abzukürzen, wollen wir die Lagen M' und P' betrachten, welche M und P in der festen Ebene nach einer unendlich kleinen Rollbewegung von (M_0) auf (M) annehmen, so dass $MM' = ds$, $PP' = \varkappa ds$ ist. Die Geraden PM und $P'M'$ treffen einander in dem Krümmungscentrum C' der Bahncurve von P in der festen Ebene, und man hat offenbar

$$\frac{PP'}{PC'} = \frac{MM'}{MC'} \sin\theta, \quad \text{d. h.} \quad \frac{\varkappa}{\varrho} = \frac{\sin\theta}{\varrho'-r}.$$

Die Schlussweise gilt auch für den Fall, dass man die Verrückung von P in der beweglichen Ebene betrachtet, mithin ist

$$(16) \qquad \varkappa = \frac{\varrho'\sin\theta}{\varrho'-r}, \quad \varkappa_0 = \frac{\varrho''\sin\theta}{\varrho''-r}.$$

Dies vorausgeschickt hat man, da die Variationen der Coordinaten von P in der beweglichen Ebene die Producte des Bogenelements $\varkappa_0 ds_0$ mit $\sin\theta$ und $-\cos\theta$ sind,

$$\frac{\delta x}{ds_0} = \varkappa_0 \frac{y}{r}, \quad \frac{\delta y}{ds_0} = -\varkappa_0 \frac{x}{r}.$$

Trägt man ferner diese Werte in die auf die bewegliche Curve bezüglichen Fundamentalformeln ein, so gewinnt man daraus

$$\frac{dx}{ds_0} = \left(\frac{\varkappa_0}{r} + \frac{1}{\varrho_0}\right) y - 1, \quad \frac{dy}{ds_0} = -\left(\frac{\varkappa_0}{r} + \frac{1}{\varrho_0}\right) x.$$

Mithin werden die auf die feste Curve bezüglichen Formeln

$$\frac{\delta x}{ds} = \left(\frac{\varkappa_0}{r} + \frac{1}{\mathfrak{R}}\right) y, \quad \frac{\delta y}{ds} = -\left(\frac{\varkappa_0}{r} + \frac{1}{\mathfrak{R}}\right) x.$$

Also geht auch im vorliegenden Falle die Normale der Rollcurve durch den augenblicklichen Berührungspunkt, d. h. die beiden Bahncurven von P berühren einander. Man ersieht überdies aus den letzten Formeln, dass das Verhältnis des Bogenelements der Rollcurve zu dem der Basis

$$(17) \qquad \qquad \varkappa = \varkappa_0 + \frac{r}{\mathfrak{R}}$$

ist. Ist die Function $\varkappa_0$ gegeben, so lehrt die Formel (17) den Bogen der Rollcurve kennen, und die erste der Formeln (16) gestattet alsdann ihre Krümmung zu berechnen.

§ 64. Formel von Savary.

Setzt man in (17) für $\varkappa$ und $\varkappa_0$ die Werte (16), so erhält man

$$(18) \qquad \qquad \frac{1}{\varrho' - r} - \frac{1}{\varrho'' - r} = \frac{1}{\mathfrak{R} \sin \theta}.$$

Dies ist die wichtige Formel von Savary, welche sich für $\varrho'' = 0$ auf (6) reduciert und bei der Bestimmung von ϱ' immer an Stelle der ersten Formel (16) gesetzt werden darf. Wenn nämlich $\varkappa_0$ gegeben ist, so ist auch die Function ϱ'' mit Hilfe der zweiten Formel (16) bekannt. Geometrisch interpretiert, gestattet die Formel von Savary das Krümmungscentrum C' der Rollcurve zu construieren, wenn man das Krümmungscentrum C'' der Bahncurve des erzeugenden Punktes in der beweglichen Ebene als bekannt voraussetzt. Sie sagt uns in der That, dass die Senkrechten auf PM und auf der Tangente von (M) im Punkte M, welche bezüglich durch M und durch C' hindurchgehen, einander auf HC'' treffen. Man kann den Punkt H ausschalten durch die Bemerkung, dass sich die Geraden CC' und $C_0 C''$ auf dem Lote treffen, welches in M auf PM errichtet ist. Man findet auf diese Weise, wenn C'' mit P zusammenfällt, die in § 58 angegebene Construction wieder.

§ 65. Enveloppen.

Wenn sich (M_0) auf (M) abwickelt, so umhüllt (§ 16) jede in der Ebene von (M_0) feste Curve eine gewisse Curve (P). Jeder Punkt P lässt sich als gemeinsamer Punkt von zwei unendlich benachbarten Lagen der betrachteten Curve ansehen, d. h. als fest in der Ebene der Curve (M_0), während diese unendlich wenig auf (M) fortrollt. Also geht (§ 57) die Normale der Enveloppe, der Bahncurve von P in der festen Ebene, durch M, d. h. die betrachtete Curve berührt ihre Enveloppe im Fusspunkte der Senkrechten, welche sich auf sie von M aus fällen lassen. Es gelangt auf diese Weise die Voraussetzung des § 63 zur Realisierung, d. h. der Punkt P bewegt sich auch in der Ebene von (M_0) senkrecht zu PM. Hat man also die Coordinaten r und θ von P, der senkrechten Projection des Anfangspunktes M auf die betrachtete Curve, gefunden, so wird es genügen, sie in die Formeln (16) und (17) einzusetzen, um in jedem Falle zu der natürlichen Gleichung der Enveloppe zu gelangen. Man wende endlich die Formel von Savary auf denjenigen mit (M_0) fest verbundenen Punkt C'' an, der in einem gegebenen Augenblick mit dem Krümmungscentrum der beweglichen Curve in dem Punkte, wo diese ihre Enveloppe berührt, zusammenfällt. Ist ϱ''' der Krümmungsradius der Bahncurve von C'', so hat man in (18) ϱ''' und 0 an Stelle von ϱ' und ϱ'' zu setzen und $r - \varrho''$ anstatt r. Dies kommt auf eine Ersetzung von ϱ' durch $\varrho'' + \varrho'''$ hinaus. Also ist $\varrho' = \varrho'' + \varrho'''$, d. h. das Krümmungscentrum der Bahncurve des betrachteten Punktes fällt mit dem Krümmungscentrum der Enveloppe der beweglichen Curve zusammen.

§ 66.

Um auf die Gerade die vorhergehenden Formeln anzuwenden, hat man anzunehmen $\varrho'' = \infty$. Unter dieser Voraussetzung liefert die zweite Formel (16) $\varkappa_0 = \sin\theta$; ferner lehrt die Formel (17) den Wert von $\varkappa$ kennen, und aus (18) gewinnt man ϱ'. Man erhält auf diese Weise

$$(19) \qquad s' = \int \left(\sin\theta + \frac{r}{\mathfrak{R}} \right) ds, \quad \varrho' = r + \mathfrak{R}\sin\theta,$$

wo r und θ die Coordinaten der Projection P von M auf die betrachtete Gerade sind. Da diese in der Ebene von (M_0) gegeben ist, so lassen sich r und θ als Functionen von s_0 oder von s ausdrücken; alsdann ergiebt sich durch Elimination von s aus den Gleichungen (19) die natürliche Gleichung der Rollcurve (P).

§ 67. **Anwendung.**

Wenn eine Ribaucour'sche Curve vom Index n sich auf einer Geraden abwickelt, so berührt ihre Directrix, welche auf der Normale von M aus gerechnet einen Abschnitt $\frac{1}{2}(n+1)\varrho_0$ bestimmt, die zugehörige Enveloppe im Fusspunkte P des Lotes, das von M aus auf sie gefällt ist, mithin hat man $r = \frac{1}{2}(n+1)\varrho_0 \sin\theta$. Trägt man diesen Wert in die zweite Formel (19) ein, in welcher $\mathfrak{R} = \varrho_0$ ist, so findet man

$$\varrho' = \frac{n+3}{n+1}r = \frac{2r}{n'+1}, \quad \text{wo} \quad n' = \frac{n-1}{n+3} \quad \text{ist,}$$

und gelangt so zu dem folgenden Theorem von Dubois: **Wenn eine Ribaucour'sche Curve vom Index n sich auf einer Geraden abwickelt, so umhüllt ihre Directrix eine Ribaucour'sche Curve vom Index $\dfrac{n-1}{n+3}$.** Setzt man z. B. $n = 1$, 0, -2, u. s. w., so findet man folgendes: Wenn ein Kreis sich auf einer Geraden abwickelt, so umhüllt jeder seiner Durchmesser eine Cycloide; die Directrix einer Cycloide, die sich auf einer Geraden abwickelt, bleibt parallel zu den Tangenten einer Astroide; die Directrix einer Parabel, die sich auf einer Geraden abwickelt, berührt fortwährend eine Kettenlinie; u. s. w.

§ 68. **Rückkehrkreis.**

Die zweite Formel (19) zeigt, dass man $\varrho' = 0$ hat, wenn $r = -\mathfrak{R}\sin\theta$ ist, d. h. wenn P einem Kreise angehört, der symmetrisch zu dem Inflexionskreise (§ 60) ist inbezug auf die Tangente von (M) im Punkte M. Diesen Kreis nennt man Rückkehrkreis, da er der Ort der Spitzen ist, die in einem gegebenen Augenblick auf den Rollcurven auftreten, welche die Geraden der Ebene von (M_0) (als Tangenten) erzeugen. Man bemerke, dass im Punkte H', der zu H inbezug auf M symmetrisch ist, alle Cuspidaltangenten zusammenlaufen. Daraus folgt, dass eine in der Ebene von (M_0) feste Gerade, die beständig durch H' hindurchgeht, einen in der Ebene von (M) festen Punkt enthält, der allen Rückkehrkreisen gemeinsam ist. In der That ist der zweite Schnittpunkt P der Geraden mit dem Rückkehrkreise gleichzeitig der Punkt, in dem die Gerade ihre Enveloppe berührt, und da man in P beständig $\varrho' = 0$ hat, so bedeutet dies, dass die Enveloppe sich auf den einen Punkt P reduciert. Es ist ferner nützlich, zu bemerken, dass bei der umgekehrten Abwickelung von (M) auf (M_0) die Rückkehrkreise und Inflexionskreise sich miteinander vertauschen. Wenn nun bei der Abwickelung von (M_0) auf (M) ein Punkt P, der in der Ebene von (M_0) fest ist, eine Gerade beschreibt, so muss diese durch den Punkt H hindurchgehen (§ 60), der bei der umgekehrten Abwickelung an die Stelle von H' tritt, und es ist demnach klar, dass bei der Abwickelung von (M) auf (M_0) die betrachtete Gerade sich um P drehen wird.

<h2 style="text-align:center">§ 69. Beispiele.</h2>

a) Wir haben gesehen (§ 59, e), dass der Pol einer Sinusspirale vom Index n', welche sich auf einer Ribaucour'schen Curve vom Index $n = 2n' — 1$ abwickelt, längs der Directrix der Basis fortschreitet. Daraus folgt sofort, dass die Directrix einer Ribaucour'schen Curve vom Index n, die sich auf einer Sinusspirale vom Index $\frac{1}{2}(n + 1)$ abwickelt, sich um den Pol der Spirale dreht. Wenn sich z. B. eine Gerade auf einer Kettenlinie abwickelt, so bewegt sich ein Punkt ihrer Ebene in gerader Linie, und bei der umgekehrten Abwickelung geht die Directrix der Kettenlinie durch einen festen Punkt; wenn eine Cardioide sich auf einer passend gewählten Cycloide abwickelt, so durchläuft ihre Spitze die Directrix der Cycloide, und bei der umgekehrten Abwickelung geht diese Gerade fortwährend durch die Spitze der Cardioide; die Curve, auf welcher sich die zweite Fusspunktcurve eines Kreises inbezug auf einen Punkt seiner Ebene abwickeln muss, damit dieser Punkt eine Gerade beschreibe, ist Parallelcurve einer Astroide, und bei der umgekehrten Abwickelung wird sich die Gerade um den Punkt drehen.

b) Allgemeiner können wir unter Benutzung des Theorems von Habich (§ 61) folgendes behaupten: **Eine Curve, die bei der Abwickelung einer andern auf einer Geraden von einem Punkte P erzeugt wird, muss sich auf der Fusspunktcurve der zweiten Curve inbezug auf P abwickeln, wenn die genannte Gerade einen Punkt umhüllen soll.** So z. B. findet man unter der Annahme, dass die zweite Curve ein Kegelschnitt ist, den Satz (vgl. § 62, b): **Wenn sich eine Delaunay'sche Curve auf einem passend gewählten Kreise abwickelt, so dreht sich ihre Basis um einen festen Punkt.**

<h2 style="text-align:center">§ 70.</h2>

Wir wollen zum Schluss darauf aufmerksam machen, welchen Nutzen für uns in diesen Vorlesungen die Theorie der Rollcurven hat, insofern sie uns Erzeugungsweisen für einige Curven liefert, welche bis dahin nur durch ihre natürliche Gleichung bekannt waren. Z. B. können wir uns jetzt in exacterer Weise von der Gestalt der Ribaucour'schen Curven Rechenschaft geben, welche durch die Indices 3 und — 5 definiert sind und oben (§ 41) wegen der Ähnlichkeit ihrer natürlichen Gleichungen

$$s = 2 \int \frac{d\varrho}{\sqrt{\left(\frac{\varrho}{a}\right)^4 - 1}}, \quad s = \frac{2}{3} \int \frac{d\varrho}{\sqrt{\left(\frac{\varrho}{a}\right)^{\frac{4}{3}} - 1}}$$

mit denen der Lemniscate und der **gleichseitigen** Hyperbel erwähnt wurden. Jetzt können wir sagen, dass die **erste** Curve der Ort des Mittelpunktes einer gleichseitigen Hyperbel ist, **welche sich auf einer** Geraden abwickelt, oder die Enveloppe der Directrix einer Kettenlinie, welche sich (von aussen) auf einer gleichen Kettenlinie abwickelt; sie ist ferner auch die Curve, auf welcher sich eine Lemnsicate abwickeln muss, wenn ihr Mittelpunkt eine Gerade durchlaufen soll. Ebenso stellt die zweite Gleichung die Curve dar, auf welcher sich eine gleichseitige Hyperbel abwickeln. muss, wenn ihr Mittelpunkt eine Gerade beschreiben soll. Wenn umgekehrt die beiden Curven sich bezüglich auf einer Lemniscate und einer gleichseitigen Hyperbel abwickeln, so drehen sich ihre Directricen um feste Punkte.

Sechstes Kapitel.

Die Schwerpunkte.

§ 71.

Den Punkten M_i $(i = 1, 2, 3 \ldots)$, die in einer Ebene durch die Coordinaten x_i, y_i inbezug auf irgend ein Axenpaar definiert sind, ordne man Coefficienten μ_i zu, die als **Massen** bezeichnet werden sollen, und man betrachte den Punkt G, welcher durch die Coordinaten

$$(1) \qquad x = \frac{\Sigma \mu_i x_i}{\Sigma \mu_i}, \quad y = \frac{\Sigma \mu_i y_i}{\Sigma \mu_i}$$

definiert ist. Es ist klar, dass jede auf die Coordinaten der Punkte M_i ausgeführte lineare Transformation sich für die Coordinaten x, y identisch wiederholt, und dies genügt, um die Einzigkeit des Punktes (1) in Evidenz zu setzen, d. h. um zu beweisen, dass dieser immer derselbe ist, wie man auch die Axen wählen mag. Der Punkt G heisst der Schwerpunkt des gegebenen Systems von Punkten oder von Massen. Im besondern bemerke man, dass der Schwerpunkt eines Systems von zwei Massen μ_1 und μ_2, die in den Punkten M_1 und M_2 angebracht sind, derjenige Punkt ist, welcher $M_1 M_2$ im umgekehrten Verhältnis von μ_1 zu μ_2 teilt. Der Schwerpunkt eines aus mehreren Punktsystemen zusammengesetzten Systems ist gleichzeitig der Schwerpunkt des Systems der Schwerpunkte, falls man sich in jedem derselben eine Masse angebracht denkt, die gleich der Summe der Massen des entsprechenden Systems ist. Diese und andre Eigenschaften lassen sich leicht aus den Formeln (1) ableiten. Wir wollen eingehender den Fall einer continuierlichen Massenverteilung längs einer Curve betrachten und mit μds die unendlich kleine Masse bezeichnen, die auf dem Bogenelement ds liegt: es wird genügen, die Function μ von s, welche man die **Dichtigkeit** nennt, zu kennen, damit das Gesetz der Massenverteilung bekannt und der Schwerpunkt eines beliebigen Bogens vollkommen bestimmt sei. Die Coordinaten dieses Schwerpunkts sind durch die Formeln

$$(2) \qquad x \int \mu\, ds = \int \mu u\, ds, \quad y \int \mu\, ds = \int \mu v\, ds$$

gegeben, wenn man annimmt, dass sich die Integrationen von einem Ende des betrachteten Bogens zum andern erstrecken, und mit u und v die Coordinaten der Curvenpunkte bezeichnet. Die einfachste Annahme ist die, dass die Dichtigkeit constant ist; man erhält alsdann den **Schwerpunkt** im eigentlichen Sinne, der im folgenden immer gemeint sein soll, wenn nicht ausdrücklich eine andere Annahme gemacht wird. Nimmt man dagegen die Dichtigkeit gleich (oder proportional) der Krümmung der Curve, so erhält man den sogenannten **Steiner'schen Krümmungsschwerpunkt**.

§ 72.

Zur Bestimmung der zweifach unendlich vielen Schwerpunkte aller Bogen einer Curve genügt die Kenntnis der Schwerpunkte derjenigen Bogen, welche einen gegebenen Endpunkt O haben (in den man immer den Anfangspunkt der Bogen verlegen kann); denn der Schwerpunkt eines beliebigen Bogens $M_1 M_2$, der durch die Werte s_1 und s_2 von s in seinen Endpunkten definiert ist, teilt die gerade Strecke, welche den Schwerpunkt von $O M_1$ mit demjenigen von $O M_2$ verbindet, im Verhältnis $-\frac{s_2}{s_1}$. Es sei also G der Schwerpunkt eines Bogens $O M$, und x, y seien seine Coordinaten inbezug auf die Tangente und die Normale in dem beweglichen Endpunkte M. Im vorliegenden Falle reducieren sich die Formeln (2) auf die Form

$$ sx = \int_0^s u\,ds, \quad sy = \int_0^s v\,ds, $$

wo jedes Paar von Werten u, v den Unbeweglichkeitsbedingungen (§ 12) genügt mit Ausnahme des einen ($u = 0,\ v = 0$), welches sich auf die obere Grenze der Integrale bezieht. Daraus folgt zunächst, wenn man den Wert von ϱ im Punkte M einfach mit ϱ bezeichnet,

$$ \frac{d}{ds}\int_0^s u\,ds = \frac{1}{\varrho}\int_0^s v\,ds - \int_0^s ds, \quad \frac{d}{ds}\int_0^s v\,ds = -\frac{1}{\varrho}\int_0^s u\,ds, $$

d. h.

$$ (3) \qquad \frac{dsx}{ds} = \frac{sy}{\varrho} - s, \quad \frac{dsy}{ds} = -\frac{sx}{\varrho}. $$

Die Coordinaten von G sind durch diese Gleichungen und durch die Bedingung bestimmt, gleichzeitig mit s zu verschwinden, da offenbar, wenn der Bogen sich auf den Punkt O reduciert, der Schwerpunkt O ist. Dieselben Gleichungen (3) lassen ferner mit grösserer Genauigkeit erkennen, in welcher Weise G nach O convergiert. Wenn nämlich ϱ in dem (willkürlich gewählten) Anfangspunkte der Bogen von Null verschieden ist, so hat man auf Grund des Satzes von l' Hospital

$$\lim \frac{x}{s} = \lim \frac{sx}{s^2} = \frac{1}{2} \lim \left(\frac{y}{\varrho} - 1\right) = -\frac{1}{2},$$

$$\lim \frac{y}{s^2} = \lim \frac{sy}{s^3} = -\frac{1}{3} \lim \frac{x}{s\varrho} = \frac{1}{6\varrho},$$

und man sieht, dass in der Umgebung von O die Gleichung $x^2 + y^2 = \frac{3}{2}\varrho y$ annähernd erfüllt ist, d. h. der Schwerpunkt nähert sich der Lage auf einem Kreise, welchen man erhält, indem man den osculierenden Kreis von O aus auf drei Viertel verkleinert.

§ 73.

Sehr nützlich ist die Kenntnis der Schwerpunktlinie, d. h. derjenigen Curve, welche der Punkt G beschreibt, wenn M sich längs der gegebenen Curve bewegt. Offenbar besitzt eine Curve unendlich viele Schwerpunktlinien, deren jede in irgend einem Punkte jener Curve ihren Anfang nimmt; und es ist nach den letzthin gemachten Bemerkungen klar, nicht nur, dass jede Schwerpunktlinie die Curve in dem entsprechenden Anfangspunkte berührt, sondern ausserdem noch, dass ihre Krümmung in dem Berührungspunkte gleich vier Dritteln von derjenigen der gegebenen Curve ist. Also gehört jede Curve der Enveloppe ihrer Schwerpunktlinien an, wie man in noch klarerer Weise durch die Bemerkung erkennt, dass sich zwei beliebige Schwerpunktlinien in dem Schwerpunkte des von ihren Anfangspunkten auf der gegebenen Curve bestimmten Bogens treffen, und dass dieser Schwerpunkt sich der Lage auf der Curve nähert, wenn die beiden Anfangspunkte ineinander übergehen. Wenn die Curve geschlossen ist, so haben zwei Schwerpunktlinien unendlich viele gemeinsame Punkte, nämlich die Schwerpunkte der unendlich vielen Bogen, die durch die Anfangspunkte auf der Curve bestimmt werden. Da nun die Differenz oder die Summe von zwei derartigen Bogen immer ein Vielfaches der Länge der ganzen Curve ist, so kann man hinzufügen, dass sich die beiden Schwerpunktlinien auf einer Geraden schneiden, die durch den Punkt Q hindurchgeht, welcher der Schwerpunkt der ganzen geschlossenen Curve und gemeinsamer Punkt aller Schwerpunktlinien ist.

§ 74.

Gehen wir nunmehr daran, allgemeiner die Curve zu betrachten, welche von einem beliebigen Punkte Γ, dessen Coordinaten den Formeln (3) genügen, beschrieben wird. Die Fundamentalformeln liefern infolge von (3) sofort

$$\frac{\delta x}{ds} = -\frac{x}{s}, \quad \frac{\delta y}{ds} = -\frac{y}{s},$$

mithin geht die Tangente von (Γ) im Punkte Γ durch M, d. h. der Punkt Γ verfolgt beständig den Punkt M, und das Verhältnis der Bogenelemente der beiden Curven ist $\varkappa = \frac{r}{s}$. Die Coordinaten r und θ von Γ genügen nur der einen Unbeweglichkeitsbedingung

$$\frac{d\theta}{ds} = -\frac{1}{\varrho} + \frac{\sin\theta}{r},$$

was sich sofort aus der Bemerkung ergiebt, dass die Gerade $M\Gamma$ in Γ ihre Enveloppe berührt, und was man übrigens leicht aus den Formeln (3) ableiten kann. Also hat man (§ 15) zur Berechnung der Krümmung von (Γ)

$$\frac{\varkappa}{\varrho'} = \frac{1}{\varrho} + \frac{d\theta}{ds} = \frac{\sin\theta}{r},$$

mithin ergiebt sich die natürliche Gleichung von (Γ) durch Elimination von s aus den Gleichungen

$$s' = \int \frac{r}{s}\,ds, \quad \varrho' = \frac{r^2}{s\sin\theta}.$$

Die zweite Formel liefert ein Mittel, das Krümmungscentrum von Γ zu construieren. Man trage auf der Tangente von (M) in negativem Sinne die Strecke $MD = s$ ab, und H sei die Projection von D auf die Normale von (Γ). Dann gehört das Krümmungscentrum von (Γ) dem in M auf MH errichteten Lote an. Diese Eigenschaften kommen im besondern jeder Schwerpunktlinie (G) zu, die unter allen Curven (Γ) durch den Umstand charakterisiert ist, dass sie durch O hindurchgeht, wo sie (M) berührt und die Krümmung

$$\frac{1}{\varrho'} = \lim_{s=0} \frac{s\sin\theta}{r^2} = \lim \left(\frac{s}{r}\right)^3 \lim \frac{y}{s^2} = \frac{4}{3\varrho}$$

hat. An der Hand der ersten Eigenschaft ist es leicht, sich Rechenschaft von der allgemeinen Gestalt der Schwerpunktlinien einer beliebigen geschlossenen Curve zu geben. Den Punkt Q, den Schwerpunkt der ganzen Curve, passiert die Schwerpunktlinie, welche in O ihren Anfang nimmt, unendlich oft, und zwar unter Berührung von OQ. Ihre Krümmung erfährt bei jedem neuen Durchgang einen constanten Zuwachs und überschreitet schliesslich jede Grenze. Die Schwerpunktlinie zieht sich also bei Q immer mehr und unbegrenzt zusammen. Dies ist ein asymptotischer Punkt, von dem nichtsdestoweniger eine Gerade OQ ausgeht, welche die Curve nicht unendlich oft trifft. Die

Tangenten der Schwerpunktlinie in den unendlich vielen Schnittpunkten mit jeder andern von Q ausgehenden Geraden gehen durch einen Punkt. Wenn sich ferner die Gerade um Q dreht, so beschreibt der Punkt die geschlossene Curve, zu welcher die gegebene Schwerpunktlinie gehört.

§ 75.

Zur Bestimmung der Schwerpunkte ist die Curve (G) keineswegs unerlässlich. Es genügt eine beliebige Curve (Γ) zu kennen. In der That, es seien ξ und η die Coordinaten von Γ und man setze

$$x = \xi + R \cos \theta, \quad y = \eta + R \sin \theta.$$

Bei Anwendung der Formeln (3) auf die Punkte Γ und G erhält man

$$\frac{d}{ds}(sR \cos \theta) = \frac{sR}{\varrho} \sin \theta, \quad \frac{d}{ds}(sR \sin \theta) = -\frac{sR}{\varrho} \cos \theta;$$

mithin ist

$$\frac{ds\,R}{ds} = 0, \quad \frac{d\theta}{ds} = -\frac{1}{\varrho}.$$

Aus der ersten Gleichung ersieht man, dass sR constant sein muss, die zweite sagt uns, dass die Richtung ΓG unveränderlich ist. Kennt man also eine Curve (Γ), so ist ein einziger Schwerpunkt G_0 hinreichend, um die ganze Schwerpunktlinie (G) zu bestimmen. In der That! Wenn Γ_0 der Punkt auf der Curve (Γ) ist, welcher G_0 entspricht, so genügt es, durch jeden Punkt Γ parallel zu $\Gamma_0 G_0$ eine Strecke zu ziehen, deren Länge zu derjenigen von $\Gamma_0 G_0$ im umgekehrten Verhältnis von s zu s_0 steht. Der Endpunkt einer solchen Strecke ist gerade G. Im besondern kann man statt G_0 den Anfangspunkt O selbst wählen. Dann liegt jedoch Γ_0 im Unendlichen, d. h. (Γ) hat eine Asymptote, deren Richtung gerade diejenige aller Strecken ΓG ist; von der Grösse dieser Strecken weiss man aber nur, dass sie von einem Punkte zum andern im umgekehrten Verhältnis von s variiert, und um sie zu bestimmen, wird man sich daran erinnern müssen, dass zwar bei der unendlichen Annäherung von M an O die Entfernungen der Punkte M und G von Γ unbegrenzt zunehmen, MG dagegen nach Null convergieren muss.

§ 76. Anwendungen.

a) Im Falle eines Kreises ($\varrho = a$, $s = a\varphi$) lassen die Gleichungen (3), wenn man sie auf die Form

$$\frac{dx\varphi}{d\varphi} = (y - a)\,\varphi, \quad \frac{dy\varphi}{d\varphi} = -x\varphi$$

bringt, sofort die Lösung $y = a$, $x\varphi = -a$ erkennen. Obgleich man durch eine leichte Integration zu dem Ergebnis gelangt, dass die Coordinaten von G

$$x = -\frac{a}{\varphi}(1 - \cos\varphi), \quad y = a\left(1 - \frac{\sin\varphi}{\varphi}\right)$$

sind, so genügt für uns nach den in § 75 gemachten Bemerkungen die Kenntnis des Punktes Γ, der durch die Coordinaten $x = -\dfrac{a}{\varphi}$, $y = a$ definiert ist, um auch G bestimmen zu können. Man wickele den Bogen OM auf der Tangente im Punkte M ab, und es sei D der Punkt, nach welchem O gelangt. Der Punkt Γ fällt mit dem Schnittpunkte der beiden durch M

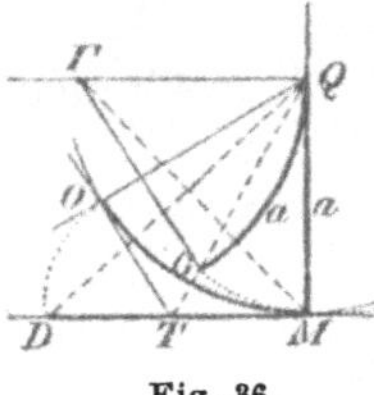

Fig. 36.

und durch Q zu den Strahlen QD und QM gezogenen Senkrechten zusammen. Wenn φ nach Null abnimmt, so wächst der absolute Betrag von x ins Unendliche, mithin wird $M\Gamma$ in der Grenze zur Tangente des Kreises. Also gehört der Schwerpunkt des Bogens OM dem von Γ auf OQ gefällten Lote an. Dies genügt zur Construction des Punktes G, der aus Symmetriegründen gleichzeitig auf der Halbierungslinie des Winkels OQM liegen muss. Übrigens ist es leicht, die Länge von ΓG zu bestimmen, wenn man beachtet, dass dieselbe im umgekehrten Verhältnis von φ variieren muss, und dass sie sich andrerseits in der Umgebung von O annähernd verhält wie diejenige von ΓM, welche sich ihrerseits daselbst wie $\dfrac{a}{\varphi}$ verhält. Also ist $\Gamma G = \dfrac{a}{\varphi} = \Gamma Q$, d. h. der Schwerpunkt gehört auch dem Kreise an, der um Γ als Mittelpunkt derart beschrieben ist, dass er den Radius QM berührt. Man bemerke, dass auf diesem Kreise der Bogen QG die constante Länge a hat. Daraus folgt: Wenn ein unendlich dünner und in der Umgebung von Q festgehaltener unausdehnbarer Stab QM in Kreisform gebogen wird, so beschreibt sein bewegliches Ende diejenige Schwerpunktlinie des Kreises vom Mittelpunkte Q, welche in M ihren Anfang nimmt. Betrachtet man endlich die ähnlichen Dreiecke MOD, QGM mit senkrecht aufeinander stehenden homologen Seiten, so sieht man, dass auch die Seite OD senkrecht auf GM steht, und man wird auf diese Weise zu einer sehr viel einfacheren Construction des Schwerpunktes geführt: G gehört dem von M auf OD gefällten Lote an.

    b) Untersuchen wir, ob man den Gleichungen (3) dadurch genügen kann, dass man x und y proportional zu s annimmt. Unter dieser Voraussetzung werden diese Coordinate sicher den Schwerpunkt definieren, da sie gleichzeitig mit s verschwinden. Setzt man $x = \alpha s$, $y = \beta s$, so liefern die Formeln (3)

$$\frac{\varrho}{s} = \frac{\beta}{2\alpha + 1} = -\frac{\alpha}{2\beta},$$

mithin ist die Curve eine **logarithmische Spirale**. Ist umgekehrt eine derartige Curve durch die Gleichung $\varrho = ks$ gegeben, so können wir immer α und β als Functionen von k aus den vorstehenden Gleichungen berechnen und sind dann sicher, dass die Gleichungen (3) durch $x = \alpha s$, $y = \beta s$ befriedigt werden. Aber diese Art der Bestimmung ist keineswegs notwendig, da es genügt, den genannten Gleichungen die Form

$$\frac{\varrho}{s} = \frac{y}{2x+s} = -\frac{x}{2y}$$

zu geben, um zu erkennen, dass der Schwerpunkt des Bogens OM den Geraden

$$sx + 2\varrho y = 0, \quad 2\varrho x - s(y-\varrho) = 0$$

angehört. Inzwischen ist bekannt (§ 11, c), dass das auf OM in O, dem Pol der Spirale, errichtete Lot im Krümmungscentrum C die Normale und in D im Abstande s von M die Tangente trifft. Nun zeigt die geometrische Interpretation der letzten Gleichungen, dass G die Projection von M auf die Gerade ist, welche C mit dem Mittelpunkte von MD verbindet. Man bemerke hier noch, dass G, ebenso wie O, dem über MC als Durchmesser beschriebenen Kreise angehört.

c) Für $x = 0$ werden die Formeln (3) $y = \varrho$, $\dfrac{dsy}{ds} = 0$; mithin ist $s\varrho = a^2$. Folglich ist im Falle einer Klothoide das Krümmungscentrum ein Punkt Γ, d. h. die dem Inflexionspunkte entsprechende Schwerpunktlinie lässt sich aus der Evolute der Curve ableiten mit Hilfe der Bemerkungen in § 75. Da nun $M\Gamma$ schliesslich die Normale im Inflexionspunkte O wird, wenn M nach O hinrückt, so gehört der Schwerpunkt des Bogens OM dem vom Krümmungscentrum in M auf die Inflexionstangente gefällten Lote an. Überdies variiert ΓG im umgekehrten Verhältnis von s, d. h. proportional zu ϱ, und da MG sich in der Umgebung von O annähernd wie $\Gamma M - \Gamma G$ verhält, so hat man notwendig $\Gamma G = \varrho$, sonst würde MG jede Grenze überschreiten anstatt nach Null zu convergieren. Also gehört der Schwerpunkt des Bogens OM auch dem osculierenden Kreise im Endpunkte M an. Dies vorausgeschickt teilt, wie wir wissen (§ 72), der Schwerpunkt eines beliebigen Bogens $M_1 M_2$ die gerade Strecke, welche den Schwerpunkt von OM_1 mit demjenigen von OM_2 verbindet, im Verhältnis $-\dfrac{s_2}{s_1} = -\dfrac{\varrho_1}{\varrho_2}$, und da diese Schwerpunkte die Enden von zwei parallelen Radien der die Curve in M_1 und M_2 osculierenden Kreise sind, so sieht man, dass jeder Klothoidenbogen als Schwerpunkt einen Ähnlichkeitspunkt der osculierenden Kreise in seinen Endpunkten hat. Es ist ferner leicht, zu zeigen, dass die Klothoide die einzige Curve ist, bei welcher der Schwerpunkt eines beliebigen Bogens und die Krümmungscentra in den Endpunkten dieses Bogens in gerader Linie liegen.

d) Wir wollen alle Curven suchen, bei welchen der Schwerpunkt eines Bogens OM dem osculierenden Kreise in M angehört, nachdem man diesen von M aus in einem constanten Verhältnis verkleinert oder vergrössert hat. Es sollen sich mit andern Worten Functionen x und y von s finden lassen, die für $s = 0$ verschwinden, ferner den Bedingungen (3) genügen sowie der Gleichung

$$(4) \qquad\qquad x^2 + y^2 = (n+1)\varrho y.$$

Multipliciert man beide Seiten mit s^2 und differenziert dann nach s unter Beachtung der Formeln (3), so erhält man

$$(5) \qquad (n-1)\,sx = (n+1)\,y\,\frac{ds\varrho}{ds}\,.$$

Schreibt man nun diese Gleichung in der Form

$$\frac{n-1}{sy}\frac{dsy}{ds} + \frac{n+1}{s\varrho}\frac{ds\varrho}{ds} = 0\,,$$

so gewinnt man daraus durch Integration

$$(6) \qquad (sy)^{n-1}\,(s\varrho)^{n+1} = a^{4n}\,,$$

vorausgesetzt, dass $n \lessgtr 0$ ist. Für $n = 1$ findet man in dieser Weise die Klothoide, auf die wir hier nicht mehr zurückkommen wollen. Die Elimination von $s\varrho$ aus den Gleichungen (4) und (6) ergiebt

$$(7) \qquad (sx)^2 + (sy)^2 = (n+1)\,a^{\frac{4n}{n+1}}\,(sy)^{\frac{2}{n+1}}\,,$$

und da sx und sy mit s unendlich klein werden, so ist notwendig $n+1 > 0$. Man muss überdies $\frac{2}{n+1} \leq 2$ haben, d. h. $n \geq 0$, wenn man vermeiden will, dass unter Vernachlässigung infinitesimaler Grössen höherer Ordnung in der Umgebung von O für reelle, nicht verschwindende Werte von x und von y die sinnlose Gleichung $x^2 + y^2 = 0$ besteht. Dies vorausgeschickt setze man zur Abkürzung

$$s\varrho = a^2 t\,, \quad \tau = \sqrt{(n+1)\,t^{\frac{2n}{n-1}} - 1}\,.$$

Die Formeln (6) und (7) liefern

$$(8) \qquad sy = a^2 t^{-\frac{n+1}{n-1}}\,, \quad sx = \pm\,\tau a^2 t^{-\frac{n+1}{n-1}}\,,$$

und die erste von diesen Gleichungen zeigt, dass mit unendlich abnehmendem s t nach Null convergiert oder unbegrenzt zunimmt, je nachdem $n < 1$ oder $n > 1$ ist. Setzt man endlich in (5) die Werte (8) ein und integriert, so erhält man in dem einen oder dem andern Falle

$$(9) \qquad s^2 = -2\,\frac{n+1}{n-1}\,a^2 \int_0^t \frac{dt}{\tau}\,, \quad \text{bezw.} \quad s^2 = 2\,\frac{n+1}{n-1}\,a^2 \int_t^\infty \frac{dt}{\tau}\,.$$

Es würde genügen t aus $s\varrho = a^2 t$ und der einen, bezw. der andern Gleichung (9) zu eliminieren, um die natürliche Gleichung unserer Curven zu finden. Will man ferner das Verhalten dieser Curven in der Umgebung des Anfangspunktes untersuchen, so bemerke man, dass mit unendlich abnehmendem s die Function τ ins Unendliche wächst wie $t^{\frac{n}{n-1}}$, woraus folgt, dass sich die Integrale (9) wie $t^{-\frac{1}{n-1}}$ verhalten, d. h. nach den genannten Formeln (9) convergiert t in den bezüglichen Fällen $(n < 1,\ n > 1)$ nach Null oder nach Unendlich wie s^{2-2n}. Also sieht die Curve in der Umgebung von O so aus, als ob ihre natürliche Gleichung $\varrho = k s^{1-2n}$ wäre, d. h. sie bekommt in jenem Punkte eine Berührung von niedrigerer oder von höherer Ordnung mit der Tangente, je nachdem $n < \frac{1}{2}$ oder $n > \frac{1}{2}$ ist. Um ihre Gestalt genauer anzugeben, müsste man sich an früher gemachte Bemerkungen (§ 11, e) erinnern und würde dann erkennen, dass das Auftreten eines Inflexionspunktes in O jedenfalls bevorzugt ist. Ein asymptotischer Punkt ist nur im Falle $n = 0$ möglich, den wir binnen kurzem an letzter Stelle untersuchen werden; ferner gestattet uns die Schlussbemerkung in § 72 zu behaupten, dass nur für $n = \frac{1}{2}$ die Krümmung im Anfangspunkte einen endlichen und von Null verschiedenen Wert haben kann. Thatsächlich liefert in diesem Falle die erste der Formeln (9)

$$ s^2 = 6a^2 \int_0^t \frac{t\,dt}{\sqrt{\frac{3}{2} - t^2}} = 6a^2 \left(\sqrt{\frac{3}{2}} - \sqrt{\frac{3}{2} - t^2} \right), $$

woraus man entnimmt $s^2 + 36\varrho^2 = $ Const., die Gleichung einer stern-förmigen Epicycloide mit zwei Spitzen (§ 8, d). Will man endlich wissen, bei welchen Curven $n = 0$ sein kann, so hat man statt des zweiten Gliedes der Gleichung (6), welches für $n = 0$ aufhört willkürlich zu sein, eine beliebige Constante zu setzen, die man zur Vereinfachung der Rechnungen mit $1 + 4k^2$ bezeichnen kann. Dann liefern die Formeln (4) und (6)

$$ x = - \frac{2k\varrho}{1 + 4k^2}, \qquad y = \frac{\varrho}{1 + 4k^2}; $$

ferner erhält man aus (5) durch Integration

$$ \varrho = ks + \frac{k'}{s}. $$

Zu diesen Curven gehört aber die Klothoide ($k = 0$), welche unserer Forderung nicht entsprechen kann, da für sie $n = 1$ ist. Man beachte jedoch, dass x und y mit s verschwinden müssen, zu welchem Zweck es notwendig und hinreichend ist, dass ϱ verschwindet, d. h. $k' = 0$ ist. Also charakterisiert die am Ende der vorletzten Anwendung bemerkte Eigenschaft die logarithmischen Spiralen.

§ 77.

Die Aufsuchung der Schwerpunkte einer Curve ist immer zurückführbar auf die Aufsuchung fester Punkte in der Ebene einer andern Curve. Setzt man in der That

(10) $$ sx = ax_0, \qquad sy = ay_0 $$

und ausserdem

(11) $$ s^2 = 2as_0, \qquad s\varrho = a\varrho_0, $$

so gehen die Formeln (3) in die bekannten Bedingungen

$$(12) \qquad \frac{dx_0}{ds_0} = \frac{y_0}{\varrho_0} - 1, \quad \frac{dy_0}{ds_0} = -\frac{x_0}{\varrho_0}$$

über, welche die Unbeweglichkeit des Punktes (x_0, y_0) in der Ebene einer Curve (M_0) sichern, deren natürliche Gleichung durch Elimination von s aus den Formeln (11) hervorgeht. Inzwischen stellen diese Formeln (11) ein Entsprechen zwischen den Punkten von (M) und denjenigen von (M_0) her, während die Formeln (10) eine Lösung (x, y) von (3) mit einer Lösung (x_0, y_0) von (12) in Beziehung setzen, mithin einer jeden Curve (Γ) einen bestimmten Punkt der Ebene von (M_0) entsprechen lassen. Im besondern entspricht der Schwerpunktlinie, die ihren Anfang in O nimmt, der Anfangspunkt der Bogen von (M_0), da nach (10) mit s (und s_0) x_0 und y_0 verschwinden, wenn x und y endlich bleiben: dies tritt (§ 75) im Anfangspunkte nur bei der Schwerpunktlinie ein.

§ 78. Geometrische Construction der Schwerpunkte.

Die Willkürlichkeit von a gestattet uns, aus den Formeln (10) und (11) eine allgemeine Construction der Schwerpunkte abzuleiten. Ist der Schwerpunkt des Bogens OM zu finden, so nehme man a gerade gleich der Länge von OM und bestimme mit Hilfe der Formeln

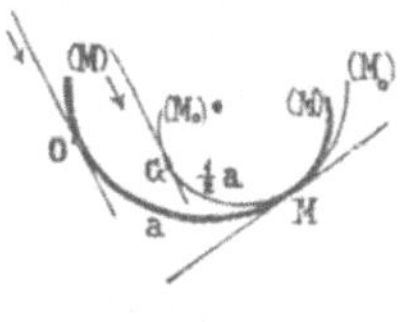

Fig. 37.

(11) die Curve (M_0). Nach den Formeln (10) fällt, wenn die beiden Curven sich in den correspondierenden Punkten M und M_0 berühren, der Schwerpunkt von OM mit dem Anfangspunkte von (M_0) zusammen, und die erste der Formeln (11) giebt uns, wenn $s = a$ ist, $s_0 = \frac{1}{2} a$. Es wird also genügen, auf (M_0) einen Bogen gleich der Hälfte von OM vom Anfangspunkte aus abzutragen und ihn mit dem andern Ende zur Berührung mit dem Bogen OM im Punkte M zu bringen. Alsdann wird der Anfangspunkt in den gesuchten Schwerpunkt fallen. Bei der Wahl des Punktes M_0 kann uns auch die Bemerkung leiten, dass die Berührung der beiden Bogen von einer höheren Ordnung werden muss (§ 47), da für $s = a$ die zweite Formel (11) $\varrho = \varrho_0$ ergiebt. Endlich lässt sich eine dritte Bestimmungsweise des Punktes M_0 aus der Gleichung

$$\int_0^a \frac{ds}{\varrho} = \int_0^{\frac{a}{2}} \frac{ds_0}{\varrho_0}$$

ableiten, aus der man ersieht, dass, wenn die beiden Bogen in der vorhin angegebenen Weise zur Berührung gebracht werden, **ihre Tangenten in den andern Endpunkten parallel sind.**

§ 79. Kinematische Construction der Schwerpunkte.

Wir wollen annehmen, die Curven (M) und (M_0) seien in zwei correspondierenden Punkten zur Berührung gebracht, und man betrachte in der Umgebung des Berührungspunktes ein andres Paar solcher Punkte M', M_0'. Es seien C und C_0 die Krümmungscentra der beiden Curven im Punkte M. Aus den Formeln (10) leitet man unter Beachtung von (11) ab

$$\frac{x_0}{x} = \frac{y_0}{y} = \frac{s}{a} = \frac{\varrho_0}{\varrho} = \frac{ds_0}{ds},$$

mithin ist der Punkt Γ_0 der Schnittpunkt der Geraden $M\Gamma$ und der durch C_0 zu $C\Gamma$ gezogenen Parallelen. Daraus folgt: Wenn man die Ebene von (M_0) einer Dilatation oder einer Contraction von M aus unterwirft, welche C_0 nach C bringt, so geht durch diese Deformation der Punkt Γ_0 in Γ, der Punkt M_0' in M' über, mithin berühren sich die beiden Curven immer noch in correspondierenden Punkten, wenn eine von ihnen auf der andern rollt. Hat man also die Curve (M) im Anfangspunkte der Bogen zur Berührung mit der entsprechenden Curve (M_0) in einem passend gewählten Punkte G gebracht und wickelt diese sich auf (M) ab, indem sie vom Berührungspunkte aus vergrössert oder verkleinert wird derart, dass zwischen den beiden Curven beständig eine Berührung zweiter Ordnung besteht, so ist **der Punkt G in jedem Augenblick der Schwerpunkt des Bogens OM.** So kann man für eine beliebig gegebene Curve in der Ebene in kinematisch anschaulicher Weise den Schwerpunkt eines beliebigen Bogens construieren, wenn man vorher eine andre Curve kennt, die sich leicht mit Hilfe der Formeln (11) bestimmen lässt.

§ 80. Beispiele.

a) In der zur Construction des Schwerpunktes eines Kreisbogens entworfenen Figur (Fig. 36) sieht man deutlich den Evolventenbogen GM, der in M beständig von dem festen Kreise osculiert wird; und aus den Formeln (11) findet man für $\varrho = a$ gerade $\varrho_0{}^2 = 2as_0$, die Gleichung einer Kreisevolvente, die derjenigen ähnlich ist, welche den Bogen GM enthält. Ferner bemerke man, dass, während die Spitze beständig den Schwerpunkt des Bogens OM angiebt, die Cuspidaltangente parallel zur Tangente OT bleibt.

b) Aus den Formeln (11) ersieht man, dass ϱ_0 proportional s_0 ist, wenn ϱ proportional s ist, d. h. wenn (M) eine logarithmische Spirale ist, so ist auch (M_0) eine logarithmische Spirale. Wenn die Punkte C und D für die erste Spirale construiert sind (vgl. § 76, b), welches sind dann die analogen Punkte C_0 und D_0 für die zweite Spirale, welche die erste in M berührt? Da die Berührung von zweiter Ordnung ist, so fällt C_0 mit C zusammen; und da nach einer andern in § 78 gemachten Bemerkung der Bogen GM der zweiten Spirale, welcher gerade die Länge $D_0 M$ hat, gleich der Hälfte des Bogens OM, d. h. von DM sein muss, so sieht man, dass D_0 der Mittelpunkt von DM ist. Nunmehr ist klar, dass, wie O die Projection von M auf CD, so G die Projection von M auf CD_0 ist.

c) Im Falle einer Klothoide giebt die zweite Formel (11) $\varrho_0 = $ Const., d. h. wenn ein veränderlicher Kreis sich auf einer Klothoide abwickelt, indem er sie beständig osculiert, so beschreibt einer seiner Punkte diejenige Schwerpunktlinie der Klothoide, welche ihren Anfang im Inflexionspunkte nimmt. Es ist dies, umgekehrt ausgesprochen, die in § 76 gefundene Eigenschaft: man gelangt dazu in directerer Weise und mit grösserer Präcision, indem man das in § 78 gesagte benutzt. In der That! Hat man constatiert, dass, wenn (M) eine Klothoide ist, (M_0) ein Kreis ist, so kann man sofort hinzufügen, dass dieser der osculierende Kreis in M ist, und dann lässt sich der Schwerpunkt G in folgender Weise construieren: Man trägt auf dem Kreise in negativem Sinne einen Bogen MG ab, ebenso lang wie die Hälfte des Klothoidenbogens MO, oder aber man beachtet, dass die Kreisnormale in G und die Inflexionsnormale der Klothoide parallel sind.

d) Ist $\varrho = ks^n$ die Gleichung der Curve (M), so geben die Formeln (11) $\varrho_0 = k_0 s_0^{\frac{n+1}{2}}$ für (M_0). Man findet so (für $n = 0, 1, -1$) die früheren Resultate wieder und sieht ausserdem, dass zur Construction der Schwerpunkte einer n-ten Kreisevolvente eine $(2n+1)$-te Evolvente nötig ist. Auf ähnliche Weise findet man, dass eine Astroide nötig ist bei einer Cycloide, eine Cycloide bei einer Epicycloide mit zwei Spitzen, eine Cardioide bei der sternförmigen Epicycloide des § 76; u. s. w. Allgemeiner ist bei jeder cycloidalen Curve eine analoge Curve nötig derart, dass einem Scheitel der festen Curve eine Spitze der beweglichen Curve entspricht.

e) Die Formeln (10) und die zweite der Formeln (11) lassen sofort erkennen, dass, wenn die Curve (M) durch eine homogene Relation zwischen dem Krümmungsradius und den Coordinaten des Schwerpunktes definiert ist, dieselbe Relation zwischen dem Krümmungsradius und den Coordinaten eines festen Punktes die entsprechende Curve (M_0) definiert. Daraus folgt z. B., dass den in der Anwendung (d) des § 76 untersuchten Curven die Sinusspiralen entsprechen. Setzt man übrigens in den Formeln (9) $s^2 = 2as_0$ und $\varrho_0 = at$, so erhält man gerade die Gleichung der Sinusspiralen (vgl. § 43):

$$s_0 = \frac{n+1}{n-1} \int \frac{d\varrho_0}{\sqrt{\left(\frac{\varrho_0}{a_0}\right)^{\frac{2n}{n-1}} - 1}}.$$

Der erzeugende Punkt der Schwerpunktlinie ist der Pol der Spirale, da nur im Pol $\varrho_0 = 0$ sein kann (§ 39). Der Pol muss also der Spirale angehören, was wegen $n \geq 0$ thatsächlich der Fall ist (§ 44).

$$\S\ 81.$$

Jede der bisher für einige Curven gefundenen Eigenschaften bleibt für eine beliebige Curve bestehen, vorausgesetzt, dass man längs dieser Curve die Dichtigkeit in geeigneter Weise variieren lässt. Bezeichnet man mit σ die auf dem Bogen OM befindliche Masse, so muss man die Formeln (3) durch

$$(13) \qquad \frac{d\sigma x}{ds} = \frac{\sigma y}{\varrho} - \sigma, \qquad \frac{d\sigma y}{ds} = -\frac{\sigma x}{\varrho}$$

ersetzen, und diese reducieren sich, wenn man darin

$$\frac{x_0}{x} = \frac{y_0}{y} = \frac{\sigma}{a} = \frac{\varrho_0}{\varrho} = \frac{ds_0}{ds}$$

setzt, auf die Formeln (12). Denkt man sich also die Betrachtungen des § 79 wiederholt, so gelangt man immer dazu, für jede Curve (M) und für eine gegebene Massenverteilung eine Curve (M_0) zu construieren, von der folgendes gilt: Wenn sie sich auf (M) abwickelt unter gleichzeitiger Dilatation oder Contraction vom Berührungspunkte aus derart, dass sie mit (M) eine höhere Berührung bewahrt, so führt sie bei der Bewegung und Deformation den Schwerpunkt der Masse mit sich fort, welche längs desjenigen Bogens von (M) verteilt ist, der vom Anfangspunkte an die Berührung der beweglichen Curve erfahren hat. Die Gleichung der letzteren findet man durch Elimination von s aus den Relationen

$$(14) \qquad as_0 = \int \sigma ds, \qquad a\varrho_0 = \sigma\varrho.$$

In den einzelnen Fällen liefert die geometrische Interpretation der so erhaltenen Resultate eine Construction des Schwerpunkts, welche auf der andern Seite einer beliebigen Curve zukommt, vorausgesetzt, dass man für σ eine specielle Function von s wählt.

$$\S\ 82.\ \textbf{Beispiele.}$$

a) Der natürlichen Gleichung einer beliebigen Curve kann man die Form $\sigma\varrho = a^2$ geben, indem man μ proportional der Ableitung der Krümmung wählt. Alsdann liefert die zweite Formel (14) $\varrho_0 = a$, mithin gelten für diese besondere Massenverteilung die Schwerpunktseigenschaften der Klothoide. Also ist ein Ähnlichkeitspunkt der Kreise, welche einen beliebigen Bogen einer beliebigen Curve in den Endpunkten osculieren, der Schwerpunkt einer Masse, die längs des Bogens mit einer Dichtigkeit proportional der Variation der Krümmung verteilt ist. Nimmt man im besondern $\sigma = a\varphi$, so sieht man, dass eine uns bereits bekannte Curve (§ 11, a) durch die Eigenschaft charakterisiert ist, dass der Krümmungsschwerpunkt jedes beliebigen Bogens und die Krümmungscentra in den Endpunkten dieses Bogens immer in gerader Linie liegen.

b) Jede Art den Gleichungen (13) zu genügen liefert besondere Constructionen von Schwerpunkten. Wir wollen uns darauf beschränken, diejenige anzugeben, welche entsteht, wenn man

$$(15) \qquad \sigma x = - a y_0 , \qquad \sigma y = a (x_0 + s)$$

in den Formeln (13) setzt. Diese reducieren sich dann auf die Bedingungen für die Unbeweglichkeit des Punktes (x_0 , y_0) in der Ebene von (M), vorausgesetzt, dass man $\sigma \varrho = a s$ hat. Man erkennt ferner, wie in § 77, dass der genannte Punkt der Anfangspunkt der Bogen ist. Inzwischen leitet man aus den Formeln (15) und der gefundenen Bedingung durch Elimination von σ ab

$$x x_0 + y y_0 = - s x = \varrho y_0 .$$

Also treffen sich bei jeder beliebigen Curve die von M und von C auf OD und auf OM gefällten Lote in dem Schwerpunkte einer Masse, die auf dem Bogen OM mit einer Dichtigkeit proportional dem Product des Bogens und der Krümmung verteilt ist. Betrachtet man im besondern die Curven $\varrho = k s^n$, so findet man $\sigma = (n - 1) a \varphi$, mithin liefert die vorstehende Construction bei diesen Curven den Krümmungsschwerpunkt. Bemerkt man überdies, dass sich in diesem Falle aus den

Formeln (14) $\varrho_0 = k_0 s_0^{\frac{1}{2-n}}$ ergiebt, so sieht man (§ 24, i), dass die Curve (M_0) eine Evolvente von (M) ist.

Siebentes Kapitel.

Barycentrische Analysis.

§ 83.

Der Begriff Schwerpunkt dient als Grundlage für eine elegante Methode der geometrischen Analysis, welche wir hier nicht von Grund aus würden auseinandersetzen können, ohne das Gebiet der reinen natürlichen Geometrie zu verlassen. Wir werden uns deshalb darauf beschränken, an der Hand von Übungsbeispielen einige ihrer einfachsten und wesentlichsten Zusammenhänge mit der natürlichen Analysis der ebenen Curven zu beleuchten. Zunächst wollen wir daran erinnern (§ 71), dass der Schwerpunkt M der in den Punkten A_1, A_2 angebrachten Massen μ_1 und μ_2 auf der Geraden $A_1 A_2$ liegt, und zwar derart, dass

$$(1) \qquad \mu_1 M A_1 + \mu_2 M A_2 = 0$$

ist. Jedem Paare von Werten μ_1 und μ_2 entspricht also auf der Geraden ein Punkt M, der auch zu unendlich vielen andern Wertepaaren (μ_1, μ_2) gehört, die durch Multiplication mit einer beliebigen Zahl aus einem von ihnen entstehen, da hierbei die Gleichung (1) in der That ungeändert bleibt. Um nun aber zu erreichen, dass ein Punkt nur einem einzigen Wertepaare (μ_1, μ_2) entspricht, kommt man überein $\mu_1 + \mu_2 = 1$ zu setzen: auf diese Weise wird die ganze Gerade erzeugt durch die wechselnde Verteilung der Masseneinheit auf die beiden Fundamentalpunkte A_1, A_2. Wenn M auf der Geraden ins Unendliche fortrückt, so convergiert das Verhältnis seiner Entfernungen von den Fundamentalpunkten nach der Einheit und aus (1) ersieht man, dass in der Grenze die Gleichung $\mu_1 + \mu_2 = 0$ erfüllt ist. Wir werden der Kürze wegen sagen, dass man in dem unendlich fernen Punkte $\mu_1 + \mu_2 = 0$ hat. Ist N der durch Massen proportional $-\mu_1$ und μ_2 bestimmte Punkt, so zeigt die Formel (1), dass $(M N A_1 A_2) = -1$ ist, d. h. N ist der zu M inbezug auf die Fundamentalpunkte harmonisch conjugierte Punkt. So sehen wir aufs neue ein, dass man wegen der Gleichung $\mu_1 - \mu_2 = 0$, die für den zu dem unendlich fernen Punkte conjugierten Mittelpunkt von $A_1 A_2$ besteht, wohl sagen kann, im Unendlichen sei $\mu_1 + \mu_2 = 0$.

§ 84.

Wenn A_1, A_2, A_3 die Ecken eines wirklichen Dreiecks sind (in der Reihenfolge, wie sie von einem Punkte getroffen werden, der den Umfang des Dreiecks durchläuft, indem er die Fläche desselben zur Linken lässt), so geht in analoger Weise aus der verschiedenen Verteilung der Masseneinheit auf die drei Ecken eine doppelte Unendlichkeit von drei Massen μ_1, μ_2, μ_3 und aus jedem dieser Tripel ein Punkt (der Schwerpunkt) hervor, den man in folgender Weise construieren kann: Man teile $A_2 A_3$ durch den Punkt L im Verhältnis $\frac{\mu_3}{\mu_2}$ und dann $A_1 L$ im Verhältnis $\frac{\mu_2 + \mu_3}{\mu_1}$. Umgekehrt entspricht jedem Punkte der Ebene ein Tripel von Werten μ_1, μ_2, μ_3 (man nennt sie die **barycentrischen Coordinaten des Punktes**) derart, dass

$$(2) \qquad \mu_1 + \mu_2 + \mu_3 = 1,$$

ist, und zwar entspricht ihm ein einziges; wenn nämlich die Gerade $A_1 M$ im Punkte L die Strecke $A_2 A_3$ im Verhältnis k und wenn M die Strecke $A_1 L$ im Verhältnis k' teilt, so kann man immer und nur in einer Weise der Gleichung (2) und den Bedingungen

$$(3) \qquad \mu_3 = k \mu_2, \quad \mu_2 + \mu_3 = k' \mu_1$$

genügen. Lässt man in der letzten von ihnen k' allmählich in -1 übergehen, so sieht man, dass, wenn M ins Unendliche fortrückt, in der Grenze die Gleichung

$$(4) \qquad \mu_1 + \mu_2 + \mu_3 = 0$$

besteht.

§ 85. Die Gerade.

Unter Berücksichtigung von (2) werden die Formeln (1) des vorigen Kapitels

$$(5) \qquad x = \mu_1 x_1 + \mu_2 x_2 + \mu_3 x_3, \quad y = \mu_1 y_1 + \mu_2 y_2 + \mu_3 y_3.$$

Mithin lassen sich die linearen Relationen zwischen den cartesischen Coordinaten x und y in lineare und homogene Relationen zwischen den barycentrischen Coordinaten transformieren. Ist umgekehrt eine derartige Relation gegeben, so wird es immer möglich sein, sie in eine lineare Relation zwischen den cartesischen Coordinaten zu transformieren mit Hilfe der Formeln

$$(6) \quad a^2\mu_1 = (y_2 - y_3)x - (x_2 - x_3)y + (x_2 y_3 - x_3 y_2), \quad \text{u. s. w.,}$$

welche man durch Auflösung der Gleichungen (2) und (5) nach den μ erhält, wenn man mit a^2 den doppelten Flächeninhalt des Fundamentaldreiecks bezeichnet:

$$(7) \qquad a^2 = \begin{vmatrix} 1 & x_1 & y_1 \\ 1 & x_2 & y_2 \\ 1 & x_3 & y_3 \end{vmatrix}.$$

Es stellt demnach jede lineare Gleichung zwischen den barycentrischen Coordinaten eine Gerade dar. Fixiert man z. B. k, so stellt die erste Gleichung (3) die Gerade dar, welche durch A_1 hindurchgeht und $A_2 A_3$ im Verhältnis k teilt. Ebenso ist die zweite Gleichung (3), in welcher man k' als constant annimmt, die Gleichung einer Parallele zur Seite $A_2 A_3$. Eine solche Gleichung kann man auch in nichthomogener Form $\mu_1 = \mathrm{Const.}$ schreiben und erkennt auf diese Weise, dass, wenn ein Punkt sich parallel zu einer Seite des Fundamentaldreiecks bewegt, die auf die gegenüberliegende Ecke bezügliche barycentrische Coordinate sich nicht ändert. Im besondern ist die Gleichung der Seite, welche A_i gegenüberliegt, $\mu_i = 0$. Endlich kann man sagen, dass die Gleichung (4) die unendlich ferne Gerade darstellt. Dies gestattet uns die Bedingung für den Parallelismus von zwei Geraden

$$(8) \qquad \alpha_1\mu_1 + \alpha_2\mu_2 + \alpha_3\mu_3 = 0, \quad \beta_1\mu_1 + \beta_2\mu_2 + \beta_3\mu_3 = 0$$

sofort hinzuschreiben. Sollen dieselben sich mit einer dritten Geraden in einem Punkte schneiden, so ist dazu notwendig und hinreichend, dass die aus den Coefficienten der drei Gleichungen gebildete Determinante verschwindet, da gerade dies die notwendige und hinreichende Bedingung für die Existenz solcher Werte der μ ist, die nicht sämtlich verschwinden und dem System der drei Gleichungen genügen. Dies vorausgeschickt ist die Aussage, zwei Geraden seien parallel, äquivalent mit der Aussage, dass sie sich auf der unendlich fernen Geraden schneiden. Mithin drückt sich die Bedingung für den Parallelismus darin aus, dass die Determinante des aus den Gleichungen (4) und (8) gebildeten Systems gleich Null gesetzt wird:

$$(9) \qquad \begin{vmatrix} 1 & \alpha_1 & \beta_1 \\ 1 & \alpha_2 & \beta_2 \\ 1 & \alpha_3 & \beta_3 \end{vmatrix} = 0.$$

§ 86. **Entfernung zweier Punkte.**

Es seien $\delta\mu_1$, $\delta\mu_2$, $\delta\mu_3$ die Variationen, welche die barycentrischen Coordinaten beim Übergange von M zu irgend einem andern Punkte M' erfahren, und man suche die Entfernung R der beiden Punkte zu berechnen. a_1, a_2, a_3 seien die Längen der Seiten des Dreiecks. Wäre die Strecke MM' parallel zu einer Seite, z. B. zu A_2A_3, so würde ihre Länge einschliesslich des Vorzeichens durch $a_1\delta\mu_3$ oder auch durch $-a_1\delta\mu_2$ ausgedrückt werden, wie sich leicht aus der Ähnlichkeit der Dreiecke A_1MM', A_1LL' ergiebt. Bei beliebiger Lage der Punkte M und M' betrachte man den Schnittpunkt M'' der durch M und M' zu den Seiten A_2A_1 und A_3A_1 gezogenen Parallelen. Die Coordinaten von M'' sind offenbar $\mu_1 - \delta\mu_2$, $\mu_2 + \delta\mu_2$, μ_3, mithin haben zwei Seiten des Dreiecks $MM'M''$ die Längen $a_2\delta\mu_3$ und $-a_3\delta\mu_2$. Bemerkt man ferner, dass der der Seite R gegenüberliegende Winkel gleich dem Winkel A_1 ist, so erhält man

$$R^2 = a_2{}^2(\delta\mu_3)^2 + a_3{}^2(\delta\mu_2)^2 + (a_2{}^2 + a_3{}^2 - a_1{}^2)\,\delta\mu_2\,\delta\mu_3,$$

d. h. wegen $\delta\mu_1 + \delta\mu_2 + \delta\mu_3 = 0$

$$(10)\qquad R^2 = -\,(a_1{}^2\delta\mu_2\,\delta\mu_3 + a_2{}^2\delta\mu_3\,\delta\mu_1 + a_3{}^2\delta\mu_1\,\delta\mu_2).$$

Wenn im besondern die beiden Punkte unendlich benachbart sind, so ist das Quadrat ihrer Entfernung

$$(11)\qquad ds^2 = -\,(a_1{}^2 d\mu_2 d\mu_3 + a_2{}^2 d\mu_3 d\mu_1 + a_3{}^2 d\mu_1 d\mu_2).$$

§ 87.

Jetzt sind wir imstande auch die Bedingung für die Orthogonalität zweier Geraden zu finden. Diese seien die Geraden (8), und wir wollen auf ihnen die Punkte P und Q verschieden von dem Schnittpunkte M annehmen. Bezeichnen wir mit ε und η die Variationen der Coordinaten beim Übergange von M nach P und nach Q. Offenbar genügen die ε und die η den Gleichungen (8), und ausserdem hat man, da in jedem Punkte die Gleichung (2) besteht,

$$\varepsilon_1 + \varepsilon_2 + \varepsilon_3 = 0, \quad \eta_1 + \eta_2 + \eta_3 = 0.$$

Daraus folgt

$$(12)\quad \frac{\varepsilon_1}{\alpha_2 - \alpha_3} = \frac{\varepsilon_2}{\alpha_3 - \alpha_1} = \frac{\varepsilon_3}{\alpha_1 - \alpha_2}, \quad \frac{\eta_1}{\beta_2 - \beta_3} = \frac{\eta_2}{\beta_3 - \beta_1} = \frac{\eta_3}{\beta_1 - \beta_2}.$$

Dies vorausgeschickt wende man die Formel (10) auf die Entfernungen MP, MQ, PQ in der Relation $(PQ)^2 = (MP)^2 + (MQ)^2$

an, die für die Orthogonalität notwendig und hinreichend ist. Man erhält

$$a_1^2(\varepsilon_2 - \eta_2)(\varepsilon_3 - \eta_3) + \cdots = a_1^2 \varepsilon_2 \varepsilon_3 + \cdots + a_1^2 \eta_2 \eta_3 + \cdots,$$

d. h.

$$(13) \quad a_1^2(\varepsilon_2 \eta_3 + \varepsilon_3 \eta_2) + a_2^2(\varepsilon_3 \eta_1 + \varepsilon_1 \eta_3) + a_3^2(\varepsilon_1 \eta_2 + \varepsilon_2 \eta_1) = 0,$$

wo man für die ε und die η die proportionalen Grössen (12) einzusetzen hat.

§ 88. Geradenpaare.

Multipliciert man die Gleichungen (8) miteinander, so findet man eine quadratische Gleichung

$$(14) \qquad \sum_{i,j} c_{ij} \mu_i \mu_j = 0$$

mit verschwindender Discriminante, welche auf den beiden Geraden überall und ausserhalb derselben nirgends erfüllt sein muss. Ist umgekehrt eine Gleichung (14) gegeben, deren Discriminante

$$\varDelta = \begin{vmatrix} c_{11} & c_{12} & c_{13} \\ c_{21} & c_{22} & c_{23} \\ c_{31} & c_{32} & c_{33} \end{vmatrix}$$

null ist, so ist aus der Algebra bekannt, dass die genannte Gleichung in zwei lineare Gleichungen zerlegbar ist und daher ein Geradenpaar darstellt. Welcher weiteren Bedingung müssen die Coefficienten genügen, damit die Geraden parallel oder senkrecht zueinander seien? Bemerkt man, dass

$$c_{11} = 2\alpha_1 \beta_1, \quad c_{23} = \alpha_2 \beta_3 + \alpha_3 \beta_2, \quad \text{u. s. w.}$$

und infolgedessen $\varepsilon_2 \eta_3 + \varepsilon_3 \eta_2$ proportional

$$(\alpha_1 - \alpha_2)(\beta_1 - \beta_3) + (\alpha_1 - \alpha_3)(\beta_1 - \beta_2) = c_{11} - c_{12} - c_{13} + c_{23}$$

ist, so sieht man durch Einsetzen in (13) sofort, dass die Bedingung für die Orthogonalität

$$(15) \quad (a_1^2 - a_2^2 - a_3^2) c_{23} + (a_2^2 - a_3^2 - a_1^2) c_{31} + (a_3^2 - a_1^2 - a_2^2) c_{12}$$
$$+ a_1^2 c_{11} + a_2^2 c_{22} + a_3^2 c_{33} = 0$$

ist. In entsprechender Weise betrachte man, um auszudrücken, dass die Geraden parallel sind, die Determinante δ auf der linken Seite der Gleichung (9) und bemerke, dass

$$- \delta^2 = \begin{vmatrix} 1 & \alpha_1 & \beta_1 \\ 1 & \alpha_2 & \beta_2 \\ 1 & \alpha_3 & \beta_3 \end{vmatrix} \begin{vmatrix} 1 & \beta_1 & \alpha_1 \\ 1 & \beta_2 & \alpha_2 \\ 1 & \beta_3 & \alpha_3 \end{vmatrix} = \begin{vmatrix} 1 + c_{11} & 1 + c_{12} & 1 + c_{13} \\ 1 + c_{21} & 1 + c_{22} & 1 + c_{23} \\ 1 + c_{31} & 1 + c_{32} & 1 + c_{33} \end{vmatrix}$$

ist, d. h., wenn man mit σ die Summe der algebraischen Complemente aller Elemente von $\varDelta$ bezeichnet,

$$- \delta^2 = \sigma + \varDelta = \sigma.$$

Also ist die Bedingung für den Parallelismus $\sigma = 0$. Ausserdem erkennt man, wenn die Gleichung (14) mit reellen Coefficienten gegeben ist, dass die Geraden reell oder imaginär sind, je nachdem $\sigma < 0$ oder $\sigma > 0$ ist.

§ 89. Beispiele.

a) Es sei $\mu_3 = k \mu_2$ die Gleichung der von A_1 auf die gegenüberliegende Seite gefällten Senkrechten. Man bestimmt k, indem man ausdrückt, dass für das Geradenpaar $\mu_1 \mu_3 = k \mu_1 \mu_2$ die Bedingung (15) erfüllt ist, und man findet auf diese Weise, dass die Gleichung der betrachteten Geraden

$$(a_3{}^2 + a_1{}^2 - a_2{}^2)\, \mu_2 = (a_1{}^2 + a_2{}^2 - a_3{}^2)\, \mu_3$$

ist. Also schneiden sich die von den Ecken eines Dreiecks auf die gegenüberliegenden Seiten gefällten Senkrechten in einem Punkte (Orthocentrum), der durch Coordinaten definiert ist, die umgekehrt proportional zu den Grössen

$$a_2{}^2 + a_3{}^2 - a_1{}^2, \quad a_3{}^2 + a_1{}^2 - a_2{}^2, \quad a_1{}^2 + a_2{}^2 - a_3{}^2$$

sind.

b) Ein Paar von Geraden, welche von A_1 ausgehend die gegenüberliegende Seite harmonisch teilen, wird nach dem in § 83 gesagten durch die Gleichung $\mu_3{}^2 = k^2 \mu_2{}^2$ dargestellt. Will man, dass die genannten Geraden die Halbierungslinien des Winkels A_1 seien, so muss man k derart bestimmen, dass die Bedingung (15) erfüllt ist, d. h. es muss sein $a_3{}^2 = k^2 a_2{}^2$. Die drei Paare Halbierungslinien der Dreieckswinkel werden also durch die Gleichungen

$$\frac{\mu_2{}^2}{a_2{}^2} = \frac{\mu_3{}^2}{a_3{}^2}, \quad \frac{\mu_3{}^2}{a_3{}^2} = \frac{\mu_1{}^2}{a_1{}^2}, \quad \frac{\mu_1{}^2}{a_1{}^2} = \frac{\mu_2{}^2}{a_2{}^2}$$

dargestellt. Mithin treffen sie sich in den vier Punkten, deren barycentrische Coordinaten absolut genommen proportional zu a_1, a_2, a_3 sind. Im besondern schneiden sich die drei innern Winkelhalbierenden in einem Punkte (dem Mittelpunkte des einbeschriebenen Kreises), der durch die Coordinaten

$$\mu_1 = \frac{a_1}{a_1 + a_2 + a_3}, \quad \mu_2 = \frac{a_2}{a_1 + a_2 + a_3}, \quad \mu_3 = \frac{a_3}{a_1 + a_2 + a_3}$$

definiert wird.

c) Um zu erfahren, in welchem Punkte die Gerade $\alpha_1 \mu_1 + \alpha_2 \mu_2 + \alpha_3 \mu_3 = 0$ die Seite $A_2 A_3$ trifft, hat man $\mu_1 = 0$ zu setzen, und dann sind μ_2 und μ_3 durch die Gleichungen $\mu_2 + \mu_3 = 1$, $\alpha_2 \mu_2 + \alpha_3 \mu_3 = 0$ bestimmt. Die letzte muss man durch $\alpha_2\mu_2 - \alpha_3\mu_3 = 0$ ersetzen, wenn man nicht den Schnittpunkt selbst, sondern den zu ihm inbezug auf das Punktepaar $A_2 A_3$ harmonisch conjugierten Punkt haben will. Daraus folgt, dass der durch die Gleichungen $\alpha_1\mu_1 = \alpha_2\mu_2 = \alpha_3\mu_3$ definierte Punkt P die Eigenschaft hat, dass jede Seite des Dreiecks von der Geraden, die P mit der gegenüberliegenden Ecke verbindet, und von der betrachteten Geraden harmonisch geteilt wird. Der Punkt P heisst der trilineare Pol der Geraden, und umgekehrt ist diese die trilineare Polare von P. Sind c_1, c_2, c_3 die barycentrischen Coordinaten eines beliebigen Punktes, so ist die barycentrische Gleichung seiner trilinearen Polare

$$\frac{\mu_1}{c_1} + \frac{\mu_2}{c_2} + \frac{\mu_3}{c_3} = 0.$$

Im besondern bemerke man, dass die unendlich ferne Gerade ihren trilinearen Pol in dem Punkte $c_1 = c_2 = c_3 = \frac{1}{3}$ hat: dies ist der Schnittpunkt der Mittellinien, den man einfach den Schwerpunkt des Dreiecks nennt.

§ 90. **Kegelschnitte.**

Die Einsetzung der Werte (5) in die cartesische Gleichung eines Kegelschnitts (§ 25) liefert zwischen den barycentrischen Coordinaten eine quadratische Relation, welche man vermöge (2) immer homogen machen kann. Umgekehrt verwandelt sich jede Gleichung von der Form (14), wenn man darin die Werte (6) einsetzt, in eine Gleichung zweiten Grades zwischen x und y und stellt daher einen Kegelschnitt dar, der in ein Geradenpaar ausartet, wenn zwischen den Coefficienten die Beziehung $\varDelta = 0$ besteht. Bei beliebigem Werte von $\varDelta$ gilt die Bemerkung, dass die Gleichung, welche man erhält, wenn man auf der rechten Seite von (14) $c(\mu_1 + \mu_2 + \mu_3)^2$ setzt, für jeden Wert von c einen Kegelschnitt darstellt. Die Kegelschnitte, welche den unendlich vielen Werten von c entsprechen, verhalten sich im Unendlichen wie der Kegelschnitt (14), da im Unendlichen in der Grenze die Gleichung (4) erfüllt ist. Sie haben also parallele Asymptoten. Um daher ein Paar von Geraden zu finden, die den Asymptoten des Kegelschnitts (14) parallel sind, wird es genügen, zu untersuchen, ob gewissen Werten von c ein ausgearteter Kegelschnitt entspricht. Inzwischen bemerke man, dass für einen beliebigen Wert von c die Discriminante

$$\varDelta' = \begin{vmatrix} c_{11} - c & c_{12} - c & c_{13} - c \\ c_{21} - c & c_{22} - c & c_{23} - c \\ c_{31} - c & c_{32} - c & c_{33} - c \end{vmatrix} = \varDelta - c\sigma$$

ist. Die Summe σ' der algebraischen Complemente der Elemente von $\varDelta'$ ist unabhängig von c; denn wenn wir uns denken, man kehre von

$\varDelta'$ zu $\varDelta$ zurück durch Addition von c zu allen Elementen von $\varDelta'$, so finden wir unter Anwendung der letzten Formel

$$\varDelta = \varDelta' + c\sigma' = \varDelta + c(\sigma' - \sigma), \quad \text{mithin} \quad \sigma' = \sigma.$$

Dies vorausgeschickt wird, wenn $\sigma \lessgtr 0$ ist, dem Werte $c = \dfrac{\varDelta}{\sigma}$ ein Paar von Geraden entsprechen, die den Asymptoten des Kegelschnitts (14) parallel sind oder mit ihnen zusammenfallen; und auf Grund der Schlussbemerkung in § 88 wird man behaupten können, dass der genannte Kegelschnitt eine Ellipse oder eine Hyperbel ist, je nachdem $\sigma > 0$ oder $\sigma < 0$ ist. Lässt man die Coefficienten derart variieren, dass σ nach Null convergiert, so werden die beiden Geraden schliesslich parallel, mithin charakterisiert die Bedingung $\sigma = 0$ die Parabel, da diese der einzige Kegelschnitt ist, der sich im Unendlichen verhält wie ein Paar paralleler (zusammenfallender) Geraden (§ 26). Wenn $\varDelta$ gleichzeitig mit σ verschwindet, so artet die Parabel in ein Paar von parallelen Geraden aus. Die gleichseitige Hyperbel charakterisiert man, indem man ausdrückt, dass sie orthogonale Asymptoten hat, d. h. indem man die Bedingung (15) nicht für die c_{ij}, sondern für die $c_{ij} - c$ schreibt. Macht man diese Substitution, so sieht man sofort, dass c herausfällt, und erkennt auf diese Weise, dass die Gleichung (15) selbst die notwendige und hinreichende Bedingung dafür ist, dass die Gleichung (14) eine gleichseitige Hyperbel darstellt.

§ 91. **Tangente und Normale, Pole und Polaren, Mittelpunkt und Asymptoten, Homologiepol.**

a) Da man die Tangente einer Curve $f(\mu_1, \mu_2, \mu_3) = 0$ im Punkte (v_1, v_2, v_3) als bestimmt durch diesen Punkt und den unendlich benachbarten Punkt $(v_1 + dv_1, v_2 + dv_2, v_3 + dv_3)$ auf der Curve betrachten kann, so ist klar, dass ihre Gleichung

$$(16) \qquad \begin{vmatrix} \mu_1 & v_1 & dv_1 \\ \mu_2 & v_2 & dv_2 \\ \mu_3 & v_3 & dv_3 \end{vmatrix} = 0$$

ist. Dabei ist $f(v_1, v_2, v_3) = 0$ und

$$\frac{\partial f}{\partial v_1} dv_1 + \frac{\partial f}{\partial v_2} dv_2 + \frac{\partial f}{\partial v_3} dv_3 = 0, \quad dv_1 + dv_2 + dv_3 = 0.$$

Daraus folgt, dass $v_2 dv_3 - v_3 dv_2$ proportional

$$v_2 \left(\frac{\partial f}{\partial v_1} - \frac{\partial f}{\partial v_2} \right) - v_3 \left(\frac{\partial f}{\partial v_3} - \frac{\partial f}{\partial v_1} \right) = \frac{\partial f}{\partial v_1} - \left(v_1 \frac{\partial f}{\partial v_1} + v_2 \frac{\partial f}{\partial v_2} + v_3 \frac{\partial f}{\partial v_3} \right)$$

ist; mithin wird die Gleichung (16)

$$(\mu_1 - v_1) \frac{\partial f}{\partial v_1} + (\mu_2 - v_2) \frac{\partial f}{\partial v_2} + (\mu_3 - v_3) \frac{\partial f}{\partial v_3} = 0 .$$

Man gelangt ferner zur Aufstellung der Gleichung der Normale, indem man die Bedingung (13) anwendet. Wenn die Function f homogen ist, so reduciert sich die Gleichung der Tangente auf Grund des bekannten Euler'schen Theorems auf die einfachere Form

$$\mu_1 \frac{\partial f}{\partial v_1} + \mu_2 \frac{\partial f}{\partial v_2} + \mu_3 \frac{\partial f}{\partial v_3} = 0 .$$

Diese wird im Falle der Kegelschnitte

$$(17) \qquad \sum_{i,j} c_{ij} \mu_i v_j = 0 .$$

b) Die Relation (17) führt, geometrisch interpretiert, wegen ihrer bilinearen Form zu einer sehr wichtigen Correspondenz zwischen den Punkten und den Geraden der Ebene. Hält man die v fest, ohne anzunehmen, dass (v_1, v_2, v_3) ein Punkt des Kegelschnitts ist, so stellt die genannte Gleichung eine Gerade dar, welche man die Polare des Punktes (v_1, v_2, v_3) inbezug auf den Kegelschnitt (14) nennt, während der Punkt der Pol dieser Geraden heisst. Wenn man dagegen in (17) für die μ beliebige Werte fixiert, so genügen die v gerade der Gleichung der Polare von (μ_1, μ_2, μ_3), mithin liegen die Pole aller durch einen Punkt hindurchgehenden Geraden auf der Polare dieses Punktes. Daraus folgt, dass die Polaren von zwei Punkten P und P' sich in dem Pol von PP' schneiden. Sind z. B. die Ecken eines Dreiecks die Pole der Seiten eines andern Dreiecks, so sind die Seiten des ersten die Polaren der Ecken des zweiten. Zwei derartige Dreiecke heissen zueinander conjugiert inbezug auf den Kegelschnitt. Setzt man für die v successiv die Coordinaten der Ecken des Fundamentaldreiecks, so sieht man, dass die Gleichungen der Seiten des inbezug auf den Kegelschnitt (14) zu ihm conjugierten Dreiecks

$$(18) \qquad c_{11}\mu_1 + c_{12}\mu_2 + c_{13}\mu_3 = 0, \quad c_{21}\mu_1 + c_{22}\mu_2 + c_{23}\mu_3 = 0,$$
$$c_{31}\mu_1 + c_{32}\mu_2 + c_{33}\mu_3 = 0$$

sind. Diese reducieren sich auf die Gleichungen der Seiten, wenn in (14) nur die Quadrate der μ vorkommen. Alsdann ist das Dreieck zu sich selbst conjugiert, und der Kegelschnitt heisst conjugiert zu dem Dreieck. Also sind die unendlich vielen durch die Gleichung

$$c_1 \mu_1{}^2 + c_2 \mu_2{}^2 + c_3 \mu_3{}^2 = 0$$

dargestellten Kegelschnitte so beschaffen, dass jede Seite des Fundamentaldreiecks die Polare der gegenüberliegenden Ecke ist. Für $\mu_1 = 0$ findet man Werte für das Verhältnis $\frac{\mu_2}{\mu_3}$, die nur dem absoluten Betrage nach gleich sind. Nach der Schlussbemerkung in § 83 teilt also jeder zu einem Dreieck conjugierte Kegelschnitt dessen Seiten harmonisch. Hieraus folgt, dass jede gerade Strecke, deren einer Endpunkt in P, der andre auf der Polare von P inbezug auf einen Kegelschnitt liegt, von diesem Kegelschnitt harmonisch geteilt wird. Es genügt in der That, um sich davon zu überzeugen, zu Ecken des Fundamentaldreiecks den Punkt P, den Schnittpunkt P' der Polare von P mit der betrachteten Geraden und den Pol von PP' zu wählen. Mit andern Worten: Die Polare eines Punktes P inbezug auf einen Kegelschnitt ist der Ort der zu P harmonisch conjugierten Punkte auf allen Sehnen, die der Kegelschnitt auf den von P ausgehenden Geraden bestimmt.

c) Bemerkt man im besondern, dass auf jedem Durchmesser der zu dem Mittelpunkte harmonisch conjugierte Punkt im Unendlichen liegt (§ 27), so sieht man, dass der Mittelpunkt eines Kegelschnitts der Pol der unendlich fernen Geraden ist. Sind also ν_1, ν_2, ν_3 die Coordinaten des Mittelpunktes, so muss sich die Gleichung (17) auf (4) reducieren, mithin muss man haben

$$(19) \quad c_{11}\nu_1 + c_{12}\nu_2 + c_{13}\nu_3 = c_{21}\nu_1 + c_{22}\nu_2 + c_{23}\nu_3 = c_{31}\nu_1 + c_{32}\nu_2 + c_{33}\nu_3.$$

Wenn c der gemeinsame Wert dieser drei Grössen ist, so kann man auf Grund von (2) auch schreiben

$$(c_{i1} - c)\nu_1 + (c_{i2} - c)\nu_2 + (c_{i3} - c)\nu_3 = 0$$

für $i = 1, 2, 3$. Soll dieses System durch Werte der ν erfüllt werden, die nicht sämtlich verschwinden, so ist dazu notwendig und hinreichend, dass seine Determinante $(\varDelta - c\sigma)$ verschwindet, d. h. dass man hat $c = \frac{\varDelta}{\sigma}$. Inzwischen ist, wenn man mit σ_i die Summe der algebraischen Complemente der Elemente der i-ten Reihe von $\varDelta$ bezeichnet, immer

$$c_{i1}\sigma_1 + c_{i2}\sigma_2 + c_{i3}\sigma_3 = \varDelta,$$

und hieraus kann man sofort ersehen, dass man den obenstehenden Gleichungen genügt, wenn man

$$(20) \qquad \nu_1 = \frac{\sigma_1}{\sigma}, \quad \nu_2 = \frac{\sigma_2}{\sigma}, \quad \nu_3 = \frac{\sigma_3}{\sigma}$$

annimmt: dies sind die Coordinaten des Mittelpunktes. Was die

Asymptoten anbetrifft, so haben wir bereits gesehen (§ 90), dass sie den Geraden des Paares

$$\sum_{i,j} c_{ij}\, \mu_i\, \mu_j = \frac{\varDelta}{\sigma}$$

parallel sind, und um zu beweisen, dass diese Gleichung gerade die des Asymptotenpaares ist, genügt es, zu zeigen, dass ihr die Werte (20) genügen. Man hat aber

$$\sum_{i,j} c_{ij}\, \nu_i\, \nu_j = \frac{1}{\sigma^2}\sum_{i,j} c_{ij}\, \sigma_i\, \sigma_j = \frac{1}{\sigma^2}\sum \sigma_i\, \varDelta = \frac{\varDelta}{\sigma}\,.$$

Nunmehr sind wir endlich in der Lage, behaupten zu können, dass die Gleichung (14), wenn man im zweiten Gliede c an Stelle von Null setzt, für die verschiedenen Werte von c die unendlich vielen Kegelschnitte darstellt, welche ein und dasselbe Geradenpaar zu Asymptoten haben.

d) Setzt man in der i-ten Gleichung (18) $\mu_i = 0$, so erhält man einen Punkt, dessen Coordinaten der Gleichung

$$(21) \qquad\qquad \frac{\mu_1}{c_{23}} + \frac{\mu_2}{c_{31}} + \frac{\mu_3}{c_{12}} = 0$$

genügen, die von i unabhängig ist. Also trifft auf der Geraden (21) jede Seite des Fundamentaldreiecks die entsprechende Seite des conjugierten Dreiecks, mithin sind zwei inbezug auf einen Kegelschnitt conjugierte Dreiecke homolog und die Axe der Homologie wird durch die Gleichung (21) dargestellt. Das Bestehen der Homologie kann man auch durch Betrachtung der Ecken feststellen. Das durch die Gleichungen (18) gebildete System definiert, wenn man die i-te Gleichung durch (2) ersetzt, diejenige Ecke des conjugierten Dreiecks, welche A_i entspricht. Daraus folgt, dass die Coordinaten dieser Ecke proportional γ_{i1}, γ_{i2}, γ_{i3} sind, wenn man mit γ_{ij} das algebraische Complement von c_{ij} in $\varDelta$ bezeichnet. Also sind die Gleichungen der Geraden, welche die entsprechenden Ecken der beiden Dreiecke verbinden,

$$\mu_2\gamma_{13} = \mu_3\gamma_{12}\,, \qquad \mu_3\gamma_{21} = \mu_1\gamma_{23}\,, \qquad \mu_1\gamma_{32} = \mu_2\gamma_{31}\,,$$

mithin schneiden sich diese Geraden in einem durch die Gleichungen

$$(22) \qquad\qquad \mu_1\gamma_{23} = \mu_2\gamma_{31} = \mu_3\gamma_{12}$$

definierten Punkte (dem Centrum der Homologie). Der Kürze wegen nennt man diesen Punkt den Homologiepol des Kegelschnitts inbezug auf das betrachtete Dreieck.

§ 92. Beispiele.

a) Soll $M(\mu_1, \mu_2, \mu_3)$ der trilineare Pol einer durch einen gegebenen Punkt $P(c_1, c_2, c_3)$ hindurchgehenden Geraden sein, so ist dazu notwendig und hinreichend (§ 89, c), dass die Bedingung

$$\frac{c_1}{\mu_1} + \frac{c_2}{\mu_2} + \frac{c_3}{\mu_3} = 0$$

erfüllt ist, d. h. dass man hat

$$(23) \qquad c_1\mu_2\mu_3 + c_2\mu_3\mu_1 + c_3\mu_1\mu_2 = 0 \,.$$

Dies ist die allgemeinste Gleichung eines dem Fundamentaldreieck umbeschriebenen Kegelschnitts, da man, wenn die Gleichung (14) von den Coordinaten von A_i erfüllt werden soll, $c_{ii} = 0$ setzen muss. Dreht sich also eine Gerade um einen ihrer Punkte, so beschreibt ihr trilinearer Pol inbezug auf ein Dreieck einen diesem Dreieck umbeschriebenen Kegelschnitt. Wendet man ferner die Formeln (22) an, so sieht man, dass P der Homologiepol des Kegelschnitts ist. Wendet man dagegen die Formeln (20) an, so findet man, dass der Mittelpunkt Q des Kegelschnitts durch Coordinaten ν_1, ν_2, ν_3 definiert wird, die proportional

$$c_1(c_2 + c_3 - c_1), \quad c_2(c_3 + c_1 - c_2), \quad c_3(c_1 + c_2 - c_3)$$

sind. Man bemerke inzwischen, dass

$$(24) \qquad c_2\nu_3 + c_3\nu_2 = c_3\nu_1 + c_1\nu_3 = c_1\nu_2 + c_2\nu_1$$

ist, was sich übrigens unmittelbar aus den Gleichungen (19) selbst ergiebt. Die letzten Relationen lassen vermöge ihrer Symmetrie die Reziprocitätsbeziehung erkennen, die zwischen P und Q besteht. Es folgt daraus, dass die einem Dreieck umbeschriebenen Kegelschnitte sich derart paarweise einander zuordnen lassen, dass in jedem Paare ein jeder der beiden Kegelschnitte der Ort der trilinearen Pole der Durchmesser des andern ist. Die beiden Kegelschnitte fallen zusammen, wenn der Mittelpunkt in den Schwerpunkt des Dreiecks fällt (§ 89, c). Will man ferner, dass der umbeschriebene Kegelschnitt eine gleichseitige Hyperbel sei, so muss man ausdrücken, dass die Bedingung (15) von den Coefficienten der Gleichung erfüllt wird, d. h. dass man hat

$$(a_2{}^2 + a_3{}^2 - a_1{}^2)c_1 + (a_3{}^2 + a_1{}^2 - a_2{}^2)c_2 + (a_1{}^2 + a_2{}^2 - a_3{}^2)c_3 = 0 \,.$$

Diese Gleichung sagt uns, dass der Homologiepol auf der trilinearen Polare des Orthocentrums (§ 89, a) liegt, mithin schneiden sich in dem Orthocentrum alle umbeschriebenen gleichseitigen Hyperbeln.

b) Soll der Kegelschnitt (14) dem Fundamentaldreieck einbeschrieben sein, so muss die Gleichung, welche man erhält, wenn man in der Gleichung (14) z. B. $\mu_1 = 0$ setzt, d. h. $c_{22}\mu_2{}^2 + c_{33}\mu_3{}^2 + 2c_{23}\mu_2\mu_3 = 0$ gleiche Wurzeln haben. Es muss daher, wenn mit c_1, c_2, c_3 die Werte der Coefficienten c_{23}, c_{31}, c_{12} bezeichnet werden, $c_i{}^2 c_{ii} = c_{11}c_{22}c_{33}$ sein. Will man also das Verschwinden der Discriminante vermeiden, so sieht man, dass $c_i c_{ii} = -\, c_1 c_2 c_3$ ist. Ein einbeschriebener Kegelschnitt wird demnach durch die Gleichung

$$\frac{\mu_1^2}{c_1^2} + \frac{\mu_2^2}{c_2^2} + \frac{\mu_3^2}{c_3^2} - 2\frac{\mu_2\mu_3}{c_2 c_3} - 2\frac{\mu_3\mu_1}{c_3 c_1} - 2\frac{\mu_1\mu_2}{c_1 c_2} = 0$$

dargestellt, die sich noch weiter auf die einfache Form

$$\sqrt{\frac{\mu_1}{c_1}} + \sqrt{\frac{\mu_2}{c_2}} + \sqrt{\frac{\mu_3}{c_3}} = 0$$

reducieren lässt, die vier Gleichungen einschliesst je nach den Vorzeichen, die man den Wurzeln erteilt. Aus (22) leitet man ohne Schwierigkeit ab, dass c_1, c_2, c_3 proportional den Coordinaten des Homologiepols sind, und die Formeln (20) zeigen, dass der Mittelpunkt durch Coordinaten proportional $c_1(c_2 + c_3)$, $c_2(c_3 + c_1)$, $c_3(c_1 + c_2)$ definiert wird. Jetzt ist es leicht, auf die Frage zu antworten: **Welches ist der Ort der Homologiepole der einem Dreieck einbeschriebenen oder umbeschriebenen Parabeln?** In dem einen oder im andern Falle müssen die Coordinaten des Homologiepols derart sein, dass die Summe der Coordinaten des Mittelpunktes gleich Null wird, mithin muss man haben

$$c_2 c_3 + c_3 c_1 + c_1 c_2 = 0 \quad \text{oder} \quad c_1^2 + c_2^2 + c_3^2 - 2c_2 c_3 - 2c_3 c_1 - 2c_1 c_2 = 0,$$

d. h. die Pole müssen derjenigen unter den umbeschriebenen oder einbeschriebenen Ellipsen angehören, welche den Mittelpunkt (und den Homologiepol) im Schwerpunkte des Dreiecks hat.

c) Die Gleichung des umbeschriebenen Kreises lässt sich leicht aus der Formel (10) ableiten, welche

$$(25) \qquad a_1^2(\mu_2 - \nu_2)(\mu_3 - \nu_3) + a_2^2(\mu_3 - \nu_3)(\mu_1 - \nu_1)$$
$$+ a_3^2(\mu_1 - \nu_1)(\mu_2 - \nu_2) + R^2 = 0$$

giebt. Es genügt, zu bemerken, dass diese Gleichung sich auf die Form (23) reducieren muss, um sofort zu erhalten

$$a_2^2\nu_3 + a_3^2\nu_2 = a_3^2\nu_1 + a_1^2\nu_3 = a_1^2\nu_2 + a_2^2\nu_1$$

und aus der Vergleichung mit (24) zu schliessen, dass der Homologiepol durch Coordinaten definiert wird, die proportional den Quadraten der entsprechenden Seiten sind: ein solcher Punkt wird von vielen als **Lemoine'scher Punkt** bezeichnet. Da sich nun die Gleichung des umbeschriebenen Kreises auf die Form

$$a_1^2\mu_2\mu_3 + a_2^2\mu_3\mu_1 + a_3^2\mu_1\mu_2 = 0$$

reducieren muss, so sieht man, auch ohne sich weiter der Formel (25) zu bedienen, indem man sich aber an die bekannte Relation

$$4a^4 = 2a_2^2 a_3^2 + 2a_3^2 a_1^2 + 2a_1^2 a_2^2 - a_1^4 - a_2^4 - a_3^4$$
$$= (a_1 + a_2 + a_3)(-a_1 + a_2 + a_3)(a_1 - a_2 + a_3)(a_1 + a_2 - a_3)$$

erinnert, dass die Coordinaten des Centrums des umbeschriebenen Kreises durch die Formeln

$$4a^4\nu_1 = a_1^2(a_2^2 + a_3^2 - a_1^2), \quad 4a^4\nu_2 = a_2^2(a_3^2 + a_1^2 - a_2^2),$$
$$4a^4\nu_3 = a_3^2(a_1^2 + a_2^2 - a_3^2)$$

gegeben sind. Jetzt liefert die Formel (25)

$$R = \sqrt{a_1^2(\mu_2\nu_3 + \mu_3\nu_2) + \cdots - a_1^2\nu_2\nu_3 - \cdots} = \frac{a_1 a_2 a_3}{2a^2}.$$

Was den einbeschriebenen Kreis anbetrifft, so lässt sich, da die Coordinaten des Centrums proportional a_1, a_2, a_3 sind (§ 89, b), leicht ableiten, dass diejenigen (c_1, c_2, c_3) des Homologiepols umgekehrt proportional zu $a_2 + a_3 - a_1$, $a_3 + a_1 - a_2$, $a_1 + a_2 - a_3$ sind, und dann kann man die Gleichung des genannten Kreises unmittelbar hinschreiben.

§ 93.

Nehmen wir jetzt die gewöhnlichen beweglichen Axen, d. h. die Tangente und die Normale in einem Punkte einer beliebigen Curve, und erinnern uns daran, dass die Coordinaten jeder Ecke A_i des Fundamentaldreiecks den Unbeweglichkeitsbedingungen

$$\frac{dx_i}{ds} = \frac{y_i}{\varrho} - 1, \qquad \frac{dy_i}{ds} = -\frac{x_i}{\varrho}$$

genügen. Sind μ_1, μ_2, μ_3 die barycentrischen Coordinaten des beweglichen Anfangspunktes, so werden die Formeln (6)

$$(26) \quad a^2\mu_1 = x_2 y_3 - x_3 y_2, \quad a^2\mu_2 = x_3 y_1 - x_1 y_3, \quad a^2\mu_3 = x_1 y_2 - x_2 y_1,$$

und durch Differentiation gewinnt man daraus sofort

$$(27) \quad \frac{d\mu_1}{ds} = \frac{y_2 - y_3}{a^2}, \quad \frac{d\mu_2}{ds} = \frac{y_3 - y_1}{a^2}, \quad \frac{d\mu_3}{ds} = \frac{y_1 - y_2}{a^2};$$

mithin ist

$$(28) \quad x_1 d\mu_1 + x_2 d\mu_2 + x_3 d\mu_3 = ds, \quad y_1 d\mu_1 + y_2 d\mu_2 + y_3 d\mu_3 = 0.$$

Dies vorausgeschickt werden wir zur Berechnung der Länge des Bogenelements von der Identität

$$(29) \quad k_2 k_3 (\alpha_2\beta_3 - \alpha_3\beta_2)^2 + k_3 k_1 (\alpha_3\beta_1 - \alpha_1\beta_3)^2 + k_1 k_2 (\alpha_1\beta_2 - \alpha_2\beta_1)^2 =$$
$$= \sum k_i\alpha_i^2 \cdot \sum k_i\beta_i^2 - \left(\sum k_i\alpha_i\beta_i\right)^2$$

Gebrauch machen, welche uns auch im folgenden Dienste leisten wird und sich unmittelbar aus der Multiplication der Matrices

$$\begin{vmatrix} \alpha_1 & \alpha_2 & \alpha_3 \\ \beta_1 & \beta_2 & \beta_3 \end{vmatrix}, \quad \begin{vmatrix} k_1\alpha_1 & k_2\alpha_2 & k_3\alpha_3 \\ k_1\beta_1 & k_2\beta_2 & k_3\beta_3 \end{vmatrix}$$

ergiebt. Für $\alpha_i = 1$, $\beta_i = x_i$, $k_i = d\mu_i$ wird unter Beachtung der ersten Gleichung (28) die Identität (29)

$$(x_2 - x_3)^2 d\mu_2 d\mu_3 + (x_3 - x_1)^2 d\mu_3 d\mu_1 + (x_1 - x_2)^2 d\mu_1 d\mu_2 = -ds^2.$$

Setzt man dagegen die β gleich den y und nimmt Rücksicht auf die zweite Gleichung (28), so erhält man

$$(y_2 - y_3)^2 \, d\mu_2 \, d\mu_3 + (y_3 - y_1)^2 \, d\mu_3 \, d\mu_1 + (\dot{y}_1 - y_2)^2 \, d\mu_1 \, d\mu_2 = 0 \, ;$$

man findet dann durch Addition die Formel (11) wieder.

§ 94.

Ebenso leicht ist die Berechnung der Krümmung. Durch Differentiation der Gleichungen (27) erhält man auf Grund der Unbeweglichkeitsbedingungen

$$(30) \qquad \frac{d^2\mu_1}{ds^2} = -\frac{x_2 - x_3}{a^2\varrho}, \quad \frac{d^2\mu_2}{ds^2} = -\frac{x_3 - x_1}{a^2\varrho}, \quad \frac{d^2\mu_3}{ds^2} = -\frac{x_1 - x_2}{a^2\varrho}.$$

Nimmt man andrerseits die reciproke Determinante von (7), so findet man unter Beachtung der Formeln (26)

$$a^2 = \begin{vmatrix} \mu_1 & x_2 - x_3 & y_2 - y_3 \\ \mu_2 & x_3 - x_1 & y_3 - y_1 \\ \mu_3 & x_1 - x_2 & y_1 - y_2 \end{vmatrix}$$

Setzt man hier auf der rechten Seite die Werte (27) und (30) ein, so gelangt man zu der Formel

$$(31) \qquad \frac{1}{\varrho} = a^2 \begin{vmatrix} \mu_1 & \dfrac{d\mu_1}{ds} & \dfrac{d^2\mu_1}{ds^2} \\[2mm] \mu_2 & \dfrac{d\mu_2}{ds} & \dfrac{d^2\mu_2}{ds^2} \\[2mm] \mu_3 & \dfrac{d\mu_3}{ds} & \dfrac{d^2\mu_3}{ds^2} \end{vmatrix}.$$

Nunmehr gelingt es leicht, eine beliebige durch eine barycentrische Gleichung dargestellte Curve im Sinne der natürlichen Geometrie zu bestimmen. Die genannte Gleichung bildet mit (2) ein System, welches die μ als Functionen einer einzigen unabhängigen Variablen t auszudrücken gestattet. Benutzt man nun die Formeln (11) und (31), so sieht man, dass sich, da die Functionen

$$(32) \qquad \varkappa = \sqrt{-\left(\frac{a_1^2}{a^2}\frac{d\mu_2}{dt}\frac{d\mu_3}{dt} + \frac{a_2^2}{a^2}\frac{d\mu_3}{dt}\frac{d\mu_1}{dt} + \frac{a_3^2}{a^2}\frac{d\mu_1}{dt}\frac{d\mu_2}{dt}\right)},$$

$$W = \begin{vmatrix} \mu_1 & \dfrac{d\mu_1}{dt} & \dfrac{d^2\mu_1}{dt^2} \\[2mm] \mu_2 & \dfrac{d\mu_2}{dt} & \dfrac{d^2\mu_2}{dt^2} \\[2mm] \mu_3 & \dfrac{d\mu_3}{dt} & \dfrac{d^2\mu_3}{dt^2} \end{vmatrix}$$

bekannt sind, die natürliche Gleichung der betrachteten Curve durch Elimination von t aus den Gleichungen

$$(33) \qquad s = a \int \varkappa \, dt, \qquad \varrho = \frac{a \varkappa^3}{W}$$

ergeben wird. Man beachte, dass auf Grund der Formel (2) die Wronski'sche Determinante sich einfacher in folgender Weise schreiben lässt:

$$(34) \quad W = \frac{d\mu_2}{dt}\frac{d^2\mu_3}{dt^2} - \frac{d\mu_3}{dt}\frac{d^2\mu_2}{dt^2} = \frac{d\mu_3}{dt}\frac{d^2\mu_1}{dt^2} - \frac{d\mu_1}{dt}\frac{d^2\mu_3}{dt^2} = \frac{d\mu_1}{dt}\frac{d^2\mu_2}{dt^2} - \frac{d\mu_2}{dt}\frac{d^2\mu_1}{dt^2}.$$

Die Berechnung von W wird oft durch die Bemerkung erleichtert, dass, wenn die μ den barycentrischen Coordinaten nur proportional (nicht gleich) sind und infolgedessen eine Summe $k \lessgtr 1$ haben, ihre Wronski'sche Determinante den Wert $k^3\, W$ hat.

§ 95.

Ist die Curve durch die Gleichung $f(\mu_1, \mu_2, \mu_3) = 0$ gegeben, so lassen sich sofort drei Grössen finden, die den Differentialen der μ proportional sind; denn man hat

$$d\mu_1 + d\mu_2 + d\mu_3 = 0, \qquad \frac{\partial f}{\partial \mu_1} d\mu_1 + \frac{\partial f}{\partial \mu_2} d\mu_2 + \frac{\partial f}{\partial \mu_3} d\mu_3 = 0,$$

wo bei den partiellen Differentiationen nach den μ diese Veränderlichen augenblicklich frei von der Beziehung (2) zu denken sind. Andrerseits hängt der Proportionalitätsfactor von der Wahl der unabhängigen Veränderlichen, t ab, mithin kann man diese immer in der Weise bestimmen, dass

$$(35) \quad \frac{d\mu_1}{dt} = \frac{\partial f}{\partial \mu_2} - \frac{\partial f}{\partial \mu_3}, \quad \frac{d\mu_2}{dt} = \frac{\partial f}{\partial \mu_3} - \frac{\partial f}{\partial \mu_1}, \quad \frac{d\mu_3}{dt} = \frac{\partial f}{\partial \mu_1} - \frac{\partial f}{\partial \mu_2}$$

ist. Danach wird die Formel (32)

$$a^2 \varkappa^2 = a_1{}^2\left(\frac{\partial f}{\partial \mu_1}\right)^2 + a_2{}^2\left(\frac{\partial f}{\partial \mu_2}\right)^2 + a_3{}^2\left(\frac{\partial f}{\partial \mu_3}\right)^2 + (a_1{}^2 - a_2{}^2 - a_3{}^2)\frac{\partial f}{\partial \mu_2}\frac{\partial f}{\partial \mu_3}$$

$$+ (a_2{}^2 - a_3{}^2 - a_1{}^2)\frac{\partial f}{\partial \mu_3}\frac{\partial f}{\partial \mu_1} + (a_3{}^2 - a_1{}^2 - a_2{}^2)\frac{\partial f}{\partial \mu_1}\frac{\partial f}{\partial \mu_2}.$$

Auf ähnliche Weise erhält man durch Einsetzen der Werte (35) in eine der Gleichungen (34)

$$W = \left(\frac{\partial f}{\partial \mu_3} - \frac{\partial f}{\partial \mu_1}\right)\frac{d^2\mu_3}{dt^2} - \left(\frac{\partial f}{\partial \mu_1} - \frac{\partial f}{\partial \mu_2}\right)\frac{d^2\mu_2}{dt^2} = \sum_i \frac{\partial f}{\partial \mu_i}\frac{d^2\mu_i}{dt^2},$$

und wenn man in die Rechnungen die Operation

$$(36) \qquad \frac{d}{dt} = \frac{d\mu_1}{dt}\frac{\partial}{\partial \mu_1} + \frac{d\mu_2}{dt}\frac{\partial}{\partial \mu_2} + \frac{d\mu_3}{dt}\frac{\partial}{\partial \mu_3}$$

einführt, so kann man auch schreiben

$$W = \frac{d}{dt} \sum_i \frac{\partial f}{\partial \mu_i} \frac{d\mu_i}{dt} - \sum_i \frac{d\mu_i}{dt} \frac{d}{dt} \frac{\partial f}{\partial \mu_i} = - \sum_i \frac{d\mu_i}{dt} \frac{\partial}{\partial \mu_i} \frac{df}{dt} = - \frac{d^2 f}{dt^2}.$$

Bemerkt man endlich, dass die Wiederholung der Operation (36)

$$\frac{d^2}{dt^2} = \sum_{i,j} \frac{d\mu_i}{dt} \frac{d\mu_j}{dt} \frac{\partial^2}{\partial \mu_i \partial \mu_j}$$

liefert, so erhält man

$$(37) \qquad W = - \sum_{i,j} \frac{\partial^2 f}{\partial \mu_i \partial \mu_j} \frac{d\mu_i}{dt} \frac{d\mu_j}{dt}.$$

§ 96.

Die letzte Formel lehrt, wenn man darin die Werte (35) einsetzt W als Function der ersten und zweiten partiellen Ableitungen von f nach den μ kennen. Sie vereinfacht sich in bemerkenswerter Weise, wenn die Function f homogen ist: man braucht nur die ersten Ableitungen mit Hilfe der bekannten Euler'schen Relationen

$$(38) \qquad (n-1) \frac{\partial f}{\partial \mu_i} = \sum_j \mu_j \frac{\partial^2 f}{\partial \mu_i \partial \mu_j},$$

wo n der Grad von f ist, herauszuschaffen. Multipliciert man überdies die beiden Seiten von (37) mit $(n-1)^2$, so erkennt man leicht, dass sich die rechte in

$$(\mu_1 + \mu_2 + \mu_3)^2 H - \sigma \sum_{i,j} \frac{\partial^2 f}{\partial \mu_i \partial \mu_j} \mu_i \mu_j$$

spaltet, wo σ die Summe der algebraischen Complemente aller Elemente von H, der Hesse'schen Determinante von f nach den μ, bedeutet. Nun hat man aber auf Grund derselben Gleichungen (38)

$$\sum_{i,j} \frac{\partial^2 f}{\partial \mu_i \partial \mu_j} \mu_i \mu_j = n(n-1) f(\mu_1, \mu_2, \mu_3) = 0.$$

Mithin ist

$$(n-1)^2 W = H,$$

und die zweite Formel (33) giebt also schliesslich

$$(39) \qquad \frac{(n-1)^2}{a^2 \varrho} \left[a_1{}^2 \left(\frac{\partial f}{\partial \mu_1} \right)^2 + \cdots + (a_1{}^2 - a_2{}^2 - a_3{}^2) \frac{\partial f}{\partial \mu_2} \frac{\partial f}{\partial \mu_3} + \cdots \right]^{\frac{3}{2}}$$

$$= \begin{vmatrix} \dfrac{\partial^2 f}{\partial \mu_1{}^2} & \dfrac{\partial^2 f}{\partial \mu_1 \partial \mu_2} & \dfrac{\partial^2 f}{\partial \mu_1 \partial \mu_3} \\[2mm] \dfrac{\partial^2 f}{\partial \mu_2 \partial \mu_1} & \dfrac{\partial^2 f}{\partial \mu_2{}^2} & \dfrac{\partial^2 f}{\partial \mu_2 \partial \mu_3} \\[2mm] \dfrac{\partial^2 f}{\partial \mu_3 \partial \mu_1} & \dfrac{\partial^2 f}{\partial \mu_3 \partial \mu_2} & \dfrac{\partial^2 f}{\partial \mu_3{}^2} \end{vmatrix}$$

§ 97. **Anwendung auf die Kegelschnitte.**

Bei den Kegelschnitten hat man

$$n = 2, \quad f = \frac{1}{2} \sum c_{ij}\mu_i\mu_j, \quad \frac{\partial^2 f}{\partial\mu_i\,\partial\mu_j} = c_{ij}, \quad H = \varDelta;$$

mithin nimmt die Gleichung (39) die Form an

$$(40) \qquad\qquad\qquad \varrho = \frac{\varPhi^{\frac{3}{2}}}{a^2\varDelta},$$

wo die Function

$$\varPhi = a_1^2\left(\frac{\partial f}{\partial\mu_1}\right)^2 + \cdots + (a_1^2 - a_2^2 - a_3^2)\frac{\partial f}{\partial\mu_2}\frac{\partial f}{\partial\mu_3} + \cdots$$

eine andre quadratische Form ist. Die Discriminante dieser Form unterscheidet sich nur um den Factor $\varDelta^2$ von der Determinante

$$\begin{vmatrix} a_1^2 & \frac{1}{2}(a_3^2 - a_1^2 - a_2^2) & \frac{1}{2}(a_2^2 - a_3^2 - a_1^2) \\[2mm] \frac{1}{2}(a_3^2 - a_1^2 - a_2^2) & a_2^2 & \frac{1}{2}(a_1^2 - a_2^2 - a_3^2) \\[2mm] \frac{1}{2}(a_2^2 - a_3^2 - a_1^2) & \frac{1}{2}(a_1^2 - a_2^2 - a_3^2) & a_3^2 \end{vmatrix}$$

Diese ist null, da die Summe der Elemente jeder Reihe verschwindet. Durch eine leichte Rechnung findet man ferner, dass die Summe der algebraischen Complemente aller Elemente $9\,a^4$ ist. Also stellt (§ 88) die Gleichung $\varPhi = 0$ ein Paar von imaginären Geraden dar. Es ist ferner zu bemerken, dass diese Geraden Durchmesser des Kegelschnitts sind, da man im Mittelpunkte (vgl. § 91, c)

$$\frac{\partial f}{\partial\mu_1} = \frac{\partial f}{\partial\mu_2} = \frac{\partial f}{\partial\mu_3}, \quad \varPhi = 0$$

hat. Man betrachte inzwischen gleichzeitig mit dem ersten Kegelschnitt alle diejenigen, welche dieselben Asymptoten haben, und welche, wie wir wissen (§ 91, c), durch die Gleichung $f = \frac{1}{2}c$ dargestellt werden. Für sie ist von jedem c_{ij} die Grösse c zu subtrahieren: auf diese Weise wird jede partielle Ableitung erster Ordnung von f um c vermindert, und man erkennt sofort, dass hierbei die Function $\varPhi$ ungeändert bleibt. Da andrerseits diese Function nicht gleichzeitig mit f verschwinden kann ausser, wenn ϱ verschwindet, so gelangt man zu dem Schluss, dass alle Kegelschnitte mit einem gegebenen Asymptotenpaare auf zwei gemeinsamen imaginären Durchmessern eine unendliche Krümmung haben. Eine andre Interpretation von $\varPhi$ ergiebt sich aus der folgenden Bemerkung. Fixiert man in (40) den Wert von ϱ beliebig, so stellt die so erhaltene Gleichung $\varPhi = (a^2\varrho\varDelta)^{\frac{2}{3}}$ einen Kegelschnitt dar, der den gegebenen Kegelschnitt in vier Punkten schneidet, in denen ϱ den vorgeschriebenen Wert annimmt. Die den unendlich vielen Werten von ϱ entsprechenden Kegelschnitte sind concentrische Ellipsen: ihre Asymptoten sind die Geraden $\varPhi = 0$.

§ 98. Symmetrische Dreieckscurven.

Die durch die Gleichung

$$(41) \qquad c_1 \mu_1{}^n + c_2 \mu_2{}^n + c_3 \mu_3{}^n = 0$$

definierten Curven, welche von La Gournerie symmetrische Dreieckscurven genannt werden, sind von grossem Interesse, weil zu ihnen die Kegelschnitte in ihren Hauptlagen zu dem Fundamentaldreieck gehören. In der That findet man (§§ 91, b; 92, a, b) für $n = 2$ einen zu dem Dreieck conjugierten Kegelschnitt, für $n = -1$ einen umbeschriebenen Kegelschnitt, für $n = \frac{1}{2}$ einen einbeschriebenen Kegelschnitt. Die Differentiation der Gleichung (41) liefert auf Grund von (27)

$$(42) \quad c_1 \mu_1{}^{n-1} (y_2 - y_3) + c_2 \mu_2{}^{n-1} (y_3 - y_1) + c_3 \mu_3{}^{n-1} (y_1 - y_2) = 0.$$

Also sind $c_1 \mu_1{}^{n-1}$, $c_2 \mu_2{}^{n-1}$, $c_3 \mu_3{}^{n-1}$ bezüglich proportional zu

$$\mu_2 (y_1 - y_2) - \mu_3 (y_3 - y_1) = (\mu_2 + \mu_3) y_1 - (\mu_2 y_2 + \mu_3 y_3) = y_1,$$

y_2 und y_3. Dies vorausgeschickt erhält man durch Differentiation von (42)

$$\frac{1}{\varrho} \left[c_1 \mu_1{}^{n-1} (x_2 - x_3) + \cdots \right] = \frac{n-1}{a^2} \left[c_1 \mu_1{}^{n-2} (y_2 - y_3)^2 + \cdots \right],$$

d. h.

$$(43) \qquad -\frac{1}{\varrho} = \frac{n-1}{a^4} \left[\frac{y_1}{\mu_1} (y_2 - y_3)^2 + \cdots \right],$$

wenn man beachtet, dass nach der Formel (7)

$$(x_2 - x_3) y_1 + (x_3 - x_1) y_2 + (x_1 - x_2) y_3 = -a^2$$

ist. Nunmehr benutzen wir die Identität (29), indem wir darin $\alpha = 1$, $\beta = y$, $ky = \mu$ setzen. Offenbar wird

$$\sum_i k_i \beta_i = \sum_i \mu_i = 1, \qquad \sum_i k_i \beta_i{}^2 = \sum_i \mu_i y_i = 0.$$

Also kommt

$$\frac{\mu_2 \mu_3}{y_2 y_3} (y_2 - y_3)^2 + \frac{\mu_3 \mu_1}{y_3 y_1} (y_3 - y_1)^2 + \frac{\mu_1 \mu_2}{y_1 y_2} (y_1 - y_2)^2 = -1,$$

mithin, wenn man in (43) einsetzt,

$$(44) \qquad \varrho = \frac{a^4}{n-1} \, \frac{\mu_1 \mu_2 \mu_3}{y_1 y_2 y_3}.$$

Man bemerke hier folgendes: Wenn sich zwei Curven (41), die zwei Werten n und n' des Exponenten entsprechen, in einem Punkte berühren, so lässt sich in diesem Punkte die Krümmung der einen sofort aus derjenigen der andern ableiten; denn die Gleichung (44) liefert, wie Jamet bemerkt hat,

$$(n - 1) \varrho = (n' - 1) \varrho'.$$

§ 99.

Bei der Construction des Ausdrucks (44) ist es vorteilhaft, die Polarcoordinaten (r_i, θ_i) der Ecken A_i zu benutzen. Man hat $y_i = r_i \sin \theta_i$, und die Formeln (26) liefern ausserdem $a^2 \mu_1 = - r_2 r_3 \sin (\theta_2 - \theta_3)$, u. s. w.; alsdann wird die Formel (44), wenn man sich auf den Fall $n = -1$ beschränkt,

$$\varrho = \frac{r_1 r_2 r_3}{2 a^2} \cdot \frac{\sin (\theta_2 - \theta_3) \sin (\theta_3 - \theta_1) \sin (\theta_1 - \theta_2)}{\sin \theta_1 \sin \theta_2 \sin \theta_3}.$$

Mit Hilfe dieser Formel konnte Fouret nach Chasles und Mannheim mit Leichtigkeit das folgende Problem lösen: Das Krümmungscentrum in einem Punkte M eines Kegelschnitts zu construieren, wenn man drei Punkte der Curve und die Tangente in M kennt. Sind statt der drei Punkte drei Tangenten gegeben, so lässt sich das analoge Problem unmittelbar auf das vorige reducieren. In der That liefert für $n = -1$ und $n' = \frac{1}{2}$ das Theorem von Jamet $4\varrho = \varrho'$, d. h. wenn von zwei sich berührenden Kegelschnitten der eine einem Dreieck umbeschrieben und der andre demselben Dreieck einbeschrieben ist, so ist in dem Berührungspunkt die Krümmung des ersten das Vierfache von der des zweiten. Betrachtet man auch den Fall $n = 2$, so findet man folgendes: Sind C, C', C'' in einem Punkte M die Krümmungscentra von drei Kegelschnitten, die sich in M berühren, und ist zu einem gegebenen Dreieck der erste umbeschrieben, der zweite einbeschrieben, der dritte conjugiert, so ist C'' inbezug auf M symmetrisch zu dem Mittelpunkte von MC' und C symmetrisch zu dem Mittelpunkte von MC''.

§ 100. **Anharmonische Curven.**

So nennt man nach Halphen die Curven, bei denen das Doppelverhältnis des Quadrupels constant ist, welches von dem Punkte M und den Schnittpunkten der Tangente in M mit drei festen Geraden gebildet wird. Wenn diese Geraden, die zu Seiten des Fundamentaldreiecks gewählt werden, auf der Tangente in M, von M aus gerechnet, die Abschnitte t_1, t_2, t_3 bestimmen, so drückt man das Problem in einer Gleichung aus, indem man schreibt

$$(45) \qquad c_1 t_2 t_3 + c_2 t_3 t_1 + c_3 t_1 t_2 = 0,$$

wobei c_1, c_2, c_3 drei Constanten sind, deren Summe Null ist: das Doppelverhältnis hat bekanntlich einen der Werte

$$-\frac{c_2}{c_3}, \quad -\frac{c_3}{c_1}, \quad -\frac{c_1}{c_2}, \quad -\frac{c_3}{c_2}, \quad -\frac{c_1}{c_3}, \quad -\frac{c_2}{c_1}.$$

Die Längen t lassen sich nun leicht berechnen, und man findet

$$t_1 = -\frac{a^2\mu_1}{y_2 - y_3}, \quad t_2 = -\frac{a^2\mu_2}{y_3 - y_1}, \quad t_3 = -\frac{a^2\mu_3}{y_1 - y_2},$$

so dass die Gleichung (45)

$$(46) \qquad \frac{c_1}{\mu_1}(y_2 - y_3) + \frac{c_2}{\mu_2}(y_3 - y_1) + \frac{c_3}{\mu_3}(y_1 - y_2) = 0$$

wird, d. h. auf Grund von (27)

$$\sum_i c_i \frac{d}{ds} \log \mu_i = 0.$$

Diese liefert integriert die **barycentrische Gleichung der anharmonischen Curven**

$$(47) \qquad \mu_1^{c_1} \mu_2^{c_2} \mu_3^{c_3} = \text{Const.}$$

§ 101.

Das System, welches die Gleichung (46) zusammen mit $c_1 + c_2 + c_3 = 0$ bildet, giebt .

$$(48) \qquad \frac{c_1}{\mu_1 y_1} = \frac{c_2}{\mu_2 y_2} = \frac{c_3}{\mu_3 y_3};$$

mithin ist

$$c_1 \cot \theta_1 + c_2 \cot \theta_2 + c_3 \cot \theta_3 = 0.$$

Auf diese Weise findet man die dualistische Eigenschaft zu der als Definition angegebenen, nämlich die folgende: **Das Doppelverhältnis
des von einer beliebigen Tangente und den Verbindungslinien
des Berührungspunktes mit drei festen Punkten gebildeten
Quadrupels ist constant.** Hiernach können wir in jedem Punkte
die Tangente construieren. Um das Krümmungscentrum zu construieren,
wollen wir zunächst beweisen, dass die anharmonischen Curven
ein Grenzfall der symmetrischen Dreieckscurven sind. Wenn
die Summe der c null ist, so lässt sich die Gleichung (41), nachdem
man die rechte Seite durch das Produkt von n mit einer Constanten
ersetzt hat, so schreiben:

$$\sum_i c_i \frac{\mu_i^n - 1}{n} = \text{Const.}$$

Dann findet man aber, da

$$\lim_{n=0} \frac{\mu^n - 1}{n} = \log \mu$$

ist, für unendlich abnehmendes n die Gleichung (47) wieder. Dies
vorausgeschickt liefert für $n = 2$ und $n' = 0$ das Theorem von Jamet
$\varrho = -\varrho'$, d. h. das Krümmungscentrum einer anharmonischen

Curve in einem Punkte M ist inbezug auf M symmetrisch zu
dem Krümmungscentrum desjenigen zu dem Fundamentaldreieck conjugierten Kegelschnitts, welcher in M die betrachtete
Curve berührt.

§ 102. Beispiel.

a) Ein interessantes Beispiel einer anharmonischen Curve bietet sich
uns in der Potenzcurve eines Dreiecks, d. h. dem Ort aller Punkte M,
deren barycentrische Coordinaten proportional derselben Potenz n der correspondierenden Seiten sind. Zu diesen Punkten gehören immer (§§ 89, 92)
der Schwerpunkt des Dreiecks $(n = 0)$, der Mittelpunkt des einbeschriebenen Kreises $(n = 1)$, der Lemoine'sche Punkt $(n = 2)$, u. s. w.
Um eine bestimmte Vorstellung zu haben, werden wir beständig annehmen
$a_1 > a_2 > a_3$ und der Kürze wegen

$$c_1 = \log \frac{a_2}{a_3}, \quad c_2 = \log \frac{a_3}{a_1}, \quad c_3 = \log \frac{a_1}{a_2}$$

setzen, wobei wir bemerken, dass $c_1 + c_2 + c_3 = 0$ ist. Dies vorausgeschickt ergiebt sich aus der Definition

$$(49) \qquad \frac{\mu_1}{a_1{}^n} = \frac{\mu_2}{a_2{}^n} = \frac{\mu_3}{a_3{}^n} = \frac{1}{a_1{}^n + a_2{}^n + a_3{}^n}$$

sofort, dass der Ort eine anharmonische Curve ist; denn man hat $\mu_1{}^{c_1} \mu_2{}^{c_2} \mu_3{}^{c_3} = 1$.
Gleichzeitig zeigen die Formeln (49), dass, wenn n unendlich zunimmt,
μ_1 nach der Einheit convergiert, μ_2 und μ_3 nach Null. Dagegen convergiert,
wenn n nach $-\infty$ abnimmt, μ_3 nach der Einheit, während μ_2 und μ_1
nach Null convergieren. Also gehören der Potenzcurve auch die Ecken A_1
und A_3 an, welche der grössten und der kleinsten Seite gegenüberliegen.
Wie verhält sich die Curve in der Umgebung dieser Punkte? Wenn M
nach A_1 hinrückt, so fällt in der Grenze die Gerade MA_1 mit der Tangente
in A_1 zusammen, mithin muss dasselbe für MA_2 oder MA_3 eintreten, damit
das Doppelverhältnis der vier Geraden seinen Wert bewahrt. Also muss
die Curve in der Ecke A_1 eine der Seiten berühren. Um aber die vorge-
legte Frage genau zu beantworten, muss man auf die Formeln (48) zurück-
greifen, welche im vorliegenden Falle

$$(50) \qquad \frac{y_1}{c_1 a_1{}^{-n}} = \frac{y_2}{c_2 a_2{}^{-n}} = \frac{y_3}{c_3 a_3{}^{-n}}$$

werden und ohne weiteres

$$\frac{y_2}{y_3} = \frac{c_2}{c_3} \left(\frac{a_3}{a_2}\right)^n, \quad \lim_{n=\infty} \frac{y_2}{y_3} = 0$$

liefern. Da nun aber y_3 nicht grösser als a_2 werden kann, so muss $\lim y_2 = 0$
sein, d. h. die Tangente in A_1 ist $A_1 A_2$. Auf ähnliche Weise zeigt man,
dass $A_3 A_2$ die Tangente in A_3 ist. Demnach berührt die Curve in den
Endpunkten der mittleren Seite die beiden andern Seiten. Daraus
folgt, dass für unendlich zunehmendes n der Grenzwert von y_3 die Ent-

fernung der Ecke A_3 von der gegenüberliegenden Seite ist und für unendlich abnehmendes n der Grenzwert von y_1 die Entfernung der Ecke A_1 von der gegenüberliegenden Seite. Also ist

$$\lim_{n=\infty} y_3 = \frac{a^2}{a_3}, \quad \lim_{n=-\infty} y_1 = \frac{a^2}{a_1}.$$

Wendet man nun die Formeln (50) an, so findet man für unendlich zunehmendes n

$$\lim \left(\frac{a_1}{a_3}\right)^n y_1 = \frac{a^2 c_1}{a_3 c_3}, \quad \lim \left(\frac{a_2}{a_3}\right)^n y_2 = \frac{a^2 c_2}{a_3 c_3}, \quad \lim \left(\frac{a_1 a_2}{a_3{}^2}\right)^n y_1 y_2 y_3 = \frac{a^6 c_1 c_2}{a_3{}^3 c_3{}^2}.$$

Ähnlich leitet man aus den Formeln (49) ab

$$\lim \mu_1 = \lim \left(\frac{a_1}{a_2}\right)^n \mu_2 = \lim \left(\frac{a_1}{a_3}\right)^n \mu_3 = 1, \quad \lim \left(\frac{a_1{}^2}{a_2 a_3}\right)^n \mu_1 \mu_2 \mu_3 = 1.$$

Andrerseits liefert abgesehen vom Vorzeichen die Formel (44) für jede anharmonische Curve

$$\varrho = a^4 \frac{\mu_1 \mu_2 \mu_3}{y_1 y_2 y_3};$$

mithin ist auf Grund der obigen Resultate

$$(51) \qquad \lim \left(\frac{a_1 a_3}{a_2{}^2}\right)^n \varrho = \frac{a_3{}^3 c_3{}^2}{a^2 c_1 c_2}.$$

Also ist im allgemeinen in der Ecke A_1 die Krümmung **null oder unendlich**, und zwar null, wenn $a_2{}^2 > a_1 a_3$, unendlich, wenn $a_2{}^2 < a_1 a_3$ ist. Man würde in analoger Weise zeigen, dass in A_3 unter denselben Umständen die Krümmung unendlich bezw. null ist. Eine Ausnahme machen nur diejenigen Dreiecke, deren Seiten eine geometrische Progression bilden. Für sie ist $a_2{}^2 = a_1 a_3$, $c_1 = c_3 = -\frac{1}{2} c_2$. Aus der vorstehenden Discussion geht hervor, dass der Krümmungsradius in den Endpunkten der mittleren Seite Werte annimmt, die den Cuben der anstossenden Seiten proportional sind, und es ist ferner leicht zu beweisen, dass der Krümmungsradius proportional dem Cubus der mittleren Seite wird in dem Schwerpunkt, wo man hat

$$\varrho = \frac{a_2{}^3}{2 a^3} = \frac{a_1 a_2 a_3}{2 a^3}.$$

Dies bedeutet, dass im Schwerpunkt der osculierende Kreis gleich dem um beschriebenen Kreise des Dreiecks wird. Übrigens ist in dem betrachteten Specialfall die Potenzcurve ein Kegelschnitt, da die für die c gefundenen Werte die barycentrische Gleichung auf die Form $\mu_2{}^2 = \mu_1 \mu_3$ bringen.

b) Die Potenzcurve kann aus dem Dreieck hinaus fortgesetzt werden, indem man n imaginäre Werte erteilt. Man verwandle n in $n + m\sqrt{-1}$, bezeichne mit θ_i das Argument von $a_i{}^{m\sqrt{-1}}$, welches offenbar gleich $m \log a_i$ ist, mit r und θ den Modul und das Argument der Summe $a_1{}^n + a_2{}^n + a_3{}^n$ nach der Veränderung von n, und man bemerke, dass die Formeln (49) $r \mu_i = a_i{}^n c^{(\theta_i - \theta)\sqrt{-1}}$ liefern. Soll der Punkt (μ_1, μ_2, μ_3) reell sein, so ist dazu notwendig, dass $\theta_i - \theta$ ein Vielfaches von π ist. Setzt man $\theta_i - \theta = m_i\pi$, so erhält man $r\mu_i = (-1)^{m_i}a_i{}^n$; mithin ist

$$\frac{\mu_1}{(-1)^{m_1}a_1{}^n} = \frac{\mu_2}{(-1)^{m_2}a_2{}^n} = \frac{\mu_3}{(-1)^{m_3}a_3{}^n} = \frac{1}{(-1)^{m_1}a_1{}^n + (-1)^{m_2}a_2{}^n + (-1)^{m_3}a_3{}^n}$$

Man kann immer annehmen, dass alle Zahlen m_i gerade sind, oder dass eine einzige ungerade ist. Bei der ersten Annahme gelangt man wieder zu dem Punkte M, der durch die Gleichungen (49) definiert wird; bei der zweiten erhält man einen neuen Punkt M', der in einer einfachen Beziehung zu M steht: wenn die ungerade Zahl m_ν ist, so wird die Strecke MM' von der Ecke A_ν und von der gegenüberliegenden Seite harmonisch geteilt. Wie bestimmt man ν? Bemerken wir, dass

$$mc_1 = \theta_2 - \theta_3 = (m_2 - m_3)\pi, \quad \text{u. s. w.}$$

ist. Es ist also vor allen Dingen nötig, dass die gegenseitigen Verhältnisse der Zahlen c rational sind. Wenn dies der Fall ist, so lassen sich drei ganze Zahlen e_1, e_2, e_3 ohne gemeinsamen Teiler finden derart, dass $c_i = e_i c$ ist. Zwischen den Seiten des Dreiecks besteht alsdann eine Relation von der Form

$$(52) \qquad\qquad a_1{}^{e_1} a_3{}^{e_3} = a_2{}^{e_1 + e_3}.$$

Da die Zahlen e_1, e_2, e_3 proportional $m_2 - m_3$, $m_3 - m_1$, $m_1 - m_2$ sind, so ist offenbar eine einzige unter ihnen gerade, und zwar e_ν. Daraus folgt, dass bei gegebener Relation (52) die Zahl ν bekannt ist; denn man hat $\nu = 2$, wenn e_1 und e_3 ungerade sind; $\nu = 1$, wenn e_1 gerade und e_3 ungerade ist; $\nu = 3$, wenn e_1 ungerade und e_3 gerade ist. Wenn also die Bestimmung der Zahlen e möglich ist, so besitzt die Curve Zweige (M') ausserhalb des Dreiecks, welche aus dem innern Zweige (M) durch eine harmonische Homologie hervorgehen, deren Pol die Ecke A_ν und deren Axe die gegenüberliegende Seite ist. Offenbar erhält man für $\nu = 2$ einen einzigen Zweig (M'), der zusammen mit (M) eine Art von Oval bildet. Ganz anders

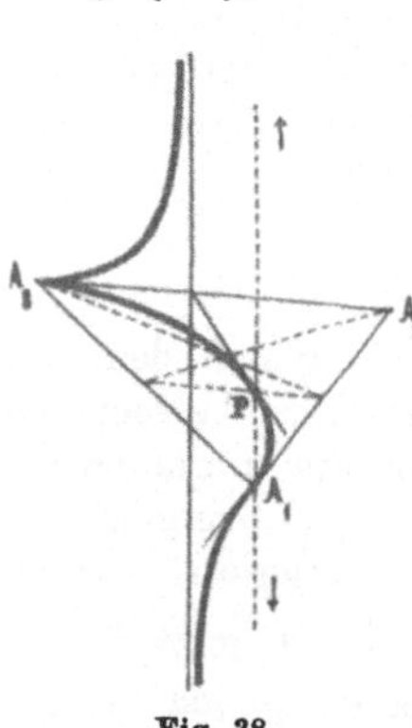

ist die Gestalt der Curve, wenn $\nu = 1$ oder $\nu = 3$ ist. Betrachten wir z. B. den Fall $\nu = 1$. Die Gerade, welche die Mittelpunkte der Seiten $A_1 A_2$, $A_1 A_3$ verbindet, trifft (M) in einem Punkte P; und der Punkt P', der P entspricht, liegt auf $A_1 P$ im Unendlichen. Die Tangente in P transformiert sich in die Tangente in P', d. h. in eine Asymptote, welche sich leicht construieren lässt, indem man durch den Schnittpunkt der Tangente in P mit $A_2 A_3$, der Axe der Homologie, eine Parallele zu PA_1 zieht. Die Bogen PA_3 und PA_1 transformieren sich offenbar in zwei Zweige, die asymptotisch zu der soeben construierten Geraden ins Unendliche verlaufen und den inneren Zweig in A_3 und A_1 bezüglich derart berühren, dass man in A_3 eine Spitze und in A_1 einen Wendepunkt hat, ohne dass die Krümmung in dem

Fig. 38.

ersten Punkte notwendig unendlich und im zweiten Punkte null ist. Übrigens gewinnt man genauere Aufschlüsse über das Verhalten der Curve in den Endpunkten der mittleren Seite ohne Schwierigkeit aus den Formeln (32) und (51). Die erste von ihnen führt dazu, in der Umgebung von A_1 zu schreiben $s = e^{-nc_2}$ und $s = e^{nc_1}$ in der Umgebung von A_3, während sich (51) leicht auf die asymptotische Form $\varrho = k e^{n(c_1 - c_2)}$ bringen lässt. Daraus folgt, dass sich in der Umgebung von A_1 die Curve verhält, wie wenn ihre natürliche Gleichung $\varrho = k s^{1 - \frac{c_1}{c_2}}$ wäre, und in der Umgebung von A_3, wie wenn die Gleichung $\varrho = k s^{1 - \frac{c_2}{c_1}}$ wäre. Jetzt braucht man sich nur an das im ersten Kapitel (§ 11, e) gesagte zu erinnern, um die Discussion zu vervollständigen. Wir kommen also zu dem Gesamtergebnis, dass die Potenzcurve eines Dreiecks drei wesentlich verschiedene Formen haben kann, welche von der Relation (52) abhängen. Wird diese von keinem Paare ganzer Zahlen e_1 und e_3 erfüllt, so bricht die Curve, welche ganz im Innern des Dreiecks liegt, in den Endpunkten der mittleren Seite ab. Besteht zwischen den Seiten eine Relation (52), wo e_1 und e_3 ungerade sind, so ist die Potenzcurve eine geschlossene Curve. Wenn endlich e_1 oder e_3 gerade ist, so ist die Curve ungeschlossen und besteht aus zwei Zweigen, welche von einer Spitze ausgehen und asymptotisch zu einer und derselben Geraden ins Unendliche verlaufen. Ein Zweig liegt ganz ausserhalb; der andre, der zuerst im Innern liegt, erfährt beim Übergange nach aussen eine Inflexion. Während die Potenzcurve im ersten Falle transcendent ist, ist sie in den beiden andern algebraisch von gerader bezw. ungerader Ordnung.

Achtes Kapitel.

Scharen ebener Curven.

§ 103.

Wir betrachten eine stetige Function der Punkte der Ebene, d. h. eine Veränderliche u, die in jedem Punkte M einen vorgeschriebenen Wert annimmt und sich unendlich wenig ändert, wenn M in der Ebene eine unendlich kleine Verrückung erfährt. Wenn die Werte, welche u erhalten kann, sämtlich reell sind, so ist ihre Anzahl einfach unendlich, während die Punkte der Ebene eine doppelte Unendlichkeit bilden. Wenn man also u einen constanten Wert auferlegt, so ist dadurch in der Ebene eine Curve bestimmt; ändert man alsdann den genannten Wert, so bedeutet dies den Übergang von einer Curve zu einer andern. Daraus folgt, dass jede reelle Function der Punkte einer Ebene die analytische Darstellung einer einfach unendlichen Curvenschar in sich schliesst, deren Eigenschaften sich daher durch geometrische Interpretation der Eigenschaften der Function ergeben müssen. Es ist von Wichtigkeit, zu bemerken, dass die unendlich vielen Functionen von u keine neuen Curvenscharen definieren. Sie liefern alle die eine durch u selbst definierte Schar, und wir werden in kurzem sehen, dass es keine andern Functionen giebt, die zur Darstellung der genannten Schar geeignet sind.

§ 104.

Wenn eine Verschiebung ds des Punktes M bei der Function u das Increment du hervorbringt, so nennt man das Verhältnis $\frac{du}{ds}$ den Differentialquotienten von u in der Richtung jener Verschiebung und bezeichnet ihn mit $\frac{\partial u}{\partial s}$, wenn es sich um eine besondere Richtung handelt, die man von den andern unterscheiden will. Eine Function hat also in jedem Punkte unendlich viele Differentialquotienten; aber diese hängen in sehr einfacher Weise ab von den Quotienten, die sich auf zwei beliebige zueinander senkrechte Richtungen beziehen, oder von dem einen Quotienten, der sich auf eine ganz bestimmte Richtung bezieht. Es sei in der That M'' die Projection des Endpunktes M der Strecke $MM' = ds$ auf eine durch M hindurchgehende Gerade, und ds_1, ds_2 seien die Längen der Strecken MM'', $M''M'$, so dass

$$\frac{ds_1}{\cos \omega} = \frac{ds_2}{\sin \omega} = ds$$

ist. Geht man von M zu M'' über, so nimmt die Function den Wert $u + \frac{\partial u}{\partial s_1} ds_1$ an; dieser erhält dann beim Übergange von M'' zu M' ein Increment, welches man unter Vernachlässigung unendlich kleiner Grössen von höherer Ordnung gleich $\frac{\partial u}{\partial s_2} ds_2$ setzen kann, wo $\frac{\partial u}{\partial s_2}$ für den Punkt M berechnet ist. Ist nun $u + du$ der Wert der Function in M', so sieht man, dass

$$du = \frac{\partial u}{\partial s_1} ds_1 + \frac{\partial u}{\partial s_2} ds_2$$

ist, mithin

$$(1) \qquad \frac{du}{ds} = \cos \omega \frac{\partial u}{\partial s_1} + \sin \omega \frac{\partial u}{\partial s_2} \cdot$$

Setzen wir zur Abkürzung

$$\varDelta u = \left(\frac{\partial u}{\partial s_1}\right)^2 + \left(\frac{\partial u}{\partial s_2}\right)^2 ,$$

und betrachten wir die Richtung MN, für welche

$$(2) \qquad \cos \omega_0 = \frac{1}{\sqrt{\varDelta u}} \frac{\partial u}{\partial s_1} , \quad \sin \omega_0 = \frac{1}{\sqrt{\varDelta u}} \frac{\partial u}{\partial s_2}$$

ist. Für diese Richtung liefert die Formel (1) $\sqrt{\varDelta u}$ als Wert des Differentialquotienten; ferner geht dieselbe Formel (1) auf Grund von (2) über in

$$\frac{du}{ds} = \sqrt{\varDelta u} \cdot \cos (\omega - \omega_0) ,$$

und man erkennt auf diese Weise, dass die Richtung MN diejenige ist, in welcher sich u am schnellsten ändert. Dagegen ist in der zu MN senkrechten Richtung MT der Differentialquotient null, d. h. die Function hat das Bestreben constant zu bleiben. Also ist MT die Tangente und daher MN die Normale derjenigen Curve der Schar, längs welcher u den Wert bewahrt, den es in M hat.

§ 105. Erster Differentialparameter.

Als erster Differentialparameter einer Function u in einem Punkte wird das Quadrat des grössten Differentialquotienten, d. h. $\varDelta u$, bezeichnet. Dieser Ausdruck ist eine Invariante, da er (nach der Definition) eine von jedem Coordinatensystem unabhängige Bedeutung hat.

Im allgemeinen definiert die Function Δu eine neue Curvenschar, welche mit der durch u definierten Schar zusammenfällt, wenn diese aus parallelen Curven besteht. In der That, fixiert man für u zwei unendlich benachbarte Werte u und $u + du$, die zwei Curven definieren, so ist der von der zweiten Curve auf der Normale der ersten bestimmte Abschnitt, vom Incidenzpunkte aus gerechnet, $ds = \dfrac{du}{\sqrt{\Delta u}}$. Soll nun ds längs der ersten Curve constant sein, so ist dazu notwendig und hinreichend, dass es sich nicht ändert, solange u ungeändert bleibt, d. h. dass Δu nur von u abhängt. Soll also die durch die Function u definierte Schar aus parallelen Curven bestehen, so ist dazu notwendig und hinreichend, dass Δu eine Function von u allein ist.

$$\S\ 106.$$

Der erste Differentialparameter lässt sich auch als ein Specialfall des gemischten Differentialparameters zweier Functionen

$$\Delta (u,\, v) = \frac{\partial u}{\partial s_1} \cdot \frac{\partial v}{\partial s_1} + \frac{\partial u}{\partial s_2} \cdot \frac{\partial v}{\partial s_2}$$

betrachten. Auch dieser ist eine Invariante. Schreibt man nämlich die Formeln (2) für die Normalen der beiden Curven

$$u = \text{Const.}, \quad v = \text{Const.}$$

in einem diesen beiden Curven gemeinsamen Punkte, so findet man sofort, dass ihr Winkel oder auch der Winkel ψ der beiden Curven durch die Formel

$$\cos \psi = \frac{\Delta (u,\, v)}{\sqrt{\Delta u \cdot \Delta v}}$$

gegeben ist. Dieselbe setzt die invariante Bedeutung von $\Delta (u,\, v)$ in Evidenz und zeigt überdies, dass das Verschwinden des gemischten Differentialparameters von zwei Functionen notwendig und hinreichend ist für die Orthogonalität der durch diese Functionen dargestellten Curven. Bemerkt man ferner, dass man auch schreiben kann

$$\sin \psi = \frac{1}{\sqrt{\Delta u \cdot \Delta v}} \begin{vmatrix} \dfrac{\partial u}{\partial s_1} & \dfrac{\partial u}{\partial s_2} \\[2mm] \dfrac{\partial v}{\partial s_1} & \dfrac{\partial v}{\partial s_2} \end{vmatrix},$$

und dass es zum Verschwinden des zweiten Gliedes notwendig und hinreichend ist, dass v eine Function von u ist, so erkennt man, dass dies die hinreichende (vgl. § 103) und notwendige Bedingung dafür ist, dass u und v dieselbe Curvenschar darstellen.

§ 107. Zweiter Differentialparameter.

Die Operation

$$\frac{d}{ds} = \cos\omega\,\frac{\partial}{\partial s_1} + \sin\omega\,\frac{\partial}{\partial s_2},$$

welche den Differentialquotienten in einer beliebigen Richtung liefert, wollen wir uns in derselben Richtung, die wir als unveränderlich annehmen, wiederholt denken: es sei

$$\frac{d^2}{ds^2} = \left(\cos\omega\,\frac{\partial}{\partial s_1} + \sin\omega\,\frac{\partial}{\partial s_2}\right)\left(\cos\omega\,\frac{\partial}{\partial s_1} + \sin\omega\,\frac{\partial}{\partial s_2}\right).$$

Setzt man zur Abkürzung

$$(3) \qquad \frac{\partial\omega}{\partial s_1} = \mathcal{G}_1\,, \quad \frac{\partial\omega}{\partial s_2} = -\,\mathcal{G}_2\,,$$

so erhält man

$$\frac{d^2}{ds^2} = \cos^2\omega\left(\frac{\partial^2}{\partial s_1{}^2} + \mathcal{G}_1\frac{\partial}{\partial s_2}\right) + \sin^2\omega\left(\frac{\partial^2}{\partial s_2{}^2} + \mathcal{G}_2\frac{\partial}{\partial s_1}\right)$$
$$+ \sin\omega\cos\omega\left(\frac{\partial^2}{\partial s_1\,\partial s_2} + \frac{\partial^2}{\partial s_2\,\partial s_1} - \mathcal{G}_1\frac{\partial}{\partial s_1} - \mathcal{G}_2\frac{\partial}{\partial s_2}\right).$$

Wendet man diese Operation ebenso in der durch den Winkel $\omega + \frac{\pi}{2}$ definierten Richtung an und addiert dann die beiden Resultate, so erkennt man sofort, dass die Summe der zweiten Differentialquotienten in zwei (in der Ebene festen) Richtungen in einem Punkte constant bleibt, wenn die Richtungen variieren, indem sie fortwährend auf einander senkrecht stehen. Diese Summe ist es, welche man den zweiten Differentialparameter der betrachteten Function u nennt und mit $\varDelta^2 u$ bezeichnet. Man hat also

$$\varDelta^2 = \frac{\partial^2}{\partial s_1{}^2} + \frac{\partial^2}{\partial s_2{}^2} + \mathcal{G}_1\frac{\partial}{\partial s_2} + \mathcal{G}_2\frac{\partial}{\partial s_1},$$

oder

$$(4) \qquad \varDelta^2 = \left(\frac{\partial}{\partial s_1} + \mathcal{G}_2\right)\frac{\partial}{\partial s_1} + \left(\frac{\partial}{\partial s_2} + \mathcal{G}_1\right)\frac{\partial}{\partial s_2}.$$

Man nennt ferner harmonische Functionen diejenigen Functionen, welche einen beständig verschwindenden zweiten Differentialparameter haben.

§ 108. Isotherme Curvenscharen.

Isotherm nennt man jede durch eine harmonische Function definierte Curvenschar, und diese Function bezeichnet man als den isometrischen Parameter der Schar. Wie verfährt man, um zu erkennen, ob die durch eine Function u definierte Schar isotherm ist? Wenn nicht $\varDelta^2 u = 0$ ist, so ist damit nicht gesagt, dass die Schar nicht isotherm ist, sondern nur, dass u nicht ihr isometrischer Parameter sein kann. Dieser Parameter muss jedoch auf Grund der Schlussbemerkung in § 106 eine Function von u sein. Um nun die Operation (4) auf $F(u)$ anzuwenden, bemerke man, dass

$$\frac{dF}{ds} = F'\frac{du}{ds}, \quad \frac{d^2F}{ds^2} = F'\frac{d^2u}{ds^2} + F''\left(\frac{du}{ds}\right)^2,$$

mithin

(5) $$\Delta^2 F = F'\Delta^2 u + F''\Delta u$$

ist. Wenn die Schar isotherm ist, so muss eine Function F existieren derart, dass $\Delta^2 F$ null ist, und man hat daher

$$\frac{\Delta^2 u}{\Delta u} = -\frac{F''(u)}{F'(u)},$$

d. h. das Verhältnis der beiden Differentialparameter ist eine Function von u allein. Tritt umgekehrt der Fall ein, dass man das genannte Verhältnis gleich einer Function $f(u)$ findet, so erhält man durch Substitution von $f(u)$ auf der linken Seite der vorstehenden Gleichung und durch Integration

$$F(u) = \int e^{-\int f\,du}\,.\,du\,.$$

Denken wir uns diesen Wert von F in (5) eingesetzt, so sehen wir, dass $\Delta^2 F = 0$ herauskommen muss und daher die Schar isotherm ist und den isometrischen Parameter F besitzt. Soll also die Curvenschar, welche durch die Function u definiert wird, isotherm sein, so ist dazu notwendig und hinreichend, dass das Verhältnis der Differentialparameter von u eine Function von u allein ist.

§ 109. Krummlinige Coordinaten.

Betrachten wir jetzt zwei Curvenscharen, die durch die Functionen q_1 und q_2 definiert sind. Wenn zwischen ihnen keine Relation besteht, wenn also die zugehörigen Curvenscharen nicht zusammenfallen (§ 106), so ist die Anzahl der Wertepaare q_1, q_2 doppelt unendlich, ebenso wie die Anzahl der Punkte der Ebene, und jeder solche Punkt M lässt sich ansehen als dargestellt durch die beiden Werte q_1 und q_2 (die krummlinigen Coordinaten), welche in den entsprechenden Scharen diejenigen Curven charakterisieren, die durch M hindurchgehen. Es macht wenig aus, ob einem Wertepaar (q_1, q_2) Punkte entsprechen oder ob ihm überhaupt keiner entspricht, und ob einem oder mehr Punkten keine Werte von q_1 und q_2 entsprechen; wir werden trotzdem (aber nur, damit unsere Betrachtungen klarer und präciser werden) annehmen, dass die Punkte der Ebene und die Wertepaare (q_1, q_2) in eineindeutiger

Beziehung stehen. Wir werden uns demgemäss denken können, dass durch jeden Punkt M nur zwei Curven (Coordinatenlinien) hindurchgehen, und zwar eine von jeder Schar, und wir werden als q_1-Linie diejenige bezeichnen, welche der durch die Function q_2 definierten Schar angehört, und als q_2-Linie die andere, so dass die q_i-Linie immer diejenige ist, längs welcher nur q_i variiert. Wenn $\Delta(q_1, q_2) = 0$ ist, so sind die beiden Scharen orthogonal. Diese Voraussetzung werden wir von jetzt an immer machen. Wir wollen ferner übereinkommen, in dem Sinne die Richtung der Tangente jeder q_i-Linie zu wählen und den Bogen s_i zu rechnen, in welchem q_i wächst. Wählen wir ferner die Normale von q_1 in dem Sinne der Tangente von q_2, so müssen wir aber als entgegengesetzt die Richtungen der Normale von q_2 und der Tangente von q_1 betrachten, damit sich die positiven Richtungen der Tangente und der Normale von q_1 mit den entsprechenden von q_2 zur Deckung bringen lassen. Dies vorausgeschickt ist nach dem in § 105 gesagten der zwischen zwei unendlich benachbarten q_2-Linien enthaltene Abschnitt der q_1-Linie $-ds_1 = \dfrac{dq_1}{\sqrt{\Delta q_1}}$, und wir werden ihn der Kürze wegen mit $Q_1 dq_1$ bezeichnen. Ebenso ist zwischen zwei unendlich benachbarten q_1-Linien ein Abschnitt $ds_2 = Q_2 dq_2$ der q_2-Linie enthalten, welcher gleich $\dfrac{dq_2}{\sqrt{\Delta q_2}}$ ist, so dass man nach dieser Definition

$$(6) \qquad \sqrt{\Delta q_1} = -\frac{1}{Q_1}, \quad \sqrt{\Delta q_2} = -\frac{1}{Q_2}$$

hat, wo die Q nach den anfangs gemachten Vereinbarungen nur positiver Werte fähig sind. Es ist hier von Wichtigkeit, zu bemerken, dass das Quadrat des Bogenelements $ds = \sqrt{ds_1^2 + ds_2^2}$ durch die Formel

$$ds^2 = Q_1^2 dq_1^2 + Q_2^2 dq_2^2$$

gegeben ist; und da man jedes q_i durch eine Function von q_i ersetzen kann, so ist klar, dass jedes Q_i mit einer beliebigen Function von q_i multipliciert werden kann. Offenbar ist

$$(7) \qquad \frac{\partial q_1}{\partial s_1} = \frac{1}{Q_1}, \quad \frac{\partial q_2}{\partial s_2} = \frac{1}{Q_2}, \quad \frac{\partial q_1}{\partial s_2} = \frac{\partial q_2}{\partial s_1} = 0.$$

Q_1 und Q_2 sind wie q_1 und q_2 Functionen des Punktes M: sie sind also Functionen der unabhängigen Veränderlichen q_1 und q_2. Das gleiche lässt sich von jeder Function der Punkte der Ebene sagen. Die partiellen Ableitungen nach den q stehen dann in einem einfachen Zusammenhange mit den Operationen, welche die in § 104 definierten Differentialquotienten liefern; es ist nämlich

$$(8) \qquad \frac{\partial}{\partial s_1} = \frac{1}{Q_1}\frac{\partial}{\partial q_1}, \quad \frac{\partial}{\partial s_2} = \frac{1}{Q_2}\frac{\partial}{\partial q_2}.$$

Also kann man die genannten Quotienten nur dann als Ableitungen im eigentlichen Sinne betrachten, wenn Q_1 eine Function von q_1 allein und Q_1 eine solche von q_2 ist. Wir werden sogleich sehen, dass dies nur stattfindet, wenn alle Coordinatenlinien Geraden sind (cartesische Coordinaten).

§ 110. Fundamentalformeln.

Wir wählen als x-Axe die Tangente der q_1-Linie in M (dem beweglichen Anfangspunkt) und als y-Axe die Tangente der q_2-Linie (die Normale von q_1). Die cartesischen Coordinaten eines festen Punktes müssen inbezug auf die erste Linie den Unbeweglichkeitsbedingungen (§ 12)

$$\frac{\partial x}{\partial s_1} = \frac{y}{\varrho_1} - 1, \qquad \frac{\partial y}{\partial s_1} = -\frac{x}{\varrho_1}$$

genügen. Inbezug auf die q_2-Linie sind die Coordinaten x und y von P y und $-x$, mithin werden die Unbeweglichkeitsbedingungen

$$\frac{\partial y}{\partial s_2} = -\frac{x}{\varrho_2} - 1, \qquad \frac{\partial x}{\partial s_2} = \frac{y}{\varrho_2}.$$

Bemerken wir inzwischen, dass die in § 107 betrachtete Function ω sich von der im ersten Kapitel beständig mit φ bezeichneten nur im Vorzeichen unterscheidet und dass daher

$$\frac{1}{\varrho_1} = \frac{\partial \varphi}{\partial s_1} = -\frac{\partial \omega}{\partial s_1} = -\mathcal{G}_1, \qquad \frac{1}{\varrho_2} = \frac{\partial \varphi}{\partial s_2} = -\frac{\partial \omega}{\partial s_2} = \mathcal{G}_2$$

ist. Hiernach sieht man, dass die notwendigen und hinreichenden Bedingungen für die Unbeweglichkeit des Punktes (x, y)

$$(9) \qquad \begin{cases} \dfrac{\partial x}{\partial s_1} = -\mathcal{G}_1 y - 1, & \dfrac{\partial y}{\partial s_1} = \mathcal{G}_1 x, \\[2ex] \dfrac{\partial y}{\partial s_2} = -\mathcal{G}_2 x - 1, & \dfrac{\partial x}{\partial s_2} = \mathcal{G}_2 y \end{cases}$$

sind. Will man ferner die Variationen der Coordinaten eines Punktes P haben, wenn der Anfangspunkt von einer Lage M zu einer andern M' übergeht in einer Richtung, die mit der x-Axe einen beliebigen Winkel ω bildet, so hat man offenbar

$$\frac{\delta x}{ds} = \left(\frac{\partial x}{\partial s_1} + \mathcal{G}_1 y + 1\right) \cos \omega + \left(\frac{\partial x}{\partial s_2} - \mathcal{G}_2 y\right) \sin \omega,$$

$$\frac{\delta y}{ds} = \left(\frac{\partial y}{\partial s_2} + \mathcal{G}_2 x + 1\right) \sin \omega + \left(\frac{\partial y}{\partial s_1} - \mathcal{G}_1 x\right) \cos \omega.$$

Dies sind die Fundamentalformeln für die natürliche Analysis der zweifachen Orthogonalsysteme ebener Curven.

§ 111. Integrabilitätsbedingung.

Gegeben seien die Functionen u, v. Wir stellen uns die Aufgabe, die notwendige und hinreichende Bedingung für die Existenz einer Function f zu finden von der Beschaffenheit, dass

$$(10) \qquad u = \frac{\partial f}{\partial s_1}, \quad v = \frac{\partial f}{\partial s_2}$$

ist. Nach den Formeln (8) ist dies gleichbedeutend mit der Frage nach der Bedingung dafür, dass $Q_1 u$ und $Q_2 v$ die partiellen Ableitungen erster Ordnung von einer Function $f(q_1, q_2)$ sind. Bekanntlich ist die Bedingung hierfür

$$\frac{\partial Q_2 v}{\partial q_1} = \frac{\partial Q_1 u}{\partial q_2} \quad \text{oder} \quad \frac{1}{Q_2}\frac{\partial Q_2 v}{\partial s_1} = \frac{1}{Q_1}\frac{\partial Q_1 u}{\partial s_2},$$

d. h. ausführlich geschrieben

$$\frac{\partial u}{\partial s_2} - \frac{\partial v}{\partial s_1} = v\,\frac{\partial \log Q_2}{\partial s_1} - u\,\frac{\partial \log Q_1}{\partial s_2}.$$

Setzt man in diese Gleichung die Werte (10) ein, so sieht man, dass für beliebiges f die Bedingung

$$(11) \qquad \frac{\partial^2}{\partial s_1\,\partial s_2} - \frac{\partial^2}{\partial s_2\,\partial s_1} = \frac{\partial \log Q_2}{\partial s_1}\,\frac{\partial}{\partial s_2} - \frac{\partial \log Q_1}{\partial s_2}\,\frac{\partial}{\partial s_1}$$

erfüllt sein muss. Diese werde auf die Function x angewandt unter Beachtung von (9). Zunächst hat man

$$\frac{\partial^2 x}{\partial s_1\,\partial s_2} = -\frac{\partial \mathcal{G}_1 y}{\partial s_2} = -\frac{\partial \mathcal{G}_1}{\partial s_2}y + \mathcal{G}_1\,(\mathcal{G}_2 x + 1),$$

$$\frac{\partial^2 x}{\partial s_2\,\partial s_1} = \frac{\partial \mathcal{G}_2 y}{\partial s_1} = \frac{\partial \mathcal{G}_2}{\partial s_1}y + \mathcal{G}_1 \mathcal{G}_2 x,$$

mithin nach (11)

$$(12) \qquad \left(\frac{\partial \mathcal{G}_1}{\partial s_2} + \frac{\partial \mathcal{G}_2}{\partial s_1} + \mathcal{G}_1\,\frac{\partial \log Q_1}{\partial s_2} + \mathcal{G}_2\,\frac{\partial \log Q_2}{\partial s_1}\right) y = \mathcal{G}_1 - \frac{\partial \log Q_1}{\partial s_2}.$$

Verfährt man in analoger Weise mit der Function y, so findet man

$$(13) \qquad \left(\frac{\partial \mathcal{G}_1}{\partial s_2} + \frac{\partial \mathcal{G}_2}{\partial s_1} + \mathcal{G}_1\,\frac{\partial \log Q_1}{\partial s_2} + \mathcal{G}_2\,\frac{\partial \log Q_2}{\partial s_1}\right) x = \mathcal{G}_2 - \frac{\partial \log Q_2}{\partial s_1}.$$

Diese Relationen müssen bestehen, welches auch die Werte von x und von y sein mögen. Betrachtet man z. B. den Augenblick, wo M durch einen gegebenen festen Punkt P hindurchgeht, so hat man $x = 0$, $y = 0$, und die Formeln (12) und (13) liefern uns

$$(14) \qquad \mathcal{G}_1 = \frac{\partial \log Q_1}{\partial s_2}, \quad \mathcal{G}_2 = \frac{\partial \log Q_2}{\partial s_1}.$$

Hiernach lässt sich die Integrabilitätsbedingung auf die definitive Form

$$\left(\frac{\partial}{\partial s_1} + \mathcal{G}_2\right) v = \left(\frac{\partial}{\partial s_2} + \mathcal{G}_1\right) u$$

bringen, und die Bedingung (11) wird

$$(15) \qquad \left(\frac{\partial}{\partial s_1} + \mathcal{G}_2\right) \frac{\partial}{\partial s_2} = \left(\frac{\partial}{\partial s_2} + \mathcal{G}_1\right) \frac{\partial}{\partial s_1} \cdot$$

§ 112. Lamé'sche Relation.

Die Krümmungen $\mathcal{G}_1$ und $\mathcal{G}_2$ sind nicht voneinander unabhängig. Trägt man nämlich die Werte (14) in die Gleichungen (12) und (13) ein, so reducieren sich diese auf die eine

$$(16) \qquad \frac{\partial \mathcal{G}_1}{\partial s_2} + \frac{\partial \mathcal{G}_2}{\partial s_1} + \mathcal{G}_1{}^2 + \mathcal{G}_2{}^2 = 0 \,,$$

welche man die Lamé'sche Relation nennt. Sie drückt (wie sich durch eine einfache Rechnung ergiebt) die notwendige und hinreichende Bedingung für die Existenz zweier Functionen x_1 und x_2 von q_1 und q_2 aus von der Beschaffenheit, dass $dx_1{}^2 + dx_2{}^2$ das Quadrat des Bogenelements darstellt. Bringt man die Lamé'sche Relation auf die Form

$$(17) \qquad -\left(\frac{\partial}{\partial s_1} + \mathcal{G}_2\right) \mathcal{G}_2 = \left(\frac{\partial}{\partial s_2} + \mathcal{G}_1\right) \mathcal{G}_1 \,,$$

so sagt sie sofort, dass $\mathcal{G}_1$ und $-\mathcal{G}_2$ die Differentialquotienten einer Function ω sind, was wir bereits aus den Formeln (3) wussten. Der Formel (16) kann man eine andere Form geben, indem man darin an Stelle der $\mathcal{G}$ die Werte (14) setzt. Beachtet man, dass

$$(18) \quad \left(\frac{\partial}{\partial s_1} + \mathcal{G}_2\right) u = \frac{1}{Q_1 Q_2} \frac{\partial Q_2 u}{\partial q_1}, \quad \left(\frac{\partial}{\partial s_2} + \mathcal{G}_1\right) u = \frac{1}{Q_1 Q_2} \frac{\partial Q_1 u}{\partial q}$$

ist, so wird die Relation (16), nachdem man sie auf die Form (17) gebracht hat,

$$\frac{\partial}{\partial q_1}\left(\frac{1}{Q_1} \frac{\partial Q_2}{\partial q_1}\right) + \frac{\partial}{\partial q_2}\left(\frac{1}{Q_2} \frac{\partial Q_1}{\partial q_2}\right) = 0 \,.$$

Es ist auch nützlich, die (von Lamé angegebene) Form zu notieren, welche die Operation (4) auf Grund der Formeln (18) annimmt, nämlich

$$\varDelta^2 = \frac{1}{Q_1 Q_2}\left[\frac{\partial}{\partial q_1}\left(\frac{Q_2}{Q_1} \frac{\partial}{\partial q_1}\right) + \frac{\partial}{\partial q_2}\left(\frac{Q_1}{Q_2} \frac{\partial}{\partial q_2}\right)\right] \cdot$$

§ 113.

Für eine harmonische Function u muss die Operation (4) $\Delta^2 u = 0$ liefern, d. h. es muss sein

$$-\left(\frac{\partial}{\partial s_1} + \mathcal{G}_2\right)\frac{\partial u}{\partial s_1} = \left(\frac{\partial}{\partial s_2} + \mathcal{G}_1\right)\frac{\partial u}{\partial s_2};$$

mithin sind $\dfrac{\partial u}{\partial s_2}$ und $-\dfrac{\partial u}{\partial s_1}$ die Differentialquotienten einer Function v:

$$\frac{\partial u}{\partial s_1} = -\frac{\partial v}{\partial s_2}, \quad \frac{\partial u}{\partial s_2} = \frac{\partial v}{\partial s_1}.$$

Man bemerke gleichzeitig, dass die durch die Functionen u und v definierten Curvenscharen zueinander orthogonal sind, da $\Delta(u, v) = 0$ ist. Nun ist aber auf Grund von (15)

$$\Delta^2 v = \left(\frac{\partial}{\partial s_1} + \mathcal{G}_2\right)\frac{\partial u}{\partial s_2} - \left(\frac{\partial}{\partial s_2} + \mathcal{G}_1\right)\frac{\partial u}{\partial s_1} = 0.$$

Also ist v harmonisch, d. h. **wenn in einem Paare orthogonaler Scharen ebener Curven die eine Schar isotherm ist, so ist auch die andere isotherm.** Zu diesem Satze gelangt man auch unter Benutzung der in § 108 angegebenen Regel, nach welcher man entscheidet, ob eine Schar isotherm ist. Man wende in der That die Operation (4) auf q_1 und q_2 an, indem man die Formeln (7) beachtet. Dann erhält man unter Benutzung von (18)

$$\Delta^2 q_1 = \left(\frac{\partial}{\partial s_1} + \mathcal{G}_2\right)\frac{1}{Q_1} = \frac{1}{Q_1 Q_2}\frac{\partial}{\partial q_1}\frac{Q_2}{Q_1}, \quad \Delta^2 q_2 = \left(\frac{\partial}{\partial s_2} + \mathcal{G}_1\right)\frac{1}{Q_2} = \frac{1}{Q_1 Q_2}\frac{\partial}{\partial q_2}\frac{Q_1}{Q_2},$$

ferner, wenn man sich an die Formeln (6) erinnert,

$$(19) \qquad \frac{\Delta^2 q_1}{\Delta q_1} = \frac{\partial}{\partial q_1}\log\frac{Q_2}{Q_1}, \quad \frac{\Delta^2 q_2}{\Delta q_2} = \frac{\partial}{\partial q_2}\log\frac{Q_1}{Q_2}$$

und endlich

$$\frac{\partial}{\partial q_2}\frac{\Delta^2 q_1}{\Delta q_1} + \frac{\partial}{\partial q_1}\frac{\Delta^2 q_2}{\Delta q_2} = 0.$$

Diese Formel zeigt deutlich, dass die am Ende von § 108 angegebene Bedingung, wenn sie von einer der Scharen erfüllt wird, auch von der andern erfüllt wird. Wählt man ferner für q_1 und q_2 die isometrischen Parameter, so ergiebt sich aus den Formeln (19), dass das Verhältnis von Q_1 zu Q_2 constant ist und dass umgekehrt dies nicht stattfinden kann, ausser wenn q_1 und q_2 harmonische Functionen sind. Daraus folgt, dass die Paare von isothermen Orthogonalscharen ebener Curven durch die Möglichkeit charakterisiert sind, $Q_1 = Q_2$ zu machen, da man immer jede Function Q oder q mit einer Constanten multiplicieren kann. Alsdann ist das Bogenelement durch die Formel

$$ds^2 = Q^2(dq_1{}^2 + dq_2{}^2)$$

gegeben, und es genügt $dq_1 = dq_2$ zu nehmen, damit in jedem Punkte $ds_1 = ds_2$ ist. Dies pflegt man so auszudrücken, dass man sagt: **Die Curven jedes isothermen zweifachen Orthogonalsystems teilen die Ebene in unendlich kleine Quadrate.**

§ 114.

Um sich zu vergewissern, ob eine Doppelschar von orthogonalen Coordinatenlinien isotherm ist, genügt es, zu sehen, ob eine der beiden Scharen isotherm ist, und es muss sich daher bei Anwendung des in § 108 bewiesenen Kriteriums auf eine der Formeln (19)

$$\frac{\partial^2}{\partial q_1\,\partial q_2} \log \frac{Q_1}{Q_2} = 0$$

ergeben. Mit Hilfe von zwei aufeinanderfolgenden Integrationen erkennt man, dass das Verhältnis der Functionen Q gleich dem Product einer Function von q_1 allein mit einer Function von q_2 allein sein muss. Dies ist die charakteristische Eigenschaft der Functionen Q bei den isothermen Doppelscharen. Um dieselbe in den $\mathcal{G}$ auszudrücken, bemerken wir unter Erinnerung an die Formeln (14), dass

$$\frac{\partial^2}{\partial q_1\,\partial q_2} \log \frac{Q_1}{Q_2} = Q_1 \frac{\partial Q_2 \mathcal{G}_1}{\partial s_1} - Q_2 \frac{\partial Q_1 \mathcal{G}_2}{\partial s_2} = Q_1 Q_2 \left(\frac{\partial \mathcal{G}_1}{\partial s_1} - \frac{\partial \mathcal{G}_2}{\partial s_2} \right)$$

ist. Sollen also die Functionen $\mathcal{G}_1$ und $\mathcal{G}_2$ (welche notwendig an die Lamé'sche Relation gebunden sind) eine isotherme Doppelschar definieren, so ist dazu notwendig und hinreichend, dass man hat

$$(20) \qquad \frac{\partial \mathcal{G}_1}{\partial s_1} = \frac{\partial \mathcal{G}_2}{\partial s_2}.$$

Dies ist gleichbedeutend mit der Aussage, dass die Function ω, welche in den Formeln (3) auftritt, harmonisch ist; denn man hat

$$\Delta^2 \omega = \left(\frac{\partial}{\partial s_1} + \mathcal{G}_2 \right) \mathcal{G}_1 - \left(\frac{\partial}{\partial s_2} + \mathcal{G}_1 \right) \mathcal{G}_2 = \frac{\partial \mathcal{G}_1}{\partial s_1} - \frac{\partial \mathcal{G}_2}{\partial s_2}.$$

§ 115. Formel von Bonnet.

Diese Formel dient dazu, in jedem Punkte M die Krümmung derjenigen Curve aus der durch eine Function u definierten Schar anzugeben, welche durch den Punkt M hindurchgeht. Die Neigung ω der Tangente dieser Curve im Punkte M lässt sich, wie in § 104 gezeigt wurde, berechnen, indem man schreibt

$$\cos \omega \, \frac{\partial u}{\partial s_1} + \sin \omega \, \frac{\partial u}{\partial s_2} = 0 \, .$$

Dann ergiebt sich

$$(21) \qquad \cos \omega = \frac{1}{\sqrt{\varDelta u}} \, \frac{\partial u}{\partial s_2} \, , \quad \sin \omega = - \frac{1}{\sqrt{\varDelta u}} \frac{\partial u}{\partial s_1} \, ,$$

vorausgesetzt, dass man darauf achtet, die Vorzeichen so zu fixieren, dass unter Berücksichtigung der Formeln (6) und (7) $\omega = 0$ wird für $u = q_2$ und $\omega = \frac{\pi}{2}$ für $u = q_1$. Es sei φ die Neigung der Tangente der q_1-Linie gegen eine feste Gerade; dann werden $\varphi + \frac{\pi}{2}$ und $\varphi + \omega$ die analogen Winkel für die q_2-Linie und für die betrachtete Curve sein. Also ist

$$\frac{\partial \varphi}{\partial s_1} = \frac{1}{\varrho_1} = - \, \mathcal{G}_1 \, , \quad \frac{\partial \varphi}{\partial s_2} = \frac{1}{\varrho_2} = \mathcal{G}_2 \, , \quad \frac{d}{ds} \, (\varphi + \omega) = \frac{1}{\varrho} \, ,$$

mithin

$$(22) \qquad \frac{1}{\varrho} = - \, \mathcal{G}_1 \cos \omega + \mathcal{G}_2 \sin \omega + \frac{d\omega}{ds} \, .$$

Andrerseits hat man

$$\frac{d\omega}{ds} = \cos \omega \, \frac{\partial \omega}{\partial s_1} + \sin \omega \, \frac{\partial \omega}{\partial s_2} = \frac{\partial}{\partial s_1} \sin \omega - \frac{\partial}{\partial s_2} \cos \omega \, .$$

Also ist

$$\frac{1}{\varrho} = \left(\frac{\partial}{\partial s_1} + \mathcal{G}_2 \right) \sin \omega - \left(\frac{\partial}{\partial s_2} + \mathcal{G}_1 \right) \cos \omega \, .$$

Setzt man jetzt in diese Gleichung die Werte (21) ein, so erhält man

$$- \frac{1}{\varrho} = \left(\frac{\partial}{\partial s_1} + \mathcal{G}_2 \right) \left(\frac{1}{\sqrt{\varDelta u}} \, \frac{\partial u}{\partial s_1} \right) + \left(\frac{\partial}{\partial s_2} + \mathcal{G}_1 \right) \left(\frac{1}{\sqrt{\varDelta u}} \, \frac{\partial u}{\partial s_2} \right)$$

$$= \frac{1}{\sqrt{\varDelta u}} \left[\left(\frac{\partial}{\partial s_1} + \mathcal{G}_2 \right) \frac{\partial u}{\partial s_1} + \left(\frac{\partial}{\partial s_2} + \mathcal{G}_1 \right) \frac{\partial u}{\partial s_2} \right] + \frac{\partial u}{\partial s_1} \frac{\partial}{\partial s_1} \frac{1}{\sqrt{\varDelta u}} + \frac{\partial u}{\partial s_2} \frac{\partial}{\partial s_2} \frac{1}{\sqrt{\varDelta u}} \, ,$$

also schliesslich

$$- \frac{1}{\varrho} = \frac{\varDelta^2 u}{\sqrt{\varDelta u}} + \varDelta \left(u, \frac{1}{\sqrt{\varDelta u}} \right) \, .$$

Auf diese Weise kennen wir die Krümmung in ausgesprochen invarianter Form.

§ 116. Beispiele.

a) Man betrachte die Trajectorien constanten Winkels der Linien einer Schar, d. h. die Curven, welche die genannten Linien, z. B. die q_1-Linien, unter constantem Winkel ω treffen. Offenbar gehen durch jeden Punkt M unendlich viele Trajectorien, deren jede einem Werte von ω entspricht. Die Formel (22) liefert

$$\frac{1}{\varrho} = - \, \mathcal{G}_1 \cos \omega + \mathcal{G}_2 \sin \omega$$

und zeigt, dass die Krümmungscentra aller Trajectorien in jedem Punkte M einer Geraden angehören, die durch die Gleichung

$$(23) \qquad \mathcal{G}_2 x + \mathcal{G}_1 y + 1 = 0$$

dargestellt wird. Es sei φ der Winkel, welchen die Tangente einer Coordinatenlinie mit einer festen Geraden bildet, und man betrachte die durch die Function φ definierte Curvenschar. In dieser Schar ist jede Curve so beschaffen, dass von einem ihrer Punkte zum andern die Richtung der Tangenten der Coordinatenlinien ungeändert bleibt. Die Gleichung der Tangente einer Curve der Schar φ ist $\mathcal{G}_1 x = \mathcal{G}_2 y$, mithin ist die Gerade (23), welche einem gegebenen Punkte M entspricht, parallel zu der Normale derjenigen Curve der Schar φ, welche durch M hindurchgeht. Daraus folgt, dass diese Curve die Trajectorien constanten Winkels der Coordinatenlinien in ihren Inflexionspunkten berührt. Bemerkenswert sind auch die durch die Functionen $\mathcal{G}_1$ und $\mathcal{G}_2$ definierten Curvenscharen, denen die Örter der Wendepunkte und Spitzen der Coordinatenlinien angehören. Wenn M in einer Richtung fortrückt, die mit der x-Axe den Winkel ω bildet, so findet man bei Anwendung der Formeln (9) auf die Gleichung (23) und unter Erinnerung an die Lamé'sche Relation, dass die Gerade (23) ihre Enveloppe auf der Geraden

$$(24) \qquad \left(\frac{\partial \mathcal{G}_1}{\partial s_2} \cos \omega - \frac{\partial \mathcal{G}_2}{\partial s_2} \sin \omega \right) x = \left(\frac{\partial \mathcal{G}_1}{\partial s_1} \cos \omega - \frac{\partial \mathcal{G}_2}{\partial s_1} \sin \omega \right) y$$

berührt. Diese Gleichung wird nur dann für einen gewissen Wert von ω durch alle Werte von x und y erfüllt, wenn die Functionaldeterminante der $\mathcal{G}$ null ist. Alsdann reduciert sich die zweifache Unendlichkeit der Geraden (23) auf eine einfache Unendlichkeit; es ist aber zu bemerken, dass dies auch stattfindet, wenn eine der Scharen $\mathcal{G}$ nicht existiert, d. h. wenn $\mathcal{G}_1$ oder $\mathcal{G}_2$ constant ist und infolgedessen eine der Grundscharen aus gleichen Kreisen oder aus Geraden besteht. In diesem Falle sind die Geraden (23) offenbar die Normalen der Curve, welche die Kreise oder die Geraden der Schar einhüllt. Auf diese Weise können wir uns von einem neuen Gesichtspunkte aus die bekannten Constructionen (§§ 11, c; 24, c) des Krümmungscentrums der logarithmischen Spirale, der Evolventen der Kettenlinie, u. s. w. klar machen. Im allgemeinen Falle leitet man aus der Formel (24) ab, dass die Geraden (23), wenn M längs einer Coordinatenlinie fortrückt, ihre Enveloppe auf der Normale einer Curve $\mathcal{G}$ berühren.

b) Die osculierenden Kreise der Coordinatenlinien in einem Punkte M werden durch die Gleichungen

$$x^2 + y^2 + \frac{2}{\mathcal{G}_1} y = 0 , \qquad x^2 + y^2 + \frac{2}{\mathcal{G}_2} x = 0$$

dargestellt. Bildet man die Ableitung der ersten nach q_2, der zweiten nach q_1 und beachtet die Formeln (9), so erhält man

$$(25) \quad \mathcal{G}_2 x + \mathcal{G}_1 y + 1 + y \frac{\partial}{\partial s_2} \log \mathcal{G}_1 = 0, \quad \mathcal{G}_2 x + \mathcal{G}_1 y + 1 + x \frac{\partial}{\partial s_1} \log \mathcal{G}_2 = 0.$$

Also berührt jeder Kreis seine Enveloppe auf einem Durchmesser des andern. Es ist ferner leicht zu erkennen, dass infolge der Lamé'schen Relation die beiden Durchmesser aufeinander senkrecht stehen, und dass eine der Enveloppen reell, die andere imaginär ist. Jetzt wollen wir uns die Aufgabe stellen, die Bedingung zu finden, welche erfüllt sein muss, damit die osculierenden Kreise der q_2-Linien längs einer q_1-Linie ein Kreisbüschel bilden. Hierzu ist offenbar notwendig und hinreichend, dass die durch die zweite Gleichung (25) dargestellte Gerade in der Ebene fest ist. Wenn man nun die genannte Gleichung noch einmal nach q_1 differenziert, indem man die Formeln (9), die Lamé'sche Relation und die ursprüngliche Gleichung selbst berücksichtigt, so erhält man

$$x \left(\frac{\partial}{\partial s_2} + 3\mathcal{G}_1 \right) \frac{\partial \mathcal{G}_1}{\partial s_1} = y \frac{\partial \mathcal{G}_1}{\partial s_1} \, ,$$

mithin ist die gesuchte Bedingung die, dass $\mathcal{G}_1$ von q_1 unabhängig ist, d. h. dass jede q_1-Linie ein Kreis ist. **Also bilden die osculierenden Kreise der orthogonalen Trajectorien einer beliebigen einfach unendlichen Schar von Kreisen längs eines jeden von ihnen ein Büschel.** Dies ist übrigens eine unmittelbare Folge des bekannten Satzes: **Die zu zwei gegebenen Kreisen orthogonalen Kreise bilden ein Büschel,** dessen Axe der gemeinsame Durchmesser der beiden Kreise ist. Es genügt, in einer gegebenen Schar zwei unendlich benachbarte Kreise zu betrachten, um den ersten Satz wiederzufinden und ausserdem zu sehen, dass die Axe des Büschels der osculierenden Kreise die Tangente des Ortes der Mittelpunkte ist. **Es folgt ferner aus demselben Satze, dass jedes zweifache Orthogonalsystem von Kreisen notwendig aus zwei Büscheln besteht.** Die Axen der beiden Büschel, d. h. die durch die Gleichungen (25) dargestellten Geraden, sind zueinander senkrecht und enthalten die Mittelpunkte aller Kreise: die eine schneidet die zugehörigen Kreise in zwei reellen Punkten A und A', die andere in zwei imaginären Punkten und ausnahmsweise in zwei zusammenfallenden reellen Punkten. Durch eine leichte Rechnung findet man, dass man, wenn $2a$ die Länge der Strecke AA' ist,

$$(26) \qquad \frac{1}{a^2} = \mathcal{G}_1^2 + \frac{\left(\frac{\partial \mathcal{G}_1}{\partial s_2} \right)^2}{\frac{\partial \mathcal{G}_1}{\partial s_2} - \frac{\partial \mathcal{G}_2}{\partial s_1}} = - \mathcal{G}_2^2 + \frac{\left(\frac{\partial \mathcal{G}_2}{\partial s_1} \right)^2}{\frac{\partial \mathcal{G}_1}{\partial s_2} - \frac{\partial \mathcal{G}_2}{\partial s_1}}$$

hat. Dagegen ist die Länge der auf der andern Geraden von den zugehörigen Kreisen bestimmten Strecke $2a \sqrt{-1}$.

c) Wir wollen die **zweifachen Orthogonalsysteme von Kreisen** näher untersuchen. Sie sind offenbar durch die Gleichungen

$$(27) \qquad \frac{\partial \mathcal{G}_1}{\partial s_1} = 0 \, , \qquad \frac{\partial \mathcal{G}_2}{\partial s_2} = 0$$

charakterisiert und infolgedessen **isotherm,** da die Bedingung (20) erfüllt ist. Die bei dem vorigen Beispiel angegebenen Rechnungen lassen sich hier schneller wiederholen, wenn man zuvor bemerkt, dass sich wegen der Lamé'schen Relation und der Bedingung (15) aus den Formeln (27) ableiten lässt

$$\frac{\partial^2 \mathcal{G}_1}{\partial s_1 \partial s_2} = 0 \, , \qquad \frac{\partial^2 \mathcal{G}_1}{\partial s_2 \partial s_1} = - \mathcal{G}_2 \frac{\partial \mathcal{G}_1}{\partial s_2} \, , \qquad \frac{1}{\mathcal{G}_1} \frac{\partial^2 \mathcal{G}_1}{\partial s_2^2} = \frac{\partial \mathcal{G}_2}{\partial s_1} - 2 \frac{\partial \mathcal{G}_1}{\partial s_2} \, ,$$

$$\frac{\partial^2 \mathcal{G}_2}{\partial s_2 \partial s_1} = 0 \, , \qquad \frac{\partial^2 \mathcal{G}_2}{\partial s_1 \partial s_2} = - \mathcal{G}_1 \frac{\partial \mathcal{G}_2}{\partial s_1} \, , \qquad \frac{1}{\mathcal{G}_2} \frac{\partial^2 \mathcal{G}_2}{\partial s_1^2} = \frac{\partial \mathcal{G}_1}{\partial s_2} - 2 \frac{\partial \mathcal{G}_2}{\partial s_1} \, .$$

Bedient man sich dieser Relationen, so gelangt man leichter dazu, festzustellen, dass die Geraden (25) in der Ebene fest sind. Wir wollen jetzt die $\mathcal{G}$ bestimmen und werden zu diesem Zweck annehmen, dass q_1 und q_2 die isometrischen Parameter sind, und uns daran erinnern (§ 113), dass man es immer so einrichten kann, dass $Q_1 = Q_2$ ist. Dann liefern die Formeln (14)

$$(28) \qquad \mathcal{G}_1 = -\frac{\partial}{\partial q_2}\frac{1}{Q}, \qquad \mathcal{G}_2 = -\frac{\partial}{\partial q_1}\frac{1}{Q},$$

und die Lamé'sche Relation wird

$$(29) \qquad \frac{1}{Q}\left(\frac{d\mathcal{G}_1}{dq_2} + \frac{d\mathcal{G}_2}{dq_1}\right) + \mathcal{G}_1{}^2 + \mathcal{G}_2{}^2 = 0.$$

Bildet man die Ableitung derselben nach q_1 und nach q_2, so erhält man

$$\frac{1}{Q}\frac{d^2\mathcal{G}_2}{dq_1{}^2} = \mathcal{G}_2\left(\frac{d\mathcal{G}_1}{dq_2} - \frac{d\mathcal{G}_2}{dq_1}\right), \qquad \frac{1}{Q}\frac{d^2\mathcal{G}_1}{dq_2{}^2} = \mathcal{G}_1\left(\frac{d\mathcal{G}_2}{dq_1} - \frac{d\mathcal{G}_1}{dq_2}\right)$$

und daraus

$$\frac{1}{\mathcal{G}_1}\frac{d^2\mathcal{G}_1}{dq_2{}^2} + \frac{1}{\mathcal{G}_2}\frac{d^2\mathcal{G}_2}{dq_1{}^2} = 0.$$

Da der erste Term unabhängig von q_1 und der zweite unabhängig von q_2 ist, so müssen alle beide constant sein, und man wird also dazu geführt,

$$(30) \qquad \frac{d^2\mathcal{G}_1}{dq_2{}^2} = -k^2\mathcal{G}_1, \qquad \frac{d^2\mathcal{G}_2}{dq_1{}^2} = k^2\mathcal{G}_2$$

zu setzen. Wenn wir als q_1-Linien die durch A und A' hindurchgehenden Kreise annehmen, so ist die Gerade AA' selbst eine q_1-Linie, welche wir uns immer als durch $q_2 = 0$ dargestellt denken können. Alsdann muss man, um der ersten Gleichung (30) zu genügen, $\mathcal{G}_1 = \lambda \sin kq_2$ nehmen. Der andern Gleichung wird nur durch die Annahme

$$\mathcal{G}_2 = \mu\, e^{kq_1} + \mu'\, e^{-kq_1}$$

genügt, wo μ und μ' ebenso wie λ willkürliche Constanten sind. Nun gewinnt man aus den Formeln (28) durch Integration

$$\frac{k}{Q} = \lambda \cos kq_2 - (\mu\, e^{kq_1} - \mu'\, e^{-kq_1}) + \text{Const.;}$$

ferner findet man durch Einsetzen in (29), dass die letzte Constante null ist, und dass zwischen den andern die Relation $\lambda^2 + 4\mu\mu' = 0$ besteht. Wenn eine der Constanten μ oder μ', z. B. μ', null ist, so muss auch $\lambda = 0$ sein, und man hat $\mathcal{G}_1 = 0$, $\mathcal{G}_2 = \mu e^{kq_1}$. Alsdann bilden die q_1-Linien ein Büschel von Geraden, und die q_2-Linien sind concentrische Kreise. Wenn μ und μ' nicht null sind, so wissen wir (vgl. § 18, n), dass man immer $\mu = \pm\mu'$ annehmen kann, und zwar ist im vorliegenden Falle notwendig $\mu = -\mu' = \dfrac{\lambda}{2}$. Mithin ist

$$(31) \qquad \mathcal{G}_1 = \lambda \sin kq_2, \qquad \mathcal{G}_2 = \frac{\lambda}{2}(e^{kq_1} - e^{-kq_1}).$$

Als Grenzfall für ein nach Null convergierendes k finden wir $\mathcal{G}_1 = q_2$, $\mathcal{G}_2 = q_1$, was sich übrigens direct aus den Formeln (30) für $k = 0$ ableiten lässt. In diesem Falle zeigt die Formel (26), dass a null ist, mithin

bestehen die beiden Scharen aus den Kreisen, welche zwei zu-
einander senkrechte Geraden in ihrem Schnittpunkte berühren.
Im allgemeinen Falle ist es immer erlaubt, $k = 1$ zu nehmen, und die
Substitution der Werte (31) in (26) giebt $\lambda a = \pm 1$. Also ist

$$\mathcal{G}_1 = \frac{\sin q_2}{a}, \qquad \mathcal{G}_2 = \frac{e^{q_1} - e^{-q_1}}{2a}.$$

Die geometrische Interpretation der ersten Formel zeigt, dass q_2 der Winkel
AMA' ist; ferner führt die zweite zu der Erkenntnis, dass q_1 der Loga-
rithmus des Verhältnisses $\dfrac{MA'}{MA}$ ist.

d) Aus jeder Curve ergiebt sich eine Doppelschar von Curven, wenn
man j dem Bogen einen Punkt der Ebene entsprechen lässt. Die Bogen
einer Curve bilden in der That eine zweifach unendliche Mannigfaltigkeit,
und zwar wird jeder von ihnen durch das Paar der Werte ς_1 und ς_2 dargestellt, welche in den Endpunkten die Bogenlänge s annimmt, die von
einem festen Anfangspunkte aus gerechnet wird. Eine einfache Art, eine
solche Correspondenz zu realisieren, besteht darin, dass man von jedem
Bogen $A_1 A_2$ den Schwerpunkt G nimmt. Alsdann bilden die beiden durch
die Functionen ς definierten Scharen die eine Schar der Schwerpunktlinien
(§ 73) der gegebenen Curve. Durch jeden Punkt G gehen zwei Linien,
nämlich die beiden Schwerpunktlinien, welche die gegebene Curve in den
Endpunkten des entsprechenden Bogens berühren; und wir wissen bereits,
dass die Tangenten der beiden Linien im Punkte G gerade GA_1 nnd GA_2
sind. Um eine orthogonale Doppelschar von Linien zu construieren,
werden wir durch G als Anfangspunkt zwei orthogonale Axen führen, welche
wir in der Weise orientieren, dass von den drei Gleichungen

$$(32) \qquad \int_{\varsigma_1}^{\varsigma_2} x\,ds = 0, \qquad \int_{\varsigma_1}^{\varsigma_2} y\,ds = 0, \qquad \int_{\varsigma_1}^{\varsigma_2} xy\,ds = 0$$

auch die dritte besteht. Die Differentialquotienten inbezug auf die neuen
Axen drücken sich in folgender Weise aus:

$$(33) \qquad \frac{\partial}{\partial s_1} = \frac{\partial \varsigma_1}{\partial s_1}\frac{\partial}{\partial \varsigma_1} + \frac{\partial \varsigma_2}{\partial s_1}\frac{\partial}{\partial \varsigma_2}, \qquad \frac{\partial}{\partial s_2} = \frac{\partial \varsigma_1}{\partial s_2}\frac{\partial}{\partial \varsigma_1} + \frac{\partial \varsigma_2}{\partial s_2}\frac{\partial}{\partial \varsigma_2}.$$

Bezeichnet man nun mit D die Functionaldeterminante der ς, die notwendig
von Null verschieden ist, so erhält man

$$(34) \qquad \frac{\partial}{\partial \varsigma_1} = \frac{1}{D}\left(\frac{\partial \varsigma_2}{\partial s_2}\frac{\partial}{\partial s_1} - \frac{\partial \varsigma_2}{\partial s_1}\frac{\partial}{\partial s_2}\right), \qquad \frac{\partial}{\partial \varsigma_2} = \frac{1}{D}\left(\frac{\partial \varsigma_1}{\partial s_1}\frac{\partial}{\partial s_2} - \frac{\partial \varsigma_1}{\partial s_2}\frac{\partial}{\partial s_1}\right).$$

Es genügt, die ersten beiden Relationen (32) unter Anwendung der Formeln
(34) und (9) nach den ς zu differenzieren, um zu erhalten

$$\frac{\partial \varsigma_1}{\partial s_1} = \frac{D}{\sigma}y_2, \qquad \frac{\partial \varsigma_1}{\partial s_2} = -\frac{D}{\sigma}x_2, \qquad \frac{\partial \varsigma_2}{\partial s_1} = \frac{D}{\sigma}y_1, \qquad \frac{\partial \varsigma_2}{\partial s_2} = -\frac{D}{\sigma}x_1,$$

wo x_i und y_i die Coordinaten von A_i sind, während σ die Länge des Bogens
$A_1 A_2$ darstellt. Bezeichnet man also noch mit τ den doppelten Flächeninhalt
des Dreiecks GA_2A_1, so hat man

$$D = -\frac{D^2}{\sigma^2} \begin{vmatrix} x_1 & y_1 \\ x_2 & y_2 \end{vmatrix} = \frac{D^2}{\sigma^2}\tau$$

und endlich, da D nicht immer null sein kann, $\tau D = \sigma^2$. Zu diesem Resultate gelangt man auch durch die Bemerkung, dass man, wenn ψ der Winkel der beiden sich in G schneidenden Schwerpunktlinien und r_i die Länge der Seite GA_i ist, successiv hat

$$\sqrt{\varDelta\varsigma_1} = \frac{D}{\sigma}r_2, \quad \sqrt{\varDelta\varsigma_2} = \frac{D}{\sigma}r_1, \quad \tau = r_1 r_2 \sin\psi = \frac{r_1 r_2 D}{\sqrt{\varDelta\varsigma_1 \cdot \varDelta\varsigma_2}} = \frac{\sigma^2}{D}.$$

Dies vorausgeschickt werden die Formeln (33) und (34)

$$(35)\quad \frac{\partial}{\partial s_1} = \frac{\sigma}{\tau}\left(y_2\frac{\partial}{\partial\varsigma_1} + y_1\frac{\partial}{\partial\varsigma_2}\right), \quad \frac{\partial}{\partial s_2} = -\frac{\sigma}{\tau}\left(x_2\frac{\partial}{\partial\varsigma_1} + x_1\frac{\partial}{\partial\varsigma_2}\right),$$

$$(36)\quad \frac{\partial}{\partial\varsigma_1} = -\frac{1}{\sigma}\left(x_1\frac{\partial}{\partial s_1} + y_1\frac{\partial}{\partial s_2}\right), \quad \frac{\partial}{\partial\varsigma_2} = \frac{1}{\sigma}\left(x_2\frac{\partial}{\partial s_1} + y_2\frac{\partial}{\partial s_2}\right).$$

Bis jetzt haben wir garnicht der besonderen Orientierung der Axen Rechnung getragen, die durch die letzte Gleichung (32) bestimmt ist. Wenden wir nun die Formeln (36) und (9) an und setzen

$$\int_{\varsigma_1}^{\varsigma_2}(x^2 - y^2)\,ds = \varkappa\sigma,$$

so finden wir

$$\frac{\partial}{\partial\varsigma_1}\int_{\varsigma_1}^{\varsigma_2} xy\,ds = -x_1 y_1 - \varkappa(\mathcal{G}_1 x_1 - \mathcal{G}_2 y_1),$$

$$\frac{\partial}{\partial\varsigma_2}\int_{\varsigma_1}^{\varsigma_2} xy\,ds = x_2 y_2 + \varkappa(\mathcal{G}_1 x_2 - \mathcal{G}_2 y_2)$$

und dann durch die Formeln (35)

$$\frac{\partial}{\partial s_1}\int_{\varsigma_1}^{\varsigma_2} xy\,ds = \frac{\sigma}{\tau}\left[\varkappa\tau\mathcal{G}_1 - y_1 y_2(x_1 - x_2)\right],$$

$$\frac{\partial}{\partial s_2}\int_{\varsigma_1}^{\varsigma_2} xy\,ds = -\frac{\sigma}{\tau}\left[\varkappa\tau\mathcal{G}_2 - x_1 x_2(y_1 - y_2)\right].$$

Also ist

$$(37)\quad \mathcal{G}_1 = (x_1 - x_2)\frac{y_1 y_2}{\varkappa\tau}, \quad \mathcal{G}_2 = (y_1 - y_2)\frac{x_1 x_2}{\varkappa\tau}.$$

Es ist nun von Nutzen, die Bedingungen (9) so umzuformen, dass darin die Ableitungen nach den ς auftreten. Man findet leicht mit Hilfe der Formeln (36)

$$\frac{\partial x}{\partial\varsigma_1} = \left(1 - \frac{y y_1}{\varkappa}\right)\frac{x_1}{\sigma}, \quad \frac{\partial x}{\partial\varsigma_2} = -\left(1 - \frac{y y_2}{\varkappa}\right)\frac{x_2}{\sigma},$$

$$\frac{\partial y}{\partial\varsigma_1} = \left(1 + \frac{\varkappa x_1}{\varkappa}\right)\frac{y_1}{\sigma}, \quad \frac{\partial y}{\partial\varsigma_2} = -\left(1 + \frac{\varkappa x_2}{\varkappa}\right)\frac{y_2}{\sigma}.$$

Dies sind die notwendigen und hinreichenden Bedingungen für die Unbeweglichkeit des Punktes (x, y). Hier ist zu bemerken, dass die linksstehenden Formeln auch auf x_2, y_2 anwendbar sind, da bei der partiellen Differentiation nach ς_1 der Punkt A_2 unbeweglich bleibt. Ebenso sind die rechtsstehenden Formeln auf x_1, y_1 anwendbar. Will man ferner die andern Ableitungen haben, z. B. die Ableitungen von x_1 und y_1 nach ς_1, so muss man die Verrückung von A_1 berücksichtigen und zu den Ausdrücken für $\frac{\partial x_1}{\partial \varsigma_1}$ und $\frac{\partial y_1}{\partial \varsigma_1}$, die man durch Anwendung der linksstehenden Formeln erhält, die Werte von $\frac{\partial x_1}{\partial \varsigma_1}$ und $\frac{\partial y_1}{\partial \varsigma_1}$ hinzufügen, d. h. den Cosinus und den Sinus der Neigung der Curventangente in A_1 gegen die x-Axe.

e) Die Curve, aus welcher sich ein barycentrisches Paar orthogonaler Curvenscharen ergiebt, gehört einer dieser Scharen an. Es ist in der That folgendes evident: Wenn man für ς_1 einen beliebigen Wert s fixiert und dann ς_2 nach s convergieren lässt, so wird in der Grenze die eine Axe zur Tangente der Curve, die andere zur Normale. Wählt man die erste zur x-Axe, so erkennt man unter Beachtung der Relationen

$$\frac{\partial}{\partial \varsigma_1} = \frac{\partial}{\partial s} - \frac{\partial}{\partial \sigma}, \quad \frac{\partial}{\partial \varsigma_2} = \frac{\partial}{\partial \sigma},$$

dass man, um die vorhin erhaltenen Formeln durch Reihen, die nach Potenzen von σ fortschreiten, zu erfüllen,

$$x_1 = -\frac{\sigma}{2} + \frac{\sigma^3}{48\varrho^2} + \frac{\sigma^4}{120}\frac{d}{ds}\frac{1}{\varrho^2} + \cdots, \quad y_1 = \frac{\sigma^2}{12\varrho} + \frac{\sigma^3}{30}\frac{d}{ds}\frac{1}{\varrho} + \cdots,$$

$$x_2 = \frac{\sigma}{2} - \frac{\sigma^3}{48\varrho^2} - \frac{\sigma^4}{80}\frac{d}{ds}\frac{1}{\varrho^2} + \cdots, \quad y_2 = \frac{\sigma^2}{12\varrho} + \frac{\sigma^3}{20}\frac{d}{ds}\frac{1}{\varrho} + \cdots.$$

setzen muss. Es lässt sich ferner leicht daraus ableiten

$$\tau = \frac{\sigma^3}{12\varrho} + \frac{\sigma^4}{24}\frac{d}{ds}\frac{1}{\varrho} + \cdots, \quad \varkappa = \frac{\sigma^2}{12} - \frac{\sigma^4}{180\varrho^2} + \cdots$$

Diese Formeln erleichtern die Discussion des geometrischen Verhaltens der Doppelschar in der Umgebung der betrachteten Curve. Im besondern werden für $\sigma = 0$ die Formeln (37)

$$\mathcal{G}_1 = -\frac{1}{\varrho}, \quad \mathcal{G}_2 = -\frac{3}{5}\frac{d}{ds}\log \varrho$$

und zeigen, dass nicht jede orthogonale Doppelschar barycentrisch inbezug auf eine Curve ist, da längs einer der Linien, aus welchen sie besteht, z. B. längs einer gewissen Linie q_1, die Krümmung der Linien q_2 die Werte

$$\mathcal{G}_2 = \frac{3}{5}\frac{\partial}{\partial s_1}\log \mathcal{G}_1$$

annimmt. Übrigens ist es geometrisch klar, dass die barycentrischen Doppelscharen ganz speciell sind. So ist z. B. eine Doppelschar orthogonaler Kreise im allgemeinen nicht barycentrisch, weil sie dies nur inbezug auf einen von ihren Kreisen sein könnte, während andrerseits leicht zu erkennen ist, dass die barycentrische Doppelschar eines Kreises aus den concentrischen Kreisen und dem Büschel der gemeinsamen Durchmesser besteht.

Neuntes Kapitel.

Gewundene Curven und Regelflächen.

§ 117. Fundamentaltrieder.

Die Tangente einer beliebigen Curve des dreidimensionalen Raumes
in einem gegebenen Punkte M lässt sich ebenso wie bei den ebenen
Curven (vgl. § 1) definieren. Die Normalen in M sind die unendlich
vielen Senkrechten, die sich in M auf der Tangente errichten lassen. Sie
liegen in einer Ebene, die man die Normalebene nennt. Wenn sich
beim Hinrücken von M' nach M die gemeinsame Gerade der Normalebenen in M und M' einer Grenzlage nähert, so erhält sie in dieser
den Namen Polaraxe. Eine der unendlich vielen Normalen ist der
Polaraxe parallel, eine andere ist zu ihr senkrecht: die erste heisst die
Binormale, die andere die Hauptnormale. Eine der Ebenen, die
durch die Tangente hindurchgehen, enthält auch die Binormale, eine
andere enthält die Hauptnormale: die erste heisst die rectificierende
Ebene, die andere die osculierende Ebene. In jedem Punkte einer
Curve haben wir also ein rechtwinkliges Trieder, dessen Kanten die
Tangente, die Binormale und die Hauptnormale und dessen Flächen die
Normalebene, die osculierende Ebene und die rectificierende Ebene sind.
Da man die Polaraxe als den Schnitt von zwei unendlich benachbarten
Normalebenen betrachten kann, so kann man auch sagen, dass die
Binormale senkrecht zu zwei unendlich benachbarten Tan-
genten ist. Hiermit soll nur kurz ausgedrückt werden, dass die Bi-
normale in M die Grenzlage der gemeinsamen Senkrechten zu den
Tangenten in M und M' ist, wenn man unter Festhaltung von M den
Punkt M' nach M hinrücken lässt.

§ 118. Krümmungen und natürliche Gleichungen.

Liegt der Anfangspunkt der Coordinaten in dem längs der Curve
beweglichen Punkte M, so werden wir beständig als x-Axe die Tangente,
als y-Axe die Binormale und als z-Axe die Hauptnormale annehmen.

Wir wollen das Axentrieder nach einer Verschiebung des Anfangspunktes M in die unendlich benachbarte Lage M' betrachten. Nach der am Ende des vorigen Paragraphen gemachten Bemerkung hat man offenbar $\cos(y, x') = 0$. Daraus folgt, dass die Tangente x' und die Binormale y' sich als parallel zu den Ebenen zx bezw. zy betrachten lassen. Mithin ist, wenn $\delta\varphi$ der Winkel zweier unendlich benachbarter Tangenten ist, $\cos(z, x') = d\varphi$; und wenn $\delta\psi$ der Winkel zweier unendlich benachbarter Binormalen ist, so hat man $\cos(z, y') = d\psi$, abgesehen von unendlich kleinen Grössen höherer Ordnung. Die Verhältnisse der Differentiale von φ und ψ zu ds (d. h. die Grenzwerte der Verhältnisse von $\delta\varphi$ und $\delta\psi$ zur Länge des Bogens MM', wenn M' nach M hinrückt) messen die Krümmungen der betrachteten Curve im Punkte M, und zwar bezeichnet man die erste als Flexion, die zweite als Torsion. Setzt man ferner $ds = \varrho\, d\varphi = r\, d\psi$, so messen die beiden Zahlen ϱ und r, die zu den Krümmungen invers sind, zwei Längen, die man den Flexionsradius und den Torsionsradius nennt. Die Flexion einer gewundenen Curve besteht also wie bei den ebenen Curven in dem mehr oder weniger schnellen Abweichen der Curve von der Tangente und die Torsion liegt hinwiederum in der mehr oder weniger schnellen Weise, wie die Curve sich von der osculierenden Ebene zu entfernen strebt. Offenbar sind die ebenen Curven durch den Umstand charakterisiert, dass ihre Torsion null ist. Um nach diesen Vorbetrachtungen das Schema der Richtungscosinus' der Axen mit dem Anfangspunkte M' inbezug auf diejenigen mit dem Anfangspunkte M zu vervollständigen, bemerken wir zunächst, dass abgesehen von unendlich kleinen Grössen höherer Ordnung die Cosinus' der Winkel (x, x'), u. s. w. als der Einheit gleich zu betrachten sind; denn man hat z. B.

$$\cos(x, x') = \cos\delta\varphi = 1 - \frac{1}{2}(\delta\varphi)^2 + \cdots; \quad \text{u. s. w.}$$

Ferner ist wegen der Orthogonalität der Axen x' und y', x' und z', y' und z'

$$\cos(x, y') = 0, \quad \cos(x, z') = -d\varphi, \quad \cos(y, z') = -d\psi,$$

und man kann daher das Schema der Richtungscosinus' in folgender Weise schreiben:

$$(1) \qquad
\begin{array}{c|ccc}
 & x & y & z \\
\hline
x' & 1 & 0 & d\varphi \\
y' & 0 & 1 & d\psi \\
z' & -d\varphi & -d\psi & 1
\end{array}$$

Dieses Schema zeigt, dass es, um die Curve in der Umgebung jedes Punktes discutieren zu können, genügt, die Functionen φ und ψ zu kennen, d. h. dass es genügt, wenn ϱ und r als Functionen von s gegeben sind. Die Gleichungen

$$f(s, \varrho, r) = 0, \quad g(s, \varrho, r) = 0,$$

aus denen man für eine gegebene Curve die Werte der Krümmungen in jedem Punkte berechnen kann, nennt man die **natürlichen Gleichungen** der Curve. Wir werden sogleich sehen, dass die Kenntnis derselben auch die Gestalt der ganzen Curve in eindeutiger Weise zu bestimmen gestattet, abgesehen von der Lage, die sie im Raume einnimmt.

§ 119. Fundamentalformeln.

Inbezug auf das Trieder mit dem Anfangspunkte M seien x, y, z (Functionen von s) die Coordinaten eines Punktes P, der im allgemeinen mit M beweglich ist, und $x + \delta x$, $y + \delta y$, $z + \delta z$ die Coordinaten des Punktes P', der auf der Bahncurve, die P beschreibt, dem Punkte M' entspricht. Die Coordinaten von P' inbezug auf die Axen mit dem Anfangspunkte M' sind $x + dx$, $y + dy$, $z + dz$, mithin ist, wenn man das Schema (1) berücksichtigt und mit u, v, w die (unendlich kleinen) Coordinaten von M' bezeichnet,

$$(2) \quad \begin{aligned} x + \delta x &= u + x + dx - (z + dz)\, d\varphi \\ y + \delta y &= v + y + dy - (z + dz)\, d\psi \\ z + \delta z &= w + (x + dx)\, d\varphi + (y + dy)\, d\psi + z + dz. \end{aligned}$$

Wir wollen unsere Untersuchung auf diejenigen Curven beschränken, bei denen man wie bei den ebenen Curven behaupten darf, dass der Grenzwert des Verhältnisses des Bogens MM' zu der Sehne, wenn M' nach M hinrückt, gleich der Einheit ist. Da nun nach der Definition der Tangente

$$\lim \frac{u}{\sqrt{u^2 + v^2 + w^2}} = 1, \quad \lim \frac{v}{\sqrt{u^2 + v^2 + w^2}} = 0, \quad \lim \frac{w}{\sqrt{u^2 + v^2 + w^2}} = 0$$

ist und sich andererseits die soeben gemachte Voraussetzung in der Formel

$$\lim \frac{\delta s}{\sqrt{u^2 + v^2 + w^2}} = 1$$

ausdrückt, so hat man

$$\lim \frac{u}{\delta s} = 1, \quad \lim \frac{v}{\delta s} = 0, \quad \lim \frac{w}{\delta s} = 0.$$

Wir können daher in den Gleichungen (2) v und w unterdrücken und ds an Stelle von u setzen; dividiert man sie dann durch ds, so gewinnt man die **Fundamentalformeln**:

$$(3) \quad \frac{\delta x}{ds} = \frac{dx}{ds} - \frac{z}{\varrho} + 1, \quad \frac{\delta y}{ds} = \frac{dy}{ds} - \frac{z}{r}, \quad \frac{\delta z}{ds} = \frac{dz}{ds} + \frac{x}{\varrho} + \frac{y}{r}.$$

Die Formeln (2) sind auch auf die Cosinus' α, β, γ anwendbar, die eine beliebige Richtung definieren, vorausgesetzt, dass man u, v, w unterdrückt. Daraus folgt, dass man für die Richtungen hat:

$$(4) \qquad \frac{\delta\alpha}{ds} = \frac{d\alpha}{ds} - \frac{\gamma}{\varrho}, \quad \frac{\delta\beta}{ds} = \frac{d\beta}{ds} - \frac{\gamma}{r}, \quad \frac{\delta\gamma}{ds} = \frac{d\gamma}{ds} + \frac{\alpha}{\varrho} + \frac{\beta}{r}.$$

Wir wollen endlich die Fundamentalformeln für die Gerade suchen. Als Coordinaten einer geraden Linie können wir ihre Richtungscosinus' α, β, γ und die Grössen

$$(5) \qquad \xi = \gamma y - \beta z, \quad \eta = \alpha z - \gamma x, \quad \zeta = \beta x - \alpha y$$

wählen, die offenbar mit den Cosinus' durch die identische Relation

$$(6) \qquad \alpha\xi + \beta\eta + \gamma\zeta = 0$$

zusammenhängen und von der Lage des Punktes (x, y, z) auf der Geraden unabhängig sind, da sie ungeändert bleiben, wenn man x, y, z beziehungsweise durch $x + \alpha t$, $y + \beta t$, $z + \gamma t$ ersetzt, welches auch der Wert von t sein mag. Man hat einfach auf die Grössen (5) die Formeln (3) und (4) anzuwenden, um zu erhalten

$$(7) \qquad \frac{\delta\xi}{ds} = \frac{d\xi}{ds} - \frac{\zeta}{\varrho}, \quad \frac{\delta\eta}{ds} = \frac{d\eta}{ds} - \frac{\zeta}{r} - \gamma, \quad \frac{\delta\zeta}{ds} = \frac{d\zeta}{ds} + \frac{\xi}{\varrho} + \frac{\eta}{r} + \beta.$$

Dies sind zusammen mit (4) die Fundamentalformeln für die Geraden.

$$\S\ 120.$$

Aus den Formeln (3) ergiebt sich, dass es für die Unbeweglichkeit des Punktes (x, y, z) notwendig und hinreichend ist, dass

$$(8) \qquad \frac{dx}{ds} = \frac{z}{\varrho} - 1, \quad \frac{dy}{ds} = \frac{z}{r}, \quad \frac{dz}{ds} = -\frac{x}{\varrho} - \frac{y}{r}$$

ist. Fixieren wir den Anfangspunkt der Bogen in einem beliebigen Punkte der Curve, wo die Krümmungen (die wir immer als stetige Functionen des Bogens voraussetzen werden) endliche Werte haben, und seien x, y, z seine Coordinaten inbezug auf das Fundamentaltrieder in einem unendlich benachbarten Punkte. Offenbar werden x, y, z gleichzeitig mit s unendlich klein, und da die Bedingungen (8) erfüllt sein müssen, so erhält man durch Anwendung des Satzes von l' Hospital:

$$\lim \frac{x}{s} = \lim\left(\frac{z}{\varrho} - 1\right) = -1, \quad \lim \frac{y}{s} = \lim \frac{z}{r} = 0.$$

Daraus folgt

$$\lim \frac{z}{s^2} = -\frac{1}{2}\lim \frac{1}{s}\left(\frac{x}{\varrho} + \frac{y}{r}\right) = -\frac{1}{2\varrho}\lim \frac{x}{s} = \frac{1}{2\varrho},$$

ferner

$$\lim \frac{y}{s^3} = \frac{1}{3r}\lim \frac{z}{s^2} = \frac{1}{6\varrho r}.$$

Da nun die Verlegung des Anfangspunktes der Bogen nach dem Punkte M' $(s + ds)$, der dem Punkte $M(s)$ unendlich benachbart ist, darauf hinauskommt, $s + ds = 0$ zu setzen, so erhält man die Ausdrücke für die Coordinaten u, v, w von M' inbezug auf die Axen mit dem Anfangspunkte M, indem man in den obigen Resultaten s in $-ds$ verwandelt, so dass man hat

$$(9) \qquad u = ds, \quad v = -\frac{ds^3}{6\varrho r}, \quad w = \frac{ds^2}{2\varrho}.$$

Demnach sind die Ebenen, welche die Tangente in M enthalten, unter allen durch M hindurchgehenden Ebenen durch den Umstand charakterisiert, dass ihre Entfernung von den zu M unendlich benachbarten Punkten unendlich klein von höherer Ordnung ist, und zwar ist nur für eine von ihnen (die osculierende Ebene) diese Entfernung wenigstens von der dritten Ordnung. Daraus folgt, dass jeder in der Umgebung von M gewählte Bogen von hinreichender Kleinheit ganz auf einer Seite von jeder durch die Tangente in M hindurchgehenden Ebene liegt, mit Ausnahme der osculierenden Ebene, welche im allgemeinen von der Curve durchsetzt wird. Wenn man die unendlich kleinen Grössen von der dritten Ordnung vernachlässigt, so kann man annehmen, M' liege in der Osculationsebene, und wenn man auch diejenigen von der zweiten Ordnung vernachlässigt, so kann man M' als direct auf der Tangente liegend betrachten. Bei solchen Fragen also, wo die Vernachlässigung der höheren unendlich kleinen Grössen gestattet ist, wird es auch erlaubt sein, die Curve einer Polygonallinie $MM'M''\ldots$ mit unendlich kleinen Seiten gleich zu achten und die Tangente als die Gerade zu betrachten, auf welcher ein Element MM' liegt, die osculierende Ebene als die durch zwei aufeinanderfolgende Elemente MM' und $M'M''$ bestimmte Ebene; u. s. w. Man geht von einer Lage des Fundamentaltrieders zu der folgenden Lage über, indem man den Scheitelpunkt auf der Tangente um ds fortrücken und dann die Kanten sich so um den Scheitelpunkt drehen lässt, dass sie die Richtungscosinus' (1) erhalten. Es ergiebt sich endlich aus den Formeln (9): Wenn ein Beobachter auf der Curve wandert mit dem Kopfe nach der positiven Seite der Hauptnormale und er in dem Sinne fortschreitet, in welchem s wächst, so wird er die Curve sich erheben oder sich senken sehen, jenachdem ϱ positiv oder negativ ist, und er wird sie sich nach links oder nach rechts wenden sehen, jenachdem r dasselbe oder das entgegengesetzte Vorzeichen wie ϱ hat.

§ 121.

Nunmehr wollen wir beweisen, dass jedes Paar natürlicher Gleichungen in eindeutiger Weise eine Curve bestimmt, wenigstens innerhalb gewisser Grenzen für s, zwischen denen die Krümmungen endliche und stetige Functionen von s sind. Es ist bekannt, dass unter diesen Bedingungen immer ein und nur ein Tripel von Functionen x, y, z existiert, welches den Gleichungen (8) genügt und sich für $s = 0$ auf a, b, c reduciert. Offenbar sind x, y, z (wenn die Curve existiert) inbezug auf das Trieder mit dem Anfangspunkte M die Coordinaten desselben Punktes, der in dem zum Punkte O, dem Anfangspunkte der Bogen, gehörigen Trieder die Coordinaten a, b, c hat. Andererseits sind auf Grund der Formeln (4) die notwendigen und hinreichenden Bedingungen für die Invariabilität der Richtung (α, β, γ)

$$(10) \qquad \frac{d\alpha}{ds} = \frac{\gamma}{\varrho}, \quad \frac{d\beta}{ds} = \frac{\gamma}{r}, \quad \frac{d\gamma}{ds} = -\frac{\alpha}{\varrho} - \frac{\beta}{r}.$$

Man bemerke, dass man, wenn α, β, γ und α', β', γ' zwei beliebige Tripel von Functionen sind, die den Gleichungen (10) genügen, auf Grund derselben Gleichungen (10) successiv erhält

$$\frac{d}{ds}(\alpha\alpha' + \beta\beta' + \gamma\gamma') = 0, \quad \alpha\alpha' + \beta\beta' + \gamma\gamma' = \text{Const.}$$

Daraus folgt: Wenn man die drei in dem ersten der quadratischen Schemata

$$\begin{vmatrix} \alpha_1 & \beta_1 & \gamma_1 \\ \alpha_2 & \beta_2 & \gamma_2 \\ \alpha_3 & \beta_3 & \gamma_3 \end{vmatrix}, \quad \begin{vmatrix} 1 & 0 & 0 \\ 0 & 1 & 0 \\ 0 & 0 & 1 \end{vmatrix}$$

enthaltenen Functionentripel derart bestimmt, dass sie den Gleichungen (10) genügen und für $s = 0$ die entsprechenden in dem zweiten quadratischen Schema angegebenen Werte annehmen, so wird beständig

$$\alpha_i\alpha_j + \beta_i\beta_j + \gamma_i\gamma_j = \begin{vmatrix} 1, & \text{für} & i = j, \\ 0, & \text{für} & i \gtrless j, \end{vmatrix}$$

sein, d. h. die durch das erste Schema dargestellte Determinante ist orthogonal. Es ist klar, dass die Elemente der genannten Determinante gerade die Richtungscosinus' der Axen mit dem Anfangspunkte O inbezug auf diejenigen mit dem Anfangspunkte M sind, da sie für $s = 0$ die Richtungen der erwähnten Axen liefern und andererseits die Bedingungen (10) erfüllen, die für die Invariabilität der Richtungen hinreichend sind. Dies vorausgeschickt darf man immer setzen

$$x = x_0 + a\alpha_1 + b\alpha_2 + c\alpha_3, \quad y = y_0 + a\beta_1 + b\beta_2 + c\beta_3,$$
$$z = z_0 + a\gamma_1 + b\gamma_2 + c\gamma_3$$

und erkennt dann durch Einsetzen dieser Werte in (8) unter Berücksichtigung der Formeln (10), dass die neuen unbekannten Functionen x_0, y_0', z_0 ebenfalls den Gleichungen (8) genügen, und dass sie sich sämtlich mit s auf Null reducieren. Sie sind demnach vollkommen bestimmt und stellen offenbar die Coordinaten von O inbezug auf die Axen mit dem Anfangspunkte M dar. Nun können wir für jeden Wert von s die Constanten a, b, c so bestimmen, dass sie die Coordinaten von M inbezug auf die Axen mit dem Anfangspunkte O darstellen: es genügt (indem man sich den Augenblick des Durchganges des Punktes M durch einen festen Punkt denkt), in den obigen Relationen x, y, z gleich Null zu setzen und das System nach a, b, c aufzulösen:

$$(11) \qquad \begin{cases} a = -(\alpha_1 x_0 + \beta_1 y_0 + \gamma_1 z_0), \\ b = -(\alpha_2 x_0 + \beta_2 y_0 + \gamma_2 z_0), \\ c = -(\alpha_3 x_0 + \beta_3 y_0 + \gamma_3 z_0). \end{cases}$$

Hiermit ist in eindeutiger Weise die Curve bestimmt, welche durch das gegebene Paar natürlicher Gleichungen definiert wird, da, wenn s variiert, die Coordinaten aller ihrer Punkte inbezug auf ein unbewegliches Axentripel bekannt sind.

§ 122.

Es ist interessant, zu bemerken, wie sich aus den Formeln (11) mit Hilfe der Unbeweglichkeitsbedingungen (8) und (10) mit Leichtigkeit die ganze gewöhnliche Theorie der gewundenen Curven ableiten lässt. Man findet in der That durch Differentiation

$$(12) \qquad \frac{da}{ds} = \alpha_1, \qquad \frac{db}{ds} = \alpha_2, \qquad \frac{dc}{ds} = \alpha_3,$$

ferner

$$(13) \qquad \frac{d^2 a}{ds^2} = \frac{\gamma_1}{\varrho}, \qquad \frac{d^2 b}{ds^2} = \frac{\gamma_2}{\varrho}, \qquad \frac{d^2 c}{ds^2} = \frac{\gamma_3}{\varrho},$$

und durch nochmalige Differentiation ergiebt sich

$$(14) \qquad \frac{d^3 a}{ds^3} = \gamma_1 \frac{d}{ds} \frac{1}{\varrho} - \frac{\alpha_1}{\varrho^2} - \frac{\beta_1}{\varrho r}, \quad \text{u. s. w.}$$

Benutzt man also unbewegliche Axen, so sind die ersten Ableitungen der Coordinaten nach dem Bogen gleich den Richtungscosinus' der Tangente und die zweiten Ableitungen sind proportional den Richtungscosinus' der Hauptnormale. Für die Binormale hat man

$$(15) \qquad \beta_1 = \alpha_3 \gamma_2 - \alpha_2 \gamma_3 = \left(\frac{dc}{ds} \frac{d^2 b}{ds^2} - \frac{db}{ds} \frac{d^2 c}{ds^2} \right) \varrho, \quad \text{u. s. w.}$$

Quadriert und addiert man die Gleichungen (12), so erhält man die Formel

$$ds^2 = da^2 + db^2 + dc^2,$$

welche den **Bogen** zu berechnen gestattet, wenn die Coordinaten als Functionen einer beliebigen Veränderlichen gegeben sind. Quadriert und addiert man dagegen die Gleichungen (13), so findet man die Formel

$$\frac{1}{\varrho^2} = \left(\frac{d^2 a}{ds^2}\right)^2 + \left(\frac{d^2 b}{ds^2}\right)^2 + \left(\frac{d^2 c}{ds^2}\right)^2,$$

welche die **Flexion** kennen lehrt, wenn s die unabhängige Variable ist. Zu der allgemeinen Formel (die nicht an die Wahl der unabhängigen Variablen gebunden ist) gelangt man, wenn man in analoger Weise mit den Gleichungen (15) verfährt. Multipliciert man ferner die Gleichungen (14) mit β_1, β_2, β_3 und addiert sie, so erhält man unter Berücksichtigung der Formeln (15)

$$\frac{1}{r\varrho^2} = \begin{vmatrix} \dfrac{da}{ds} & \dfrac{d^2 a}{ds^2} & \dfrac{d^3 a}{ds^3} \\[2mm] \dfrac{db}{ds} & \dfrac{d^2 b}{ds^2} & \dfrac{d^3 b}{ds^3} \\[2mm] \dfrac{dc}{ds} & \dfrac{d^2 c}{ds^2} & \dfrac{d^3 c}{ds^3} \end{vmatrix}.$$

Diese Formel dient zur Berechnung der **Torsion**, wenn man die Flexion bereits kennt.

§ 123. Digression über die Gerade.

a) Bekanntlich ist der Winkel θ zweier Richtungen (α, β, γ) und $(\alpha', \beta', \gamma')$ durch eine jede der folgenden Formeln gegeben:

$$\cos \theta = \alpha\alpha' + \beta\beta' + \gamma\gamma',$$
$$\sin^2 \theta = (\beta\gamma' - \gamma\beta')^2 + (\gamma\alpha' - \alpha\gamma')^2 + (\alpha\beta' - \beta\alpha')^2.$$

Bilden die Richtungen (α, β, γ) und $(\alpha + \delta\alpha, \beta + \delta\beta, \gamma + \delta\gamma)$ den unendlich kleinen Winkel $\delta\theta$, so liefert die zweite Formel

$$(16) \qquad \delta\theta^2 = (\beta\delta\gamma - \gamma\delta\beta)^2 + (\gamma\delta\alpha - \alpha\delta\gamma)^2 + (\alpha\delta\beta - \beta\delta\alpha)^2.$$

Dagegen leitet man aus der ersten ab

$$1 - \tfrac{1}{2}\delta\theta^2 + \cdots = \sum \alpha(\alpha + \delta\alpha) = 1 + \sum \alpha\,\delta\alpha = 1 - \tfrac{1}{2}\sum \delta\alpha^2,$$

d. h.

$$(17) \qquad \delta\theta^2 = \delta\alpha^2 + \delta\beta^2 + \delta\gamma^2.$$

b) Die Cosinus' λ, μ, ν, welche die Richtung bestimmen, die zu den durch die Cosinus' α, β, γ und α', β', γ' definierten orthogonal ist, genügen den Orthogonalitätsbedingungen $\sum \lambda \alpha = 0$, $\sum \lambda \alpha' = 0$, aus denen sich ergiebt

$$(18) \qquad \frac{\lambda}{\beta \gamma' - \gamma \beta'} = \frac{\mu}{\gamma \alpha' - \alpha \gamma'} = \frac{\nu}{\alpha \beta' - \beta \alpha'} = \frac{1}{\sin \theta},$$

wenn man den positiven Sinn der genannten Richtung derart fixiert, dass er mit demjenigen der z-Axe zusammenfällt, wenn die gegebenen Richtungen bezüglich mit denen der x- und der y-Axe zum Zusammenfallen gebracht werden. Offenbar ist der Abstand q zweier Geraden die Projection der geraden Strecke, die einen beliebigen Punkt (x, y, z) der einen Geraden mit einem Punkte (x', y', z') der andern verbindet, auf deren gemeinsames Lot. Daraus folgt

$$q = \lambda (x' - x) + \mu (y' - y) + \nu (z' - z),$$

d. h. wegen (18)

$$(19) \qquad q \sin \theta = \begin{vmatrix} \alpha & \alpha' & x' - x \\ \beta & \beta' & y' - y \\ \gamma & \gamma' & z' - z \end{vmatrix},$$

wo sich der rechten Seite die Form

$$\begin{vmatrix} \alpha & \alpha' & x' \\ \beta & \beta' & y' \\ \gamma & \gamma' & z' \end{vmatrix} + \begin{vmatrix} \alpha' & \alpha & x \\ \beta' & \beta & y \\ \gamma' & \gamma & z \end{vmatrix} = - \sum (\alpha \xi' + \alpha' \xi)$$

geben lässt, so dass man unter Erinnerung an die Relation (6) auch schreiben kann

$$q \sin \theta = \sum (\alpha' - \alpha)(\xi' - \xi).$$

Wenn also zwei Geraden unendlich benachbart sind und man mit δq ihren Abstand bezeichnet, so ist

$$(20) \qquad \delta q \, \delta \theta = \delta \alpha \, \delta \xi + \delta \beta \, \delta \eta + \delta \gamma \, \delta \zeta.$$

Zu der Formel (19) sei noch bemerkt, dass man, wenn eine der Geraden z. B. die x-Axe ist, $- q \sin \theta = \xi$ erhält, womit die geometrische Interpretation der Coordinaten ξ, η, ζ gewonnen ist.

    c) Die Geraden des Raumes bilden eine vierfach unendliche Mannigfaltigkeit, da zwischen den sechs Coordinaten einer Geraden zwei Relationen bestehen. Jede neue Bedingung, die man diesen Coordinaten auferlegt, bestimmt im Raume eine dreifach unendliche Mannigfaltigkeit von Geraden, die man einen Complex nennt. Ein Paar verschiedener Gleichungen definiert eine Congruenz oder eine zweifach unendliche Mannigfaltigkeit von Geraden, welche sich also als der Schnitt zweier Complexe betrachten lässt und das Analogon der Fläche oder der zweifach unendlichen Mannigfaltigkeit von Punkten ist. Endlich stellt der Inbegriff von drei verschiedenen Gleichungen eine einfach unendliche Mannigfaltigkeit von Geraden dar, die offenbar ·eine eigenartige Fläche bilden, welche man eine Regelfläche nennt. Mit den Regelflächen und den Congruenzen werden wir uns später beschäftigen. Hier wollen wir uns darauf beschränken, einige

Eigenschaften der einfachsten Complexe auseinanderzusetzen, die durch eine lineare Gleichung

$$(21) \qquad a\xi + b\eta + c\zeta + l\alpha + m\beta + n\gamma = 0$$

dargestellt und aus diesem Grunde lineare Complexe genannt werden. Ein solcher Complex heisst speciell, wenn zwischen den Coefficienten die Beziehung

$$(22) \qquad al + bm + cn = 0$$

besteht, auf Grund deren man die Coefficienten als proportional zu den Coordinaten einer Geraden betrachten kann, so dass alsdann die Gleichung (21) ausdrückt, dass die genannte Gerade alle diejenigen, welche dem Complex angehören, schneidet. Also besteht der specielle Complex aus den unendlich vielen Geraden, die eine gegebene Gerade schneiden. Es kann vorkommen, dass dieselbe im Unendlichen liegt, und zwar ist dies der Fall, wenn a, b, c null sind; alsdann sind nach (21) die Geraden des Complexes alle Senkrechten zu der Richtung, deren Cosinus' proportional l, m, n sind, d. h. sie sind alle Geraden eines Büschels paralleler Ebenen, und man kann daher mit Recht sagen, dass sie den gemeinsamen Schnitt dieser Ebenen treffen. Bei einem allgemeinen linearen Complex, wo also die Gleichung (22) nicht besteht, ist es nicht möglich, dass a, b, c gleichzeitig null sind, und man kann daher immer die Richtung betrachten, welche durch die Cosinus'

$$(23) \quad \alpha_0 = \frac{a}{\sqrt{a^2 + b^2 + c^2}}, \quad \beta_0 = \frac{b}{\sqrt{a^2 + b^2 + c^2}}, \quad \gamma_0 = \frac{c}{\sqrt{a^2 + b^2 + c^2}}$$

definiert wird. Man kann ferner eine Gerade mit dieser Richtung annehmen, deren übrige Coordinaten ξ_0, η_0, ζ_0 wir noch in zweckmässiger Weise bestimmen wollen. Aus (19) erhält man unter Beachtung von (21)

$$(24) \quad -q \sin\theta = \sum \alpha\xi_0 + \frac{a\xi + b\eta + c\zeta}{\sqrt{a^2 + b^2 + c^2}} = \sum \alpha\left(\xi_0 - \frac{l}{\sqrt{a^2 + b^2 + c^2}}\right),$$

und die letzte Summe reduciert sich auf $-p\cos\theta$, wenn man

$$(25) \quad \xi_0 = \frac{l - ap}{\sqrt{a^2 + b^2 + c^2}}, \quad \eta_0 = \frac{m - bp}{\sqrt{a^2 + b^2 + c^2}}, \quad \zeta_0 = \frac{n - cp}{\sqrt{a^2 + b^2 + c^2}}$$

setzt. Man bestimmt alsdann die Constante p mit Hilfe der Bemerkung, dass die Relation (6) stattfinden, dass also

$$a(l - ap) + b(m - bp) + c(n - cp) = 0$$

sein muss. Daraus folgt

$$(26) \qquad p = \frac{al + bm + cn}{a^2 + b^2 + c^2},$$

und die Gleichung (24) reduciert sich schliesslich auf die einfache Form

$$(27) \qquad q \operatorname{tg} \theta = p.$$

Die durch die Coordinaten (23) und (25) definierte Gerade heisst die **Axe** des Complexes, und die obigen Betrachtungen zeigen, dass jeder lineare Complex aus den Geraden besteht, für welche zwischen dem Abstand von einer gewissen Axe und dem Winkel, den diese mit jeder Complexgeraden bildet, die Relation (27) besteht.

d) Die lineare Congruenz oder der Schnitt von zwei linearen Complexen $\varkappa = 0$, $\varkappa' = 0$ gehört auch den unendlich vielen Complexen an, welche das Büschel $\varkappa + \lambda \varkappa' = 0$ bilden. Drückt man aus, dass die Bedingung (22) von den Coefficienten von $\varkappa + \lambda \varkappa'$ erfüllt wird, so findet man eine Gleichung zweiten Grades in λ, und es giebt daher in dem genannten Büschel immer zwei specielle Complexe. Also besteht jede lineare Congruenz aus den Geraden, die sich auf zwei bestimmte Geraden des Raumes stützen. Betrachtet man dagegen das Netz von Complexen $\varkappa + \lambda \varkappa' + \mu \varkappa'' = 0$, so führt die Bedingung (22) zu einer Relation zwischen λ und μ, auf Grund deren in dem genannten Netz immer unendlich viele specielle Complexe existieren. Also gehört die Regelfläche, welche der Schnitt der Complexe $\varkappa = 0$, $\varkappa' = 0$, $\varkappa'' = 0$ ist, auch unendlich vielen speciellen Complexen an, d. h. die Geraden, aus denen sie besteht, treffen unendlich viele andere Geraden, die sich ebenfalls als Erzeugende der Fläche betrachten lassen. Daraus folgt, dass eine derartige Fläche in zwei durchaus verschiedenen Weisen von einer Geraden erzeugt werden kann, die im Raume successiv einfach unendlich viele Lagen annimmt. Solche speciellen Regelflächen nennt man quadratische Regelflächen. Nach der Natur ihrer Eigenschaften, mit denen sich die gewöhnliche analytische Geometrie ausführlich beschäftigt, behaupten sie in der Geometrie des Raumes den Platz, welchen die Kegelschnitte (§ 25) in der Ebene einnehmen.

e) Besonders bemerkenswert ist für uns unter den quadratischen Regelflächen das hyperbolische Paraboloid, d. h. die Fläche, welche von einer Geraden erzeugt wird, die sich parallel zu einer Ebene bewegt, indem sie sich auf zwei gegebene Geraden stützt. Eine solche Fläche lässt sich also als der Schnitt der drei speciellen Complexe

$$\sum \alpha \alpha_0 = 0 , \quad \sum (\alpha' \xi + \alpha \xi') = 0 , \quad \sum (\alpha'' \xi + \alpha \xi'') = 0$$

betrachten, mithin gehören ihre Erzeugenden (die der einen Schar) auch jedem Complex des Netzes

$$(28) \qquad \sum [(\lambda \alpha' + \mu \alpha'') \xi + (\alpha_0 + \lambda \xi' + \mu \xi'') \alpha] = 0$$

an. Die Erzeugenden der zweiten Schar sind die Axen der speciellen Complexe, die durch die Gleichung (28) dargestellt werden, wenn man zwischen λ und μ eine passende Relation aufstellt, nämlich

$$(29) \qquad \lambda \sum \alpha' \alpha_0 + \mu \sum \alpha'' \alpha_0 + \lambda \mu \sum (\alpha' \xi'' + \alpha'' \xi') = 0 .$$

Da nun die Richtungscosinus' dieser Erzeugenden gleich linearen Combinationen der Cosinus' α', β', γ' und α'', β'', γ'' sind, so sieht man, dass auch sie wie diejenigen der ersten Schar einer gewissen Ebene parallel sind. Also wird die Fläche in derselben Weise von den Geraden der einen wie von denen der andern Schar erzeugt. Zwischen λ und μ stelle man jetzt statt (29) die Relation

$$\lambda \sum \alpha' \alpha_0 + \mu \sum \alpha'' \alpha_0 = 0$$

auf, welche von jener verschieden ist, falls sich die zu Anfang gegebenen Geraden nicht schneiden, was man, wenn die Fläche keine Ebene sein soll, annehmen muss. Die Gleichung (28) stellt alsdann unendlich viele nicht specielle lineare Complexe dar, deren Axen zur Leitebene parallel sind. Diese Ebene kann man sogar so fixieren, dass sie eine der Axen enthält. Dann trifft, da die Relation (27) erfüllt sein muss, die in der Ebene gelegene Erzeugende die Axe unter rechtem Winkel, und dieser Umstand zeigt deutlich, dass alle andern Axen notwendig in derselben Ebene liegen. Sind in dieser Weise die beiden Leitebenen fixiert, so heisst ihr Schnitt die Axe des Paraboloids, und die beiden Erzeugenden, welche die Axe senkrecht treffen, heissen die Haupterzeugenden zum Unterschied von den andern in den bezüglichen Scharen. Sie müssen sich schneiden, weil sie eben nicht derselben Schar angehören, und ihr Schnittpunkt liegt notwendig auf der Axe und heisst der Scheitel des Paraboloids. ·

f) Für eine beliebige. Erzeugende, die im Abstande t von der zugehörigen Leitebene liegt, während ausserdem τ der Winkel ist, um welchen sie gegen die Hauptrichtung gedreht erscheint, hat man auf Grund von (27)

$$(30) \qquad \operatorname{tg} \tau = \frac{t}{p}\,,$$

da in dem hier betrachteten Falle der Winkel θ das Complement von τ ist. Also kann das hyperbolische Paraboloid von einer Geraden erzeugt werden, die sich parallel zu einer Ebene bewegt, indem sie sich auf eine feste Gerade stützt und sich um dieselbe nach dem Gesetz (30) dreht. Die feste Gerade OM ist, wenn man will, die Haupterzeugende der zweiten Schar; ihre Projection OP auf die erste Leitebene wird folglich die Haupterzeugende der ersten Schar sein. Errichtet man jetzt in der genannten Ebene in P, der Projection von M, die Senkrechte auf der Projection der durch M hindurchgehenden Erzeugenden und ebenso im Scheitel O die Senkrechte auf OP, so schneiden sich die beiden so construierten Geraden in einem festen Punkte F. In der That liefert die Betrachtung der rechtwinkligen Dreiecke OPF und MPF und der Gleichung (30)

$$OF = OP.\cot \tau = t \cot \varphi \cot \tau = p \cot \varphi,$$

wenn man mit φ die Neigung von OM gegen die feste Ebene bezeichnet. Also (§ 33, a) umhüllen die Projectionen der Erzeugenden auf die Leitebene eine Parabel, welche ihren Brennpunkt in F und ihren Scheitel in O hat. Man bemerke jedoch, dass die Enveloppe dieser Projectionen der Scheitel ist, wenn die Haupterzeugenden senkrecht zueinander sind, in welchem Falle das Paraboloid gleichseitig heisst. Lässt man dagegen die Constanten φ und p nach Null abnehmen derart, dass $p \cot \varphi$ gleich einer von Null verschiedenen Constanten bleibt, so nähern sich die beiden Scharen von Erzeugenden der Coincidenz, und das Paraboloid artet schliesslich aus in die Schar der Tangenten einer Parabel.

g) Zum Schluss wollen wir bemerken, dass sich die Bedeutung von p aus der Formel (30) ergiebt, die für die beiden Scharen von Erzeugenden die Gleichungen

$$(31) \qquad p = \lim_{\tau = 0} \frac{t}{\tau}\,, \qquad p' = \lim_{\tau' = 0} \frac{t'}{\tau'}$$

liefert. Wohlverstanden sind bei beiden Scharen die Winkel τ und τ' von den Haupterzeugenden aus zu rechnen. Ist z. B. die Richtung $(\alpha', \beta', \gamma')$ diejenige, welche man durch Projection von $(\alpha_0, \beta_0, \gamma_0)$ auf die zweite Leitebene erhält, so hat man

$$\sum \alpha' \alpha_0 = \sin \varphi, \qquad \sum \alpha'' \alpha_0 = \sin \varphi \cos \tau', \qquad \sum \alpha' \alpha'' = \cos \tau',$$

und man muss $\lambda = -\mu \cos \tau'$ nehmen. Man gelangt dann mit Hilfe der Formel (26) zu dem folgenden Resultat:

$$p = -\frac{\lambda \mu\, t' \sin \tau'}{\lambda^2 + \mu^2 + 2\lambda\mu \cos \tau'} = \frac{t'}{\operatorname{tg} \tau'} = p'.$$

Es ist also gleichgiltig, ob man zur Berechnung des Wertes der Constanten p die eine oder die andere Schar von Erzeugenden benutzt. Da man ferner dasselbe von dem Winkel φ sagen kann, so ergiebt sich, dass die beiden von den Projectionen der Erzeugenden auf die bezüglichen Leitebenen umhüllten Parabeln gleich sind.

h) Verschiedene bemerkenswerte Flächen sind einer analogen Erzeugung fähig wie das hyperbolische Paraboloid. Errichtet man in einem längs einer festen Geraden beweglichen Punkte auf dieser eine Senkrechte derart, dass, während der Punkt um t fortrückt, die Senkrechte sich um einen Winkel τ dreht, der an t durch die Relation (30) gebunden ist, so erzeugt, wie wir gesehen haben, die bewegliche Gerade ein gleichseitiges Paraboloid; wenn man aber im ersten Gliede von (30) $\operatorname{tg} \tau$ durch τ ersetzt, so erzeugt die Gerade eine andere bemerkenswerte Fläche, welche man eine **Schraubenregelfläche mit Leitebene** nennt. Wenn man $\sin 2\tau$ statt $\operatorname{tg} \tau$ oder τ setzt, so heisst die erzeugte Fläche ein **Cylindroid** oder ein **Plücker'sches Conoid** und ist der Ort der Axen der linearen Complexe eines Büschels. Allgemeiner bezeichnet man als **Conoid** jede Fläche, die von einer Geraden erzeugt wird, welche sich parallel zu einer Ebene bewegt, indem sie sich auf eine feste Gerade stützt.

§ 124. Regelflächen.

Eine Regelfläche kann man betrachten (vgl. § 120) als eine einfach unendliche Reihe von **Elementen**, deren jedes der zwischen zwei unendlich benachbarten Erzeugenden g und g' enthaltene Flächenstreifen ist. **Abwickelbar** nennt man die Regelflächen mit ebenen Elementen, d. h. diejenigen, bei welchen man g und g' als in einer Ebene liegend betrachten kann, abgesehen von unendlich kleinen Grössen höherer Ordnung: dies kann der Fall sein sei es, weil der Abstand δq der beiden Geraden inbezug auf ihren Winkel $\delta\theta$ unendlich klein ist, sei es, weil beständig $\delta\theta = 0$ ist, d. h. die Erzeugenden sämtlich parallel sind, in welchem Falle die Fläche ein **Cylinder** heisst. Der Punkt von g, welcher auf dem gemeinsamen Lot von g und g' liegt, bewegt sich gleichzeitig mit g', wenn man g' unter Festhaltung von g nach g hinrücken lässt, und es kann vorkommen, dass er sich dabei einem festen

Punkte Q auf g nähert, welchen man den Centralpunkt von g nennt. Der Ort der Centralpunkte heisst die Rückkehrkante, wenn die Fläche abwickelbar ist, und es ist im besondern klar, dass bei den Cylinderflächen die Rückkehrkante ganz im Unendlichen liegt. Bei den andern Regelflächen, die man windschief nennt, heisst dagegen der Ort der Centralpunkte die Strictionslinie. Nähert sich ferner das Verhältnis $\frac{\delta q}{\delta \theta}$ einem Grenzwert p, wenn g$'$ in die feste Lage g hinrückt, so nennt man p den Verteilungsparameter längs der Erzeugenden g. Offenbar sind die einzigen Regelflächen, bei welchen auf allen Erzeugenden $p = 0$ ist, die nicht cylindrischen abwickelbaren Flächen; bei den Cylinderflächen ist dagegen p unendlich. Man ziehe nun durch einen Punkt M, der auf g fixiert ist, unendlich viele Curven, welche g$'$ in M', M'', ... treffen. Wenn g$'$ nach g hinrückt, so werden die Geraden MM', MM'', ... zu Tangenten der genannten Curven im Punkte M, mithin liegen die Tangenten aller durch M hindurchgehenden Curven der Fläche im Punkte M in einer Ebene, welche die Tangentialebene in M heisst und die Grenzlage der durch den Punkt M und die Gerade g$'$ bestimmten Ebene ist. Die Normale der Fläche im Punkte M ist die in M auf der Tangentialebene errichtete Senkrechte. Dies vorausgeschickt wollen wir bemerken, dass die Tangenten aller Curven der Fläche längs der Erzeugenden g eine lineare Congruenz bilden, welche das Grenzgebilde derjenigen ist, die aus den g und g$'$ schneidenden Geraden besteht. In der erwähnten Congruenz bilden also die zu g senkrechten Geraden ein hyperbolisches Paraboloid, mithin ist ihre Orientierung durch das Gesetz (30) bestimmt, wo auf Grund von (31) p gerade der Verteilungsparameter ist und t die Entfernung QM darstellt. Kennt man also die Ebene, welche eine windschiefe Regelfläche in einem Punkte Q der Strictionslinie berührt, so kennt man durch Vermittelung der Gleichung (30) auch die Tangentialebene in jedem andern Punkte M der durch Q hindurchgehenden Erzeugenden. Hierin liegt das von Chasles entdeckte Verteilungsgesetz der Tangentialebenen. Entfernt sich der Punkt M, indem er g durchläuft, in dem einen oder andern Sinne unendlich von Q, so stellt sich

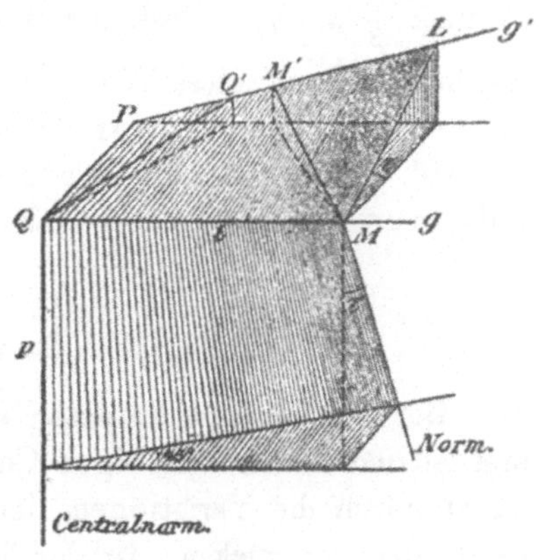

Fig. 39.

die Tangentialebene immer genauer senkrecht zu ihrer Lage im Centralpunkte. Ganz anders verhalten sich die abwickelbaren Flächen. In der That hat man, wenn p null ist, $\tau = \dfrac{\pi}{2}$, und alle Tangentialebenen längs g fallen in eine zusammen, und dies tritt offenbar auch bei den Cylinderflächen ein. Also sind unter den Regelflächen die abwickelbaren Flächen durch den Umstand charakterisiert, dass die Tangentialebene in einem Punkte M die Fläche längs der ganzen Erzeugenden berührt, die durch M hindurchgeht. Endlich bemerke man, dass man alle zu g senkrechten Tangenten nur um den Winkel $\dfrac{\pi}{2}$ um g zu drehen braucht, um sie zu Normalen der Fläche zu machen und auf diese Weise zu erkennen, dass die Normalen einer Regelfläche längs einer Erzeugenden ein hyperbolisches Paraboloid bilden: dasselbe reduciert sich auf eine Schar paralleler Geraden nur in dem Falle der abwickelbaren Flächen.

§ 125. Fundamentalformeln.

Der Verteilungsparameter einer Regelfläche, die auf das Fundamentaltrieder einer beliebigen Curve des Raumes bezogen ist, lässt sich leicht durch die Variationen der Coordinaten α, β, γ, ξ, η, ζ der Erzeugenden ausdrücken. In der That, dividiert man (20) durch (17), so erhält man

$$(32) \qquad p = \frac{\delta\alpha\,\delta\xi + \delta\beta\,\delta\eta + \delta\gamma\,\delta\zeta}{\delta\alpha^2 + \delta\beta^2 + \delta\gamma^2}\,.$$

Wählt man die Curve unter denjenigen, die der Fläche angehören, so sind ξ, η, ζ beständig null, und die Formeln (7) geben

$$\delta\xi = 0, \qquad \delta\eta = -\gamma\,ds, \qquad \delta\zeta = \beta\,ds\,.$$

Man erhält also, wenn man δq für $p\,\delta\theta$ setzt, die (evidente) Gleichung

$$(33) \qquad \frac{\delta q}{ds} = \beta\frac{\delta\gamma}{\delta\theta} - \gamma\frac{\delta\beta}{\delta\theta}\,.$$

Die Normale der Fläche im Centralpunkte steht senkrecht auf g und auf dem gemeinsamen Lot von g und g', welches der Richtung nach durch Cosinus' proportional

$$\beta\delta\gamma - \gamma\delta\beta, \qquad \gamma\delta\alpha - \alpha\delta\gamma, \qquad \alpha\delta\beta - \beta\delta\alpha$$

bestimmt ist. Ihre Richtungscosinus' sind also proportional einem Tripel von Grössen, deren erste

$$(\gamma\delta\alpha - \alpha\delta\gamma)\gamma - (\alpha\delta\beta - \beta\delta\alpha)\beta = \delta\alpha + \frac{\alpha}{2}\,\delta\theta^2$$

ist oder $\delta\alpha$, wenn man die unendlich kleinen Grössen höherer Ordnung vernachlässigt. Man sieht also unter Beachtung von (17), dass die Richtung der Centralnormale durch die Cosinus' $\frac{\delta\alpha}{\delta\theta}$, $\frac{\delta\beta}{\delta\theta}$, $\frac{\delta\gamma}{\delta\theta}$ definiert ist. Wenn man nun beachtet, dass das Trieder, welches von der durch M zur Centralnormale gezogenen Parallelen, der Tangente der Fundamentalcurve im Punkte M und dem in M auf g in der Tangentialebene errichteten Lot gebildet wird, längs der dritten Kante rechtwinklig ist, so findet man sofort die erste der Gleichungen

$$(34) \qquad \frac{\delta\alpha}{\delta\theta} = \sqrt{\beta^2 + \gamma^2}\,\sin\tau\,, \qquad \frac{\delta q}{ds} = \sqrt{\beta^2 + \gamma^2}\,\cos\tau\,;$$

die zweite gewinnt man, wenn man die erste Kante senkrecht zu g und g' richtet. Nun wird die erste Gleichung mit Hilfe der zweiten

$$(35) \qquad \frac{\delta\alpha}{ds} = \frac{\sqrt{\beta^2 + \gamma^2}}{p}\,\frac{\delta q}{ds}\,\sin\tau = \frac{\beta^2 + \gamma^2}{p}\,\sin\tau\cos\tau\,.$$

Andererseits findet man, wenn man wieder die Gleichung (33) schreibt,

$$\beta\frac{\delta\gamma}{ds} - \gamma\frac{\delta\beta}{ds} = \frac{1}{p}\left(\frac{\delta q}{ds}\right)^2 = \frac{\beta^2 + \gamma^2}{p}\,\cos^2\tau,$$

und gleichzeitig hat man

$$\beta\frac{\delta\beta}{ds} + \gamma\frac{\delta\gamma}{ds} = -\alpha\frac{\delta\alpha}{ds} = -\frac{\beta^2 + \gamma^2}{p}\,\alpha\sin\tau\cos\tau\,.$$

Also ist

$$(36) \qquad \frac{\delta\beta}{ds} = (-\gamma\cos\tau - \alpha\beta\sin\tau)\frac{\cos\tau}{p}\,, \qquad \frac{\delta\gamma}{ds} = (\beta\cos\tau - \alpha\gamma\sin\tau)\frac{\cos\tau}{p}\,.$$

Endlich braucht man nur

$$\frac{1}{r} - \frac{\cos^2\tau}{p} = \frac{1}{\iota}$$

zu setzen und die Resultate (35) und (36) in die Formeln (4) einzutragen, um die Bedingungen

$$(37) \qquad \left\{ \begin{aligned} \frac{d\alpha}{ds} &= \frac{\gamma}{\varrho} + \frac{\beta^2 + \gamma^2}{2p}\sin 2\tau\,, \\[4pt] \frac{d\beta}{ds} &= \frac{\gamma}{\iota} - \frac{\alpha\beta}{2p}\sin 2\tau\,, \\[4pt] \frac{d\gamma}{ds} &= -\frac{\alpha}{\varrho} - \frac{\beta}{\iota} - \frac{\alpha\gamma}{2p}\sin 2\tau \end{aligned} \right.$$

zu finden, welche notwendig und hinreichend sind, damit die Functionen α, β, γ die Richtungscosinus' der Erzeugenden einer Regelfläche darstellen, bezogen auf das Fundamentaltrieder einer auf der Fläche gezogenen Curve.

§ 126.

Die Strictionslinie wird durch die Bedingung $t = 0$ oder $\tau = 0$ charakterisiert und auf Grund der ersten Gleichung (34) auch durch $\delta\alpha = 0$, d. h.

$$\frac{d\alpha}{ds} = \frac{\gamma}{\varrho}.$$

Aus dieser Gleichung ersieht man, dass α constant ist, wenn $\gamma = 0$ ist, und umgekehrt. Nun nennt man aber bekanntlich geodätische Linien einer Fläche die Curven, deren Hauptnormale in jedem Punkte die Normale der Fläche ist. Dies vorausgeschickt gestattet die letzte Bemerkung mit Bonnet den Satz aufzustellen: Wenn die Strictionslinie eine geodätische Linie ist, so trifft sie die Erzeugenden unter constantem Winkel; und umgekehrt ist die Strictionslinie einer Regelfläche, wenn sie die Erzeugenden unter constantem Winkel trifft, notwendig eine geodätische Linie der genannten Fläche. Ist ferner gleichzeitig $\gamma = 0$ und α constant, so ist auch $\delta\alpha = 0$, mithin ist die Strictionslinie die einzige Linie, welche geodätische Linie sein und gleichzeitig die Erzeugenden unter constantem Winkel treffen kann. Nimmt man diese Linie als Fundamentalcurve, so werden die Formeln (37)

$$\frac{d\alpha}{ds} = \frac{\gamma}{\varrho}, \qquad \frac{d\beta}{ds} = \frac{\gamma}{\tau}, \qquad \frac{d\gamma}{ds} = -\frac{\alpha}{\varrho} - \frac{\beta}{\tau}$$

und drücken aus, dass die Richtung (α, β, γ) unveränderlich ist inbezug auf eine andere Curve, welche dieselbe Flexion wie die Strictionslinie und eine Torsion gleich $\frac{1}{\tau}$ hat. Mit andern Worten: Wenn die genannte Curve tordiert wird (mittels unendlich kleiner successiver Drehungen der osculierenden Ebenen um die Tangenten) derart, dass die Torsion vom Werte $\frac{1}{r}$ zu $\frac{1}{\tau}$ übergeht, während die Flexion und der Bogen ungeändert bleiben, so werden die Erzeugenden, wenn sie an der Bewegung teilnehmen, indem sie mit den bezüglichen Triedern fest verbunden bleiben, schliesslich parallel sein, d. h. die Fläche wird sich in einen Cylinder transformieren.

§ 127. Abwickelbare Flächen.

Für die abwickelbaren Flächen werden die Formeln (37)

$$(38) \qquad \frac{d\alpha}{ds} = \frac{\gamma}{\varrho} + \frac{\beta^2 + \gamma^2}{t}, \qquad \frac{d\beta}{ds} = \frac{\gamma}{r} - \frac{\alpha\beta}{t}, \qquad \frac{d\gamma}{ds} = -\frac{\alpha}{\varrho} - \frac{\beta}{r} - \frac{\alpha\gamma}{t}.$$

Sollen dieselben aber bestehen bleiben, wenn t nach Null abnimmt, d. h. (abgesehen von den Cylindern) wenn die Rückkehrkante zur Fundamentalcurve wird, so ist notwendig, dass β und γ null sind. Also ist jede abwickelbare nicht cylindrische Fläche der Ort der Tangenten einer gewundenen Curve. Um uns hiervon in directerer Weise Rechenschaft zu geben, wollen wir zunächst bemerken, dass die Entfernung δq, wenn sie nicht unendlich klein wird wie $\delta\theta$, es mindestens so wird wie $\delta\theta^3$. Wählt man in der That θ als unabhängige Veränderliche und schreibt wieder die Formel (20), indem man sich daran erinnert, dass

$$\delta = d + \frac{1}{2}d^2 + \frac{1}{6}d^3 + \cdots$$

ist, so erhält man

$$\delta q\, d\theta = \left(1 + \frac{1}{2}d + \frac{1}{6}d^2\right)\sum d\alpha\, d\xi - \frac{1}{12}\sum d^2\alpha\, d^2\xi + \cdots$$

und sieht sofort, dass die rechte Seite, wo bereits die unendlich kleinen Grössen von einer höheren Ordnung als der vierten vernachlässigt worden sind, gerade zum mindesten von dieser Ordnung ist, wenn sie nicht von der zweiten ist. Dies bedeutet, dass δq von der dritten Ordnung ist, wenn es nicht von der ersten ist. Legt man nun durch g eine Ebene parallel zu g′, so ist klar, dass die Entfernung des Centralpunktes Q' auf g′ von der genannten Ebene ebenfalls mindestens von der dritten Ordnung unendlich klein ist, mithin ist (§ 120) die so construierte Ebene gerade diejenige, welche im Punkte Q die Rückkehrkante osculiert. Um ferner zu beweisen, dass g die Tangente derselben ist, genügt es, zu zeigen, dass die Projection des Punktes Q' auf die osculierende Ebene eine Entfernung von g hat, die unendlich klein von einer höheren Ordnung ist, und da diese Entfernung gleich dem Product von QQ' mit einem unendlich kleinen Winkel ist, so ist der Satz bewiesen. Nunmehr ist klar, dass die Tangentialebenen einer abwickelbaren Fläche die osculierenden Ebenen der Rückkehrkante sind.

§ 128.

Es ist ferner wichtig, zu bemerken, dass jede einfach unendliche, continuierliche Schar von Ebenen P eine Curve osculiert, mithin mit dem Inbegriff der Tangentialebenen der abwickelbaren Fläche identisch ist, welche jene Curve zur Rückkehrkante hat. Oder, wie man sich gewöhnlich ausdrückt, jede einfach unendliche, continuierliche Schar von Ebenen wird von einer abwickelbaren Fläche eingehüllt. In der That! Wenn g die Grenzlage ist, welcher sich der Schnitt der Ebenen P und P′ nähert, wenn die Ebene P′ in die Ebene P übergeht, welche als fest gedacht wird, so ist der Ort der Geraden g eine abwickelbare Regelfläche, da sie als einzige Tangentialebene längs g die Ebene P zulässt. Um sich hiervon zu überzeugen, braucht man nur zu beachten, dass, wenn M ein beliebiger Punkt von g ist, die Ebene Mg' in der Grenze mit P zusammenfällt; zu diesem Schlusse gelangt man in strengerer Weise mit Hilfe der Rechnung. Man bemerke (vgl. § 16), dass man durch Differentiation der Gleichung von P, wenn man ausdrückt, dass x, y, z die Unbeweglichkeitsbedingungen (8) erfüllen, die Gleichung einer andern Ebene erhalten muss, die durch g hindurchgeht. Daraus folgt, wenn man die Fundamentalcurve auf der Fläche fixiert, dass die beiden Gleichungen von dem absoluten Gliede frei sein müssen, und, damit dies eintrete, muss in der ersten auch das Glied mit x fehlen. Also enthält die Ebene P die Tangente, mithin fällt sie mit der Tangentialebene in dem betrachteten Punkte zusammen.

§ 129.

Bei der Untersuchung der gewundenen Curven sind von Wichtigkeit die von den Seitenflächen des Fundamentaltrieders umhüllten Flächen:

a) Wir haben bereits gesehen, dass die osculierenden Ebenen diejenige Fläche umhüllen, welche die Curve als Rückkehrkante besitzt. Man überzeugt sich davon durch eine leichte Rechnung. Durch Differentiation der Gleichung des osculierenden Ebene ($y = 0$) erhält man nämlich $z = 0$, ferner durch nochmalige Differentiation $x = 0$, d. h. die Erzeugende ist die Tangente der Curve, und die Rückkehrkante ist die Curve selbst.

b) Nach der Definition der Polaraxe (§ 117) müssen die Normalebenen gerade die von dieser Geraden erzeugte Fläche umhüllen: diese Fläche bezeichnet man als die Polardeveloppable. Die Differentiation der Gleichung der Normalebene ($x = 0$) giebt $z = \varrho$, mithin trifft die Polaraxe die Hauptnormale in dem Punkte (Krümmungscentrum), der die Entfernung ϱ von M hat.

c) Endlich nennt man die Enveloppe der rectificierenden Ebenen die rectificierende Developpable, da auf dieser Fläche die Curve notwendig eine geodätische Linie ist, und da wir andererseits beweisen werden, dass die geodätischen Linien einer Fläche auf dieser den kürzesten Weg zwischen zwei beliebigen, nicht zu weit voneinander entfernten Punkten der genannten Fläche angeben. Daraus folgt, dass, wenn man die Fläche in der am Ende des § 126 angegebenen Weise verbiegt, um sie auf eine Ebene auszubreiten, die Curve sich in eine Gerade verwandelt, da sie in der Ebene immer noch den kürzesten Weg zwischen zwei Punkten angeben muss. Wir werden sofort einen einfachen Beweis dieser Thatsache durch Rechnung ableiten. Durch Differentiation der Gleichung der rectificierenden Ebene ($z = 0$) ergiebt sich unmittelbar, dass die Neigung ε der Erzeugenden der rectificierenden Developpablen gegen die Tangente der Curve durch die Formel

$$\text{(39)} \qquad\qquad \operatorname{tg} \varepsilon = -\,\frac{r}{\varrho}$$

bestimmt ist. Wendet man auf die Richtungscosinus' ($\alpha = \cos \varepsilon$, $\beta = \sin \varepsilon$, $\gamma = 0$) dieser Erzeugenden die Formeln (4) an, so erhält man

$$\frac{\delta \alpha}{ds} = -\sin \varepsilon \, \frac{d\varepsilon}{ds}, \quad \frac{\delta \beta}{ds} = \cos \varepsilon \, \frac{d\varepsilon}{ds}, \quad \frac{\delta \gamma}{ds} = \frac{\cos \varepsilon}{\varrho} + \frac{\sin \varepsilon}{r} = 0,$$

mithin $\delta\alpha^2 + \delta\beta^2 + \delta\gamma^2 = d\varepsilon^2$. Also ist der Winkel zwischen zwei unendlich benachbarten rectificierenden Erzeugenden $d\varepsilon$. Dies vorausgeschickt denken wir uns, man lasse um die Erzeugende g' die rectificierende Ebene $g'x'$ sich drehen, bis sie mit der vorhergehenden Ebene gx zusammenfällt. Dann ist klar, dass die Tangente in M' mit der Tangente in M zur Deckung kommt, d. h. dass zwei beliebige aufeinanderfolgende Elemente (§ 120) in eine gerade Linie fallen.

d) An dieser Stelle ist es nützlich, die folgenden Betrachtungen hinzuzufügen. Nimmt man von drei im Sinne des § 120 aufeinanderfolgenden Erzeugenden g, g', g'' einer beliebigen abwickelbaren Fläche an, g'' drehe sich um g', bis sie sich in einer Ebene mit g und g' befindet, so bewegt sich der Punkt M' nicht und der Winkel (g', g'') bleibt ungeändert. Daraus folgt, dass die Rückkehrkante, während sie eben wird, die Flexion in jedem Punkte unverändert bewahrt. Man kann also jeder Curve des Raumes Punkt für Punkt eine ebene Curve entsprechen lassen derart, dass zwei beliebige entsprechende Bogen gleich sind und die Flexion in zwei entsprechenden Punkten dieselbe ist. Es genügt hierzu, die Developpable der Tangenten auf eine Ebene auszubreiten. Es ist ferner klar, dass man die natürliche Gleichung der ebenen Curve, in die sich auf diese Weise eine beliebige Curve verwandelt, durch Elimination der Torsion aus den natürlichen Gleichungen der gewundenen Curve erhält. Jede andere durch die betrachtete Curve gelegte Developpable kann man auf eine Ebene ausbreiten. Dabei wird die Torsion zerstört, gleichzeitig aber auch die Flexion der Curve geändert. Giebt es eine Developpable von der Beschaffenheit, dass ihre Ausbreitung auf eine Ebene auch die Flexion der Curve vollständig zerstört, d. h. die Curve in eine Gerade verwandelt? Eine solche Fläche existiert immer, und zwar ist sie nach dem oben gesagten gerade diejenige, welche wir als die rectificierende Developpable bezeichnet haben.

§ 130.

Es ist leicht, ausgehend von einer beliebigen Curve einer abwickelbaren Fläche, die Rückkehrkante zu bestimmen. Dieselbe wird erzeugt von dem Punkte $(-t\alpha, -t\beta, -t\gamma)$, und in der That liefert die Anwendung der Formeln (3) auf diese Coordinaten unter Berücksichtigung von (38)

$$\frac{\delta x}{ds} : \alpha = \frac{\delta y}{ds} : \beta = \frac{\delta z}{ds} : \gamma = \alpha - \frac{dt}{ds}.$$

Auf diese Weise sehen wir überdies, dass der Bogen der Rückkehrkante

$$s' = \int \alpha \, ds - t$$

ist, und dass dieselbe sich auf einen Punkt reduciert, wenn $t = \int \alpha \, ds$ ist: dies ist also eine Gleichung, welche die **Kegelflächen charakterisiert**. Im besondern wird, wenn $\alpha = 0$ ist, t constant, mithin sind die orthogonalen Trajectorien der Erzeugenden eines Kegels sphärische Curven. Wenn ferner, während man $\alpha = 0$ hat, $t = $ Const. ist, so ist die Bedingung $t = \int \alpha \, ds$ erfüllt, mithin ist die Fläche notwendig eine Kegelfläche. Im allgemeinen Falle liefern die Formeln (4), wenn man die Formeln (38) in Betracht zieht,

$$(40) \qquad \frac{\delta \alpha}{ds} = \frac{\beta^2 + \gamma^2}{t}, \qquad \frac{\delta \beta}{ds} = -\frac{\alpha \beta}{t}, \qquad \frac{\delta \gamma}{ds} = -\frac{\alpha \gamma}{t}$$

und lassen so die Richtung der Hauptnormale erkennen. Daraus folgt, dass die Richtungscosinus' a, b, c der Binormale proportional zu $0, \gamma, -\beta$ sind; ferner findet man unter nochmaliger Anwendung der Formeln (4) und (38)

$$(41) \qquad \frac{\delta a}{\delta \alpha} = \frac{\delta b}{\delta \beta} = \frac{\delta c}{\delta \gamma} = \frac{\beta t}{(\beta^2 + \gamma^2)^{\frac{3}{2}} \varrho}.$$

Nunmehr genügt es, die Formeln (40) und (41) zu quadrieren und zu addieren, um die Krümmungsradien der Rückkehrkante zu erhalten:

$$(42) \qquad \varrho' = \frac{t}{\sqrt{\beta^2 + \gamma^2}} \left(\frac{dt}{ds} - \alpha \right), \qquad r' = \frac{\beta^2 + \gamma^2}{\beta} \varrho \left(\frac{dt}{ds} - \alpha \right).$$

§ 131. Evoluten und Evolventen.

Wenn (vgl. § 20) die Tangenten einer Curve Normalen einer andern Curve sind, so nennt man die erste eine **Evolute** der zweiten, und diese heisst eine **Evolvente** der ersten. Mit andern Worten: Die orthogonalen Trajectorien der Erzeugenden einer beliebigen abwickelbaren Fläche sind die Evolventen der Rückkehrkante. Wählen wir als Fundamentalcurve eine dieser Trajectorien. Da die Richtungscosinus' ($\alpha = 0$, $\beta = \sin \psi$, $\gamma = \cos \psi$) der Erzeugenden den Bedingungen (38) genügen müssen, so hat man

$$(43) \qquad\qquad - t \cos \psi = \varrho \,, \qquad \frac{d\psi}{ds} = \frac{1}{r} \cdot$$

Die zweite Gleichung bleibt bestehen, wenn man zu ψ eine beliebige Constante hinzufügt. Daraus folgt: Wenn die Erzeugenden einer abwickelbaren Fläche sich um denselben Winkel um eine ihrer orthogonalen Trajectorien drehen, so hören sie nicht auf eine abwickelbare Fläche zu bilden. Die erste Gleichung sagt uns dagegen, dass die z-Coordinate des Punktes der Rückkehrkante gleich ϱ ist, d. h. (§ 129, b) dass der genannte Punkt auf der Polaraxe liegt. Die Rückkehrkante selbst gehört also der Polardeveloppablen an. Also liegen die unendlich vielen Evoluten einer Curve sämtlich auf der Polardeveloppablen. Bemerkt man überdies, dass auf Grund der Formeln (40) im vorliegenden Falle $\delta \beta$ und $\delta \gamma$ null sind, so erkennt man sofort, dass die rectificierende Ebene der Evolute mit der Normalebene der Evolvente zusammenfällt. Daraus folgt, dass, wenn die Polardeveloppable einer Curve auf eine Ebene ausgebreitet wird, alle Evoluten der Curve geradlinig werden. Endlich sind die Krümmungen der Evoluten durch die Formeln (42) gegeben; und wenn man die Formeln (43) berücksichtigt, so findet man

$$(44) \qquad s' = \frac{\varrho}{\cos \psi} \,, \qquad \varrho' = \frac{\varrho}{\cos \psi} \frac{d}{ds} \frac{\varrho}{\cos \psi} \,, \qquad r' = - \frac{\varrho}{\sin \psi} \frac{d}{ds} \frac{\varrho}{\cos \psi} \cdot$$

Wenn man ϱ, r und infolgedessen ψ als Functionen von s kennt, so genügt es, s aus den vorstehenden Gleichungen zu eliminieren, um die natürlichen Gleichungen einer beliebigen Evolute zu finden. Für $\psi = 0$ gelangt man zu den Formeln für die ebenen Curven zurück. Auch bei einer gewundenen Curve kann man auf Grund der Gleichung $-t = s'$ die Evolventen als beschrieben betrachten von den Punkten eines biegsamen und unausdehnbaren Fadens, der anfangs auf die Curve aufgewickelt ist, und der dann nach und nach abgewickelt wird, indem man ihn immer gespannt hält. So ist es leicht, sich folgendes klar zu machen, was sich aus der ersten Formel (43) ergiebt, wenn man bemerkt, dass ϱ mit t verschwindet: Die Rückkehrkante einer abwickelbaren Fläche ist der Ort der Rückkehrpunkte der orthogonalen Trajectorien der Erzeugenden.

§ 132. Centralaxe.

Man nennt so das gemeinsame Lot von zwei unendlich benachbarten Hauptnormalen. Diese Gerade ist, da sie parallel zu zwei unendlich benachbarten rectificierenden Ebenen ist, parallel zu der rectificierenden Erzeugenden, mithin sind ihre Coordinaten, wenn h ihre Entfernung vom Punkte M der Curve bedeutet,

$$(45) \quad \alpha = \cos\varepsilon, \quad \beta = \sin\varepsilon, \quad \gamma = 0, \quad \xi = -h\sin\varepsilon, \quad \eta = h\cos\varepsilon, \quad \zeta = 0.$$

ε ist gegeben durch die Formel (39) und h bestimmt man, indem man ausdrückt, dass die betrachtete Gerade und die Hauptnormale im Punkte M', der zu M unendlich benachbart ist, sich schneiden. Wenn man von der einen zu der andern Normale übergeht, so erleiden die Coordinaten nach den Formeln (4) und (7) Variationen, die proportional zu $\dfrac{1}{\varrho}$, $\dfrac{1}{r}$, 0, 0, 1, 0 sind. Also ist die Schnittbedingung

$$\frac{\xi}{\varrho} + \frac{\eta}{r} + \beta = 0, \quad \text{d. h.} \quad \frac{1}{\varrho} - \frac{\cot\varepsilon}{r} = \frac{1}{h},$$

und endlich unter Berücksichtigung von (39)

$$(46) \qquad\qquad h = \frac{\varrho\, r^2}{\varrho^2 + r^2}.$$

Also trifft die Centralaxe die Hauptnormale zwischen dem Punkte M und dem Krümmungscentrum, indem sie die von diesen Punkten begrenzte gerade Strecke in dem Verhältnis von $\sin^2\varepsilon$ zu $\cos^2\varepsilon$ teilt. Wendet man auf die Coordinaten der Centralaxe die Formeln (4) und (7) an, so findet man sofort mit Hilfe der Formeln (17) und (20)

$$(47) \qquad\qquad \delta\theta = d\varepsilon, \quad \delta q = dh,$$

mithin ist $\dfrac{dh}{d\varepsilon}$ der Verteilungsparameter der von der Centralaxe erzeugten Fläche. Diese Gerade tritt bei verschiedenen interessanten Fragen auf. So z. B. ist, wenn man die Bewegung des Fundamentaltrieders längs der Curve betrachtet, die Centralaxe in dem mit dem Trieder fest verbundenen Raume der augenblickliche Ort der Punkte, welche sich langsamer bewegen als alle andern. In der That lässt sich die Verschiebung ds' eines mit dem Fundamentaltrieder fest verbundenen Punktes sofort aus den Formeln (3) ableiten, indem man sie quadriert und addiert und darin x, y, z als constant annimmt:

$$\frac{ds'^2}{ds^2} = \left(\frac{z}{\varrho} - 1\right)^2 + \frac{z^2}{r^2} + \left(\frac{x}{\varrho} + \frac{y}{r}\right)^2.$$

Setzt man die partiellen Ableitungen der rechten Seite nach x, y, z gleich Null, so erhält man

$$\frac{x}{\varrho} + \frac{y}{r} = 0, \qquad \left(\frac{z}{\varrho} - 1\right)\frac{1}{\varrho} + \frac{z}{r^2} = 0,$$

d. h. $y = x\,\mathrm{tg}\,\varepsilon$, $z = h$, wo h und ε die Bedeutung (46) bezw. (39) haben; ferner sieht man, dass auf der so gefundenen Geraden $ds' = \cos\varepsilon\,.\,ds$ ist. Die oben erwähnte Eigenschaft der Centralaxe wird klar durch die Bemerkung, dass die Normalen der Bahncurven aller mit dem Fundamentaltrieder fest verbundenen Punkte einen linearen Complex bilden, dessen Axe die Centralaxe der Bahncurve des Anfangspunktes ist und offenbar auch die Centralaxe aller andern Bahncurven. In der That, wenn die Richtung (α, β, γ) die einer Normale der Bahncurve des Punktes (x, y, z) in diesem Punkte ist, so wird die Orthogonalitätsbedingung $\alpha\delta x + \beta\delta y + \gamma\delta z = 0$ infolge von (3)

$$\alpha\left(1 - \frac{z}{\varrho}\right) - \beta\,\frac{z}{r} + \gamma\left(\frac{x}{\varrho} + \frac{y}{r}\right) = 0, \quad \text{d. h.} \quad \frac{\xi}{r} - \frac{\eta}{\varrho} + \alpha = 0:$$

dies ist (§ 123, c) die Gleichung eines linearen Complexes, in welchem man auf Grund von (26) $p = -h\cot\varepsilon$ hat. p ist also, wie aus (33) hervorgeht, der Verteilungsparameter auf der Fläche der Hauptnormalen; ferner gewinnt man aus den Formeln (23) und (25) für die Coordinaten der Axe gerade die Werte (45). Da man übrigens die Fundamentalcurve beliebig unter den Bahncurven der Punkte eines starren Systems wählen kann, so ist klar, dass die gefundene Gerade die Centralaxe jeder andern Bahncurve ist. Daraus folgt, dass die Hauptnormalen aller Bahncurven die Geraden sind, welche die Centralaxe senkrecht treffen. Man kann ferner ebenso leicht die Tangenten, die Binormalen und die Krümmungsradien construieren, nachdem man bemerkt hat, dass $h\cot\varepsilon$ für alle Bahncurven einen einzigen Wert hat.

Zehntes Kapitel.

Bemerkenswerte gewundene Curven.

§ 133. Sphärische Curven.

Bei einer auf einer Kugel gezogenen Curve liegen alle Punkte in constanter Entfernung R von einem Punkte O, dem Mittelpunkt der Kugel. Die Coordinaten dieses Punktes inbezug auf das Fundamentaltrieder der betrachteten Curve sind also drei Functionen x, y, z, die beständig an die Relation

$$(1) \qquad x^2 + y^2 + z^2 = R^2$$

gebunden sind und den Bedingungen (8) des vorigen Kapitels genügen. Eine erste Differentiation von (1) liefert $x = 0$. Also gehen die Normalebenen aller auf einer Kugel gezogenen Curven durch den Mittelpunkt. Die Differentiation von $x = 0$ liefert $z = \varrho$. Also erhält man das Krümmungscentrum in einem beliebigen Punkte einer sphärischen Curve, indem man den Mittelpunkt der Kugel auf die osculierende Ebene projiciert. Differentiiert man endlich noch $z = \varrho$, so findet man den Wert von y und sieht, dass die Coordinaten des Mittelpunktes der Kugel

$$(2) \qquad x = 0, \qquad y = -r\frac{d\varrho}{ds}, \qquad z = \varrho$$

sind. Setzt man sie in (1) ein, so erhält man

$$(3) \qquad R^2 = \varrho^2 + \left(r\frac{d\varrho}{ds}\right)^2.$$

Diese Gleichung charakterisiert die auf einer Kugel vom Radius R gezogenen Curven. In der That findet man, wenn man die Formeln (3) des vorigen Kapitels auf die Coordinaten (2) anwendet,

$$(4) \qquad \frac{\delta x}{ds} = 0, \qquad \frac{\delta y}{ds} = -\left[\frac{\varrho}{r} + \frac{d}{ds}\left(r\frac{d\varrho}{ds}\right)\right], \qquad \frac{\delta z}{ds} = 0,$$

und die Differentiation von (3) giebt $\delta y = 0$. Wenn also die Bedingung (3) erfüllt ist, so existiert ein fester Punkt O, dessen Entfernung von den Punkten der Curve beständig gleich R ist, d. h. die

Curve gehört einer Kugel vom Radius R mit dem Mittelpunkt O an. Jetzt können wir hinzufügen, dass die notwendige und hinreichende Bedingung dafür, dass die Curve sphärisch ist, sich in

$$(5) \qquad \frac{\varrho}{r} + \frac{d}{ds}\left(r\,\frac{d\varrho}{ds}\right) = 0$$

ausdrückt.

§ 134.

Bei einer beliebigen Curve giebt es immer in jedem Punkte M eine sphärische Curve, welche dasselbe Fundamentaltrieder und Krümmungen gleich denen der betrachteten Curve hat. Die zweite Curve gehört notwendig der Kugel an, welche den durch die Gleichung (3) gegebenen Radius R und ihren Mittelpunkt in dem durch die Coordinaten (2) definierten Punkte O hat. Diese Kugel heisst die osculierende Kugel der ersten Curve im Punkte M. Die Tangente der Curve (O) in O ist sofort bestimmt durch die Formeln (4): sie ist parallel zur Binormale von (M), und wenn man ihre Richtung als entgegengesetzt annimmt, so hat man

$$(6) \qquad \frac{ds'}{ds} = \frac{\varrho}{r} + \frac{d}{ds}\left(r\,\frac{d\varrho}{ds}\right).$$

Offenbar ist die in Rede stehende Tangente die Polaraxe von (M). Mit andern Worten: Der Ort der Mittelpunkte der osculierenden Kugeln ist die Rückkehrkante der Polardeveloppablen. Es sind also keine andern Rechnungen nötig, um sofort zu sehen, dass die Binormale von (O) parallel ist zur Tangente von (M), und dass folglich die Hauptnormalen beider Curven parallel sind; wir werden sie als entgegengesetzt gerichtet annehmen. Ausserdem hat man offenbar

$$(7) \qquad \frac{\varrho'}{r} = \frac{r'}{\varrho} = \frac{ds'}{ds}.$$

Inzwischen bemerke man, dass die Coordinaten von M in der osculierenden Ebene von (O) $x = -\,r\,\dfrac{d\varrho}{ds}$, $y = \varrho$ sind. Trägt man sie in (6) ein, so erhält man $ds' = \dfrac{y}{r}\,ds - dx$; mithin ist

$$\frac{dx}{ds'} = \left(\frac{y}{r} - \frac{ds'}{ds}\right)\frac{ds}{ds'} = \frac{y}{\varrho'} - 1, \qquad \frac{dy}{ds'} = -\,\frac{x}{r}\,\frac{ds}{ds'} = -\,\frac{x}{\varrho'}.$$

Daraus folgt, dass man den Punkt M als fest in der osculierenden Ebene von (O) betrachten kann. Dies wird übrigens evident durch die Bemerkung, dass, wenn M in die aufeinanderfolgenden Lagen M', u. s. w. in dem oben (§ 120) angegebenen Sinne übergeht, die Normalebene von (M) sich um O dreht. Mit andern Worten: Die

Normalebenen der Elemente MM', $M'M''$, $M''M'''$ schneiden sich in O. Auf diese Weise wird eine Thatsache anschaulich klar, für die die Rechnung einen vollkommen strengen Beweis liefert, dass nämlich die osculierende Kugel in M die Grenzlage der Kugel ist, welche durch M und durch drei andere Punkte der Curve hindurchgeht, wenn diese nach M hinrücken.

§ 135. Cylindrische Schraubenlinien.

Cylindrische Schraubenlinien heissen die Curven, welche unter constantem Winkel die Erzeugenden einer Cylinderfläche treffen. Es ist klar, dass diese Curven die geodätischen Linien (§§ 126; 129, c) einer solchen Fläche sind, da sie sich in Geraden verwandeln, wenn man die Fläche auf die Ebene ausbreitet. Sind α, β, γ die Richtungscosinus' der Erzeugenden, so müssen die Invariabilitätsbedingungen (§ 121) für constantes α erfüllt sein, mithin hat man notwendig $\gamma = 0$, $\frac{\alpha}{\varrho} + \frac{\beta}{r} = 0$, so dass man $\alpha = \cos \varepsilon$, $\beta = \sin \varepsilon$ setzen kann, wo ε die gewöhnliche Bedeutung (§ 129, c) hat. Es ist mit andern Worten, wie wir vorausgesehen hatten, der Cylinder selbst die rectificierende Fläche. Dabei ist ε constant. Umgekehrt werden, wenn ε constant ist, die Invariabilitätsbedingungen von den Cosinus' $\alpha = \cos \varepsilon$, $\beta = \sin \varepsilon$, $\gamma = 0$ erfüllt, mithin ist die Curve auf einem Cylinder gezogen und trifft seine Erzeugenden unter constantem Winkel ε: sie ist eine cylindrische Schraubenlinie. Soll also eine Curve eine cylindrische Schraubenlinie sein, so ist dazu notwendig und hinreichend, dass das Verhältnis ihrer Krümmungen constant ist.

§ 136. Theorem von Puiseux.

Unter den cylindrischen Schraubenlinien ist die einfachste die circulare Schraubenlinie, d. h. diejenige, welche auf einem Kreiscylinder gezogen ist, deren sämtliche Punkte also gleich weit von einer Geraden (der Axe des Cylinders) entfernt sind. Offenbar trifft jede Normale der Fläche die Axe unter rechtem Winkel, mithin gilt dasselbe von den Hauptnormalen der Curve, da diese eine geodätische Linie ist. Also fallen mit der Axe des Cylinders, die die gemeinsame Senkrechte aller Hauptnormalen ist, alle Centralaxen (§ 132) zusammen. Daraus folgt, dass die Entfernung h constant sein muss; ferner liefern die Formeln (39) und (46) des vorigen Kapitels

$$\varrho = \frac{h}{\cos^2 \varepsilon}, \qquad r = \frac{h}{\sin \varepsilon \, \cos \varepsilon}$$

und zeigen, dass auch ϱ und r constant sind. Umgekehrt gilt, wenn ϱ und r constant sind, dasselbe von ε und h, mithin hat man (§ 132) $\delta\theta = 0$, $\delta q = 0$. Die erste Gleichung lehrt, dass die Centralaxe beständig parallel mit sich selbst bleibt; die zweite zeigt dagegen, dass die Centralaxe sich nicht seitlich verschiebt. Sie kann also nur längs einer im Raume festen Geraden gleiten, mithin bewegt sich der Punkt M, der in der constanten Entfernung h von dieser Geraden bleibt, auf einem Kreiscylinder, indem er eine Curve beschreibt, die die Erzeugenden unter constantem Winkel ε trifft. Soll also eine Curve eine circulare Schraubenlinie sein, so ist dazu notwendig und hinreichend, dass ihre Krümmungen constant sind.

§ 137. Schraubenlinien und geodätische Linien der Kegelflächen.

Conische Schraubenlinien nennt man die Curven, welche die Erzeugenden eines Kegels unter constantem Winkel treffen. Sie sind niemals die geodätischen Linien einer solchen Fläche, da sie sich beim Ausbreiten der Kegelfläche auf die Ebene nicht in Geraden, sondern vielmehr in logarithmische Spiralen (§ 11, c) verwandeln. In den Bedingungen (38) des vorigen Kapitels wollen wir annehmen, α sei constant und von Null verschieden, indem wir so einen bereits betrachteten Fall (§ 130) ausschliessen. Alsdann muss $t = \alpha s$ sein; mithin werden, nachdem man $\beta = \sqrt{1 - \alpha^2}\sin\psi$, $\gamma = \sqrt{1 - \alpha^2}\cos\psi$ gesetzt hat, die genannten Bedingungen

$$(8) \qquad \cos\psi = -\frac{\sqrt{1 - \alpha^2}}{\alpha}\frac{\varrho}{s}, \qquad \frac{1}{r} = \frac{d\psi}{ds} + \frac{\operatorname{tg}\psi}{s}.$$

Ist eine beliebige ebene Curve gegeben, so kann man immer, ohne ihre Flexion zu ändern, ihre Torsion so einrichten, dass sie eine conische Schraubenlinie wird: die erste Gleichung (8) dient dazu, die Function ψ zu berechnen; setzt man diese dann in die zweite Gleichung ein, so kann man die Torsion bestimmen, welche man der Curve in jedem Punkte geben muss, damit sie unter constantem Winkel die Erzeugenden eines Kegels trifft, dessen Scheitel die Coordinaten $-t\alpha$, $-t\beta$, $-t\gamma$ hat. Was nun die geodätischen Linien anbetrifft, so muss man bei ihnen in den oben genannten Bedingungen (38) $\alpha = \cos\varepsilon$, $\beta = \sin\varepsilon$, $\gamma = 0$ setzen; man erhält auf diese Weise die zweite der folgenden Gleichungen:

$$(9) \qquad \frac{dt}{ds} = \cos\varepsilon, \qquad \frac{d\varepsilon}{ds} = -\frac{\sin\varepsilon}{t}.$$

Bekanntlich ist (§ 130) die erste diejenige, welche die Kegelflächen charakterisiert. Man leitet daraus der Reihe nach ab

$$\frac{dt}{t} + \frac{d\varepsilon}{\mathrm{tg}\,\varepsilon} = 0, \qquad -t = \frac{a}{\sin \varepsilon};$$

mithin haben die osculierenden Ebenen jeder geodätischen Linie eines Kegels gleichen Abstand von dem Scheitel. Trägt man das letzte Resultat in die zweite der Gleichungen (9) ein und integriert, so erhält man $sr = a\varrho$. Also variiert bei den geodätischen Linien der Kegelflächen die Torsion wie das Product der Flexion mit dem Bogen. Diese von Enneper angegebene Eigenschaft kommt andern Curven nicht zu. Wenn man sie nämlich als erfüllt annimmt, so verificiert man sofort mit Hilfe der bekannten Unbeweglichkeitsbedingungen, dass der Punkt $(-s, a, 0)$ im Raume fest ist, d. h. dass die rectificierende Ebene einen Kegel umhüllt.

§ 138. Windschiefe Kreise.

Ein windschiefer Kreis ist die Curve, welche man erhält, indem man einen ebenen Kreis tordiert, ohne seine Flexion zu ändern, so dass eine ihrer natürlichen Gleichungen immer $\varrho = $ Const. ist. Unter dieser Voraussetzung liefert die Formel (3) $R = \varrho$, mithin sind die osculierenden Kugeln eines windschiefen Kreises alle untereinander gleich. Diese Eigenschaft kommt andern Curven nicht zu. In der That liefert die Differentiation der Formel (3)

$$R\frac{dR}{ds} = \left[\frac{\varrho}{r} + \frac{d}{ds}\left(r\frac{d\varrho}{ds}\right)\right] r\frac{d\varrho}{ds}.$$

Daraus folgt, dass, wenn R constant ist und nicht die Bedingung (5) erfüllt ist, in welchem Falle alle Kugeln in eine zusammenfallen würden, notwendig auch ϱ constant ist. Überdies liefern die Formeln (6) und (7)

$$s' = R\int_{\varrho}\frac{ds}{r}, \qquad \varrho' = R, \qquad rr' = R^2.$$

Also ist, wie Bouquet gefunden hat, der Ort der Krümmungscentra eines windschiefen Kreises ein zweiter windschiefer Kreis, welcher dieselbe Flexion und eine Torsion hat, die im umgekehrten Verhältnis der Torsion des ersten Kreises variiert.

§ 139. Übungsbeispiele.

a) Bei welchen Curven haben die osculierenden Ebenen gleichen Abstand von einem festen Punkte? Die Coordinaten dieses Punktes inbezug auf das Fundamentaltrieder der unbekannten Curve müssen den Unbeweglichkeitsbedingungen (§ 120)

$$\frac{dx}{ds} = \frac{z}{\varrho} - 1, \qquad \frac{dy}{ds} = \frac{z}{r}, \qquad \frac{dz}{ds} = -\frac{x}{\varrho} - \frac{y}{r}$$

genügen. Für $y = a$ giebt die zweite Bedingung $z = 0$, und dies genügt, um behaupten zu können, dass die Curve geodätische Linie auf einer Kegelfläche ist. Übrigens liefern die beiden andern Bedingungen $x = -s$, $x = -a\frac{\varrho}{r}$, woraus man die für derartige geodätische Linien charakteristische (§ 137) natürliche Gleichung $sr = a\varrho$ enthimmt.

b) Bei welchen Curven haben die Tangenten gleichen Abstand von einem festen Punkte? Die Coordinaten des festen Punktes müssen der Bedingung $y^2 + z^2 = a^2$ genügen, deren Differentiation vermöge der Unbeweglichkeitsbedingungen zu $xz = 0$ führt. Die Annahme $x = 0$ giebt die sphärischen Curven (§ 133), während man für $z = 0$ die geodätischen Linien von Kegeln wiederfindet.

c) Um den geraden Schnitt des Cylinders zu bestimmen, welchem eine gegebene Schraubenlinie angehört, bemerke man, dass in dem Trieder, welches von der Tangente der Schraubenlinie im Punkte M, der durch M zu der unendlich benachbarten Tangente gezogenen Parallelen und der Erzeugenden des Cylinders gebildet wird, der dem Winkel $\frac{ds}{\varrho}$ der beiden Tangenten gegenüberliegende Diederwinkel gerade der analoge Winkel $\frac{ds'}{\varrho'}$ für den gesuchten geraden Schnitt ist. Da nun der ε gegenüberliegende Diederwinkel sich unendlich wenig von einem rechten Winkel unterscheidet, so hat man

$$\frac{ds}{\varrho} = \frac{ds'}{\varrho'} \sin \varepsilon,$$

während offenbar $ds' = ds . \sin \varepsilon$ ist. Daraus folgt $s' = s \sin \varepsilon$, $\varrho' = \varrho \sin^2 \varepsilon$. Durch die letzte Gleichung wird das Theorem von Puiseux zur Evidenz gebracht.

d) Kann eine Schraubenlinie einer Kugel angehören? Soll dies der Fall sein, so muss die Bedingung (5) erfüllt werden, wenn man darin $r = -\varrho \operatorname{tg} \varepsilon$ mit constantem ε setzt. Auf diese Weise erhält man der Reihe nach

$$\frac{d}{ds}\left(\varrho \frac{d\varrho}{ds}\right) = -\cot^2 \varepsilon, \qquad \varrho^2 + s^2 \cot^2 \varepsilon = \text{Const.}$$

Also lassen sich (§ 8, d) die sphärischen Schraubenlinien durch blosse Torsion aus den Hypocycloiden, den Epicycloiden und der Cycloide $\left(\varepsilon < \frac{\pi}{4}, \ \varepsilon > \frac{\pi}{4}, \ \varepsilon = \frac{\pi}{4}\right)$ ableiten; dagegen ist der gerade Schnitt des Cylinders, dem eine beliebige dieser Curven angehört, immer eine Epicycloide, da seine natürliche Gleichung $\varrho^2 + s^2 \cos^2 \varepsilon = \text{Const.}$ ist. Denkt man sich zwischen zwei concentrischen Kreiscylindern mit den Radien a und $a \cos \varepsilon$ einen dritten Cylinder, der auf dem zweiten rollt, indem er den ersten streift, so wird jede seiner Erzeugenden auf einer beliebigen dem äusseren Cylinder einbeschriebenen Kugel eine Schraubenlinie beschreiben.

e) Giebt es cylindrisch-conische Schraubenlinien, d. h. Curven, welche zu gleicher Zeit Schraubenlinien auf einem Cylinder und auf einem Kegel sind? Es müssen die Bedingungen (8) erfüllt sein, und gleichzeitig muss man haben $r = -\varrho \operatorname{tg} \varepsilon$ mit constantem ε. Zunächst bemerke man, dass die Formeln (8) sich in folgender Weise schreiben lassen:

$$s \cos \psi = - \frac{\sqrt{1-\alpha^2}}{\alpha} \varrho , \qquad \frac{d}{ds}(s \sin \psi) = \frac{\sqrt{1-\alpha^2}}{\alpha} \cot \varepsilon .$$

Integriert man die zweite und trägt das Resultat in die erste ein, so findet man, dass die cylindrisch-conischen Schraubenlinien Krümmungs-radien haben, die dem Bogen proportional sind, wenn dieser von dem Scheitel des Kegels aus gerechnet wird. Umgekehrt ist jede Curve, die durch die natürlichen Gleichungen $\varrho = ks$, $r = k's$ dargestellt wird, eine cylindrisch-conische Schraubenlinie, da offenbar, wenn man die Constanten ψ, ε, α aus den Relationen

$$k = - \cot \psi \cot \varepsilon , \qquad k' = \cot \psi , \qquad \sin \psi = \frac{\sqrt{1-\alpha^2}}{\alpha} \cot \varepsilon$$

bestimmt, die zu Anfang angegebenen Bedingungen erfüllt sind. Man kann hinzufügen, dass die Curve einem Kreiskegel angehört, da die in-variable Richtung $(\cos \varepsilon, \sin \varepsilon, 0)$ der Erzeugenden des Cylinders einen constanten Winkel mit der Richtung (α, β, γ) des Radiusvectors bildet. Die cylindrisch-conischen Schraubenlinien sind sozusagen die logarithmischen Spiralen des dreidimensionalen Raumes: sie besitzen die merkwürdige für die genannten Curven bereits (§ 18) angegebene Eigenschaft, ungeändert zu bleiben, wenn sie einer gleichförmigen Dilatation von einem beliebigen Punkte des Raumes aus unterworfen werden.

f) Welches sind die Evolventen der cylindrischen Schrauben-linien? Indem wir uns auf die Formeln des vorigen Kapitels beziehen, bemerken wir, dass, wenn in den Formeln (44) das Verhältnis von ϱ' zu r' als constant vorausgesetzt wird, ψ constant sein muss, und dann zeigt die zweite Formel (43), dass die Torsion der Evolvente null ist. Also sind die Evolventen der cylindrischen Schraubenlinien ebene Curven. Verfährt man in umgekehrter Weise, so erkennt man leicht, dass es keine andern Evoluten ebener Curven giebt. Erinnern wir uns überdies daran, dass die Binormale der Evolvente und die rectificierende Erzeugende der Evolute parallel sind, so sehen wir im Falle der Schraubenlinien sofort, dass die Ebenen der Evolventen senkrecht auf den Erzeugenden des Cylinders stehen. In dem besondern Falle der circularen Schrauben-linie liefern die Formeln (44)

$$\varrho \frac{d\varrho}{ds} = \varrho' \cos^2 \psi = - r' \sin \psi \cos \psi = \frac{\varrho' r'^2}{\varrho'^2 + r'^2} ,$$

d. h. $\varrho^2 = 2as$, wenn man mit a den Radius des Cylinders bezeichnet. Also sind die Evolventen der circularen Schraubenlinien Kreis-evolventen.

g) Eine der Evoluten einer sphärischen Curve reduciert sich offenbar auf den Mittelpunkt der Kugel; die andern lassen sich daraus ableiten, indem man die Radien der Kugel in den bezüglichen Normalebenen um den-selben Winkel um die Curve dreht. Wenn man insbesondere in den be-kannten Formeln (44) ψ in $\psi - \frac{\pi}{2}$ verwandelt, wobei ψ den Winkel der Hauptnormale in M mit dem Radius OM bezeichnet, so dass $\varrho = R \cos \psi$ ist, so erhält man die Formeln

$$s' = R \cot \psi , \qquad \varrho' = \frac{R^2}{2} \frac{d}{ds}(\cot^2 \psi) , \qquad r' = R^2 \frac{d}{ds} \cot \psi ,$$

welche die Rückkehrkante der längs der gegebenen Curve um die Kugel gelegten Developpablen definieren. Da $s'r' = R\varrho'$ ist, so sieht man (§ 137), dass die genannte Rückkehrkante geodätische Linie eines Kegels ist. Es ist dies eine evidente Eigenschaft, wenn man sich überlegt, dass die Polardeveloppable einer sphärischen Curve notwendig ein Kegel ist, dessen geodätische Linien (§ 131) gerade alle Evoluten der gegebenen Curve sind.

h) Der Leser wird sich leicht selbst andere Aufgaben bilden, die ihm Stoff zur Übung in der Discussion der gewundenen Curven nach den Methoden der natürlichen Geometrie liefern. Will man z. B. wissen, welche unter den auf einer Kugel vom Radius R gezogenen Curven constante Torsion besitzen, so hat man sofort

$$\psi = \int \frac{ds}{r} = \frac{s}{a}\,, \qquad \varrho = ka \cos \frac{s}{a}\,, \qquad \varphi = k \log \cot \left(\frac{\pi}{4} - \frac{s}{2a}\right),$$

wenn man $r = a$, $R = ka$ setzt. Man sieht ferner (§ 9), dass die ebene Transformierte (§ 129, d) aus Bogen von der Länge πa in unendlicher Anzahl besteht, deren jeder sich asymptotisch um seine Endpunkte wickelt, die symmetrisch inbezug auf die Normale im Anfangspunkte liegen. Wenn man einen solchen Bogen ohne seine Flexion zu ändern tordiert, um ihn auf die Kugel zu legen, so bleiben die Enden asymptotische Punkte, und in der Umgebung eines jeden von ihnen kann man die Curve als in der Tangentialebene gezeichnet ansehen $\left(\psi = \frac{\pi}{2}\right)$. Im Anfangspunkte dagegen osculiert die Curve einen grössten Kreis und durchsetzt ihn, da sich von einem Ende zum andern die osculierende Ebene immer in einem Sinne dreht. So kommt es, dass auf jeder der durch den genannten Kreis bestimmten Halbkugeln ein asymptotischer Punkt liegt. Projiciert man die Curve auf die Ebene des Kreises, so bewahrt sie die allgemeine Gestalt der ebenen Transformierten; dagegen gleicht ihre Projection auf die Tangentialebene im Anfangspunkte der Bogen einer Klothoide. Analoge Verhältnisse bieten sich bei denjenigen sphärischen Curven, für welche das Product der Krümmungen constant ist. Setzt man $R = k^2 a$, $\varrho r = aR$, so findet man in der That, dass diese Curven durch die Gleichungen

$$\varrho = \frac{2k^2 a}{e^{\frac{s}{a}} + e^{-\frac{s}{a}}}\,, \qquad r = \frac{a}{2}\left(e^{\frac{s}{a}} + e^{-\frac{s}{a}}\right)$$

dargestellt werden, die leicht zu discutieren sind. Der einzige erhebliche Unterschied gegenüber den vorigen Curven besteht darin, dass die zuletzt erhaltenen aus einem einzigen Bogen von unendlicher Länge bestehen, der aber auch wieder von zwei asymptotischen Punkten begrenzt ist.

i) Eine Reihe von Kugeln zu construieren, die ihre Mittelpunkte auf einer gegebenen Linie haben und so ausfallen, dass sie eine und dieselbe Curve osculieren. Dieses von Jamet gestellte Problem lässt sich leicht lösen, wenn man bemerkt, dass auf Grund einer bekannten Eigenschaft (§ 134) eine beliebige Linie sich auf einen Punkt reduciert, wenn man ihre Polardeveloppable auf die Ebene ausbreitet. Hiermit ist gemeint, dass, wenn die Normalebenen mittels successiver Drehungen um die entsprechenden Polaraxen zum Zusammenfallen in eine feste Ebene gelangen, die Punkte der Curve, wenn sie mit den genannten Ebenen fest verbunden sind, schliesslich in einen einzigen Punkt der festen Ebene zusammenfallen. Um das Jamet'sche Problem zu lösen, muss man damit beginnen, die gegebene Curve (O) durch alleinige Änderung der Torsion in eine ebene Curve (O') zu transformieren; darauf muss man eine Reihe von Kugeln construieren, die durch einen beliebigen Punkt M der Ebene von (O') hindurchgehen und ihre Mittelpunkte auf (O') haben. Es genügt jetzt, die Curve (O') zu tordieren, ohne ihre Flexion zu ändern, bis man ihr wieder die ursprüngliche Form (O) gegeben hat: die Kugeln, welche bei der Bewegung starr mit fortgeführt werden, werden nicht aufhören eine und dieselbe Curve zu osculieren, nämlich den Ort der Lagen, welche M in den osculierenden Ebenen von (O) einnimmt. Demnach lässt sich jede Reihe von Kugeln zur Osculation mit unendlich vielen Curven bringen, indem man die Linie der Mittelpunkte geeignet deformiert, und zwar werden sich zwei beliebige Formen dieser Linie immer durch einfache Torsion auseinander ableiten lassen.

§ 140. Bertrand'sche Curven.

Man bezeichnet als Bertrand'sche Curve jede Linie, deren Krümmungen durch eine lineare Relation

$$(10) \qquad \frac{a}{\varrho} + \frac{b}{r} = 1$$

verbunden sind. Im besondern sind Betrand'sche Curven die windschiefen Kreise $(b = 0)$ und die Curven constanter Torsion $(a = 0)$. Auch die Schraubenlinien kann man als Bertrand'sche Curven betrachten. Denn wenn man a und b unbegrenzt wachsen lässt derart, dass ihr Verhältnis sich einem Grenzwert $\cot \varepsilon$ nähert, so verwandelt sich die Gleichung (10) schliesslich in die charakteristische Gleichung der Schraubenlinien: $r = - \varrho \, \mathrm{tg} \, \varepsilon$. Die Bertrand'schen Curven sind durch folgende Eigenschaft charakterisiert: ihre Hauptnormalen sind Hauptnormalen einer andern Curve. Auf der Hauptnormale einer beliebigen Curve (M) wählen wir den Punkt M_1 in der Entfernung a von M. Wenden wir die Fundamentalformeln auf die Coordinaten $(0, 0, a)$ an, so ergiebt sich

$$(11) \qquad \frac{\delta x}{ds} = 1 - \frac{a}{\varrho}, \qquad \frac{\delta y}{ds} = - \frac{a}{r}, \qquad \frac{\delta z}{ds} = \frac{da}{ds}.$$

Soll nun (M_1) die Hauptnormalen von (M) senkrecht treffen, so muss $\delta z = 0$, d. h. a constant sein. Es seien $\alpha = \cos \theta$, $\beta = \sin \theta$, $\gamma = 0$ die Richtungscosinus' der Tangente von (M_1) im Punkte M_1, so dass

$$(12) \qquad \frac{a}{\varrho} - \frac{a}{r} \cot \theta = 1$$

ist. Nach den Fundamentalformeln für Richtungen hat man

(13) $\dfrac{\delta\alpha}{ds} = -\sin\theta\,\dfrac{d\theta}{ds}$, $\dfrac{\delta\beta}{ds} = \cos\theta\,\dfrac{d\theta}{ds}$, $\dfrac{\delta\gamma}{ds} = \dfrac{\cos\theta}{\varrho} + \dfrac{\sin\theta}{r}$,

und man sieht, dass auch θ constant sein muss, damit die Hauptnormale von (M) in jedem Punkte mit derjenigen von (M_1) zusammenfalle. Nunmehr bemerke man, dass die Gleichung (12) eine Bertrand'sche Curve definiert, für die man $b = -a\cot\theta$ hat. Es ist a priori klar, dass auch (M_1) eine Bertrand'sche Curve ist, für welche a und b dieselben Werte haben müssen. Übrigens leitet man aus den Formeln (11) und (13) ab

$$\frac{ds_1}{ds} = \frac{\sqrt{a^2 + b^2}}{r}, \qquad \frac{a^2 + b^2}{\varrho_1} = a - b\,\frac{r}{\varrho};$$

und da, wenn man die beiden Curven miteinander vertauscht, das Verhältnis $\dfrac{ds}{ds_1}$ den Wert $\dfrac{\sqrt{a^2 + b^2}}{r_1}$ hat, so sieht man, dass $rr_1 = a^2 + b^2$ sein muss, eine im Falle der windschiefen Kreise bereits erwähnte Eigenschaft. Man verificiert jetzt leicht, dass die Gleichung (10) auch der Curve (M_1) zukommt. Die Correspondenz zwischen den beiden Curven wird illusorisch bei den Curven mit constanter Torsion, da für ein verschwindendes a die Curven (M) und (M_1) zusammenfallen. Geht ferner eine der Curven in eine Schraubenlinie über, so rückt die andere ins Unendliche. Endlich ist es nützlich, in dem allgemeinen Falle zu bemerken, dass die Fundamentaltrieder der beiden Curven starr miteinander verbunden sind.

§ 141.

Durch die obige Frage wird man naturgemäss zum Studium der von den Hauptnormalen einer Curve gebildeten Fläche geführt. Wählt man die Curve als Fundamentalcurve, so müssen die Formeln (37) des vorigen Kapitels durch $\alpha = \beta = 0$, $\gamma = 1$ erfüllt werden, mithin hat man

$$\frac{1}{\varrho} = -\frac{\sin\tau\cos\tau}{p}, \qquad \frac{1}{r} = \frac{\cos^2\tau}{p},$$

d. h. $\tau = \varepsilon$ und $p = -h\cot\varepsilon$, wie bereits auf anderem Wege bemerkt worden ist (§ 132). Soll es auf der Fläche zwei Linien geben, welche die Erzeugenden zu Hauptnormalen haben, so muss jede von ihnen eine Bertrand'sche Curve sein, und es wird im allgemeinen keine dritte derartige Curve existieren können; wenn aber eine solche existiert, so wird es deren unendlich viele andere geben müssen, nämlich die sämtlichen circularen Schraubenlinien, die durch die unendlich vielen Paare von constanten Werten ϱ und r definiert werden, welche für ein gegebenes Wertepaar a, b der Gleichung (10) genügen. Eine der unendlich vielen

Schraubenlinien ($\varrho = \infty$, $r = b$) reduciert sich auf eine Gerade, die gemeinsame Axe der unendlich vielen Kreiscylinder, auf denen jene Schraubenlinien liegen, und Strictionslinie ($\tau = 0$) der Fläche. Nun bleibt, da der Verteilungsparameter p den constanten Wert b hat, auch das Verhältnis zwischen dem Abstand und dem Winkel von zwei beliebigen Erzeugenden beständig gleich b. Also ist (§ 123, h) die **Fläche eine Schraubenfläche mit Leitebene.**

§ 142.

Zu einer andern charakteristischen Eigenschaft der Bertrand'schen Curven gelangt man, wenn man untersucht, ob es vorkommen kann, dass eine mit dem Fundamentaltrieder einer Curve fest verbundene Gerade Normale der Bahncurven ihrer Punkte bleibt. Offenbar muss eine solche Gerade dem Complex der Normalen angehören, den wir im letzten Paragraphen des vorigen Kapitels gefunden haben, mithin muss zwischen ihren Coordinaten die Relation

$$(14) \qquad \frac{\xi}{r} - \frac{\eta}{\varrho} + \alpha = 0$$

bestehen. Wenn die Krümmungen variieren, und wenn gleichzeitig ihr Verhältnis variiert, wie es im allgemeinen der Fall ist, so kann man der Formel (14) nur genügen, indem man $\alpha = 0$, $\xi = 0$, $\eta = 0$ nimmt. Diese Gleichungen stellen die Normalen der Curve dar und von den andern Senkrechten zur Tangente die, welche in der rectificierenden Ebene liegen. Ein erster Ausnahmefall bietet sich, wenn die Krümmungen zwar variieren, aber in constantem Verhältnis zueinander bleiben, in welchem Falle die Curve eine nicht circulare Schraubenlinie ist. Man genügt alsdann der Gleichung (14), indem man $\alpha = 0$, $\xi \cos \varepsilon + \eta \sin \varepsilon = 0$ setzt, mithin sind die Parallelen zur Normalebene, welche die Erzeugende treffen, die einzigen Geraden, welche der Forderung entsprechen. Wenn dagegen die Schraubenlinie eine circulare ist, so spaltet sich die Bedingung (14) nicht, und jede Gerade des Complexes der Normalen hat die angegebene Eigenschaft. Übrigens sind dies Unterfälle des einen Ausnahmefalles der Bertrand'schen Curven. In der That! Wenn zwischen den Krümmungen die Beziehung (10) besteht, so genügt man der Gleichung (14), indem man

$$(15) \qquad \xi = -b\alpha, \qquad \eta = a\alpha$$

nimmt, und in keiner andern Weise. Von diesen Gleichungen stellt die zweite den Complex der Geraden dar, welche die durch M_1 zur

Binormale von (M) gezogene Parallele g_1 treffen; und die erste kann man durch die Gleichung

$$(16) \qquad a\xi + b\eta = 0$$

ersetzen, welche den Complex der Geraden darstellt, die sich auf die durch M zur Binormale von (M_1) gezogene Parallele g stützen. Also bleiben von den mit dem Fundamentaltrieder einer Bertrandschen Curve fest verbundenen Geraden diejenigen, welche g und g_1 treffen, senkrecht zu den Bahncurven aller ihrer Punkte. Im besondern sind bei jedem windschiefen Kreise die Geraden, welche der Forderung entsprechen, diejenigen, welche sich auf die Tangente und die Polaraxe stützen. Bei den nicht circularen Schraubenlinien liegt g_1 im Unendlichen in der Normalebene und g ist die Erzeugende des Cylinders. Dagegen lässt sich eine circulare Schraubenlinie auf unendlich viele Arten als eine Bertrand'sche Curve betrachten, und die unendlich vielen Congruenzen, welche man in dieser Weise erhält, bilden gerade den ganzen Complex der Normalen. Endlich kann man im Falle der Curven constanter Torsion nicht mehr die Gleichung (16) an Stelle einer der Gleichungen (15) setzen; diese werden $\eta = 0$, $\xi = -r\alpha$ und stellen nicht Geraden dar, welche sich auf zwei verschiedene Geraden stützen. Dies kommt daher, dass in dem betrachteten Falle (M_1) mit (M) zusammenfällt und die Geraden g und g_1 in die Binormale übergehen derart, dass das Verhältnis ihres Winkels zu ihrem Abstand sich einem Grenzwert nähert, der die Torsion der Curve misst. Die Geraden, welche der Forderung entsprechen, sind dann also die sämtlichen Tangenten einer gewissen windschiefen Regelfläche längs der Binormale.

§ 143.

Die Bertrand'schen Curven sind ein ganz specieller Fall unter den durch eine natürliche Gleichung

$$(17) \qquad \frac{A}{\varrho^2} + \frac{B}{r^2} + \frac{C}{\varrho r} = \frac{P}{\varrho} + \frac{Q}{r}$$

dargestellten Curven. Diese bieten sich als Ausnahmecurven dar, wenn man untersucht, ob es unter den Flächen, welche von den mit dem Fundamentaltrieder fest verbundenen Geraden erzeugt werden, abwickelbare Flächen giebt. Man weiss aus dem vorigen Kapitel, dass die (constanten) Coordinaten einer solchen Geraden der Bedingung

$$\delta\alpha\,\delta\xi + \delta\beta\,\delta\eta + \delta\gamma\,\delta\zeta = 0$$

genügen müssen, welche gerade die Form (17) annimmt, wenn man von den Fundamentalformeln Gebrauch macht, vorausgesetzt, dass man setzt

$$(18) \qquad \frac{\beta\eta}{A} = \frac{\alpha\xi}{B} = -\frac{\alpha\eta + \beta\xi}{C} = \frac{\alpha\beta}{P} = \frac{\beta^2 + \gamma^2}{Q}.$$

Wenn zwischen den Krümmungen keine Relation von der Form (17) besteht, so müssen in der Formel (18) alle Zähler verschwinden, folglich die Bedingungen $\alpha = 1$, $\xi = 0$, $\eta = 0$ erfüllt sein, welche die in der rectificierenden Ebene zur Tangente gezogenen Parallelen definieren. Also sind dies im allgemeinen die einzigen Erzeugenden abwickelbarer Flächen; dagegen kann es andere derartige Geraden geben, wenn die Curve der durch die Gleichung (17) definierten Klasse angehört. Thatsächlich erhält man, wenn die Coefficienten der genannten Gleichung nicht sämtlich null sind, durch Elimination von ξ und η aus den Gleichungen (18) die Relationen

$$(19) \qquad A\alpha^2 + B\beta^2 + C\alpha\beta = 0, \qquad P(\beta^2 + \gamma^2) = Q\alpha\beta,$$

aus denen man ersieht, dass vier andere Erzeugende abwickelbarer Flächen existieren können, die den Schnittlinien eines gewissen Kegels zweiten Grades mit einem Ebenenpaar parallel sind: der Kegel, dessen Scheitel auf der Curve liegt, berührt längs der Tangente die osculierende Ebene und die Ebenen gehen durch die Hauptnormale. Jedoch bemerke man, dass, wenn A, B, C null sind, die erste Gleichung (19) fortfällt, die Gleichung (17) eine Schraubenlinie darstellt und die Erzeugenden des Kegels alle der Forderung entsprechen, da man aus den Gleichungen (18) ausserdem $\xi = 0$, $\eta = 0$ entnimmt.

§ 144.

Im Vorigen ist bei der Behauptung, dass die Gleichungen (19) eine endliche Anzahl gemeinsamer Lösungen zulassen, stillschweigend vorausgesetzt, dass die rechte Seite von (17) kein algebraischer Teiler der linken ist. Im entgegengesetzten Falle reduciert sich die Gleichung auf die Form (10) und stellt eine Bertrand'sche Curve dar. Da man alsdann P und Q beliebige, nur nicht gleichzeitig verschwindende Werte erteilen kann, so entsprechen auch bei diesen Curven, wie bei den Schraubenlinien, unendlich viele andere Geraden der gestellten Forderung. Schreibt man die Gleichungen (19) in der Form

$$(a\alpha + b\beta)(P\alpha + Q\beta) = 0, \qquad \alpha(P\alpha + Q\beta) = P,$$

so sieht man sofort, dass man ihnen in zwei ganz verschiedenen Weisen genügen kann, indem man nämlich den einen oder den anderen Factor der linken Seite der ersten Gleichung gleich Null setzt. Wenn man den zweiten Factor gleich Null setzt, so ist nach der zweiten Gleichung $P = 0$, mithin auch $\beta = 0$. Ferner ist

$$A = Pa = 0, \quad B = Qb, \quad C = Pb + Qa = Qa.$$

Dies vorausgeschickt werden die Gleichungen (18)

$$\frac{\xi}{b} = -\frac{\eta}{a} = \frac{\gamma^2}{\alpha}.$$

Die Zähler sind nur dann alle null, wenn es γ und η sind: man findet dann die unendlich vielen Parallelen zur Tangente wieder, welche in der rectificierenden Ebene gezogen sind. Im entgegengesetzten Falle definieren die letzten Gleichungen eine Congruenz, aus welcher die Bedingung $\beta = 0$ ein hyperbolisches Paraboloid ϖ aussondert, welches durch die Gleichungen

$$a\xi + b\eta = 0, \quad \zeta = -b\gamma, \quad \beta = 0$$

dargestellt wird. Setzt man dagegen den Factor $a\alpha + b\beta$ gleich Null, so entnimmt man aus den Gleichungen (18)

$$\eta = a\alpha, \quad \gamma(\zeta + b\gamma) = 0.$$

Für $\gamma = 0$ erhält man unendlich viele andere parallele Geraden, die in einer zur rectificierenden Ebene parallelen Ebene liegen. Setzt man γ nicht gleich Null, so definieren die Gleichungen

$$\eta = a\alpha, \quad \zeta = -b\gamma, \quad a\alpha + b\beta = 0$$

die Erzeugenden eines anderen Paraboloids ϖ_1, welche parallel zu einer durch die Hauptnormale hindurchgehenden Ebene sind. Es ist also für die Bertrand'schen Curven charakteristisch das Vorhandensein von zwei mit dem Fundamentaltrieder fest verbundenen hyperbolischen Paraboloiden von der Beschaffenheit, dass die Erzeugenden der einen Schar beständig tangential zu gewissen Curven des Raumes bleiben. Die Schlussbemerkung des § 140 klärt uns darüber auf, warum wir bei der obigen Untersuchung zu zwei Paraboloiden und zu zwei Scharen von parallelen Geraden gelangt sind: es ist in der That klar, dass das Paraboloid ϖ_1 nur sozusagen das Paraboloid ϖ für diejenige Bertrand'sche Curve ist, welche nach dem in § 140 gesagten dieselben Hauptnormalen wie die betrachtete Curve hat. Endlich wollen wir bemerken, dass die beiden Paraboloide bei den Curven constanter Torsion zusammenfallen und im Falle der windschiefen Kreise in zwei Parabeln ausarten (§ 123, f): die eine Parabel liegt in der osculierenden Ebene, hat ihren Scheitel auf der Curve und ihren Brennpunkt im Krümmungscentrum; die andere liegt in der Normalebene, hat ihren Brennpunkt auf der Curve und ihren Scheitel im Krümmungscentrum.

§ 145.

Es giebt einen andern Fall, in welchem die Gleichungen (19) unendlich viele gemeinsame Lösungen zulassen. Es ist der, wo B und P null sind. Setzt man unter dieser Annahme $A = Qa$, $C = Qb$, so gelangt man zur Aufdeckung einer charakteristischen Eigenschaft der durch die natürliche Gleichung

$$(20) \qquad \frac{a}{\varrho} + \frac{b}{r} = \frac{\varrho}{r}$$

definierten Curven. In der That werden die Gleichungen (18)

$$(21) \qquad \alpha\beta = 0, \quad \alpha\xi = 0, \quad \frac{\beta\eta}{a} = -\frac{\alpha\eta + \beta\xi}{b} = \beta^2 + \gamma^2,$$

und wenn man die in der rectificierenden Ebene liegenden Parallelen zur Tangente ($\xi = 0$, $\eta = 0$, $\alpha = 1$) unberücksichtigt lassen will, so sieht man, dass man

$$(22) \qquad \alpha = 0, \quad \beta\eta = a, \quad -\beta\xi = b$$

setzen muss, und dass man den Gleichungen (21) in keiner andern Weise genügen·kann, solange $a \gtrless 0$ ist. Die Gleichungen (22) definieren unendlich viele Parallelen zur Normalebene, welche sich auf die von M nach dem Punkte (a, b) der rectificierenden Ebene führende Gerade stützen und auf diese Weise ein Conoid (§ 123, h) dritter Ordnung bilden. Die Projectionen dieser Geraden auf die Normalebene umhüllen eine Parabel, welche ihren Brennpunkt in M und ihren Scheitel auf der Hauptnormale in der Entfernung b von M hat. Im besondern sieht man für $b = 0$, dass die Curven, deren Torsion proportional dem Quadrate der Flexion ist, charakterisiert sind durch das Vorhandensein eines geraden Conoids dritter Ordnung, welches mit dem Fundamentaltrieder starr verbunden und so beschaffen ist, dass jede seiner Erzeugenden sich auf einer abwickelbaren Fläche bewegt. Lässt man a nach Null abnehmen, so stellt die Gleichung (20) in der Grenze einen windschiefen Kreis ($\varrho = b$) dar, und das Conoid (22) wird unbegrenzt auf die Normalebene zusammengedrückt, wobei es sich schliesslich auf die Schar der Tangenten einer Parabel reduciert; gleichzeitig erscheint aber für $a = 0$ eine zweite Parabel in der osculierenden Ebene, da man alsdann den Gleichungen (21) auch durch die Annahme $\beta = 0$, $\xi = 0$, $-\alpha\eta = b\gamma^2$ genügen kann.

Elftes Kapitel.

Allgemeine Theorie der Flächen.

§ 146. Geodätische Linien und Asymptotenlinien.

Die Eigenschaften einer Fläche in der Umgebung jedes Punktes M stehen in genauer Beziehung zu denen der Curven, welche durch M hindurchgehen. Im folgenden (§ 219) werden wir sehen, dass die Tangenten aller dieser Curven in einer Ebene liegen, welche man die **Tangentialebene** der Fläche im Punkte M nennt. Die Normale der Fläche, d. h. die auf der Tangentialebene in M errichtete Senkrechte, ist Normale aller durch M hindurchgehenden Curven und kann für gewisse die Binormale, für andere die Hauptnormale sein. Die Curven, bei welchen in jedem Punkte die Binormale mit der Normale der Fläche zusammenfällt, heissen **Asymptotenlinien**; diejenigen, welche diese Normale als Hauptnormale zulassen (vgl. § 126), nennt man **geodätische Linien**. Mit andern Worten: Wenn man die einer Fläche längs einer gegebenen Curve umbeschriebene Developpable betrachtet, d. h. die Enveloppe der Ebenen, welche die Fläche in den Punkten der Curve berühren, so kann man sagen, dass die längs einer Asymptotenlinie umbeschriebene Developpable diese Curve als Rückkehrkante zulässt, während die längs einer geodätischen Linie umbeschriebene Developpable die rectificierende einer solchen Curve ist. Um sich volle Rechenschaft von dem wesentlichen Unterschied zwischen den beiden Arten von Curven zu geben, ist es nützlich, die Fläche als materiell anzunehmen, indem man ihr eine gewisse Dicke zuschreibt, und sich andererseits die Curve als einen Streifen auf der Developpablen der Tangenten zu denken, d. h. auf der Reihe derjenigen Ebenen, von denen man sagen kann, dass ihnen die successiven Elemente der Curve am genausten angehören (§ 120). Will man auf einer Fläche eine geodätische Linie anbringen, so muss der Streifen senkrecht in die Dicke unserer Fläche eindringen, während es, um eine Asymptotenlinie anzubringen, genügt,

sie auf die Fläche hinzulegen, auf der sie ruhen wird wie ein ebener
Streifen auf seiner eigenen Ebene. Es sei ψ der Winkel, um welchen
für einen auf dem positiven Teil der Tangente befindlichen Beobachter
die Normale der Fläche im Sinne des Uhrzeigers sich drehen muss,
um mit der Hauptnormale zusammenzufallen. Wir werden bald in
unsern Rechnungen häufig die Grössen

$$\mathscr{N} = \frac{\cos \psi}{\varrho}, \qquad \mathscr{G} = \frac{\sin \psi}{\varrho}$$

auftreten sehen, welche man die **Normalkrümmung** und die **geodätische Krümmung** nennt, und werden immer festzuhalten haben,
dass *die geodätischen Linien durch das beständige Verschwinden der
geodätischen Krümmung charakterisiert sind, während die Asymptotenlinien durch das beständige Verschwinden der Normalkrümmung charakterisiert sind.* Man bemerke hier, dass nur die Geraden die Eigenschaft
haben, gleichzeitig Asymptotenlinien und geodätische Linien auf jeder
Fläche zu sein.

§ 147. Krümmungslinien.

Eine auf einer Fläche gezogene Curve nennt man eine **Krümmungslinie**, wenn die Flächennormalen längs dieser Curve eine Developpable
bilden. Wir haben bereits gesehen (§ 131), dass hierzu notwendig und
hinreichend ist, dass die Ableitung von ψ nach dem Bogen gleich der
Torsion der Curve ist. Wenn wir also als **geodätische Torsion** die
Grösse

$$\mathscr{T} \doteq \frac{d\psi}{ds} - \frac{1}{r}$$

bezeichnen, so können wir behaupten, dass die Krümmungslinien
durch das constante Verschwinden der geodätischen Torsion
charakterisiert sind. Speciell sind alle auf einer Kugel gezogenen
Curven Krümmungslinien dieser Fläche, da die Normalen im Mittelpunkt zusammentreffen; und noch specieller ist jede ebene Curve Krümmungslinie und gleichzeitig Asymptotenlinie der Ebene, in welcher sie
liegt. Zu dem allgemeinen Falle zurückkehrend bemerken wir folgendes
(§ 131): Wenn eine Curve Krümmungslinie auf zwei Flächen
ist, so schneiden sich diese längs der genannten Curve unter
constantem Winkel; und wenn zwei Flächen sich unter constantem Winkel schneiden, so kann die Schnittcurve nicht
Krümmungslinie auf einer der Flächen sein, ohne es auch
auf der andern zu sein. Daraus folgt, dass, wenn eine Krümmungslinie eben ist, ihre Ebene die Fläche unter constantem

Winkel schneidet; und das gleiche lässt sich von jeder sphärischen Krümmungslinie und der Kugel sagen, auf welcher sie liegt. Umgekehrt ist, wenn eine Ebene oder eine Kugel eine Fläche unter constantem Winkel schneidet, die Schnittcurve Krümmungslinie auf der betrachteten Fläche. Endlich bemerke man, dass, wenn bei einer Krümmungslinie der Winkel ψ constant ist, die Linie notwendig eben ist. Im besondern ist jede geodätische Krümmungslinie ($\psi = 0$) eben, und ihre Ebene schneidet die Fläche unter rechtem Winkel.

§ 148. Fundamentalformeln für die Curven auf einer Fläche.

Bei der Untersuchung einer Curve auf einer Fläche ist es nützlich, als z-Axe die Flächennormale in einem beweglichen Punkte M zu wählen und als x-Axe die Tangente der Curve beizubehalten. Wenn man in den Unbeweglichkeitsbedingungen (§ 120)

$$\frac{dx'}{ds} = \frac{z'}{\varrho} - 1, \quad \frac{dy'}{ds} = \frac{z'}{r}, \quad \frac{dz'}{ds} = -\frac{x'}{\varrho} - \frac{y'}{r},$$

die sich auf das Fundamentaltrieder der Curve beziehen, die Coordinatentransformation

$$x = x', \quad y = y' \cos\psi - z' \sin\psi, \quad z = y' \sin\psi + z' \cos\psi$$

ausführt, so ergeben sich die Relationen

$$(1) \quad \frac{dx}{ds} = \mathfrak{N}z - \mathfrak{G}y - 1, \quad \frac{dy}{ds} = \mathfrak{G}x - \mathfrak{T}z, \quad \frac{dz}{ds} = \mathfrak{T}y - \mathfrak{N}x.$$

Offenbar sind die Fundamentalformeln, welche dazu dienen, die absoluten Variationen der Coordinaten x, y, z eines beliebigen gleichzeitig mit M beweglichen Punktes zu berechnen,

$$(2) \quad \left\{ \begin{aligned} \frac{\delta x}{ds} &= \frac{dx}{ds} - \mathfrak{N}z + \mathfrak{G}y + 1, \\[1mm] \frac{\delta y}{ds} &= \frac{dy}{ds} - \mathfrak{G}x + \mathfrak{T}z, \\[1mm] \frac{\delta z}{ds} &= \frac{dz}{ds} - \mathfrak{T}y + \mathfrak{N}x, \end{aligned} \right.$$

und es ist klar, dass sie auch bestehen, wenn x, y, z die Bedeutung von Richtungscosinus' haben, vorausgesetzt, dass man in der ersten Gleichung den constanten Term beseitigt.

§ 149. Theoreme von Meusnier und von Bonnet.

Wenn man vom Punkte M zu einem unendlich benachbarten Punkte M' übergeht, so hat die Variation der z-Coordinate eines beliebigen festen Punktes denselben Wert für alle Curven der Fläche, welche sich in M berühren, da sie die Differenz zwischen den Abständen des festen Punktes von den Ebenen darstellt, die die Fläche in M und in M' berühren, und infolgedessen dieselbe ist für alle Curven, welche das Element MM' gemein haben. Es folgt also aus der dritten Formel (1), dass jede der Grössen $\mathcal{T}$ und $\mathcal{N}$ einen ungeänderten Wert bewahrt für alle Curven der Fläche, welche Mx im Punkte M berühren. In der Unveränderlichkeit von $\mathcal{T}$ besteht der Satz von Bonnet, aus welchem sich ergiebt, dass abgesehen vom Vorzeichen die geodätische Torsion einer Curve sich nicht unterscheidet von der absoluten Torsion der berührenden geodätischen Linie. Der Satz von Meusnier sagt dagegen die Unveränderlichkeit von $\mathcal{N}$ aus und hat wichtige Folgerungen. Vor allem müssen, wenn ψ für zwei sich berührende Curven denselben Wert $\left(\gtrless \frac{\pi}{2}\right)$ hat, auch die Werte von ϱ gleich sein, d. h. zwei Curven, die in einem Punkte der Fläche von einer und derselben Ebene osculiert werden, haben gleiche (absolute oder geodätische) Krümmungen, vorausgesetzt, dass die gemeinsame osculierende Ebene nicht die Tangentialebene der Fläche ist. Unter allen Curven, welche in M eine gegebene Curve berühren, betrachte man den ebenen Normalschnitt, den die Ebene zx auf der Fläche hervorbringt. Ist ϱ_0 sein Krümmungsradius, so liefert der Satz von Meusnier für $\mathcal{N}$ den Wert $\frac{1}{\varrho_0}$. Also ist die Normalkrümmung einer beliebigen auf einer Fläche gezogenen Linie die Krümmung des ebenen Normalschnittes, der auf der Fläche tangential zu dieser Linie ausgeführt ist. Was die geodätische Krümmung anbetrifft, so bemerke man, dass nach dem Satze von Meusnier auf dem Cylinder, der die Curve orthogonal auf die Tangentialebene projiciert, die Krümmung des Normalschnittes, der jene Curve berührt, gerade $\frac{\sin \psi}{\varrho}$ ist. Also ist die geodätische Krümmung einer auf einer Fläche gezogenen Linie die Krümmung der Projection der Curve auf die Tangentialebene. Endlich besteht wegen der Unveränderlichkeit von $\mathcal{N}$ die Relation $\varrho = \varrho_0 \cos \psi$, mithin erhält man das Krümmungscentrum einer beliebigen Linie einer Fläche in einem Punkte M, indem man auf die osculierende Ebene dieser Curve das Krümmungscentrum desjenigen ebenen Normalschnittes projiciert, welcher die Curve in M berührt. Diese Construction gilt nicht für die Curven, welche die Asymptotenlinien berühren, da bei den Asymptotenlinien $\mathfrak{N}$ wegen des Verschwindens von $\cos\psi$ null ist, ϱ aber einen beliebigen Wert hat. Wenn eine Curve eine Asymptotenlinie in einem Punkte M berührt, ohne die Tangentialebene der Fläche zu osculieren, so ist $\cos\psi$ nicht null, mithin muss die Flexion null sein; wenn aber die Curve von der Tangentialebene osculiert wird, so kann ihre Flexion einen beliebigen Wert besitzen, der im allgemeinen verschieden von demjenigen ist, den die Flexion der berührenden Asymptotenlinie hat.

§ 150.

Die Unveränderlichkeit von $\mathfrak{N}$ und $\mathfrak{T}$ für alle Curven, welche eine gegebene Tangente haben, ergiebt sich noch einfacher aus der Untersuchung der Normalen der Fläche in der Umgebung eines Punktes M. Wenn man die Formeln (2) in der Form, wie sie für Richtungen gelten, auf die Richtung $(0, 0, 1)$ anwendet, so findet man, dass die Normale in M' die Richtungscoefficienten $-\mathfrak{N}\,ds,\ \mathfrak{T}\,ds,\ 1$ hat, und dies genügt, um sicher zu sein, dass jede der Grössen $\mathfrak{N}$ und $\mathfrak{T}$ einen einzigen Wert besitzt für alle Curven, die das Element MM' gemein haben. Man sieht ausserdem, dass beim Übergange von M zu M' die Stellungsänderung der Tangentialebene der Fläche aus zwei infinitesimalen Rotationen hervorgeht, deren eine, proportional der Normalkrümmung, sich vollzieht, ohne dass die Ebene sich um MM' dreht, während die andere, proportional der geodätischen Torsion, gerade in einer Rotation um die Tangente besteht. In analoger Weise gelangt man zur Interpretation der geodätischen Krümmung, indem man nunmehr die Richtung $(1, 0, 0)$ betrachtet. Man findet, dass die Richtung der Tangente in M' definiert ist durch die Richtungscoefficienten $1,\ -\mathfrak{G}\,ds,$ $\mathfrak{N}\,ds$, mithin dreht sich die Tangente, während sie an der Bewegung der Tangentialebene teilnimmt, in dieser Ebene um einen Winkel $\mathfrak{G}\,ds$ im entgegengesetzten Sinne des Uhrzeigers für einen Beobachter, der auf dem positiven Teil der Normale steht. Mit andern Worten: die geodätische Krümmung ist proportional der Projection des Winkels zweier unendlich benachbarter Tangenten auf die Tangentialebene, wie die geodätische Torsion proportional ist der Projection der Richtungsänderung der Flächennormale auf die Normalebene der Curve. Nunmehr ist klar, dass $\mathfrak{G}$ nicht bloss von der Tangente in M abhängt, wie $\mathfrak{N}$ und $\mathfrak{T}$, sondern auch noch von der Tangente in M'. Der Wert von $\mathfrak{G}$ ist also derselbe für alle

Curven der Fläche, welche in M von einer und derselben Ebene osculiert werden, dagegen nicht für alle Curven, welche einander in M berühren: an diesem Umstande liegt es, dass von jedem Punkte der Fläche geodätische Linien ($\mathcal{G} = 0$) nach allen Richtungen ausgehen, während die Zahl der Krümmungslinien ($\mathcal{C} = 0$) und der Asymptotenlinien ($\mathcal{N} = 0$), welche durch einen gegebenen Punkt M hindurchgehen, wie wir sehr bald sehen werden, endlich ist. Denn wenn man in einem Punkte M einer Curve den Wert von $\mathcal{C}$ oder $\mathcal{N}$ vorschreibt, so bedeutet dies, dass man denselben Wert den unendlich vielen Curven, welche in M die gegebene Curve berühren, vorschreibt, welches auch ihre osculierenden Ebenen sein mögen.

§ 151.

Die Betrachtungen der ersten vier Paragraphen des achten Kapitels sind unmittelbar anwendbar auf die Curvenscharen, die auf einer beliebigen Fläche gezogen sind. Man kann also sagen, dass jede Function der Punkte einer Fläche die analytische Darstellung einer einfach unendlichen Schar von Curven vermittelt. Hat man ferner den Differentialquotienten der Function in einer beliebigen Richtung definiert, und wählt als Grundlage eines orthogonalen Systems krummliniger Coordinaten dem § 109 gemäss die beiden durch die Functionen q_1 und q_2 definierten Curvenscharen, so findet man die Entfernung von zwei unendlich benachbarten Punkten ausgedrückt durch die Formel

$$ds^2 = Q_1^2 dq_1^2 + Q_2^2 dq_2^2,$$

wo die Q Functionen der q sind, und man erkennt, dass die Differentialquotienten in den Richtungen der Coordinatenlinien in der folgenden Weise von den Ableitungen nach den q abhängen:

$$\frac{\partial}{\partial s_1} = \frac{1}{Q_1}\frac{\partial}{\partial q_1}, \quad \frac{\partial}{\partial s_2} = \frac{1}{Q_2}\frac{\partial}{\partial q_2}.$$

Dies vorausgeschickt und

$$(3) \qquad \mathcal{G}_1 = \frac{\partial \log Q_1}{\partial s_2}, \quad \mathcal{G}_2 = \frac{\partial \log Q_2}{\partial s_1}$$

gesetzt, verwandelt sich die Bedingung

$$\frac{\partial Q_2 v}{\partial q_1} = \frac{\partial Q_1 u}{\partial q_2},$$

welche notwendig und hinreichend für die Existenz einer Function f ist, deren Differentialquotienten die vorgeschriebenen Functionen u und v sind, in

(4)
$$\left(\frac{\partial}{\partial s_2} + \mathcal{G}_1\right) u = \left(\frac{\partial}{\partial s_1} + \mathcal{G}_2\right) v.$$

Daraus folgt, dass für jede beliebige Function

(5)
$$\frac{\partial^2}{\partial s_1\,\partial s_2} - \frac{\partial^2}{\partial s_2\,\partial s_1} = \mathcal{G}_2 \frac{\partial}{\partial s_2} - \mathcal{G}_1 \frac{\partial}{\partial s_1}$$

sein muss. Es ist dies eine für die natürliche Analysis der Flächen sehr nützliche Formel.

§ 152.

Wir wollen jetzt nach Festlegung eines Systems orthogonaler krummliniger Coordinaten die Axen Mx und My längs der Tangenten der Coordinatenlinien q_1 und q_2 richten, welche durch M hindurchgehen. Wenn M längs der Linie q_1 fortrückt, so sind die Bedingungen

(6)
$$\frac{\partial x}{\partial s_1} = \mathcal{N}z - \mathcal{G}y - 1, \qquad \frac{\partial y}{\partial s_1} = \mathcal{G}x - \mathcal{T}z, \qquad \frac{\partial z}{\partial s_1} = \mathcal{T}y - \mathcal{N}x$$

notwendig für die Unbeweglichkeit des Punktes (x, y, z). Um die analogen Bedingungen für den Fall zu finden, dass M längs der Linie q_2 fortrückt, muss man x und y bezüglich in y und $-x$ verwandeln und $\mathcal{T}, \mathcal{N}, \mathcal{G}$ ihre Werte für die genannte Linie q_2 erteilen, so dass man hat

(7)
$$\frac{\partial x}{\partial s_2} = \mathcal{G}'y + \mathcal{T}'z, \qquad \frac{\partial y}{\partial s_2} = \mathcal{N}'z - \mathcal{G}'x - 1, \qquad \frac{\partial z}{\partial s_2} = -\mathcal{T}'x - \mathcal{N}'y.$$

Es ist hier wichtig, zu bemerken, dass für verschwindende x, y, z, wenn man also den Augenblick des Durchganges von M durch die feste Lage (x, y, z) betrachtet, die Formeln (6) und (7)

$$\frac{\partial x}{\partial s_1} = \frac{\partial y}{\partial s_2} = -1, \qquad \frac{\partial x}{\partial s_2} = \frac{\partial y}{\partial s_1} = \frac{\partial z}{\partial s_1} = \frac{\partial z}{\partial s_2} = 0$$

liefern. Wenn man fortfährt anzunehmen, dass x, y, z null sind, und auf (6) die Operation $\dfrac{\partial}{\partial s_2}$ anwendet unter Berücksichtigung von (7), so erhält man

$$\frac{\partial^2 x}{\partial s_1\,\partial s_2} = \mathcal{G}, \qquad \frac{\partial^2 y}{\partial s_1\,\partial s_2} = 0, \qquad \frac{\partial^2 z}{\partial s_1\,\partial s_2} = -\mathcal{T}.$$

Wendet man dagegen auf (7) die Operation $\dfrac{\partial}{\partial s_1}$ an, so findet man auf Grund von (6)

$$\frac{\partial^2 x}{\partial s_2\,\partial s_1} = 0, \qquad \frac{\partial^2 y}{\partial s_2\,\partial s_1} = \mathcal{G}', \qquad \frac{\partial^2 z}{\partial s_2\,\partial s_1} = \mathcal{T}'.$$

Dies vorausgeschickt braucht man nur auszudrücken, dass die Relation (5) von den Functionen x und y erfüllt wird, um die Werte der geodätischen Krümmungen der beiden Linien, ausgedrückt durch die Grössen (3), zu erhalten:

$$\mathcal{G} = \mathcal{G}_1, \qquad \mathcal{G}' = \mathcal{G}_2.$$

Wendet man dagegen auf z dieselbe Relation an, so erhält man $\mathcal{T} + \mathcal{T}' = 0$ und gewinnt so einen Beweis für das folgende Theorem von Bonnet: **Die geodätischen Torsionen von zwei Linien, welche sich rechtwinklig schneiden, sind in dem Schnittpunkte gleich und entgegengesetzt.**

§ 153.

Bemerken wir, dass, wenn man eine geodätische Linie z. B. als q_1-Linie annimmt, $\mathcal{G}_1 = 0$ ist, dass also Q_1 auf Grund von (3) eine Function von q_1 allein sein muss. Daraus folgt, dass man immer, indem man statt q_1 eine passende Function von q_1 einführt, $Q_1 = 1$ machen kann, so dass das Quadrat des Bogenelements durch $dq_1^2 + Q_2^2 dq_2^2$ ausgedrückt wird. Die Entfernung zwischen zwei Punkten M und M' der betrachteten geodätischen Linie, gerechnet längs dieser geodätischen Linie, ist die absolute Differenz zwischen den Werten von q_1 in M und M', mithin **bestimmen zwei beliebige orthogonale Trajectorien einer Schar von geodätischen Linien auf den unendlich vielen geodätischen Linien gleiche Bogen,** gerade so wie es in der Ebene bei den orthogonalen Trajectorien einer beliebigen Geradenschar der Fall ist. Diese und andere Eigenschaften sind dem Umstande zuzuschreiben, dass **die geodätischen Linien sozusagen die Geraden der Fläche sind.** In der That! Wenn der Punkt M nach M' geht und dabei nicht der geodätischen Linie, sondern einer andern Linie folgt, so durchläuft er einen Weg von grösserer Länge, da q_2 nur längs der geodätischen Linie constant bleibt. Auf diese Weise sehen wir ein, **weshalb die geodätische Linie den kürzesten Weg zwischen zwei nicht zu weit voneinander entfernten Punkten der Fläche bezeichnet.** Übrigens erscheint diese Eigenschaft als evident, wenn man sich überlegt, dass nach dem in § 150 gesagten ein Punkt, der auf einer Fläche eine beliebige Curve beschreibt, in jedem Augenblick auf der genannten Fläche eine Deviation $\mathcal{G}\,ds$ erfährt. Will man nun, dass der Punkt auf dem kürzesten Wege gehen soll, so muss man, um ihn an der Deviation zu hindern, voraussetzen, dass beständig $\mathcal{G} = 0$ ist. In dieser Weise wird auch klar, warum **ein auf einer Fläche gespannter Faden immer die Form einer geodätischen Linie annimmt.** Dies ist eine wichtige Thatsache, da sie ein sehr einfaches praktisches Mittel liefert, um auf einer beliebigen Fläche die geodätischen Linien zu zeichnen. Es tritt jedoch, wenn man sich die Fläche materiell denkt, in gewissen Punkten ein, dass der Faden dieselbe verlässt, um sich im Raume in Geradenform zu spannen, und dann wird man sich in diesen Punkten jedesmal ein Loch angebracht denken müssen, so dass der Faden durch die Fläche hindurch kann, um sich bald auf die eine, bald auf die andere Seite der Fläche zu legen. Wie man a priori die Stellen angeben kann, wo man die Fläche durchbohren muss, ergiebt sich aus einer naheliegenden Bemerkung, dass nämlich an ihnen die Flexion des Fadens ihr Zeichen wechselt, so dass, da auch $\mathfrak{N} = 0$ ist, die gesuchten Punkte zu denjenigen gehören, in welchen die geodätische Linie eine Asymptotenlinie berührt.

§ 154. Fundamentalformeln für die natürliche Analysis der Flächen.

Nach den Resultaten des § 152 nehmen, wenn man mit $\mathfrak{N}_1$ und $\mathfrak{N}_2$ die Krümmungen $\mathfrak{N}$ und $\mathfrak{N}'$ bezeichnet, die Bedingungen (6) und (7) die definitive Form an

$$(8) \quad \begin{cases} \dfrac{\partial x}{\partial s_1} = \mathfrak{N}_1 z - \mathfrak{G}_1 y - 1, & \dfrac{\partial y}{\partial s_1} = \mathfrak{G}_1 x - \mathfrak{T} z, & \dfrac{\partial z}{\partial s_1} = \mathfrak{T} y - \mathfrak{N}_1 x, \\[2ex] \dfrac{\partial x}{\partial s_2} = \mathfrak{G}_2 y - \mathfrak{T} z, & \dfrac{\partial y}{\partial s_2} = \mathfrak{N}_2 z - \mathfrak{G}_2 x - 1, & \dfrac{\partial z}{\partial s_2} = \mathfrak{T} x - \mathfrak{N}_2 y. \end{cases}$$

Dies sind die notwendigen Bedingungen für die Unbeweglichkeit des Punktes (x, y, z), und sie sind auch hinreichend, da man jede beliebige infinitesimale Verrückung des Anfangspunktes M auf der Fläche immer als resultierend aus zwei Verrückungen längs der Coordinatenlinien betrachten kann. Will man nun allgemeiner die absoluten Variationen der Coordinaten eines mit M beweglichen Punktes im Raume haben, wenn M auf der Fläche in der durch den Winkel ω inbezug auf Mx definierten Richtung fortrückt, so wird es genügen wie in den Formeln (2) die Differenzen zwischen den linken und rechten Seiten der Formeln (8) zu nehmen, um dann die Operation

$$(9) \qquad \frac{\delta}{ds} = \cos \omega \, \frac{\delta}{\partial s_1} + \sin \omega \, \frac{\delta}{\partial s_2}$$

anzuwenden. Ausser den Formeln (8) ist von grosser Wichtigkeit ein anderes Tripel von Relationen, welche notwendig und hinreichend sind, damit die Gleichungen (8) durch drei Functionen x, y, z von q_1 und q_2 erfüllt werden können. Damit z. B. die Function z existiere, ist nach (5) notwendig und hinreichend, dass

$$\frac{\partial}{\partial s_2} (\mathfrak{T} y - \mathfrak{N}_1 x) - \frac{\partial}{\partial s_1} (\mathfrak{T} x - \mathfrak{N}_2 y) = \mathfrak{G}_2 (\mathfrak{T} x - \mathfrak{N}_2 y) - \mathfrak{G}_1 (\mathfrak{T} y - \mathfrak{N}_1 x)$$

ist, welches auch x, y, z sein mögen; und da man der linken Seite
auf Grund unserer Formeln (8) die Form

$$\left(\frac{\partial \mathfrak{N}_2}{\partial s_1} + \frac{\partial \mathfrak{T}}{\partial s_2} + \mathfrak{T}\mathfrak{G}_1 - \mathfrak{N}_1\mathfrak{G}_2\right) y - \left(\frac{\partial \mathfrak{N}_1}{\partial s_2} + \frac{\partial \mathfrak{T}}{\partial s_1} + \mathfrak{T}\mathfrak{G}_2 - \mathfrak{N}_2\mathfrak{G}_1\right) x$$

geben kann, so sieht man, dass die fünf Krümmungen $\mathfrak{N}_1$, $\mathfrak{N}_2$, $\mathfrak{T}$, $\mathfrak{G}_1$, $\mathfrak{G}_2$
den ersten beiden Relationen des Tripels

$$\frac{\partial \mathfrak{N}_2}{\partial s_1} + \frac{\partial \mathfrak{T}}{\partial s_2} + 2\,\mathfrak{T}\cdot\mathfrak{G}_1 = (\mathfrak{N}_1 - \mathfrak{N}_2)\,\mathfrak{G}_2 ,$$

$$\frac{\partial \mathfrak{N}_1}{\partial s_2} + \frac{\partial \mathfrak{T}}{\partial s_1} + 2\,\mathfrak{T}\,\mathfrak{G}_2 = (\mathfrak{N}_2 - \mathfrak{N}_1)\,\mathfrak{G}_1 ,$$

$$\frac{\partial \mathfrak{G}_1}{\partial s_2} + \frac{\partial \mathfrak{G}_2}{\partial s_1} + \mathfrak{G}_1{}^2 + \mathfrak{G}_2{}^2 = \mathfrak{T}^2 - \mathfrak{N}_1\mathfrak{N}_2$$

genügen müssen und auch der dritten, welche man erhält, indem man
analog mit x oder mit y operiert. Dies sind die Formeln von Codazzi:
die letzte trägt specieller den Namen Gauss'sche Formel und reduciert sich im Falle der Ebene auf die bekannte Lamé'sche Relation (§ 112).

§ 155. Theorem von Euler.

Wie variiert die Normalkrümmung und die geodätische Torsion
um einen Punkt herum? Wir versehen mit dem Index ω alles, was
sich auf eine beliebige Curve bezieht, die durch M hindurchgeht und
eine um ω gegen die Axe Mx geneigte Gerade berührt. Für diese
Curve wird die dritte Formel (1)

$$\frac{dz}{ds} = (-x \sin \omega + y \cos \omega)\,\mathfrak{T}_\omega - (x \cos \omega + y \sin \omega)\,\mathfrak{N}_\omega ,$$

und andererseits hat man unter Beachtung der Formeln (8)

$$\frac{dz}{ds} = (\mathfrak{T}y - \mathfrak{N}_1 x) \cos \omega + (\mathfrak{T}x - \mathfrak{N}_2 y) \sin \omega .$$

Durch Vergleichung erhält man

$$(10) \qquad \begin{aligned} \mathfrak{N}_\omega \cos \omega + \mathfrak{T}_\omega \sin \omega &= \mathfrak{N}_1 \cos \omega - \mathfrak{T} \sin \omega , \\ \mathfrak{N}_\omega \sin \omega - \mathfrak{T}_\omega \cos \omega &= \mathfrak{N}_2 \sin \omega - \mathfrak{T} \cos \omega , \end{aligned}$$

und man entnimmt daraus

$$(11) \qquad \mathfrak{N}_\omega = \mathfrak{N}_1 \cos^2 \omega - 2\mathfrak{T} \cos \omega \sin \omega + \mathfrak{N}_2 \sin^2 \omega .$$

Es ist bekannt, dass man aus einer derartigen Form immer, aber im
allgemeinen in einer einzigen Weise, das mittlere Glied fortschaffen
kann mit Hilfe einer passenden Drehung der Axen in der Tangentialebene um den Punkt M. Dann und nur dann sind, da $\mathfrak{T} = 0$ ist, die
Coordinatenlinien Krümmungslinien. Es gehen demnach, wie Monge

gefunden hat, durch jeden Punkt einer Fläche nur zwei Krümmungslinien, und zwar senkrecht zueinander. Wir werden die Krümmungsradien derjenigen Normalschnitte, welche die Krümmungslinien berühren, die Hauptkrümmungsradien nennen und mit R_1 und R_2 bezeichnen, so dass, wenn die Axen tangential zu diesen Linien gerichtet sind, die Formel (11)

$$(12) \qquad \mathfrak{N}_\omega = \frac{\cos^2 \omega}{R_1} + \frac{\sin^2 \omega}{R_2}$$

wird. Diese wichtige Formel von Euler zeigt zusammen mit dem Theorem von Meusnier, dass in jedem Punkte einer Fläche nur die Krümmung von zwei Linien bekannt zu sein braucht, um diejenige jeder beliebigen andern Curve zu kennen.

§ 156.

In speciellen Punkten, die man Nabelpunkte nennt, kann es vorkommen, dass $R_1 = R_2$ ist. Dann hat man in allen Richtungen $\mathfrak{T} = 0$, und $\mathfrak{N}_\omega$ hängt nicht von ω ab, d. h. in den Nabelpunkten laufen unendlich viele Krümmungslinien zusammen und die Normalkrümmung hat denselben Wert für alle Curven, welche durch derartige Punkte hindurchgehen. Kann eine Fläche aus lauter Nabelpunkten bestehen? Um auf diese Frage zu antworten, wähle man als Coordinatenlinien die Krümmungslinien und bemerke, dass die ersten beiden Formeln von Codazzi

$$\frac{\partial}{\partial s_1} \frac{1}{R_2} = \left(\frac{1}{R_1} - \frac{1}{R_2} \right) \mathcal{G}_2 , \qquad \frac{\partial}{\partial s_2} \frac{1}{R_1} = \left(\frac{1}{R_2} - \frac{1}{R_1} \right) \mathcal{G}_1$$

werden. Diese Formeln zeigen, dass, wenn in jedem Punkte $R_1 = R_2$ wäre, der gemeinsame Wert von R_1 und R_2 eine Constante R sein würde. Dies vorausgeschickt genügt es, zu bemerken, dass die Bedingungen (8) durch $x = 0$, $y = 0$, $z = R$ erfüllt werden, um sich zu überzeugen, dass die Punkte der Fläche alle in der Entfernung R von einem festen Punkte liegen, d. h. dass die einzige Fläche, auf welcher jeder Punkt ein Nabelpunkt ist, die Kugel ist. Daraus folgt, dass es ausser der Kugel (vgl. § 147) keine andern Flächen giebt, bei welchen jede Linie Krümmungslinie ist.

§ 157.

Zur Formel (12) zurückkehrend wollen wir bemerken, dass $\mathfrak{N}_\omega$, wenn R_1 und R_2 dasselbe Vorzeichen haben, beim Variieren von ω ein unverändertes Vorzeichen bewahrt, mithin niemals verschwindet. Durch solche Punkte, welche man elliptische Punkte nennt, gehen also keine reellen Asymptotenlinien. Wenn dagegen R_1 und R_2 entgegengesetzte Zeichen haben, so verschwindet $\mathfrak{N}_\omega$ in zwei Richtungen, die durch die Formel

$$(13) \qquad \operatorname{tg} \omega = \pm \sqrt{-\frac{R_2}{R_1}}$$

definiert sind. Alsdann heisst der Punkt hyperbolisch, und man sieht, dass durch jeden hyperbolischen Punkt zwei reelle Asymptotenlinien hindurchgehen, welche gleiche Neigung gegen die Krümmungslinien haben. Inzwischen können wir ebenso, wie aus (10) die Formel (11) abgeleitet worden ist, auch die Formel von Bonnet daraus gewinnen

$$(14) \qquad \mathfrak{T}_\omega = \mathfrak{T} \cos 2\omega + \frac{1}{2}(\mathfrak{N}_1 - \mathfrak{N}_2)\sin 2\omega,$$

welche uns sagt, wie die geodätische Torsion um jeden Punkt herum variiert. Das Variationsgesetz nimmt die äusserst einfache Form

$$(15) \qquad \mathfrak{T}_\omega = \left(\frac{1}{R_1} - \frac{1}{R_2}\right)\sin \omega \cos \omega$$

an, wenn man den Winkel ω von einer Krümmungslinie aus rechnet. Im besondern findet man, wenn man in (15) für ω die durch die Formel (13) definierten Werte einsetzt, dass der Torsionsradius der Asymptotenlinien gleich $\sqrt{-R_1 R_2}$ ist: dies ist ein bemerkenswerter Satz von Enneper.

§ 158. Dupin'sche Indicatrix.

Um sich volle Rechenschaft von dem Verhalten einer Fläche in der Umgebung eines jeden ihrer Punkte zu geben, ist es nützlich, sich auf eine geometrische Darstellung der Formel (12) zu stützen. Auf der durch den Winkel ω definierten Tangente nehme man den Abschnitt MP gleich der Quadratwurzel des absoluten Wertes des Radius der Normalkrümmung. Der Ort der (reellen) Punkte P heisst die Dupin'sche Indicatrix. Die Coordinaten von P in der Tangentialebene sind

$$x = \frac{\cos \omega}{\sqrt{\pm \mathfrak{N}_\omega}}, \qquad y = \frac{\sin \omega}{\sqrt{\pm \mathfrak{N}_\omega}},$$

mithin hat man

$$(16) \qquad \frac{x^2}{R_1} + \frac{y^2}{R_2} = \pm 1$$

als Gleichung des Ortes der reellen oder imaginären Punkte P. In den elliptischen Punkten der Fläche stellt die Gleichung (16) zwei Ellipsen (§ 28) dar, von denen nur die eine reell und infolgedessen die Indicatrix ist. Sie reduciert sich in den Nabelpunkten auf einen Kreis. In

den hyperbolischen Punkten stellt dagegen die Gleichung (16) zwei
reelle Hyperbeln dar mit gemeinsamem Mittelpunkt und gemeinsamen
Axen und Asymptoten. Jetzt ist klar, dass die Krümmungslinien sich
definieren lassen als diejenigen Curven, welche in jedem ihrer Punkte
eine Axe der Dupin'schen Indicatrix berühren, während die Asymptotenlinien in jedem Punkte eine Asymptote jener Indicatrix berühren. Auf
diese Weise erklärt es sich, warum die Asymptotenlinien nur die aus
hyperbolischen Punkten bestehenden Regionen durchziehen und wie sie
um jeden dieser Punkte herum zwei Winkelräume bestimmen, für deren
einen die Normalkrümmung positiv ist, während sie für den andern
negativ ist. Inzwischen zeigen die Formeln (1), wenn man für einen
Augenblick in M den Anfangspunkt der Bogen einer beliebigen Curve
fixiert, dass

$$\lim \frac{z}{s^2} = \frac{1}{2}\left(\mathfrak{T} \lim \frac{dy}{ds} - \mathfrak{N} \lim \frac{dx}{ds}\right) = \frac{1}{2}\mathfrak{N}$$

ist, mithin z das Vorzeichen von $\mathfrak{N}$ hat. Also liegt in der Umgebung eines elliptischen Punktes die Fläche ganz auf einer
Seite der Tangentialebene. Dagegen wird in der Umgebung
eines hyperbolischen Punktes die Fläche von der Tangentialebene geschnitten, und die Schnittlinie hat zwei Zweige, welche
durch den genannten Punkt hindurchgehen, indem sie die Asymptotenlinien berühren.

§ 159.

Conjugierte Tangenten sind zwei beliebige conjugierte Durchmesser der Dupin'schen Indicatrix. Wenn der Punkt M auf der Fläche
in der durch den Winkel ω inbezug auf die Krümmungslinien definierten
Richtung fortrückt, so dreht sich die Tangentialebene ($z = 0$) um die
durch die Gleichung

$$\cos \omega \, \frac{\partial z}{\partial s_1} + \sin \omega \, \frac{\partial z}{\partial s_2} = 0$$

definierte Gerade. Diese Gleichung wird unter Beachtung der Formeln (8)
$y = x \operatorname{tg} \omega'$, wo

$$\operatorname{tg} \omega \operatorname{tg} \omega' = - \frac{R_2}{R_1}$$

ist. Also haben (§ 28) zwei conjugierte Tangenten die Eigenschaft,
dass, wenn ein Punkt längs einer von ihnen fortzurücken beginnt, die
Tangentialebene um die andere zu rotieren anfängt. Mit andern Worten:
Die Erzeugenden der einer Fläche längs einer gegebenen Curve
umbeschriebenen Developpablen sind zu den Tangenten dieser
Curve conjugiert. Im besondern sind zueinander conjugiert die Tangenten zweier Krümmungslinien und ist zu sich selbst conjugiert jede

Tangente einer Asymptotenlinie. Der Winkel θ, den eine Tangente mit ihrer conjugierten bildet, lässt sich sofort mit Hilfe der Formeln (1) bestimmen, indem man die Gleichung der Tangentialebene differenziert. Man erhält

$$(17) \qquad\qquad \operatorname{tg} \theta = \frac{\mathfrak{N}}{\mathfrak{T}}$$

und sieht aufs neue, dass für die Asymptotenlinien $\theta = 0$ und für die Krümmungslinien $\theta = \frac{\pi}{2}$ ist.

§ 160.

Bei verschiedenen Fragen ist es nützlich, sich auf die sphärische Abbildung der Fläche zu stützen, welche darin besteht, die Punkte der Fläche mit denen einer Kugel vom Radius 1 in Beziehung zu setzen in der Weise, dass die Normalen der beiden Flächen in correspondierenden Punkten parallel sind. Wenn, bezogen auf die gewohnten Axen, x, y, z die Coordinaten desjenigen Punktes der Kugel sind, welcher dem Anfangspunkte entspricht, so müssen die Functionen x, y und $z + 1$, die Coordinaten des Mittelpunktes der Kugel, den Bedingungen (1) genügen, mithin hat man

$$\frac{dx}{ds} = \mathfrak{N}z - \mathfrak{G}y - 1 + \mathfrak{N}., \quad \frac{dy}{ds} = \mathfrak{G}x - \mathfrak{T}z - \mathfrak{T}, \quad \frac{dz}{ds} = \mathfrak{T}y - \mathfrak{N}x;$$

ferner liefern die Formeln (2)

$$\frac{\delta x}{ds} = \mathfrak{N}, \quad \frac{\delta y}{ds} = -\mathfrak{T}, \quad \frac{\delta z}{ds} = 0.$$

Daraus folgt, dass der Winkel der Tangenten der beiden Curven $\theta \pm \frac{\pi}{2}$ ist, wo θ die Bedeutung (17) hat. Also sind die conjugierte Tangente und die Tangente des sphärischen Bildes einer Curve senkrecht zueinander. Im besondern bemerke man, dass bei der sphärischen Abbildung die Krümmungslinien nicht gedreht werden, während die Asymptotenlinien um $\frac{\pi}{2}$ gedreht werden.

§ 161.

Wie wir in den vorigen Paragraphen die Art und Weise untersucht haben, wie die Normalkrümmung und die geodätische Torsion den unendlich vielen Richtungen entsprechend variieren, die man in der Umgebung eines Punktes betrachten kann, so wollen wir jetzt das Änderungsgesetz der geodätischen Krümmung aufsuchen, welche jedoch nicht denselben Wert für alle Curven hat, die in einem Punkte eine und dieselbe Gerade berühren (§ 150). Es seien $\frac{\partial}{\partial s}$, $\frac{\partial}{\partial s'}$, $\mathcal{G}$ und $\mathcal{G}'$ das, was aus den Operationen $\frac{\partial}{\partial s_1}$, $\frac{\partial}{\partial s_2}$ und den Krümmungen $\mathcal{G}_1$, $\mathcal{G}_2$ wird, wenn die Axen in der Tangentialebene sich um ω drehen. Offenbar ist

$$(18) \quad \frac{\partial}{\partial s} = \cos \omega \, \frac{\partial}{\partial s_1} + \sin \omega \, \frac{\partial}{\partial s_2}, \quad \frac{\partial}{\partial s'} = - \sin \omega \, \frac{\partial}{\partial s_1} + \cos \omega \, \frac{\partial}{\partial s_2}.$$

Durch Anwendung der zweiten Operation (18) auf das Resultat der ersten erhält man

$$\frac{\partial^2}{\partial s \, \partial s'} = \cos^2 \omega \, \frac{\partial^2}{\partial s_1 \, \partial s_2} - \sin^2 \omega \, \frac{\partial^2}{\partial s_2 \, \partial s_1} - \cos \omega \sin \omega \left(\frac{\partial^2}{\partial s_1{}^2} - \frac{\partial^2}{\partial s_2{}^2} \right) + \frac{\partial \omega}{\partial s'} \, \frac{\partial}{\partial s'}.$$

Wendet man dagegen die erste auf das Resultat der zweiten an, so erhält man

$$\frac{\partial^2}{\partial s' \, \partial s} = \cos^2 \omega \, \frac{\partial^2}{\partial s_2 \, \partial s_1} - \sin^2 \omega \, \frac{\partial^2}{\partial s_1 \, \partial s_2} - \cos \omega \sin \omega \left(\frac{\partial^2}{\partial s_1{}^2} - \frac{\partial^2}{\partial s_2{}^2} \right) - \frac{\partial \omega}{\partial s} \, \frac{\partial}{\partial s}.$$

Jetzt ergiebt sich durch Subtraction, wenn man sich daran erinnert, dass die Relation (5) für jedes Paar von orthogonalen Curven identisch erfüllt sein muss,

$$\left(\mathcal{G}' - \frac{\partial \omega}{\partial s'} \right) \frac{\partial}{\partial s'} - \left(\mathcal{G} + \frac{\partial \omega}{\partial s} \right) \frac{\partial}{\partial s} = \mathcal{G}_2 \, \frac{\partial}{\partial s_2} - \mathcal{G}_1 \, \frac{\partial}{\partial s_1}$$

$$= \mathcal{G}_2 \left(\sin \omega \, \frac{\partial}{\partial s} + \cos \omega \, \frac{\partial}{\partial s'} \right) - \mathcal{G}_1 \left(\cos \omega \, \frac{\partial}{\partial s} - \sin \omega \, \frac{\partial}{\partial s'} \right).$$

Also ist

$$(19) \quad \mathcal{G} + \frac{\partial \omega}{\partial s} = \mathcal{G}_1 \cos \omega - \mathcal{G}_2 \sin \omega, \quad \mathcal{G}' - \frac{\partial \omega}{\partial s'} = \mathcal{G}_1 \sin \omega + \mathcal{G}_2 \cos \omega.$$

Zu diesen Relationen gelangt man auch, wenn man auf eine der Coordinaten x oder y das für z im Anfang des § 155 eingeschlagene Verfahren anwendet. Man muss ferner beachten, dass die Formeln

$$\frac{\delta \alpha}{\partial s_1} = \frac{\partial \alpha}{\partial s_1} - \mathfrak{N}_1 \gamma + \mathcal{G}_1 \beta, \quad \frac{\delta \alpha}{\partial s_2} = \frac{\partial \alpha}{\partial s_2} - \mathcal{G}_2 \beta + \mathcal{T} \gamma,$$

angewandt auf die Richtung $\alpha = \cos \omega$, $\beta = \sin \omega$, $\gamma = 0$,

$$\frac{\delta \omega}{\partial s_1} = \frac{\partial \omega}{\partial s_1} - \mathcal{G}_1, \quad \frac{\delta \omega}{\partial s_2} = \frac{\partial \omega}{\partial s_2} + \mathcal{G}_2$$

werden. Daraus erhält man unter Erinnerung an (9)

$$\frac{\delta \omega}{ds} = \frac{\partial \omega}{\partial s} - \mathcal{G}_1 \cos \omega + \mathcal{G}_2 \sin \omega, \quad \frac{\delta \omega}{ds'} = \frac{\partial \omega}{\partial s'} + \mathcal{G}_1 \sin \omega + \mathcal{G}_2 \cos \omega,$$

d. h. auf Grund der Formeln (19)

$$(20) \quad \mathcal{G} = - \frac{\delta \omega}{ds}, \quad \mathcal{G}' = \frac{\delta \omega}{ds'}.$$

Mit Hilfe dieser Formeln, welche übrigens unmittelbar aus dem in § 150 über $\mathcal{G}$ gesagten folgen, lässt sich die geodätische Krümmung einer Linie auf einer gegebenen Fläche in derselben Weise definieren wie die Krümmung einer ebenen Curve in ihrer Ebene. Betrachtet man überdies die Curve als gezogen auf der der Fläche umbeschriebenen Developpablen, so ist klar, dass ihre geodätische Krümmung auf beiden Flächen denselben Wert hat, und andererseits sieht man sofort, dass die genannte Krümmung ungeändert bleibt, wenn man die Developpable auf die Ebene abwickelt. **Also ist die geodätische Krümmung einer auf einer Fläche gezogenen Linie gleich der Krümmung, welche die Linie annimmt, wenn man die längs dieser Linie der Fläche umbeschriebene Developpable auf die Ebene ausbreitet.**

§ 162.

Jetzt sind wir imstande, die **Flexion der Asymptotenlinien** zu berechnen. Wie die Formel von Enneper (§ 157) die Torsion dieser Curven liefert, so lehrt eine interessante Formel von Bonnet ihre Flexion kennen, wenn die Hauptkrümmungen gegeben sind. Man braucht nur in die erste Formel (19) einen der Gleichung (13) genügenden Wert von ω einzusetzen und den geodätischen Krümmungen die Werte

$$\mathfrak{G}_1 = \frac{1}{\mathfrak{N}_2 - \mathfrak{N}_1}\frac{\partial \mathfrak{N}_1}{\partial s_2}, \qquad \mathfrak{G}_2 = \frac{1}{\mathfrak{N}_1 - \mathfrak{N}_2}\frac{\partial \mathfrak{N}_2}{\partial s_1}$$

zu erteilen, welche sich aus den ersten beiden Formeln von Codazzi ergeben. Auf diese Weise erhält man nach einer leichten Rechnung

$$\left(\mathfrak{G}_1 + \frac{\partial}{\partial s_2}\right)\cos\omega = \frac{1}{2\,\mathfrak{N}_1{}^2}\left(\frac{\mathfrak{N}_2}{\mathfrak{N}_2 - \mathfrak{N}_1}\right)^{\frac{3}{2}}\frac{\partial}{\partial s_2}\frac{\mathfrak{N}_1{}^3}{\mathfrak{N}_2},$$

$$\left(\mathfrak{G}_2 + \frac{\partial}{\partial s_1}\right)\sin\omega = \pm\frac{1}{2\,\mathfrak{N}_2{}^2}\left(\frac{\mathfrak{N}_1}{\mathfrak{N}_1 - \mathfrak{N}_2}\right)^{\frac{3}{2}}\frac{\partial}{\partial s_1}\frac{\mathfrak{N}_2{}^3}{\mathfrak{N}_1}.$$

Trägt man nun diese Werte in

$$\frac{1}{\varrho} = \left(\mathfrak{G}_1 + \frac{\partial}{\partial s_2}\right)\cos\omega - \left(\mathfrak{G}_2 + \frac{\partial}{\partial s_1}\right)\sin\omega$$

ein, so gelangt man zu der **Formel von Bonnet**

$$-\frac{1}{\varrho} = \frac{4\,(-R_1 R_2)^{\frac{7}{8}}}{(R_1 - R_2)^{\frac{3}{2}}}\left[\frac{\partial}{\partial s_2}\left(\frac{-R_2}{R_1{}^3}\right)^{\frac{1}{8}} \mp \frac{\partial}{\partial s_1}\left(\frac{R_1}{-R_2{}^3}\right)^{\frac{1}{8}}\right].$$

Von den Consequenzen dieser Formel wollen wir mit Bonnet diejenige anführen, welche man erhält, indem man die Fläche als eine quadratische Regelfläche (§ 123, d) voraussetzt. Dann gehen durch jeden Punkt zwei reelle oder imaginäre Geraden, die der Fläche angehören, und da diese Geraden notwendig die Asymptotenlinien sind, so müssen die beiden Werte der Flexion, welche durch die obenstehende Formel geliefert werden, beide null sein. Dies erfordert, dass das Verhältnis $\dfrac{R_1}{R_2{}^3}$ längs jeder Linie q_1 constant bleibt und andrerseits das Verhältnis $\dfrac{R_2}{R_1{}^3}$ längs jeder Linie q_2. Umgekehrt bedeutet dies, wenn es der Fall ist, dass alle Asymptotenlinien Geraden sind, mithin die Fläche eine quadratische Regelfläche ist. Also sind die quadratischen Regelflächen durch folgende Eigenschaft charakterisiert: Längs jeder Krümmungslinie variiert die zugehörige Hauptkrümmung proportional mit dem Cubus der andern Hauptkrümmung.

§ 163. Sätze von Laguerre und von Darboux.

Wendet man die Operationen (18) auf Functionen an, die explicite von ω abhängen, so ist es vielfach nützlich, die Differentiationen nach dieser Variablen in Evidenz zu setzen, indem man sich die Operationen $\dfrac{\partial}{\partial s_1}$ und $\dfrac{\partial}{\partial s_2}$ unter der Annahme ausgeführt denkt, dass ω constant bleibt. Wenn man ferner den linken Seiten die Bedeutung von absoluten Ableitungen im Raume geben will, so wird man die Ableitungen nach ω nicht mit $\dfrac{\partial \omega}{\partial s}$ oder mit $\dfrac{\partial \omega}{\partial s'}$, sondern vielmehr mit $\dfrac{\delta \omega}{\partial s}$ und mit $\dfrac{\delta \omega}{\partial s'}$, deren Werte durch die Gleichungen (20) gegeben sind, multiplicieren müssen. Man wird demgemäss haben:

$$(21) \qquad \begin{aligned} \frac{d}{ds} &= \cos \omega \, \frac{\partial}{\partial s_1} + \sin \omega \, \frac{\partial}{\partial s_2} - \mathcal{G} \, \frac{\partial}{\partial \omega}, \\[2mm] \frac{d}{ds'} &= -\sin \omega \, \frac{\partial}{\partial s_1} + \cos \omega \, \frac{\partial}{\partial s_2} + \mathcal{G}' \, \frac{\partial}{\partial \omega} \end{aligned}$$

Dies vorausgeschickt lässt sich aus den Formeln (11) und (14) leicht ableiten

$$\frac{\partial \mathfrak{N}_\omega}{\partial \omega} = -2 \mathcal{T}_\omega, \qquad \frac{\partial \mathcal{T}_\omega}{\partial \omega} = \mathfrak{N}_\omega - \mathfrak{N}_{\omega + \frac{\pi}{2}},$$

mithin ist nach Unterdrückung der überflüssig gewordenen Indices ω

$$\frac{d \mathfrak{N}}{ds} = \frac{\partial \mathfrak{N}}{\partial s} + 2 \mathcal{T} \mathcal{G}, \qquad \frac{d \mathcal{T}}{ds} = \frac{\partial \mathcal{T}}{\partial s} - (\mathfrak{N} - \mathfrak{N}') \mathcal{G}.$$

Da nun die Operation $\dfrac{\partial}{\partial s}$ ausgeführt sein soll, indem man ω constant lässt, so giebt sie bei Grössen, die für alle in dem betrachteten Punkte sich berührenden Curven nur einen Wert haben, offenbar immer dasselbe Resultat. Man kann daher sagen, dass jede der Grössen

$$N = \frac{d\mathfrak{N}}{ds} - 2\mathfrak{T}\mathcal{G}, \qquad T = \frac{d\mathfrak{T}}{ds} + (\mathfrak{N} - \mathfrak{N}')\mathcal{G}$$

wie $\mathfrak{N}$ und $\mathfrak{T}$ einen einzigen Wert hat für alle Curven der Fläche, die sich in einem gegebenen Punkte berühren.. Die Einführung von N und T in die Rechnungen bringt oft bemerkenswerte Vereinfachungen hervor. Wir wollen hier nur die Form angeben, welche die beiden ersten Formeln von Codazzi, geschrieben für ein beliebiges Paar orthogonaler Curven, annehmen, indem wir mit H, wie es gewöhnlich geschieht, die Summe der Krümmungen $\mathfrak{N}$ und $\mathfrak{N}'$ bezeichnen:

$$\frac{\partial H}{\partial s} = N + T', \qquad \frac{\partial H}{\partial s'} = N' - T.$$

§ 164.

Wendet man zweimal hintereinander die erste oder die zweite Operation (18) an, so erhält man die Relationen

$$\frac{\partial^2}{\partial s^2} = \cos^2\omega\,\frac{\partial^2}{\partial s_1^2} + \sin^2\omega\,\frac{\partial^2}{\partial s_2^2} + \cos\omega\sin\omega\left(\frac{\partial^2}{\partial s_1\,\partial s_2} + \frac{\partial^2}{\partial s_2\,\partial s_1}\right) + \frac{\partial\omega}{\partial s}\,\frac{\partial}{\partial s'},$$

$$\frac{\partial^2}{\partial s'^2} = \sin^2\omega\,\frac{\partial^2}{\partial s_1^2} + \cos^2\omega\,\frac{\partial^2}{\partial s_2^2} - \cos\omega\sin\omega\left(\frac{\partial^2}{\partial s_1\,\partial s_2} + \frac{\partial^2}{\partial s_2\,\partial s_1}\right) - \frac{\partial\omega}{\partial s'}\,\frac{\partial}{\partial s},$$

mithin durch Addition

$$\left(\frac{\partial}{\partial s} + \frac{\partial\omega}{\partial s'}\right)\frac{\partial}{\partial s} + \left(\frac{\partial}{\partial s'} - \frac{\partial\omega}{\partial s}\right)\frac{\partial}{\partial s'} = \frac{\partial^2}{\partial s_1^2} + \frac{\partial^2}{\partial s_2^2},$$

d. h. auf Grund von (19)

$$\left(\frac{\partial}{\partial s} + \mathcal{G}'\right)\frac{\partial}{\partial s} + \left(\frac{\partial}{\partial s'} + \mathcal{G}\right)\frac{\partial}{\partial s'}$$

$$= \frac{\partial^2}{\partial s_1^2} + \frac{\partial^2}{\partial s_2^2} + (\mathcal{G}_1\sin\omega + \mathcal{G}_2\cos\omega)\frac{\partial}{\partial s} + (\mathcal{G}_1\cos\omega - \mathcal{G}_2\sin\omega)\frac{\partial}{\partial s'}.$$

Hier kann man der rechten Seite die Form

$$\frac{\partial^2}{\partial s_1^2} + \frac{\partial^2}{\partial s_2^2} + \mathcal{G}_1\frac{\partial}{\partial s_2} + \mathcal{G}_2\frac{\partial}{\partial s_1} = \left(\frac{\partial}{\partial s_1} + \mathcal{G}_2\right)\frac{\partial}{\partial s_1} + \left(\frac{\partial}{\partial s_2} + \mathcal{G}_1\right)\frac{\partial}{\partial s_2}$$

geben. Auf diese Weise kommt der Invariantencharakter der Operation

$$\varDelta^2 = \left(\frac{\partial}{\partial s} + \mathcal{G}'\right)\frac{\partial}{\partial s} + \left(\frac{\partial}{\partial s'} + \mathcal{G}\right)\frac{\partial}{\partial s'}$$

zum Vorschein, deren Resultat man als den zweiten Differentialparameter bezeichnet.

§ 165.

Es ist nunmehr leicht, die Formel von Bonnet, welche in der Ebene
bereits bewiesen ist (§ 115), auf Scharen von Curven auszudehnen, die
auf einer beliebigen Fläche gezogen sind. Um die geodätische Krümmung derjenigen Linie zu berechnen, die in der durch die
Function u definierten Schar durch einen gegebenen Punkt
hindurchgeht, haben wir die erste Formel (19) zur Verfügung, welche
wir hier zweckmässig in folgender Weise schreiben:

$$\mathcal{G} = \left(\frac{\partial}{\partial s_2} + \mathcal{G}_1\right) \cos \omega - \left(\frac{\partial}{\partial s_1} + \mathcal{G}_2\right) \sin \omega.$$

Setzt man hierin

$$(22) \qquad \cos \omega = \frac{1}{\sqrt{\Delta u}} \frac{\partial u}{\partial s_2}, \quad \sin \omega = -\frac{1}{\sqrt{\Delta u}} \frac{\partial u}{\partial s_1},$$

so findet man sofort die Formel von Bonnet:

$$\mathcal{G} = \frac{\Delta^2 u}{\sqrt{\Delta u}} + \Delta\left(u, \frac{1}{\sqrt{\Delta u}}\right).$$

Die zweite Formel (19) liefert hingegen

$$\mathcal{G}' = \left(\frac{\partial}{\partial s_1} + \mathcal{G}_2\right) \cos \omega + \left(\frac{\partial}{\partial s_2} + \mathcal{G}_1\right) \sin \omega,$$

und wenn man darin die Werte (22) einsetzt unter Berücksichtigung
der Bedingung (5), so findet man

$$\mathcal{G}' = -\frac{\partial\left(u, \frac{1}{\sqrt{\Delta u}}\right)}{\partial(s_1, s_2)}.$$

Hierbei ist zu bemerken, dass das beständige Verschwinden von $\mathcal{G}'$ notwendig und hinreichend ist einerseits dafür, dass Δu eine Function
von u ist, andrerseits dafür, dass die Curven der Schar die orthogonalen
Trajectorien einer Schar geodätischer Linien oder dass sie, wie man
aus einem leicht einzusehenden Grunde (vgl. § 153) zu sagen pflegt,
geodätisch parallel sind. Daher der Satz: Sollen die Curven der
durch die Function u definierten Schar geodätisch parallel
sein, so ist dazu notwendig und hinreichend, dass Δu eine
Function von u ist.

§ 166. Isotherme Curvenscharen.

Die in den §§ 108, 113 für ebene Curven angestellten Betrachtungen
sind unmittelbar auf Scharen von Curven anwendbar, die auf einer
beliebigen Fläche gezogen sind, mithin können wir von isothermen

14*

Curvenscharen sprechen und als bewiesen betrachten, dass in einem zweifachen Orthogonalsystem nicht eine der Curvenscharen isotherm sein kann, ohne dass es auch die andere ist. Auch die in § 114 ausgeführte Rechnung können wir uns hier wiederholt denken, um dann den Satz auszusprechen, dass die Bedingung

$$(23) \qquad \frac{\partial \mathcal{G}_1}{\partial s_1} = \frac{\partial \mathcal{G}_2}{\partial s_2}$$

notwendig und hinreichend ist dafür, dass das System der Coordinatenlinien isotherm ist. So ist z. B. die Bedingung (23) erfüllt, wenn $\mathcal{G}_1$ und $\mathcal{G}_2$ längs den bezüglichen Linien constant sind. Daraus folgt, dass jedes zweifache Orthogonalsystem, das aus Linien constanter geodätischer Krümmung besteht, isotherm ist. Ausserdem bemerke man, dass, wenn die Bedingung (23) erfüllt ist und wenn $\mathcal{G}_1$ längs jeder Linie q_1 constant bleibt, auch $\mathcal{G}_2$ längs jeder Linie q_2 constant ist. Daher der Satz: Wenn in einer isothermen Doppelschar die Linien der einen Schar constante geodätische Krümmung haben, so wird dies auch von denen der andern Schar gelten.

§ 167.

Wir denken uns jetzt eine Function g bestimmt derart, dass

$$(24) \qquad \Delta^2 g = \mathfrak{N}_1 \mathfrak{N}_2 - \mathcal{C}^2$$

ist, und bemerken, dass die Gauss'sche Formel (oder die dritte Formel von Codazzi) sich in der folgenden Weise schreiben lässt:

$$\Delta^2 g + \left(\frac{\partial}{\partial s_1} + \mathcal{G}_2\right) \mathcal{G}_2 + \left(\frac{\partial}{\partial s_2} + \mathcal{G}_1\right) \mathcal{G}_1 = 0 \,.$$

Wenn wir dann für Δ^2 seinen Ausdruck einsetzen, so kommt:

$$\left(\frac{\partial}{\partial s_1} + \mathcal{G}_2\right)\left(\frac{\partial g}{\partial s_1} + \mathcal{G}_2\right) + \left(\frac{\partial}{\partial s_2} + \mathcal{G}_1\right)\left(\frac{\partial g}{\partial s_2} + \mathcal{G}_1\right) = 0$$

Daraus folgt, dass die Bedingung (4) von den Functionen

$$u = \frac{\partial g}{\partial s_2} + \mathcal{G}_1\,, \qquad v = - \frac{\partial g}{\partial s_1} - \mathcal{G}_2$$

erfüllt wird und daher eine Function f existiert derart, dass man schreiben kann

$$(25) \qquad \mathcal{G}_1 = \frac{\partial f}{\partial s_1} - \frac{\partial g}{\partial s_2}\,, \qquad \mathcal{G}_2 = - \frac{\partial f}{\partial s_2} - \frac{\partial g}{\partial s_1}\,.$$

Dies ist also eine Form, die man den Functionen $\mathcal{G}_1$ und $\mathcal{G}_2$ immer geben kann. Gelangt man umgekehrt in irgend einer Weise dazu, die

$\mathcal{G}$ auf die Form (25) zu bringen, so kann man sicher sein, dass die Function g der Gleichung (24) genügt. Um sich davon zu überzeugen, braucht man nur die Werte (25) in die Formel von Gauss einzusetzen. Endlich bemerke man, dass

$$\Delta^2 f = \left(\frac{\partial}{\partial s_1} + \mathcal{G}_2\right)\left(\frac{\partial g}{\partial s_2} + \mathcal{G}_1\right) - \left(\frac{\partial}{\partial s_2} + \mathcal{G}_1\right)\left(\frac{\partial g}{\partial s_1} + \mathcal{G}_2\right) = \frac{\partial \mathcal{G}_1}{\partial s_1} - \frac{\partial \mathcal{G}_2}{\partial s_2}$$

ist. Soll also das System der Coordinatenlinien isotherm sein, so ist dazu notwendig und hinreichend, dass die Function f harmonisch ist. Dagegen werden wir sehen, dass, wenn sich g auf eine harmonische Function reduciert, dies eine beträchtliche Specialisierung der Fläche anzeigt. Übrigens kommen die Formeln (25) jedem zweifachen Orthogonalsystem zu, und in der That leitet man aus (19) mit Hilfe jener Formeln (25) ab:

$$\mathcal{G} = \frac{\partial}{\partial s}(f - \omega) - \frac{\partial g}{\partial s'}, \quad \mathcal{G}' = -\frac{\partial}{\partial s'}(f - \omega) - \frac{\partial g}{\partial s}.$$

Will man also, dass die durch den Winkel ω definierte Schar isotherm ist, so muss man es so einrichten, dass die Function $f - \omega$ harmonisch wird. Demnach hängt die Bestimmung aller isothermen Curvenscharen auf einer Fläche von der Integration der Gleichung

$$\Delta^2 \omega = \frac{\partial \mathcal{G}_1}{\partial s_1} - \frac{\partial \mathcal{G}_2}{\partial s_2}$$

ab.

§ 168. Die Krümmung.

Aus der Betrachtung der orthogonalen Invarianten

$$H = \mathcal{R} + \mathcal{R}' = \frac{1}{R_1} + \frac{1}{R_2}, \quad K = \mathcal{R}\mathcal{R}' - \mathcal{C}^2 = \frac{1}{R_1 R_2}$$

der quadratischen Form (11) werden wir die Mittel erhalten, um die Krümmung einer Fläche in einem gegebenen Punkte zu messen. Die mittlere Krümmung in M ist das arithmetische Mittel der Normalkrümmungen aller Curven der Fläche, welche durch M hindurchgehen, wenn man sich diese Curven der Richtung nach gleichmässig um M verteilt denkt. Ordnet man jeder Curve eine zu, die zu ihr senkrecht ist, so bleibt die Summe der beiden Normalkrümmungen beständig gleich H, wenn das Tangentenpaar sich um M dreht, mithin ist klar, dass das gesuchte Mittel $\frac{1}{2}H$ ist. Also wird die mittlere Krümmung durch $\frac{1}{2}H$ gemessen, d. h. durch die halbe Summe der Hauptkrümmungen. Man nennt ferner totale Krümmung oder einfach Krümmung der Fläche den Grenzwert eines gewissen Verhältnisses, das demjenigen analog ist, welches man betrachtet, um die Krümmung einer ebenen Curve zu messen. Man nimmt auf einer solchen Curve ein Bogenelement und construiert die Normalen in den Punkten, die es begrenzen: das Verhältnis des Winkels der Normalen zur Länge des Elements liefert in der Grenze das Mass für die Krümmung der betrachteten Curve im Punkte M, wenn das Element sich auf den Punkt M zusammenzieht. In analoger Weise denkt sich Gauss, um die Krümmung einer Fläche in einem Punkte M zu messen, ein Flächenelement in der Umgebung von M und construiert die Normalen der Fläche längs der Begrenzung des Elements: der körperliche Winkel, den diese Normalen einschliessen, dividiert durch den Flächeninhalt des Elements, liefert in der Grenze das Mass für die Krümmung in M, wenn das Element sich auf den Punkt M zusammenzieht. Der genannte körperliche Winkel wird ferner per definitionem gemessen durch das Gebiet, welches auf einer Kugelfläche vom Radius 1 der Kegel der zu den betrachteten Geraden parallelen Radien abgrenzt. Also wird die Krümmung gemessen durch den Grenzwert des Verhältnisses zwischen dem Inhalt des sphärischen Bildes des Flächenelements und dessen eignem Inhalt. Wir wollen annehmen, dieses sei das über den Bogenelementen ds_1 und ds_2 der durch M hindurchgehenden Krümmungslinien construierte Rechteck. Da nun bei der sphärischen Abbildung diese Linien nicht abgelenkt werden, so ist das sphärische Bild des genannten Rechtecks ein anderes Rechteck, dessen Seiten nach dem, was wir in § 160 gesehen haben, $\mathfrak{A}_1 ds_1 = \dfrac{ds_1}{R_1}$ und $\mathfrak{A}_2 ds_2 = \dfrac{ds_2}{R_2}$ sind (da $\mathfrak{C} = 0$ ist). Dies ergiebt sich übrigens auch aus ganz einfachen geometrischen Betrachtungen. Es sind also $ds_1 ds_2$ und $K ds_1 ds_2$ die Inhalte der beiden Rechtecke, mithin **wird die totale Krümmung durch K gemessen, d. h. durch das Product der Hauptkrümmungen.** Wenn man das erste Rechteck über zwei beliebigen orthogonalen Curven construiert, so gelangt man etwas weniger schnell zu demselben Resultate, aber es gelingt dabei ausserdem, den Invariantencharakter des Ausdrucks $\mathfrak{A}\mathfrak{A}' - \mathfrak{C}^2$ in Evidenz zu setzen. Hierzu sei bemerkt, dass die Kenntnis dieses Charakters unmittelbar das Theorem von Enneper auszusprechen gestattet, welches wir am Ende von § 157 bewiesen haben. In der That ist für die Asymptotenlinien $\mathfrak{A} = 0$, $\mathfrak{C} = -\dfrac{1}{r}$, folglich $K = -\dfrac{1}{r^2}$. Also ist in jedem Punkte die totale Krümmung mit verändertem Vorzeichen gleich dem Quadrat der Torsion der Asymptotenlinien. Auch die letzten Formeln des § 160 liefern, wenn man sie quadriert und addiert,

$$\frac{ds'^2}{ds^2} = \mathfrak{N}^2 + \mathfrak{T}^2 = -K + H\mathfrak{N}$$

und führen für $\mathfrak{N} = 0$ zu demselben Theorem, da bei den Asymptotenlinien ds offenbar den Winkel zwischen zwei unendlich benachbarten Binormalen misst. Endlich wollen wir noch die Form anführen, welche Gauss dem Ausdruck K gegeben hat. Man braucht nur die Werte (3) in die dritte Formel von Codazzi einzusetzen, um zu erhalten (vgl. 112)

$$K = -\frac{1}{Q_1 Q_2}\left[\frac{\partial}{\partial q_1}\left(\frac{1}{Q_1}\frac{\partial Q_2}{\partial q_1}\right) + \frac{\partial}{\partial q_2}\left(\frac{1}{Q_2}\frac{\partial Q_1}{\partial q_2}\right)\right].$$

§ 169.

Wir betrachten ein geodätisches Dreieck, d. h. die Figur ABC, welche auf einer Fläche durch drei geodätische Linien bestimmt wird, und es seien α, β, γ die inneren Winkel dieses Dreiecks. Um den Flächeninhalt σ des Bildes von ABC bei der sphärischen Abbildung zu bestimmen, nehmen wir als q_1-Linien die von der Ecke A ausgehenden geodätischen Linien und wählen als Coordi

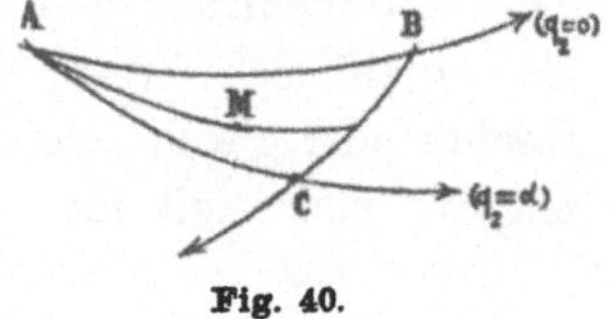

Fig. 40.

naten q_1 und q_2 eines beliebigen Punktes M die geodätische Entfernung AM und den Winkel, den die geodätische Linie AM mit AB bildet. Von den q_2-Linien, den orthogonalen Trajectorien der von der Ecke A ausgehenden geodätischen Linien, kann man die in unendlicher Nähe von A befindlichen so ansehen, als lägen sie in der Ebene, welche die Fläche in A berührt. Mithin darf man ihr Bogenelement $Q_2 dq_2$ durch $q_1 dq_2$ ersetzen, wenn man von unendlich kleinen Grössen höherer Ordnung absieht. Es ist mit andern Worten

$$\lim_{q_1 = 0}\frac{Q_2}{q_1} = 1, \quad \text{mithin} \quad \frac{\partial Q_2}{\partial q_1} = 1 \quad \text{für} \quad q_1 = 0.$$

Dies vorausgeschickt bemerken wir, dass nach der Formel von Gauss

$$\sigma = \iint K Q_1 Q_2 \, dq_1 dq_2 = -\iint \frac{\partial^2 Q_2}{\partial q_1^2} \, dq_1 dq_2$$

ist, wo sich die Integration über die ganze von ABC eingeschlossene Fläche erstreckt. Andrerseits liefert die erste Formel (19)

$$\frac{\partial \omega}{\partial s} = -\mathfrak{G}_2 \sin \omega, \quad \text{d. h.} \quad d\omega = -\mathfrak{G}_2 Q_2 \, dq_2 = -\frac{\partial Q_2}{\partial q_1} dq_2.$$

Wenn wir nun, zu σ zurückkehrend, zunächst die Integration längs einer der durch Werte von q_2, die zwischen 0 und α liegen, definierten geodätischen Linien ausführen und dann q_2 von 0 bis α variieren lassen, so ergiebt sich auf Grund der obigen Bemerkungen

$$\sigma = \int_0^\alpha \left(1 - \frac{\partial Q_2}{\partial q_1}\right) dq_2 = \alpha + \int_B^C d\omega,$$

wo ω, die Neigung der geodätischen Linie BC gegen die Linien q_1, in B den Wert $\pi - \beta$ und in C den Wert γ hat. Also ist

$$\sigma = \alpha + \gamma - (\pi - \beta) = \alpha + \beta + \gamma - \pi.$$

Im besondern stellt, wenn K constant ist, σ den Flächeninhalt von ABC selbst dar, multipliciert mit K. Also ist auf den Flächen constanter Krümmung (von denen wir im folgenden Kapitel sprechen werden) der Flächeninhalt eines geodätischen Dreiecks proportional dem Überschuss der Summe seiner Winkel über zwei Rechte. Es ergiebt sich ferner, dass diese Summe grösser oder kleiner als zwei Rechte oder gleich zwei Rechten ist, je nachdem die Krümmung positiv, negativ oder null ist.

§ 170. Abwickelbarkeit.

Bei dieser ersten Einführung wollen wir uns auf einige Andeutungen über die Abwickelbarkeit der Flächen aufeinander beschränken. Wenn sich zwischen den Punkten zweier Flächen ein solches Entsprechen herstellen lässt, dass die geodätische Entfernung zwischen zwei auf der einen Fläche beliebig gewählten Punkten gleich der geodätischen Entfernung der Punkte ist, die ihnen auf der andern entsprechen, so sagt man, die beiden Flächen seien aufeinander abwickelbar. Denn ein Stoff, den man sich aus biegsamen und unausdehnbaren Fäden gewoben denken möge, die über die eine der Flächen in allen Richtungen ausgespannt sind, wird sich offenbar auch auf die zweite ausbreiten lassen, ohne dass die Fäden von ihr abstehen oder zerreissen (vgl. § 153), d. h. ohne dass der Stoff sich faltet oder verletzt wird. Mit andern Worten: Die auf eine gegebene Fläche abwickelbaren Flächen lassen sich als die unendlich vielen Gestalten betrachten, welche dieselbe annehmen kann, wenn man sie im Raume verbiegt, ohne dass sie irgendwo gedehnt wird oder zusammenschrumpft. Ist das Bogenelement auf einer Fläche, bezogen auf ein beliebiges System orthogonaler krummliniger Coordinaten, durch die Formel $ds^2 = Q_1^2 dq_1^2 + Q_2^2 dq_2^2$ gegeben, so muss sich auf jeder Fläche, die auf die gegebene Fläche abwickelbar ist, ein solches System orthogonaler krummliniger Coordinaten finden lassen, dass das Bogenelement durch dieselbe Formel ausgedrückt wird, und es liegt auf der Hand, dass gerade in dieser Möglichkeit die notwendige und hinreichende Bedingung für die Abwickelbarkeit der beiden Flächen aufeinander besteht. Daraus folgt, dass man, wenn man die Gauss'sche Formel für zwei aufeinander abwickelbare Flächen schreibt, in entsprechenden Punkten denselben Wert für K finden muss. Daher der Satz: **Sollen zwei Flächen aufeinander abwickelbar sein, so ist dazu notwendig, dass sie in entsprechenden Punkten dieselbe Krümmung haben.** Mit andern Worten: Wenn man eine biegsame und unausdehnbare Fläche im Raume verbiegt, so giebt es in jedem Punkte etwas, was sich dabei nicht ändert, nämlich die totale Krümmung.

§ 171. Evoluten und Evolventen.

Die Eigenschaften der Evoluten der ebenen Curven drängen uns zu einer analogen Untersuchung über den Ort der Hauptkrümmungscentra einer beliebigen Fläche, einen Ort, der offenbar aus zwei Mänteln besteht, deren einer vom Centrum C_1, der andere vom Centrum C_2 erzeugt wird. Jeden Mantel kann man auch ansehen als den Ort der Rückkehrkanten der unendlich vielen Developpablen, welche die gegebene Fläche längs der Krümmungslinien einer Schar senkrecht schneiden. Die zwei Mäntel bilden die Fläche, welche man die Evolute (Centralfläche) der vorgelegten Fläche zu nennen pflegt; und diese erhält mit Bezug auf die Evolute den Namen Evolvente. Betrachten wir den ersten Mantel, d. h. den von dem Punkte C_1 erzeugten. Die Coordinaten dieses Punktes sind $x = 0$, $y = 0$, $z = R_1$. Wenn M längs der Krümmungslinie q_1 fortzurücken anfängt, so liefern die Fundamentalformeln

$$(26) \qquad \frac{\delta x}{\partial s_1} = 0, \qquad \frac{\delta y}{\partial s_1} = 0, \qquad \frac{\delta z}{\partial s_1} = \frac{\partial R_1}{\partial s_1},$$

mithin beginnt C_1 längs der Normale fortzurücken, was vorauszusehen war, da ja C_1 in diesem Falle die Rückkehrkante der Developpablen zu durchlaufen strebt, welche von den längs der genannten Linie q_1 auf der Fläche errichteten Normalen gebildet wird. Wenn dagegen M längs der Linie q_2 fortzurücken anfängt, so findet man

$$\frac{\delta x}{\partial s_2} = 0, \qquad \frac{\delta y}{\partial s_2} = \frac{l}{R_2}, \qquad \frac{\delta z}{\partial s_2} = \frac{\partial R_1}{\partial s_2},$$

wenn man mit l die Länge der Strecke $C_1 C_2$ bezeichnet. Also ist für eine beliebige, durch die Neigung ω gegen die Linie q_1 definierte Verrückung von M nach der Formel (9)

$$(27) \qquad \frac{\delta x}{ds} = 0, \qquad \frac{\delta y}{ds} = \frac{l}{R_2} \sin \omega, \qquad \frac{\delta z}{ds} = \frac{dR_1}{ds}.$$

Aus·der ersten dieser Gleichungen ersieht man, dass die Tangentialebene eines Mantels der Evolute Normalebene der entsprechenden Krümmungslinie ist, woraus sofort folgt, dass die Tangentialebenen der beiden Mäntel in entsprechenden Punkten immer senkrecht zueinander sind. Überdies zeigen die Formeln (27), dass, wenn C_1 senkrecht zur·Normale fortrücken soll, M sich derart bewegen muss, dass R_1 constant bleibt. Mit andern Worten: Wie den Rückkehrkanten der Developpablen der Normalen längs den Krümmungslinien einer Schar diese Linien selbst entsprechen, so entsprechen ihre orthogonalen Trajectorien den Curven der Evolvente, längs welchen der entsprechende Krümmungsradius constant bleibt. Es ist naheliegend, die genannten Rückkehrkanten und ihre orthogonalen Trajectorien als Coordinatenlinien auf der Fläche (C_1) anzunehmen. Alsdann werden in C_1 die Axen x' und y' bezüglich parallel den Axen z und y sein, und die Axe z' wird in entgegengesetztem Sinne wie die Axe x zu richten sein. Um nach diesen Vorbereitungen alle fundamentalen Krümmungen für die Fläche (C_1) zu finden, braucht man nur auszudrücken, dass die Bedingungen für die Unbeweglichkeit des Punktes (x, y, z), die inbezug auf das Trieder der Fläche (M) erfüllt sind, auch inbezug auf das Trieder von (C_1) durch die neuen Coordinaten

$$(28) \qquad x' = z - R_1, \qquad y' = y, \qquad z' = -x$$

erfüllt werden. Vor allem bemerke man, um die Relationen zwischen den neuen und den alten Differentialquotienten zu finden, dass sich aus den Formeln (26) und (27) ergiebt

$$ds_1' = \frac{\partial R_1}{\partial s_1} ds_1, \qquad ds_2' = \frac{l}{R_2} \sin \omega \, ds,$$

wo ω durch die Bedingung

$$\frac{dR_1}{ds} = 0, \qquad \text{d. h.} \qquad \cos \omega \frac{\partial R_1}{\partial s_1} + \sin \omega \frac{\partial R_1}{\partial s_2} = 0$$

definiert ist. Es folgt daraus

$$(29) \qquad \frac{\partial R_1}{\partial s_1} \frac{\partial}{\partial s_1'} = \frac{\partial}{\partial s_1}, \qquad \frac{l}{R_2} \frac{\partial R_1}{\partial s_1} \frac{\partial}{\partial s_2'} = \frac{\partial R_1}{\partial s_1} \frac{\partial}{\partial s_2} - \frac{\partial R_1}{\partial s_2} \frac{\partial}{\partial s_1}.$$

Wendet man die erste dieser Operationen auf die dritte Coordinate (28) an, so erhält man

$$\frac{\partial R_1}{\partial s_1}\frac{\partial z'}{\partial s_1} = -\frac{\partial x}{\partial s_1} = -\mathfrak{N}_1 z + \mathcal{G}_1 y + 1,$$

während andrerseits, wenn man alles, was sich auf die Fläche (C_1) bezieht, mit einem Strich versieht,

$$\frac{\partial z'}{\partial s_1'} = \mathcal{T}'y' - \mathfrak{N}_1'x' = \mathcal{T}'y - \mathfrak{N}_1'z + \mathfrak{N}_1'R_1$$

sein muss. Nunmehr ergiebt sich durch Vergleichung

$$\frac{\mathfrak{N}_1'}{\mathfrak{N}_1} = \frac{\mathcal{T}'}{\mathcal{G}_1} = \frac{1}{\dfrac{\partial R_1}{\partial s_1}}.$$

Auf diese Weise sind $\mathfrak{N}_1'$ und $\mathcal{T}'$ bekannt, wenn man auf der Evolvente die Hauptkrümmungen kennt, da nach den Formeln von Codazzi

$$(30) \qquad \mathcal{G}_1 = \frac{R_2}{lR_1}\frac{\partial R_1}{\partial s_2}, \qquad \mathcal{G}_2 = -\frac{R_1}{lR_2}\frac{\partial R_2}{\partial s_1}$$

ist. In analoger Weise findet man durch Gegenüberstellung der Gleichungen

$$\frac{\partial R_1}{\partial s_1}\frac{\partial y'}{\partial s_1'} = \frac{\partial y}{\partial s_1} = \mathcal{G}_1 x, \qquad \frac{\partial y'}{\partial s_1'} = \mathcal{G}_1'x' - \mathcal{T}'z' = \mathcal{T}'x + \mathcal{G}_1'z - \mathcal{G}_1'R_1$$

den Wert von $\mathcal{T}'$ wieder und erhält ausserdem $\mathcal{G}_1' = 0$. Also sind die Rückkehrkanten der Normaldeveloppablen einer Fläche geodätische Linien der Evolute. Wendet man ferner die erste Operation (29) auch auf x' an, so gelangt man nur zu einer Bestätigung der obigen Resultate. Jetzt wende man aber auf x' die zweite Operation (29) an:

$$\frac{l}{R_2}\frac{\partial R_1}{\partial s_1}(\mathcal{T}'x + \mathcal{G}_2'y) = \frac{\partial R_1}{\partial s_2}\left(\mathfrak{N}_1 x + \frac{\partial R_1}{\partial s_1}\right) - \frac{\partial R_1}{\partial s_1}\left(\mathfrak{N}_2 y + \frac{\partial R_1}{\partial s_2}\right).$$

Man erhält auf diese Weise einen Wert für $\mathcal{T}'$, der, wie die Formeln (30) zeigen, gleich dem oben gefundenen ist; ausserdem findet man $\mathcal{G}_2' = -\frac{1}{l}$, d. h. C_2 ist das geodätische Krümmungscentrum derjenigen Curve $R_1 = $ Const., welche auf dem ersten Mantel durch C_1 hindurchgeht, wie umgekehrt C_1 im Punkte C_2 das geodätische Krümmungscentrum einer Curve der auf dem zweiten Mantel durch die Bedingung $R_2 = $ Const. definierten Schar ist. Wendet man endlich die zweite Operation (29) auf y' oder auch auf z' an, so findet man

$$\frac{l}{R_2}\frac{\partial R_1}{\partial s_1}\mathfrak{N}_2' = \mathcal{G}_2\frac{\partial R_1}{\partial s_1} + \mathcal{G}_1\frac{\partial R_1}{\partial s_2},$$

und es lässt sich also unter Zuhilfenahme von (30) auch $\mathfrak{N}_2'$ durch die Funktionen R allein ausdrücken.

$$\S\ 172.$$

Umgekehrt kann man zu jeder Fläche auf unendlich viele Weisen eine andere hinzufügen, so dass beide zusammen jedesmal die Evolute einer ganzen Schar von parallelen Flächen bilden. Will man in der That, dass der Punkt $(-t, 0, 0)$ sich senkrecht zu Mx verschiebt, welches auch die Richtung sein mag, in der sich M auf der gegebenen Fläche verschiebt, so zeigen die Fundamentalformeln, dass die notwendige und hinreichende Bedingung dafür in $\frac{\partial t}{\partial q_1} = Q_1$, $\frac{\partial t}{\partial q_2} = 0$ besteht. Es muss also t und infolgedessen Q_1 eine Function des Parameters q_1 allein sein, mithin ist auf den Linien q_1 die Bedingung $\mathcal{G}_1 = 0$ erfüllt, welche bereits im vorigen Paragraphen als eine notwendige Bedingung gefunden wurde. Daher der Satz: Sollen die Geraden einer Congruenz die Normalen einer Fläche sein, so ist dazu notwendig und hinreichend, dass sie die Tangenten einer Schar von einfach unendlich vielen geodätischen Linien einer andern Fläche sind. Inzwischen wird, wenn man $Q_1 = 1$ nimmt, $t = s_1 + $ Const. sein müssen, mithin beschreiben unendlich viele Punkte von Mx, die constante Entfernungen voneinander haben, unendlich viele Flächen, deren Normalen sämtlich Tangenten der gegebenen Fläche sind. Wenn man die Tangenten einer Linie q_1 betrachtet, so schneiden sie offenbar Krümmungslinien auf den unendlich vielen parallelen Flächen aus, und der Berührungspunkt wird in jedem Augenblick eines der Krümmungscentra bezeichnen. Es ist also wahr, dass man jede Fläche entsprechend jeder einfach unendlichen Schar krummer geodätischer Linien auf ihr als einen der beiden Mäntel der Evolute einer Schar paralleler Flächen betrachten kann. Der andere Mantel heisst zu dem ersten complementär und aus dem gesagten geht klar hervor, dass jede Fläche unendlich viele Complementärflächen besitzt, deren jede einer einfach unendlichen Schar krummer geodätischer Linien entspricht, die auf der betrachteten Fläche beliebig gezogen ist. Jetzt lässt sich das am Ende des vorigen Paragraphen bewiesene Theorem so aussprechen: Die einer gegebenen Schar von geodätischen Linien entsprechende Complementärfläche ist der Ort der geodätischen Krümmungscentra der orthogonalen Trajectorien dieser geodätischen Linien. Wir wollen zum Schluss noch sagen, wie sich die Evolventen einer gegebenen Fläche mechanisch erzeugen lassen in einer ganz ähnlichen Weise, wie wir sie bei den ebenen und gewundenen Curven bereits kennen. Man denke sich einen Stoff aus unausdehnbaren Fäden gewoben, die über die

Fläche gespannt sind und die von unendlich vielen andern vollständig deformierbaren Fäden rechtwinklig durchkreuzt werden, so dass der Stoff in allen seinen Teilen sich der Oberfläche anschmiegen kann, ohne sich zu falten oder zu zerreissen. Wenn man nunmehr den Stoff von der Fläche abwickelt, indem man dafür sorgt, dass er in der Richtung der unausdehnbaren Fäden gespannt bleibt, so ist klar, dass die andern Fäden die unendlich vielen parallelen Evolventen beschreiben werden, welche der durch die ersten Fäden auf der Fläche bezeichneten Schar geodätischer Linien entsprechen (vgl. § 153).

———

Zwölftes Kapitel.
Übungen über die Flächen.

§ 173.

Um die Rückkehrkante der Developpablen zu bestimmen, die einer Fläche längs einer gegebenen Linie umbeschrieben ist, muss man sich daran erinnern (§ 159), dass in der Tangentialebene in M die Erzeugende jener Developpablen durch den Winkel $\theta = \operatorname{arc\ tg} \dfrac{\partial l}{\tau}$ definiert ist; dann findet man die Entfernung t, die der entsprechende Punkt der Rückkehrkante vom Punkte M hat, indem man die Gleichung $y = x \operatorname{tg} \theta$ differenziert und ausdrückt, dass die Coordinaten jenes Punktes, d. h. $- t \cos \theta$, $- t \sin \theta$, 0 den Bedingungen für Unbeweglichkeit (§ 148) genügen. Auf diese Weise erhält man

$$(1) \qquad t = \frac{\sin \theta}{\mathcal{G} - \dfrac{d\theta}{ds}}.$$

Es ist ferner leicht, den Bogen und die Krümmungen nach dem gewöhnlichen Verfahren mit Hilfe der Formeln (2) des vorigen Kapitels zu berechnen. Die Formel (1) zeigt, dass für die Krümmungslinien $-t$ sich auf den geodätischen Krümmungsradius reduciert. Übrigens ist in diesem Falle klar, dass die gesuchte Rückkehrkante eine Evolute der Curve ist, so dass im allgemeinen t variabel sein muss, da es gerade die Länge des Bogens der Evolute darstellt. Wenn dagegen t einen constanten Wert hat (was eintritt, wenn $\mathcal{G}$ constant ist), so reduciert sich die genannte Rückkehrkante auf einen Punkt, d. h. die umbeschriebene Developpable ist eine Kegelfläche, deren Erzeugende von der betrachteten Curve rechtwinklig durchsetzt werden. Man gelangt so zu dem folgenden Satze von Brioschi, der eine Verallgemeinerung eines bekannten Theorems (§ 147) ist: Jede Krümmungslinie, deren geodätische Krümmung constant ist, gehört einer Kugel an, welche die Fläche senkrecht schneidet. Kehren wir zu der Formel (1) zurück, um zu bemerken, dass die Linien, längs welchen die umbeschriebene Fläche cylindrisch ist, (Linien, die insofern interessant sind, als sie die Teile der Fläche, welche von einem Bündel paralleler Strahlen beleuchtet werden, von denjenigen abgrenzen, die im Schatten bleiben) durch die Gleichung $\mathcal{G} = \dfrac{d\theta}{ds}$ charakterisiert sind. Man kann diese Gleichung auf eine solche Form bringen, dass sie die geodätische Krümmung in jedem

Punkte M als Function von Grössen ausdrückt, die für alle Curven, welche die betrachtete Curve in M berühren, ungeändert bleiben (§ 163). Berechnet man in der That die Ableitung von θ, so verwandelt sich die vorstehende Bedingung in die folgende andere:

$$K\mathcal{G} = \mathcal{T}\mathrm{N} - \mathcal{N}\mathrm{T}.$$

Auf diese Weise kann man in jedem Punkte bei gegebener Tangente auch die osculierende Ebene bestimmen.

§ 174.

Die kurz zuvor wieder in die Erinnerung gerufene Eigenschaft von N gestattet in einem Punkte M die Krümmung des Schnittes einer Fläche mit der Tangentialebene in M zu berechnen. Bekanntlich hat diese Curve zwei Zweige, die die Asymptotenlinien berühren. Wenn man nun alles mit einem Index auszeichnet, was sich auf eine Asymptotenlinie bezieht, so hat man

$$\mathcal{N} = 0, \quad \mathcal{T} = -\frac{1}{r_0}, \quad \mathcal{G} = \frac{1}{\varrho_0}, \quad \mathrm{N} = \frac{2}{\varrho_0 r_0}.$$

Andrerseits hat die geodätische Torsion für alle die Asymptotenlinie berührenden Curven einen einzigen Wert (§ 149), und es ist also im Punkte M

$$\frac{d\psi}{ds} = \frac{1}{r} - \frac{1}{r_0}.$$

Daher ist im besondern, wenn die Curve der Schnitt der Fläche mit der Tangentialebene ist, in welchem Falle man $\psi = \dfrac{\pi}{2}$, $\dfrac{1}{r} = 0$ hat,

$$\frac{d\mathcal{N}}{ds} = \cos\psi\,\frac{d}{ds}\frac{1}{\varrho} - \frac{\sin\psi}{\varrho}\frac{d\psi}{ds} = \frac{1}{\varrho r_0}, \quad \mathrm{N} = \frac{d\mathcal{N}}{ds} - 2\mathcal{T}\mathcal{G} = \frac{3}{\varrho r_0}.$$

Vergleicht man die beiden Werte von N miteinander, so findet man im allgemeinen $\varrho = \dfrac{3}{2}\varrho_0$ und gewinnt auf diese Weise das elegante Theorem von Beltrami: Die Krümmung des Schnittes einer Fläche mit der Tangentialebene in einem hyperbolischen Punkte ist in diesem Punkte für jeden Zweig gleich zwei Dritteln von der Krümmung der den betrachteten Zweig berührenden Asymptotenlinie. Wir wollen hier unter Erinnerung an das am Schluss von § 149 gesagte besonders darauf achten, dass hier ein Beispiel von Linien vorliegt, die sich berühren, von derselben Ebene osculiert werden und trotzdem in dem Berührungspunkt nicht gleiche Flexion haben.

§ 175.

Betrachten wir wieder wie in § 173 den einer Fläche längs einer gegebenen Curve (M) umbeschriebenen Cylinder und stellen wir uns die Aufgabe, die Krümmung seines geraden Schnittes (M_0) oder des scheinbaren Umrisses der Fläche zu berechnen. In dem Trieder, welches gebildet wird von der Tangente der Berührungslinie im Punkte M, von der durch M

gezogenen Parallelen zur Tangente in einem Punkte M', der M unendlich nahe liegt, und von der Erzeugenden MM_0 des Cylinders, ist offenbar der dem Winkel $\dfrac{ds}{\varrho}$ der beiden Tangenten gegenüberliegende Diederwinkel gerade der analoge Winkel $\dfrac{ds_0}{\varrho_0}$ der Tangenten von (M_0) in den M und M' entsprechenden Punkten, und der Diederwinkel $\dfrac{\pi}{2} - \psi$, welchen die osculierende Ebene von (M) und die Tangentialebene der Fläche im Punkte M einschliessen, liegt wiederum einem Winkel gegenüber, der sich unendlich wenig von θ unterscheidet. Daraus folgt

$$\frac{1}{\cos \psi} \cdot \frac{ds_0}{\varrho_0} = \frac{1}{\sin \theta} \cdot \frac{ds}{\varrho} \,.$$

Andrerseits hat man $ds_0 = ds \cdot \sin \theta$. Also ist

$$\frac{1}{\varrho_0} = \frac{\cos \psi}{\varrho \sin^2 \theta} = \frac{\mathfrak{N}}{\sin^2 \theta} \,.$$

Setzt man inzwischen in der bekannten Formel (§ 155)

$$\mathfrak{N}_\theta = \mathfrak{N} \cos^2 \theta - 2 \mathfrak{T} \cos \theta \sin \theta + \mathfrak{N}' \sin^2 \theta$$

$\operatorname{tg} \theta = \dfrac{\mathfrak{N}}{\mathfrak{T}}$, so findet man

$$\mathfrak{N}_\theta = \frac{\mathfrak{N}\mathfrak{N}' - \mathfrak{T}^2}{\mathfrak{N}^2 + \mathfrak{T}^2} \mathfrak{N} = \frac{K}{\mathfrak{N}} \sin^2 \theta = K \varrho_0$$

und gelangt so zu dem folgenden Satze von d'Ocagne: Die Krümmung des scheinbaren Umrisses einer Fläche in einem beliebigen Punkte M_0 wird erhalten, indem man die totale Krümmung der Fläche in dem entsprechenden Punkte M durch die Krümmung dividiert, welche im Punkte M derjenige Normalschnitt hat, dessen Ebene durch M_0 hindurchgeht.

<h2 style="text-align:center">§ 176.</h2>

Auf der Ebene ist (§ 147) jede Curve Asymptotenlinie und gleichzeitig Krümmungslinie, so dass K verschwindet, weil $\mathfrak{N}_1$, $\mathfrak{N}_2$ und $\mathfrak{T}$ null sind. Allgemeiner ist die Krümmung null bei jeder abwickelbaren Fläche, da durch jeden Punkt einer solchen Fläche eine Gerade geht, längs welcher die Normalen der Fläche eine Ebene bilden. Diese Gerade ist also Krümmungslinie und andrerseits ist sie auch Asymptotenlinie (§ 146), woraus folgt, dass, da $\mathfrak{N}$ und $\mathfrak{T}$ für jede geradlinige Erzeugende null sind, in jedem Punkte $K = 0$ ist. Giebt es andere Flächen mit der Krümmung Null? Ist die Fläche auf ihre Krümmungslinien bezogen, so muss $\mathfrak{T}$ beständig null sein, und dasselbe muss auch von einem der beiden $\mathfrak{N}$, z. B. $\mathfrak{N}_1$, gelten. Inzwischen liefert die zweite Formel von Codazzi (§ 154) $\mathfrak{N}_2 \mathfrak{G}_1 = 0$. Genügt man dieser Bedingung, indem man $\mathfrak{N}_2 = 0$ nimmt, so zeigt eine bekannte Formel (§ 157), dass $\mathfrak{T}_\omega = 0$ ist, welchen Wert auch ω haben mag, d. h. alle Linien sind Krümmungslinien, mithin ist die Fläche notwendig sphärisch (§ 156). Sie ist sogar noch specieller, nämlich eben, da eine Kugel mit endlichem Radius keine reellen Asymptotenlinien besitzt. Wenn ferner nicht $\mathfrak{N}_2 = 0$ ist, so muss man annehmen $\mathcal{G}_1 = 0$. Also ist (§ 146) jede Linie q_1 als geodätische Linie und Asymptotenlinie notwendig eine Gerade, d. h. die Fläche ist eine Regelfläche. Sie kann aber nicht windschief sein, sonst würden die Erzeugenden nicht Krümmungslinien sein (§ 124). **Also sind die einzigen Flächen mit der Krümmung Null die Ebene und die abwickelbaren Flächen.**

§ 177.

Kann eine Fläche zwei Scharen geodätischer Linien besitzen, die sich unter constantem Winkel schneiden? Wählt man die geodätischen Linien der einen Schar als Coordinatenlinien q_1, so hat man $\mathcal{G}_1 = 0$, und die erste Formel (19) des vorigen Kapitels zeigt, dass auch $\mathcal{G}_2 = 0$ sein muss, so dass jede andere Schar von Trajectorien der Curven der gegebenen Schar aus geodätischen Linien bestehen wird: dies tritt in der Ebene und auf den abwickelbaren Flächen ein. Inzwischen liefert die Gauss'sche Formel $K = 0$, und wir können daher das folgende Theorem von Liouville aussprechen: **Zwei Scharen von geodätischen Linien einer nicht abwickelbaren Fläche können sich nicht unter constantem Winkel schneiden.**

§ 178.

Welches ist die Krümmung einer Regelfläche? Wenn α, β, γ die Richtungscosinus' der Erzeugenden inbezug auf das Fundamentaltrieder einer beliebigen Curve der Fläche sind, so ist der Winkel ψ der Hauptnormale mit der Flächennormale (die senkrecht auf der Tangente und der Erzeugenden steht) durch die Relation $\beta \sin \psi + \gamma \cos \psi = 0$ gegeben, aus welcher man durch Differentiation unter Beachtung der bekannten (§ 125) Bedingungen successiv ableitet

$$\frac{d\psi}{ds} = \frac{1}{\varkappa} + \frac{\alpha\beta}{(\beta^2 + \gamma^2)\varrho}, \qquad \mathcal{T} + \alpha\mathfrak{N} = -\frac{\cos^2 \tau}{p}.$$

Wenn man nun als Fundamentallinie die Erzeugende selbst wählt, so muss offenbar $\mathfrak{N} = 0$ sein, mithin (§ 123, f)

$$\mathcal{T} = -\frac{\cos^2 \tau}{p} = -\frac{p}{t^2 + p^2}.$$

Also stellt abgesehen vom Vorzeichen der Verteilungsparameter einer windschiefen Regelfläche den Radius der geodätischen Torsion der Erzeugenden längs der Strictionslinie dar. Da ferner $K = -\mathcal{T}^2$ ist, so sehen wir, dass der absolute Betrag der Krümmung einer windschiefen Regelfläche längs der Strictionslinie das Inverse des Quadrates des Verteilungsparameters ist. Längs einer Erzeugenden variiert dagegen die Krümmung wie $\cos^4 \tau$, so dass sie im Unendlichen verschwindet. Dies erklärt sich mit Hilfe der Thatsache, dass jede Regelfläche eine asymptotische Developpable besitzt, nämlich die Enveloppe der Ebenen, die durch die Erzeugenden senkrecht zu den Centralebenen gelegt sind. Sie verhält sich daher im Unendlichen immer wie eine abwickelbare Fläche. Jetzt, wo wir den Wert von $\mathcal{T}$ kennen und wissen, dass $\mathfrak{N}$ und $\mathcal{G}$ null sind, liefert uns die zweite Formel von Codazzi sofort die geodätische Krümmung einer beliebigen orthogonalen Trajectorie der Erzeugenden:

$$\mathcal{G}' = -\frac{1}{2}\frac{\partial}{\partial s}\log \mathcal{C} = -\frac{\partial}{\partial s}\log \cos \tau = \frac{t}{t^2 + p^2}\,.$$

Da $\mathcal{G}'$ im Endlichen nicht verschwindet, ausser für $t = 0$, so sieht man (vgl. § 132), dass die Strictionslinie der Ort der Punkte ist, in welchen die geodätische Krümmung der orthogonalen Trajectorien der Erzeugenden null ist.

§ 179. Rotationsflächen.

Man nennt so die Flächen, welche von einer ebenen Curve erzeugt werden, die um eine feste Gerade in ihrer Ebene rotiert. Diese Gerade nennt man die Axe. Die erzeugende Curve heisst in jeder ihrer unendlich vielen Lagen ein Meridian, und der von einem beliebigen Punkte des Meridians beschriebene Kreis heisst ein Parallelkreis. Die Meridiane und Parallelkreise sind also die Schnitte, welche auf der Fläche durch die Ebenen, die die Axe enthalten, und durch die senkrecht auf der Axe stehenden Ebenen hervorgebracht werden. Es ist kein Grund vorhanden, weshalb die Normale der Fläche in einem beliebigen Punkte M eher auf der einen als auf der andern Seite der Ebene des Meridians liegen sollte, der durch M hindurchgeht. Mithin fällt die genannte Normale immer mit der Normale des Meridians in M zusammen. Also sind die Meridiane gleichzeitig Krümmungslinien und geodätische Linien der Fläche. Daraus folgt, wenn wir die Meridiane als q_1-Linien annehmen,

$$(2) \qquad \mathfrak{N}_1 = \frac{1}{\varrho_1}\,, \qquad \mathcal{G}_1 = 0\,, \qquad \mathcal{C} = 0\,.$$

Die andere Schar von Krümmungslinien besteht aus den orthogonalen Trajectorien der Meridiane, d. h. aus den Parallelkreisen, was man übrigens direct erkennt, wenn man beachtet, dass die Normalen der Fläche längs jedes Parallelkreises auf der Axe zusammentreffen. Ist φ die Neigung der Axe gegen die Tangenten der Meridiane längs eines Parallelkreises vom Radius q, so sind offenbar φ und q Functionen von $q_1 = s_1$ allein, und man hat bekanntlich (§ 12)

$$(3) \qquad \frac{d\phi}{ds_1} = \frac{1}{\varrho_1}\,, \qquad \frac{dq}{ds_1} = \sin \varphi\,.$$

Endlich ist nach den im Anfang des vorigen Kapitels gegebenen Definitionen, wenn man bemerkt, dass im vorliegenden Falle ψ gleich $\pi - \varphi$ ist,

$$(4) \qquad \mathfrak{N}_2 = -\frac{\cos \varphi}{q}\,, \qquad \mathcal{G}_2 = \frac{\sin \varphi}{q}\,.$$

Man sieht also, dass die Hauptkrümmungsradien

$$R_1 = \varrho_1\,, \qquad R_2 = -\frac{q}{\cos \varphi}$$

sind, d. h. die Hauptkrümmungscentra in jedem Punkte M sind das Krümmungscentrum des durch M hindurchgehenden Meridians und derjenige Punkt der Axe, welcher auf der in M errichteten Normale der Fläche liegt. Man verificiert leicht, wenn man die Formeln (3) beachtet, dass die Werte (2) und (4) den Relationen von Codazzi genügen. Dies vorausgeschickt liefert eine bekannte Formel (§ 161) den Wert der geodätischen Krümmung in einer beliebigen Richtung:

$$\mathcal{G} = - \mathcal{G}_2 \sin \omega - \frac{\partial \omega}{\partial s}.$$

Andrerseits hat man auf Grund von (3)

$$\mathcal{G}_2 = \frac{\sin \varphi}{q} = \frac{1}{q} \frac{dq}{ds_1} = \frac{1}{q \cos \omega} \frac{\partial q}{\partial s}.$$

Also ist

(5)
$$\mathcal{G} = - \frac{1}{q \cos \omega} \frac{\partial}{\partial s} (q \sin \omega).$$

Für $\mathcal{G} = 0$ findet man das folgende Theorem von Clairaut: **Jede geodätische Linie einer Rotationsfläche trifft die Meridiane unter einem Winkel, dessen Sinus von einem Meridian zum andern proportional mit der Krümmung des Parallelkreises variiert.**

<h2 style="text-align:center">§ 180.</h2>

Die Asymptotenlinien einer Rotationsfläche zu bestimmen, d. h. bei gegebener natürlicher Gleichung $f(s, \varrho) = 0$ des Meridians, die natürlichen Gleichungen der Asymptotenlinien zu finden. Zunächst bemerke man, dass die Neigung ω dieser Curven gegen die Meridiane durch die Formel (§ 157)

(6)
$$\operatorname{tg}^2 \omega = - \frac{R_2}{R_1} = \frac{q}{\varrho \cos \varphi}$$

gegeben ist, in welcher q und φ Functionen von s sind, die wir mit Hilfe der Formeln (3) aus der gegebenen natürlichen Gleichung abzuleiten wissen. Es folgt daraus, dass auch ω eine Function der Veränderlichen s allein ist, so dass es genügen wird, eine einzige Asymptotenlinie zu kennen, um sie alle zu kennen. Dies vorausgeschickt ist es unter Benutzung der Formel (5) leicht, den Bogen und die Flexion der Asymptotenlinien zu berechnen:

(7)
$$s_0 = \int \frac{ds}{\cos \omega}, \qquad \frac{1}{\varrho_0} = - \frac{1}{q} \frac{d}{ds} (q \sin \omega).$$

Die Torsion erhalten wir unmittelbar aus dem Theorem von Enneper:

(8)
$$\frac{1}{r_0{}^2} = - \frac{1}{R_1 R_2} = \frac{\cos \varphi}{q \varrho}, \qquad r_0 = \varrho \operatorname{tg} \omega.$$

Betrachten wir z. B. die Fläche, welche von einer Ribaucour'schen Linie vom Index n erzeugt wird, die um ihre Leitlinie rotiert. Soll die Fläche reelle Asymptotenlinien haben, so muss man annehmen $n < -1$, da es nur dann (§ 42) der Fall ist, dass die Curve der Axe beständig ihre convexe Seite zukehrt. Inzwischen giebt für $q = - \frac{1}{2}(n+1)\varrho \cos \varphi$ die Formel (6)

$\operatorname{tg}^2 \omega = -\frac{1}{2}(n+1)$, d. h. die Asymptotenlinien treffen die Meridiane unter constantem Winkel. Ferner erhält man aus den Formeln (7) und (8) sofort

$$s_0 = \frac{s}{\cos \omega}, \qquad \varrho_0 = \frac{\sin \omega}{\cos^2 \omega} \varrho \cot \varphi, \qquad r_0 = \varrho \operatorname{tg} \omega.$$

Bemerkenswert vor allen ist der Fall der Kettenlinie $(n = -3)$. Alsdann heisst die Fläche ein Catenoid und ist unter den Rotationsflächen charakterisiert durch $\omega = \pm \frac{\pi}{4}$, d. h. durch den Umstand, dass auch die Asymptotenlinien ein zweifaches Orthogonalsystem bilden. Aus den letzten Formeln erkennt man unter Erinnerung an die Gleichung der Kettenlinie $\varrho = a + \frac{s^2}{a}$, dass die Asymptotenlinien des Catenoids durch die natürlichen Gleichungen

$$\varrho = s + \frac{2a^2}{s}, \qquad r = a + \frac{s^2}{2a}$$

definiert sind. Sie gehören zu der merkwürdigen Familie von Curven, auf die in § 143 hingewiesen wurde.

<h2 style="text-align:center">§ 181.</h2>

Für die Untersuchung der Flächen, die auf Rotationsflächen abwickelbar sind (§ 170), ist zu bemerken, dass das Quadrat des Bogenelements auf einer solchen Fläche sich immer auf die Form $ds^2 + q^2 d\theta^2$ bringen lässt, wenn man mit ds und $q d\theta$ die Bogenelemente des Meridians und des Parallelkreises vom Radius q bezeichnet. So oft es gelingt, auf einer Fläche ein System von Coordinatenlinien aufzufinden derart, dass das Quadrat des Bogenelements die Form $dq_1^2 + f^2(q_1) dq_2^2$ annimmt, wird man die Abwickelbarkeit der genannten Fläche auf eine Rotationsfläche behaupten können und wird überdies wissen, dass bei der wirklichen Abwickelung der einen Fläche auf die andere die Linien q_1 mit den Meridianen und die Linien q_2 mit den Parallelkreisen zusammenfallen. Man findet sogar unendlich viele Rotationsflächen, auf welche die gegebene Fläche abwickelbar ist, da man, wenn k eine beliebige Constante bedeutet, $q_1 = s$, $q_2 = \frac{\theta}{k}$, $q = kf(s)$ setzen kann. Um ferner zu wissen, was dies für Flächen sind, genügt es, die natürliche Gleichung des Meridians zu bestimmen. Hierzu gelangt man leicht durch Differentiation der Gleichung $q = kf(s)$ unter Berücksichtigung der Formeln (3):

$$\sin \varphi = kf'(s), \qquad \cos \varphi = k\varrho f''(s).$$

Also ist die gesuchte natürliche Gleichung:

$$(9) \qquad \varrho = \pm \frac{\sqrt{1 - k^2 f'^2(s)}}{kf''(s)}.$$

Die beiden Flächen, welche den Werten k und $k' > k$ entsprechen, sind auf-einander abwickelbar; aber es ist leicht zu sehen, dass zur vollständigen Überdeckung der ersten schon ein Teil der zweiten genügt, der von zwei Meridianen begrenzt wird.

§ 182. Flächen constanter totaler Krümmung.

Für diese wichtigen Flächen haben wir bereits ein Beispiel unter den Regelflächen. Wir haben nämlich gesehen, dass in jedem Punkte einer ab-wickelbaren Fläche $K = 0$ ist. Wenn der constante Wert von K von Null verschieden ist, so kann die Fläche keine Regelfläche sein, da bei den wind-schiefen Regelflächen die Krümmung auf der Strictionslinie von Null ver-schieden, im Unendlichen aber null ist. Es giebt dagegen unendlich viele Flächen constanter positiver oder negativer Krümmung unter den Rotations-

Fig. 41. Fig. 42. Fig. 43.

flächen, und wir können sie alle bestimmen. In der That! Soll $R_1 R_2$ constant sein, so muss die Krümmung des Meridians proportional dem Normalenabschnitt sein, der zwischen dem Incidenzpunkt und der Rotationsaxe liegt. Also gehört der Meridian zu einer Klasse von Curven, die wir bereits im zweiten Kapitel (§ 18, m, n) studiert haben. Man muss die Flächen constanter positiver Krümmung (welche die oben gezeichneten Formen haben). unterscheiden von den Flächen constanter nega-

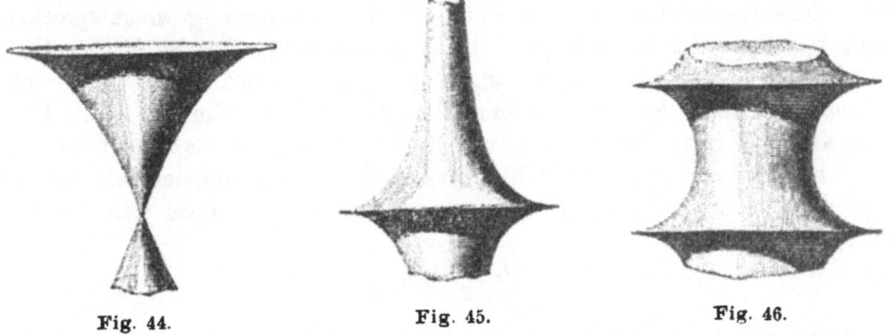

Fig. 44. Fig. 45. Fig. 46.

tiver Krümmung, unter denen die Pseudosphäre besonders bemerkenswert ist, nämlich die Fläche, welche von einer Tractrix (§ 8, c) erzeugt wird, die um ihre Asymptote rotiert. Diese Fläche bildet sozusagen die Grenze zwischen den beiden Typen von Flächen negativer Krümmung, wie die Kugel zwischen den beiden Typen von Flächen positiver Krümmung. Ihre Asymptoten-linien lassen sich sofort bestimmen, indem man sich daran erinnert, dass man, wenn a der (constante) Abschnitt ist, der auf der Tangente vom Be-rührungspunkt aus durch die Axe abgeschnitten wird,

$$\sin \varphi = e^{-\frac{s}{a}}, \quad q = -a \sin \varphi, \quad \varrho = -a \cot \varphi$$

hat. Die Formel (6)° liefert dann $\omega = \pm \varphi$. Ferner leitet man aus (7) und (8) ab

$$s_0 = a \log \cot \frac{\varphi}{2}, \quad \varrho_0 = \frac{a}{2 \sin \varphi}, \quad r_0 = a.$$

Also sind die Asymptotenlinien der Pseudosphäre definiert durch die natürlichen Gleichungen

$$\varrho = \frac{a}{4}\left(e^{\frac{s}{a}} + e^{-\frac{s}{a}}\right), \quad r = a.$$

Jede dieser Curven berührt den grössten Parallelkreis $\left(\varphi = \frac{\pi}{2}\right)$ und ver-läuft ins Unendliche $(\varphi = 0)$, indem sie allmählich in die Axe übergeht, um die sie sich unendlich oft herumwindet: dies ergiebt sich auch aus dem leicht zu beweisenden Umstande, dass jedes Paar von Meridianen auf einer beliebigen Asymptotenlinie und dem grössten Parallelkreis gleiche Bogen ab-schneidet. Es ist ferner zu bemerken, dass dieser Parallelkreis eine singuläre Linie ist, auf der die Gültigkeit verschiedener Sätze der allgemeinen Theorie aufhört. Im besondern haben die Asymptotenlinien in ihren Berührungs-punkten mit dem genannten Parallelkreis eine stärkere Flexion, als sie der Satz von Beltrami angiebt (§ 174).

§ 183.

Die im vorigen Paragraphen gefundenen Flächen sind auch deshalb wichtig, weil sie durch blosse Biegung ohne Dehnung oder Contraction alle Flächen constanter Krümmung liefern. Wir werden in der That sogleich sehen, dass die Bedingung der Gleichheit der Krümmung in entsprechenden Punkten, welche sich bereits (§ 170) als notwendig für die Abwickelbarkeit einer Fläche auf eine andere ergab, auch hinreichend ist, wenn es sich um Flächen constanter Krümmung handelt. Mit andern Worten: **Jede Fläche constanter Krümmung ist abwickelbar auf jede andere Fläche, die dieselbe Krümmung hat.** Um dies zu beweisen, nehmen wir als Linien q_1 geodätische Linien der Fläche an und bemerken, dass sich die Formel von Gauss auf

$$(10) \qquad \frac{\partial^2 Q_2}{\partial q_1^2} + K Q_2 = 0$$

reduciert. Wählen wir überdies die Linien q_1 wie in § 169, d. h. in einem reellen Punkte zusammenlaufend, so muss

$$(11) \qquad \lim_{q_1 = 0} \frac{Q_2}{q_1} = 1 \quad \text{und} \quad \frac{\partial Q_2}{\partial q_1} = 1 \quad (\text{für } q_1 = 0)$$

sein. Unter diesen Bedingungen kann man der Gleichung (10) für $K = 0$ nicht anders als durch die Annahme $Q_2 = q_1$ genügen, und dann erscheint das Quadrat des Bogenelements unter der Form $dq_1^2 + q_1^2 dq_2^2$; dies ist aber genau die Form von ds^2 in der Ebene, wenn man Polarcoordinaten benutzt. Wir können also unter Erinnerung an den in § 176 erhaltenen Satz das folgende Theorem aussprechen: Soll eine Fläche auf die Ebene abwickelbar sein, so ist dazu notwendig und hinreichend, dass sie eine Developpable ist. Die Developpablen sind also die unendlich vielen Formen, welche eine biegsame und unausdehnbare Ebene im Raume annehmen kann. Nimmt man dagegen an, K habe einen positiven Wert $\frac{1}{a^2}$, so muss man $Q_2 = a \sin \frac{q_1}{a}$ annehmen, um der Gleichung (10) und den Bedingungen (11) zu genügen. Alsdann nimmt das Quadrat des Bogenelements die Form $dq_1^2 + a^2 \sin^2 \frac{q_1}{a} dq_2^2$ an, die für alle Flächen mit der Krümmung $\frac{1}{a^2}$ dieselbe ist. Zu ihnen gehört immer die Kugel vom Radius a, was übrigens auch aus der Gleichung (9) hervorgeht, die für $k = 1$ in $\varrho = a$ übergeht, wenn man darin $f(s) = a \sin \frac{s}{a}$ setzt. Also sind alle Flächen von der Krümmung $\frac{1}{a^2}$ auf die Kugel vom Radius a abwickelbar. Man kann mit andern Worten jede Fläche constanter positiver Krümmung durch Deformation einer biegsamen und unausdehnbaren Kugel erhalten. Wir wollen endlich annehmen, K habe den Wert $-\frac{1}{a^2}$. Alsdann muss man, um der Gleichung (10) in der allgemeinsten Weise zu genügen,

$$Q_2 = \varphi(q_2) e^{\frac{q_1}{a}} + \psi(q_2) c^{-\frac{q_1}{a}}$$

annehmen, wo φ und ψ willkürliche Functionen sind, die sich immer so bestimmen lassen, dass die Fläche auf eine Rotationsfläche abwickelbar wird, sei es indem man eine von ihnen gleich Null nimmt und die andere in dq_2 hineinzieht, sei es indem man sie einander gleich oder aber $\varphi = -\psi$ nimmt. Man gelangt so zu den folgenden Formen für Q_2:

$$\frac{a}{2}\left(e^{\frac{q_1}{a}} - e^{-\frac{q_1}{a}}\right), \quad a c^{-\frac{q_1}{a}}, \quad \frac{a}{2}\left(e^{\frac{q_1}{a}} + e^{-\frac{q_1}{a}}\right).$$

Dies sind aber gerade (§ 18, n) die Formen von q, welche die im vorigen Paragraphen gefundenen Typen von Flächen constanter negativer Krümmung definieren. Also ist jede Fläche constanter negativer Krümmung in verschiedenen Weisen abwickelbar auf eine Pseudosphäre und auf die andern Rotationsflächen, welche dieselbe Krümmung haben. Aber von den drei gefundenen Formen genügt nur die erste den Bedingungen (11), mithin lässt sich die Fläche nur auf eine Fläche des entsprechenden Typus abwickeln, wenn man haben will, dass mit den Meridianen alle von einem reellen Punkte ausgehenden geodätischen Linien zur Deckung gelangen sollen. Erteilt man dagegen Q_2 die zweite Form, so sieht man, dass q nur für unendlich grosses q_1 verschwindet, d. h. man muss den Punkt, in welchem die geodätischen Linien zusammenlaufen, auf der Fläche als unendlich fern annehmen. Endlich verschwindet q (oder Q_2), welches auch der Wert von q_2 sein mag, auch wenn man für Q_2 die dritte Form annimmt, aber es verschwindet für einen imaginären Wert $q_1 = \frac{1}{2}\pi a\sqrt{-1}$. Man gelangt auf diese Weise zu der Einsicht, dass eine Fläche constanter negativer Krümmung auf jede Rotationsfläche mit derselben Krümmung immer derart abwickelbar ist, dass eine beliebige Schar von zusammenlaufenden geodätischen Linien mit der Schar der Meridiane zusammenfällt; und zwar muss die Rotationsfläche einem der bekannten Typen angehören, je nachdem der Punkt, in welchem die geodätischen Linien zusammenlaufen, reell ist und im Endlichen liegt oder reell ist und im Unendlichen liegt oder endlich imaginär ist. Natürlich sind auch die einem Typus angehörigen Rotationsflächen auf die eines andern Typus abwickelbar; aber, entgegen dem, was bei den Flächen positiver Krümmung eintritt, bleiben die Meridiane nicht Meridiane und verwandeln sich dafür in eine andere Schar von zusammenlaufenden geodätischen Linien. Dies liegt an der Möglichkeit (die auf der Kugel kein Analogon hat), dass es geodätische Linien giebt, die sich garnicht treffen oder aber sich im Unendlichen treffen. Will man nun haben, dass die Fläche bei der Deformation die Meridiane bewahrt, so ist dazu notwendig, dass sie auch den ihr eignen Typus bewahrt, was man übrigens leicht mit Hilfe der Formel (9) verificiert. Besonders bemerkenswert ist die Pseudosphäre, welche sich unter Bewahrung der Meridiane nur so deformieren lässt, dass sie in sich selbst verschoben wird, d. h. die einzige Rotationsfläche, die sich auf die Pseudosphäre derart abwickeln lässt, dass Meridiane mit Meridianen zusammenfallen, ist die Pseudosphäre selbst. In der That wird für $f(s) = a e^{-\frac{s}{a}}$ die Gleichung (9)

$$\varrho = \frac{a}{k}\sqrt{e^{\frac{2s}{a}} - k^2}\,,$$

und diese stellt immer die Tractrix mit dem Parameter a dar, was man sofort erkennt, indem man s in $s + a\log k$ verwandelt. Man kann sich dies leicht erklären, wenn man bemerkt, dass nur im Falle der Pseudosphäre die Parallelkreise die constante geodätische Krümmung $-\frac{1}{a}$ haben, und dass andrerseits diese Krümmung nicht variieren kann, wenn man die Fläche durch blosse Biegung deformiert.

§ 184. Flächen constanter mittlerer Krümmung.

Interessante Fragen der Physik führen zur Betrachtung dieser Flächen, unter denen die Elassoide oder Flächen mit der mittleren Krümmung Null besonders bemerkenswert sind. Die Gleichung $H = 0$ sagt uns sofort, dass die Dupin'sche Indicatrix in jedem Punkte eine gleichseitige Hyperbel ist. Demnach sind die Elassoide durch den Umstand charakterisiert, dass ihre Asymptotenlinien ein zweifaches Orthogonalsystem bilden. Beziehen wir uns auf ein früher gefundenes Resultat, so können wir

jetzt behaupten, dass das einzige Rotationselassoid das Catenoid ist,
was man übrigens auch erkennt, wenn man sich daran erinnert (§ 18, e),
dass die Kettenlinie durch die Eigenschaft charakterisiert ist, in jedem
Punkte M ein Krümmungscentrum zu besitzen, dass inbezug auf M symmetrisch zu dem Schnittpunkt der Normale mit der Directrix ist. Es ist
leicht, die allgemeinere Frage zu beantworten: Welche Rotationsflächen
haben. constante mittlere Krümmung? Bezeichnet man mit $-\dfrac{1}{a}$
den constanten Wert von H, so muss die Krümmung des Meridians der
Gleichung

$$\frac{1}{\varrho} + \frac{1}{a} = \frac{\cos\varphi}{q}$$

genügen, aus welcher wir sofort erfahren (§ 59, f), dass die verlangten
Flächen durch Rotation der Delaunay'schen Curven um ihre bezüglichen Leitlinien erzeugt werden. Je nachdem die Curve dem elliptischen Typus oder dem hyperbolischen Typus angehört, heisst die Fläche

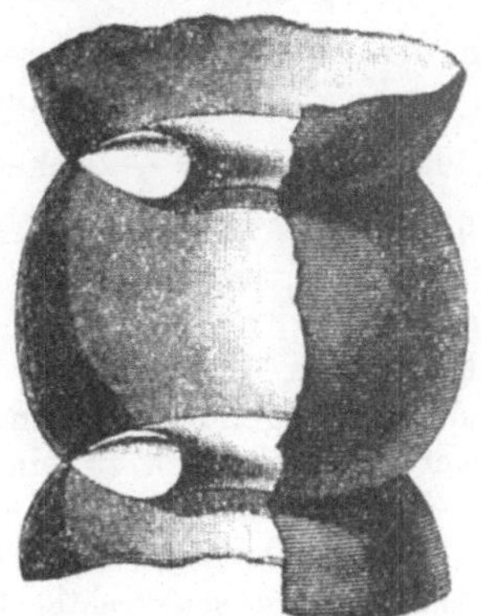

Fig. 47.   Fig. 48.

ein Unduloid oder ein Nodoid. Auf Grund einer bekannten Eigenschaft
der Delaunay'schen Curven ist klar, dass dem Unduloid und dem Nodoid die
beiden Flächen des ersten in § 182 gefundenen Typus parallel sind; aber
diese Eigenschaft gilt in allgemeinerer Form und enthüllt uns eine innige
Beziehung zwischen den Flächen mit constanter mittlerer Krümmung
und denjenigen mit constanter totaler Krümmung. Construieren wir in
der That zu einer Fläche, auf der $R_1 R_2 = a^2$ ist, die Parallelflächen in den
Abständen a und $-a$, so haben diese die Hauptkrümmungsradien $R_1 \mp a$,
$R_2 \mp a$. Da nun

$$\frac{1}{R_1 \mp a} + \frac{1}{R_2 \mp a} = \mp \frac{1}{a}$$

ist, so sieht man, dass die beiden Flächen constante mittlere Krümmung
haben.

§ 185.

Bei allen Flächen constanter mittlerer Krümmung besteht die Eigenschaft: **Die Krümmungslinien bilden ein isothermes System.** In der That gewinnt man aus den beiden ersten Formeln von Codazzi sofort die geodätischen Krümmungen unter der Form

$$(12) \qquad \mathcal{G}_1 = \frac{\partial f}{\partial s_1} - \frac{\partial g}{\partial s_2}, \qquad \mathcal{G}_2 = - \frac{\partial f}{\partial s_2} - \frac{\partial g}{\partial s_1},$$

wo $f = 0$, $g = \frac{1}{2} \log (\mathcal{H}_1 - \mathcal{H}_2)$ ist. Es ist aber bekannt (§ 167), dass die erste Gleichung ($f = 0$, ja sogar schon $\varDelta^2 f = 0$) zum Beweise des Theorems genügt. Für ein Elassoid bleibt der Satz auch noch bestehen, wenn man an Stelle der Krümmungslinien die Asymptotenlinien betrachtet. In der That! Wählt man die Asymptotenlinien als Coordinatenlinien, so ergeben sich aus den genannten Formeln von Codazzi die Werte der geodätischen Krümmungen unter der Form (12) mit $f = 0$, $g = \frac{1}{2} \log \mathcal{T}$. **Also bilden die Asymptotenlinien eines jeden Elassoids ein isothermes System.** Übrigens ist dieses Theorem eine unmittelbare Folge des vorigen, da durch $\omega = \frac{\pi}{4}$ sicherlich der Gleichung $\varDelta^2 \omega = 0$ genügt wird (vgl. § 167). Zu einer andern charakteristischen Eigenschaft der Elassoide gelangt man, wenn man die Frage zu beantworten sucht: **Welche zweifachen Orthogonalsysteme von Curven bleiben orthogonal bei der sphärischen Abbildung?** Diese Frage ist (§§ 159, 160) gleichbedeutend mit der folgenden: Wann ist ein orthogonales Durchmesserpaar eines Kegelschnitts conjugiert zu einem andern orthogonalen Paare? Wir wissen aber, dass nur die Axen diese Eigenschaft haben, falls nicht der Kegelschnitt eine gleichseitige Hyperbel ist, in welchem Falle (§ 28) die Eigenschaft jedem Paare senkrechter Durchmesser zukommt. **Es bilden also im allgemeinen die Krümmungslinien das einzige System, welches bei der sphärischen Abbildung orthogonal bleibt, und nur auf den Elassoiden ist es der Fall, dass jedes andere zweifache System orthogonal bleibt.** Bemerkt man übrigens, dass die Deviationen von zwei zueinander senkrechten Linien durch die trigonometrischen Tangenten $- \frac{\mathcal{T}}{\mathcal{H}}$ und $\frac{\mathcal{T}}{\mathcal{H}'}$ definiert sind, so zeigt eine leichte Rechnung, dass der Zuwachs des Winkels der beiden Curven bei der sphärischen Abbildung die Tangente $(R_1 + R_2)\mathcal{T}$ hat. Will man also haben, dass der Winkel gleich $\frac{\pi}{2}$ bleibt, während $\mathcal{T} \gtrless 0$ ist, so muss $II = 0$ sein.

§ 186.

Wir wollen uns jetzt die Frage vorlegen: **Giebt es Elassoide unter den Regelflächen?** Eine der beiden Scharen von Asymptotenlinien besteht notwendig aus den geradlinigen Erzeugenden, welche auch geodätische Linien sind, so dass $\mathcal{H}_1 = \mathcal{G}_1 = 0$ ist. Die andere Schar wird gebildet von den orthogonalen Trajectorien der Erzeugenden. Für diese Curven ist, wie wir bereits gesehen haben (§ 178)

$$(13) \qquad \mathcal{G}_2 = \frac{t}{t^2 + p^2}, \qquad \mathcal{T} = -\frac{p}{t^2 + p^2}.$$

Da nun auch $\mathcal{H}_2 = 0$ sein muss, so zeigt die erste Formel von Codazzi, dass $\mathcal{T}$ eine Function des Parameters q_1 allein ist, und daher p und $t - q_1$, welche nicht von q_1 abhängen, Constanten sind. Dies vorausgeschickt hat man auf der Strictionslinie $t = 0$, folglich $\mathcal{G}_2 = 0$. Also ist diese Linie, da sie gleichzeitig Asymptotenlinie und geodätische Linie ist, eine Gerade, d. h. die Erzeugenden treffen eine feste Gerade des Raumes senkrecht. Wenn man nur $s_2 = s$ variieren lässt, so behält t einen constanten Wert b, und die Formeln (13) geben als Mass für die Krümmungen einer beliebigen orthogonalen Trajectorie der Erzeugenden die constanten Werte

$$\frac{1}{\varrho} = -\frac{b}{a^2 + b^2}, \qquad \frac{1}{r} = -\frac{a}{a^2 + b^2},$$

wenn man mit a den constanten Wert von p bezeichnet. Also sind (§ 136) die krummen Asymptotenlinien der Fläche circulare Schraubenlinien. Wendet man endlich die Fundamentalformeln auf die Richtung der Erzeugenden ($\alpha = 1$, $\beta = 0$, $\gamma = 0$) an unter der Annahme, dass der Anfangspunkt längs einer beliebigen krummen Asymptotenlinie fortrückt, so findet man $\delta\alpha = \delta\beta = 0$, $\delta\gamma = -\mathcal{T}\,ds$; ferner sieht man für $t = 0$, dass der Winkel, um den sich die Erzeugende um die Strictionsaxe dreht, $\dfrac{s}{a}$ ist.

Er variiert also proportional zu der auf der genannten Axe vom Fusspunkte der Erzeugenden durchlaufenen Strecke. Man gelangt auf diese Weise (§ 123, h) zu dem folgenden Theorem von Catalan: **Das einzige Elassoid unter den Regelflächen ist die Schraubenfläche mit Leitebene.** Übrigens ergiebt sich dieses Theorem unmittelbar aus dem Umstande, dass die genannte Fläche die einzige ist (§ 141), welche mehr als zwei zu den Erzeugenden orthogonale Asymptotenlinien hat.

§ 187.

Um zu wissen, auf welchen Regelflächen die orthogonalen Trajectorien der Erzeugenden (wie bei der Schraubenfläche mit Leitebene) Linien constanter geodätischer Krümmung sind, muss man zusehen, wann die Krümmung $\mathcal{G}_2$, die durch die erste Formel (13) gegeben ist, sich auf eine Function reduciert, die nur von dem Parameter q_1 abhängt. Damit dies stattfinde, ist notwendig, dass die Grössen p und $t - q_1$, die immer unabhängig von q_1 sind, constant bleiben. Es sei $p = a$, $t = q_1$. Die Strictionslinie ($t = 0$) ist also eine q_2-Linie, und sie ist eine geodätische Linie ($\mathcal{G}_2 = 0$), woraus folgt, dass sie die Erzeugenden zu Binormalen hat. Ferner stellt $-\mathcal{T}$, welches längs der ganzen Strictionslinie den constanten Wert $\dfrac{1}{a}$ bewahrt, die Torsion dieser Linie dar. Mithin sind die gesuchten Flächen diejenigen, welche von den Binormalen der Curven constanter Torsion gebildet werden. Da für alle diese Flächen

$$\frac{\partial \log Q_2}{\partial q_1} = \frac{q_1}{q_1{}^2 + a^2}$$

und daher $Q_2 = \sqrt{q_1{}^2 + a^2}$ ist, so nimmt das Quadrat des Bogenelements bei allen die Form $dq_1{}^2 + (q_1{}^2 + a^2)\, dq_2{}^2$ an. Also sind die Flächen, um welche es sich handelt, abwickelbar auf die Schraubenfläche mit Leitebene. Es ist ferner evident, dass sie auch auf Rotationsflächen abwickelbar sind, deren Form man bestimmt, indem man in (9) $f(s) = \sqrt{s^2 + a^2}$ setzt. Für $k = 1$ wird jene Gleichung $\varrho = a + \dfrac{s^2}{a}$, mithin ist die Schraubenfläche mit Leitebene abwickelbar auf das Catenoid. Wenn man mit andern Worten ein unausdehnbares Catenoid derart verbiegt, dass sein kleinster Parallelkreis geradlinig wird, so werden auch die Meridiane geradlinig und bilden eine Schraubenfläche mit Leitebene.

§ 188. Flächen zweiten Grades.

Will man nach den Methoden der natürlichen Geometrie eine Fläche studieren, die durch eine Gleichung zweiten Grades zwischen den auf unbewegliche Axen bezogenen Coordinaten dargestellt wird, so gehe man von folgender Bemerkung aus (vgl. § 30): Wird der Anfangspunkt auf die Fläche verlegt, die z-Axe längs der Normale gerichtet, und differenziert man die Gleichung, indem man mittels der bekannten Bedingungen (§ 154) die Unbeweglichkeit der Punkte x, y, z ausdrückt, so muss man die Gleichung wiederfinden, von der man ausgegangen ist. Dies vorausgeschickt erinnere man sich, dass für $x = y = z = 0$ nur die Quotienten $\dfrac{\partial x}{\partial s_1}$ und $\dfrac{\partial y}{\partial s_2}$ den Wert -1 annehmen, während alle andern verschwinden. Dann erkennt man sofort, dass der lineare Teil der vorgelegten Gleichung sich auf z reducieren muss. Ferner sieht man für $z = 0$, dass die Fläche von der Tangentialebene in zwei Geraden geschnitten wird, die reell oder imaginär sein können: Sie ist also eine quadratische Regelfläche (§ 123, d). Wir überlassen es dem Leser, die Umkehrung dieses Satzes zu beweisen. Wählt man die Richtung der Axen x und y derart, dass sie die Krümmungslinien berühren, so muss auch das Glied mit xy fehlen, so dass die Gleichung sich schliesslich auf die Form

$$(14) \qquad z = \frac{1}{2}\left(\mathfrak{N}_1 x^2 + \mathfrak{N}_2 y^2\right) + (\alpha x + \beta y)z + \gamma z^2$$

reduciert. Man differenziere sie einmal nach q_1, das andere Mal nach q_2 und identificiere sie mit jeder der beiden abgeleiteten Gleichungen, indem man das eine Mal die Coefficienten von y^2, das andere Mal die von x^2 in Betracht zieht. Dann erhält man

$$(15) \qquad \alpha = \frac{1}{\mathfrak{N}_2}\frac{\partial \mathfrak{N}_2}{\partial s_1}, \qquad \beta = \frac{1}{\mathfrak{N}_1}\frac{\partial \mathfrak{N}_1}{\partial s_2}.$$

Vergleicht man dagegen den Coefficienten von x^2 in der ersten abgeleiteten Gleichung und den von y^2 in der zweiten mit den analogen Coefficienten in der ursprünglichen Gleichung, so erhält man die Werte

$$\alpha = \frac{1}{3\,\mathfrak{N}_1}\,\frac{\partial\,\mathfrak{N}_1}{\partial s_1}\,, \qquad \beta = \frac{1}{3\,\mathfrak{N}_2}\,\frac{\partial\,\mathfrak{N}_2}{\partial s_2}\,.$$

Setzt man diese gleich den obenstehenden, so findet man durch Integration eine charakteristische Eigenschaft der Flächen zweiten Grades wieder (§ 162), nämlich die Unabhängigkeit der Verhältnisse $\dfrac{\mathfrak{N}_2^{\,3}}{\mathfrak{N}_1}$ und $\dfrac{\mathfrak{N}_1^{\,3}}{\mathfrak{N}_2}$ von q_1 bezw. von q_2. Man wird jetzt naturgemäss dazu geführt, die Parameter der Krümmungslinien so zu wählen, dass man setzt

$$\mathfrak{N}_1 = q_1^{\,3} q_2\,, \qquad \mathfrak{N}_2 = q_1 q_2^{\,3}\,.$$

Danach werden die Werte (15)

$$\alpha = \frac{1}{Q_1 q_1}\,, \qquad \beta = \frac{1}{Q_2 q_2}\,.$$

Inzwischen ergiebt sich aus den beiden ersten Formeln von Codazzi

$$(16) \qquad \frac{\partial \log Q_1}{\partial q_2} = -\frac{q_1^{\,2}}{q_2\,(q_1^{\,2} - q_2^{\,2})}\,, \qquad \frac{\partial \log Q_2}{\partial q_1} = \frac{q_2^{\,2}}{q_1\,(q_1^{\,2} - q_2^{\,2})}\,,$$

woraus man durch Integration Q_1 und Q_2 berechnet und dann

$$\alpha = \frac{q_1\,q_2\,\varphi(q_1)}{\sqrt{q_1^{\,2} - q_2^{\,2}}}\,, \qquad \beta = \frac{q_1\,q_2\,\psi(q_2)}{\sqrt{q_1^{\,2} - q_2^{\,2}}}$$

findet. Hierbei bemerke man, dass das Verhältnis von Q_1 zu Q_2 gleich dem Product einer Function von q_1 mit einer Function von q_2 wird. **Es bilden also auf den Flächen zweiten Grades die Krümmungslinien ein isothermes System.** Um γ zu bestimmen, braucht man nur den Coefficienten von z^2 in der ursprünglichen Gleichung mit denjenigen in den beiden abgeleiteten zu vergleichen und die beiden so erhaltenen Gleichungen

$$\frac{\partial \gamma}{\partial s_1} = \alpha\,(\gamma - \mathfrak{N}_1)\,, \qquad \frac{\partial \gamma}{\partial s_2} = \beta\,(\gamma - \mathfrak{N}_2)$$

zu integrieren. Man findet dann schliesslich

$$\gamma = -\frac{1}{2}\,q_1 q_2\,(q_1^{\,2} + q_2^{\,2} - A)\,.$$

Um nun alle Coefficienten der Gleichung (14) vollständig als Functionen der q zu kennen, bleibt uns nur noch übrig, die Functionen φ und ψ näher zu bestimmen. Man vergleiche zu dem Ende den Coefficienten von xz in der ersten abgeleiteten Gleichung und den von yz in der zweiten mit den analogen Coefficienten der ursprünglichen Gleichung und setze in den so erhaltenen Gleichungen

$$\frac{\partial \alpha}{\partial s_1} = \alpha^2 - \beta\,\mathfrak{G}_1 + 2\gamma\,\mathfrak{N}_1 - \mathfrak{N}_1^{\,2}\,, \qquad \frac{\partial \beta}{\partial s_2} = \beta^2 - \alpha\,\mathfrak{G}_2 + 2\gamma\,\mathfrak{N}_2 - \mathfrak{N}_2^{\,2}$$

für α, β, γ und die $\mathfrak{N}$ ihre vorhin gefundenen Werte ein. Durch einfache Überlegungen erkennt man, dass man, wenn

$$f(x) = x^3 - A x^2 + B x - - C$$

gesetzt wird,

$$\varphi(q_1) = \sqrt{-f(q_1^{\,2})}\,, \qquad \psi(q_2) = \sqrt{f(q_2^{\,2})}$$

annehmen muss, und hat hiermit alles, was zum Studium der Flächen zweiten Grades vom Standpunkt der natürlichen Geometrie aus nötig ist.

§ 189.

Erteilt man z irgend einen festen Wert, so stellt die Gleichung (14) einen Kegelschnitt dar, der in ein Geradenpaar ausartet für diejenigen Werte von z, welche die Discriminante

$$\begin{vmatrix} \mathfrak{N}_1 & 0 & \alpha z \\ 0 & \mathfrak{N}_2 & \beta z \\ \alpha z & \beta z & 2\gamma z^2 - 2z \end{vmatrix} = q_1^3 q_2^3 z (Cz - 2q_1 q_2)$$

zum Verschwinden bringen, d. h. für $z = 0$ und für $Cz = 2q_1 q_2$. Also ist jeder ebene Schnitt einer Fläche zweiten Grades ein Kegel-schnitt, und parallel zu jeder Ebene giebt es zwei ausgeartete Schnitte, deren Ebenen die Fläche offenbar berühren. Wir sehen also, wenn wir die Discussion der Ausnahmefälle beiseite lassen, dass jedem Punkte M ein Punkt N entspricht, dessen Coordinaten, bezogen auf das Fundamentaltrieder mit dem Anfangspunkt in M, durch die Bedingungen

$$\mathfrak{N}_1 x + \alpha z = 0, \quad \mathfrak{N}_2 y + \beta z = 0, \quad Cz = 2q_1 q_2$$

definiert sind, und zwar ist das Entsprechen zwischen den beiden Punkten derart, dass in ihnen die Tangentialebenen der Fläche zweiten Grades parallel sind. Hiernach ist klar, dass, wenn die Fläche einen Mittelpunkt besitzt, dieser die Sehne MN halbieren muss. Man wird daher sagen können, dass ein Mittelpunkt existiert und seine Coordinaten

$$(17) \quad x_0 = -\frac{q_2}{Cq_1} \sqrt{\frac{f(q_1^2)}{q_2^2 - q_1^2}}, \quad y_0 = -\frac{q_1}{Cq_2} \sqrt{\frac{f(q_2^2)}{q_1^2 - q_2^2}}, \quad z_0 = \frac{q_1 q_2}{C}$$

sind, nachdem man (was sich leicht machen lässt) verificiert hat, dass diese Coordinaten den Unbeweglichkeitsbedingungen genügen. Soll der Punkt M ein Scheitel sein, so muss man $x_0 = 0$, $y_0 = 0$ haben, und dann stellt z_0 die Länge der zugehörigen Halbaxe dar. Sind also λ, μ, ν die als ver-schieden vorausgesetzten Wurzeln von f, so wird eins der drei Scheitelpaare und damit eine der drei Axen definiert, indem man (z. B.) $q_1^2 = \lambda$, $q_2^2 = \mu$ nimmt, in welchem Falle die Länge c der Halbaxe durch $C^2 c^2 = \lambda\mu$ gegeben sein wird. Wenn man also beachtet, dass $C = \lambda\mu\nu$, so sieht man, dass die Quadrate der Halbaxen

$$a^2 = \frac{1}{C\lambda}, \quad b^2 = \frac{1}{C\mu}, \quad c^2 = \frac{1}{C\nu}$$

sind, und dass infolgedessen der Wert der Constanten C das Inverse von $\sqrt{abc}$ ist. Dass die drei Axen ein orthogonales Tripel bilden, geht aus der symmetrischen Form hervor, welche die Gleichung (14) annimmt, wenn man den Anfangspunkt der Coordinaten in den Mittelpunkt der Fläche verlegt. Man erhält in der That, wenn man z in $z + c$ verwandelt und beachtet, dass $A = \lambda + \mu + \nu$ ist,

$$(18) \quad \frac{x^2}{a^2} + \frac{y^2}{b^2} + \frac{z^2}{c^2} = 1 ;$$

und dann ist es leicht, sich dieser Gleichung zu bedienen, um die ver-schiedenen Formen reeller Flächen zweiten Grades zu discutieren, ent-sprechend den Annahmen dreier oder zweier Paare reeller Scheitel oder nur eines Paares. Im ersten Falle hat man das Ellipsoid, im zweiten das einschalige Hyperboloid und im dritten das zweischalige Hyperboloid. Inzwischen bemerke man, dass die durch die Gleichung $q_1{}^2 = \lambda$ definierte Krümmungslinie durch die beiden Paare von Scheiteln hindurchgeht, welche den Werten μ und ν des andern Parameters $q_2{}^2$ entsprechen. Da $\mathcal{G}_2 = 0$ ist, so ist die betrachtete Linie eben (§ 147). Also sind die drei Hauptdiametralschnitte, d. h. die durch die Hauptebenen (Ebenen, die durch zwei Axen hindurchgehen) erzeugten Schnitte, Krümmungslinien und gleichzeitig geodätische Linien der Fläche. Dies ist übrigens evident, wenn man sich überlegt, dass die Normalen der Fläche längs eines Hauptdiametralschnittes sämtlich in der Ebene des Schnittes liegen, bezw. wenn man bemerkt, dass die Hauptebenen die Fläche senkrecht schneiden. Aus dem vorhin gesagten geht aber noch hervor, dass die drei Curven durch den Umstand charakterisiert sind, dass längs einer jeden von ihnen das Quadrat des einen Parameters beständig gleich einer Wurzel von f bleibt.

§ 190.

Man erhält die Nabelpunkte $(\mathcal{H}_1 = \mathcal{H}_2)$, indem man successiv $q_1{}^2 = q_2{}^2 = \lambda, \mu, \nu$ nimmt, in welchem Falle x_0 und y_0 unbestimmt werden, dagegen

$$C^2 (x_0{}^2 + y_0{}^2) = - \lambda^2 + B - \frac{2C}{\lambda} = - f'(\lambda),$$

so dass man, um die Lage des Mittelpunktes inbezug auf die Tangentialebene und die Normale in einem Nabelpunkte zu fixieren, die Formeln hat

$$z_0{}^2 = \pm\, abc\lambda^2, \qquad x_0{}^2 + y_0{}^2 = \pm\, abc f'(\lambda)$$

Man findet so, dass die Entfernungen des Mittelpunktes von den Tangentialebenen in den (reellen oder imaginären) Nabelpunkten $\dfrac{bc}{a}, \dfrac{ca}{b}, \dfrac{ab}{c}$ sind, während die Entfernungen von den entsprechenden Normalen

$$\pm \frac{1}{a} \sqrt{(c^2 - a^2)(a^2 - b^2)}, \qquad \pm \frac{1}{b} \sqrt{(a^2 - b^2)(b^2 - c^2)},$$

$$\pm \frac{1}{c} \sqrt{(b^2 - c^2)(c^2 - a^2)}$$

sind. Offenbar liegen die Nabelpunkte auf den drei Hauptdiametralschnitten, aber sie sind nicht alle reell. So sind z. B. im Falle des Ellipsoids, wenn man $a > b > c$ annimmt, die einzigen reellen Nabelpunkte die vier durch $q_1{}^2 = q_2{}^2 = \mu$ definierten Punkte. Sie gehören dem durch die kleinste und die grösste Axe bestimmten Schnitt an und sind durch diesen Umstand und dadurch definiert, dass ihre Entfernung vom Mittelpunkt $\sqrt{a^2 + c^2 - b^2}$ ist, also kleiner als a und grösser als c. Die andern Nabelpunkte sind imaginär gerade deshalb, weil sie den concentrisch zum Ellipsoid mit den Radien $\sqrt{b^2 + c^2 - a^2} < c$ und $\sqrt{a^2 + b^2 - c^2} > a$ beschriebenen Kugeln angehören, von denen also die erste zu klein, die zweite zu gross ist, um das Ellipsoid zu schneiden. Die vier reellen Nabelpunkte vereinigen sich zu zwei Paaren F, G und F', G' diametral gegenüberliegender Punkte, und die Tangentialebenen in diesen Punkten sind alle um $\dfrac{ac}{b}$ vom Mittelpunkt des Ellipsoids entfernt. Die einzigen (reellen) Kreisschnitte der Fläche liegen offenbar in Ebenen, die zu den genannten Tangentialebenen parallel sind, und zwei von ihnen, nämlich die in Diametralebenen liegenden, haben den Radius b. Auch das zweischalige Hyperboloid hat nur zwei Paare von reellen Nabelpunkten, und zwar auf jeder Schale eins. Dagegen sind die Nabelpunkte des andern Hyperboloids sämtlich imaginär.

§ 191.

Die Krümmung einer Fläche zweiten Grades in einem Punkte M ist proportional der vierten Potenz der Entfernung des Mittelpunktes von der Tangentialebene in M. In der That ist

$$K = \mathfrak{N}_1 \mathfrak{N}_2 = q_1^4 q_2^4 = \frac{z_0^4}{a^2 b^2 c^2}.$$

Hierbei bemerke man, dass nur die einschaligen Hyperboloide $(a^2 b^2 c^2 < 0)$ negative Krümmung haben und daher die einzigen Flächen zweiten Grades mit Mittelpunkt sind, die von reellen Geraden erzeugt werden. Wir wissen bereits, dass, wenn sich M längs einer Erzeugenden unendlich von der centralen Lage entfernt, K nach Null convergiert. Es muss daher auch z_0 nach Null convergieren, d. h. die Tangentialebene enthält in der Grenzlage den Mittelpunkt. Also ist die asymptotische Developpable (§ 178) einer Fläche zweiten Grades ein Kegel mit dem Scheitel im Mittelpunkt. Bezieht man den Kegel auf den Scheitel und die Hauptebenen, so ist seine Gleichung offenbar die Gleichung (18) selbst, in der man auf der rechten Seite 0 an Stelle von 1 gesetzt hat. Mit Hilfe dieser Gleichung sieht man sofort, dass der Asymptotenkegel, der nur im Falle des Ellipsoids imaginär ist, von dem einschaligen Hyperboloid vollständig umgeben ist, dass er dagegen die beiden Schalen des andern Hyperboloids umgiebt und sie voneinander trennt. Wenn ferner der Punkt M, indem er eine gegebene Erzeugende durchläuft, die centrale Lage annimmt, so wird die Entfernung z_0 ein Maximum. Mithin sind die Ebenen, die längs der Strictionslinie eine Fläche zweiten Grades berühren, senkrecht zu den vom Mittelpunkt auf die Erzeugenden gefällten Loten. Gehört also M der Strictionslinie an (d. h. dem Ort der Centralpunkte der Erzeugenden der beiden Scharen), so hat man $y_0 = x_0 \operatorname{tg} \omega$, wo ω der Bedingung $\mathfrak{N} = 0$ oder $q_1^2 \cos^2 \omega + q_2^2 \sin^2 \omega = 0$ genügt, die die Neigung der Erzeugenden gegen die Krümmungslinien definiert. Daraus folgt, dass die Strictionslinie durch die Relation $q_1^2 x_0^2 + q_2^2 y_0^2 = 0$ charakterisiert wird. Setzt man für x_0 und y_0 die Werte (17) ein, so sieht man, dass ihre Gleichung in krummlinigen Coordinaten

$$(19) \qquad q_1^2 q_2^2 (q_1^2 + q_2^2 - A) + C = 0$$

ist. Sie ist gleichbedeutend mit $2 \gamma z_0 = 1$ und drückt aus, dass die Projektionen des Mittelpunktes auf die Normalen längs der Strictionslinie die von der Fläche auf diesen Normalen bestimmten Abschnitte halbieren. Es ergiebt sich in der That aus der Formel (14), dass die Länge dieser Abschnitte $\frac{1}{\gamma} = 2 z_0$ ist. Mit Hilfe der Gleichung

(19) kann man ohne Schwierigkeit die Strictionslinie untersuchen. Sie geht durch alle Scheitel, die für sie Inflexionspunkte sind, und ist symmetrisch inbezug auf die Hauptebenen.

§ 192.

Unter den Curven auf einer Fläche zweiten Grades sind bemerkenswert die Poloiden, d. h. die durch folgende Eigenschaft definierten Curven: Die Tangentialebenen längs einer Poloide sind gleich weit vom Mittelpunkt entfernt. Nach dem in § 191 gesagten ist klar, dass die Krümmung einer Fläche zweiten Grades längs jeder Poloide constant ist. Wenn man bemerkt, dass die Gleichung dieser Curven in krummlinigen Coordinaten $q_1 q_2 =$ Const. ist, und dass man andererseits

$$\frac{\partial}{\partial s} \log q_1 q_2 = \alpha \cos \omega + \beta \sin \omega$$

hat, so sieht man, dass die Neigung ω einer Poloide gegen eine Krümmungslinie durch die Formel

$$\operatorname{tg} \omega = -\frac{\varphi(q_1)}{\psi(q_2)}$$

gegeben ist. Die Substitution dieses Wertes von ω in die Formeln (12), (15) und (19) des vorigen Kapitels liefert alle Elemente, die für die Untersuchung der Poloiden vom Standpunkt der natürlichen Geometrie nötig sind. Zu einer andern Eigenschaft dieser Curven gelangt man durch die Bemerkung, dass der auf der Fläche zweiten Grades durch die zur Tangentialebene parallele Diametralebene hervorgebrachte Schnitt durch die Gleichung $\mathfrak{N}_1 x^2 + \mathfrak{N}_2 y^2 = z_0$ dargestellt wird, so dass die Quadrate der Halbaxen dieses Schnittes

$$\frac{z_0}{\mathfrak{N}_1} = \frac{1}{C q_1{}^2}, \qquad \frac{z_0}{\mathfrak{N}_2} = \frac{1}{C q_2{}^2}$$

sind. Daraus folgt, dass die Parameter q_1 und q_2 umgekehrt proportional den Halbaxen dieses Schnittes sind. Derselbe ist eine reelle Ellipse im Falle des Ellipsoids, und man kann alsdann sagen: Wenn ein Punkt eine Poloide durchläuft, so bewahrt der zur Tangentialebene parallele Diametralschnitt einen constanten Flächeninhalt. Endlich zeigt eine leichte Rechnung, dass die auf dem Ellipsoid tangential zu jeder Poloide gemachten Normalschnitte in dem Berührungspunkt einen Scheitel haben.

§ 193.

Wenn man mit z_0 die Länge der zu Mx parallelen Halbaxe multipliciert, so erhält man einen von q_1 unabhängigen Wert. Also gilt der Satz: Längs den Krümmungslinien einer Fläche zweiten Grades ist das Product des zu der Tangente parallelen Durchmessers mit der Entfernung des Mittelpunktes von der Tangentialebene constant. Wir wollen uns jetzt die Frage stellen: Ist dieses eine für die Krümmungslinien charakteristische Eigenschaft? Nach dem über die Dupin'sche Indicatrix gesagten (§ 158) ersieht man sofort, dass die halbe Länge l des zu einer beliebigen Tangente, die gegen Mx um ω geneigt ist, parallelen Durchmessers durch die Formel

$$l^2 = \frac{z_0}{\mathfrak{N}} = \frac{1}{C\,(q_1{}^2\cos^2\omega + q_2{}^2\sin^2\omega)}$$

gegeben ist, und dass infolgedessen die angegebene Eigenschaft allen Curven zukommt, längs welchen

$$\frac{\cos^2\omega}{q_2{}^2} + \frac{\sin^2\omega}{q_1{}^2} = \text{Const.}$$

ist. Wendet man nun auf die linke Seite die Operation

$$\frac{\partial}{\partial s_1} = q_1\,\alpha\,\cos\omega\,\frac{\partial}{\partial q_1} + q_2\,\beta\,\sin\omega\,\frac{\partial}{\partial q_2}$$

an, so erhält man leicht

$$\frac{\partial}{\partial s}\left(\frac{\cos^2\omega}{q_2{}^2} + \frac{\sin^2\omega}{q_1{}^2}\right) = -\left(\frac{\alpha\,\sin\omega}{q_1{}^2} + \frac{\beta\,\cos\omega}{q_2{}^2} + \frac{q_1{}^2 - q_2{}^2}{q_1{}^2 q_2{}^2}\frac{\partial\omega}{\partial s}\right)\sin 2\omega,$$

und man kann der Grösse, die auf der rechten Seite in Klammern steht, auch die Form

$$\frac{q_1{}^2 - q_2{}^2}{q_1{}^2 q_2{}^2}\left(\mathcal{G}_2\,\sin\omega - \mathcal{G}_1\,\cos\omega + \frac{\partial\omega}{\partial s}\right)$$

geben, da man auf Grund der Formeln (16)

$$\mathcal{G}_1 = \frac{\beta\,q_1{}^2}{q_2{}^2 - q_1{}^2}, \qquad \mathcal{G}_2 = \frac{\alpha\,q_2{}^2}{q_1{}^2 - q_2{}^2}$$

hat. Es ist also, wenn man sich an die erste Formel (19) des vorigen Kapitels erinnert,

$$(20)\qquad \frac{\partial}{\partial s}\left(\frac{\cos^2\omega}{q_2{}^2} + \frac{\sin^2\omega}{q_1{}^2}\right) = \frac{q_1{}^2 - q_2{}^2}{q_1{}^2 q_2{}^2}\,\mathcal{G}\,\sin 2\omega.$$

Mithin kommt die angegebene Eigenschaft nicht bloss den Krümmungslinien $\left(\omega = 0,\ \omega = \frac{\pi}{2}\right)$ zu, sondern, wie Joachimsthal bemerkt hat, auch den geodätischen Linien $(\mathcal{G} = 0)$. In jedem Falle dient die Formel (20) zur Berechnung der geodätischen Krümmung einer beliebigen Linie, die auf einer Fläche zweiten Grades gezogen ist.

§ 194.

Wichtige Folgerungen aus dem Theorem von Joachimsthal sind von Roberts angegeben worden. Betrachten wir ein Ellipsoid, und verbinden wir durch geodätische Linien einen beliebigen Punkt M mit zwei reellen Nabelpunkten, die sich nicht diametral gegenüberliegen, z. B. F und F'. Längs der einen wie der andern geodätischen Linie bewahrt das Product $l z_0$ einen constanten Wert, und da nach dem am Schluss des § 190 gesagten der Wert von $l z_0$ sowohl in F als auch in F' gleich ac ist, so wird auch in M die Grösse $l z_0$ und infolgedessen l einen einzigen Wert haben müssen. Denkt man aber an die Bedeutung von l, so sieht man sofort, dass die Tangenten der beiden geodätischen Linien in M gegen die Axen der Dupin'schen

Indicatrix gleich geneigt sind. Also **halbieren die Krümmungslinien eines Ellipsoids in jedem Punkte** M **die Winkel der geodätischen Linien, welche** M **mit zwei Nabelpunkten verbinden, die sich nicht diametral gegenüberliegen.** Infolgedessen sind MF und MG Bogen einer und derselben geodätischen Linie, und da M ein auf der Fläche beliebig gewählter Punkt ist, so sieht man, dass die von einem Nabelpunkt ausgehenden geodätischen Linien in dem diametral gegenüberliegenden Nabelpunkt zusammenlaufen. Es ergiebt sich ferner aus der Grundeigenschaft der geodätischen Linien (§ 153), dass die Entfernung der beiden Nabelpunkte längs einer beliebigen geodätischen Linie gerechnet, immer dieselbe ist. Hiernach ist folgendes klar: Wenn man einen biegsamen, aber unausdehnbaren Faden um ein vollkommen glattes Ellipsoid längs des mittleren Hauptschnittes spannt, so kann sich das Ellipsoid wie eine Kugel frei um FG oder $F'G'$ drehen, indem es den Faden deformiert, aber ohne dass derselbe auch nur einen Augenblick aufhört über die Fläche gespannt zu bleiben. Im allgemeinen Falle passiert es dagegen, dass der Faden die Fläche verlässt oder aber bei der Bewegung mit fortgeführt wird, indem er fest an der Fläche haften bleibt. Wir wollen endlich auf eine andere wichtige Eigenschaft hinweisen, die wir hier nur als Satz aussprechen: **Die Krümmungslinien eines Ellipsoids sind die Örter der Punkte, deren geodätische Entfernungen von zwei Nabelpunkten, die sich nicht diametral gegenüberliegen, eine constante Summe oder Differenz haben.** Sie sind also sozusagen die Ellipsen und die Hyperbeln der Fläche. Diejenigen, welche sich inbezug auf die Brennpunkte F und F' als Ellipsen betrachten lassen, sind gleichzeitig Hyperbeln inbezug auf F und G' und umgekehrt. Daraus folgt, dass ein Stift, der bei seiner Bewegung einen biegsamen und unausdehnbaren Faden gespannt hält, den man mit seinen Enden in F und in F' befestigt hat, auf der Fläche eine Krümmungslinie beschreibt, und es gelingt auf diese Weise, indem man die Länge des Fadens vergrössert oder verkleinert, alle Krümmungslinien der einen Schar mechanisch zu zeichnen. Um die der andern Schar zu erhalten, braucht man nur die Enden des Fadens in F und in G' oder in F' und G zu befestigen.

§ 195. **Weingarten's'che Flächen.**

Die Rotationsflächen, die Flächen constanter mittlerer oder totaler Krümmung und viele andere merkwürdige Flächen gehören einer einzigen Klasse an, die dadurch charakterisiert ist, dass zwischen den Hauptkrümmungen eine Relation besteht. Alle diese Flächen heissen Weingarten's'che Flächen nach dem Namen des Geometers, der ihre wichtigsten Eigenschaften entdeckt hat. Wir beschränken uns hier auf den Beweis einer geringen Anzahl von Sätzen, die sich speciell auf die Evoluten derartiger Flächen beziehen. Wir erinnern daran (§ 171), dass die Normalkrümmungen und die geodätische Torsion des ersten Mantels der Evolute einer beliebigen Fläche mit Hilfe der Formeln

$$\frac{\partial R_1}{\partial s_1}\mathfrak{N}_1' = \frac{1}{R_1}\,, \quad -\frac{\partial R_1}{\partial s_1}\mathfrak{T}' = \mathcal{G}_1\,, \quad -\frac{\partial R_1}{\partial s_1}\mathfrak{N}_2' = \frac{R_2}{l}\left(\mathcal{G}_2\frac{\partial R_1}{\partial s_1} + \mathcal{G}_1\frac{\partial R_1}{\partial s_2}\right)$$

bestimmt werden, aus denen man unter Berücksichtigung der Formeln (30) des vorigen Kapitels

$$K' = \mathfrak{N}_1'\mathfrak{N}_2' - \mathfrak{T}'^2 = -\frac{1}{l^2}\frac{\dfrac{\partial R_2}{\partial s_1}}{\dfrac{\partial R_1}{\partial s_1}}$$

ableitet. Um den Wert K'' der Krümmung in dem entsprechenden Punkte des zweiten Mantels zu erhalten, braucht man nur in dem vorstehenden Ausdruck R_1 mit R_2 und s_1 mit s_2 zu vertauschen. Man findet darauf

$$K'K'' = \frac{1}{l^4}\frac{\dfrac{\partial R_1}{\partial s_2}\dfrac{\partial R_2}{\partial s_1}}{\dfrac{\partial R_1}{\partial s_1}\dfrac{\partial R_2}{\partial s_2}}.$$

Andrerseits ist, wenn die Fläche eine Weingarten'sche sein soll, auf Grund der Definition notwendig und hinreichend, dass die Functionaldeterminante der R null ist, d. h. dass man hat

$$\frac{\partial R_1}{\partial s_1}\frac{\partial R_2}{\partial s_2} = \frac{\partial R_1}{\partial s_2}\frac{\partial R_2}{\partial s_1}.$$

Folglich ist $K'K'' = \dfrac{1}{l^4}$. Wir finden hiermit folgendes Theorem von Halphen:

Soll eine Fläche zu der Klasse der Weingarten'schen Flächen gehören, so ist dazu notwendig und hinreichend, dass das Product der Krümmungen der Mäntel der Evolute in zwei entsprechenden Punkten gleich dem reciproken Wert der vierten Potenz des Abstandes dieser Punkte ist. Eine andere charakteristische Eigenschaft ist von Ribaucour entdeckt worden bei der Aufsuchung der Bedingung dafür, dass den Asymptotenlinien des einen Mantels die des andern entsprechen. Es sei ω inbezug auf die Krümmungslinien von (M) die Neigung derjenigen Curve, welche M durchlaufen muss, damit das zugehörige Krümmungscentrum C_1 eine Asymptotenlinie von (C_1) beschreibe, und ω' sei die Neigung dieser Asymptotenlinie gegen die Tangente Mz. Zwischen ω und ω' besteht eine Relation, die sich leicht aus den Formeln (27) des vorigen Kapitels ableiten lässt, indem man die dritte durch die zweite dividiert:

$$\frac{l}{R_2}\cot\omega' = \frac{\partial R_1}{\partial s_1}\cot\omega + \frac{\partial R_1}{\partial s_2}.$$

Will man nun ω in der Weise bestimmen, dass C_1 eine Asymptotenlinie von (C_1) beschreibt, so muss man haben

$$\mathfrak{N}_1'\cot^2\omega' - 2\mathfrak{T}'\cot\omega' + \mathfrak{N}_2' = 0,$$

d. h., wenn man für die $\mathfrak{N}'$, für $\mathfrak{T}'$ und für ω' die vorhin erhaltenen Werte einsetzt,

$$\cot\omega = \pm\frac{lR_1}{R_2}\sqrt{-K'}.$$

Sollen sich auf den beiden Mänteln die Asymptotenlinien entsprechen, sollen also, wenn M in der Richtung fortrückt, die durch den Winkel ω mit Mx

(oder $\frac{\pi}{2} - \omega$ mit My) definiert ist, die Krümmungscentra C_1 und C_2 auf den Asymptotenlinien der bezüglichen Mäntel fortzurücken streben, so muss man für denselben Wert von ω haben

$$\cot\left(\frac{\pi}{2} - \omega\right) = \mp \frac{l R_2}{R_1} \sqrt{-K''},$$

mithin $K' K'' = \frac{1}{l^4}$. Daher der Satz: Sollen auf den beiden Mänteln der Evolute einer Fläche die Asymptotenlinien einander entsprechen, so ist dazu notwendig und hinreichend, dass die Fläche der Klasse der Weingarten'schen Flächen angehört.

§ 196.

In analoger Weise könnte man die Bedingung dafür suchen, dass ein Entsprechen zwischen den Krümmungslinien der beiden Mäntel stattfindet. Aber diese und andere Untersuchungen lassen sich mit grösserer Leichtigkeit durchführen, wenn man das Entsprechen zwischen den beiden Mänteln, d. h. zwischen irgend einer Fläche (M) und einer ihrer Complementärflächen (M'), einer directen Betrachtung unterzieht. Wir betrachten auf der ersten Fläche eine Schar krummer geodätischer Linien $(\mathfrak{N}_1 \gtrless 0)$ und wählen sie als q_1-Linien, so dass, wenn wir die Entfernung MM' mit l bezeichnen,

$$\mathcal{G}_1 = 0, \qquad \mathcal{G}_2 = - \frac{1}{l}$$

ist. Bemerken wir inzwischen, dass nach der Formel von Gauss (der dritten Codazzi'schen Formel) l an die Krümmung von (M) durch die Differentialgleichung

$$(21) \qquad \frac{\partial l}{\partial s_1} + 1 = - K l^2$$

gebunden ist. Dies vorausgeschickt liefern die Fundamentalformeln, angewandt auf den Punkt M', dessen Coordinaten $x = l$, $y = z = 0$ sind,

$$\frac{\delta x}{\delta s_1} = \frac{\partial l}{\partial s_1} + 1, \qquad \frac{\delta y}{\delta s_1} = 0, \qquad \frac{\delta z}{\delta s_1} = \mathfrak{N}_1 l,$$

$$\frac{\delta x}{\delta s_2} = \frac{\partial l}{\partial s_2} \qquad\qquad \frac{\delta y}{\delta s_2} = 0, \qquad \frac{\delta z}{\delta s_2} = - \mathcal{T} l.$$

Also ist im Punkte M' die z'-Axe, welche senkrecht auf der Fläche (M') steht, parallel zur y-Axe. Wenn man nun die y'-Axe parallel zu Mz und die x'-Axe in entgegengesetztem Sinne wie Mx richtet, so gelangt man leicht, indem man wie in § 171 verfährt, zu den Relationen

$$-k \frac{\partial}{\partial s_1'} = \mathcal{T} \frac{\partial}{\partial s_1} + \mathfrak{N}_1 \frac{\partial}{\partial s_2}, \qquad kl \frac{\partial}{\partial s_2'} = \frac{\partial l}{\partial s_2} \frac{\partial}{\partial s_1} - \left(\frac{\partial l}{\partial s_1} + 1\right) \frac{\partial}{\partial s_2},$$

in denen zur Abkürzung

$$k = \mathcal{T}\left(\frac{\partial l}{\partial s_1} + 1\right) + \mathfrak{N}_1 \frac{\partial l}{\partial s_2}$$

gesetzt worden ist. Man braucht ferner nur die Bedingungen für die Unbeweglichkeit des Punktes $(-x+l, z, y)$ inbezug auf das Trieder (M') zu schreiben unter Berücksichtigung derjenigen des Punktes (x, y, z) inbezug auf das Trieder (M), um wie in dem genannten Paragraphen zu den Resultaten

$$\mathcal{G}_1' = 0, \qquad \mathcal{G}_2' = -\frac{1}{l},$$

die vorauszusehen waren, und zu folgenden anderen zu gelangen:

$$-\frac{\mathcal{N}_1'}{\mathcal{N}_1} = -\frac{\mathcal{T}'}{Kl} = \frac{\mathcal{N}_2'}{\mathcal{N}_2\left(\frac{\partial l}{\partial s_1}+1\right) + \mathcal{T}\frac{\partial l}{\partial s_2}} = \frac{1}{kl}.$$

Man bemerke hier, dass sich

$$(22) \qquad K' = \mathcal{N}_1'\mathcal{N}_2' - \mathcal{T}'^2 = -\frac{\mathcal{T}}{kl^2}$$

ergiebt, folglich unter Benutzung von (21)

$$KK' = \frac{1}{l^4} - \frac{\mathcal{N}_1}{kl^4}\frac{\partial l}{\partial s_2},$$

woraus zu entnehmen ist, dass die von **Halphen** für die Evoluten der Weingarten'schen Flächen gefundene Bedingung gleichbedeutend mit $\dfrac{\partial l}{\partial s_2} = 0$ ist, und diese sagt aus, dass $\mathcal{G}_2$ eine Function des Parameters q_1 allein ist. Daher der Satz: **Soll eine Fläche ein Mantel der Evolute einer Weingarten'schen Fläche sein, so ist dazu notwendig, dass sie eine Schar geodätisch paralleler Linien besitzt, die constante geodätische Krümmung haben. Die Bedingung ist nicht hinreichend.** In der That haben wir immer die Scharen gerader geodätischer Linien ausgeschlossen, da es unerlässlich ist, dass die Tangenten der betrachteten geodätischen Linien eine Congruenz bilden, und andrerseits haben wir in § 187 Gelegenheit gehabt uns von der Existenz von Regelflächen zu überzeugen, deren Erzeugende von Linien constanter geodätischer Krümmung orthogonal durchsetzt werden.

§ 197.

Jetzt gestattet uns die in § 181 gemachte Bemerkung zu behaupten, **dass jeder Mantel der Evolute einer Weingarten'schen Fläche auf eine Rotationsfläche abwickelbar ist.** Ist eine Relation $R_2 = \varphi(R_1)$ gegeben, so leitet man aus $\mathcal{G}_2 = -\dfrac{1}{l}$, wenn man bemerkt, dass $dq_1 = dR_1$ ist, successiv ab

$$\frac{\partial \log Q_2}{\partial q_1} = \frac{1}{R_1 - R_2}, \qquad Q_2 = c^{\int \frac{dR_1}{R_1 - R_2}},$$

so dass man nur

$$f(s) = c^{\int \frac{ds}{s - \varphi(s)}}$$

zu setzen braucht, damit die Gleichung (9) den Meridian einer Rotationsfläche darstellt, auf die der erste Mantel der Evolute jeder durch $R_2 = \varphi(R_1)$

definierten Weingarten'schen Fläche abwickelbar ist. Die Gestalt dieser Rotationsfläche hängt, wie man sieht, einzig und allein von der Natur der zwischen R_1 und R_2 stattfindenden Beziehung ab. Umgekehrt ist jede auf eine Rotationsfläche abwickelbare Fläche ein Mantel der Evolute einer Weingarten'schen Fläche, falls sie nicht aus den Binormalen einer Linie constanter Torsion besteht. Diese Sätze verdanken wir Weingarten. Es ist ferner klar, dass die Rotationsflächen, auf die sich die Mäntel der Evolute einer Weingarten'schen Fläche abwickeln lassen, welche der durch $R_2 = \varphi(R_1)$ oder durch $R_1 = \psi(R_2)$ definierten Klasse angehört, die Evoluten derjenigen Rotationsflächen sind, welche derselben Klasse angehören, und deren Meridiane daher durch die Eigenschaft definiert sind, dass der zwischen Incidenzpunkt und Rotationsaxe enthaltene Normalenabschnitt gleich $\varphi(\varrho)$ oder $\psi(\varrho)$ ist. Wenn, wie es sehr häufig vorkommt, die Relation zwischen R_1 und R_2 symmetrisch ist, so fallen die beiden Rotationsflächen, auf die sich die Evolutenmäntel der betrachteten Weingarten'schen Fläche abwickeln lassen, in eine zusammen. Im besondern sind auf ein Catenoid abwickelbar die beiden Mäntel der Evolute jeder Fläche constanter negativer Krümmung und auf die Evolute eines Catenoids die beiden Evolutenmäntel jedes Elassoids.

§ 198.

Kehren wir zum Schluss zu der am Anfang des § 196 ausgesprochenen Frage zurück. Bei Anwendung der Fundamentalformeln auf die Cosinus' $\alpha = 0$, $\beta = 1$, $\gamma = 0$ ergiebt sich

$$\frac{\delta\alpha}{ds} = \frac{\sin\omega}{l}, \qquad \frac{\delta\beta}{ds} = 0, \qquad \frac{\delta\gamma}{ds} = -\mathcal{T}\cos\omega + \mathcal{N}_2\sin\omega.$$

Will man nun haben, dass $M'z'$ eine Developpable erzeugt, so muss man (vgl. § 123, b) ω in der Weise bestimmen, dass die Bedingung

$$\begin{vmatrix} \alpha & \delta\alpha & \delta x \\ \beta & \delta\beta & \delta y \\ \gamma & \delta\gamma & \delta z \end{vmatrix} = 0$$

erfüllt ist, dass man also (nach Ausführung der Rechnung) hat

$$\mathcal{T}_\omega + (\mathcal{T}\cos\omega - \mathcal{N}_2\sin\omega)\frac{dl}{ds} = 0.$$

Diese Gleichung definiert in jedem Falle die Neigung ω derjenigen Linien von (M) gegen Mx, welche den Krümmungslinien von (M') entsprechen. Sollen auch sie Krümmungslinien auf (M) sein, so muss überdies $\mathcal{T}_\omega$ für ω verschwinden. Die Bedingungen

$$\mathcal{T}\cos 2\omega + \frac{1}{2}(\mathcal{N}_1 - \mathcal{N}_2)\sin 2\omega = 0,$$

$$(\mathcal{T}\cos\omega - \mathcal{N}_2\sin\omega)\left(\cos\omega\,\frac{\partial l}{\partial s_1} + \sin\omega\,\frac{\partial l}{\partial s_2}\right) = 0$$

müssen sich daher auf eine einzige Bedingung reducieren. Aus der Identification ergiebt sich, wenn wir den Fall der abwickelbaren Flächen beiseite lassen,

$$\frac{\partial l}{\partial s_1} = 0, \qquad \frac{\partial l}{\partial s_2} = 0,$$

d. h. l muss einen constanten Wert a haben. Wir können also folgenden weiteren Satz von Ribaucour aussprechen: Sollen den Krümmungslinien des einen Mantels der Evolute einer Fläche auf dem andern Mantel dessen Krümmungslinien entsprechen, so ist dazu notwendig und hinreichend, dass die Entfernung der Hauptkrümmungscentra der betrachteten Fläche constant ist. Dieselbe muss mit andern Worten eine specielle Weingarten'sche Fläche sein, welche der durch die Relation $R_1 - R_2 =$ Const. definierten Klasse angehört. Unter dieser Annahme liefern die Formeln (21) und (22)

$$K = K' = -\frac{1}{a^2},$$

d. h. die beiden Mäntel sind Flächen constanter negativer Krümmung. Dies liess sich voraussehen auf Grund der Schlussbemerkung im vorigen Paragraphen. Es ist in der That klar, dass die Evolventen der Tractrix vom Parameter a die Eigenschaft geniessen, dass bei ihnen die Differenz des Krümmungsradius und des zwischen dem Incidenzpunkt und der Asymptote der Tractrix enthaltenen Normalenabschnitts beständig gleich a ist. Daraus folgt, dass die Evoluten der von Ribaucour betrachteten Flächen sich auf die Pseudosphäre vom Parameter a abwickeln lassen. Sie haben daher wie diese die constante Krümmung $-\frac{1}{a^2}$. Ist umgekehrt eine Fläche mit der Krümmung $-\frac{1}{a^2}$ gegeben, und costruiert man auf den Tangenten einer einfach unendlichen Zahl geodätischer Linien, die in einem unendlich fernen Punkte zusammenlaufen von den Berührungspunkten ausgehend nach der Richtung, in welcher die geodätischen Linien dem gemeinsamen Punkte zustreben, Strecken von der Länge a, so liegen die Endpunkte dieser Strecken auf einer zweiten Fläche von der Krümmung $-\frac{1}{a^2}$, die zusammen mit der ersten die Evolute einer Weingarten'schen Fläche bildet, und zwar entsprechen den Krümmungslinien wie auch den Asymptotenlinien der gegebenen Fläche die analogen Linien der andern.

Dreizehntes Kapitel.

Infinitesimale Deformationen der Flächen.

§ 199.

Wir denken uns, dass die Punkte einer Fläche (M) unendlich kleine Verrückungen erfahren, um eine andere Fläche (M') zu bilden, und stellen uns die Aufgabe, die Änderungen zu studieren, welche dabei in den fundamentalen Krümmungen von (M) entstehen. Es seien u, v, w die Projectionen der Verrückung MM' auf zwei orthogonale Tangenten und auf die Normale von (M) im Punkte M. Durchläuft M in der Tangentialebene eine Strecke ds, die um ω gegen die x-Axe geneigt ist, so erleiden die Coordinaten $(x = u,\ y = v,\ z = w)$ des Punktes M' Variationen, die durch die bekannten Fundamentalformeln (§ 154)

$$(1) \quad \begin{cases} \dfrac{\delta x}{ds} = (1 + u_1)\cos\omega + u_2 \sin\omega\,, \\[2mm] \dfrac{\delta y}{ds} = v_1 \cos\omega + (1 + v_2)\sin\omega\,, \\[2mm] \dfrac{\delta z}{ds} = w_1 \cos\omega + w_2 \sin\omega \end{cases}$$

gegeben sind. Wir haben in ihnen zur Abkürzung gesetzt

$$(2) \quad \begin{cases} u_1 = \dfrac{\partial u}{\partial s_1} + \mathcal{G}_1 v - \mathcal{N}_1 w\,, \qquad u_2 = \dfrac{\partial u}{\partial s_2} + \mathcal{T} w - \mathcal{G}_2 v\,, \\[2mm] v_1 = \dfrac{\partial v}{\partial s_1} + \mathcal{T} w - \mathcal{G}_1 u\,, \qquad v_2 = \dfrac{\partial v}{\partial s_2} + \mathcal{G}_2 u - \mathcal{N}_2 w\,, \\[2mm] w_1 = \dfrac{\partial w}{\partial s_1} + \mathcal{N}_1 u - \mathcal{T} v\,, \qquad w_2 = \dfrac{\partial w}{\partial s_2} + \mathcal{N}_2 v - \mathcal{T} u\,. \end{cases}$$

Quadriert und addiert man die Formeln (1), so erhält man $ds' = (1 + \Phi)ds$, wo abgesehen von unendlich kleinen Grössen höherer Ordnung

$$\Phi = u_1 \cos^2\omega + (v_1 + u_2)\cos\omega \sin\omega + v_2 \sin^2\omega$$

ist. Offenbar reduciert sich Φ, welches die lineare Dilatation pro Längeneinheit darstellt, in der Richtung Mx auf u_1 und in der Richtung

My auf v_2. Das Flächenelement $ds_1\,ds_2$ transformiert sich also in $(1 + u_1)\,(1 + v_2)\,ds_1\,ds_2$. Wenn man daher mit $(1 + \Theta)\,ds_1\,ds_2$ den Inhalt des deformierten Elements bezeichnet, wenn also Θ die Flächendilatation pro Flächeneinheit ist, so hat man unter Vernachlässigung unendlich kleiner Grössen von höherer Ordnung $\Theta = u_1 + v_2$ oder nach (2)

$$(3) \qquad \Theta = \left(\frac{\partial}{\partial s_1} + \mathcal{G}_2\right) u + \left(\frac{\partial}{\partial s_2} + \mathcal{G}_1\right) v - Hw.$$

Diese Formel zeigt, dass es nur bei den Elassoiden ($H = 0$) eintritt, dass die normale Verrückung keinen Einfluss auf die Dilatation hat. Wenn die Fläche unausdehnbar ist, so muss sich die Function Φ identisch auf Null reducieren, d. h. es muss $u_1 = 0$, $v_2 = 0$, $v_1 + u_2 = 0$ sein, folglich auch $\Theta = 0$.

§ 200.

Die Formel (3) bietet uns Gelegenheit, eine wichtige Eigenschaft der Elassoide in Evidenz zu setzen. Eine geschlossene ebene Linie bestimmt auf jeder beliebigen Fläche ein Gebiet, das sicher grösser ist als dasjenige, welches sie in der Ebene begrenzt, die sie enthält. Wenn die Linie aber gewunden ist, so tritt eine andere Fläche an die Stelle der Ebene, um innerhalb der gegebenen Begrenzung ein kleinstes Gebiet zu liefern. Eine derartige Fläche heisst eine Minimalfläche. Deformiert man sie unendlich wenig derart, dass sie nicht aufhört die gegebene Curve zu enthalten, so ist die erste Variation des von der genannten Curve begrenzten Gebietes notwendig null, man hat also $\iint \Theta\,ds_1\,ds_2 = 0$. Inzwischen ist a priori klar, dass die tangentialen Verrückungen keine Variation des von der festen Begrenzung umschlossenen Gebietes hervorbringen können, und wir können übrigens immer annehmen, dass der Übergang von der einen Fläche zur andern durch beliebige Normalverschiebungen w geschieht. Alsdann wird nach (3) die obige Bedingung $\iint Hw\,ds_1\,ds_2 = 0$. Soll dieselbe für beliebige w erfüllt sein, so muss in jedem Punkte $H = 0$ sein. Also ist jede Minimalfläche ein Elassoid. Da aber die oben genannte Bedingung nicht dazu hinreicht, dass das Gebiet ein Minimum wird, so ist klar, dass ausnahmsweise ein Elassoid kein kleinstes Gebiet liefern kann. Um besser einzusehen, wie es kommt, dass die tangentialen Verrückungen keinen Einfluss auf die erste Variation des Gebietes haben, bemerken wir, dass

$$\iint \left(\frac{\partial}{\partial s_1} + \mathcal{G}_2\right) f\,ds_1\,ds_2 = \iint \frac{\partial Q_2 f}{\partial q_1}\,dq_1\,dq_2 = \int f\,ds_2$$

ist, wo das letzte Integral über die ganze Begrenzung erstreckt sein soll. Da nun auf der Begrenzung u und v verschwinden, so ist

$$\iint \left(\frac{\partial}{\partial s_1} + \mathcal{G}_2\right) u \, ds_1 \, ds_2 = 0 \,, \qquad \iint \left(\frac{\partial}{\partial s_2} + \mathcal{G}_1\right) v \, ds_1 \, ds_2 = 0 \,.$$

§ 201.

Die Richtungscosinus' der Tangente der Bahncurve von M' haben offenbar die Werte (1), dividiert durch $1 + \Phi$ oder (abgesehen von unendlich kleinen Grössen höherer Ordnung) multipliciert mit $1 - \Phi$. Diese Multiplication führt zu den Resultaten

$$\cos \omega - \varphi \sin \omega \,, \quad \sin \omega + \varphi \cos \omega \,, \quad w_1 \cos \omega + w_2 \sin \omega \,,$$

wenn man

$$\varphi = v_1 \cos^2 \omega - (u_1 - v_2) \cos \omega \sin \omega - u_2 \sin^2 \omega$$

setzt. Da die ersten beiden mit $\cos(\omega + \varphi)$ und $\sin(\omega + \varphi)$ gleichwertig sind, so sieht man klar, dass φ der Winkel ist, um den sich die betrachtete Gerade in der Tangentialebene dreht. Im besondern drehen sich die Axen um v_1 und $- u_2$, mithin stellt $v_1 + u_2$, der Coefficient des mittleren Gliedes in der Form Φ, die Änderung des Winkels zwischen den tangentialen Axen dar. Da nun Φ im allgemeinen nur in einer Weise auf kanonische Gestalt reducierbar ist, so kann man behaupten, dass ein einziges orthogonales Tangentenpaar bei der Deformation orthogonal bleibt. Dasselbe dreht sich starr in der Tangentialebene um einen Winkel $v_1 = - u_2 = \frac{1}{2}(v_1 - u_2)$. Da ferner $v_1 - u_2$ eine orthogonale Invariante der Form φ ist, so sieht man, dass bei beliebiger Orientierung der tangentialen Axen die geodätische Drehung des Flächenteilchens immer durch die Hälfte von $\vartheta = v_1 - u_2$ ausgedrückt wird. Ein beliebiges orthogonales Tangentenpaar wird also, nachdem es an der gemeinsamen durch $\frac{1}{2}(v_1 - u_2)$ gemessenen Drehung teilgenommen hat, im allgemeinen schief wegen einer Ablenkung $\frac{1}{2}(v_1 + u_2)$, die jede der beiden Tangenten inbezug auf die andere erfährt. Der Ausdruck von ϑ ergiebt sich aus den Formeln (2) unter der sehr einfachen Form

$$\vartheta = \left(\frac{\partial}{\partial s_1} + \mathcal{G}_2\right) v - \left(\frac{\partial}{\partial s_2} + \mathcal{G}_1\right) u \,,$$

die von den Normalverrückungen unabhängig ist.

$$\S\ 202.$$

Bevor wir weitergehen, müssen wir bemerken, dass die sechs Functionen u_1, u_2, v_1, v_2, w_1, w_2 nicht willkürlich sind. Durch Anwendung der bekannten Integrabilitätsbedingung

$$\left(\frac{\partial}{\partial s_1} + \mathcal{G}_2\right)\frac{\partial}{\partial s_2} = \left(\frac{\partial}{\partial s_2} + \mathcal{G}_1\right)\frac{\partial}{\partial s_1}$$

auf die Ableitungen der Verrückungen, die durch (2) gegeben sind, findet man die Relationen

$$(4) \quad \begin{cases} \dfrac{\partial u_2}{\partial s_1} - \dfrac{\partial u_1}{\partial s_2} = \mathcal{G}_1\,(u_1 - v_2) - \mathcal{G}_2\,(v_1 + u_2) + \mathcal{T}\,w_1 + \mathcal{N}_1 w_2\,, \\[2mm] \dfrac{\partial v_2}{\partial s_1} - \dfrac{\partial v_1}{\partial s_2} = \mathcal{G}_1\,(v_1 + u_2) + \mathcal{G}_2\,(u_1 - v_2) - \mathcal{T}\,w_2 - \mathcal{N}_2 w_1\,, \\[2mm] \dfrac{\partial w_2}{\partial s_1} - \dfrac{\partial w_1}{\partial s_2} = \mathcal{G}_1 w_1 - \mathcal{G}_2 w_2 - \mathcal{N}_1 u_2 + \mathcal{N}_2 v_1 - \mathcal{T}\,(u_1 - v_2)\,. \end{cases}$$

Nun bemerke man, dass sich aus den beiden ersten Gleichungen die Werte von w_1 und w_2 in der Form

$$(5) \qquad w_1 = U\mathcal{N}_1 - V\mathcal{T}\,, \qquad w_2 = V\mathcal{N}_2 - U\mathcal{T}$$

ergeben, wenn man

$$(6) \quad \begin{cases} KU = \left(\dfrac{\partial}{\partial s_2} + \mathcal{G}_1\right) v_1 - \left(\dfrac{\partial}{\partial s_1} + \mathcal{G}_2\right) v_2 + \mathcal{G}_1 u_2 + \mathcal{G}_2 u_1\,, \\[2mm] KV = \left(\dfrac{\partial}{\partial s_1} + \mathcal{G}_2\right) u_2 - \left(\dfrac{\partial}{\partial s_2} + \mathcal{G}_1\right) u_1 + \mathcal{G}_1 v_2 + \mathcal{G}_2 v_1 \end{cases}$$

setzt, d. h. nach (2) und nach den Formeln von Codazzi

$$U = u + \left(\frac{\mathcal{N}_2}{K}\frac{\partial}{\partial s_1} + \frac{\mathcal{T}}{K}\frac{\partial}{\partial s_2}\right) w\,, \qquad V = v + \left(\frac{\mathcal{N}_1}{K}\frac{\partial}{\partial s_2} + \frac{\mathcal{T}}{K}\frac{\partial}{\partial s_1}\right) w\,.$$

Setzt man dann die Werte (5) in die dritte Gleichung (4) ein, so erkennt man, dass nicht bloss w_1 und w_2 von den andern vier Functionen abhängen, sondern dass zwischen diesen noch die Differentialgleichung

$$(7) \qquad \left(\frac{\partial}{\partial s_1} + \mathcal{G}_2\right)(V\mathcal{N}_2 - U\mathcal{T}) - \left(\frac{\partial}{\partial s_2} + \mathcal{G}_1\right)(U\mathcal{N}_1 - V\mathcal{T})$$
$$+ \mathcal{N}_1 u_2 - \mathcal{N}_2 v_1 + \mathcal{T}\,(u_1 - v_2) = 0$$

besteht.

$$\S\ 203.$$

Im Falle der unausdehnbaren Flächen, wo

$$u_1 = v_2 = 0\,, \qquad v_1 = -u_2 = \varphi\,, \qquad \vartheta = v_1 - u_2 = 2\varphi$$

ist, liefern die Formeln (6)

$$KU = \frac{\partial \varphi}{\partial s_2}\,, \qquad KV = -\frac{\partial \varphi}{\partial s_1}\,.$$

Alsdann wird die Gleichung (7) $\mathbf{D}\varphi = 0$, wenn man

$$\mathbf{D} = \left(\frac{\partial}{\partial s_1} + \mathcal{G}_2\right)\left(\frac{\partial l_2}{K}\frac{\partial}{\partial s_1} + \frac{\tau}{K}\frac{\mathring{o}}{\partial s_2}\right) + \left(\frac{\partial}{\partial s_2} + \mathcal{G}_1\right)\left(\frac{\partial l_1}{K}\frac{\partial}{\mathring{c}\,s_2} + \frac{\tau}{K}\frac{\partial}{\mathring{o}\,s_1}\right) + H$$

setzt. Es genügen also die Winkel φ und ϑ einer Differentialgleichung zweiter Ordnung, die man als die **charakteristische Gleichung** zu bezeichnen pflegt. Es ist klar, dass umgekehrt jeder Lösung φ der charakteristischen Gleichung eine mögliche Deformation entspricht. Denn wenn (7) erfüllt ist, so sind auch die Integrabilitätsbedingungen (4) erfüllt, mithin existieren die durch die Gleichungen (2) definierten Functionen u, v, w. Sind im besondern α, β, γ die Cosinus', welche eine unveränderliche Richtung definieren, so verificiert man leicht, dass die charakteristische Gleichung von der Function γ erfüllt wird, und andererseits lässt sich constatieren, dass dieser Function keine eigentliche Deformation, sondern nur eine Änderung der Lage der ganzen Fläche im Raume entspricht. In der That kann man jede starre infinitesimale Bewegung der Fläche als Resultat einer Rotation ε um eine gewisse Gerade $(\alpha, \beta, \gamma, \xi, \eta, \zeta)$ und einer Translation ε' parallel zu dieser Geraden betrachten, so dass die Verrückungen die Form

$$u = \varepsilon\xi + \varepsilon'\alpha, \quad v = \varepsilon\eta + \varepsilon'\beta, \quad w = \varepsilon\zeta + \varepsilon'\gamma$$

annehmen; dann liefern die Formeln (2)

$$u_1 = v_2 = 0, \quad v_1 = -u_2 = \varphi = \varepsilon\gamma, \quad w_1 = -\varepsilon\beta, \quad w_2 = \varepsilon\alpha.$$

Es wird also bei der Untersuchung einer Deformation im eigentlichen Sinne immer erlaubt sein, in u, v, w Glieder, welche die zuletzt angegebene Form haben, zu vernachlässigen.

<h3 style="text-align:center">§ 204.</h3>

Wir wählen als neue Axen in der Ebene, welche in M' die deformierte Fläche berührt, die den Werten $-v_1$ und $\frac{1}{2}\pi + u_2$ von ω entsprechenden Geraden. Alsdann sind inbezug auf die alten Axen die Richtungscosinus' der neuen auf Grund der Formeln (1) die folgenden:

$$\begin{aligned}
&\text{für die } x'\text{-Axe:} & 1, &\quad 0, &\quad w_1, \\
&\text{„ „ } y'\text{-Axe:} & 0, &\quad 1, &\quad w_2, \\
&\text{„ „ } z'\text{-Axe:} & -w_1, &\quad -w_2, &\quad 1.
\end{aligned}$$

Zwischen den alten und neuen Coordinaten bestehen also die Relationen:

$$(8)\begin{cases} x' = x - (u - w_1 z), & y' = y - (v - w_2 z), & z' = z - (w + w_1 x + w_2 y), \\ x = x' + (u - w_1 z'), & y = y' + (v - w_2 z'), & z = z' + (w + w_1 x' + w_2 y'). \end{cases}$$

Ferner drücken sich die Differentialquotienten inbezug auf die Bogen ds', die M' durchlaufen kann, durch die alten mit Hilfe der Formel

$$\frac{\partial}{\partial s'} = (1 - \Phi)\left(\cos \omega \frac{\partial}{\partial s_1} + \sin \omega \frac{\partial}{\partial s_2}\right)$$

aus. Setzt man in derselben für ω successiv $-v_1$ und $\frac{\pi}{2} + u_2$, so gewinnt man die Werte der Differentialquotienten inbezug auf die neuen Axen:

$$(1 - u_1)\left(\frac{\partial}{\partial s_1} - v_1 \frac{\partial}{\partial s_2}\right), \quad (1 - v_2)\left(\frac{\partial}{\partial s_2} - u_2 \frac{\partial}{\partial s_1}\right).$$

Es ist also

$$(9) \quad \frac{\partial}{\partial s_1'} = \frac{\partial}{\partial s_1} - \left(u_1 \frac{\partial}{\partial s_1} + v_1 \frac{\partial}{\partial s_2}\right), \quad \frac{\partial}{\partial s_2'} = \frac{\partial}{\partial s_2} - \left(u_2 \frac{\partial}{\partial s_1} + v_2 \frac{\partial}{\partial s_2}\right).$$

§ 205.

Dies vorausgeschickt stellen wir uns die Aufgabe, die Variationen zu berechnen, welche die verschiedenen Krümmungen infolge der Deformation erleiden. Die erste Unbeweglichkeitsbedingung für den Punkt (x', y', z') inbezug auf die deformierte Fläche ist

$$\frac{\partial x'}{\partial s_1'} = (\mathfrak{A}_1 + D\mathfrak{A}_1) z' - (\mathfrak{G}_1 + D\mathfrak{G}_1) y' - 1,$$

wenn wir das Zeichen $\mathfrak{D}$ benutzen, um die durch die Deformation hervorgerufenen Variationen anzudeuten, und D anstatt $\mathfrak{D}$ schreiben, wenn bei dem Übergange von der einen zur andern Fläche sich die Coordinatenlinien verschieben. Inzwischen erhält man bei Anwendung von (9) auf (8)

$$\frac{\partial x'}{\partial s_1'} = \frac{\partial}{\partial s_1}(x - u + w_1 z) - \left(u_1 \frac{\partial x}{\partial s_1} + v_1 \frac{\partial x}{\partial s_2}\right),$$

indem man neue und alte Coordinaten einfach als gleich behandelt, wenn sie mit unendlich kleinen Grössen multipliciert sind. Ebenso ist die rechte Seite der betrachteten Formel gleichwertig mit

$$\frac{\partial x}{\partial s_1} - \mathfrak{A}_1 (w + w_1 x + w_2 y) + \mathfrak{G}_1 (v - w_2 z) + z D\mathfrak{A}_1 - y D\mathfrak{G}_1.$$

Unter Beachtung der Formeln (2) sieht man also, dass $z D\mathfrak{A}_1 - y D\mathfrak{G}_1$ identisch gleich

$$\frac{\partial w_1 z}{\partial s_1} + \mathfrak{G}_1 w_2 z + \mathfrak{A}_1 (w_1 x + w_2 y) - u_1 \left(\frac{\partial x}{\partial s_1} + 1\right) - v_1 \frac{\partial x}{\partial s_2}$$

sein muss. Entwickelt man und berücksichtigt die auf die ursprüngliche Fläche bezüglichen Unbeweglichkeitsbedingungen, so erhält man durch Identification die Werte von $D\mathfrak{A}_1$ und $D\mathfrak{G}_1$. Durch ein analoges Verfahren berechnet man $D\mathfrak{A}_2$ und $D\mathfrak{G}_2$, indem man von der zweiten

Unbeweglichkeitsbedingung des zweiten Tripels ausgeht. Man gelangt so zu den folgenden Resultaten:

$$(10) \begin{cases} D\mathfrak{N}_1 = \dfrac{\partial w_1}{\partial s_1} - \mathfrak{N}_1 u_1 + \mathfrak{T} v_1 + \mathcal{G}_1 w_2, & D\mathcal{G}_1 = \mathcal{G}_2 v_1 - \mathcal{G}_1 u_1 - \mathfrak{T} w_1 - \mathfrak{N}_1 w_2, \\[2mm] D\mathfrak{N}_2 = \dfrac{\partial w_2}{\partial s_2} - \mathfrak{N}_2 v_2 + \mathfrak{T} u_2 + \mathcal{G}_2 w_1, & D\mathcal{G}_2 = \mathcal{G}_1 u_2 - \mathcal{G}_2 v_2 - \mathfrak{T} w_2 - \mathfrak{N}_2 w_1. \end{cases}$$

Man bemerke, dass auf Grund von (4) die rechtsstehenden Formeln sich auch in folgender Weise schreiben lassen:

$$D\mathcal{G}_1 = \left(\frac{\partial}{\partial s_2} + \mathcal{G}_1\right) u_1 - \left(\frac{\partial}{\partial s_1} + \mathcal{G}_2\right) u_2 - \Theta \mathcal{G}_1,$$

$$D\mathcal{G}_2 = \left(\frac{\partial}{\partial s_1} + \mathcal{G}_2\right) v_2 - \left(\frac{\partial}{\partial s_2} + \mathcal{G}_1\right) v_1 - \Theta \mathcal{G}_2.$$

Was die geodätische Torsion anbelangt, so genügt es, in analoger Weise mit der zweiten Unbeweglichkeitsbedingung des ersten Tripels oder mit der ersten des zweiten Tripels zu verfahren, um zu erhalten

$$D\mathfrak{T} = -\frac{\partial w_2}{\partial s_1} - \mathfrak{T} u_1 + \mathfrak{N}_2 v_1 + \mathcal{G}_1 w_1,$$

und

$$D\mathfrak{T} = -\frac{\partial w_1}{\partial s_2} - \mathfrak{T} v_2 + \mathfrak{N}_1 u_2 + \mathcal{G}_2 w_2.$$

Diese beiden Ausdrücke sind miteinander gleichwertig auf Grund der dritten Formel (4).

$$\S\ 206.$$

Jetzt sind wir imstande die Variationen zu berechnen, welche die Deformation in der mittleren Krümmung und in der totalen Krümmung hervorruft. Die Formeln (10) links liefern sofort:

$$(11)\quad \mathfrak{D} H = \left(\frac{\partial}{\partial s_1} + \mathcal{G}_2\right) w_1 + \left(\frac{\partial}{\partial s_2} + \mathcal{G}_1\right) w_2 - \mathfrak{N}_1 u_1 - \mathfrak{N}_2 v_2 - \mathfrak{T}(v_1 + u_2),$$

oder nach Einsetzen der Werte (2)

$$\mathfrak{D} H = u \frac{\partial H}{\partial s_1} + v \frac{\partial H}{\partial s_2} + (\mathfrak{N}_1{}^2 + \mathfrak{N}_2{}^2 + 2\mathfrak{T}^2) w + \Delta^2 w.$$

Wendet man auf $K = \mathfrak{N}_1 \mathfrak{N}_2 - \mathfrak{T}^2$ dieselben Formeln (10) und die zuletzt erhaltenen Formeln an, so gelangt man leicht zu dem Resultat

$$\mathfrak{D} K = -K\Theta + \mathfrak{N}_2 \frac{\partial w_1}{\partial s_1} + \mathfrak{N}_1 \frac{\partial w_2}{\partial s_2} + \mathfrak{T}\left(\frac{\partial w_1}{\partial s_2} + \frac{\partial w_2}{\partial s_1}\right)$$

$$+ (\mathfrak{N}_1 \mathcal{G}_2 - \mathfrak{T}\mathcal{G}_1) w_1 + (\mathfrak{N}_2 \mathcal{G}_1 - \mathfrak{T}\mathcal{G}_2) w_2,$$

welchem man verschiedene Formen geben kann. Wenn man z. B. darin die Werte (5) einsetzt und sich die Formeln von Codazzi vergegenwärtigt, so erhält man

$$(12) \qquad \mathfrak{D} K = - K \Theta + \left(\frac{\partial}{\partial s_1} + \mathcal{G}_2 \right) K U + \left(\frac{\partial}{\partial s_2} + \mathcal{G}_1 \right) K V$$

und sieht sofort (§ 203), dass unter der Annahme der Unausdehnbarkeit $\mathfrak{D} K = 0$ ist, dass also (vgl. § 170) die **Krümmung einer unausdehnbaren Fläche in jedem Punkte ungeändert bleibt, wenn man die Fläche verbiegt.** Setzt man dagegen in (11) für w_1 und w_2 die durch die Formeln (2) gegebenen Werte ein, so findet man die Formel

$$\mathfrak{D} \log K = \left(U \frac{\partial}{\partial s_1} + V \frac{\partial}{\partial s_2} \right) \log K + \mathbf{D}\, w,$$

aus welcher sich z. B. folgendes ergiebt: Wenn man eine Fläche constanter Krümmung derart deformieren will, dass die Krümmung ungeändert bleibt, so ist jedem Punkte eine infinitesimale Normalverschiebung zu erteilen, die der charakteristischen Gleichung genügt.

§ 207.

Es ist natürlich, dass unter den unendlich vielen möglichen Deformationen die Aufmerksamkeit sich besonders auf diejenigen richtet, bei welchen sich der zur Form Φ gehörige Kegelschnitt auf einen Kreis reduciert. Dann ist das gleiche für φ der Fall, und man hat unabhängig von ω

$$u_1 = v_2 = \Phi = \tfrac{1}{2} \Theta, \qquad v_1 = - u_2 = \varphi = \tfrac{1}{2} \vartheta.$$

Die Formeln (6) liefern

$$- K U = \frac{\partial \Phi}{\partial s_1} - \frac{\partial \varphi}{\partial s_2}, \qquad - K V = \frac{\partial \Phi}{\partial s_2} + \frac{\partial \varphi}{\partial s_1},$$

und (12) reduciert sich auf die besonders einfache Form

$$(13) \qquad \mathfrak{D} K = - \left(K + \tfrac{1}{2} \varDelta^2 \right) \Theta,$$

die unabhängig von der Rotation ist. Zwischen Dilatation und Rotation besteht ferner die Differentialrelation (7), die hier die bemerkenswerte Form

$$(14) \qquad\qquad \mathbf{d}\, \Theta + \mathbf{D}\, \vartheta = 0$$

annimmt, wenn man zur Abkürzung

$$\mathbf{d} = \left(\frac{\partial}{\partial s_1} + \mathcal{G}_2 \right) \left(\frac{\mathfrak{N}_2}{K} \frac{\partial}{\partial s_2} - \frac{\tau}{K} \frac{\partial}{\partial s_1} \right) - \left(\frac{\partial}{\partial s_2} + \mathcal{G}_1 \right) \left(\frac{\mathfrak{N}_1}{K} \frac{\partial}{\partial s_1} - \frac{\tau}{K} \frac{\partial}{\partial s_2} \right)$$

setzt. Im Falle der unausdehnbaren Flächen reduciert sich (14), wie wir in § 203 gesehen haben, auf die charakteristische Gleichung. Aber dieselbe besteht auch ohne dies für diejenigen Werte von Θ, welche der Gleichung $\mathbf{d} = 0$ genügen, und ist im besondern erfüllt, wenn Θ einen constanten Wert hat, der alsdann nach (13) die auf die Einheit reducierte Abnahme der totalen Krümmung misst. Wie übrigens auch die Function Θ, welche der Gleichung $\mathbf{d} = 0$ genügt, beschaffen sein mag, immer entspricht ihr eine mögliche Deformation, die durch das Fehlen der geodätischen Drehung charakterisiert, d. h. von der Art ist, dass man $\vartheta = 0$ hat und infolgedessen

$$u = \frac{\partial \psi}{\partial s_1}, \qquad v = \frac{\partial \psi}{\partial s_2}, \qquad \varDelta^2 \psi = \Theta + Hw, \qquad \text{u. s. w.}$$

§ 208.

Indem wir zu dem allgemeinen Falle zurückkehren, stellen wir uns die Aufgabe, die Veränderungen zu bestimmen, welche die Deformation in den Krümmungen der verschiedenen Linien hervorbringt. Wenn sich M in einer Richtung verschiebt, die in der Tangentialebene von (M) durch den Winkel ω definiert ist, so durchläuft M' eine um $\omega' = \omega + \varphi$ gegen die x'-Axe geneigte Curve, wie wenn vermöge der Deformation $D\omega = \varphi$ wäre. Erinnert man sich also daran, dass (§§ 155, 163)

$$\mathfrak{N}_\omega = \mathfrak{N}_1 \cos^2 \omega - 2\mathfrak{T} \cos \omega \sin \omega + \mathfrak{N}_2 \sin^2 \omega , \qquad \frac{\partial \mathfrak{N}_\omega}{\partial \omega} = -2\mathfrak{T}_\omega$$

ist, so erhält man

$$\mathfrak{D}\mathfrak{N}_\omega = \cos^2 \omega . D\mathfrak{N}_1 - 2 \cos \omega \sin \omega . D\mathfrak{T} + \sin^2 \omega . D\mathfrak{N}_2 - 2\varphi\mathfrak{T}_\omega$$

und im besondern

$$\mathfrak{D}\mathfrak{N}_1 = \frac{\partial w_1}{\partial s_1} - \mathfrak{N}_1 u_1 - \mathfrak{T} v_1 + \mathfrak{G}_1 w_2, \qquad \mathfrak{D}\mathfrak{N}_2 = \frac{\partial w_2}{\partial s_2} - \mathfrak{N}_2 v_2 - \mathfrak{T} u_2 + \mathfrak{G}_2 w_1.$$

Ebenso leitet man aus den Formeln

$$\mathfrak{T}_\omega = \mathfrak{T} \cos 2\omega + \frac{1}{2} (\mathfrak{N}_1 - \mathfrak{N}_2) \sin 2\omega , \qquad \frac{\partial \mathfrak{T}_\omega}{\partial \omega} = \mathfrak{N}_\omega - \mathfrak{N}_{\omega + \frac{\pi}{2}}$$

ab

$$\mathfrak{D}\mathfrak{T}_\omega = \cos 2\omega . D\mathfrak{T} + \frac{1}{2} \sin 2\omega . (D\mathfrak{N}_1 - D\mathfrak{N}_2) + \left(\mathfrak{N}_\omega - \mathfrak{N}_{\omega + \frac{\pi}{2}}\right) \varphi .$$

Im besondern ist die in der geodätischen Torsion der q_1-Linien hervorgerufene Veränderung durch die Formel

$$\mathfrak{D}\mathfrak{T} = -\frac{\partial w_2}{\partial s_1} - \mathfrak{T} u_1 + \mathfrak{N}_1 v_1 + \mathfrak{G}_1 w_1$$

gegeben, und es ist leicht, zu verificieren, dass, wenn die Verrückungen die am Ende des § 203 angegebene Form besitzen, sowohl $\mathfrak{D}\mathfrak{T}$ als auch $\mathfrak{D}\mathfrak{N}$ null sind. Umgekehrt ergiebt sich, wenn die Fläche unausdehnbar ist, die genannte Form unter den Annahmen $\mathfrak{D}\mathfrak{N}_1 = 0$, $\mathfrak{D}\mathfrak{N}_2 = 0$, $\mathfrak{D}\mathfrak{T} = 0$ Aus ihnen und den Formeln (4) leitet man in der That ab

$$(15) \quad \begin{cases} \dfrac{\partial w_2}{\partial s_1} = \quad \mathfrak{N}_1 \varphi + \mathcal{G}_1 w_1 , \quad & \dfrac{\partial w_2}{\partial s_2} = - \mathcal{G}_2 w_1 - \mathcal{T}\varphi \quad , \\[2mm] \dfrac{\partial w_1}{\partial s_1} = - \mathcal{G}_1 w_2 + \mathcal{T}\varphi \quad , \quad & \dfrac{\partial w_1}{\partial s_2} = - \mathfrak{N}_2 \varphi + \mathcal{G}_2 w_2 , \\[2mm] \dfrac{\partial \varphi}{\partial s_1} = - \mathcal{T} w_1 - \mathfrak{N}_1 w_2 , \quad & \dfrac{\partial \varphi}{\partial s_2} = \quad \mathcal{T} w_2 + \mathfrak{N}_2 w_1 . \end{cases}$$

Dann ist

$$\frac{\partial}{\partial s_1}\left(w_2{}^2 + w_1{}^2 + \varphi^2\right) = 0 , \qquad \frac{\partial}{\partial s_2}\left(w_2{}^2 + w_1{}^2 + \varphi^2\right) = 0 .$$

Also hat $w_2{}^2 + w_1{}^2 + \varphi^2$ einen constanten Wert ε^2. Setzt man jetzt $w_2 = \varepsilon\alpha$, $w_1 = -\varepsilon\beta$, $\varphi = \varepsilon\gamma$, so sind die Relationen (15) gerade diejenigen, welche die Unveränderlichkeit der Richtung (α, β, γ) ausdrücken.

§ 209.

Um schliesslich zu ermitteln, um wieviel sich die geodätische Krümmung einer beliebigen Linie ändert, bemerken wir, dass die Formel

$$\mathcal{G}_\omega + \frac{\partial \omega}{\partial s} = \mathcal{G}_1 \cos \omega - \mathcal{G}_2 \sin \omega$$

auf der Fläche (M')

$$\mathcal{G}_\omega + \mathcal{D}\mathcal{G}_\omega + (1 - \Phi)\frac{\partial}{\partial s}(\omega + \varphi) =$$

$$(\mathcal{G}_1 + D\mathcal{G}_1) \cos (\omega + \varphi) - (\mathcal{G}_2 + D\mathcal{G}_2) \sin (\omega + \varphi)$$

wird. Es folgt daraus

$$\mathcal{D}\mathcal{G}_\omega = \Phi\frac{\partial \omega}{\partial s} + \left[D\mathcal{G}_1 - \left(\frac{\partial}{\partial s_1} + \mathcal{G}_2\right)\varphi\right]\cos \omega - \left[D\mathcal{G}_2 + \left(\frac{\partial}{\partial s_2} + \mathcal{G}_1\right)\varphi\right]\sin \omega .$$

Nach einer leichten Rechnung, die wir der Kürze wegen übergehen, gelangt man dann, wenn man wieder die auf die Richtung $\omega + \dfrac{\pi}{2}$ bezügliche Differentiation durch einen Index kenntlich macht, zu der Formel

$$\mathcal{D}\mathcal{G}_\omega = \left(\frac{\partial}{\partial s'} + \mathcal{G}_\omega\right) - \Phi\left(\frac{\partial}{\partial s} + \mathcal{G}_\omega'\right)(2\varphi - \vartheta) - \Theta\mathcal{G}_\omega .$$

Die rechte Seite reduciert sich offenbar auf Null, wenn die Fläche unausdehnbar ist, und man findet so das übrigens evidente Resultat wieder, dass die geodätische Krümmung der auf einer biegsamen und unausdehnbaren Fläche gezogenen Linien unveränderlich ist.

Vierzehntes Kapitel.

Die Congruenzen.

§ 210.

Die natürliche Geometrie der Geradensysteme lässt sich auf Betrachtungen gründen, die denjenigen analog sind, welche es uns in den vorigen Kapiteln ermöglicht haben, die Infinitesimalgeometrie der Punktmannigfaltigkeiten in Angriff zu nehmen. In einer Congruenz, d. h. in einer doppelt unendlichen Schar von Geraden, betrachte man zwei von diesen Geraden, g und g', die unendlich benachbart sind. Man wähle g als z-Axe, und die x-Axe möge auch g' senkrecht treffen. $d\sigma$ und $p\,d\sigma$ seien der Winkel und der Abstand der betrachteten Geraden, so dass p (vgl. §§ 123, c; 124) den Verteilungsparameter der Tangentialebenen des Regelflächenelements gg' darstellt. Wenn die Axen in die durch ein anderes Flächenelement $g'g''$ bestimmte Lage übergehen, so sind die Variationen δx, δy, δz, welche die Coordinaten x, y, z eines Punktes inbezug auf die Anfangslage erfahren haben, gleich den etwa eintretenden Variationen dx, dy, dz inbezug auf die beweglichen Axen, vermehrt um die Variationen, welche ausschliesslich von der Bewegung des Coordinatentrieders herrühren, d. h. von der Translation $(p\,d\sigma,\ 0,\ h\,d\sigma)$ und der Rotation $(d\sigma,\ 0,\ k\,ds)$. Man hat also die Formeln

$$\frac{\delta x}{\delta\sigma} = \frac{\partial x}{\partial\sigma} - ky + p, \qquad \frac{\delta y}{\delta\sigma} = \frac{\partial y}{\partial\sigma} + kx - z, \qquad \frac{\delta z}{\delta\sigma} = \frac{\partial z}{\partial\sigma} + y + h,$$

die auch dann richtig bleiben, wenn x, y, z Richtungscosinus' bedeuten, vorausgesetzt, dass man alsdann p und h vernachlässigt, die für die Translation charakteristisch sind. Wenn sich die y-Ebene um g dreht, so bewegt sich der Anfangspunkt (Centralpunkt) längs der Erzeugenden. Denken wir uns denselben nach einem unveränderlichen Punkte von g in der Entfernung q vom Centralpunkt verlegt, so werden die obigen Formeln

$$(1) \qquad \frac{\delta x}{\partial\sigma} = \frac{\partial x}{\partial\sigma} - ky + p, \qquad \frac{\delta y}{\partial\sigma} = \frac{\partial y}{\partial\sigma} + kx - z + q, \qquad \frac{\delta z}{\partial\sigma} = \frac{\partial z}{\partial\sigma} + y + r,$$

17*

wo zur Abkürzung

$$(2) \qquad r = h - \frac{dq}{d\sigma}$$

gesetzt worden ist. Dies vorausgeschickt versehen wir die auf eine gegebene (im übrigen willkürliche) Lage der y-Ebene bezüglichen Grössen mit dem Index 1, während diejenigen ohne Index sich auf die Lage beziehen sollen, welche die genannte Ebene nach einer Rotation um ω einnimmt, so dass

$$x = x_1 \cos \omega + y_1 \sin \omega\,, \quad y = -x_1 \sin \omega + y_1 \cos \omega\,, \quad z = z_1$$

ist. Wenn man dagegen alles, was sich auf die Lage $\omega = \frac{\pi}{2}$ bezieht, mit dem Index 2 versieht, so erkennt man, dass $x_2 = y_1$, $y_2 = -x_1$, $z_2 = z_1$ ist. Mithin werden die Formeln (1) für eine Lage der y-Ebene, die zur ursprünglichen senkrecht ist,

$$(1') \quad \frac{\delta x}{\delta \sigma'} = \frac{\partial x}{\partial \sigma'} - k'y + z - q'\,, \quad \frac{\delta y}{\delta \sigma'} = \frac{\partial y}{\partial \sigma'} + k'x + p'\,, \quad \frac{\delta z}{\delta \sigma'} = \frac{\partial z}{\partial \sigma'} - x + r'.$$

Wenn man also die y-Ebene in der Anfangslage ($\omega = 0$) fixiert, so ergeben sich die notwendigen und hinreichenden Bedingungen für die Unbeweglichkeit des Punktes (x, y, z) aus (1) und (1') in der folgenden Form:

$$(3) \quad \begin{cases} \dfrac{\partial x}{\partial \sigma_1} = k_1 y - p_1 \quad, & \dfrac{\partial y}{\partial \sigma_1} = -k_1 x + z - q_1\,, & \dfrac{\partial z}{\partial \sigma_1} = -y - r_1\,, \\[3mm] \dfrac{\partial x}{\partial \sigma_2} = k_2 y - z + q_2\,, & \dfrac{\partial y}{\partial \sigma_2} = -k_2 x - p_2 \quad, & \dfrac{\partial z}{\partial \sigma_2} = x - r_2. \end{cases}$$

Die Bedingungen für die Unveränderlichkeit der Richtung (α, β, γ) sind dagegen

$$(4) \quad \begin{cases} \dfrac{\partial \alpha}{\partial \sigma_1} = k_1 \beta \quad, & \dfrac{\partial \beta}{\partial \sigma_1} = -k_1 \alpha + \gamma\,, & \dfrac{\partial \gamma}{\partial \sigma_1} = -\beta\,, \\[3mm] \dfrac{\partial \alpha}{\partial \sigma_2} = k_2 \beta - \gamma\,, & \dfrac{\partial \beta}{\partial \sigma_2} = -k_2 \alpha \quad, & \dfrac{\partial \gamma}{\partial \sigma_2} = \alpha. \end{cases}$$

Daraus ergiebt sich, wenn man gleichzeitig die Formeln (3) benutzt, dass die Bedingungen

$$(5) \quad \begin{cases} \dfrac{\partial \xi}{\partial \sigma_1} = k_1 \eta + r_1 \beta - q_1 \gamma \quad, & \dfrac{\partial \eta}{\partial \sigma_1} = -k_1 \xi + \zeta + p_1 \gamma - r_1 \alpha\,, \\[2mm] \multicolumn{2}{c}{\dfrac{\partial \zeta}{\partial \sigma_1} = -\eta + q_1 \alpha - p_1 \beta,} \\[3mm] \dfrac{\partial \xi}{\partial \sigma_2} = k_2 \eta - \zeta + r_2 \beta - p_2 \gamma\,, & \dfrac{\partial \eta}{\partial \sigma_2} = -k_2 \xi - q_2 \gamma - r_2 \alpha \quad, \\[2mm] \multicolumn{2}{c}{\dfrac{\partial \zeta}{\partial \sigma_2} = \xi + p_2 \alpha + q_2 \beta} \end{cases}$$

zusammen mit (4) notwendig und hinreichend sind für die Unbeweglichkeit der Geraden $(\alpha, \beta, \gamma, \xi, \eta, \zeta)$. Es sind dies die Fundamentalformeln für die natürliche Analysis der Congruenzen.

§ 211. Formeln von Hamilton.

Die einem beliebigen Winkel ω entsprechenden Differentialquotienten $\frac{\partial}{\partial \sigma}$ setzen sich sehr einfach aus den Differentialquotienten $\frac{\partial}{\partial \sigma_1}$, $\frac{\partial}{\partial \sigma_2}$ zusammen. Um die Coefficienten λ_1, λ_2 in dem Compositionsgesetz

$$\frac{\partial}{\partial \sigma} = \lambda_1 \frac{\partial}{\partial \sigma_1} + \lambda_2 \frac{\partial}{\partial \sigma_2}$$

zu bestimmen, braucht man in der That nur zu bemerken, dass die Richtungscosinus' von g', welche offenbar gleich $\sin\omega\,.\,d\sigma$, $-\cos\omega\,.\,d\sigma$, 1 sind, sich andererseits unter Benutzung der Formeln (4) gleich $\lambda_2 d\sigma$, $-\lambda_1 d\sigma$, 1 ergeben, so dass $\lambda_1 = \cos\omega$, $\lambda_2 = \sin\omega$ ist. Also ist

$$(6) \qquad \frac{\partial}{\partial \sigma} = \cos\omega\,\frac{\partial}{\partial \sigma_1} + \sin\omega\,\frac{\partial}{\partial \sigma_2}\,.$$

Dies vorausgeschickt findet man leicht, indem man sich der Formeln (3), angewandt auf den Anfangspunkt O, bedient, dass die Coordinaten der Projection von O' auf die (x, y)-Ebene, wenn g in die durch den Winkel ω definierte Lage g' übergeht,

$$(p_1 \cos\omega - q_2 \sin\omega)\,d\sigma\,, \qquad (q_1 \cos\omega + p_2 \sin\omega)\,d\sigma$$

sind. Andererseits liefern, wenn man die (x, z) und die (y, z)-Ebene um g die Drehung ω hat ausführen lassen, die Formeln (1) direct die Werte $p\,d\sigma$ und $q\,d\sigma$ für die Coordinaten jenes Punktes, bezogen auf die neuen Axen. Also ist

$$p = (p_1 \cos\omega - q_2 \sin\omega)\cos\omega + (q_1 \cos\omega + p_2 \sin\omega)\sin\omega,$$
$$q = (q_1 \cos\omega + p_2 \sin\omega)\cos\omega - (p_1 \cos\omega - q_2 \sin\omega)\sin\omega,$$

oder

$$(7) \qquad p = p_1 \cos^2\omega + (q_1 - q_2)\cos\omega\sin\omega + p_2 \sin^2\omega,$$
$$(8) \qquad q = q_1 \cos^2\omega - (p_1 - p_2)\cos\omega\sin\omega + q_2 \sin^2\omega.$$

In diesen beiden Relationen (den Formeln von Hamilton) sind die grundlegenden Eigenschaften der Congruenzen zusammengefasst. Durch sie gelangt man, wenn man ω eliminiert, zur Kenntnis der äusserst einfachen Beziehung, die zwischen p und q besteht:

$$(9) \qquad (p - p_1)(p - p_2) + (q - q_1)(q - q_2) = 0\,.$$

$$\S\ 212.$$

Addiert man $\frac{\pi}{2}$ zu ω, so findet man für p und q Werte p' und q' von der Beschaffenheit, dass

$$p + p' = p_1 + p_2 , \qquad q + q' = q_1 + q_2$$

ist. Die erste Gleichung führt (vgl. § 168) zu dem Begriff des mittleren Verteilungsparameters $p_0 = \frac{1}{2}(p_1 + p_2)$ der Congruenz in der Umgebung von g; die zweite zeigt, dass es auf g in der Entfernung $q_0 = \frac{1}{2}(q_1 + q_2)$ vom Anfangspunkt einen Punkt (den Mittelpunkt) giebt, inbezug auf welchen die zu zwei beliebigen orthogonalen Ebenen gehörigen Centralpunkte symmetrisch liegen. Aus denselben Formeln (7) und (8) lässt sich auch ableiten, dass

$$p - p' = (p_1 - p_2)\cos 2\omega + (q_1 - q_2)\sin 2\omega ,$$
$$q - q' = (q_1 - q_2)\cos 2\omega - (p_1 - p_2)\sin 2\omega$$

ist, und man sieht daher, wenn man

$$p_1 - p_2 = 2l \cos 2\omega_0 , \qquad q_1 - q_2 = 2l \sin 2\omega_0$$

setzt, dass allgemeiner

$$(10)\qquad p - p' = 2l \cos 2(\omega_0 - \omega) , \qquad q - q' = 2l \sin 2(\omega_0 - \omega)$$

ist. Eine weitere Invariante ist also

$$4l^2 = (p - p')^2 + (q - q')^2 = (p_1 - p_2)^2 + (q_1 - q_2)^2.$$

Wir können jedoch an ihre Stelle

$$\varkappa = pp' + qq' = p_1 p_2 + q_1 q_2$$

setzen, da $\varkappa = p_0{}^2 + q_0{}^2 - l^2$ ist. Die drei erwähnten orthogonalen Invarianten setzen sich ferner zu den Discriminanten $\varkappa - p_0{}^2$ und $\varkappa - q_0{}^2$ der Formen (7) und (8) zusammen.

$$\S\ 213.$$

Die Discussion der Formeln (10) führt dazu, unter den unendlich vielen Paaren orthogonaler Ebenen, die durch g hindurchgehen, diejenigen auszuzeichnen, welche den Werten ω_0 und $\omega_0 + \frac{\pi}{4}$ von ω entsprechen. Bei dem ersten fallen die Centralpunkte in dem Mittelpunkt zusammen, und die Verteilungsparameter erreichen die extremen Werte $p_0 \pm l$. Bei dem zweiten, das aus den Hauptebenen besteht, hat man $p = p'$, und die Centralpunkte fallen in die Grenzpunkte, d. h. sie liegen an den Enden der Strecke von der Länge $2l$, welche alle Centralpunkte enthält. Wenn man das Gebilde z. B. auf das erste Paar bezieht, so giebt die Formel (7) $p = p_0 + l \cos 2\omega$, und man hat in den beiden durch $\cos 2\omega = -\frac{p_0}{l}$ definierten Richtungen, die reell oder imaginär sind, $p = 0$, d. h. g' trifft g. Die Ebenen, welche auf diesen Richtungen senkrecht stehen, sind die Focalebenen und die bezüglichen Centralpunkte (Brennpunkte), die auch hier symmetrisch inbezug auf den Mittelpunkt liegen, sind von diesem um $\sqrt{l^2 - p_0^2}$ entfernt. Diese Verhältnisse treten noch klarer hervor durch geometrische Interpretation der Relation (9), die man als die Gleichung eines Kreises mit dem Radius l, dem Centrum (p_0, q_0) und der Potenz $\varkappa$ inbezug auf den Anfangspunkt betrachten kann. Es ist ferner klar, dass jede Focalebene für eine gegebene Gerade g, ausser g eine der beiden unendlich benachbarten Geraden g' enthält, welche g treffen. Die Focalebenen sind also die Tangentialebenen der beiden Reihen von Developpablen, welche in der Congruenz enthalten sind. Die obigen Eigenschaften haben wir für $p_0 = 0$ bereits angetroffen bei den aus den Normalen einer beliebigen Fläche bestehenden Congruenzen, und wir werden weiter unten sehen, dass nur bei diesen Congruenzen, welche man normale Congruenzen nennt, der Fall eintreten kann, dass der mittlere Verteilungsparameter verschwindet. Bei ihnen fallen die Brennpunkte in die Grenzpunkte und die Grenzfläche, der Ort aller Grenzpunkte, wird die Evolute der betrachteten Fläche.

§ 214. Satz von Sturm.

Bei jeder Congruenz hat der Inbegriff der Geraden g', welche zu g unendlich benachbart sind, die bemerkenswerte, von Sturm angegebene Eigenschaft, dass man ihn immer als einer linearen Congruenz angehörig betrachten kann. In der That nimmt beim Übergange von g in die Lage g' die genannte Gerade, wie in § 211 gesagt wurde, die unendlich kleinen Richtungscosinus' $\alpha = \sin \omega . d\sigma$, $\beta = -\cos \omega . d\sigma$ an. Für die andern unendlich kleinen Coordinaten von g' ergeben sich mit Hilfe der Formeln (5) die Ausdrücke

$$\xi = (q_1 \cos \omega + p_2 \sin \omega) d\sigma, \qquad \eta = (-p_1 \cos \omega + q_2 \sin \omega) d\sigma.$$

Also gehört, welches auch der Wert von ω sein mag, g' der durch die Gleichungen

$$\xi = -q_1 \beta + p_2 \alpha, \qquad \eta = p_1 \beta + q_2 \alpha$$

definierten linearen Congruenz an und trifft daher (§ 123, d) zwei bestimmte gerade Linien. Um diese Geraden zu finden, wähle man als (x, z)-Ebene eine Focalebene, so dass $p_2 = 0$ ist. Alsdann wird die erste Gleichung $\xi = -q_1 \beta$ und drückt aus, dass g' die Gerade

$(1, 0, 0, 0, q_1, 0)$ trifft. Also treffen alle Geraden g' zwei Senkrechte zu g, die durch die Brennpunkte gehen und in den Focalebenen liegen. Wenn im besondern die Congruenz normal ist, so sieht man, dass die Normalen einer Fläche in den zu M unendlich benachbarten Punkten sich sämtlich auf die Axen der osculierenden Kreise der beiden durch M hindurchgehenden Hauptnormalschnitte stützen.

§ 215. Formeln von Codazzi.

Wir kehren jetzt zu den Formeln (3) zurück, um auf sie die Integrabilitätsbedingung anzuwenden, welche immer die Form

$$(11) \qquad \left(\frac{\partial}{\partial \sigma_1} + \lambda_1\right)\frac{\partial}{\partial \sigma_2} = \left(\frac{\partial}{\partial \sigma_2} + \lambda_2\right)\frac{\partial}{\partial \sigma_1}$$

hat, vorausgesetzt, dass man die λ geeignet bestimmt. Für die Existenz von z ist es notwendig und hinreichend, dass man hat

$$(12) \quad (\lambda_1 - k_2)x + (\lambda_2 + k_1)y - (p_1 + p_2) = \left(\frac{\partial}{\partial \sigma_1} + \lambda_1\right)r_2 - \left(\frac{\partial}{\partial \sigma_2} + \lambda_2\right)r_1,$$

welches auch die Werte von x und y sein mögen. Also ist $\lambda_1 = k_2$, $\lambda_2 = -k_1$, und die Bedingung (11) wird

$$(13) \qquad \frac{\partial^2}{\partial \sigma_1 \partial \sigma_2} - \frac{\partial^2}{\partial \sigma_2 \partial \sigma_1} = k_1\frac{\partial}{\partial \sigma_1} + k_2\frac{\partial}{\partial \sigma_2},$$

während sich die Relation (12) auf

$$(0) \qquad \frac{\partial r_1}{\partial \sigma_2} - \frac{\partial r_2}{\partial \sigma_1} - (p_1 + p_2) = k_1 r_1 + k_2 r_2$$

reduciert. Ebenso erhält man, wenn man die Bedingung (13) auf die Functionen x und y anwendet, auf der Erzeugenden

$$(1) \qquad \frac{\partial p_1}{\partial \sigma_2} + \frac{\partial q_2}{\partial \sigma_1} + r_1 = k_1(p_1 - p_2) + k_2(q_1 - q_2),$$

$$(2) \qquad \frac{\partial q_1}{\partial \sigma_2} - \frac{\partial p_2}{\partial \sigma_1} + r_2 = k_1(q_1 - q_2) - k_2(p_1 - p_2),$$

und man überzeugt sich leicht mit Hilfe der Gleichung (2), dass diese Formeln nicht an die Wahl des Anfangspunktes gebunden sind. Betrachtet man ferner die Coefficienten von x bezw. von y in der Bedingung (13), angewandt auf y oder auf x, so findet man

$$(3) \qquad \frac{\partial k_1}{\partial \sigma_2} - \frac{\partial k_2}{\partial \sigma_1} = 1 + k_1{}^2 + k_2{}^2.$$

Die letzten vier Relationen sind sozusagen die Formeln von Codazzi in der Theorie der Congruenzen und müssen sich factisch auf die drei bekannten Formeln (§ 154) von Codazzi reducieren, wenn die Congruenz von den Normalen einer Fläche gebildet wird. Wenn man übrigens die sphärische Abbildung der Congruenz vornimmt, d. h. (§ 160) an einer Kugel vom Radius 1 die Radien betrachtet, welche den Geraden der Congruenz parallel sind, so ist leicht zu sehen, indem man entweder die Integrabilitätsbedingung schreibt und sie mit (13) vergleicht oder die Formeln (3) in die Unbeweglichkeitsbedingungen inbezug auf die Kugelfläche transformiert (unter Beachtung von $\mathfrak{N}_1 = \mathfrak{N}_2 = 1$, $\mathfrak{T} = 0$), dass $\mathcal{G}_1 = k_2$, $\mathcal{G}_2 = k_1$ ist. Sind die k in dieser Weise interpretiert und bemerkt man überdies, dass

$$\frac{\partial}{\partial s_1} = -\frac{\partial}{\partial \sigma_2}, \qquad \frac{\partial}{\partial s_2} = \frac{\partial}{\partial \sigma_1}$$

ist, so sieht man sofort, dass (3) gerade die Gauss'sche Formel inbezug auf die Kugel ist, während die beiden andern Formeln von Codazzi identisch erfüllt sind.

<h3 style="text-align:center">§ 216.</h3>

Um der angekündigten Reduction, die wir hier ausführen wollen, eine grössere Evidenz zu verleihen, werden wir jetzt die Differentialquotienten $\frac{\partial}{\partial \sigma}$ durch andere ersetzen, die durch die Relationen

$$\frac{\partial}{\partial \sigma_1} = p_1 \frac{\partial}{\partial s_1} + q_1 \frac{\partial}{\partial s_2}, \qquad \frac{\partial}{\partial \sigma_2} = -q_2 \frac{\partial}{\partial s_1} + p_2 \frac{\partial}{\partial s_2}$$

bestimmt sind, und die k durch andere Grössen, die in folgender Weise definiert sind:

$$k_1 = -p_1 \mathcal{G}_1 + q_1 \mathcal{G}_2, \qquad k_2 = q_2 \mathcal{G}_1 + p_2 \mathcal{G}_2.$$

Die Transformation der Formeln (1) und (2) bietet keine Schwierigkeit. Combiniert man die transformierten Relationen in geeigneter Weise, so gelangt man zu den Formeln

$$\frac{\partial}{\partial s_1}\frac{q_2}{\varkappa} - \frac{\partial}{\partial s_2}\frac{p_2}{\varkappa} + \frac{1}{\varkappa}\left[(p_1 - p_2)\mathcal{G}_1 - (q_1 - q_2)\mathcal{G}_2\right] + \frac{1}{\varkappa^2}(p_2 r_1 + q_2 r_2) = 0,$$

$$\frac{\partial}{\partial s_2}\frac{q_1}{\varkappa} + \frac{\partial}{\partial s_1}\frac{p_1}{\varkappa} + \frac{1}{\varkappa}\left[(q_1 - q_2)\mathcal{G}_1 + (p_1 - p_2)\mathcal{G}_2\right] + \frac{1}{\varkappa^2}(p_1 r_2 - q_1 r_1) = 0.$$

Ferner lässt sich die Gleichung (3), wenn man (1) und (2) im Auge behält, leicht in

$$\frac{\partial \mathcal{G}_1}{\partial s_2} + \frac{\partial \mathcal{G}_2}{\partial s_1} + \mathcal{G}_1{}^2 + \mathcal{G}_2{}^2 = \frac{1}{\varkappa}(\mathcal{G}_1 r_1 - \mathcal{G}_2 r_2 - 1)$$

transformieren. Setzt man nun

$$p_1 = -\varkappa \mathfrak{T}_2, \quad p_2 = -\varkappa \mathfrak{T}_1, \quad q_1 = \varkappa \mathfrak{N}_1, \quad q_2 = \varkappa \mathfrak{N}_2$$

und bemerkt, dass

$$\frac{1}{\varkappa} = \mathfrak{N}_1 \mathfrak{N}_2 + \mathfrak{T}_1 \mathfrak{T}_2$$

ist, so nehmen die obigen Relationen die definitive Form an:

$$(14) \begin{cases} \dfrac{\partial \mathfrak{N}_2}{\partial s_1} + \dfrac{\partial \mathfrak{T}_1}{\partial s_2} + (\mathfrak{T}_1 - \mathfrak{T}_2)\mathfrak{G}_1 - (\mathfrak{N}_1 - \mathfrak{N}_2)\mathfrak{G}_2 \\ \quad = (\mathfrak{N}_1\mathfrak{N}_2 + \mathfrak{T}_1\mathfrak{T}_2)(\mathfrak{T}_1 r_1 - \mathfrak{N}_2 r_2), \\[2mm] \dfrac{\partial \mathfrak{N}_1}{\partial s_2} - \dfrac{\partial \mathfrak{T}_2}{\partial s_1} + (\mathfrak{N}_1 - \mathfrak{N}_2)\mathfrak{G}_1 + (\mathfrak{T}_1 - \mathfrak{T}_2)\mathfrak{G}_2 \\ \quad = (\mathfrak{N}_1\mathfrak{N}_2 + \mathfrak{T}_1\mathfrak{T}_2)(\mathfrak{T}_2 r_2 + \mathfrak{N}_1 r_1), \\[2mm] \dfrac{\partial \mathfrak{G}_1}{\partial s_2} + \dfrac{\partial \mathfrak{G}_2}{\partial s_1} + \mathfrak{G}_1{}^2 + \mathfrak{G}_2{}^2 = (\mathfrak{N}_1\mathfrak{N}_2 + \mathfrak{T}_1\mathfrak{T}_2)(\mathfrak{G}_1 r_1 - \mathfrak{G}_2 r_2 - 1). \end{cases}$$

Führt man ferner auch in den Formeln (3) die neue Bezeichnung ein, so werden diese

$$(15) \begin{cases} \dfrac{\partial x}{\partial s_1} = \mathfrak{N}_1 z - \mathfrak{G}_1 y - 1 & , \quad \dfrac{\partial x}{\partial s_2} = \mathfrak{G}_2 y + \mathfrak{T}_2 z & , \\[2mm] \dfrac{\partial y}{\partial s_1} = \mathfrak{G}_1 x - \mathfrak{T}_1 z & , \quad \dfrac{\partial y}{\partial s_2} = \mathfrak{N}_2 z - \mathfrak{G}_2 x - 1 & , \\[2mm] \dfrac{\partial z}{\partial s_1} = \mathfrak{T}_1(y + r_1) - \mathfrak{N}_1(x - r_2), & \dfrac{\partial z}{\partial s_2} = -\mathfrak{T}_2(x - r_2) + \mathfrak{N}_2(y + r_1), \end{cases}$$

und können dazu dienen, die geometrische Bedeutung der neuen Veränderlichen zu erklären.

$$\S\ 217.$$

Wie lassen sich die normalen Congruenzen charakterisieren? Sollen die Geraden einer Congruenz sämtlich Normalen einer Fläche sein, so ist dazu notwendig und hinreichend, dass man (wenigstens) für einen Punkt der Erzeugenden $(x = 0,\ y = 0)$ $\delta z = 0$ hat, also, wenn man sich an die Formel (6) erinnert,

$$\left(\frac{\partial z}{\partial \sigma_1} + r_1\right) \cos \omega + \left(\frac{\partial z}{\partial \sigma_2} + r_2\right) \sin \omega = 0,$$

welches auch der Wert von ω sein mag. Es ist also notwendig und hinreichend die Existenz einer Function z, welche als Differentialquotienten $- r_1$ und $- r_2$ zulässt, wozu es auf Grund von (13) erforderlich ist und genügt, dass man

$$\frac{\partial r_1}{\partial \sigma_2} - \frac{\partial r_2}{\partial \sigma_1} = k_1 r_1 + k_2 r_2$$

hat, d. h. nach (0), dass der mittlere Verteilungsparameter null ist oder, was dasselbe ist, dass die Focalebenen senkrecht zueinander sind oder auch, dass die Brennpunkte in die Grenzpunkte fallen. Dies gestattet uns $\mathfrak{T}_1 = - \mathfrak{T}_2 = \mathfrak{T}$ zu setzen, und dann werden die Formeln (15), wenn man überdies den Anfangspunkt auf der Fläche wählt, die bekannten Fundamentalformeln für die natürliche Analysis der Flächen, während die Formeln (14) sich schliesslich auf die Formeln von Codazzi reducieren.

§ 218.

Wir machen zum Schluss eine einzige Anwendung der Formeln (3), und zwar auf die Bestimmung der Flächen, welche von den Ebenen umhüllt werden, die auf den Geraden der Congruenz senkrecht stehen. Durch Differentiation der Gleichung $z = 0$ erhält man sofort mit Hilfe der Formeln (3) die Coordinaten $x = r_2$, $y = -r_1$ des Berührungspunktes der z-Ebene mit ihrer Enveloppe. Darauf lassen dieselben Formeln, angewandt auf diesen Punkt, für jeden Wert von ω die Richtung einer Tangente erkennen, die in der z-Ebene durch Richtungscosinus' α und β, proportional zu

$$P_1 \cos \omega - Q_2 \sin \omega , \qquad Q_1 \cos \omega + P_2 \sin \omega ,$$

definiert ist, wenn man zur Abkürzung setzt

$$P_1 = p_1 + k_1 r_1 + \frac{\partial r_2}{\partial \sigma_1} , \qquad P_2 = p_2 + k_2 r_2 - \frac{\partial r_1}{\partial \sigma_2} ,$$

$$Q_1 = q_1 + k_1 r_2 - \frac{\partial r_1}{\partial \sigma_1} , \qquad Q_2 = q_2 - k_2 r_1 - \frac{\partial r_2}{\partial \sigma_2} .$$

Es ist ferner zu beachten, dass man auf Grund der Formel (0) $P_1 = - P_2 = P$ setzen kann. Dies vorausgeschickt sei

$$\alpha = \lambda \left(P \cos \omega - Q_2 \sin \omega \right) , \qquad \beta = \lambda \left(Q_1 \cos \omega - P \sin \omega \right)$$

und infolgedessen

$$\lambda \cos \omega = \frac{Q_2 \beta - P \alpha}{Q_1 Q_2 - P^2} , \qquad \lambda \sin \omega = \frac{P \beta - Q_1 \alpha}{Q_1 Q_2 - P^2} .$$

Die Krümmung des durch den Winkel ω bestimmten Normalschnittes ist $\frac{\lambda \delta \gamma}{d \sigma}$ und drückt sich daher auf Grund der Formeln (3) in folgender Weise aus:

$$\mathfrak{N} = \lambda \left(\beta \cos \omega - \alpha \sin \omega \right) = \frac{Q_1 \alpha^2 - 2 P \alpha \beta + Q_2 \beta^2}{Q_1 Q_2 - P^2} .$$

Daraus ergiebt sich unter Anwendung der gewöhnlichen Bezeichnung

$$\mathfrak{N}_1 = \frac{Q_1}{Q_1 Q_2 - P^2} , \qquad \mathfrak{N}_2 = \frac{Q_2}{Q_1 Q_2 - P^2} , \qquad \mathfrak{T} = \frac{P}{Q_1 Q_2 - P^2} .$$

Die **totale Krümmung** oder $\mathfrak{N}_1 \mathfrak{N}_2 - \mathfrak{T}^2$ ist also der reciproke Wert von $Q_1 Q_2 - P^2$, und das Verhältnis der **mittleren Krümmung** zur **totalen Krümmung** ist die Hälfte von $Q_1 + Q_2$, d. h. von

$$(16) \qquad 2 q_0 - \left(\frac{\partial}{\partial \sigma_1} + k_2 \right) r_1 - \left(\frac{\partial}{\partial \sigma_2} - k_1 \right) r_2 .$$

Bemerkenswert ist der Fall der isotropen Congruenzen, für welche p auf jeder Erzeugenden constant ist. Alsdann hat nach den Formeln von Hamilton auch q einen constanten Wert in jedem Punkte von g, und die Formeln **(1)** und **(2)** liefern

$$\frac{\partial p}{\partial \sigma_2} + \frac{\partial q}{\partial \sigma_1} = -r_1, \quad \frac{\partial p}{\partial \sigma_1} - \frac{\partial q}{\partial \sigma_2} = r_2.$$

Es verwandelt sich daher, wenn man die Formel (13) im Auge behält, der Ausdruck (16) in die linke Seite der Gleichung

$$\left[\left(\frac{\partial}{\partial \sigma_1} + k_2\right)\frac{\partial}{\partial \sigma_1} + \left(\frac{\partial}{\partial \sigma_2} - k_1\right)\frac{\partial}{\partial \sigma_2} + 2\right]q = 0,$$

welche also die Enveloppen von der mittleren Krümmung Null charakterisiert. Trägt man andrerseits die obigen Werte von r_1 und r_2 in **(0)** ein, so wird diese Gleichung

$$\left[\left(\frac{\partial}{\partial \sigma_1} + k_2\right)\frac{\partial}{\partial \sigma_1} + \left(\frac{\partial}{\partial \sigma_2} - k_1\right)\frac{\partial}{\partial \sigma_2} + 2\right]p = 0.$$

Man erhält also unendlich viele Elassoide, wenn man q proportional zu p nimmt, und gelangt im besondern für $q = 0$ zu dem folgenden Satze von Ribaucour: **Die mittlere Enveloppe einer isotropen Congruenz ist ein Elassoid.**

Fünfzehntes Kapitel.

Die dreidimensionalen Räume.

§ 219.

Wir betrachten eine stetige Function der Punkte eines dreidimensionalen Raumes, d. h. eine Veränderliche u, welche in jedem Punkte M einer dreifach ausgedehnten Punktmannigfaltigkeit einen vorgeschriebenen Wert annimmt und sich unendlich wenig ändert, wenn M in eine unendlich benachbarte Lage M' übergeht. Wenn wir u einen constanten Wert auferlegen, so bedeutet dies, dass aus der dreifach ausgedehnten Mannigfaltigkeit von Punkten eine zweifach ausgedehnte Mannigfaltigkeit, d. h. eine Fläche ausgesondert wird, und wenn wir den genannten Wert ändern, so bedeutet dies den Übergang von einer Fläche zu einer andern. Es ist hiernach klar, dass in jeder reellen Function der Punkte eines Raumes die analytische Darstellung einer einfach unendlichen Schar von Flächen liegt. Das Verhältnis der Variation, welche die Function erfährt, wenn der Punkt von M nach M' geht, zu MM' ist der Differentialquotient in der Richtung MM', und es ist leicht zu sehen (vgl. § 104), dass, wenn die Differentialquotienten in drei paarweise zueinander senkrechten Richtungen bekannt sind, der Differentialquotient, welcher sich auf die durch die Cosinus' α, β, γ definierte Richtung bezieht, sich durch die Operation

$$\frac{d}{ds} = \alpha \frac{\partial}{\partial s_1} + \beta \frac{\partial}{\partial s_2} + \gamma \frac{\partial}{\partial s_3}$$

ergiebt. Man hat daher, wenn

$$\Delta = \left(\frac{\partial}{\partial s_1}\right)^2 + \left(\frac{\partial}{\partial s_2}\right)^2 + \left(\frac{\partial}{\partial s_3}\right)^2$$

gesetzt wird,

$$\frac{du}{ds} = \sqrt{\Delta u} \, . \cos \theta,$$

wobei θ den Winkel bezeichnet, welchen die variable Richtung mit der festen, durch die Cosinus'

$$(1) \qquad \frac{1}{\sqrt{\Delta u}} \frac{\partial u}{\partial s_1}, \qquad \frac{1}{\sqrt{\Delta u}} \frac{\partial u}{\partial s_2}, \qquad \frac{1}{\sqrt{\Delta u}} \frac{\partial u}{\partial s_3}$$

definierten Richtung bildet. Dies ist also immer diejenige Richtung, **längs welcher u am schnellsten zu variieren strebt**, und der Wert des Differentialquotienten in dieser Richtung ist gerade $\sqrt{\varDelta u}$. Setzt man dagegen $\theta = \frac{\pi}{2}$, so sieht man, dass längs der unendlich vielen durch den Punkt M gezogenen Senkrechten zur Richtung (1) **u constant zu bleiben strebt**. Es geht mit andern Worten durch jeden Punkt M eine Ebene, welche durch die Eigenschaft charakterisiert ist, dass die Variation von u, wenn M sich in ihr äussert wenig verschiebt, gegenüber der Grösse der Verschiebung von M unendlich klein von höherer Ordnung als der ersten ist. Wenn andrerseits M auf der Fläche, welche der durch die Function u definierten Schar angehört, eine beliebige Linie durchläuft, so bleibt diese Function constant und muss dies abgesehen von unendlich kleinen Grössen höherer Ordnung auch dann bleiben, wenn M unendlich wenig längs der Tangente jener Linie fortrückt; denn unter Vernachlässigung von Grössen, die inbezug auf den durchlaufenen Bogen unendlich klein von höherer Ordnung sind, kann man die Linie mit ihrer Tangente identificieren. Also gehört die Tangente der Linie notwendig der vorhin gefundenen Ebene an, d. h. **die Tangenten aller Linien auf der Fläche, die durch M hindurchgehen, liegen in einer Ebene**, vorausgesetzt, dass die Differentialquotienten (1) nicht sämtlich null sind. Nunmehr können wir hinzufügen, dass die Cosinus' (1) gerade diejenigen sind, welche die Richtung der Normale der Fläche im Punkte M definieren.

§ 220.

Auf drei Flächenscharen, welche durch die Functionen q_1, q_2, q_3 definiert sind, kann man ein System krummliniger Coordinaten gründen, entsprechend den Auseinandersetzungen des § 109. Dabei geht durch jeden Punkt M des Raumes eine Fläche q_i, der Ort derjenigen Punkte, in welchen q_i den Wert, den es in M hat, bewahrt. Die Flächen q_1, q_2, q_3, welche durch M hindurchgehen, schneiden sich längs dreier Linien (Coordinatenlinien); und man bezeichnet als q_i-Linie diejenige, längs welcher nur der Parameter q_i variiert. Wir werden immer annehmen, dass in jedem Punkte die Coordinatenflächen (und infolgedessen die Coordinatenlinien) paarweise zu einander senkrecht sind, und werden als Axen die Tangenten Mx_1, Mx_2, Mx_3 dieser Linien wählen. Wir wollen jetzt, wenn x_1, x_2, x_3 die Coordinaten eines festen Punktes des Raumes bedeuten, die Unbeweglichkeitsbedingungen inbezug auf das genannte Trieder hinschreiben, welches wir der Reihe nach als Fundamentaltrieder der drei Coordinatenflächen betrachten. Nehmen wir zunächst an, dass die Functionen Q definiert seien, welche in dem Ausdruck für das Quadrat des Bogenelements

$$(2) \qquad ds^2 = Q_1^2 dq_1^2 + Q_2^2 dq_2^2 + Q_3^2 dq_3^2$$

vorkommen, und setzen wir

$$(3) \qquad \mathcal{G}_{ij} = \frac{1}{Q_i Q_j} \frac{\partial Q_i}{\partial q_j}.$$

Denken wir uns ferner unter i, j, k eine gerade Anordnung der Indices $1, 2, 3$, und betrachten wir eine der drei Flächen, z. B. q_k. Auf dieser sind die q_1- und q_2-Linien q_i und q_j, und die in der Theorie der Flächen (§ 151) mit $\mathcal{G}_1$ und $\mathcal{G}_2$ bezeichneten Krümmungen sind $\mathcal{G}_{ij}$ und $\mathcal{G}_{ji}$. Bezeichnen wir jetzt noch mit $\mathcal{N}_{ik}$, $\mathcal{N}_{jk}$ und $\mathcal{T}_k$ die Grössen $\mathcal{N}_1$, $\mathcal{N}_2$ und $\mathcal{T}$ für die betrachtete Fläche, und schreiben wir die Bedingungen für die Unbeweglichkeit (§ 154) des Punktes ($x = x_i$, $y = x_j$, $z = x_k$):

$$\frac{\partial x_i}{\partial s_i} = \mathcal{N}_{ik} x_k - \mathcal{G}_{ij} x_j - 1, \qquad \frac{\partial x_j}{\partial s_i} = \mathcal{G}_{ij} x_i - \mathcal{T}_k x_k \qquad , \qquad \frac{\partial x_k}{\partial s_i} = \mathcal{T}_k x_j - \mathcal{N}_{ik} x_i,$$

$$\frac{\partial x_i}{\partial s_j} = \mathcal{G}_{ji} x_j - \mathcal{T}_k x_k \qquad , \qquad \frac{\partial x_j}{\partial s_j} = \mathcal{N}_{jk} x_k - \mathcal{G}_{ji} x_i - 1, \qquad \frac{\partial x_k}{\partial s_j} = \mathcal{T}_k x_i - \mathcal{N}_{jk} x_j.$$

Wenn wir nunmehr das erste Formelpaar für die Fläche q_j und das zweite für die Fläche q_i schreiben, während wir das dritte ungeändert lassen, so erhalten wir

$$\frac{\partial x_k}{\partial s_i} = \mathcal{G}_{ik} x_i - \mathcal{T}_j x_j = \mathcal{T}_k x_j - \mathcal{N}_{ik} x_i,$$

$$\frac{\partial x_k}{\partial s_j} = \mathcal{G}_{jk} x_j - \mathcal{T}_i x_i = \mathcal{T}_k x_i - \mathcal{N}_{jk} x_j,$$

$$\frac{\partial x_k}{\partial s_k} = \mathcal{N}_{kj} x_j - \mathcal{G}_{ki} x_i - 1 = \mathcal{N}_{ki} x_i - \mathcal{G}_{kj} x_j - 1.$$

Daraus ergiebt sich $\mathcal{T}_i = \mathcal{T}_j = - \mathcal{T}_k$ für alle i, j, k, mithin

$$(4) \qquad \mathcal{T}_1 = 0, \quad \mathcal{T}_2 = 0, \quad \mathcal{T}_3 = 0.$$

Ferner ist für jedes Paar von Werten i und j

$$(5) \qquad \mathcal{N}_{ij} = - \mathcal{G}_{ij}.$$

Die Gleichungen (4) sagen unmittelbar aus, dass in **jedem dreifachen Orthogonalsystem jede Fläche von den Flächen der beiden andern Scharen in den Krümmungslinien geschnitten wird. Dies ist ein wichtiges Theorem von Dupin.** Was die Formeln (5) anbetrifft, so drücken sie eine evidente Thatsache aus, nämlich die Gleichheit, welche abgesehen vom Vorzeichen zwischen der Normalkrümmung der Linie q_i, als Linie auf der Fläche q_j betrachtet, und der geodätischen Krümmung derselben Linie auf der Fläche q_k besteht. Daraus folgt, dass die sechs Functionen $\mathcal{G}$, welche allein in unsern weiteren Rechnungen vorkommen werden, mit veränderten Vorzeichen gerade die Hauptkrümmungen der drei Coordinatenflächen darstellen. Endlich nehmen die obigen Formeln die definitive Form an:

$$(6) \quad \begin{cases} \dfrac{\partial x_1}{\partial s_1} = -\mathcal{G}_{12}x_2 - \mathcal{G}_{13}x_3 - 1\,, & \dfrac{\partial x_2}{\partial s_3} = \mathcal{G}_{32}x_3\,, & \dfrac{\partial x_3}{\partial s_2} = \mathcal{G}_{23}x_2\,, \\[2ex] \dfrac{\partial x_2}{\partial s_2} = -\mathcal{G}_{23}x_3 - \mathcal{G}_{21}x_1 - 1\,, & \dfrac{\partial x_3}{\partial s_1} = \mathcal{G}_{13}x_1\,, & \dfrac{\partial x_1}{\partial s_3} = \mathcal{G}_{31}x_3\,, \\[2ex] \dfrac{\partial x_3}{\partial s_3} = -\mathcal{G}_{31}x_1 - \mathcal{G}_{32}x_2 - 1\,, & \dfrac{\partial x_1}{\partial s_2} = \mathcal{G}_{21}x_2\,, & \dfrac{\partial x_2}{\partial s_1} = \mathcal{G}_{12}x_1\,. \end{cases}$$

Dies sind die notwendigen und hinreichenden Bedingungen für die Unbeweglichkeit des durch die Coordinaten x_1, x_2, x_3 definierten Punktes.

$$\S\ 221.$$

Wendet man auf die Functionen x die auf die Fläche q_k bezügliche Integrabilitätsbedingung an, d. h.

$$(7) \qquad \left(\frac{\partial}{\partial s_i} + \mathcal{G}_{ji}\right)\frac{\partial}{\partial s_j} = \left(\frac{\partial}{\partial s_j} + \mathcal{G}_{ij}\right)\frac{\partial}{\partial s_i}\,,$$

so findet man sechs Differentialrelationen zwischen den $\mathcal{G}$, die als die Formeln von Lamé bekannt sind. Man kann diese Relationen auch ohne Rechnung erhalten, indem man die Formeln von Codazzi für die drei Coordinatenflächen schreibt. So wird z. B. die Gauss'sche Formel

$$\frac{\partial \mathcal{G}_1}{\partial s_2} + \frac{\partial \mathcal{G}_2}{\partial s_1} + \mathcal{G}_1{}^2 + \mathcal{G}_2{}^2 = \mathcal{C}^2 - \mathcal{N}_1\mathcal{N}_2\,,$$

wenn man darin $\mathcal{C} = 0$ setzt und $\mathcal{G}_1$, $\mathcal{G}_2$, $\mathcal{N}_1$, $\mathcal{N}_2$ bezüglich in $\mathcal{G}_{ij}$, $\mathcal{G}_{ji}$, $-\mathcal{G}_{ik}$, $-\mathcal{G}_{jk}$ verwandelt,

$$\frac{\partial \mathcal{G}_{ij}}{\partial s_j} + \frac{\partial \mathcal{G}_{ji}}{\partial s_i} + \mathcal{G}_{ij}{}^2 + \mathcal{G}_{ji}{}^2 + \mathcal{G}_{ik}\mathcal{G}_{jk} = 0$$

und führt zu einem ersten Tripel von Relationen. Entsprechend gehen die Formeln

$$\frac{\partial \mathcal{N}_2}{\partial s_1} = (\mathcal{N}_1 - \mathcal{N}_2)\mathcal{G}_2\,, \qquad \frac{\partial \mathcal{N}_1}{\partial s_2} = (\mathcal{N}_2 - \mathcal{N}_1)\mathcal{G}_1$$

über in

$$\frac{\partial \mathcal{G}_{jk}}{\partial s_i} + (\mathcal{G}_{jk} - \mathcal{G}_{ik})\mathcal{G}_{ji} = 0\,, \qquad \frac{\partial \mathcal{G}_{ik}}{\partial s_j} + (\mathcal{G}_{ik} - \mathcal{G}_{jk})\mathcal{G}_{ij} = 0\,.$$

Diese reducieren sich aber auf ein einziges Tripel, da auf Grund von (3)

$$\frac{\partial \mathcal{G}_{kj}}{\partial s_i} = \frac{1}{Q_i Q_j}\left(\frac{\partial^2 \log Q_k}{\partial q_i \partial q_j} - \frac{\partial \log Q_k}{\partial q_j}\frac{\partial \log Q_j}{\partial q_i}\right),$$

$$\frac{\partial \mathcal{G}_{ki}}{\partial s_j} = \frac{1}{Q_i Q_j}\left(\frac{\partial^2 \log Q_k}{\partial q_i \partial q_j} - \frac{\partial \log Q_k}{\partial q_i}\frac{\partial \log Q_i}{\partial q_j}\right)$$

ist, d. h.

$$\frac{1}{Q_i Q_j}\frac{\partial^2 \log Q_k}{\partial q_i \partial q_j} = \frac{\partial \mathcal{G}_{kj}}{\partial s_i} + \mathcal{G}_{kj}\mathcal{G}_{ji} = \frac{\partial \mathcal{G}_{ki}}{\partial s_j} + \mathcal{G}_{ki}\mathcal{G}_{ij},$$

folglich

$$(8) \qquad \frac{\partial \mathcal{G}_{kj}}{\partial s_i} + (\mathcal{G}_{kj} - \mathcal{G}_{ij})\mathcal{G}_{ji} = \frac{\partial \mathcal{G}_{ki}}{\partial s_j} + (\mathcal{G}_{ki} - \mathcal{G}_{ji})\mathcal{G}_{ij}.$$

Die Lamé'schen Formeln sind also

$$\begin{cases} \dfrac{\partial \mathcal{G}_{32}}{\partial s_2} + \dfrac{\partial \mathcal{G}_{23}}{\partial s_3} + \mathcal{G}_{32}^2 + \mathcal{G}_{23}^2 + \mathcal{G}_{21}\mathcal{G}_{31} = 0 \\[2ex] \dfrac{\partial \mathcal{G}_{13}}{\partial s_3} + \dfrac{\partial \mathcal{G}_{31}}{\partial s_1} + \mathcal{G}_{13}^2 + \mathcal{G}_{31}^2 + \mathcal{G}_{32}\mathcal{G}_{12} = 0 \\[2ex] \dfrac{\partial \mathcal{G}_{21}}{\partial s_1} + \dfrac{\partial \mathcal{G}_{12}}{\partial s_2} + \mathcal{G}_{21}^2 + \mathcal{G}_{12}^2 + \mathcal{G}_{13}\mathcal{G}_{23} = 0 \end{cases}$$

$$\begin{cases} \dfrac{\partial \mathcal{G}_{13}}{\partial s_2} + (\mathcal{G}_{13} - \mathcal{G}_{23})\mathcal{G}_{12} = 0 \\[2ex] \dfrac{\partial \mathcal{G}_{21}}{\partial s_3} + (\mathcal{G}_{21} - \mathcal{G}_{31})\mathcal{G}_{23} = 0 \\[2ex] \dfrac{\partial \mathcal{G}_{32}}{\partial s_1} + (\mathcal{G}_{32} - \mathcal{G}_{12})\mathcal{G}_{31} = 0 \end{cases} \quad\text{oder}\quad \begin{cases} \dfrac{\partial \mathcal{G}_{12}}{\partial s_3} + (\mathcal{G}_{12} - \mathcal{G}_{32})\mathcal{G}_{13} = 0 \\[2ex] \dfrac{\partial \mathcal{G}_{23}}{\partial s_1} + (\mathcal{G}_{23} - \mathcal{G}_{13})\mathcal{G}_{21} = 0 \\[2ex] \dfrac{\partial \mathcal{G}_{31}}{\partial s_2} + (\mathcal{G}_{31} - \mathcal{G}_{21})\mathcal{G}_{32} = 0 \end{cases}$$

und stellen, wie man sieht, eine notwendige Beziehung zwischen den Hauptkrümmungen der Coordinatenflächen und ihren Variationen auf. Wir können sie auch als partielle Differentialgleichungen zweiter Ordnung betrachten, welchen die Functionen Q genügen müssen. Denn sie lassen sich mit Hilfe der Formel (3) leicht in

$$(9) \quad \begin{cases} \dfrac{\partial}{\partial q_2}\left(\dfrac{1}{Q_2}\dfrac{\partial Q_3}{\partial q_2}\right) + \dfrac{\partial}{\partial q_3}\left(\dfrac{1}{Q_3}\dfrac{\partial Q_2}{\partial q_3}\right) + \dfrac{1}{Q_1^2}\dfrac{\partial Q_2}{\partial q_1}\dfrac{\partial Q_3}{\partial q_1} = 0, \\[2.5ex] \dfrac{\partial}{\partial q_3}\left(\dfrac{1}{Q_3}\dfrac{\partial Q_1}{\partial q_3}\right) + \dfrac{\partial}{\partial q_1}\left(\dfrac{1}{Q_1}\dfrac{\partial Q_3}{\partial q_1}\right) + \dfrac{1}{Q_2^2}\dfrac{\partial Q_3}{\partial q_2}\dfrac{\partial Q_1}{\partial q_2} = 0, \\[2.5ex] \dfrac{\partial}{\partial q_1}\left(\dfrac{1}{Q_1}\dfrac{\partial Q_2}{\partial q_1}\right) + \dfrac{\partial}{\partial q_2}\left(\dfrac{1}{Q_2}\dfrac{\partial Q_1}{\partial q_2}\right) + \dfrac{1}{Q_3^2}\dfrac{\partial Q_1}{\partial q_3}\dfrac{\partial Q_2}{\partial q_3} = 0, \\[2.5ex] \dfrac{\partial^2 Q_1}{\partial q_2 \partial q_3} = \dfrac{1}{Q_2}\dfrac{\partial Q_1}{\partial q_2}\dfrac{\partial Q_2}{\partial q_3} + \dfrac{1}{Q_3}\dfrac{\partial Q_1}{\partial q_3}\dfrac{\partial Q_3}{\partial q_2}, \\[2.5ex] \dfrac{\partial^2 Q_2}{\partial q_3 \partial q_1} = \dfrac{1}{Q_3}\dfrac{\partial Q_2}{\partial q_3}\dfrac{\partial Q_3}{\partial q_1} + \dfrac{1}{Q_1}\dfrac{\partial Q_2}{\partial q_1}\dfrac{\partial Q_1}{\partial q_3}, \\[2.5ex] \dfrac{\partial^2 Q_3}{\partial q_1 \partial q_2} = \dfrac{1}{Q_1}\dfrac{\partial Q_3}{\partial q_1}\dfrac{\partial Q_1}{\partial q_2} + \dfrac{1}{Q_2}\dfrac{\partial Q_3}{\partial q_2}\dfrac{\partial Q_2}{\partial q_1}, \end{cases}$$

transformieren.

§ 222.

Während in der Ebene ein für jeden Punkt definiertes Paar orthogonaler Richtungen sich immer als dasjenige betrachten lässt, welches in diesem Punkte zu den Tangenten der beiden Linien eines zweifachen Orthogonalsystems gehört, gilt im Raume keineswegs die analoge Eigenschaft für ein orthogonales Tripel, welches ebenfalls in jedem Punkte definiert ist. Diese bemerkenswerte Thatsache wird aus den beschränkenden Bedingungen hervorgehen, welche sich uns sogleich ergeben werden, wenn wir untersuchen, ob das Tripel, welches durch die Elemente der orthogonalen Determinante

$$\begin{vmatrix} \alpha_1 & \beta_1 & \gamma_1 \\ \alpha_2 & \beta_2 & \gamma_2 \\ \alpha_3 & \beta_3 & \gamma_3 \end{vmatrix} = 1$$

inbezug auf das variable Tripel der Tangenten der Linien eines dreifachen Orthogonalsystems definiert ist, dasjenige sein kann, welches die Tangenten der Linien eines andern dreifachen Orthogonalsystems bilden. Wir beziehen den Raum auf das neue System und drücken aus, dass die Bedingungen für die Unbeweglichkeit des Punktes (x_1, x_2, x_3) von den neuen Coordinaten

$$x_i' = \alpha_i x_1 + \beta_i x_2 + \gamma_i x_3$$

erfüllt werden müssen. Dabei ist zu beachten, dass die Formeln

$$(10) \qquad \frac{\partial}{\partial s_i'} = \alpha_i \frac{\partial}{\partial s_1} + \beta_i \frac{\partial}{\partial s_2} + \gamma_i \frac{\partial}{\partial s_3}$$

für $i = 1, 2, 3$ diejenigen sind, welche die Differentialquotienten inbezug auf die neuen Axen liefern. Sollen die Bedingungen (6) erfüllt sein, so ist zunächst notwendig, dass identisch

$$(11) \qquad \frac{\partial x_i'}{\partial s_j'} = \mathcal{G}_{ji}' x_j', \qquad \frac{\partial x_i'}{\partial s_k'} = \mathcal{G}_{ki}' x_k'$$

ist, also, wenn wir vorläufig nur die erste Gleichung in Betracht ziehen,

$$\left(\alpha_j \frac{\partial}{\partial s_1} + \beta_j \frac{\partial}{\partial s_2} + \gamma_j \frac{\partial}{\partial s_3} \right) (\alpha_i x_1 + \beta_i x_2 + \gamma_i x_3) = \mathcal{G}_{ji}' (\alpha_j x_1 + \beta_j x_2 + \gamma_j x_3).$$

Diese Gleichung spaltet sich in die drei folgenden

$$(12) \quad \begin{cases} \alpha_j \mathcal{G}_{ji}' = \dfrac{\partial \alpha_i}{\partial s_j'} + \beta_i (\alpha_j \mathcal{G}_{12} - \beta_j \mathcal{G}_{21}) - \gamma_i (\gamma_j \mathcal{G}_{31} - \alpha_j \mathcal{G}_{13}) \\[2ex] \beta_j \mathcal{G}_{ji}' = \dfrac{\partial \beta_i}{\partial s_j'} + \gamma_i (\beta_j \mathcal{G}_{23} - \gamma_j \mathcal{G}_{32}) - \alpha_i (\alpha_j \mathcal{G}_{12} - \beta_j \mathcal{G}_{21}) \\[2ex] \gamma_j \mathcal{G}_{ji}' = \dfrac{\partial \gamma_i}{\partial s_j'} + \alpha_i (\gamma_j \mathcal{G}_{31} - \alpha_j \mathcal{G}_{13}) - \beta_i (\beta_j \mathcal{G}_{23} - \gamma_j \mathcal{G}_{32}). \end{cases}$$

Multipliciert man dieselben mit α_j, β_j, γ_j und addiert sie, so ergiebt sich

$$(13) \qquad \begin{aligned} \mathcal{G}_{ji}' = &- \alpha_j(\varepsilon_{k1} + \dot{\gamma}_k\mathcal{G}_{12} - \beta_k\mathcal{G}_{13}) \\ &- \beta_j(\varepsilon_{k2} + \alpha_k\mathcal{G}_{23} - \gamma_k\mathcal{G}_{21}) \\ &- \gamma_j(\varepsilon_{k3} + \beta_k\mathcal{G}_{31} - \alpha_k\mathcal{G}_{32}), \end{aligned}$$

wenn man

$$\alpha_i\frac{\partial\alpha_j}{\partial s_\nu} + \beta_i\frac{\partial\beta_j}{\partial s_\nu} + \gamma_i\frac{\partial\gamma_j}{\partial s_\nu} = -\left(\alpha_j\frac{\partial\alpha_i}{\partial s_\nu} + \beta_j\frac{\partial\beta_i}{\partial s_\nu} + \gamma_j\frac{\partial\gamma_i}{\partial s_\nu}\right) = \varepsilon_{k\nu}$$

setzt und beachtet, dass in der orthogonalen Determinante

$$\begin{vmatrix} \alpha_i & \beta_i & \gamma_i \\ \alpha_j & \beta_j & \gamma_j \\ \alpha_k & \beta_k & \gamma_k \end{vmatrix} = 1$$

jedes Element gleich seinem algebraischen Complemente ist. Entsprechend leitet man aus den drei zu (12) analogen Relationen, in welche sich die zweite Gleichung (11) spaltet, ab

$$(14) \qquad \begin{aligned} \mathcal{G}_{ki}' = &\ \alpha_k(\varepsilon_{j1} + \gamma_j\mathcal{G}_{12} - \beta_j\mathcal{G}_{13}) \\ &+ \beta_k(\varepsilon_{j2} + \alpha_j\mathcal{G}_{23} - \gamma_j\mathcal{G}_{21}) \\ &+ \gamma_k(\varepsilon_{j3} + \beta_j\mathcal{G}_{31} - \alpha_j\mathcal{G}_{32}). \end{aligned}$$

Es lässt sich ferner leicht verificieren, dass man, wenn die Gleichungen (11) erfüllt sind, identisch

$$\frac{\partial x_i'}{\partial s_i'} = -\mathcal{G}_{ij}'x_j' - \mathcal{G}_{ik}'x_k' - 1$$

hat, dass also alle Bedingungen (6) auch in dem neuen System erfüllt sind. Dies vorausgeschickt führt die Elimination der $\mathcal{G}'$ aus den Gleichungen (12) oder aus den analogen Relationen in jedem Falle zu dem Tripel von Bedingungen

$$(15) \quad \alpha_i\varepsilon_{i1} + \beta_i\varepsilon_{i2} + \gamma_i\varepsilon_{i3} = (\mathcal{G}_{21} - \mathcal{G}_{31})\beta_i\gamma_i + (\mathcal{G}_{32} - \mathcal{G}_{12})\gamma_i\alpha_i + (\mathcal{G}_{13} - \mathcal{G}_{23})\alpha_i\beta_i.$$

§ 223.

Diese Bedingungen rühren daher, dass man die neuen Axentripel derart orientieren muss, dass das Theorem von Dupin auch in dem neuen System fortbesteht. Wendet man in der That die Fundamentalformeln auf die Richtung $(\alpha_i, \beta_i, \gamma_i)$ an, so findet man, dass sich die Gleichungen (12) auch in der Form

$$\alpha_j\mathcal{G}_{ji}' = \frac{\delta\alpha_i}{\partial s_j'}, \quad \beta_j\mathcal{G}_{ji}' = \frac{\delta\beta_i}{\partial s_j'}, \quad \gamma_j\mathcal{G}_{ji}' = \frac{\delta\gamma_i}{\partial s_j'}$$

18*

schreiben lassen, und es ist klar, dass jede Relation, die man durch Elimination von $\mathcal{G}_{ji}'$ aus diesen Gleichungen erhält, notwendig in (15) enthalten ist. Summiert man nun die genannten Gleichungen, nachdem man sie bezüglich mit α_k, β_k, γ_k multipliciert hat, so erhält man die Relation

$$\alpha_k \frac{\delta \alpha_i}{\partial s_j'} + \beta_k \frac{\delta \beta_i}{\partial s_j'} + \gamma_k \frac{\delta \gamma_i}{\partial s_j'} = 0 \, ,$$

die man also als eine neue Form der Gleichung (15) betrachten muss. Nun drückt aber diese Relation, wenn man sie in der Form

$$\begin{vmatrix} \alpha_i & \alpha_j & \delta \alpha_i \\ \beta_i & \beta_j & \delta \beta_i \\ \gamma_i & \gamma_j & \delta \gamma_i \end{vmatrix} = 0$$

schreibt, gerade aus (vgl. § 123, b), dass die Axe x_i' eine Developpable erzeugt, wenn der Anfangspunkt längs der Axe x_j' fortzurücken strebt. Es ist also wahr, dass die Bedingung (15) soviel enthält, als für die Erhaltung des Dupin'schen Theorems notwendig und hinreichend ist.

<h2 style="text-align:center">§ 224.</h2>

Wir kehren zu den Formeln (15) zurück und wollen daraus eine einzige Relation abzuleiten suchen, welcher jedes Cosinustripel für sich betrachtet genügen muss. Zunächst bemerken wir, dass man wegen

$$\varepsilon_{i\nu} = \sum \alpha_j \frac{\partial \alpha_k}{\partial s_\nu} = - \begin{vmatrix} \alpha_i & \alpha_k & \dfrac{\partial \alpha_k}{\partial s_\nu} \\[2ex] \beta_i & \beta_k & \dfrac{\partial \beta_k}{\partial s_\nu} \\[2ex] \gamma_i & \gamma_k & \dfrac{\partial \gamma_k}{\partial s_\nu} \end{vmatrix}$$

der linken Seite von (15) die Form

$$- \begin{vmatrix} \alpha_i & \alpha_k & \alpha_i \dfrac{\partial \alpha_k}{\partial s_1} + \beta_i \dfrac{\partial \alpha_k}{\partial s_2} + \gamma_i \dfrac{\partial \alpha_k}{\partial s_3} \\[2ex] \beta_i & \beta_k & \alpha_i \dfrac{\partial \beta_k}{\partial s_1} + \beta_i \dfrac{\partial \beta_k}{\partial s_2} + \gamma_i \dfrac{\partial \beta_k}{\partial s_3} \\[2ex] \gamma_i & \gamma_k & \alpha_i \dfrac{\partial \gamma_k}{\partial s_1} + \beta_i \dfrac{\partial \gamma_k}{\partial s_2} + \gamma_i \dfrac{\partial \gamma_k}{\partial s_3} \end{vmatrix}$$

geben kann. Daraus folgt, wenn man mit $F_k(\alpha, \beta, \gamma)$ die quadratische Form

$$\begin{vmatrix} \alpha & \alpha_k & \alpha\dfrac{\partial\alpha_k}{\partial s_1}+\beta\dfrac{\partial\alpha_k}{\partial s_2}+\gamma\dfrac{\partial\alpha_k}{\partial s_3} \\[2ex] \beta & \beta_k & \alpha\dfrac{\partial\beta_k}{\partial s_1}+\beta\dfrac{\partial\beta_k}{\partial s_2}+\gamma\dfrac{\partial\beta_k}{\partial s_3} \\[2ex] \gamma & \gamma_k & \alpha\dfrac{\partial\gamma_k}{\partial s_1}+\beta\dfrac{\partial\gamma_k}{\partial s_2}+\gamma\dfrac{\partial\gamma_k}{\partial s_3} \end{vmatrix} + \sum(\mathcal{G}_{21}-\mathcal{G}_{31})\,\beta\gamma$$

bezeichnet, dass die Tripel α_i, β_i, γ_i und α_j, β_j, γ_j die beiden Lösungen des Systems

$$F_k(\alpha,\beta,\gamma)=0\,,\qquad \alpha\alpha_k+\beta\beta_k+\gamma\gamma_k=0\,,\qquad \alpha^2+\beta^2+\gamma^2=1$$

sind, d. h. dass die genannten Tripel die Richtungen derjenigen Erzeugenden des quadratischen Kegels $F_k=0$ definieren, welche in einer zu der Richtung $(\alpha_k,\beta_k,\gamma_k)$ senkrechten Ebene liegen. Man bemerke hier, dass die beiden Richtungen zueinander senkrecht ausfallen müssen, und dass daher die Form F_k nicht beliebig ist. Sie muss sich vielmehr (wie leicht zu sehen ist) für $\alpha=\alpha_k$, $\beta=\beta_k$, $\gamma=\gamma_k$ auf die Summe der Coefficienten der quadratischen Terme reducieren, d. h. es muss sein

$$\sum\left(\beta_k\frac{\partial\gamma_k}{\partial s_1}-\gamma_k\frac{\partial\beta_k}{\partial s_1}\right)=\sum(\mathcal{G}_{21}-\mathcal{G}_{31})\,\beta_k\gamma_k\,,$$

oder

$$\sum\alpha_k\left[\left(\frac{\partial}{\partial s_3}+\mathcal{G}_{23}\right)\beta_k-\left(\frac{\partial}{\partial s_2}+\mathcal{G}_{32}\right)\gamma_k\right]=0\,.$$

Aber diese Bedingung ist identisch erfüllt, wie man sofort durch die Bemerkung erkennt, dass, wenn u die Function ist, welche die Schar der zu den Richtungen $(\alpha_k,\beta_k,\gamma_k)$ senkrechten Flächen definiert,

$$\alpha_k=\frac{1}{\sqrt{\varDelta u}}\,\frac{\partial u}{\partial s_1}\,,\qquad \beta_k=\frac{1}{\sqrt{\varDelta u}}\,\frac{\partial u}{\partial s_2}\,,\qquad \gamma_k=\frac{1}{\sqrt{\varDelta u}}\,\frac{\partial u}{\partial s_3}$$

ist. Bisher haben wir auf die dritte Bedingung (15) keine Rücksicht genommen. Man kann ihr eine der beiden Formen

$$F_i(\alpha_k,\beta_k,\gamma_k)=0\,,\qquad F_j(\alpha_k,\beta_k,\gamma_k)=0$$

geben. Setzt man in eine dieser Relationen die Werte von α_i, β_i, γ_i oder α_j, β_j, γ_j ein, welche das vorhin betrachtete System als Functionen der Cosinus' α_k, β_k, γ_k und ihrer ersten Ableitungen liefert, so gelangt man zu einer nichtidentischen Relation zwischen diesen Cosinus' und ihren ersten und zweiten Ableitungen, einer Relation, die offenbar auch von den andern beiden Cosinustripeln erfüllt werden muss. Setzt man ferner für α_k, β_k, γ_k ihre letzthin angegebenen Ausdrücke durch u ein, so erhält man die Relation von Bonnet, d. h. eine partielle Differentialgleichung dritter Ordnung, die notwendig und hinreichend ist, damit u eine Flächenschar definiert, welche einem drei-

fachen Orthogonalsystem angehört. Während also jede beliebige
einfach unendliche Schar ebener Curven mit ihren orthogonalen Trajectorien ein zweifaches Orthogonalsystem bildet, so ist es im dreidimensionalen Raume nur ausnahmsweise der Fall, dass eine Flächenschar einem dreifachen Orthogonalsystem angehört. Dies kann man
sich wieder mit Hilfe des Dupin'schen Theorems klar machen, da es bei
einer gegebenen Flächenschar sehr unwahrscheinlich ist, dass sich die
Krümmungslinien derart einander zuordnen lassen, dass sie zwei andere
Scharen von Flächen bilden, die zu den Flächen der gegebenen Schar
orthogonal sind. Dagegen gehört jede beliebige Fläche einem dreifachen Orthogonalsystem an. Denn es genügt z. B., zu ihr die unendlich vielen Parallelflächen (§ 172) hinzuzufügen und die andern beiden
Scharen mit den Developpablen der gemeinsamen Normalen längs der
Krümmungslinien zu bilden. Mit andern Worten: Jede Schar von
Parallelflächen gehört einem dreifachen Orthogonalsystem
an. Es ist auch leicht zu sehen, dass jede Ebenen- oder Kugelschar einem dreifachen Orthogonalsystem angehört, und zwar
liegt dies gerade an der vollkommenen Willkür (§ 147), die man bei
der Wahl der Krümmungslinien in der Ebene und auf der Kugel hat.

§ 225.

Um den zweiten Differentialparameter zu berechnen, werden
wir die Summe $\mathcal{G}_i$ derjenigen $\mathcal{G}$ zu betrachten haben, deren zweiter
Index gleich i ist, d. h.

$$(16) \qquad \mathcal{G}_i = \mathcal{G}_{ji} + \mathcal{G}_{ki} = \frac{\partial}{\partial s_i} \log Q_j Q_k .$$

Beachtet man, dass sich aus dem System

$$\alpha_i \frac{\partial \alpha_i}{\partial s_\nu} + \beta_i \frac{\partial \beta_i}{\partial s_\nu} + \gamma_i \frac{\partial \gamma_i}{\partial s_\nu} = 0$$

$$\alpha_j \frac{\partial \alpha_i}{\partial s_\nu} + \beta_j \frac{\partial \beta_i}{\partial s_\nu} + \gamma_j \frac{\partial \gamma_i}{\partial s_\nu} = - \varepsilon_{k\nu}$$

$$\alpha_k \frac{\partial \alpha_i}{\partial s_\nu} + \beta_k \frac{\partial \beta_i}{\partial s_\nu} + \gamma_k \frac{\partial \gamma_i}{\partial s_\nu} = \varepsilon_{j\nu}$$

folgern lässt

$$\frac{\partial \alpha_i}{\partial s_\nu} = \alpha_k \varepsilon_{j\nu} - \alpha_j \varepsilon_{k\nu}, \qquad \frac{\partial \beta_i}{\partial s_\nu} = \beta_k \varepsilon_{j\nu} - \beta_j \varepsilon_{k\nu}, \qquad \frac{\partial \gamma_i}{\partial s_\nu} = \gamma_k \varepsilon_{j\nu} - \gamma_j \varepsilon_{k\nu},$$

so liefern die Formeln (13) und (14), wenn man sie summiert,

$$\mathcal{G}_i' = \left(\frac{\partial}{\partial s_1} + \mathcal{G}_1 \right) \alpha_i + \left(\frac{\partial}{\partial s_2} + \mathcal{G}_2 \right) \beta_i + \left(\frac{\partial}{\partial s_3} + \mathcal{G}_3 \right) \gamma_i .$$

Dies vorausgeschickt erhält man durch Wiederholung der Operation (10)

$$\frac{\partial^2}{\partial s_i'^2} = \alpha_i^2 \frac{\partial^2}{\partial s_1^2} + \beta_i^2 \frac{\partial^2}{\partial s_2^2} + \cdots + \beta_i \gamma_i \left(\frac{\partial^2}{\partial s_2 \partial s_3} + \frac{\partial^2}{\partial s_3 \partial s_2} \right) + \cdots$$

$$+ \left(\alpha_i \frac{\partial \alpha_i}{\partial s_1} + \beta_i \frac{\partial \alpha_i}{\partial s_2} + \gamma_i \frac{\partial \alpha_i}{\partial s_3} \right) \frac{\partial}{\partial s_1} + \left(\alpha_i \frac{\partial \beta_i}{\partial s_1} + \beta_i \frac{\partial \beta_i}{\partial s_2} + \gamma_i \frac{\partial \beta_i}{\partial s_3} \right) \frac{\partial}{\partial s_2} + \cdots$$

Mithin ist

$$\left(\frac{\partial}{\partial s_i'} + \mathcal{G}_i' \right) \frac{\partial}{\partial s_i'} = \alpha_i^2 \left(\frac{\partial}{\partial s_1} + \mathcal{G}_1 \right) \frac{\partial}{\partial s_1} + \beta_i^2 \left(\frac{\partial}{\partial s_2} + \mathcal{G}_2 \right) \frac{\partial}{\partial s_2} + \cdots$$

$$+ \beta_i \gamma_i \left[\left(\frac{\partial}{\partial s_3} + \mathcal{G}_3 \right) \frac{\partial}{\partial s_2} + \left(\frac{\partial}{\partial s_2} + \mathcal{G}_2 \right) \frac{\partial}{\partial s_3} \right] + \cdots$$

$$+ \left[\frac{\partial}{\partial s_1} (\alpha_i^2) + \frac{\partial}{\partial s_2} (\alpha_i \beta_i) + \frac{\partial}{\partial s_3} (\alpha_i \gamma_i) \right] \frac{\partial}{\partial s_1}$$

$$+ \left[\frac{\partial}{\partial s_1} (\beta_i \alpha_i) + \frac{\partial}{\partial s_2} (\beta_i^2) + \frac{\partial}{\partial s_3} (\beta_i \gamma_i) \right] \frac{\partial}{\partial s_2}$$

$$+ \left[\frac{\partial}{\partial s_1} (\gamma_i \alpha_i) + \frac{\partial}{\partial s_2} (\gamma_i \beta_i) + \frac{\partial}{\partial s_3} (\gamma_i^2) \right] \frac{\partial}{\partial s_3}$$

und endlich

$$\sum \left(\frac{\partial}{\partial s_i'} + \mathcal{G}_i' \right) \frac{\partial}{\partial s_i'} = \sum \left(\frac{\partial}{\partial s_i} + \mathcal{G}_i \right) \frac{\partial}{\partial s_i}$$

Auf diese Weise tritt die Invarianteneigenschaft der Operation

$$\Delta^2 = \left(\frac{\partial}{\partial s_1} + \mathcal{G}_1 \right) \frac{\partial}{\partial s_1} + \left(\frac{\partial}{\partial s_2} + \mathcal{G}_2 \right) \frac{\partial}{\partial s_2} + \left(\frac{\partial}{\partial s_3} + \mathcal{G}_3 \right) \frac{\partial}{\partial s_3}$$

in Evidenz. Man kann derselben wegen (16) auch die Form

$$\Delta^2 = \frac{1}{Q_1 Q_2 Q_3} \left[\frac{\partial}{\partial q_1} \left(\frac{Q_2 Q_3}{Q_1} \frac{\partial}{\partial q_1} \right) + \frac{\partial}{\partial q_2} \left(\frac{Q_3 Q_1}{Q_2} \frac{\partial}{\partial q_2} \right) + \frac{\partial}{\partial q_3} \left(\frac{Q_1 Q_2}{Q_3} \frac{\partial}{\partial q_3} \right) \right]$$

geben, welche von Lamé angegeben worden ist.

§ 226.

Die Relationen (9) lehren uns, dass der bisher betrachtete Raum, in welchem wir vorhin die Curven und Flächen studiert haben, keineswegs der allgemeinste dreidimensionale Raum ist, den man sich denken kann. Wir betrachten den Raum als eine dreifach unendliche Mannigfaltigkeit von Punkten. Jeder von ihnen ist durch ein Tripel von Werten, die man den Parametern q_1, q_2, q_3 erteilt, charakterisiert und mit den unendlich benachbarten Punkten durch die Bedingung verknüpft, dass er von ihnen eine Entfernung hat, die sich durch die Formel (2) für ein willkürlich gegebenes Tripel von Functionen Q ausdrückt. Die Relationen zwischen den Q, welche wir gefunden haben, sind also das offenbare Zeichen für eine Specialisierung des Raumes, und diese ist gleich infolge der stillschweigend von uns eingeführten Voraussetzung eingetreten, dass es erlaubt sei, in dem betrachteten Raume das cartesische Coordinatensystem einzuführen, und dass folglich drei Functionen x_1, x_2, x_3 von q_1, q_2, q_3 existieren derart, dass sich der Ausdruck (2) auf die Form

$$(17) \qquad\qquad ds^2 = dx_1^2 + dx_2^2 + dx_3^2$$

reducieren lässt. Es ist übrigens leicht, durch ein directes Verfahren die Lamé'schen Formeln wiederzufinden als notwendig und hinreichend für die Möglichkeit einer solchen Reduction. Wir wollen uns hier daran erinnern, dass wir bereits in der Ebene einer Relation zwischen den Krümmungen der Linien eines beliebigen zweifachen Orthogonalsystems begegnet sind (§ 112), einer Relation, die gerade die Möglichkeit ausdrückt, das Quadrat des Bogenelements auf die Form $dx_1^2 + dx_2^2$ zu reducieren, während auf den Flächen keine notwendige Beziehung zwischen den Functionen Q besteht. Der von uns betrachtete Raum, den wir von jetzt an von den andern dadurch unterscheiden werden, dass wir ihn als linear bezeichnen, spielt also unter allen möglichen Räumen von drei Dimensionen die Rolle, welche der Ebene unter allen krummen Flächen zukommt, und wir werden aus diesem Grunde die nicht linearen Räume als krumm bezeichnen, indem wir uns vorbehalten, den Begriff der Krümmung im folgenden zu präcisieren.

§ 227.

Wie wir bei der Untersuchung der Linien und der krummen Flächen den Raum, welcher sie enthält, auf ein cartesisches Coordinatensystem bezogen haben, so wird es hier nützlich sein, anzunehmen, dass die dreifach ausgedehnte Mannigfaltigkeit von Punkten, die durch die Tripel (q_1, q_2, q_3) definiert und nach dem Gesetz (2) angeordnet sind, einer vierfach ausgedehnten linearen Punktmannigfaltigkeit angehört oder, wie man sich auszudrücken pflegt, in einem linearen Raume von vier Dimensionen liegt. Denken wir uns also eine vierfach unendliche Mannigfaltigkeit von Punkten. Jeder von ihnen sei durch ein Quadrupel von Werten, die man den Parametern q_1, q_2, q_3, q_4 erteilt, charakterisiert und mit den unendlich benachbarten Punkten durch die Bedingung verknüpft, eine Entfernung von ihnen zu haben, deren Quadrat die Form $Q_1^2 dq_1^2 + \cdots + Q_4^2 dq_4^2$ ausdrückt, welche als linear transformierbar in $dx_1^2 + \cdots + dx_4^2$ vorausgesetzt wird. Diese reduciert sich auf die Form (17), wenn ein x constant bleibt. Da nun jede lineare orthogonale Transformation, der man die x unterwirft, die Form ungeändert lässt, so können wir allgemein behaupten, dass in einem linearen Raum von vier Dimensionen jede lineare

Gleichung zwischen cartesischen Coordinaten, die sich auf unbewegliche Axen beziehen, einen linearen Raum von drei Dimensionen darstellt. Auf diese Weise rechtfertigt sich die Bezeichnung „linearer Raum", und es ergiebt sich gleichzeitig die Möglichkeit, auf derartige Räume die geometrische Terminologie und die fundamentalen Principien der gewöhnlichen analytischen Geometrie der Geraden und der Ebene sofort zu übertragen. Wir überlassen es dem Leser, sich mit dieser Verallgemeinerung vertraut zu machen und hier die Betrachtungen des § 219 zu wiederholen, um zu sehen, wie man dadurch, dass man einer Function u der Coordinaten der Punkte eines linearen Raumes von vier Dimensionen einen gewissen Wert vorschreibt, in diesem Raume einen (im allgemeinen krummen) Raum von drei Dimensionen erhält. Derselbe besitzt in jedem Punkte eine Normale, die Gerade, in deren Richtung u am schnellsten variiert, und einen linearen dreidimensionalen Tangentialraum, der durch diejenigen Geraden bestimmt wird, längs deren die Variation von u gegenüber der Verrückung von M unendlich klein von einer höheren Ordnung ist.

§ 228.

Betrachten wir einen Punkt, der sich in einem linearen vierdimensionalen Raume längs einer Curve bewegt, und seien M', M'', ... die Lagen, welche er nacheinander in unendlich kleinen Intervallen, von einer beliebigen Lage M ausgehend, annimmt. Die Tangente der Curve im Punkte M wird auch jetzt wieder definiert als die Grenzlage der Geraden MM', wenn M' nach M hinrückt. Wir werden kurz sagen, dass das Linienelement MM' die Tangente bestimmt, und so oft wir analoge Ausdrücke gebrauchen werden, ist dabei immer der Übergang zur Grenze mitzudenken. So werden wir ohne weiteres sagen können, dass zwei aufeinanderfolgende Elemente, MM' und $M'M''$, die osculierende Ebene bestimmen, ebenso wie drei Elemente den osculierenden linearen Raum bestimmen, der im allgemeinen von einem Punkte der Curve zum andern variiert. Die durch M zu dem osculierenden Raume gezogene Senkrechte wäre als die Trinormale zu bezeichnen, insofern sie zu drei unendlich benachbarten Tangenten senkrecht ist. Sie gehört der Binormalebene an, dem Ort der unendlich vielen Binormalen, d. h. der durch M senkrecht zu zwei aufeinanderfolgenden Elementen gezogenen Geraden, ebenso wie die Binormalebene dem Normalraum angehört, in welchem alle Normalen liegen, die in doppelt unendlicher Anzahl im Punkte M auf der Tangente senkrecht stehen. Die in M innerhalb der Binormalebene auf

der Trinormale errichtete Senkrechte ist die **Hauptbinormale**, und die Senkrechte zur Binormalebene, welche in M innerhalb des Normalraumes errichtet ist, ist die **Hauptnormale**. So entsteht das Fundamentalquadrupel der Curve: Tangente, Trinormale, Hauptbinormale, Hauptnormale. Wählt man diese Geraden, die paarweise aufeinander senkrecht stehen, als Axen, und bezeichnet die auf sie bezogenen cartesischen Coordinaten eines festen Punktes der Reihe nach mit x_1', x_2', x_3', x', so sind, wie wir im folgenden Kapitel sehen werden, die notwendigen und hinreichenden Bedingungen für die Unbeweglichkeit des Punktes

$$(18) \quad \frac{dx'}{ds} = \frac{x_1'}{\varrho} - 1, \quad \frac{dx_2'}{ds} = \frac{x_3'}{\iota}, \quad \frac{dx_3'}{ds} = \frac{x'}{r} - \frac{x_2'}{\iota}, \quad \frac{dx'}{ds} = -\frac{x_1'}{\varrho} - \frac{x_3'}{r}.$$

Hier ist ι, wie ϱ und r, der Radius einer Krümmung, und zwar werden wir dazu geführt werden, sie als das Mass der Tendenz anzusehen, die der Punkt M beim Durchlaufen der Curve hat sich mehr oder weniger rasch von dem osculierenden Raume zu entfernen.

§ 229.

Nehmen wir eine Linie in einem krummen Raume, deren Normale in M inbezug auf die Axen x_2', x_3', x' innerhalb des Normalraumes durch die Cosinus' α_1, β_1, γ_1 bestimmt sei. Zwei andere gerade Linien, die aufeinander und auf dieser Normale senkrecht stehen, seien in dem genannten Normalraume durch die Cosinus' α_2, β_2, γ_2 und α_3, β_3, γ_3 derart bestimmt, dass

$$(19) \quad \begin{vmatrix} \alpha_1 & \beta_1 & \gamma_1 \\ \alpha_2 & \beta_2 & \gamma_2 \\ \alpha_3 & \beta_3 & \gamma_3 \end{vmatrix} = 1$$

ist. Inbezug auf die Tangente und die drei soeben definierten Normalen sind die Coordinaten des festen Punktes $x_1 = x_1'$ und

$$x = \alpha_1 x_2' + \beta_1 x_3' + \gamma_1 x', \qquad x_2 = \alpha_3 x_2' + \beta_3 x_3' + \gamma_3 x',$$
$$x_3 = \alpha_2 x_2' + \beta_2 x_3' + \gamma_2 x'.$$

Dies vorausgeschickt lassen sich die Bedingungen (18) leicht in die folgenden transformieren:

$$(20) \quad \begin{cases} \dfrac{dx}{ds} = -\mathfrak{C}_2 x_2 + \mathfrak{C}_3 x_3 - \mathfrak{N} x_1 \;, & \dfrac{dx_2}{ds} = \mathfrak{G}_2 x_1 + \mathfrak{C}_2 x - \mathfrak{C}_1 x_3, \\[2ex] \dfrac{dx_1}{ds} = -\mathfrak{G}_2 x_2 - \mathfrak{G}_3 x_3 + \mathfrak{N} x - 1, & \dfrac{dx_3}{ds} = \mathfrak{G}_3 x_1 - \mathfrak{C}_3 x + \mathfrak{C}_1 x_2, \end{cases}$$

worin

$$\mathfrak{N} = \frac{\gamma_1}{\varrho}, \quad \mathfrak{G}_2 = -\frac{\gamma_3}{\varrho}, \quad \mathfrak{G}_3 = -\frac{\gamma_2}{\varrho}$$

und ausserdem

$$\mathcal{T}_1 = \frac{\alpha_1}{r} + \frac{\gamma_1}{t} - \varepsilon_1 , \quad \mathcal{T}_2 = \frac{\alpha_2}{r} + \frac{\gamma_2}{t} - \varepsilon_2 , \quad \mathcal{T}_3 = \frac{\alpha_3}{r} + \frac{\gamma_3}{t} - \varepsilon_3$$

gesetzt worden ist. Von den Formeln (20) gelangt man natürlich wieder zu den bekannten (§ 148) Unbeweglichkeitsbedingungen inbezug auf Flächen, wenn man die dritte Krümmung gleich Null setzt, in welchem Falle die Determinante (19) in

$$\begin{vmatrix} 0 & \sin\psi & \cos\psi \\ 0 & \cos\psi & -\sin\psi \\ -1 & 0 & 0 \end{vmatrix}$$

übergeht und $\mathcal{T}_1, \mathcal{T}_3, \mathcal{G}_2$ beständig gleich Null sind.

§ 230.

Wir wollen uns jetzt andre Curven denken, die in M die Axen x_2 und x_3 berühren und alles, was sich auf die zu Mx_i tangentiale Curve bezieht, mit dem Index i versehen. Die Formeln (20) geben zu folgenden Relationen Veranlassung:

$$(A)\begin{cases} \dfrac{\partial x}{\partial s_1} = -\mathcal{N}_1 x_1 - \mathcal{T}_{12} x_2 + \mathcal{T}_{13} x_3 , & \dfrac{\partial x_1}{\partial s_1} = \mathcal{N}_1 x - \mathcal{G}_{12} x_2 - \mathcal{G}_{13} x_3 - 1 \\[2ex] \dfrac{\partial x}{\partial s_2} = \mathcal{T}_{21} x_1 - \mathcal{N}_2 x_2 - \mathcal{T}_{23} x_3 , & \dfrac{\partial x_2}{\partial s_2} = -\mathcal{G}_{21} x_1 + \mathcal{N}_2 x - \mathcal{G}_{23} x_3 - 1 \\[2ex] \dfrac{\partial x}{\partial s_3} = -\mathcal{T}_{31} x_1 + \mathcal{T}_{32} x_2 - \mathcal{N}_3 x_3 , & \dfrac{\partial x_3}{\partial s_3} = -\mathcal{G}_{31} x_1 - \mathcal{G}_{32} x_2 + \mathcal{N}_3 x - 1 \end{cases}(B)$$

$$(C)\begin{cases} \dfrac{\partial x_3}{\partial s_2} = \mathcal{G}_{23} x_2 + \mathcal{T}_{23} x - \mathcal{T}_{22} x_1 , & \dfrac{\partial x_2}{\partial s_3} = \mathcal{G}_{32} x_3 - \mathcal{T}_{32} x + \mathcal{T}_{33} x_1 \\[2ex] \dfrac{\partial x_1}{\partial s_3} = \mathcal{G}_{31} x_3 + \mathcal{T}_{31} x - \mathcal{T}_{33} x_2 , & \dfrac{\partial x_3}{\partial s_1} = \mathcal{G}_{13} x_1 - \mathcal{T}_{13} x + \mathcal{T}_{11} x_2 \\[2ex] \dfrac{\partial x_2}{\partial s_1} = \mathcal{G}_{12} x_1 + \mathcal{T}_{12} x - \mathcal{T}_{11} x_3 , & \dfrac{\partial x_1}{\partial s_2} = \mathcal{G}_{21} x_2 - \mathcal{T}_{21} x + \mathcal{T}_{22} x_3 \end{cases}(C')$$

Aus denselben ergiebt sich sofort, dass für $x = x_1 = x_2 = x_3 = 0$ die Differentialquotienten

$$\frac{\partial^2 x}{\partial s_1{}^2}, \quad \frac{\partial^2 x}{\partial s_2{}^2}, \quad \frac{\partial^2 x}{\partial s_3{}^2}; \quad \frac{\partial^2 x}{\partial s_2\,\partial s_3}, \quad \frac{\partial^2 x}{\partial s_3\,\partial s_1}, \quad \frac{\partial^2 x}{\partial s_1\,\partial s_2}; \quad \frac{\partial^2 x}{\partial s_3\,\partial s_2}, \quad \frac{\partial^2 x}{\partial s_1\,\partial s_3}, \quad \frac{\partial^2 x}{\partial s_2\,\partial s_1}$$

die Werte

$$\mathcal{N}_1 , \quad \mathcal{N}_2 , \quad \mathcal{N}_3 ; \quad \mathcal{T}_{23} , \quad \mathcal{T}_{31} , \quad \mathcal{T}_{12} ; \quad -\mathcal{T}_{32} , \quad -\mathcal{T}_{13} , \quad -\mathcal{T}_{21}$$

annehmen, und dass die analogen Werte für die Functionen x_1, x_2, x_3 bezüglich die folgenden sind

$$\begin{aligned} & 0 , \quad -\mathcal{G}_{21} , \quad -\mathcal{G}_{31} ; \quad -\mathcal{T}_{22} , \quad 0 , \quad \mathcal{G}_{12} ; \quad \mathcal{T}_{33} , \quad \mathcal{G}_{13} , \quad 0 , \\ & -\mathcal{G}_{12} , \quad 0 , \quad -\mathcal{G}_{32} ; \quad \mathcal{G}_{23} , \quad -\mathcal{T}_{33} , \quad 0 ; \quad 0 , \quad \mathcal{T}_{11} , \quad \mathcal{G}_{21} , \\ & -\mathcal{G}_{13} , \quad -\mathcal{G}_{23} , \quad 0 ; \quad 0 , \quad \mathcal{G}_{31} , \quad -\mathcal{T}_{11} ; \quad \mathcal{G}_{32} , \quad 0 , \quad \mathcal{T}_{22} . \end{aligned}$$

Nun liefert die bekannte Bedingung

$$(21) \qquad \frac{\partial^2}{\partial s_i \partial s_j} - \frac{\partial^2}{\partial s_j \partial s_i} = \frac{\partial \log Q_j}{\partial s_i} \frac{\partial}{\partial s_j} - \frac{\partial \log Q_i}{\partial s_j} \frac{\partial}{\partial s_i},$$

angewandt auf die Function x, unmittelbar $\mathcal{T}_{ij} + \mathcal{T}_{ji} = 0$, und wir können daher setzen

$$T_1 = \mathcal{T}_{32} = -\mathcal{T}_{23}, \qquad T_2 = \mathcal{T}_{13} = -\mathcal{T}_{31}, \qquad T_3 = \mathcal{T}_{21} = -\mathcal{T}_{12}.$$

Wendet man dagegen dieselbe Bedingung auf die Functionen x_1, x_2, x_3 an, so sagt sie uns, dass die $\mathcal{G}_{ij}$ auch jetzt durch die Formel (3) ausgedrückt sind, und dass man ausserdem die Gleichungen $\mathcal{T}_{ii} = 0$ hat, in welchen sich das **Dupin'sche Theorem** ausspricht. Nunmehr lassen sich die Unbeweglichkeitsbedingungen auf ihre definitive Form bringen. Die Gleichungen (B) bleiben ungeändert, die (A) werden

$$\begin{cases} \dfrac{\partial x}{\partial s_1} = -\mathfrak{N}_1 x_1 + T_3 x_2 + T_2 x_3, \\[2mm] \dfrac{\partial x}{\partial s_2} = T_3 x_1 - \mathfrak{N}_2 x_2 + T_1 x_3, \\[2mm] \dfrac{\partial x}{\partial s_3} = T_2 x_1 + T_1 x_2 - \mathfrak{N}_3 x_3, \end{cases}$$

während die (C) und die (C′) sich auf die äusserst einfache Form reducieren

$$\begin{cases} \dfrac{\partial x_2}{\partial s_1} = \mathcal{G}_{12} x_1 - T_3 x, & \dfrac{\partial x_3}{\partial s_2} = \mathcal{G}_{23} x_2 - T_1 x, & \dfrac{\partial x_1}{\partial s_3} = \mathcal{G}_{31} x_3 - T_2 x, \\[2mm] \dfrac{\partial x_3}{\partial s_1} = \mathcal{G}_{13} x_1 - T_2 x, & \dfrac{\partial x_1}{\partial s_2} = \mathcal{G}_{21} x_2 - T_3 x, & \dfrac{\partial x_2}{\partial s_3} = \mathcal{G}_{32} x_3 - T_1 x. \end{cases}$$

Man bemerke, dass sich den (A) auch die Form geben lässt

$$(22) \qquad \frac{\partial x}{\partial s_1} = -\frac{1}{2} \frac{\partial \Phi}{\partial x_1}, \qquad \frac{\partial x}{\partial s_2} = -\frac{1}{2} \frac{\partial \Phi}{\partial x_2}, \qquad \frac{\partial x}{\partial s_3} = -\frac{1}{2} \frac{\partial \Phi}{\partial x_3},$$

wenn man mit Φ die quadratische Form bezeichnet, welche durch die Discriminante

$$K = \begin{vmatrix} \mathfrak{N}_1 & -T_3 & -T_2 \\ -T_3 & \mathfrak{N}_2 & -T_1 \\ -T_2 & -T_1 & \mathfrak{N}_3 \end{vmatrix}$$

definiert wird und bei der Untersuchung der Krümmung von grosser Wichtigkeit ist. Wir werden sogleich sehen, dass man K durch die Krümmungen $\mathcal{G}$ allein ausdrücken kann. Zu dem Zweck werden wir von der reciproken Determinante Gebrauch zu machen haben, deren Elemente wir in folgender Weise bezeichnen werden:

$$\begin{aligned} K_{11} &= \mathfrak{N}_2 \mathfrak{N}_3 - T_1^2, & K_{23} &= K_{32} = \mathfrak{N}_1 T_1 + T_2 T_3, \\ K_{22} &= \mathfrak{N}_3 \mathfrak{N}_1 - T_2^2, & K_{31} &= K_{13} = \mathfrak{N}_2 T_2 + T_3 T_1, \\ K_{33} &= \mathfrak{N}_1 \mathfrak{N}_2 - T_3^2, & K_{12} &= K_{21} = \mathfrak{N}_3 T_3 + T_1 T_2. \end{aligned}$$

§ 231.

Bevor wir weitergehen, wollen wir die gefundenen Resultate dazu benutzen, um zu zeigen, wie sich das Theorem von Euler (§ 155) auf die dreidimensionalen Räume ausdehnen lässt. Die Krümmung des ebenen Normalschnittes, dessen Tangente in dem linearen Tangentialraum durch die Richtungscosinus' α, β, γ bestimmt ist, wird immer durch $\frac{d^2 x}{ds^2}$ für $x = x_1 = x_2 = x_3 = 0$ gemessen, wobei

$$\frac{d}{ds} = \alpha \frac{\partial}{\partial s_1} + \beta \frac{\partial}{\partial s_2} + \gamma \frac{\partial}{\partial s_3}$$

ist. Sie ist also gegeben durch

$$\alpha^2 \frac{\partial^2 x}{\partial s_1{}^2} + \beta^2 \frac{\partial^2 x}{\partial s_2{}^2} + \cdots + \beta \gamma \left(\frac{\partial^2 x}{\partial s_2 \, \partial s_3} + \frac{\partial^2 x}{\partial s_3 \, \partial s_2} \right) + \cdots$$

für $x = x_1 = x_2 = x_3 = 0$, d. h. es ist

$$\frac{1}{\varrho} = \Phi(\alpha, \beta, \gamma).$$

Die Discussion dieser Formel liefert Resultate, die denen der Flächentheorie völlig analog sind. Sie führt im besondern dazu, drei **Hauptkrümmungen** zu betrachten, die den Axen des quadratischen Kegels $\Phi = 0$ entsprechen, welcher der Ort der Tangenten der unendlich vielen reellen oder imaginären Asymptotenlinien ist, die durch jeden Punkt hindurchgehen. Das Product der Hauptkrümmungen ist gerade K und kann als Mass für die **totale Krümmung** dienen, während die orthogonalen Invarianten

$$\frac{1}{3}(\mathfrak{N}_1 + \mathfrak{N}_2 + \mathfrak{N}_3), \quad \frac{1}{3}(K_{11} + K_{22} + K_{33})$$

zwei **mittlere Krümmungen** des Raumes in der Umgebung des betrachteten Punktes messen. Will man haben, dass die Normale des Raumes eine Developpable erzeugt, so wird man unter Beachtung von (22) dazu geführt, auszudrücken, dass die grössten Determinanten der **Matrix**

$$\begin{vmatrix} 0 & \dfrac{\partial \Phi}{\partial \alpha} & \dfrac{\partial \Phi}{\partial \beta} & \dfrac{\partial \Phi}{\partial \gamma} \\[2mm] 0 & \alpha & \beta & \gamma \\[2mm] 1 & 0 & 0 & 0 \end{vmatrix}$$

sämtlich null sind, d. h. dass man hat

$$\frac{\partial \Phi}{\partial \alpha} : \alpha = \frac{\partial \Phi}{\partial \beta} : \beta = \frac{\partial \Phi}{\partial \gamma} : \gamma,$$

und man findet so die Axen von Φ. Die Krümmungsscharen sind demnach durch das beständige Verschwinden von T_1, T_2, T_3 charakterisiert. Für sie reducieren sich die Relationen (A), (C) und (C') auf die äusserst einfache Form

$$\frac{\partial x}{\partial s_i} = -\, \mathfrak{N}_i x_i, \qquad \frac{\partial x_j}{\partial s_i} = \mathcal{G}_{ij} x_i.$$

§ 232. Formeln von Codazzi.

Kehren wir zu der Bedingung (21) zurück, die wir jetzt unter der Form (7) annehmen können, und wenden wir sie auf die Function x an:

$$\left(\frac{\partial}{\partial s_i} + \mathcal{G}_{ji}\right)\left(-\mathfrak{N}_j x_j + T_i x_k + T_k x_i\right) = \left(\frac{\partial}{\partial s_j} + \mathcal{G}_{ij}\right)\left(-\mathfrak{N}_i x_i + T_k x_j + T_j x_k\right).$$

Mit Hilfe der Unbeweglichkeitsbedingungen reduciert sich diese Gleichung auf eine lineare Relation zwischen den x, welche wegen der Willkürlichkeit dieser Veränderlichen zu folgenden Formelgruppen Veranlassung giebt:

$$(\alpha)\quad\begin{cases}\dfrac{\partial T_2}{\partial s_2} - \dfrac{\partial T_3}{\partial s_3} + T_2 \mathcal{G}_{32} - T_3 \mathcal{G}_{23} = T_1(\mathcal{G}_{21} - \mathcal{G}_{31})\\[2mm]\dfrac{\partial T_3}{\partial s_3} - \dfrac{\partial T_1}{\partial s_1} + T_3 \mathcal{G}_{13} - T_1 \mathcal{G}_{31} = T_2(\mathcal{G}_{32} - \mathcal{G}_{12})\\[2mm]\dfrac{\partial T_1}{\partial s_1} - \dfrac{\partial T_2}{\partial s_2} + T_1 \mathcal{G}_{21} - T_2 \mathcal{G}_{12} = T_3(\mathcal{G}_{13} - \mathcal{G}_{23})\end{cases}$$

$$(\beta)\quad\begin{cases}\dfrac{\partial \mathfrak{N}_3}{\partial s_2} + \dfrac{\partial T_1}{\partial s_3} + 2 T_1 \mathcal{G}_{23} - T_3 \mathcal{G}_{31} = (\mathfrak{N}_2 - \mathfrak{N}_3)\mathcal{G}_{32}\\[2mm]\dfrac{\partial \mathfrak{N}_1}{\partial s_3} + \dfrac{\partial T_2}{\partial s_1} + 2 T_2 \mathcal{G}_{31} + T_1 \mathcal{G}_{12} = (\mathfrak{N}_3 - \mathfrak{N}_1)\mathcal{G}_{13}\\[2mm]\dfrac{\partial \mathfrak{N}_2}{\partial s_1} + \dfrac{\partial T_3}{\partial s_2} + 2 T_3 \mathcal{G}_{12} + T_2 \mathcal{G}_{23} = (\mathfrak{N}_1 - \mathfrak{N}_2)\mathcal{G}_{21}\end{cases}$$

$$(\beta')\quad\begin{cases}\dfrac{\partial \mathfrak{N}_2}{\partial s_3} + \dfrac{\partial T_1}{\partial s_2} + 2 T_1 \mathcal{G}_{32} + T_2 \mathcal{G}_{21} = (\mathfrak{N}_3 - \mathfrak{N}_2)\mathcal{G}_{23}\\[2mm]\dfrac{\partial \mathfrak{N}_3}{\partial s_1} + \dfrac{\partial T_2}{\partial s_3} + 2 T_2 \mathcal{G}_{13} + T_3 \mathcal{G}_{32} = (\mathfrak{N}_1 - \mathfrak{N}_3)\mathcal{G}_{31}\\[2mm]\dfrac{\partial \mathfrak{N}_1}{\partial s_2} + \dfrac{\partial T_3}{\partial s_1} + 2 T_3 \mathcal{G}_{21} + T_1 \mathcal{G}_{13} = (\mathfrak{N}_2 - \mathfrak{N}_1)\mathcal{G}_{12}.\end{cases}$$

Ebenso erhält man durch Anwendung der Bedingung (7) auf die Veränderliche x_i die folgenden Formeln:

$$(\gamma)\quad\begin{cases}\dfrac{\partial \mathcal{G}_{32}}{\partial s_2} + \dfrac{\partial \mathcal{G}_{23}}{\partial s_3} + \mathcal{G}_{32}{}^2 + \mathcal{G}_{23}{}^2 + \mathcal{G}_{21}\mathcal{G}_{31} = -K_{11}\\[2mm]\dfrac{\partial \mathcal{G}_{13}}{\partial s_3} + \dfrac{\partial \mathcal{G}_{31}}{\partial s_1} + \mathcal{G}_{13}{}^2 + \mathcal{G}_{31}{}^2 + \mathcal{G}_{32}\mathcal{G}_{12} = -K_{22}\\[2mm]\dfrac{\partial \mathcal{G}_{21}}{\partial s_1} + \dfrac{\partial \mathcal{G}_{12}}{\partial s_2} + \mathcal{G}_{21}{}^2 + \mathcal{G}_{12}{}^2 + \mathcal{G}_{13}\mathcal{G}_{23} = -K_{33}\end{cases}$$

$$(\delta) \begin{cases} \dfrac{\partial \mathcal{G}_{13}}{\partial s_2} + (\mathcal{G}_{13} - \mathcal{G}_{23})\mathcal{G}_{12} = \dfrac{\partial \mathcal{G}_{12}}{\partial s_3} + (\mathcal{G}_{12} - \mathcal{G}_{32})\mathcal{G}_{13} = K_{23} \\[2ex] \dfrac{\partial \mathcal{G}_{21}}{\partial s_3} + (\mathcal{G}_{21} - \mathcal{G}_{31})\mathcal{G}_{23} = \dfrac{\partial \mathcal{G}_{23}}{\partial s_1} + (\mathcal{G}_{23} - \mathcal{G}_{13})\mathcal{G}_{21} = K_{31} \\[2ex] \dfrac{\partial \mathcal{G}_{32}}{\partial s_1} + (\mathcal{G}_{32} - \mathcal{G}_{12})\mathcal{G}_{31} = \dfrac{\partial \mathcal{G}_{31}}{\partial s_2} + (\mathcal{G}_{31} - \mathcal{G}_{21})\mathcal{G}_{32} = K_{12}\,. \end{cases}$$

Hier bemerke man, dass sich mit Hilfe der Formeln (γ) und (δ) die totale Krümmung durch die $\mathcal{G}$ allein ausdrücken lässt, da

$$K^2 = \begin{vmatrix} K_{11} & K_{12} & K_{13} \\ K_{21} & K_{22} & K_{23} \\ K_{31} & K_{32} & K_{33} \end{vmatrix}$$

ist. Wenn man sich also an die Formel (3) erinnert, so ergiebt sich, dass K eine Function ist, die nur von den Q und ihren ersten und zweiten partiellen Ableitungen abhängt. Wendet man ferner die Bedingung (7) auf ein beliebiges anderes x an, so gelangt man zu den bereits erhaltenen Formeln. Inzwischen reducieren sich die Formeln (α) nur auf zwei verschiedene, und die (δ) bilden im wesentlichen nur ein Tripel auf Grund der Identität (8). Man hat also im ganzen vierzehn Formeln, die bei der Untersuchung der krummen dreidimensionalen Räume, welche in einem vierdimensionalen linearen Raume enthalten sind, die Stelle vertreten, die bei der Untersuchung der Flächen die drei Codazzi'schen Formeln einnehmen.

§ 233.

Betrachten wir z. B. einen sphärischen Raum, d. h. den Ort derjenigen Punkte, welche in einem linearen vierdimensionalen Raum gleichweit von einem festen Punkte entfernt sind. Die Coordinaten dieses Punktes müssen beständig der Relation

$$x_1{}^2 + x_2{}^2 + x_3{}^2 + x^2 = R^2$$

und den Unbeweglichkeitsbedingungen genügen. Daraus folgt, wenn man diese Relation successiv nach den drei Coordinatenbogen differenziert, dass $x_1 = x_2 = x_3 = 0$ ist, mithin $x = R$. Trägt man diese Resultate in die Unbeweglichkeitsbedingungen ein, so findet man, dass

$$\mathfrak{N}_1 = \mathfrak{N}_2 = \mathfrak{N}_3 = \frac{1}{R}, \quad T_1 = T_2 = T_3 = 0$$

sein muss. Ferner sieht man, dass die Formeln (α), (β) und (β') identisch erfüllt sind, so dass nur die Bedingungen (γ) und (δ) übrig bleiben, in welchen

$$(23) \qquad K_{11} = K_{22} = K_{33} = \frac{1}{R^2}, \quad K_{23} = K_{31} = K_{12} = 0$$

ist. Die sechs auf diese Weise erhaltenen Relationen charakterisieren also die sphärischen Räume. Man verdankt sie Beltrami, und sie gehen für ein unendlich zunehmendes R in die sechs Lamé'schen Relationen (Formel 9) über, welche für den linearen Raum charakteristisch sind. Es ist natürlich in einem sphärischen Raume unmöglich, das System der cartesischen Coordinaten einzuführen, aber man kann immer ein System krummliniger Coordinaten zu Grunde legen, in welchem sich das Tripel der Functionen Q wie in dem cartesischen System auf eine einzige Function Q reduciert. Damit dies eintrete, ist es notwendig und hinreichend, dass die Bedingungen (23) erfüllt sind, wenn man für die K die aus den Formeln (γ) und (δ) gewonnenen Werte einsetzt, also

$$K_{ii} = -\frac{1}{Q}\frac{\partial^2 \frac{1}{Q}}{\partial q_i^2} + \frac{1}{Q^2}\sum_i \frac{\partial}{\partial q_i}\left(Q\frac{\partial \frac{1}{Q}}{\partial q_i}\right), \quad K_{ij} = -\frac{\partial^2 \frac{1}{Q}}{\partial q_i\,\partial q_j}.$$

Eine leichte Integration führt dazu,

$$\frac{1}{Q} = 1 + \frac{q_1{}^2 + q_2{}^2 + q_3{}^2}{4R^2}$$

zu nehmen, und man gelangt auf diese Weise zu einem Coordinatensystem, in welchem das Bogenelement

$$ds = \frac{\sqrt{dq_1{}^2 + dq_2{}^2 + dq_3{}^2}}{1 + \frac{1}{4R^2}\left(q_1{}^2 + q_2{}^2 + q_3{}^2\right)}$$

ist. Dies ist das System der **stereographischen Coordinaten,** welches von Riemann angegeben und von Beltrami zur Untersuchung der Räume constanter Krümmung benutzt worden ist.

Sechzehntes Kapitel.

Curven in Überräumen.

§ 234.

Längs einer Curve oder einer einfach ausgedehnten continuirlichen Mannigfaltigkeit von Punkten in einem linearen Raume von n Dimensionen wollen wir, von M ausgehend, die successiven Lagen $M', M'', \ldots$ eines Punktes betrachten, die der willkürlichen Anfangslage M unendlich nahe sind. Wir werden wie in § 228 sagen, dass das Element MM' die Tangente bestimmt, und werden dieselbe beständig als x_1-Axe annehmen. Wir werden ferner als x_2-Axe die $(n-1)$-Normale wählen, d. h. diejenige Gerade, welche durch M senkrecht zu $n-1$ aufeinanderfolgenden Elementen $MM', M'M'', \ldots$ gelegt ist. Offenbar liegt diese Gerade in der Ebene, welche von allen durch M hindurchgehenden Senkrechten zu $n-2$ aufeinanderfolgenden Elementen gebildet wird. Unter ihnen werden wir als x_3-Axe diejenige wählen, welche senkrecht auf der $(n-1)$-Normale steht und als die Haupt-$(n-2)$-Normale bezeichnet werden kann. Die Axen x_2 und x_3 liegen zusammen mit allen $(n-3)$-Normalen in einem linearen dreidimensionalen Raume, in welchem die x_4-Axe senkrecht zur (x_2, x_3)-Ebene zu wählen ist. Fährt man immer in derselben Weise fort, so gelangt man dazu, als x_{n-1}-Axe die Hauptbinormale anzunehmen, die in dem linearen $((n-2)$-dimensionalen) Binormalraume durch die Forderung der Orthogonalität zu den vorhergehenden Axen bestimmt ist. Endlich zeichne man in dem linearen $((n-1)$-dimensionalen) Normalraume, der alle Normalen enthält, unter diesen die Hauptnormale aus und wähle sie als x_n-Axe. Sie steht senkrecht auf dem Binormalraume. Es seien $\alpha_{i1}, \alpha_{i2}, \ldots, \alpha_{in}$ die Richtungscosinus' der x_i-Axe inbezug auf ein beliebiges System von n Axen, die paarweise aufeinander senkrecht stehen, und man bemerke, dass sich die angegebene Definition der genannten Axe in den Relationen

$$(1) \qquad \sum_{\nu=1}^{\nu=n} \alpha_{i\nu} d^j \alpha_{1\nu} = 0 \quad \text{für} \quad 1 \leq j \leq n - i,$$

$$(2) \qquad \sum_{n=1}^{\nu=n} \alpha_{i\nu} \alpha_{j\nu} = 0 \quad \text{für} \quad 1 \leq j \leq i - 1$$

ausdrückt. Im besondern erhält man aus (1) für $j = 1$ und aus der Gleichung

$$(3) \qquad \alpha_{i1}{}^2 + \alpha_{i2}{}^2 + \alpha_{i3}{}^2 + \cdots + \alpha_{in}{}^2 = 1,$$

wenn man dieselbe differenziert,

$$(4) \qquad \sum_{\nu=1}^{\nu=n} \alpha_{i\nu} d\alpha_{1\nu} = 0 \quad \text{für} \quad 1 \leq i \leq n - 1.$$

Nun sagen aber die Relationen (2) und (3) aus, dass die Determinante mit dem allgemeinen Element α_{ij} orthogonal ist. Ihr Wert ist, wenn man will, gleich der Einheit, und jedes Element gleich seinem algebraischen Complement. Hiernach gewinnt man aus den Gleichungen (4) für alle Werte von ν

$$(5) \qquad d\alpha_{1\nu} = \varepsilon_1 \alpha_{n\nu},$$

wenn man mit ε_1 den Winkel bezeichnet, den zwei unendlich benachbarte Tangenten bilden. Allgemeiner hat man, wenn man

$$\sum_{\nu=1}^{\nu=n} \alpha_{j\nu} d\alpha_{i\nu} = \varepsilon_{ij}$$

setzt, so dass

$$(6) \qquad \varepsilon_{ii} = 0, \qquad \varepsilon_{ij} = -\varepsilon_{ji}$$

ist,

$$(7) \qquad d\alpha_{ij} = \sum_{\nu=1}^{\nu=n} \varepsilon_{i\nu} \alpha_{\nu j}.$$

Man gelangt wieder zu der Formel (5) für $i = 1$ und

$$(8) \qquad \varepsilon_{11} = \varepsilon_{12} = \varepsilon_{13} = \cdots = \varepsilon_{1,n-1} = 0, \qquad \varepsilon_{1n} = \varepsilon_1,$$

woraus auf Grund von (6) hervorgeht

$$(9) \qquad \varepsilon_{11} = \varepsilon_{21} = \varepsilon_{31} = \cdots = \varepsilon_{n-1,1} = 0, \qquad \varepsilon_{n1} = -\varepsilon_1.$$

§ 235.

Mit Hilfe der Formeln (7) gelingt es, die successiven Differentialquotienten der Richtungscosinus' als lineare Functionen dieser Cosinus' auszudrücken. Wenn man ausgehend von dem Winkel ε_{ij}, der einstweilen mit $\varepsilon_{ij}^{(1)}$ bezeichnet werde, eine Reihe von Grössen $\varepsilon_{ij}^{(2)}$, $\varepsilon_{ij}^{(3)}$, $\ldots$ nach dem Gesetz

$$(10) \qquad \varepsilon_{ij}^{(k+1)} = d\,\varepsilon_{ij}^{(k)} + \sum_{\nu=1}^{\nu=n} \varepsilon_{i\nu}^{(k)}\,\varepsilon_{\nu j}$$

berechnet, so findet man durch successives Differenzieren von (7) und wiederholte Anwendung dieser Formel

$$d^k \alpha_{ij} = \sum_{\nu=1}^{\nu=n} \varepsilon_{i\nu}^{(k)}\,\alpha_{\nu j}\,.$$

Die Formeln (1) werden jetzt

$$\sum_{i,j}^{n} \varepsilon_{1i}^{(k)}\,\alpha_{\nu j}\,\alpha_{ij} = 0\,.$$

Das bedeutet unter Berücksichtigung von (3) und (4)

$$\varepsilon_{1\nu}^{(k)} = 0 \quad \text{für} \quad 2 \leq \nu \leq n-k\,.$$

Nimmt man nacheinander $k = 1, 2, 3, \ldots$ und trägt das letzte Resultat in (10) ein, so erhält man

$$(11) \qquad \sum_{i_1, i_2, \ldots, i_k}^{n} \varepsilon_{1 i_1}\,\varepsilon_{i_1 i_2}\,\varepsilon_{i_2 i_3}\cdots\varepsilon_{i_k \nu} = 0 \quad \text{für} \quad 2 \leq \nu \leq n-k-1\,.$$

Setzt man z. B. $k = 1$, so findet man

$$\sum_{i=1}^{i=n} \varepsilon_{1i}\,\varepsilon_{i\nu} = 0\,,$$

d. h. auf Grund von (8)

$$\varepsilon_{n\nu} = 0 \quad \text{für} \quad 2 \leq \nu \leq n-2\,.$$

Ebenso wird für $k = 2$ die Relation (11)

$$\sum_{i,j}^{n} \varepsilon_{1i}\,\varepsilon_{ij}\,\varepsilon_{j\nu} = 0\,,$$

und aus dieser entnimmt man unter Beachtung des vorigen Resultates

$$\varepsilon_{n-1,\nu} = 0 \quad \text{für} \quad 2 \leq \nu \leq n-3\,.$$

Fährt man in dieser Weise fort, so sieht man voraus, dass allgemein sein wird

$$(12) \qquad \varepsilon_{n-k+1,\nu} = 0 \quad \text{für} \quad 2 \leq \nu \leq n-k-1\,.$$

Wir wollen annehmen, diese Gleichung sei samt den ihr vorangehenden wahr und wollen beweisen, dass sie bestehen bleibt, wenn man in ihr k in $k+1$ verwandelt. Wird $i_{k+1} = j$ gesetzt, so giebt die Relation (11)

$$\sum_{j=1}^{j=n} \left(\varepsilon_{j\nu} \sum_{i_1, i_2, \ldots, i_k} \varepsilon_{1 i_1}\,\varepsilon_{i_1 i_2}\,\varepsilon_{i_2 i_3}\cdots\varepsilon_{i_k j} \right) = 0 \quad \text{für} \quad 2 \leq \nu \leq n-k-2\,.$$

Die Summe mit k Indices ist null für $j = 2, 3, 4, \ldots, n-k-1$. Andrerseits ist auf Grund von (12) und der vorangehenden Gleichungen $\varepsilon_{j\nu}$ null für $j = n-k+1, n-k+2, \ldots, n-1, n$. Es bleiben also nur die Glieder übrig, welche den Werten $j = 1$ und $j = n - k$ entsprechen. Das erste ist null auf Grund von (8), mithin hat man

$$\varepsilon_{n-k,\,\nu} = 0 \quad \text{für} \quad 2 \leq \nu \leq n - k - 2.$$

Man gelangt also gerade zu der Formel (12), in der k in $k + 1$ verwandelt ist.

§ 236.

Wir wollen jetzt als Axen die n Hauptgeraden wählen und untersuchen, welche Lagen sie annehmen, wenn sich der Anfangspunkt M nach M' verschiebt. Offenbar stellt ε_{ij} für $i \gtrless j$ den Cosinus des Winkels dar, den die neue Axe x_i' mit x_j bildet. Hiermit erhalten die Formeln (12) eine geometrische Interpretation, die man leicht zum directen Beweis dieser Formeln benutzen könnte. Setzen wir inzwischen

$$\varepsilon_{2,\,n} = \varepsilon_2\,, \quad \varepsilon_{3,\,n-1} = \varepsilon_3\,, \quad \varepsilon_{4,\,n-2} = \varepsilon_4\,, \quad \ldots, \quad \varepsilon_{n-1,\,3} = \varepsilon_{n-1}\,,$$

so sagen die Formeln (12), (8) und (9) aus, dass die Richtungscosinus' der Hauptgeraden, welche ihren Ursprung in M' haben, inbezug auf die von M ausgehenden durch folgendes quadratische Schema gegeben sind:

	x_1	x_2	x_3	$\ldots$	x_{n-2}	x_{n-1}	x_n
x_1'	1	0	0	$\ldots$	0	0	ε_1
x_2'	0	1	ε_{n-1}	$\ldots$	0	0	0
x_3'	0	$-\varepsilon_{n-1}$	1	$\ldots$	0	0	0
$\ldots$							
x_{n-2}'	0	0	0	$\ldots$	1	ε_3	0
x_{n-1}'	0	0	0	$\ldots$	$-\varepsilon_3$	1	ε_2
x_n'	$-\varepsilon_1$	0	0	$\ldots$	0	$-\varepsilon_2$	1

Dies vorausgeschickt seien $x_1, x_2, \ldots, x_n$ die Coordinaten eines Punktes P inbezug auf die beweglichen Axen; δx sei die absolute Variation einer Coordinate x im Raume, wenn M in M' und gleichzeitig P in P' übergeht; dx sei die Variation, welche diese Coordinate möglicher Weise inbezug auf die beweglichen Axen erfährt. Durch Projection von $M'P'$ auf die von M ausgehenden Axen erhält man

$$\delta x_1 = dx_1 - \varepsilon_1 (x_n + dx_n) + ds\,, \quad \delta x_2 = dx_2 - \varepsilon_{n-1}(x_3 + dx_3),\ \text{u. s. w.}$$

oder

$$(13)\begin{cases}\dfrac{\delta x_1}{ds}=\dfrac{dx_1}{ds}-\dfrac{x_n}{\varrho}+1, & \dfrac{\delta x_2}{ds}=\dfrac{dx_2}{ds}-\dfrac{x_3}{\varrho_{n-1}}, & \dfrac{\delta x_n}{ds}=\dfrac{dx_n}{ds}+\dfrac{x_1}{\varrho_1}+\dfrac{x_{n-1}}{\varrho_2},\\[2mm]\dfrac{\delta x_i}{ds}=\dfrac{dx_i}{ds}+\dfrac{x_{i-1}}{\varrho_{n-i+2}}-\dfrac{x_{i+1}}{\varrho_{n-i+1}} & (i=3,4,\ldots,n-1),\end{cases}$$

nachdem man

$$(14)\qquad ds=\varepsilon_1\varrho_1=\varepsilon_2\varrho_2=\varepsilon_3\varrho_3=\cdots=\varepsilon_{n-1}\varrho_{n-1}$$

gesetzt hat.

§ 237.

Die Formeln (13) sind die **Fundamentalformeln für die natürliche Analysis der Curven**, die in einem linearen Raume von n Dimensionen enthalten sind. Diese Curven besitzen also $n-1$ Krümmungen, welche sich durch die Radien ϱ messen lassen. Wenn beim Durchlaufen der Curve der Punkt M sich von der Tangente entfernt, so entsteht die erste Krümmung. Entsprechend der mehr oder weniger grossen Tendenz des Punktes M, sich von der osculierenden Ebene zu entfernen, hat man eine zweite Krümmung, ferner eine dritte, die von der Tendenz des Punktes M herrührt, aus dem osculierenden Raume, welcher durch drei aufeinanderfolgende Elemente MM', $M'M''$, $M''M'''$ bestimmt wird, herauszutreten, und so fort. Schliesslich erfährt die Curve wegen der Entfernung des Punktes M von dem (linearen, $(n-1)$-dimensionalen) osculierenden Raume, der senkrecht auf der $(n-1)$-Normale steht, eine $(n-1)$-te und letzte Krümmung. Die Formeln (13) gelten auch, wenn man für die x die Cosinus' setzt, die eine beliebige Richtung definieren, vorausgesetzt, dass man in der ersten den Term 1 beseitigt. Wendet man die genannten Formeln im besondern auf die x_{n-i+1}-Axe an, so findet man leicht, dass der Winkel e_i, den zwei unendlich benachbarte i-Normalen bilden, durch die Formel

$$e_i^2=\varepsilon_i^2+\varepsilon_{i+1}^2$$

gegeben ist, die auch für $i=n-1$ richtig ist, wenn man $\varepsilon_n=0$ festsetzt, was man annehmen muss, wenn man sich für einen Augenblick den betrachteten Raum als enthalten in einem linearen Raume denkt, der eine Dimension mehr hat. Wenn man überdies mit e_0 den Winkel $(=\varepsilon_1)$ bezeichnet, den zwei unendlich benachbarte Tangenten bilden, so ist es interessant, folgendes Theorem von Lancret zu notieren:

$$e_0^2-e_1^2+e_2^2-\cdots\pm e_{n-1}^2=0.$$

§ 238.

Der Beweis der Formeln (13) lässt sich erleichtern durch ganz einfache mechanische Betrachtungen, die den Vorteil haben, dass sie zeigen, welchen Weg man verfolgen muss, um analoge Formeln zu erhalten, die allgemeiner sind und sich auf nicht lineare Räume beziehen. Erteilt man in dem n-dimensionalen Raume, in welchem

$$ds^2 = dx_1^2 + dx_2^2 + \cdots + dx_n^2$$

ist, den Coordinaten x willkürliche Variationen δx, so liefert die letzte Relation

$$ds\,\delta\,ds = \frac{1}{2} \sum_{i,j} \left(\frac{\partial \delta x_i}{\partial x_j} + \frac{\partial \delta x_j}{\partial x_i} \right) dx_i\, dx_j\,.$$

Daraus folgert man, dass die Bedingungen

$$\frac{\partial \delta x_i}{\partial x_j} + \frac{\partial \delta x_j}{\partial x_i} = 0$$

für die Starrheit notwendig und, wenn sie zusammen bestehen, hinreichend sind. Integriert man sie, so ergiebt sich

$$\delta x_i = a_i + \omega_{i1} x_1 + \omega_{i2} x_2 + \cdots + \omega_{in} x_n\,,$$

wo $\omega_{ij} + \omega_{ji} = 0$ ist. Jede infinitesimale starre Bewegung geht demnach hervor aus einer Translation $(a_1, a_2, \ldots, a_n)$ und aus einer Rotation, die sich in $\frac{1}{2} n(n-1)$ Rotationen parallel zu den Coordinatenebenen zerlegt derart, dass bei jeder Rotationscomponente jeder Punkt des Systems sich in einer Ebene bewegt, die einer Coordinatenebene parallel ist, und in derselben eine Rotation ω_{ij}, von x_j nach x_i zu gerechnet, erfährt. Nunmehr betrachte man das System der n Hauptgeraden als starr und studiere seinen Übergang von der Lage, die es in einem Punkte M hat, zu derjenigen, die es in einem unendlich benachbarten Punkte M' annimmt. Die Haupt-$(n-i+1)$-Normale x_i bleibt senkrecht zu $n-i$ aufeinanderfolgenden Elementen und muss sich daher in dem i-dimensionalen Normalraume $x_2 x_3 \ldots x_i x_{i+1}$ bewegen, zu welchem die übrigbleibenden Axen $x_{i+2}, x_{i+3}, \ldots, x_n$ senkrecht sind. Daraus folgt $\omega_{ij} = 0$ für

$$i > 1, \quad j = i+2, \quad i+3, \quad \ldots, \quad n\,.$$

Beachtet man ferner, dass $\omega_{ij} = -\omega_{ji}$ ist, so kann man hinzufügen, dass $\omega_{ij} = 0$ ist für

$$j > 1, \quad i = j+2, \quad j+3, \quad \ldots, \quad n\,.$$

Es ist also, wenn man beides zusammenfasst, $\omega_{ij} = 0$ für

$$i > 1,\ j = 2, 3, \ldots, i-3, i-2, i, i+2, i+3, \ldots, n-1, n\,.$$

Was die Axe x_1 anbetrifft, so kann sie offenbar, da sie senkrecht zu allen mehrfachen Normalen bleiben muss, nicht aus der osculierenden Ebene $x_1 x_n$ heraustreten: ε_1 sei der Winkel, um den sie sich gegen x_n dreht. Dann hat man

$$\omega_{n1} = \varepsilon_1, \qquad \omega_{21} = \omega_{31} = \cdots = \omega_{n-1,1} = 0,$$
$$\omega_{1n} = -\varepsilon_1, \qquad \omega_{12} = \omega_{13} = \cdots = \omega_{1,n-1} = 0.$$

Es seien nunmehr $\varepsilon_{n-1}, \varepsilon_{n-2}, \ldots, \varepsilon_2$ die Winkel, um welche sich $x_2, x_3, \ldots, x_{n-1}$ bezüglich gegen $x_3, x_4, \ldots, x_n$ drehen, so dass

$$\omega_{i+1,i} = -\omega_{i,i+1} = \varepsilon_{n-i+1}$$

ist. Das starre System, welches durch die n Hauptgeraden bezeichnet wird, erfährt also bei dem Übergange von M nach M' ausser der Translation ds längs x_1 eine Rotation, welche durch die soeben bestimmten Winkel ω definiert ist. Wenn der Punkt $(x_1, x_2, \ldots, x_n)$, anstatt mit den n Geraden fest verbunden zu sein, inbezug auf sie die Verrückung $(dx_1, dx_2, \ldots, dx_n)$ erfährt, so sind die Componenten seiner absoluten Verrückung im Raume auf Grund der zu Anfang bewiesenen Formeln und der zuletzt erhaltenen Resultate

$$\begin{cases} \delta x_1 = dx_1 - \varepsilon_1 x_n + ds, \; \delta x_2 = dx_2 - \varepsilon_{n-1} x_3, \; \delta x_n = dx_n + \varepsilon_1 x_1 + \varepsilon_2 x_{n-1}, \\ \delta x_i = dx_i + \varepsilon_{n-i+2} x_{i-1} - \varepsilon_{n-i+1} x_{i+1} \quad (i = 3, 4, \ldots, n-1). \end{cases}$$

Dies sind aber, wenn man durch die Ausdrücke (14) dividiert, gerade die Fundamentalformeln.

§ 239. Theorem von Brunel.

Wir wollen die Fundamentalformeln zum Beweise eines Satzes von Brunel verwenden, der insofern interessant ist, als er wesentliche Unterschiede in der Structur der Räume aufdeckt, je nachdem ihre Dimensionenzahl gerade oder ungerade ist. Um den Unbeweglichkeitsbedingungen durch constante Werte der Coordinaten x zu genügen, muss man haben

$$x_n = \varrho_1, \quad x_3 = 0, \quad \frac{x_1}{\varrho_1} + \frac{x_{n-1}}{\varrho_2} = 0,$$

$$\frac{x_{i-1}}{\varrho_{n-i+2}} = \frac{x_{i+1}}{\varrho_{n-i+1}} \quad (i = 3, 4, \ldots, n-1),$$

woraus sich nur für ein gerades n ableiten lässt

$$x_1 = x_3 = x_5 = \cdots = x_{n-1} = 0,$$

$$x_i = \frac{\varrho_1 \varrho_3 \varrho_5 \cdots \varrho_{n-i+1}}{\varrho_2 \varrho_4 \cdots \varrho_{n-i}} \quad (i = 2, 4, \ldots, n),$$

vorausgesetzt, dass

$$\varrho_1, \quad \frac{\varrho_3}{\varrho_2}, \quad \frac{\varrho_5}{\varrho_4}, \quad \ldots, \quad \frac{\varrho_{n-1}}{\varrho_{n-2}}$$

constant sind. Der so definierte Punkt O ist im Raume unbeweglich, und das Quadrat seiner Entfernung von M hat den constanten Wert $x_2^2 + x_4^2 + \cdots + x_n^2$. Für ein ungerades n kann man dagegen durch constante Werte der Cosinus' $\alpha_1, \alpha_2, \ldots, \alpha_n$ den Bedingungen für die Unveränderlichkeit der durch diese Cosinus' definierten Richtung genügen, d. h. den Gleichungen

$$\alpha_n = 0, \quad \alpha_3 = 0, \quad \frac{\alpha_1}{\varrho_1} + \frac{\alpha_{n-1}}{\varrho_2} = 0,$$

$$\frac{\alpha_{i-1}}{\varrho_{n-i+2}} = \frac{\alpha_{i+1}}{\varrho_{n-i+1}} \quad (i = 3, 4, \ldots, n-1),$$

vorausgesetzt, dass

$$\frac{\varrho_2}{\varrho_1}, \quad \frac{\varrho_4}{\varrho_3}, \quad \ldots, \quad \frac{\varrho_{n-1}}{\varrho_{n-2}}$$

constant sind. In diesem Falle haben die Tangenten der Curve gleiche Neigung gegen die unveränderliche Richtung, welche durch die Cosinus'

$$\alpha_3 = \alpha_5 = \alpha_7 = \cdots = \alpha_n = 0,$$

$$\alpha_1 = 1 : \sqrt{1 + \left(\frac{\varrho_2}{\varrho_1}\right)^2 + \left(\frac{\varrho_2\,\varrho_4}{\varrho_1\,\varrho_3}\right)^2 + \cdots + \left(\frac{\varrho_2\,\varrho_4 \cdots \varrho_{n-1}}{\varrho_1\,\varrho_3 \cdots \varrho_{n-2}}\right)^2},$$

$$\alpha_i = - \frac{\varrho_2\,\varrho_4\,\varrho_6 \cdots \varrho_{n-i+1}}{\varrho_1\,\varrho_3\,\varrho_5 \cdots \varrho_{n-i}} \alpha_1 \quad (i = 2, 4, \ldots, n-1)$$

definiert ist. Daraus folgt im besondern, dass eine Linie, deren Krümmungen alle constant sind, in einem linearen Raume von n Dimensionen eine Schraubenlinie oder eine sphärische Linie ist, je nachdem n ungerade oder gerade ist. Im Falle eines ungeraden n kann man ausserdem in der bereits definierten Richtung eine feste Gerade finden, von welcher alle Punkte der Curve gleich weit entfernt sind. Allgemeiner gelangt man im Falle einer beliebigen Linie zur Auffindung des Punktes oder der Geraden, die wir vorhin erhielten, indem man (vgl. § 132) den Punkt oder die Punkte sucht, welche in dem starr mit dem System der Fundamentalgeraden verbundenen Raume liegen und sich langsamer bewegen als alle andern. Setzt man die partiellen Ableitungen von

$$\left(\frac{x_n}{\varrho_1} - 1\right)^2 + \frac{x_3^2}{\varrho_{n-1}^2} + \left(\frac{x_1}{\varrho_1} + \frac{x_{n-1}}{\varrho_2}\right)^2 + \sum_{i=3}^{i=n-1} \left(\frac{x_{i-1}}{\varrho_{n-i+1}} - \frac{x_{i+1}}{\varrho_{n-i+2}}\right)^2$$

nach den x gleich Null, so gelangt man für ein gerades n zu den Unbeweglichkeitsbedingungen und findet so den Punkt O wieder, der

im allgemeinen mit M beweglich, aber von der Beschaffenheit ist, dass
das System der Fundamentalgeraden für einen Augenblick um ihn
rotiert, wenn M längs der Curve fortzurücken strebt. Für ein ungerades n findet man anstatt eines Punktes eine Gerade, die durch die
Gleichungen

$$\frac{x_2}{\alpha_2} = \frac{x_4}{\alpha_4} = \cdots = \frac{x_{n-1}}{\alpha_{n-1}} = \frac{x_1}{\alpha_1},$$

$$x_i = \frac{\varrho_1 \varrho_3 \varrho_5 \cdots \varrho_{n-i+1}}{\varrho_2 \varrho_4 \cdots \varrho_{n-i}} \left(\alpha_2{}^2 + \alpha_4{}^2 + \cdots + \alpha_{i-1}^2 \right) \qquad (i = 3, 5, \ldots, n)$$

definiert ist, in welchen die α die vorhin berechneten Werte haben.
Das Quadrat der Entfernung des Punktes M von dieser Geraden ist
$x_3{}^2 + x_5{}^2 + \cdots + x_n{}^2$. Diese Entfernung ist also constant, wenn alle
Krümmungen constant sind. Auf diese Weise ist das Theorem von
Puiseux (§ 136) auf einen beliebigen linearen Raum mit einer ungeraden
Dimensionenzahl ausgedehnt.

§ 240.

Wir gehen jetzt dazu über, zu zeigen, wie sich die Principien der
barycentrischen Analysis (§ 83) mit Leichtigkeit auf lineare Räume mit
mehr als zwei Dimensionen ausdehnen lassen. In einem linearen n-dimen-
sionalen Raume wollen wir die Punkte $A_1, A_2, \ldots, A_{n+1}$ fixieren, die
als die Ecken des einfachsten n-dimensionalen polyedrischen Gebildes
betrachtet werden können, welches wir nach Stringham als ein n-faches
$(n+1)$-edroid bezeichnen werden. Es seien $x_{i1}, x_{i2}, \ldots, x_{in}$ die Coordinaten von A_i inbezug auf die beweglichen Axen. Von einem beliebigen Punkte M lässt sich immer annehmen, dass er in dem Raume
als Schwerpunkt eines gewissen Systems von $n+1$ Massen definiert
ist, welche in den Ecken des fundamentalen $(n+1)$-edroids angebracht
sind und der Relation

$$\mu_1 + \mu_2 + \mu_3 + \cdots + \mu_{n+1} = 1$$

genügen. Dies sind die barycentrischen Coordinaten des Punktes.
Seine cartesischen Coordinaten sind also durch die Formeln

$$x_k = \mu_1 x_{1k} + \mu_2 x_{2k} + \cdots + \mu_{n+1} x_{n+1,k}$$

gegeben. Inzwischen hat man identisch

$$\sum_{i,j}^{n+1} (x_{ik} - x_{jk})^2 d\mu_i d\mu_j = 2 \sum_{i=1}^{i=n+1} d\mu_i \cdot \sum_{i=1}^{i=n+1} x_{ik}{}^2 d\mu_i - 2 \left(\sum_{i=1}^{i=n+1} x_{ik} d\mu_i \right)^2.$$

Die rechte Seite reduciert sich auf Grund der früheren Gleichungen
auf $-2 dx_k{}^2$ Mithin erhält man, wenn man $k = 1, 2, 3, \ldots, n$ setzt
und summiert,

$$ds^2 = -\frac{1}{2} \sum_{i,j}^{n+1} a_{ij}^2\, d\mu_i\, d\mu_j ,$$

wo a_{ij} die Länge der Seite $A_i A_j$ darstellt, d. h.

$$a_{ij}^2 = (x_{i1} - x_{j1})^2 + (x_{i2} - x_{j2})^2 + \cdots + (x_{in} - x_{jn})^2$$

gesetzt worden ist. Wenn z. B. die Coordinaten μ als Functionen eines Parameters t gegeben sind, der etwa die Zeit bedeuten möge, so liefert uns die obige Formel sofort den Ausdruck für das Quadrat der Geschwindigkeit:

$$(15) \qquad \varkappa^2 = -\frac{1}{2} \sum_{i,j}^{n+1} a_{ij}^2\, \frac{d\mu_i}{dt}\, \frac{d\mu_j}{dt} .$$

§ 241.

Betrachten wir die Wronski'sche Determinante

$$W = \begin{vmatrix} \mu_1 & \dfrac{d\mu_1}{ds} & \dfrac{d^2\mu_1}{ds^2} & \cdots & \dfrac{d^n\mu_1}{ds^n} \\[2ex] \mu_2 & \dfrac{d\mu_2}{ds} & \dfrac{d^2\mu_2}{ds^2} & \cdots & \dfrac{d^n\mu_2}{ds^n} \\[1ex] \cdot & \cdot\ \cdot\ \cdot & \cdot\ \cdot\ \cdot & \cdot\ \cdot & \cdot\ \cdot\ \cdot \\[1ex] \mu_{n+1} & \dfrac{d\mu_{n+1}}{ds} & \dfrac{d^2\mu_{n+1}}{ds^2} & \cdots & \dfrac{d^n\mu_{n+1}}{ds^n} \end{vmatrix},$$

und multiplicieren wir sie mit der Constanten

$$a^n = \begin{vmatrix} 1 & x_{11} & x_{12} & \cdots & x_{1n} \\ 1 & x_{21} & x_{22} & \cdots & x_{2n} \\ \cdot & \cdot\ \cdot\ \cdot & \cdot\ \cdot\ \cdot & \cdot\ \cdot & \cdot\ \cdot \\ 1 & x_{n+1,1} & x_{n+1,2} & \cdots & x_{n+1,n} \end{vmatrix},$$

von der man zeigen kann, dass sie nur von den a_{ij} abhängt. Man findet nämlich

$$(-2a^2)^n = \begin{vmatrix} 0 & 1 & 1 & \cdots & 1 \\ 1 & a_{11}^2 & a_{12}^2 & \cdots & a_{1,n+1}^2 \\ 1 & a_{21}^2 & a_{22}^2 & \cdots & a_{2,n+1}^2 \\ \cdot & \cdot\ \cdot\ \cdot & \cdot\ \cdot\ \cdot & \cdots & \cdot\ \cdot \\ 1 & a_{n+1,1}^2 & a_{n+1,2}^2, & \cdots, & a_{n+1,n+1}^2 \end{vmatrix}$$

Dies geschieht durch leichte Umformungen, die wir hier nicht zu reproducieren brauchen, wie wir auch den Beweis übergehen können, dass $\frac{a^n}{n!}$ den Inhalt des fundamentalen $(n+1)$-edroids misst. Inzwischen geht aus der angegebenen Multiplication der Wronski'schen Determinante der Wert von $a^n W$ in Form einer Determinante n-ter Ordnung hervor, deren allgemeines Element

$$\sigma_{ij} = \sum_1^{n+1} x_{kj} \frac{d^i \mu_k}{ds^i}$$

ist. Dies vorausgeschickt erhält man durch Anwendung der Fundamentalformeln auf die Punkte A

$$\begin{cases} \dfrac{dx_{i1}}{ds} = \dfrac{x_{in}}{\varrho_1} - 1, \quad \dfrac{dx_{i2}}{ds} = \dfrac{x_{i3}}{\varrho_{n-1}}, \quad \dfrac{dx_{in}}{ds} = -\left(\dfrac{x_{i1}}{\varrho_1} + \dfrac{x_{i,n-1}}{\varrho_2}\right), \\[2ex] \dfrac{dx_{ij}}{ds} = \dfrac{x_{i,j+1}}{\varrho_{n-j+1}} - \dfrac{x_{i,j-1}}{\varrho_{n-j+2}} \quad (j = 3, 4, \ldots, n-1), \end{cases}$$

und aus diesen Formeln ergeben sich die folgenden:

$$(16) \begin{cases} \sigma_{i+1,1} = \dfrac{d\sigma_{i1}}{ds} - \dfrac{\sigma_{in}}{\varrho_1}, \quad \sigma_{i+1,2} = \dfrac{d\sigma_{i2}}{ds} - \dfrac{\sigma_{i3}}{\varrho_{n-1}}, \quad \sigma_{i+1,n} = \dfrac{d\sigma_{in}}{ds} + \dfrac{\sigma_{i,n-1}}{\varrho_2} + \dfrac{\sigma_{i1}}{\varrho_1}, \\[2ex] \sigma_{i+1,j} = \dfrac{d\sigma_{ij}}{ds} + \dfrac{\sigma_{i,j-1}}{\varrho_{n-j+2}} - \dfrac{\sigma_{i,j+1}}{\varrho_{n-j+1}} \quad (j = 3, 4, \ldots, n-1). \end{cases}$$

Mit ihrer Hilfe lassen sich, wenn die erste Colonne der Determinante $a^n W$ bekannt ist, alle andern berechnen. Übrigens zeigt eine einmalige Differentiation der Definitionsgleichungen

$$\sum_{i=1}^{i=n+1} \mu_i x_{ij} = 0 \quad (j = 1, 2, 3, \ldots, n),$$

dass

$$\sigma_{11} = 1, \quad \sigma_{12} = \sigma_{13} = \cdots = \sigma_{1n} = 0$$

ist. Darauf liefern die Formeln (16)

$$\sigma_{21} = \sigma_{22} = \sigma_{23} = \cdots = \sigma_{2,n-1} = 0, \quad \sigma_{2,n} = \frac{1}{\varrho_1},$$

ferner

$$\sigma_{31} = -\frac{1}{\varrho_1{}^2}, \quad \sigma_{32} = \sigma_{33} = \cdots = \sigma_{3,n-2} = 0,$$

$$\sigma_{3,n-1} = -\frac{1}{\varrho_1 \varrho_2}, \quad \sigma_{3,n} = \frac{d}{ds}\frac{1}{\varrho_1},$$

u. s. w. Man sieht voraus, dass

$$(17) \qquad \sigma_{ij} = 0 \quad \text{für} \quad 2 \leqq j \leqq n - i + 1$$

sein muss. Angenommen, dies sei wahr bis zu einem gewissen Werte des Index i. Dann ist es leicht, zu zeigen, dass es auch noch gilt, wenn man i in $i+1$ verwandelt. In der That ergiebt sich aus den Formeln (16) und (17), dass

$$(18) \qquad \sigma_{i+1,j} = -\frac{\sigma_{i,j+1}}{\varrho_{n-j+1}} \quad \text{für} \quad 2 \leqq j \leqq n - i + 1$$

ist, so dass man unter Berücksichtigung von (17) hat

$$\sigma_{i+1,j} = 0 \quad \text{für} \quad 2 \leq j \leq n - i.$$

Dies ist gerade die Formel (17), in der man i durch $i+1$ ersetzt hat. Es ist also

$$a^n W = \begin{vmatrix} 1 & 0 & 0 & \ldots 0 & 0 & 0 \\ 0 & 0 & 0 & \ldots 0 & 0 & \sigma_{2,n} \\ \sigma_{31} & 0 & 0 & \ldots 0 & \sigma_{3,n-1} & \sigma_{3,n} \\ \sigma_{41} & 0 & 0 & \ldots \sigma_{4,n-2} & \sigma_{4,n-1} & \sigma_{4,n} \\ \cdot & \cdot & \cdot & \cdots & \cdot & \cdot \\ \sigma_{n-1,1} & 0 & \sigma_{n-1,3} & \cdots \sigma_{n-1,n-2} & \sigma_{n-1,n-1} & \sigma_{n-1,n} \\ \sigma_{n,1} & \sigma_{n,2} & \sigma_{n,3} & \cdots \sigma_{n,n-2} & \sigma_{n,n-1} & \sigma_{n,n} \end{vmatrix},$$

d. h.

$$(19) \qquad a^n W = (-1)^{\frac{1}{2}(n-1)(n-2)} \cdot \sigma_{2,n}\,\sigma_{3,n-1}\,\sigma_{4,n-2} \ldots \sigma_{n,2}.$$

Andererseits liefert die Formel (18) für $j = n - i + 1$

$$\sigma_{i+1,\,n-i+1} = -\frac{\sigma_{i,\,n-i+2}}{\varrho_i},$$

und aus dieser Gleichung folgert man

$$\sigma_{i+1,\,n-i+1} = \frac{(-1)^{i-1}}{\varrho_1\,\varrho_2\,\varrho_3 \ldots \varrho_i}.$$

Trägt man endlich in (19) dieses Resultat ein, so gelangt man zu der folgenden bemerkenswerten Formel:

$$(20) \qquad a^n \varrho_1^{\,n-1}\,\varrho_2^{\,n-2}\,\varrho_3^{\,n-3} \ldots \varrho_{n-1} W = 1.$$

<h2 style="text-align:center">§ 242.</h2>

Die letzte Formel liefert uns immer eine Relation zwischen den $n-1$ Krümmungen einer gegebenen Curve, und es sind ausserdem $n-2$ nötig, um die natürlichen Gleichungen dieser Curve aufstellen zu können. Es ist klar, dass die Relation (20) im Falle einer ebenen Curve hinreicht. Alsdann erhält man die gesuchte natürliche Gleichung, indem man t aus den Gleichungen

$$a^2 \varrho\, W = 1, \quad s = \int \varkappa\, dt$$

eliminiert, in denen vorher $\varkappa$ und W als Functionen von t auszudrücken sind, und zwar mit Hilfe der Formel (15) und der folgenden

$$x^{\frac{1}{2}n(n+1)}\,W = \begin{vmatrix} \mu_1 & \dfrac{d\mu_1}{dt} & \dfrac{d^2\mu_1}{dt^2} & \cdots & \dfrac{d^n\mu_1}{dt^n} \\[2ex] \mu_2 & \dfrac{d\mu_2}{dt} & \dfrac{d^2\mu_2}{dt^2} & \cdots & \dfrac{d^n\mu_2}{dt^n} \\[2ex] \cdot & \cdot & \cdot & & \cdot \\[1ex] \mu_{n+1} & \dfrac{d\mu_{n+1}}{dt} & \dfrac{d^2\mu_{n+1}}{dt^2} & \cdots & \dfrac{d^n\mu_{n+1}}{dt^n} \end{vmatrix},$$

die eine einfache Folge der Definition von W ist. Für die Linien des linearen dreidimensionalen Raumes erhält man zwischen den beiden Krümmungen die Relation

$$(21) \qquad a^3\varrho^2 r\,W = 1$$

und braucht noch eine zweite. Um dieselbe zu finden, betrachte man die Wronski'sche Matrix

$$(22) \qquad \begin{vmatrix} \mu_1 & \dfrac{d\mu_1}{ds} & \dfrac{d^2\mu_1}{ds^2} & \dfrac{d^3\mu_1}{ds^3} & \dfrac{d^4\mu_1}{ds^4} \\[2ex] \cdot & \cdot & \cdot & \cdot & \cdot \\[1ex] \mu_4 & \dfrac{d\mu_4}{ds} & \dfrac{d^2\mu_4}{ds^2} & \dfrac{d^3\mu_4}{ds^3} & \dfrac{d^4\mu_4}{ds^4} \end{vmatrix},$$

welche in W übergeht, wenn man die letzte Colonne unterdrückt, und in $\dfrac{dW}{ds}$, wenn man die vorletzte unterdrückt. Es sei ferner W' die Determinante, welche man erhält, wenn man die zweite Colonne unterdrückt, eine Determinante, die sich leicht als Function von t berechnen lässt, da auf Grund einer allgemeinen Eigenschaft der Wronski'schen Determinanten

$$x^{10}\,W' = -\begin{vmatrix} 0 & \dfrac{ds}{dt} & \dfrac{d^2 s}{dt^2} & \dfrac{d^3 s}{dt^3} & \dfrac{d^4 s}{dt^4} \\[2ex] \mu_1 & \dfrac{d\mu_1}{dt} & \dfrac{d^2\mu_1}{dt^2} & \dfrac{d^3\mu_1}{dt^3} & \dfrac{d^4\mu_1}{dt^4} \\[2ex] \cdot & \cdot & \cdot & \cdot & \cdot \\[1ex] \mu_4 & \dfrac{d\mu_4}{dt} & \dfrac{d^2\mu_4}{dt^2} & \dfrac{d^3\mu_4}{dt^3} & \dfrac{d^4\mu_4}{dt^4} \end{vmatrix}$$

ist. Sollen die Gleichungen

$$\sum \mu_i x_{i1} = 0, \qquad \sum x_{i1}\frac{d\mu_i}{ds} = 1, \qquad \sum x_{i1}\frac{d^2\mu_i}{ds^2} = 0,$$

$$\sum x_{i1}\frac{d^3\mu_i}{ds^3} = -\frac{1}{\varrho^2}, \qquad \sum x_{i1}\frac{d^4\mu_i}{ds^4} = \frac{3}{\varrho^3}\frac{d\varrho}{ds}$$

zusammen bestehen, in welchen i von 1 bis 4 läuft, so ist notwendig, dass die Determinante, welche aus der Matrix (22) durch Hinzufügen der Zeile

$$0, \quad 1, \quad 0, \quad -\frac{1}{\varrho^2}, \quad \frac{3}{\varrho^3}\frac{d\varrho}{ds}$$

entsteht, verschwindet, dass man also hat

$$(23) \qquad \varrho^5 W' = \frac{d}{ds}(\varrho^3 W),$$

woraus man ableitet

$$(24) \qquad \frac{1}{\varrho^2} = -\frac{2}{3} W^{\frac{2}{3}} \int W' W^{-\frac{5}{3}} \varkappa\, dt,$$

vorausgesetzt, dass nicht W oder W' null ist. Wenn man für $\varkappa$, W, W' ihre Ausdrücke als Functionen von t einsetzt, so lässt die letzte Formel den Wert von ϱ erkennen, worauf man aus (21) r gewinnt. Übrigens gelangt man zu der Formel (24) auch durch ein ähnliches Verfahren wie das, welches uns die Formel (21) geliefert hat. Multipliciert man in der That die Determinanten a^3 und W' miteinander, so erhält man

$$a^3 \varrho^5 W' = \frac{d}{ds}\frac{\varrho}{r},$$

und von dieser Formel gelangt man wieder zu (23), wenn man r mit Hilfe von (21) herausschafft. Ausserdem sieht man, dass in $W' = 0$ die notwendige und hinreichende Bedingung liegt dafür, dass die Curve eine Schraubenlinie ist, während $W = 0$ die Bedingung dafür enthält, dass die Curve eben ist. Der Leser kann zur Übung die obigen Formeln auf die Untersuchung der tetraedralen Potenzcurve (vgl. § 102) anwenden.

Siebzehntes Kapitel.

Überräume.

§ 243.

Wir wollen eine Linie in einem krummen n-dimensionalen Raume betrachten, der in einem linearen Raume enthalten ist, und uns daran erinnern, dass auf Grund der im vorigen Kapitel aufgestellten Fundamentalformeln die Coordinaten eines festen Punktes inbezug auf die $n+1$ Hauptgeraden der Curve derartige Functionen des Bogens sind, dass ihre Ableitungen sich linear durch die Coordinaten selbst ausdrücken. Es ist klar, dass diese Eigenschaft sich erhält, wenn die n normalen Geraden sich fest miteinander verbunden in ihrem Raume solange drehen, bis eine von ihnen normal zu dem betrachteten krummen Raume wird. Denken wir uns in diesem $n-1$ Curven, die die andern $n-1$ Geraden berühren, so können wir, wenn wir mit $x_0, x_1, x_2, \ldots, x_n$ die Coordinaten des festen Punktes bezeichnen, schreiben

$$(1) \qquad \frac{\partial x_i}{\partial s_j} = \sum_{0}^{n} \mathcal{A}_{ik}^{(j)} x_k - e_{ij} ,$$

wo e_{ij} gleich 1 oder 0 ist, je nachdem $i = j$ oder $i \gtrless j$ ist. In kurzem werden wir sehen, dass die $n(n+1)^2$ Coefficienten $\mathcal{A}$ sich auf nur $\frac{1}{2} n (3n-1)$ linear unabhängige reducieren, und dass zwischen diesen und ihren Ableitungen $\frac{1}{6} n (n-1)(5n-1)$ wesentlich verschiedene Relationen bestehen, die das Analogon der von Codazzi für die Flächen aufgestellten Formeln sind.

§ 244. Theorem von Dupin.

Man bemerke zunächst, dass die Formeln (1), und zwar mit immer verschwindenden e_{ij}, bestehen bleiben, wenn die x die Bedeutung von Richtungscosinus' haben, in welchem Falle identisch.

$$x_0 \frac{\partial x_0}{\partial s_k} + x_1 \frac{\partial x_1}{\partial s_k} + x_2 \frac{\partial x_2}{\partial s_k} + \cdots + x_n \frac{\partial x_n}{\partial s_k} = 0$$

sein muss; mithin ist

(2) $$\mathscr{Q}_{ij}^{(k)} + \mathscr{Q}_{ji}^{(k)} = 0$$

und im besondern $\mathscr{Q}_{ii}^{(k)} = 0$. Andrerseits erhält man durch Differentiation von (1)

(3) $$\frac{\partial^2 x_k}{\partial s_i \, \partial s_j} = \sum_0^n \frac{\partial \mathscr{Q}_{ki}^{(i)}}{\partial s_j} x_i + \sum_{l,m} \mathscr{Q}_{kl}^{(i)} \mathscr{Q}_{lm}^{(j)} x_m - \mathscr{Q}_{kj}^{(i)} \,,$$

ferner für $x_0 = x_1 = \cdots = x_n = 0$

$$\frac{\partial x_i}{\partial s_j} = - e_{ij} \,, \qquad \frac{\partial^2 x_k}{\partial s_i \, \partial s_j} = - \mathscr{Q}_{kj}^{(i)} \,.$$

Dies vorausgeschickt geht die Integrabilitätsbedingung

(4) $$\frac{\partial^2 x_k}{\partial s_i \, \partial s_j} - \frac{\partial^2 x_k}{\partial s_j \, \partial s_i} = \frac{\partial \log Q_j}{\partial s_i} \frac{\partial x_k}{\partial s_j} - \frac{\partial \log Q_i}{\partial s_j} \frac{\partial x_k}{\partial s_i}$$

über in

$$\mathscr{Q}_{ki}^{(j)} - \mathscr{Q}_{kj}^{(i)} = e_{ki} \frac{\partial \log Q_i}{\partial s_j} - e_{kj} \frac{\partial \log Q_j}{\partial s_i}$$

und im besondern für $k = i$ in

(5) $$\mathscr{Q}_{ij}^{(i)} = - \frac{\partial \log Q_i}{\partial s_j} \,.$$

Nimmt man dagegen k als verschieden von i und von j an, so erhält man

(6) $$\mathscr{Q}_{ki}^{(j)} = \mathscr{Q}_{kj}^{(i)} \,.$$

Endlich liefern die Formeln (2) und (6), wenn man sie abwechselnd anwendet,

$$\mathscr{Q}_{ij}^{(k)} = - \mathscr{Q}_{ji}^{(k)} = - \mathscr{Q}_{jk}^{(i)} = \mathscr{Q}_{kj}^{(i)} = \mathscr{Q}_{ki}^{(j)} = - \mathscr{Q}_{ik}^{(j)} = - \mathscr{Q}_{ij}^{(k)} \,.$$

Daraus ergiebt sich

(7) $$\mathscr{Q}_{ij}^{(k)} = 0 \,,$$

so oft i, j, k voneinander und von Null verschieden sind. Diese Gleichung ist der verallgemeinerte Ausdruck des Dupin'schen Theorems in den Überräumen, da wir vorhin (§ 230) gesehen haben, dass das genannte Theorem gerade in der Unabhängigkeit der Differentialquotienten $\frac{\partial x_i}{\partial s_j}$ von den x mit einem nicht verschwindenden und von i und j verschiedenen Index seinen Grund hat. Wir werden in kurzem sehen, dass auch die geometrische Bedeutung der Gleichung (7) die natürliche Ausdehnung der bereits in den dreidimensionalen Räumen gefundenen ist.

§ 245.

Wenn man $k = 0$ nimmt und $\mathcal{A}_{0j}^{(i)} = \mathcal{T}_{ij}$ setzt, so kann man auf Grund von (6) nur behaupten, dass $\mathcal{T}_{ij} = \mathcal{T}_{ji}$ ist. Wir werden ferner $\mathcal{T}_{ii}$ mit $-\mathfrak{N}_i$ und $\mathcal{A}_{ij}^{(i)}$ mit $-\mathcal{G}_{ij}$ bezeichnen, so dass nach Formel (5)

$$(8) \qquad \mathcal{G}_{ij} = \frac{\partial \log Q_i}{\partial s_j}$$

ist. Auf diese Weise bleiben von den Coefficienten $\mathcal{A}$ nur diejenigen übrig, welche mit $\mathfrak{N}_1, \mathfrak{N}_2, \mathfrak{N}_3, \ldots$, oder $\mathcal{G}_{12}, \mathcal{G}_{21}, \mathcal{G}_{13}, \mathcal{G}_{31}, \mathcal{G}_{23}, \mathcal{G}_{32}, \ldots$, oder $\mathcal{T}_{12}, \mathcal{T}_{13}, \mathcal{T}_{23}, \ldots$ bezeichnet worden sind, und welche wir bezüglich **Normalkrümmungen**, **geodätische Krümmungen** und **geodätische Torsionen** nennen werden. Wir wollen also, um zu resumicren, immer festhalten, dass jeder Coefficient $\mathcal{A}$ sein Zeichen wechselt, wenn man die untern Indices vertauscht, und dass die Normalkrümmungen, die Torsionen und die geodätischen Krümmungen sich in folgender Weise ausdrücken:

$$\mathfrak{N}_i = \mathcal{A}_{i0}^{(i)}, \qquad \mathcal{T}_{ij} = \mathcal{T}_{ji} = \mathcal{A}_{0j}^{(i)}, \qquad \mathcal{G}_{ij} = \mathcal{A}_{ji}^{(i)}.$$

In jedem andern Falle ist $\mathcal{A} = 0$. Wir bemerken überdies, dass wir manchmal der bequemeren Schreibweise halber $-\mathcal{T}_{ii}$ an Stelle von $\mathfrak{N}_i$ und $\mathcal{G}_{ii}$ anstatt Null stehen lassen werden.

§ 246. Formeln von Codazzi.

Unter Beachtung von (8) verwandelt sich jetzt die Bedingung (4) in

$$\left(\frac{\partial}{\partial s_i} + \mathcal{G}_{ji}\right)\frac{\partial x_k}{\partial s_j} = \left(\frac{\partial}{\partial s_j} + \mathcal{G}_{ij}\right)\frac{\partial x_k}{\partial s_i},$$

um sich weiter mit Hilfe von (3) in eine lineare Relation zwischen den x zu transformieren, die sich in die folgenden Bedingungen spaltet:

$$(9) \quad \left(\frac{\partial}{\partial s_i} + \mathcal{G}_{ij}\right)\mathcal{A}_{kl}^{(i)} - \left(\frac{\partial}{\partial s_i} + \mathcal{G}_{ji}\right)\mathcal{A}_{kl}^{(j)} = \sum_0^n \left(\mathcal{A}_{km}^{(i)}\mathcal{A}_{lm}^{(j)} - \mathcal{A}_{km}^{(j)}\mathcal{A}_{lm}^{(i)}\right),$$

die für die Existenz der Functionen x notwendig und hinreichend sind. Wenn man jede der Zahlen i, j, k, l als positiv und verschieden von den drei übrigen voraussetzt, so ist die linke Seite auf Grund von (7) null, und man erhält

$$(10) \qquad \mathcal{T}_{ik}\mathcal{T}_{jl} - \mathcal{T}_{il}\mathcal{T}_{jk} = 0.$$

Diese Gleichung gestattet $\frac{1}{2} n(n-3)$ Coefficienten $\mathcal{T}$ durch die n andern auszudrücken, und es ist somit die Zahl derjenigen Coefficienten $\mathcal{A}$, welchen man in einem Punkte willkürliche Werte beilegen kann, auf $n(n+1)$ reduciert für $n>2$. Die Formel (9) ist sozusagen die universelle Codazzi'sche Formel, aus der sich andere Formelgruppen ableiten lassen nach der verschiedenen Bedeutung der Coefficienten $\mathcal{A}$. Wenn man einen der Indices k, l als null voraussetzt und den andern als verschieden von i und von j, so giebt die Formel (9)

$$(\alpha) \qquad \frac{\partial \mathcal{T}_{ik}}{\partial s_j} - \frac{\partial \mathcal{T}_{jk}}{\partial s_i} + \mathcal{T}_{ik}\mathcal{G}_{ij} - \mathcal{T}_{jk}\mathcal{G}_{ji} + \mathcal{T}_{ij}(\mathcal{G}_{ik} - \mathcal{G}_{jk}) = 0.$$

Setzt man dagegen den nicht verschwindenden Index gleich i oder gleich j, so erhält man

$$(\beta) \quad \frac{\partial \mathcal{N}_j}{\partial s_i} + \frac{\partial \mathcal{T}_{ij}}{\partial s_j} + 2\mathcal{T}_{ij}\mathcal{G}_{ij} + \sum_{1}^{i-1} \mathcal{T}_{ik}\mathcal{G}_{jk} + \sum_{i+1}^{n} \mathcal{T}_{ik}\mathcal{G}_{jk} = (\mathcal{N}_i - \mathcal{N}_j)\,\mathcal{G}_{ji}.$$

Nehmen wir jetzt $k=i$, $l=j$. Dann geht die Formel (9) über in

$$(\gamma) \qquad \frac{\partial \mathcal{G}_{ij}}{\partial s_j} + \frac{\partial \mathcal{G}_{ji}}{\partial s_i} + \mathcal{G}_{ij}{}^2 + \mathcal{G}_{ji}{}^2 + \sum_{1}^{n} \mathcal{G}_{ik}\mathcal{G}_{jk} = \mathcal{T}_{ij}{}^2 - \mathcal{N}_i\mathcal{N}_j.$$

Setzen wir endlich voraus, dass nur eine der positiven Zahlen k, l gleich i oder gleich j ist, so finden wir

$$(\delta) \qquad \frac{\partial \mathcal{G}_{ik}}{\partial s_j} + (\mathcal{G}_{ik} - \mathcal{G}_{jk})\,\mathcal{G}_{ij} = \mathcal{N}_i\mathcal{T}_{jk} + \mathcal{T}_{ik}\mathcal{T}_{ji}$$

und auch

$$\frac{\partial \mathcal{G}_{ij}}{\partial s_k} + (\mathcal{G}_{ij} - \mathcal{G}_{kj})\,\mathcal{G}_{ik} = \mathcal{N}_i\mathcal{T}_{jk} + \mathcal{T}_{ik}\mathcal{T}_{ji}.$$

Aber diese letzte Formel unterscheidet sich nicht von der vorhergehenden, da (vgl. § 121) auf Grund von (8) die beiden linken Seiten identisch sind. Die Formeln der Gruppe (δ) sowie die der Gruppe (α) zerfallen in $\frac{1}{6}n(n-1)(n-2)$ Tripel; aber in jedem Tripel von (α) giebt es nur zwei wesentlich verschiedene Formeln. Die Gruppen (β) und (γ) enthalten offenbar $n(n-1)$ und $\frac{1}{2}n(n-1)$ Formeln, so dass man in den krummen n-dimensionalen Räumen im ganzen

$$\frac{5}{6}n(n-1)(n-2) + \frac{3}{2}n(n-1) = \frac{1}{6}n(n-1)(5n-1)$$

Relationen hat, die den Codazzi'schen Formeln analog sind.

§ 247.

Von fundamentaler Bedeutung für die Untersuchung dieser Räume vom Standpunkt der natürlichen Geometrie ist die quadratische Form

$$\Phi = \mathcal{N}_1 x_1{}^2 + \mathcal{N}_2 x_2{}^2 + \cdots - 2\mathcal{T}_{12} x_1 x_2 - \cdots.$$

Ihren ersten partiellen Ableitungen sind auf Grund der Formeln (1) die Ableitungen von x_0 proportional. Es ist hier nützlich zu beachten, welche einfache Form diese Relationen infolge der in § 245 ausgeführten Bestimmung der Coefficienten $\mathcal{A}$ annehmen. Man hat

$$\frac{\partial x_i}{\partial s_i} = \mathcal{N}_i x_0 - \sum_1^n \mathcal{G}_{ij} x_j - 1, \qquad \frac{\partial x_j}{\partial s_i} = -\mathcal{T}_{ij} x_0 + \mathcal{G}_{ij} x_i.$$

Die Discussion von $\varPhi$ führt zu dem Euler'schen Theorem und zu dem Begriff der Krümmungssysteme, welche durch die Bedingungen $\mathcal{T} = 0$ charakterisiert sind. Denken wir uns ferner die Bedingungen für Unbeweglichkeit hingeschrieben in einem von den $(n-1)$-dimensionalen Räumen der Schar, die in dem gegebenen krummen Raume durch eine Function q_i definiert wird, so bemerken wir sofort, dass die $\mathcal{T}_{jk}$ für den genannten Raum q_i sich nicht von den Coefficienten $\mathcal{A}_{ik}^{(j)}$ unterscheiden, so dass, wenn die n Räume q_i zusammengenommen den betrachteten krummen Raum constituieren, die Gleichung (7) aussagt, dass alle ihre $\mathcal{T}$ null sind, d. h. dass sich die Räume notwendig längs ihrer Krümmungssysteme schneiden müssen. Endlich führt die Discussion von $\varPhi$ auch dazu, n Hauptkrümmungen zu betrachten, deren Product K, gleich der Discriminante von $\varPhi$, als Mass für die totale Krümmung dienen kann. Die Formeln (γ) und (δ) zusammen mit (10) liefern dann die Werte aller quadratischen Minoren von K, und man kann daher sagen, dass die totale Krümmung einzig und allein von den geodätischen Krümmungen und ihren Variationen abhängt. Man bemerke noch, dass im Falle eines linearen Raumes die Function $\varPhi$ identisch verschwindet und die Codazzi'schen Formeln sich auf $\frac{1}{2} n (n-1)^2$ Bedingungen reducieren (vgl. § 233), die für die Linearität des n-dimensionalen Raumes notwendig und hinreichend sind.

§ 248.

Wir wollen die oben entwickelten Formeln auf das Studium der infinitesimalen Deformationen der Überräume anwenden. Ein Punkt M eines krummen n-dimensionalen Raumes, der in einem linearen Raume mit einer Dimension mehr enthalten ist, verschiebe sich unendlich wenig in diesem Raume. Es seien $u_0, u_1, u_2, \ldots, u_n$ seine Coordinaten in der neuen Lage M', bezogen auf die beweglichen Axen mit dem Anfangspunkt M, welche in der oben beschriebenen Weise gewählt sind, und man setze

$$(11) \qquad u_{ij} = \frac{\partial u_i}{\partial s_j} - \sum_0^n \mathfrak{a}_{ik}^{(j)} u_k.$$

Die Fundamentalformeln zeigen sofort, dass, wenn M die unendlich kleine Strecke ds_i auf der Axe i durchläuft, die Coordinaten des Punktes M' sich um

$$u_{0i}\, ds_i, \quad u_{1i}\, ds_i, \quad u_{2i}\, ds_i, \quad \ldots, \quad (u_{ii}+1)\, ds_i, \quad \ldots, \quad u_{ni}\, ds_i$$

ändern. Wenn also allgemeiner der Punkt M sich in der durch die Cosinus' $\alpha_1, \alpha_2, \ldots, \alpha_n$ in dem linearen Tangentialraum definierten Richtung bewegt und dabei die Strecke ds beschreibt, so erleiden die Coordinaten von M' die Variationen

$$(12) \qquad \left(\alpha_i + \sum_1^n \alpha_j u_{ij}\right) ds,$$

und man findet daher, wenn man quadriert und summiert, dass die von M' durchlaufene Strecke $ds' = (1 + \Omega)\, ds$ ist, wobei man abgesehen von unendlich kleinen Grössen höherer Ordnung

$$\Omega = \sum_{i,j} \alpha_i \alpha_j u_{ij}$$

hat. Im besondern stellen die u_{ii} die auf die Längeneinheit reducierten Verlängerungen längs den Axen dar, und die Betrachtung des Raumelements, welches mit den Kanten $ds_1, ds_2, \ldots, ds_n$ construiert ist, zeigt, dass $u_{ij} + u_{ji}$ die Änderung des Winkels zwischen den Axen i und j ist, und dass die räumliche Dilatation pro Einheit den Wert

$$\Theta = u_{11} + u_{22} + u_{33} + \cdots + u_{nn}$$

hat, d. h. auf Grund von (11)

$$(13) \qquad \Theta = \sum_1^n \left(\frac{\partial}{\partial s_i} + \mathfrak{G}_i\right) u_i - u_0 \sum_1^n \mathfrak{A}_i,$$

wo $\mathfrak{G}_i$ die Summe aller $\mathfrak{G}$ mit dem zweiten Index gleich i ist.

§ 249.

Die Richtungscosinus' der Tangente der Bahncurve von M' erhält man offenbar durch Multiplication der Grössen (12) mit $1 - \Omega$ und durch Division mit ds. Sie haben also die Werte

$$(14) \qquad \alpha_i - \Omega \alpha_i + \sum_1^n \alpha_j u_{ij}.$$

Dem Increment, welches α_i dabei erhalten hat, lässt sich inzwischen die Form geben

$$\sum_{j,\,k} \alpha_j\, \alpha_k\, (\alpha_k\, u_{ij} - \alpha_i\, u_{kj}) = \alpha_1\, \omega_{i1} + \alpha_2\, \omega_{i2} + \cdots + \alpha_n\, \omega_{in},$$

wenn man

$$\omega_{ij} = \sum_1^n \alpha_k\, (\alpha_j\, u_{ik} - \alpha_i\, u_{jk})$$

setzt. Da nun $\omega_{ji} = -\omega_{ij}$ ist, so sieht man, dass die Richtung $(\alpha_1,\ \alpha_2,\ \ldots,\ \alpha_n)$ in dem linearen Tangentialraum eine Drehung erfährt, die gerade durch die schiefsymmetrische Matrix

$$\begin{vmatrix} 0 & \omega_{12} & \omega_{13} & \ldots & \omega_{1n} \\ \omega_{21} & 0 & \omega_{23} & \ldots & \omega_{2n} \\ \cdot & \cdot & \cdot & \cdot & \cdot \\ \omega_{n1} & \omega_{n2} & \omega_{n3} & \ldots & 0 \end{vmatrix}$$

definiert ist (vgl. § 238). Im besondern drehen sich die Axen i und j in ihrer Ebene um $-u_{ji}$ und u_{ij}, und man erkennt auf diese Weise noch einmal, dass $u_{ij} + u_{ji}$ die Änderung des Winkels zwischen den genannten Axen darstellt. Da sich nun Ω im allgemeinen nur in einer Weise auf kanonische Form reducieren lässt, so ist es im allgemeinen so, dass nur ein orthogonales Axensystem sich bei der Deformation orthogonal erhält, so dass ein beliebiges Paar derartiger Axen (i, j) sich in der eignen Ebene starr dreht, und zwar um einen Winkel $u_{ij} = -u_{ji} = \frac{1}{2}(u_{ij} - u_{ji})$. Da ferner die Grösse $\vartheta_{ij} = u_{ij} - u_{ji}$ eine orthogonale Invariante der Form ω_{ij} ist, so erkennt man leicht, dass die ϑ_{ij} in jedem Falle die doppelten Componenten der geodätischen Rotation bedeuten. Nach den Formeln (11) hat man nun

$$(15) \qquad \vartheta_{ij} = \left(\frac{\partial}{\partial s_j} + \mathcal{G}_{ij}\right) u_i - \left(\frac{\partial}{\partial s_i} + \mathcal{G}_{ji}\right) u_j\,.$$

Man bemerke hier, dass auf Grund der Integrabilitätsbedingung

$$(16) \qquad \left(\frac{\partial}{\partial s_j} + \mathcal{G}_{ij}\right) \frac{\partial}{\partial s_i} = \left(\frac{\partial}{\partial s_i} + \mathcal{G}_{ji}\right) \frac{\partial}{\partial s_j}$$

die ϑ sämtlich verschwinden bei den Potentialdeformationen des Raumes in sich, d. h. wenn die Verrückung tangential ist und zu Componenten die Differentialquotienten einer Function u nach den berührenden Axen hat. Dann erhält man aus (13) $\Theta = \Delta^2 u$, da sich mit Hilfe dieser unserer Symbole die Formel von Lamé, welche dazu dient, den zweiten Differentialparameter auszudrücken, in folgender Weise schreiben lässt (vgl. § 225):

$$\Delta^2 = \sum_1^n \left(\frac{\partial}{\partial s_i} + \mathcal{G}_i\right) \frac{\partial}{\partial s_i}\,.$$

§ 250.

Wir gehen über zur Wahl der Axen in dem deformierten Raume. Als Axe 0 werden wir immer die Normale zu diesem Raume annehmen und werden die andern in Lagen wählen, die sich unendlich wenig von denjenigen unterscheiden, welche die ursprünglichen tangentialen Axen infolge der Deformation erhalten. So werden wir vorläufig zulassen, dass es erlaubt sei, **als Axe** i die in dem ursprünglichen linearen Tangentialraum durch die Cosinus'

$$(17) \qquad \alpha_j = \left|\begin{array}{ll} 1 & \text{für} \quad j = i, \\ -u_{ji} & \text{„} \quad j \gtrless i \end{array}\right.$$

definierte Gerade zu wählen, betrachtet in der Lage, die sie nach der Deformation einnimmt. Alsdann findet man unter Beachtung der Ausdrücke (14), dass die Richtungscosinus' der neuen tangentialen Axen durch das rechteckige Schema

$$\begin{array}{ccccc} u_{01} & 1 & 0 & \ldots & 0 \\ u_{02} & 0 & 1 & \ldots & 0 \\ & \cdot & \cdot & \cdot & \cdot \\ u_{0n} & 0 & 0 & \ldots & 1 \end{array}$$

gegeben sind, dass mithin die Richtungscosinus' der neuen normalen Axe

$$1, \quad -u_{01}, \quad -u_{02}, \quad \ldots, \quad -u_{0n}$$

sind. Daraus folgt, dass beim Übergange von dem alten zum neuen System die Coordinaten x die Variationen

$$(18) \qquad Dx_i = -u_i + u_{0i}x_0$$

für $i > 0$ und

$$(19) \qquad Dx_0 = -u_0 - \sum_1^n u_{0i}\, x_i$$

erleiden. Es ist ferner leicht, die neuen Differentialquotienten durch die alten auszudrücken, da offenbar

$$\frac{\partial}{\partial s'} = (1 - \Omega) \sum_1^n \alpha_i \frac{\partial}{\partial s_i}$$

ist. Macht man im besondern die Annahme (17), so wird die linke Seite das Symbol des auf die neue Axe i bezüglichen Differentialquotienten, während die rechte Seite sich auf

$$(1 - u_{ii}) \left(\frac{\partial}{\partial s_i} + u_{ii}\frac{\partial}{\partial s_i} - \sum_1^n u_{ji}\frac{\partial}{\partial s_j} \right)$$

reduciert. Es ist also

$$\frac{\partial}{\partial s_i'} = \frac{\partial}{\partial s_i} - \sum_1^n u_{ji}\frac{\partial}{\partial s_j},$$

mithin sind die durch die Deformation in den ursprünglichen Differential-quotienten hervorgerufenen Variationen durch die Formel

$$(20) \qquad D\frac{\partial}{\partial s_i} = \frac{\partial}{\partial s_i}D - \sum_1^n u_{ji}\frac{\partial}{\partial s_j}$$

gegeben.

§ 251.

Um nunmehr die Variationen zu berechnen, welche die Krümmungen infolge der Deformation erleiden, wird es genügen, die letzte Formel auf die Relation (1) anzuwenden. Dabei ergiebt sich sofort

$$\sum_0^n \left(\mathcal{C}_{ik}^{(j)}Dx_k + x_k D\mathcal{C}_{ik}^{(j)}\right) = \frac{\partial}{\partial s_j}Dx_i - \sum_1^n u_{kj}\frac{\partial x_i}{\partial s_k}$$

und dann unter der Voraussetzung $i > 0$ und unter Zuhilfenahme der Formeln (18) und (19)

$$(21) \qquad \sum_0^n x_k D\mathcal{C}_{ik}^{(j)} = \left[\frac{\partial u_{0i}}{\partial s_j} + \sum_0^n \left(\mathcal{C}_{0i}^{(k)}u_{kj} - \mathcal{C}_{ik}^{(j)}u_{0k}\right)\right]x_0$$
$$+ \sum_1^n \left(\mathcal{C}_{0k}^{(j)}u_{0i} - \mathcal{C}_{0i}^{(j)}u_{0k} - \sum_1^n \mathcal{C}_{ik}^{(l)}u_{lj}\right)x_k.$$

Es folgt daraus, wenn man die Coefficienten von x_0 miteinander vergleicht und überdies $i = j$ annimmt,

$$D\mathcal{N}_i = \frac{\partial u_{0i}}{\partial s_i} + \sum_1^n \left(\mathcal{G}_{ij}u_{0j} + \mathcal{C}_{ij}u_{ji}\right).$$

Dagegen erhält man für $i \gtrless j$

$$D\mathcal{C}_{ij} = -\frac{\partial u_{0i}}{\partial s_j} + \mathcal{G}_{ji}u_{0j} - \sum_1^n \mathcal{C}_{ki}u_{kj};$$

aber es ist klar, dass man auch muss schreiben können

$$D\mathcal{C}_{ij} = -\frac{\partial u_{0j}}{\partial s_i} + \mathcal{G}_{ij}u_{0i} - \sum_1^n \mathcal{C}_{kj}u_{ki}.$$

Vergleicht man ferner die Coefficienten von x_j miteinander, so findet man

$$D\mathcal{G}_{ij} = \mathcal{G}_{ji}u_{ji} - \mathcal{G}_{ij}u_{ii} - \mathcal{C}_{ji}u_{0i} - \mathcal{N}_i u_{0j}.$$

§ 252.

Die Identität der beiden für $D\mathcal{T}_{ij}$ gefundenen Ausdrücke lässt sich direct feststellen, indem man auf u_0 die Bedingung (16) anwendet. Dieselbe giebt, allgemeiner auf u_k angewandt,

$$(22)\qquad \left(\frac{\partial}{\partial s_j}+\mathcal{G}_{ij}\right)u_{ki}-\left(\frac{\partial}{\partial s_i}+\mathcal{G}_{ji}\right)u_{kj}=\sum_0^n\left(\mathcal{A}_{kl}^{(j)}u_{li}-\mathcal{A}_{kl}^{(i)}u_{lj}\right),$$

wenn man die Relationen (9) beachtet. Für $k=0$ erhält man

$$\left(\frac{\partial}{\partial s_j}+\mathcal{G}_{ij}\right)u_{0i}-\left(\frac{\partial}{\partial s_i}+\mathcal{G}_{ji}\right)u_{0j}=\sum_1^n\left(\mathcal{T}_{kj}u_{ki}-\mathcal{T}_{ki}u_{kj}\right).$$

Dagegen ergiebt sich für $k=i$

$$\left(\frac{\partial}{\partial s_j}+\mathcal{G}_{ij}\right)u_{ii}-\left(\frac{\partial}{\partial s_i}+\mathcal{G}_{ji}\right)u_{ij}=\mathcal{G}_{ji}u_{ji}-\mathcal{T}_{ij}u_{0i}-\mathcal{N}_iu_{0j}+\sum_1^n\mathcal{G}_{ik}u_{kj}.$$

Nimmt man endlich $i,\,j,\,k$ als voneinander verschieden und positiv an, so findet man die Relationen

$$(23)\quad\begin{cases}\left(\frac{\partial}{\partial s_k}+\mathcal{G}_{jk}\right)u_{ij}-\left(\frac{\partial}{\partial s_j}+\mathcal{G}_{kj}\right)u_{ik}=\mathcal{G}_{ki}u_{kj}-\mathcal{G}_{ji}u_{jk}+\mathcal{T}_{ij}u_{0k}-\mathcal{T}_{ik}u_{0j},\\[2mm]\left(\frac{\partial}{\partial s_i}+\mathcal{G}_{ki}\right)u_{jk}-\left(\frac{\partial}{\partial s_k}+\mathcal{G}_{ik}\right)u_{ji}=\mathcal{G}_{ij}u_{ik}-\mathcal{G}_{kj}u_{ki}+\mathcal{T}_{jk}u_{0i}-\mathcal{T}_{ji}u_{0k},\\[2mm]\left(\frac{\partial}{\partial s_j}+\mathcal{G}_{ij}\right)u_{ki}-\left(\frac{\partial}{\partial s_i}+\mathcal{G}_{ji}\right)u_{kj}=\mathcal{G}_{jk}u_{ji}-\mathcal{G}_{ik}u_{ij}+\mathcal{T}_{ki}u_{0j}-\mathcal{T}_{kj}u_{0i}.\end{cases}$$

§ 253.

Es sind hiermit die Folgen der Identität (21) nicht erschöpft, da noch ausgedrückt werden muss, dass die Coefficienten, welche null sind, gleich Null bleiben, und zwar gelangt man dabei für jedes Tripel $i,\,j,\,k$ von positiven Zahlen, die voneinander verschieden sind, zu dem Tripel von Relationen

$$(24)\quad\begin{cases}\mathcal{G}_{kj}u_{ki}-\mathcal{G}_{jk}u_{ji}+\mathcal{T}_{ij}u_{0k}-\mathcal{T}_{ik}u_{0j}=0,\\[2mm]\mathcal{G}_{ik}u_{ij}-\mathcal{G}_{ki}u_{kj}+\mathcal{T}_{jk}u_{0i}-\mathcal{T}_{ji}u_{0k}=0,\\[2mm]\mathcal{G}_{ji}u_{jk}-\mathcal{G}_{ij}u_{ik}+\mathcal{T}_{ki}u_{0j}-\mathcal{T}_{kj}u_{0i}=0.\end{cases}$$

Man kann dieselben **als die Bedingungen für die Permanenz des Dupin-schen Theorems in dem deformierten Raume** betrachten. Sie verknüpfen die Verrückungen durch partielle Differentialgleichungen erster Ordnung, und man gelangt hiermit zu der Einsicht, dass die bisher untersuchte Deformation für $n>2$ nicht die allgemeinste ist. Die oben aufgestellten Formeln gelten also in ihrer vollen Allgemeinheit

nur für die Flächen, und es ist leicht zu verificieren, dass sie sich
für $n = 2$ thatsächlich auf diejenigen reducieren, welche wir im drei-
zehnten Kapitel bewiesen haben. Die für $n > 2$ constatierte Specialisierung ist infolge der Wahl der Axen eingetreten, da (vgl. § 222) die
**Gesamtheit aller tangentialen Axen des Raumes sich nicht
immer als bestehend aus den Tangenten eines n-fachen Orthogonalsystems von Curven ansehen lässt**, obwohl die Orientierung
der genannten Axen sich continuierlich mit der Lage des Anfangspunktes
ändert.

§ 254.

Andere einschränkende Bedingungen könnten sich möglicherweise
aus der **Permanenz der universellen Codazzi'schen Formel** ergeben. Da wir aber diese Formel durch Anwendung der Bedingung
(16) auf die Coordinaten eines festen Punktes erhalten haben, so brauchen
wir nur zu untersuchen, ob die Verrückungen irgend einer Beziehung
unterworfen werden müssen, damit die genannte Bedingung in dem
deformierten Raume bestehen bleibt. Es lässt sich nun aus der Formel
(20) leicht ableiten

$$D \frac{\partial^2}{\partial s_i \partial s_j} = \frac{\partial^2}{\partial s_i \partial s_j} D - \sum_1^n \frac{\partial u_{ki}}{\partial s_j} \frac{\partial}{\partial s_k} - \sum_1^n \left(u_{ki} \frac{\partial^2}{\partial s_k \partial s_j} + u_{kj} \frac{\partial^2}{\partial s_i \partial s_k} \right).$$

Wenn man hier i mit j vertauscht und dann die beiden Gleichungen
voneinander abzieht, indem man die Relationen (16), (22), (24) und
ausserdem die Relation

$$g_{ij} u_{ik} + g_{jk} u_{ji} + g_{ki} u_{kj} = g_{ik} u_{ij} + g_{ji} u_{jk} + g_{kj} u_{ki}$$

beachtet, welche aus jedem der Tripel (24) folgt, so gelangt man
zu einer Identität. Es existieren also ausser (24) keine Beschränkungen,
die den Verrückungen aufzuerlegen sind. Zu demselben Schluss wären
wir weniger rasch auf dem directen Wege gelangt, d. h. durch Berechnung der Variationen, welche die Deformation in der Codazzi'schen
Formel hervorruft. Um dann die schliesslich resultierende Identität in
Evidenz zu setzen, hätten wir in zweckmässiger Weise die partielle
Integration und manchen andern Kunstgriff anwenden müssen.

§ 255.

**Wir wollen nunmehr zum Studium der allgemeinen Deformation
zurückkehren. Die pseudosymmetrische Matrix**

$$\left| \begin{array}{ccccc} 1 & v_{10} & v_{20} & \cdots & v_{n0} \\ v_{01} & 1 & v_{21} & \cdots & v_{n1} \\ \cdot & \cdot & \cdot & \cdot & \cdot \\ v_{0n} & v_{1n} & v_{2n} & \cdots & 1 \end{array} \right|$$

sei diejenige, welche die Orientierung der Axen in dem deformierten Raume inbezug auf die ursprünglichen Axen definiert. Wenn man die Axe 0 wieder normal zu dem Raume annimmt, so wird $v_{0i} = u_{0i}$ sein, und die andern $\frac{1}{2} n (n-1)$ infinitesimalen Grössen v werden derartigen Bedingungen genügen müssen, dass in dem deformierten Raume die Existenz eines n-fachen Orthogonalsystems von Curven gesichert ist, die in jedem ihrer Punkte die Axen $1, 2, 3, \ldots, n$ berühren. Lassen wir die v vorläufig willkürlich, so werden sich die gesuchten Bedingungen ganz von selbst aus den Rechnungen ergeben, die wir auszuführen im Begriffe stehen, und es wird sich zeigen, dass es gerade dieselben sind, die die Permanenz des Dupin'schen Theorems in dem deformierten Raume sichern. Wir bemerken zunächst, dass die durch die Cosinus'

$$\alpha_j = \left| \begin{array}{ll} 1 & \text{für} \quad j = i \\ -u_{ji} + v_{ji} & \text{,,} \quad j \lessgtr i \end{array} \right.$$

definierte Richtung durch die Deformation zum Zusammenfallen mit derjenigen der neuen Axe i gebracht wird. In der That ersieht man aus den Ausdrücken (14), dass infolge der Deformation die genannten Cosinus' die Werte

$$(1 - u_{ii}) \alpha_j + u_{ji} = \left| \begin{array}{ll} 1 & \text{für} \quad j = i \\ v_{ji} & \text{,,} \quad j \lessgtr i \end{array} \right.$$

annehmen. Also drückt sich der neue auf die Axe i bezügliche Differentialquotient in folgender Weise aus:

$$(1 - u_{ii}) \sum_1^n \alpha_j \frac{\partial}{\partial s_j} = (1 - u_{ii}) \left(\frac{\partial}{\partial s_i} + u_{ii} \frac{\partial}{\partial s_i} - \sum_1^n (u_{ji} - v_{ji}) \frac{\partial}{\partial s_j} \right)$$

Mithin ist an Stelle der Formel (20) jetzt zu setzen

$$(25) \qquad D \frac{\partial}{\partial s_i} = \frac{\partial}{\partial s_i} D - \sum_1^n (u_{ji} - v_{ji}) \frac{\partial}{\partial s_j},$$

ebenso anstatt (18) und (19)

$$D x_i = - u_i - \sum_0^n v_{ij} x_j .$$

§ 256.

Wenn man unter Benutzung der obigen Formeln in den Unbeweglichkeitsbedingungen alles variieren lässt, so erhält man eine lineare Relation zwischen den Coordinaten x, die sich wegen der Willkürlichkeit derselben spaltet und liefert

$$(26) \quad D\mathcal{Q}_{ik}^{(j)} = -\frac{\partial v_{ik}}{\partial s_j} - \sum_1^n \mathcal{Q}_{ik}^{(l)}(u_{lj} - v_{lj}) - \sum_0^n \left(\mathcal{Q}_{li}^{(j)} v_{lk} - \mathcal{Q}_{lk}^{(j)} v_{li} \right).$$

Erinnert man sich daran, dass für jedes Tripel i, j, k von positiven und voneinander verschiedenen Zahlen

$$\mathcal{Q}_{ik}^{(j)} = 0, \quad D\mathcal{Q}_{ik}^{(j)} = 0$$

sein muss, so findet man die Bedingungen

$$(27) \quad \begin{cases} \dfrac{\partial v_{jk}}{\partial s_i} + (\mathcal{G}_{ij} - \mathcal{G}_{kj})v_{ki} - (\mathcal{G}_{jk} - \mathcal{G}_{ik})v_{ij} \\ \qquad + \mathcal{G}_{kj}u_{ki} - \mathcal{G}_{jk}u_{ji} + \mathcal{C}_{ij}u_{0k} - \mathcal{C}_{ik}u_{0j} = 0, \\[2mm] \dfrac{\partial v_{ki}}{\partial s_j} + (\mathcal{G}_{jk} - \mathcal{G}_{ik})v_{ij} - (\mathcal{G}_{ki} - \mathcal{G}_{ji})v_{jk} \\ \qquad + \mathcal{G}_{ik}u_{ij} - \mathcal{G}_{ki}u_{kj} + \mathcal{C}_{jk}u_{0i} - \mathcal{C}_{ji}u_{0k} = 0, \\[2mm] \dfrac{\partial v_{ij}}{\partial s_k} + (\mathcal{G}_{ki} - \mathcal{G}_{ji})v_{jk} - (\mathcal{G}_{ij} - \mathcal{G}_{kj})v_{ki} \\ \qquad + \mathcal{G}_{ji}u_{jk} - \mathcal{G}_{ij}u_{ik} + \mathcal{C}_{ki}u_{0j} - \mathcal{C}_{kj}u_{0i} = 0, \end{cases}$$

denen man auf Grund der Formeln (23) auch die bemerkenswert einfache Form geben kann

$$(28) \quad \begin{cases} \left(\dfrac{\partial}{\partial s_k} + \mathcal{G}_{jk} - \mathcal{G}_{ik}\right)(u_{ij} - v_{ij}) = \left(\dfrac{\partial}{\partial s_j} + \mathcal{G}_{kj} - \mathcal{G}_{ij}\right)(u_{ik} - v_{ik}), \\[2mm] \left(\dfrac{\partial}{\partial s_i} + \mathcal{G}_{ki} - \mathcal{G}_{ji}\right)(u_{jk} - v_{jk}) = \left(\dfrac{\partial}{\partial s_k} + \mathcal{G}_{ik} - \mathcal{G}_{jk}\right)(u_{ji} - v_{ji}), \\[2mm] \left(\dfrac{\partial}{\partial s_j} + \mathcal{G}_{ij} - \mathcal{G}_{kj}\right)(u_{ki} - v_{ki}) = \left(\dfrac{\partial}{\partial s_i} + \mathcal{G}_{ji} - \mathcal{G}_{ki}\right)(u_{kj} - v_{kj}). \end{cases}$$

Diese letzteren sind auch aus dem Grunde bemerkenswert, weil sie wegen der Identität

$$\left(\frac{\partial}{\partial s_k} + \mathcal{G}_{jk}\right)\mathcal{G}_{ij} = \left(\frac{\partial}{\partial s_j} + \mathcal{G}_{kj}\right)\mathcal{G}_{ik}$$

erfüllt sind, wenn man jedes $u_{ij} - v_{ij}$ durch $\mathcal{G}_{ij}$ ersetzt. Durch etwas weitläufige Rechnungen, die aber keinerlei Schwierigkeit bieten, verificiert man ferner, dass die Gleichungen (27) integrabel sind; und andrerseits erkennt man unter Benutzung der Formel

$$D\frac{\partial^2}{\partial s_i\, \partial s_j} = \frac{\partial^2}{\partial s_i\, \partial s_j} D - \sum_1^n \frac{\partial(u_{ki} - v_{ki})}{\partial s_j}\frac{\partial}{\partial s_k}$$

$$- \sum_1^n \left[(u_{ki} - v_{ki})\frac{\partial^2}{\partial s_k\, \partial s_j} + (u_{kj} - v_{kj})\frac{\partial^2}{\partial s_i\, \partial s_k} \right],$$

die eine einfache Folge von (25) ist, dass die Integrabilitätsbedingung (16) und infolgedessen die universelle Codazzi'sche Formel in dem deformierten Raume bestehen, wenn die Gleichungen (27) erfüllt sind: **Diesen Bedingungen allein ist also die Wahl der v unterworfen.** Ist ein beliebiges System von Functionen v gefunden, die den Gleichungen (27) genügen, so wird alsdann die Formel (26) leicht zur Kenntnis der Änderungen führen, welche die Deformation in den verschiedenen Krümmungen hervorruft:

$$D\mathfrak{R}_i = \frac{\partial u_{0i}}{\partial s_i} + \sum_1^n (\mathcal{G}_{ij}u_{0j} + \mathcal{T}_{ij}u_{ji}) + 2\sum_1^n \mathcal{T}_{ij}v_{ij},$$

$$D\mathcal{T}_{ij} = -\frac{\partial u_{0i}}{\partial s_j} + \mathcal{G}_{ji}u_{0j} - \sum_1^n \mathcal{T}_{ki}u_{kj} - \sum_1^n (\mathcal{T}_{ik}v_{jk} + \mathcal{T}_{jk}v_{ik}),$$

$$D\mathcal{G}_{ij} = \mathcal{G}_{ji}u_{ji} - \mathcal{G}_{ij}u_{ii} - \mathcal{T}_{ij}u_{0i} - \mathfrak{R}_i u_{0j} + \left(\frac{\partial}{\partial s_i} + \mathcal{G}_{ji}\right)v_{ij} - \sum_1^n \mathcal{G}_{ik}v_{jk}.$$

Diese Formeln lassen sich mit Hilfe von (22) in mannichfacher Weise umformen, und es ist besonders bemerkenswert die folgende Umformung der letzten von ihnen:

$$(29) \qquad D\mathcal{G}_{ij} = \frac{\partial u_{ii}}{\partial s_j} - \left(\frac{\partial}{\partial s_i} + \mathcal{G}_{ji}\right)(u_{ij} - v_{ij}) - \sum_1^n \mathcal{G}_{ik}(u_{kj} - v_{kj}).$$

§ 257. Theorem von Beez.

Setzt man den Raum als **unausdehnbar** voraus, wobei dann die Form Ω identisch null sein muss, so haben die Functionen u ebenso wie die Functionen v die Eigenschaft $u_{ji} = -u_{ij}$, und man kann daher, wenn $n > 2$ ist, $v = u$ annehmen; denn wenn die Gleichungen (28) erfüllt sind, so reducieren sich die Bedingungen (27) notwendig auf die (23). Sind die v in dieser Weise gewählt, so sieht man nach dem in § 255 gesagten sofort, dass die neuen Axen sich in den Lagen befinden, welche die alten (willkürlichen) infolge der Deformation annehmen, und man kann daher das Zeichen D durch $\mathcal{D}$ ersetzen (vgl. § 204). Es bleibt also ebenso wie bei den Deformationen der unausdehnbaren Flächen

jedes orthogonale Axensystem orthogonal; aber für $n > 2$ hat dies nichts
befremdliches, da sich in Wirklichkeit der Raum nicht deformiert.
In der That erhält man aus (29) sofort $\mathfrak{D}\mathcal{G}_{ij} = 0$, d. h. die geodätischen
Krümmungen variieren nicht; und dann sieht man auf Grund der Gruppen
(γ) und (δ) der Codazzi'schen Formeln, wenn man (25) beachtet, dass
auch die Normalkrümmungen und die geodätischen Torsionen ungeändert bleiben; denn für jedes Tripel von Werten, die man i, j, k
erteilt, bewahren sechs (im allgemeinen) voneinander unabhängige Func-
tionen der sechs Krümmungen $\mathfrak{N}_i, \mathfrak{N}_j, \ldots, \mathfrak{T}_{ij}$, nämlich $\mathfrak{N}_i\mathfrak{T}_{jk} + \mathfrak{T}_{ij}\mathfrak{T}_{ik}$,
$\mathfrak{N}_j\mathfrak{N}_k - \mathfrak{T}_{jk}{}^2$ und die andern analogen, ihre Werte. Es bleiben also
alle Krümmungen ungeändert, und auf diese Weise ergiebt sich eine
wichtige Thatsache, die von Beez angegeben und dann von Ricci
mehr in Evidenz gesetzt worden ist, nämlich die Unmöglichkeit,
einen unausdehnbaren Raum zu verbiegen, wenn derselbe mehr
als zwei Dimensionen hat. Während man einen unausdehnbaren Faden
solange verbiegen kann, bis man ihm eine beliebig vorgeschriebene
Form gegeben hat, haben wir bereits gesehen (§ 170), dass eine unausdehnbare Fläche durch Biegung nicht eine beliebige Form annehmen
kann, und jetzt lernen wir aus dem Theorem von Beez, dass es genügt,
einen Raum von drei oder mehr Dimensionen unausdehnbar zu machen,
um seine vollkommene Starrheit herbeizuführen, d. h. um bei ihm
jegliche Formänderung zu verhindern, und es hat also ganz den An-
schein, als ob die wachsende Dimensionenzahl die Biegsamkeit des
Raumes zu zerstören strebte. Ferner zeigt uns die obige Analyse, dass
die von Beez entdeckte Unmöglichkeit zum grossen Teile darauf beruht,
dass der Raum sich derart deformieren muss $\left(\mathfrak{D}\mathcal{A}_{ik}^{(j)} = 0\right)$, dass die
niedern Räume, welche ihn erzeugen, nicht aufhören sich in der von
dem Dupin'schen Theorem vorgeschriebenen Weise zu schneiden. Daraus
ergiebt sich anscheinend eine solche Starrheit in der geometrischen
Structur des Raumes, dass es unmöglich ist, ihn zu einer Deformation
zu bringen, ohne dass die erzeugenden Räume sich ausdehnen oder
zusammenziehen. Ausnahmsweise hört diese Starrheit auf, wenn in der
Determinante K alle diejenigen Hauptunterdeterminanten dritter Ordnung verschwinden, welche eines oder zwei gegebene Hauptelemente
enthalten, und wenn demgemäss eine oder mehr Normalkrümmungen
und geodätische Torsionen variieren können. Diese Wiederherstellung
der Biegsamkeit hat ihren eigentlichen Grund in der grösseren Frei-
heit, mit welcher der Raum wegen der teilweisen oder vollständigen
Unbestimmtheit seiner Krümmungsscharen dem Dupin'schen Theorem
genügen kann. Solche Ausnahmsräume sind kürzlich von Banal studiert
worden unter Benutzung des mächtigen Hilfsmittels der absoluten

Differentialrechnung, welche von Ricci für die natürliche Analysis der allgemeinsten geometrischen Mannigfaltigkeiten erfunden worden ist.

§ 258.

Damit über den oben gegebenen Beweis des Theorems von Beez kein Zweifel übrig bleibe, wollen wir noch zeigen, dass, wenn die Krümmungen sich nicht ändern, der Raum nur eine starre Bewegung ausführt. Wir nehmen ein orthogonales System unbeweglicher Axen an: Es seien $\alpha_{i0}, \alpha_{i1}, \ldots, \alpha_{in}$ die Richtungscosinus' der Axe i und $x_0, x_1, \ldots, x_n$ die Coordinaten des Anfangspunktes. Aus § 249 ist zu entnehmen, dass unter Voraussetzung der Unausdehnbarkeit die u_{ij} gerade die Componenten der Rotation sind, wie die u_i die Componenten der Translation. Es seien v_{ij} und v_i die analogen Grössen inbezug auf die unbeweglichen Axen. Um sie zu berechnen, bemerken wir, dass die Variationen der Coordinaten

$$\xi_i = -\sum \alpha_{ij} x_j$$

von M inbezug auf die unbeweglichen Axen offenbar die Werte $\sum \alpha_{ij} u_j$ haben und sich andrerseits durch die v und die ξ in folgender Weise ausdrücken lassen müssen:

$$(30) \qquad v_i + \sum v_{ij} \xi_j = \sum \alpha_{ij} u_j \, .$$

Man braucht nur die beiden Axensysteme miteinander zu vertauschen, um zu sehen, dass gleichzeitig

$$u_i + \sum u_{ij} x_j = \sum \alpha_{ji} v_j$$

ist, und daraus die erste der Formeln

$$(31) \qquad v_i = \sum \alpha_{ij} u_j + \sum \alpha_{ij} u_{jk} x_k \, , \qquad v_{ij} = \sum \alpha_{ik} \alpha_{jl} u_{kl}$$

abzuleiten. Zu der zweiten gelangt man dadurch, dass man v_i in (30) einsetzt und die Coefficienten von ξ_j miteinander vergleicht, nachdem man zuvor bemerkt hat, dass

$$x_i = -\sum \alpha_{ji} \xi_j$$

ist. Dies vorausgeschickt differenzieren wir die zweite Formel (31), indem wir die Unbeweglichkeitsbedingungen berücksichtigen:

$$\frac{\partial v_{ij}}{\partial s_\nu} = \sum \alpha_{ik} \alpha_{jl} \frac{\partial u_{kl}}{\partial s_\nu} + \sum \left(\mathcal{A}^{(\nu)}_{km} \alpha_{im} \alpha_{jl} + \mathcal{A}^{(\nu)}_{lm} \alpha_{jm} \alpha_{ik} \right) u_{kl} \, .$$

Wenn man in dem ersten Bestandteil der zweiten Summe k mit m vertauscht und in dem zweiten Bestandteil l mit m, so kann man auch schreiben

$$\frac{\partial v_{ij}}{\partial s_{\nu}} = \sum_{k,\,l} \alpha_{ik}\,\alpha_{jl} \left[\frac{\partial u_{kl}}{\partial s_{\nu}} + \sum_{m=0}^{m=n} \left(\mathcal{Q}_{km}^{(\nu)} u_{lm} - \mathcal{Q}_{lm}^{(\nu)} u_{km}\right)\right];$$

und da man, um die Unveränderlichkeit aller Krümmungen auszudrücken, aus (26) erhält

$$\frac{\partial u_{kl}}{\partial s_{\nu}} = \sum_{0}^{n} \left(\mathcal{Q}_{lm}^{(\nu)} u_{km} - \mathcal{Q}_{km}^{(\nu)} u_{lm}\right),$$

so sieht man, dass

$$\frac{\partial v_{ij}}{\partial s_1} = 0, \qquad \frac{\partial v_{ij}}{\partial s_2} = 0, \quad \ldots, \quad \frac{\partial v_{ij}}{\partial s_n} = 0$$

ist, d. h. dass alle v_{ij} **constant** sind. Ebenso findet man unter Berücksichtigung der Formeln (11)

$$\frac{\partial}{\partial s_{\nu}} \sum_{j} \alpha_{ij} u_j = \sum_{j} \alpha_{ij} u_{j\nu} = \sum_{j,\,k} \mathcal{Q}_{jk}^{(\nu)}(\alpha_{ik} u_j + \alpha_{ij} u_k),$$

und es ist klar, dass die letzte Summe verschwindet, da die Elemente, welche den Anordnungen jk und kj der Indices entsprechen, gleich und von entgegengesetzten Zeichen sind. Inzwischen hat man

$$\frac{\partial}{\partial s_{\nu}} \sum_{j} v_{ij} \xi_j = \sum \alpha_{j\nu} v_{ij} + \sum \alpha_{ij} u_{j\nu}.$$

Also liefert die Differentiation von (30)

$$\frac{\partial v_i}{\partial s_1} = 0, \qquad \frac{\partial v_i}{\partial s_2} = 0, \quad \ldots, \quad \frac{\partial v_i}{\partial s_n} = 0,$$

mithin sind auch die v_i alle **constant**. Es ist also wahr, dass der Raum nur eine starre Bewegung ausführt in dem Sinne, dass alle seine Punkte dieselbe Translation $(v_0, v_1, \ldots, v_n)$ erfahren und dieselbe Rotation, die durch die Constanten v_{ij} definiert ist.

Verschiedene Bemerkungen.

Über die Anwendung der Grassmann'schen Zahlen.

Die Anwendung der alternierenden Zahlen verleiht den Rechnungen und den Resultaten der natürlichen Analysis der Flächen eine sehr präcise und elegante Form und gestattet im besondern, die drei Formeln von Codazzi in eine einzige zusammenzuziehen. Den bekannten Bedingungen (§ 148), die für die Unbeweglichkeit des Punktes (x, y, z) notwendig und hinreichend sind, lässt sich die Form geben

$$(1) \quad \begin{cases} \mathbf{i}\,\dfrac{dx}{ds} = \mathbf{i}\mathcal{T}\cdot\mathbf{i}x + \mathbf{k}\mathcal{G}\cdot\mathbf{j}y + \mathbf{j}\mathcal{N}\cdot\mathbf{k}z - \mathbf{i} \\[2mm] \mathbf{j}\,\dfrac{dy}{ds} = \mathbf{k}\mathcal{G}\cdot\mathbf{i}x + \mathbf{j}\mathcal{N}\cdot\mathbf{j}y + \mathbf{i}\mathcal{T}\cdot\mathbf{k}z \\[2mm] \mathbf{k}\,\dfrac{dz}{ds} = \mathbf{j}\mathcal{N}\cdot\mathbf{i}x + \mathbf{i}\mathcal{T}\cdot\mathbf{j}y + \mathbf{k}\mathcal{G}\cdot\mathbf{k}z, \end{cases}$$

wenn man übereinkommt, dass die Einheiten $\mathbf{i}, \mathbf{j}, \mathbf{k}$ verschwindende Quadrate haben, und dass ausserdem die Bedingungen

$$(2) \quad \mathbf{i} = \mathbf{j}\mathbf{k} = -\mathbf{k}\mathbf{j}, \quad \mathbf{j} = \mathbf{k}\mathbf{i} = -\mathbf{i}\mathbf{k}, \quad \mathbf{k} = \mathbf{i}\mathbf{j} = -\mathbf{j}\mathbf{i}$$

erfüllt sind. Man kann aber die Formeln (1) durch Summation in die eine Formel

$$(3) \quad \frac{d\Omega}{ds} = \omega\Omega - \mathbf{i}$$

zusammenziehen, in welcher nur die beiden Vectoren

$$\Omega = \mathbf{i}x + \mathbf{j}y + \mathbf{k}z, \quad \omega = \mathbf{i}\mathcal{T} + \mathbf{j}\mathcal{N} + \mathbf{k}\mathcal{G}$$

auftreten. Auf diese Weise reduciert sich die Differentiation nach dem Bogen auf die äusserst einfache vectorielle Operation, die durch das Symbol ω dargestellt wird. Es ist also von Wichtigkeit, die Wirkung der Operationen $\omega^2, \omega^3, \ldots$ auf die Fundamentaleinheiten zu kennen.

Man muss vor allen Dingen beachten, dass nach den Vereinbarungen (2) das Product von drei Fundamentaleinheiten im allgemeinen gleich Null ist ausser, wenn nur der zweite oder nur der dritte Factor gleich dem ersten ist. In diesen beiden Fällen reduciert sich das Product auf den übrig bleibenden Factor, der bezüglich mit dem umgekehrten Vorzeichen oder mit dem eignen Vorzeichen zu nehmen ist. Es ist mit andern Worten

$$(4) \quad \mathbf{i}\mathbf{i}\mathbf{j} = -\mathbf{j}, \quad \mathbf{i}\mathbf{j}\mathbf{i} = \mathbf{j}, \quad \ldots$$

Daraus folgt, wenn man allgemeiner die vectoriellen Operationen

$$\omega_1 = i a_1 + j b_1 + k c_1, \quad \omega_2 = i a_2 + j b_2 + k c_2$$

betrachtet, dass die Operation

$$\begin{aligned}
\omega_1 \omega_2 = {}& i i a_1 a_2 + i j a_1 b_2 + i k a_1 c_2 \\
& + j i b_1 a_2 + j j b_1 b_2 + j k b_1 c_2 \\
& + k i c_1 a_2 + k j c_1 b_2 + k k c_1 c_2,
\end{aligned}$$

z. B. auf die Einheit i angewandt, das Resultat

$$i j i a_1 b_2 + i k i a_1 c_2 + j j i b_1 b_2 + k k i c_1 c_2$$

liefert. Es ist also

$$(5) \qquad \omega_1 \omega_2 i = - i (a_1 a_2 + b_1 b_2 + c_1 c_2) + \omega_2 a_1 .$$

Wendet man sie dagegen auf die scalare Einheit an, so erhält man

$$(6) \qquad \omega_1 \omega_2 = \begin{vmatrix} i & j & k \\ a_1 & b_1 & c_1 \\ a_2 & b_2 & c_2 \end{vmatrix}$$

Im besondern ist $\omega^2 = 0$ und

$$(7) \quad \omega^2 i = - i x^2 + \omega \mathfrak{T}, \quad \omega^2 j = - j x^2 + \omega \mathfrak{N}, \quad \omega^2 k = - k x^2 + \omega \mathfrak{G},$$

wo x den Modul von ω darstellt.

Jetzt ist es sehr leicht, die Formeln zu finden, mit deren Hilfe sich die successiven Differentialquotienten von x, y, z linear in x, y, z ausdrücken lassen. In der That giebt, wenn man von den Variationen der Krümmungen absieht, die Formel (3)

$$\frac{d^n \Omega}{ds^n} = \omega^n \Omega - \omega^{n-1} i,$$

und alles reduciert sich auf die Berechnung der Resultate der Operation ω^n, angewandt auf die Fundamentaleinheiten. Zu diesen Resultaten gelangt man leicht mit Hilfe der Formeln (7) und der folgenden, die evident sind,

$$(8) \qquad \omega i = j \mathfrak{G} - k \mathfrak{N}, \quad \omega j = k \mathfrak{T} - i \mathfrak{G}, \quad \omega k = i \mathfrak{N} - j \mathfrak{T}.$$

Denn wenn man beachtet, dass das Resultat von mehreren identischen vectoriellen Operationen, die auf eine scalare Grösse angewandt werden, null ist, so erhält man

$$\omega^{2n+1} \cdot i = (-1)^n \omega i x^{2n}, \quad \omega^{2n+2} \cdot i = (-1)^n \omega^2 i x^{2n}$$

Will man im besondern die Formeln haben, welche die zweiten Ableitungen liefern, so ist

$$\frac{d^2 \Omega}{ds^2} = \omega^2 i x + \omega^2 j y + \omega^2 k z - \omega i,$$

d. h. auf Grund von (7) und von (8)

$$\frac{d^2 \Omega}{ds^2} = - \Omega x^2 + k \mathfrak{N} - j \mathfrak{G} + \omega (\mathfrak{T} x + \mathfrak{N} y + \mathfrak{G} z).$$

Diese Gleichung spaltet sich offenbar in

$$\frac{d^2x}{ds^2} = -\varkappa^2 x + \mathfrak{T}\,(\mathfrak{T}x + \mathfrak{N}y + \mathfrak{G}z),$$

$$\frac{d^2y}{ds^2} = -\varkappa^2 y + \mathfrak{N}\,(\mathfrak{T}x + \mathfrak{N}y + \mathfrak{G}z),$$

$$\frac{d^2z}{ds^2} = -\varkappa^2 z + \mathfrak{G}\,(\mathfrak{T}x + \mathfrak{N}y + \mathfrak{G}z).$$

Zu den zweiten Gliedern muss man noch die Terme hinzufügen, welche von der Variation der Krümmungen herrühren, d. h.

$$z\frac{d\mathfrak{N}}{ds} - y\frac{d\mathfrak{G}}{ds}, \quad x\frac{d\mathfrak{G}}{ds} - z\frac{d\mathfrak{T}}{ds}, \quad y\frac{d\mathfrak{T}}{ds} - x\frac{d\mathfrak{N}}{ds}.$$

Eine andere bemerkenswerte Folgerung werden wir aus der Formel (5) erhalten, wenn wir von der Bemerkung ausgehen, dass

$$(9) \qquad\qquad (\omega_1\omega_2 - \omega_2\omega_1)\,\mathbf{i} = \omega_2 a_1 - \omega_1 a_2$$

ist. Es sei $\mathbf{i}a + \mathbf{j}b + \mathbf{k}c$ die vectorielle Operation, welche mit $\omega_1\omega_2 - \omega_2\omega_1$ äquivalent ist, es sei also

$$(\mathbf{i}a + \mathbf{j}b + \mathbf{k}z)\,\Omega = (\omega_1\omega_2 - \omega_2\omega_1)\,\Omega.$$

Auf Grund der Formeln (4) hat man

$$\mathbf{i}\,(\omega_1\omega_2 - \omega_2\omega_1)\,\mathbf{i} = \mathbf{i}\,(\mathbf{i}a + \mathbf{j}b + \mathbf{k}c)\,\mathbf{i} = \mathbf{j}b + \mathbf{k}c.$$

Unter Berücksichtigung von (9) ergiebt sich **also**

$$\begin{cases} \mathbf{j}b + \mathbf{k}c = \mathbf{i}\omega_2 a_1 - \mathbf{i}\omega_1 a_2, \\ \mathbf{k}c + \mathbf{i}a = \mathbf{j}\omega_2 b_1 - \mathbf{j}\omega_1 b_2, \\ \mathbf{i}a + \mathbf{j}b = \mathbf{k}\omega_2 c_1 - \mathbf{k}\omega_1 c_2, \end{cases}$$

ferner durch Summation

$$(10) \qquad\qquad \mathbf{i}a + \mathbf{j}b + \mathbf{k}c = \frac{1}{2}\,(\omega_1\omega_2 - \omega_2\omega_1) = \omega_1\omega_2.$$

Demnach reduciert sich die Operation $\omega_1\omega_2 - \omega_2\omega_1$, welche, angewandt auf die scalaren Grössen, mit $2\omega_1\omega_2$ äquivalent ist, bei ihrer Anwendung auf einen Vector auf $\omega_1\omega_2$.

Dies vorausgeschickt wollen wir auf der Fläche eine zweite Curve betrachten, welche im Anfangspunkt die Axe y berührt, und mit Hilfe der Indices 1 und 2 alles das unterscheiden, was sich auf die erste oder die zweite Curve bezieht. q_1 und q_2 seien die Parameter, welche die beiden Curven in einem zweifachen Orthogonalsystem definieren, das auf der Fläche gezeichnet ist, und man setze

$$\omega_1 = \mathbf{i}\mathfrak{T}_1 + \mathbf{j}\mathfrak{N}_1 + \mathbf{k}\mathfrak{G}_1, \quad \omega_2 = \mathbf{i}\mathfrak{N}_2 - \mathbf{j}\mathfrak{T}_2 + \mathbf{k}\mathfrak{G}_2.$$

Die Bedingung (3), geschrieben für die Curven der einen oder der andern Schar, wird

$$(11) \qquad\qquad \frac{\partial\Omega}{\partial s_1} = \omega_1\Omega - \mathbf{i}, \qquad \frac{\partial\Omega}{\partial s_2} = -\omega_2\Omega - \mathbf{j},$$

und es ist bekanntlich für die Existenz von Ω notwendig und hinreichend, dass man hat

$$(12) \qquad \frac{\partial^2 \Omega}{\partial s_1\, \partial s_2} + \frac{\partial \log Q_1}{\partial s_2}\, \frac{\partial \Omega}{\partial s_1} = \frac{\partial^2 \Omega}{\partial s_2\, \partial s_1} + \frac{\partial \log Q_2}{\partial s_1}\, \frac{\partial \Omega}{\partial s_2}$$

Inzwischen leitet man aus den Formeln (11) ab

$$\frac{\partial^2 \Omega}{\partial s_1\, \partial s_2} = \left(\frac{\partial \omega_1}{\partial s_2} - \omega_1 \omega_2\right)\Omega + \mathfrak{j}\, \omega_1, \qquad \frac{\partial^2 \Omega}{\partial s_2\, \partial s_1} = -\left(\frac{\partial \omega_2}{\partial s_1} + \omega_2 \omega_1\right)\Omega - \mathfrak{i}\, \omega_2,$$

und in dem besonderen Falle $\Omega = 0$ wird die Formel (12)

$$\mathfrak{j}\, \omega_1 + \mathfrak{i}\, \omega_2 = \mathfrak{i}\, \frac{\partial \log Q_1}{\partial s_2} - \mathfrak{j}\, \frac{\partial \log Q_2}{\partial s_1}.$$

Die linke Seite hat den Wert $\mathfrak{i}\,\mathcal{G}_1 - \mathfrak{j}\,\mathcal{G}_2 - \mathfrak{k}\,(\mathcal{T}_1 + \mathcal{T}_2)$, mithin ist

$$\mathcal{G}_1 = \frac{\partial \log Q_1}{\partial s_2}, \qquad \mathcal{G}_2 = \frac{\partial \log Q_2}{\partial s_1}, \qquad \mathcal{T}_1 + \mathcal{T}_2 = 0,$$

und man kann daher setzen $\mathcal{T}_1 = -\mathcal{T}_2 = \mathcal{T}$. Nunmehr reduciert sich die Formel (12) sofort auf

$$\left(\frac{\partial \omega_1}{\partial s_2} + \frac{\partial \omega_2}{\partial s_1} + \omega_1 \mathcal{G}_1 + \omega_2 \mathcal{G}_2\right)\Omega = (\omega_1 \omega_2 - \omega_2 \omega_1)\,\Omega.$$

Also ist, wenn man das Theorem (10) berücksichtigt,

$$\frac{\partial \omega_1}{\partial s_2} + \frac{\partial \omega_2}{\partial s_1} + \omega_1 \mathcal{G}_1 + \omega_2 \mathcal{G}_2 = \omega_1 \omega_2.$$

Dies ist die Gleichung, welche die drei Codazzi'schen Formeln in sich einschliesst. Man gelangt zu denselben (vgl. § 154), wenn man bemerkt, dass die rechte Seite nach (6) den Wert

$$\begin{vmatrix} \mathfrak{i} & \mathfrak{j} & \mathfrak{k} \\ \mathcal{T} & \mathcal{N}_1 & \mathcal{G}_1 \\ \mathcal{N}_2 & \mathcal{T} & \mathcal{G}_2 \end{vmatrix}$$

hat.

Wir fordern den Leser auf, die Anwendung eines analogen Calcüls in den Überräumen zu versuchen, indem er sich ein System von Einheiten (ij) mit zwei Indices denkt, die vor allem die Eigenschaft haben, ihr Vorzeichen zu wechseln, wenn man die beiden Indices miteinander vertauscht. Man wird ferner voraussetzen müssen, dass $(ij)(kl) = 0$ ist, wenn i, j, k, l alle voneinander verschieden sind, und dass man $(ij)(jk) = (ik)$ hat, so dass im besondern $(ij)^2 = -(ji)(ij) = -(jj) = 0$ ist, während dagegen die Einheit (ij), links mit (ii) oder rechts mit (jj) multipliciert, sich nicht ändert; u. s. w. Von dem auf diese Vereinbarungen gegründeten Calcül erhält man ein klares geometrisches Bild, wenn man annimmt, dass die Ecken eines $(n-1)$-fachen n-edroids mit 1 bis n numeriert sind und dann mit (ij) die Operation bezeichnet wird, welche in dem Durchlaufen der von der Ecke i nach der Ecke j führenden Seite besteht. Die oben benutzten Zahlen beziehen sich auf den Fall $n = 3$, in welchem die Einheiten

$$\mathfrak{i} = (32), \qquad \mathfrak{j} = (13), \qquad \mathfrak{k} = (21)$$

sind.

Über das Gleichgewicht biegsamer und unausdehnbarer Fäden.

Es sei in einem linearen n-dimensionalen Raume ein vollkommen deformierbarer Faden gegeben, und wir wollen als Axen die Tangente, die $(n-1)$-Normale, ... und die Hauptnormale in einem beweglichen Punkte des Fadens wählen. Dieser wird als unendlich dünn vorausgesetzt, jedoch derart, dass jedes Element ds eine gewisse Masse qds hat. X_i sei längs der Axe i die Componente der auf qds wirkenden Kraft, berechnet für die Masseneinheit, und u_i die Projection der Verrückung auf dieselbe Axe. Die Richtungscosinus' des Fadenelements nach der Deformation sind offenbar proportional zu $ds + \delta u_1, \delta u_2, \delta u_3, \ldots, \delta u_n$, und man hat also, wenn man mit T die Spannung pro Längeneinheit bezeichnet, für den Fall des Gleichgewichts mit den äusseren Kräften

$$qX_i ds + \delta\left(T\frac{\delta u_i}{ds}\right) = 0,$$

wobei zu $T\delta u_i$ für den Fall $i = 1$ noch Tds hinzuzufügen ist. Inzwischen ist hier die Bemerkung von Wichtigkeit, dass die Fundamentalformeln (§ 237) für die Richtung $(\alpha_1, \alpha_2, \ldots, \alpha_n)$, wenn man dieselben in der Form

$$\frac{\delta \alpha_i}{ds} = \frac{d\alpha_i}{ds} + \frac{\alpha_{i-1}}{\varrho_{n-i+2}} - \frac{\alpha_{i+1}}{\varrho_{n-i+1}}$$

schreibt (was immer möglich ist, und zwar für jeden Wert von i, falls man übereinkommt

$$\alpha_{i+n} = -\alpha_i, \qquad \varrho_{i+n} = \varrho_i, \qquad \frac{1}{\varrho_0} = 0$$

zu setzen), auch dann bestehen, wenn man anstatt der α die Projectionen eines beliebigen variablen Segments auf die Axen betrachtet. In der That ist

$$\delta p\alpha_i = \alpha_i dp + p\delta\alpha_i = dp\alpha_i + \left(\frac{p\alpha_{i-1}}{\varrho_{n-i+2}} - \frac{p\alpha_{i+1}}{\varrho_{n-i+1}}\right) ds.$$

Wir können also schreiben

$$\delta\left(T\frac{\delta u_i}{ds}\right) = d\left(T\frac{\delta u_i}{ds}\right) + \frac{T\delta u_{i-1}}{\varrho_{n-i+2}} - \frac{T\delta u_{i+1}}{\varrho_{n-i+1}},$$

und die Gleichungen für das Gleichgewicht werden im allgemeinen

$$qX_i + \frac{d}{ds}\left(T\frac{\delta u_i}{ds}\right) + \frac{T}{\varrho_{n-i+2}}\frac{\delta u_{i-1}}{ds} - \frac{T}{\varrho_{n-i+1}}\frac{\delta u_{i+1}}{ds} = 0.$$

Endlich kommt nach vollständiger Elimination des Zeichens δ

$$qX_i + \frac{d}{ds}\left[T\left(\frac{du_i}{ds} + \frac{u_{i-1}}{\varrho_{n-i+2}} - \frac{u_{i+1}}{\varrho_{n-i+1}}\right)\right] + \frac{T}{\varrho_{n-i+2}}\frac{du_{i-1}}{ds} - \frac{T}{\varrho_{n-i+1}}\frac{du_{i+1}}{ds}$$

$$+ \frac{Tu_{i-2}}{\varrho_{n-i+3}\,\varrho_{n-i+2}} + \frac{Tu_{i+2}}{\varrho_{n-i+1}\,\varrho_{n-i}} - Tu_i\left(\frac{1}{\varrho_{n-i+2}^2} + \frac{1}{\varrho_{n-i+1}^2}\right) = 0.$$

Auf diese Weise gelangt man für $i = 1, 2, 3, \ldots, n$, wenn man alle getroffenen Vereinbarungen im Auge behält, zu den fundamentalen natürlichen Gleichungen für das Gleichgewicht eines Fadens in einem linearen n-dimensionalen Raume:

$$q X_1 \;+ \frac{d}{ds}\left[T\left(\frac{du_1}{ds} - \frac{u_n}{\varrho_1} + 1\right)\right] - \frac{T}{\varrho_1}\left(\frac{du_n}{ds} + \frac{u_1}{\varrho_1} + \frac{u_{n-2}}{\varrho_2}\right) = 0,$$

$$q X_2 \;+ \frac{d}{ds}\left[T\left(\frac{du_2}{ds} - \frac{u_3}{\varrho_{n-1}}\right)\right] - \frac{T}{\varrho_{n-1}}\left(\frac{du_3}{ds} + \frac{u_2}{\varrho_{n-1}} - \frac{u_4}{\varrho_{n-2}}\right) = 0,$$

$$q X_3 \;+ \frac{d}{ds}\left[T\left(\frac{du_3}{ds} + \frac{u_2}{\varrho_{n-1}} - \frac{u_4}{\varrho_{n-2}}\right)\right] + \frac{T}{\varrho_{n-1}}\left(\frac{du_2}{ds} - \frac{u_3}{\varrho_{n-1}}\right)$$
$$- \frac{T}{\varrho_{n-2}}\left(\frac{du_4}{ds} + \frac{u_3}{\varrho_{n-2}} - \frac{u_5}{\varrho_{n-3}}\right) = 0,$$

$$\cdot \;\; \cdot \;\; \cdot \;\; \cdot \;\; \cdot \;\; \cdot \;\; \cdot \;\; \cdot \;\; \cdot \;\; \cdot \;\; \cdot \;\; \cdot \;\; \cdot \;\; \cdot \;\; \cdot \;\; \cdot$$

$$q X_{n-1} + \frac{d}{ds}\left[T\left(\frac{du_{n-1}}{ds} + \frac{u_{n-2}}{\varrho_3} - \frac{u}{\varrho_2}\right)\right] - \frac{T}{\varrho_2}\left(\frac{du_n}{ds} + \frac{u_1}{\varrho_1} + \frac{u_{n-1}}{\varrho_2}\right)$$
$$+ \frac{T}{\varrho_3}\left(\frac{du_{n-2}}{ds} + \frac{u_{n-3}}{\varrho_4} - \frac{u_{n-1}}{\varrho_3}\right) = 0,$$

$$q X_n \;+ \frac{d}{ds}\left[T\left(\frac{du_n}{ds} + \frac{u_1}{\varrho_1} + \frac{u_{n-1}}{\varrho_2}\right)\right] + \frac{T}{\varrho_1}\left(\frac{du_1}{ds} - \frac{u}{\varrho} + 1\right)$$
$$+ \frac{T}{\varrho_2}\left(\frac{du_{n-1}}{ds} + \frac{u_{n-2}}{\varrho_3} - \frac{u_n}{\varrho_2}\right) = 0.$$

Im besondern findet man für $n = 3$, wenn man mit X, Y, Z, u, v, w die Componenten der beschleunigenden Kraft und der Verrückung, mit ϱ und r den Flexions- und den Torsionsradius bezeichnet, die Gleichungen

$$q X + \frac{d}{ds}\left[T\left(\frac{du}{ds} - \frac{w}{\varrho} + 1\right)\right] - \frac{T}{\varrho}\left(\frac{dw}{ds} + \frac{u}{\varrho} + \frac{v}{r}\right) = 0,$$

$$q Y + \frac{d}{ds}\left[T\left(\frac{dv}{ds} - \frac{w}{r}\right)\right] - \frac{T}{r}\left(\frac{dw}{ds} + \frac{u}{\varrho} + \frac{v}{r}\right) = 0,$$

$$q Z + \frac{d}{ds}\left[T\left(\frac{dw}{ds} + \frac{u}{\varrho} + \frac{v}{r}\right)\right] + \frac{T}{\varrho}\left(\frac{du}{ds} - \frac{w}{\varrho} + 1\right) + \frac{T}{r}\left(\frac{dv}{ds} - \frac{w}{r}\right) = 0,$$

die von Maggi angegeben worden sind. Wenn der Faden unausdehnbar ist, so braucht man nur zu beachten, dass sich die Variation des Elements ds aus der Relation

$$(ds + \delta ds)^2 = (ds + \delta u_1)^2 + (\delta u_2)^2 + \cdots + (\delta u_n)^2$$

ergiebt, aus welcher im Falle infinitesimaler Verrückungen $\delta ds = \delta u_1$ folgt. Dann sieht man, dass die Unausdehnbarkeit immer durch die Gleichung

$$\frac{du_1}{ds} = \frac{u_n}{\varrho_1}$$

ausgedrückt wird.

Wenn man von den Verrückungen absieht, so reducieren sich die gefundenen Gleichungen auf die äusserst einfache Form

$$q\,X_1 + \frac{dT}{ds} = 0\,, \quad q\,X_n + \frac{T}{\varrho_1} = 0\,; \quad X_2 = X_3 = \cdots = X_{n-1} = 0\,,$$

und man sieht, dass der Faden immer eine derartige Lage annimmt, dass die osculierende Ebene in jedem Punkte die beschleunigende Kraft enthält. Dieses Theorem bildet eine neue Erklärung dafür (§ 153), dass ein Faden, der über eine Fläche gespannt wird, die Gestalt einer geodätischen Linie annimmt. In der That setzt die Fläche dem Faden, der die Neigung hat, gerade zu werden, eine normal gerichtete Reaction F entgegen, die aber auch in der osculierenden Ebene der Gleichgewichtscurve liegen muss. Diese ist also derart, dass die osculierende Ebene in jedem Punkte senkrecht zur Fläche ist, mithin ist sie eine geodätische Linie. Ferner ist ersichtlich $\varrho q F = T = $ Const., d. h. die Reaction, berechnet pro Längeneinheit, ist proportional zur Krümmung des Fadens, und wir können uns auf diese Weise erklären, weshalb in den Berührungspunkten des Fadens mit den Asymptotenlinien der Fläche die Reaction fehlt.

Aus demselben Theorem folgt, dass die Gleichgewichtscurve eben ist im Falle von Kräften, die von einem Centrum ausgehen. Wenn die beschleunigende Kraft eine unveränderliche Richtung hat, so drückt man dies aus (§ 12), indem man schreibt

$$\frac{d\varphi}{ds} = \frac{1}{\varrho}\,,$$

wo φ die Neigung der Tangente des Fadens gegen die Richtung von X ist. Die Gleichungen für das Gleichgewicht werden

$$q\,X \cos \varphi + \frac{dT}{ds} = 0\,, \quad q\,X \sin \varphi = \frac{T}{\varrho}\,,$$

und es lässt sich daraus, wenn man X eliminiert und integriert, leicht ableiten, dass $T \sin \varphi$ längs des ganzen Fadens einen constanten Wert T_0 bewahrt, so dass man hat

$$T = \frac{T_0}{\sin \varphi}\,, \quad X = \frac{T_0}{q\varrho \sin^2 \varphi}\,.$$

Hier bieten sich zwei bemerkenswerte Specialfälle. Wenn der Faden homogen (q constant) ist, so giebt die letzte Gleichung

$$X = \frac{a}{\varrho \sin^2 \varphi}\,, \quad \int X\,as = - a \cot \varphi\,,$$

wenn man $T_0 = aq$ setzt. Daraus folgt, dass die natürliche Gleichung der Gleichgewichtscurve

$$\varrho = \frac{1}{X}\left(a + \frac{1}{a}\left(\int X\,ds\right)^2\right)$$

ist. Wenn ferner der Faden nicht homogen ist, wenn man dagegen die Dichtigkeit von einem Ende zum andern derart variieren lassen will, dass er überall der deformierenden Wirkung gleich stark widersteht, so muss man setzen $T = aq$, wo a constant ist. In diesem Falle leitet man aus der zweiten Gleichung für das Gleichgewicht ab

$$X = \frac{a}{\varrho \sin \varphi} , \qquad \int X \, ds = a \log \operatorname{tg} \frac{\varphi}{2} ,$$

ferner

$$\varrho = \frac{a}{2X} \left(e^{\frac{1}{a} \int X \, ds} + e^{-\frac{1}{a} \int X \, ds} \right) .$$

Wenn z. B. X constant ist (und zwar kann man immer annehmen $X = 1$), wie es bei einem schweren Faden der Fall ist, der, in zwei Punkten befestigt, sich unter dem Einfluss der Schwere in der Gleichgewichtslage befindet, dann werden die beiden vorhin erhaltenen natürlichen Gleichungen

$$\varrho = a + \frac{s^2}{a} , \qquad \varrho = \frac{a}{2} \left(e^{\frac{s}{a}} + e^{-\frac{s}{a}} \right)$$

und stellen die gewöhnliche Kettenlinie und die Kettenlinie gleichen Widerstandes dar. Auf diese Weise rechtfertigen sich die Namen, welche wir diesen Curven gegeben haben (§ 5, b, c).

Ebenso schnell und mit ebenso einfachen Mitteln lassen sich andere bekannte Fragen der Mechanik behandeln. Wir fordern den Leser auf eine Anwendung der hier auseinandergesetzten Methode auf das Studium der Deformation von Fasern oder materiellen Linien anzuwenden, die in einem elastischen Körper liegen. Dabei hat man statt der Spannung die inneren Kräfte zu betrachten, die in allen Richtungen auf jedes Element der Faser wirken. Die Formeln, welche man in dieser Weise erhält, müssen für die Behandlung specieller Probleme analoge Vorteile bieten, wie es die krummlinigen Coordinaten thun.

Über die Elasticitätsgleichungen in Überräumen.

Die von Beltrami in seiner Abhandlung über die allgemeinen Elasticitätsgleichungen angedeuteten Rechnungen lassen sich mit einer gewissen Leichtigkeit und nicht ohne Eleganz auch in einem krummen Raume mit beliebig vielen Dimensionen ausführen, wenn man von der Bezeichnungsweise Gebrauch macht, die wir im letzten Kapitel angewandt haben. Erinnern wir uns zunächst daran (§§ 248, 249), dass für $u_0 = 0$ die Coefficienten der Verlängerung und die körperliche Dilatation pro Einheit durch die Formeln

$$\theta_i = u_{ii} = \frac{\partial u_i}{\partial s_i} + \sum \mathcal{G}_{ij} u_j , \qquad \Theta = \sum \theta_i = \sum \left(\frac{\partial}{\partial s_i} + \mathcal{G}_i \right) u_i$$

gegeben sind. Wir werden ferner die Änderungen θ_{ij} der Winkel zwischen den Elementen der Coordinatenlinien zu betrachten haben und die doppelten Componenten ϑ_{ij} der Rotation des Mittels. Ihre Ausdrücke gewinnt man aus den Formeln

$$(1) \qquad \begin{cases} \dfrac{1}{2} (\theta_{ij} + \vartheta_{ij}) = u_{ij} = \dfrac{\partial u_i}{\partial s_j} - \mathcal{G}_{ji} u_j , \\[2ex] \dfrac{1}{2} (\theta_{ij} - \vartheta_{ij}) = u_{ji} = \dfrac{\partial u_j}{\partial s_i} - \mathcal{G}_{ij} u_i , \end{cases}$$

die sich im wesentlichen auf eine einzige reducieren (§ 249), wenn man beachtet, dass

$$\theta_{ij} = \theta_{ji}, \quad \vartheta_{ij} = -\vartheta_{ji}$$

ist. Wenn man nunmehr

$$(2) \qquad -\frac{1}{2}\left(A\,\Theta^2 + B\sum\vartheta_{ji}^2\right)$$

als den einzigen wirksamen Teil des Potentials für die Bildung der unbestimmten Gleichungen annimmt, so gelangt man durch das gewöhnliche Verfahren zu den Gleichungen

$$(3) \qquad X_i + A\frac{\partial\Theta}{\partial s_i} + B\sum\left(\frac{\partial}{\partial s_j} + \mathcal{G}_j - \mathcal{G}_{ij}\right)\vartheta_{ij} + 2Ba_i = 0$$

ohne den letzten Term in dem ersten Gliede. Dieser letzte Term ist noch zu berechnen, damit die Formeln (3), abgesehen von der Variation der Isotropieconstanten, die allgemeinen Elasticitätsgleichungen isotroper Medien in einem beliebigen krummen Raume oder Überraume werden. Inzwischen erhält man, wenn man das von Beltrami zur Auffindung der Formeln (4) seiner Abhandlung eingeschlagene Verfahren befolgt, anstatt unserer Formeln (3) die Gleichungen

$$(4) \qquad X_i = \left(\frac{\partial}{\partial s_i} + \mathcal{G}_i\right)T_i - \sum\mathcal{G}_{ji}\,T_j + \sum^{(i)}\left(\frac{\partial}{\partial s_j} + \mathcal{G}_j + \mathcal{G}_{ij}\right)T_{ij},$$

In welchen die T_i und die T_{ij} die Spannungen der Elemente der Coordinatenlinien und -flächen sind. Der dem letzten Summenzeichen beigefügte Index i soll daran erinnern, dass bei der betreffenden Summation der durch den Wert $j = i$ definierte Term fortzulassen ist. Die Formeln (4) sind unabhängig von der geometrischen Natur des Raumes sowie von der physikalischen Beschaffenheit des Mittels. Wenn man diese specialisiert durch Einführung der Voraussetzung der Isotropie, so hat man

$$T_i = -(A - 2B)\,\Theta - 2B\theta_i, \quad T_{ij} = -B\theta_{ij},$$

und die Gleichungen (4) werden

$$X_i + A\frac{\partial\Theta}{\partial s_i} - 2B\frac{\partial}{\partial s_i}\sum^{(i)}\theta_j + 2B\sum\mathcal{G}_{ji}(\theta_i - \theta_j)$$

$$+ B\sum^{(i)}\left(\frac{\partial}{\partial s_j} + \mathcal{G}_j + \mathcal{G}_{ij}\right)\theta_{ij} = 0.$$

Nun liefert der Vergleich mit (3) unter Berücksichtigung der Formeln (1)

$$(5) \qquad a_i = -\frac{\partial}{\partial s_i}\sum^{(i)}\theta_j + \sum\mathcal{G}_{ji}(\theta_i - \theta_j) + \sum\mathcal{G}_{ij}\left(\frac{\partial u_i}{\partial s_j} - \mathcal{G}_{ji}u_j\right)$$

$$+ \sum^{(i)}\left(\frac{\partial}{\partial s_j} + \mathcal{G}_j\right)\left(\frac{\partial u_j}{\partial s_i} - \mathcal{G}_{ij}u_i\right).$$

Inzwischen ist

$$\frac{\partial}{\partial s_i}\sum^{(i)}\theta_j = \sum^{(i)}\frac{\partial^2 u_j}{\partial s_i\,\partial s_i} + \frac{\partial}{\partial s_i}\sum(\mathcal{G}_j - \mathcal{G}_{ij})u_j.$$

Andrerseits hat man auf Grund der Integrabilitätsbedingung (§ 249)

$$\sum^{(i)} \frac{\partial^2 u_j}{\partial s_j \partial s_i} = \sum^{(i)} \left(\frac{\partial}{\partial s_j} + \mathcal{G}_j \right) \frac{\partial u_j}{\partial s_i} + \mathcal{G}_i \frac{\partial u_i}{\partial s_i}$$
$$- \sum \mathcal{G}_{ji} \frac{\partial u_j}{\partial s_j} - \sum (\mathcal{G}_j - \mathcal{G}_{ij}) \frac{\partial u_j}{\partial s_i} ,$$

mithin

$$\frac{\partial}{\partial s_i} \sum^{(i)} \theta_j = \sum^{(i)} \left(\frac{\partial}{\partial s_j} + \mathcal{G}_j \right) \frac{\partial u_j}{\partial s_i} + \mathcal{G}_i \frac{\partial u_i}{\partial s_i}$$
$$- \sum \mathcal{G}_{ji} \frac{\partial u_i}{\partial s_j} + \sum u_j \frac{\partial}{\partial s_i} (\mathcal{G}_j - \mathcal{G}_{ij}) .$$

Setzt man in (5) ein, so kommt

$$a_i = \mathcal{G}_i \left(\theta_i - \frac{\partial u_i}{\partial s_i} \right) - \sum \mathcal{G}_{ji} \left(\theta_j - \frac{\partial u_j}{\partial s_j} \right) - u_i \sum \left(\frac{\partial \mathcal{G}_{ij}}{\partial s_j} + \mathcal{G}_j \mathcal{G}_{ij} \right)$$
$$- \sum \left[\frac{\partial}{\partial s_i} (\mathcal{G}_j - \mathcal{G}_{ij}) + \mathcal{G}_{ij} \mathcal{G}_{ji} \right] u_j .$$

Auf diese Weise ist bewiesen, dass a_i eine lineare Form in den u ist:

$$a_i = \sum a_{ij} u_j .$$

Fasst man die Glieder zusammen, die u_j als Factor haben, so erhält man

$$(6) \qquad a_{ij} = (\mathcal{G}_i - \mathcal{G}_{ji}) \mathcal{G}_{ij} - \frac{\partial}{\partial s_i} (\mathcal{G}_j - \mathcal{G}_{ij}) - \sum \mathcal{G}_{ki} \mathcal{G}_{kj}$$

für $i \lessgtr j$. Dagegen ist

$$(7) \qquad a_{ii} = - \frac{\partial \mathcal{G}_i}{\partial s_i} - \sum \left(\frac{\partial \mathcal{G}_i}{\partial s_j} + \mathcal{G}_j \mathcal{G}_{ij} + \mathcal{G}_{ij}^2 \right) .$$

Jetzt könnten wir die Coefficienten a durch die Functionen Q ausdrücken; aber es ist zweckmässiger, die Normalkrümmunger $\mathfrak{N}$ und die geodätischen Torsionen $\mathfrak{T}$ einzuführen, indem man die Gruppen (γ) und (δ) der allgemeinen Codazzi'schen Formeln (§ 246) berücksichtigt. Die Formel (7) lässt sich in folgender Weise schreiben:

$$a_{ii} = - \sum \left(\frac{\partial \mathcal{G}_{ij}}{\partial s_j} + \frac{\partial \mathcal{G}_{ji}}{\partial s_i} + \mathcal{G}_{ij}^2 + \mathcal{G}_{ji}^2 \right) - \sum (\mathcal{G}_i - \mathcal{G}_{ij}) \mathcal{G}_{ij} .$$

Die zweite Summe ist gleich

$$\sum_j \sum_k {}^{(i)} \mathcal{G}_{kj} \mathcal{G}_{ij} = \sum_k {}^{(i)} \sum_j \mathcal{G}_{kj} \mathcal{G}_{ij} = \sum_j {}^{(i)} \sum_k \mathcal{G}_{ik} \mathcal{G}_{jk}$$

Also ist

$$a_{ii} = - \sum^{(i)} \left(\frac{\partial \mathcal{G}_{ij}}{\partial s_j} + \frac{\partial \mathcal{G}_{ji}}{\partial s_i} + \mathcal{G}_{ij}^2 + \mathcal{G}_{ji}^2 + \sum \mathcal{G}_{ik} \mathcal{G}_{jk} \right)$$

oder nach den Formeln (γ)

$$(8) \qquad a_{ii} = \sum (\mathfrak{N}_i \mathfrak{N}_j - \mathfrak{T}_{ij}^2) .$$

Ebenso kann man den Gleichungen (6) die Form geben

$$a_{ij} = \mathcal{G}_{ij} \sum{}^{(j)} \mathcal{G}_{ki} - \frac{\partial}{\partial s_i} \sum{}^{(i)} \mathcal{G}_{kj} - \sum \mathcal{G}_{ki}\mathcal{G}_{kj}$$

$$= - \sum{}^{(i,\,j)} \left[\frac{\partial \mathcal{G}_{kj}}{\partial s_i} + (\mathcal{G}_{kj} - \mathcal{G}_{ij})\mathcal{G}_{kj} \right],$$

d. h. auf Grund von (δ)

$$(9) \qquad a_{ij} = - \sum \left(\mathcal{N}_k \mathcal{T}_{ij} + \mathcal{T}_{ik}\mathcal{T}_{jk} \right).$$

Diese Formel zeigt, dass $a_{ij} = a_{ji}$ ist. Man wird also dazu geführt, die quadratische Form

$$(10) \qquad U = \frac{1}{2} \sum a_{ij}u_i u_j$$

zu betrachten, deren erste partielle Ableitungen gerade die a_i sind. Um zu erkennen, welches die Bedeutung von U ist, bemerke man, dass man zu den Gleichungen (3) ebenso gelangt sein würde, wenn man als wirksamen Teil des Potentials den Ausdruck (2), vermehrt um $2BU$, angenommen hätte. Dies kann man so ausdrücken, dass die Krümmung des Raumes einen Verlust an elastischer Energie zur Folge hat, wie wenn ein Teil dieser Energie von dem Körper darauf verwandt würde, die Schwierigkeit zu überwinden, die ihm die Deformation in einem nicht linearen Raume bietet. Es kann jedoch der Fall eintreten, dass $U < 0$ ist, und dann ist die elastische Energie wiederum intensiver als die, welche in einem linearen Raume vorhanden sein würde, wie wenn die Form des Raumes derart wäre, dass sie die elastischen Deformationen vielmehr erleichtert als erschwert. Mit andern Worten: Denken wir uns den Raum erstarrt in seiner geometrischen Beschaffenheit und setzen wir andererseits die Materie als begabt mit einer Art von Trägheit voraus, auf Grund deren sie immer das Bestreben hat, sich so zu deformieren, als ob sie sich in einem linearen Raume befände, so können wir sagen, dass der Raum gegen diese Tendenz mit Kräften reagiert, die das Potential $2BU$ besitzen.

Z. B. hat man im Falle eines zweidimensionalen Raumes $a_{11} = a_{22} = K$, $a_{12} = 0$. Mithin ist $U = \frac{1}{2} K(u_1^2 + u_2^2)$, und die Gleichungen (3) werden

$$X_1 + A\frac{\partial \Theta}{\partial s_1} - B\frac{\partial \vartheta}{\partial s_2} + 2BKu_1 = 0,$$

$$X_2 + A\frac{\partial \Theta}{\partial s_2} + B\frac{\partial \vartheta}{\partial s_1} + 2BKu_2 = 0$$

und bleiben ungeändert bei den Deformationen der Fläche, wenn man sie als biegsam aber unausdehnbar voraussetzt. Demnach ist auf einer Fläche der Verlust an elastischer Energie proportional dem Quadrat der Verrückung und der Krümmung der Fläche in dem betrachteten Punkte. Für einen beliebigen Raum gilt etwas Analoges. Denken wir uns in der That, der Raum sei auf sein Krümmungssystem bezogen. Alsdann sind alle Torsionen $\mathcal{T}$ null, und man erhält aus den Formeln (9) $a_{ij} = 0$, während man aus (8) ersieht, dass a_{ii} die Summe der totalen Krümmungen aller Coordinatenflächen ist, die die Linie q_i enthalten. Bezeichnet man nun mit u_{ij} die Projection der Verrückung auf die Fläche $q_i q_j$ und mit K_{ij} die totale Krümmung dieser Fläche, so wird die Gleichung (10)

$$U = \frac{1}{2} \sum K_{ij} u_{ij}^2.$$

Der Verlust an elastischer Energie in einem krummen n-dimensionalen Raume ist also gleich der Summe der Verluste, die von den $\frac{1}{2} n (n-1)$ Krümmungsflächen herrühren.

Anhang.

Die verallgemeinerte natürliche Geometrie.

Der schönste Erfolg meiner deutschen Ausgabe von Cesàros Geometria intrinseca war der, daß Georg Pick[1]), angeregt durch das Cesàrosche Buch, die Ideen des Verfassers, die sich ganz im Bereiche der euklidischen Bewegungsgruppe halten, auf beliebige ebene Transformationsgruppen übertrug. So entstand eine Verallgemeinerung der natürlichen Geometrie, die den Geometern noch reiche Betätigungsmöglichkeiten bietet und bis jetzt noch immer nicht genügend gewürdigt worden ist.

Ich will im folgenden, ohne allzu große Vorkenntnisse aus der Theorie der Transformationsgruppen vorauszusetzen, eine kurze Darstellung der verallgemeinerten natürlichen Geometrie geben.

§ 1. Das Analogon des euklidischen Bogens und der euklidischen Krümmung bei einer beliebigen ebenen Transformationsgruppe.

Die euklidische Krümmung $y'' : (1 + y'^2)^{\frac{3}{2}}$ ist, vom Standpunkt Lies betrachtet, die niedrigste Differentialinvariante der dreigliedrigen euklidischen Bewegungsgruppe. Jede Funktion von x, y, y', y'', die bei allen Bewegungen ungeändert bleibt, erweist sich als eine Funktion der Krümmung.

Ist nun G_r eine r-gliedrige ebene Transformationsgruppe, so gibt es bei ihr, ebenso wie bei der Bewegungsgruppe, eine niedrigste Differentialinvariante J, die im allgemeinen von $(r-1)$-ter und nur ausnahmsweise von niedrigerer Ordnung ist. Jede Funktion von x, y, y', ..., $y^{(r-1)}$, die bei allen Transformationen der Gruppe G_r invariant bleibt, erweist sich als eine Funktion von J. Dieser Satz rührt von Lie her. Man findet ihn z. B. in den Lieschen Vorlesungen über kontinuierliche Gruppen, bearbeitet von G. Scheffers (Teubner, Leipzig), ausführlich bewiesen. Dieses Buch kann zur Einführung in die Lieschen Theorien, die jetzt immer mehr in den Mittelpunkt des mathematischen Interesses rücken, bestens

____

1) Vgl. seine grundlegende Abhandlung in den Wiener Akademieberichten von 1906.

empfohlen werden. Weiter unten werden wir übrigens den Existenzsatz über die niedrigste Differentialinvariante auf anderem Wege beweisen, allerdings nur für solche Gruppen, bei denen J die normale Ordnung hat. Diese Gruppen kommen aber allein für die Picksche natürliche Geometrie in Frage.

Auch für den euklidischen Bogen gibt es ein Analogon bei der Gruppe G_r. Der euklidische Bogen ist, vom Lieschen Standpunkt betrachtet, die niedrigste Integralinvariante der euklidischen Bewegungsgruppe. Wenn man fordert, daß das Integral $\int f(x, y, y')\, dx$ bei allen Bewegungen ungeändert bleibt, so findet man, abgesehen von einem konstanten Faktor, $f(x, y, y') = \sqrt{1 + y'^2}$. Ganz ähnlich liegen die Verhältnisse bei G_r, wenn man noch die Bedingung stellt, daß J die normale Ordnung $r - 1$ hat. Es gibt dann, abgesehen von einem konstanten Faktor, nur einen invarianten Ausdruck der Form $\omega (x, y, y', \ldots, y^{(r-2)})\, dx$, den G. Pick das Bogenelement der Gruppe G_r nennt, und $s = \int \omega\, dx$ ist das Analogon des euklidischen Bogens bei der Gruppe G. Den Existenzbeweis für ds findet man in der oben zitierten Abhandlung G. Picks. Wir werden ihn weiter unten auf anderem Wege führen.

Eine Bemerkung muß hier noch angefügt werden, die für die verallgemeinerte natürliche Geometrie von Wichtigkeit ist. Während der Bogen $s = \int \omega\, dx$ bis auf einen konstanten Faktor und eine additive Konstante bestimmt ist, haftet der niedrigsten Differentialinvariante J, dem Analogon der euklidischen Krümmung, eine weit größere Unbestimmtheit an. Man kann, solange keine einschränkende Bedingung aufgestellt wird, jede Funktion von J an die Stelle von J setzen. Wenigstens war dies die Auffassung, die Lie von der niedrigsten Differentialinvariante hatte. Für die verallgemeinerte natürliche Geometrie ist es aber wertvoll, die Unbestimmtheit von J auf dasselbe Maß herabzudrücken, das dem Bogen s zukommt. Dies wird ermöglicht durch den von mir 1920 aufgestellten Linearitätssatz, wonach J, wenigstens im Falle $r > 2$, stets so gewählt werden kann, daß es (ebenso wie die euklidische Krümmung) die Höchstableitung linear enthält. Diese in der Höchstableitung lineare Differentialinvariante J ist das wahre Analogon der euklidischen Krümmung bei der Gruppe G_r.

Will man das Bogenelement ds und die Differentialinvariante J vollkommen eindeutig festlegen, so muß man noch festsetzen, daß sie sich für ein spezielles Wertsystem $x, y, y', \ldots, y^{(r-2)}$ auf dx bzw. auf $y^{(r-1)}$ reduzieren sollen.

§ 2. Natürliche Gleichung einer Kurve gegenüber der Gruppe G_r.

Längs einer Kurve $y = f(x)$ sind J und $s = \int_{x_0}^{x} \omega\, dx$ beide Funktionen von x. Es besteht also zwischen J und s eine Relation $\varphi(J, s) = 0$. Sie wird die natürliche Gleichung der Kurve gegenüber der Gruppe G_r genannt. Man kann, wie ich das in einer meiner Arbeiten (Leipziger Akademieberichte 1920) durchgeführt habe, zeigen, daß eine Kurve durch ihre natürliche Gleichung bis auf Transformationen der Gruppe G_r charakterisiert ist, so wie in der euklidischen Geometrie die natürliche Gleichung eine Kurve bis auf Bewegungen festlegt.

Man kann nun, wie K. C. F. Krause es in seiner natürlichen Geometrie anstrebte, die Kurven nach der Form ihrer natürlichen Gleichung gegenüber G_r klassifizieren. Als einfachste Kurven sind von diesem Gesichtspunkt aus die Kurven zu betrachten, längs welchen J konstant ist. In der euklidischen Geometrie sind das die Kreise. Weiter unten wird eine allgemeine Aussage über die Kurven mit der natürlichen Gleichung $J =$ Const. gemacht werden. Es wird sich zeigen, daß diese Kurven die Bahnkurven der infinitesimalen Transformationen von G_r sind. Für den Fall der projektiven Gruppe sind diese Kurven von Lie und Klein untersucht worden und unter dem Namen W-Kurven bekannt. Man könnte ihnen auch im Falle der Gruppe G_r diesen Namen beilegen. Die einfachsten Kurven in der natürlichen Geometrie der Gruppe G_r sind also die W-Kurven.

Als nächst einfache Klasse können dann, so wird man sagen dürfen, die Kurven mit linearer natürlicher Gleichung gelten, die Kurven also, deren natürliche Gleichung die Form $J = a\,s + b$ hat (a und b konstant). Man beachte, daß diese Gleichungsform von der in J und s steckenden Unbestimmtheit nicht berührt wird. Sie bleibt erhalten, wenn man J und s durch lineare Funktionen ihrer selbst ersetzt. Für einige bekannte Gruppen habe ich diese Kurven mit linearer natürlicher Gleichung in einer meiner Arbeiten (Leipziger Akademieberichte 1924) näher untersucht Weitere Untersuchungen, die sich auf andere Kurvenklassen beziehen, werden von mehreren meiner Schüler durchgeführt.

§ 3. Existenzbeweis für J und s.

Der einfachste Weg, die Existenz der beiden Invarianten J und s zu beweisen, ist wohl der, daß man von den endlichen Gleichungen der Gruppe G_r ausgeht:

$$(T_a) \qquad \begin{cases} x_1 = f\,(x,\,y,\,a_1,\,\ldots,\,a_r), \\ y_1 = g\,(x,\,y,\,a_1,\,\ldots,\,a_r). \end{cases}$$

Will man wissen, wie die Transformation T_a auf die Wertsysteme $x,\,y,\,y',\,\ldots,\,y^{(r-2)}$ einwirkt oder, geometrisch gesprochen, wie sie die Kurvenelemente der $(r-2)$-ten Ordnung vertauscht, so muß man die sogenannte $(r-2)$-te Erweiterung vornehmen, d. h. man muß zu den Transformationsgleichungen T_a die folgenden hinzufügen:

$$(1) \quad \begin{cases} y_1{}' = \dfrac{dg}{df} = g_1\,(x,\,y,\,y',\,a_1,\,\ldots,\,a_r), \\[2ex] y_1{}'' = \dfrac{dg_1}{df} = g_2\,(x,\,y,\,y',\,y'',\,a_1,\,\ldots,\,a_r), \\[1ex] \cdots\cdots\cdots\cdots\cdots\cdots\cdots\cdots\cdots \\[1ex] y_1{}^{(r-2)} = \dfrac{dg_{r-3}}{df} = g_{r-2}\,(x,\,y,\,y',\,\ldots,\,y^{(r-2)},\,a_1,\,\ldots,\,a_r). \end{cases}$$

Alle r Gleichungen zusammen bestimmen die $(r-2)$-te Erweiterung von T_a, die wir mit $T_a{}^{(r-2)}$ bezeichnen.

Es sind nun zwei Fälle möglich. Entweder lassen sich die Gleichungen von $T_a{}^{(r-2)}$ nach $a_1,\ldots,a_r$ auflösen oder man kann die Parameter aus den Gleichungen eliminieren, so daß sich eine Relation zwischen $x,\,y,\,y',\,\ldots,$ $y^{(r-2)}$ und $x_1,\,y_1,\,y_1{}',\,\ldots,\,y_1{}^{(r-2)}$ ergibt. Im ersten Falle läßt sich ein Kurvenelement $(r-2)$-ter Ordnung durch eine passende Transformation, deren Parameterwerte eben durch Auflösung jener Gleichungen gewonnen werden, im allgemeinen in jedes andere derartige Element überführen. Die Elemente $(r-2)$-ter Ordnung werden, wie man zu sagen pflegt, durch die Gruppe **transitiv** vertauscht. Ein solches Element hat also keine Invariante, d. h. es gibt keine Differentialinvariante von $(r-2)$-ter oder niedrigerer Ordnung. Im zweiten Falle besteht zwischen einem Element $(r-2)$-ter Ordnung und dem transformierten Element eine bestimmte Relation. Die Elemente $(r-2)$-ter Ordnung werden durch die Gruppe **intransitiv** transformiert. Ein solches Element hat eine Invariante, d. h. es gibt eine Differentialinvariante von $(r-2)$-ter oder niedrigerer Ordnung. Diesen zweiten Fall wollen wir mit G. Pick ausschließen und ausdrücklich voraussetzen, daß die Elemente $(r-2)$-ter Ordnung durch die Gruppe G_r **transitiv** vertauscht werden.

Wenn wir die **Picksche Transitivitätsbedingung** zugrunde legen, so lassen sich die Gleichungen von $T_a{}^{(r-2)}$ nach den Parametern auflösen, und T_a ist dann (innerhalb gewisser Grenzen) dadurch bestimmt, daß man weiß, in welches Element e_1 ein Element e der $(r-2)$-ter Ordnung bei T_a übergeht. $a_1,\,\ldots,\,a_r$ lassen sich als Funktionen von e und e_1 darstellen:

$$(2) \qquad a_1 = \alpha_1\,(e,\,e_1),\,\ldots,\,a_r = \alpha_r\,(e,\,e_1).$$

Gehen wir nun in der Kette der Gleichungen (1) einen Schritt weiter, bilden wir also durch Differentiation der letzten Gleichung (1) die neue

$$y_1{}^{(r-1)} = \frac{dg_{r-2}}{df},$$

so ist zunächst zu bemerken, daß (falls $r > 2$) y_{r-1} auf der rechten Seite linear auftreten wird. Wir können also, wenn wir noch für $a_1,\,\ldots,\,a_r$ die Werte (2) einsetzen, auch schreiben

$$(3) \qquad y_1{}^{(r-1)} = \psi\,(e,\,e_1)\,y^{(r-1)} + \chi\,(e,\,e_1).$$

Man muß sich, um diese Gleichung voll ausnutzen zu können, klar machen, daß sie immer stattfindet, sobald x, y, y', ..., $y^{(r-1)}$ mit x_1, y_1, y_1', ..., $y_1^{(r-1)}$ durch eine Transformation der Gruppe G_r zusammenhängen. Sie gilt also für je zwei miteinander äquivalente Kurvenelemente $(r-1)$-ter Ordnung, wenn wir unter Äquivalenz das Zusammenhängen durch eine Transformation der Gruppe verstehen. Nun liegt es aber im Wesen des Gruppenbegriffs, daß zwei mit einem dritten äquivalente Gebilde auch untereinander äquivalent sind. Daher wird die Gleichung (3) erhalten bleiben, wenn man x_1, y_1, y_1', ..., $y_1^{(r-1)}$ festhält und x, y, y', ..., y^{r-1} der Einwirkung der Gruppe G_r überläßt. Das heißt aber doch, daß der Ausdruck $\psi\,(e,\,e_1)\,y^{(r-1)} + \chi\,(e,\,e_1)$ bei festgehaltenem e_1 eine Differentialinvariante darstellt. Dies ist unsere Invariante J, und sie enthält, wie man sieht, die Höchstableitung linear. Wir haben also den Existenzsatz und Linearitätssatz mit einem Schlage bewiesen.

Die Existenz des Bogenelements läßt sich in ganz ähnlicher Weise feststellen. Man muß nur zu den Gleichungen von $T_a^{(r-2)}$ eine der Gleichungen

$$dx_1 = df, \qquad dy_1 = dg$$

hinzunehmen, auf den (ausgerechnet zu denkenden) rechten Seiten für a_1, ..., a_r die Ausdrücke (2) einsetzen und im übrigen dieselbe Schlußweise wie soeben anwenden.

§ 4. Berechnung von J und ds aus den infinitesimalen Transformationen der Gruppe G_r

Nachdem die Existenz der Invarianten J und ds feststeht, ist es leicht, diese Größen aus den infinitesimalen Transformationen der Gruppe G_r zu berechnen.

Es seien in der Lieschen Schreibweise

$$(4) \qquad \xi_1 p + \eta_1 q, \ \ldots, \ \xi_r p + \eta_r q$$

die r infinitesimalen Grundtransformationen von G_r. Man muß, um J zu finden, ausdrücken, daß bei jeder dieser r infinitesimalen Transformationen $\delta J = 0$ ist. Da J von x, y, y', ..., $y^{(r-1)}$ abhängt, so ist es nötig, $\delta y'$, ..., $\delta y^{(r-1)}$ zu berechnen. Das geschieht nach einem schon von Euler gelehrten Verfahren. Wenn

$$\delta x = \xi\,(x,\,y)\,\delta t, \quad \delta y = \eta\,(x,\,y)\,\delta t$$

ist, so hat man

$$\delta y' = \left(\frac{d\eta}{dx} - y'\,\frac{d\xi}{dx}\right)\delta t = \eta'\,\delta t,$$

$$\delta y'' = \left(\frac{d\eta'}{dx} - y''\,\frac{d\xi}{dx}\right)\delta t = \eta''\,\delta t,$$

$$\cdots \cdots \cdots \cdots \cdots \cdots$$

Aus diesen Formeln geht hervor, daß $\dfrac{\delta y^{(n)}}{\delta t}$ in $y^{(n)}$ linear ist, sobald $n > 1$.

Wir können also insbesondere schreiben (falls $r > 2$)

$$(5) \qquad \frac{\delta y^{(r-1)}}{\delta t} = \lambda(e) + \mu(e)y^{(r-1)},$$

wobei uns e, wie bereits oben, als kurze Bezeichnung für das System x, y, y', $\ldots$, $y^{(r-2)}$ dient.

Auf Grund des Linearitätssatzes dürfen wir den Ansatz

$$J = \alpha(e) + \beta(e)\,y^{(r-1)}$$

machen. Es ist dann, wenn $\xi p + \eta q$ irgendeine der infinitesim alen Transformationen (4) bedeutet, $\delta J = 0$ oder, ausführlicher geschrieben,

$$\frac{\delta\alpha}{\delta t} + \frac{\delta\beta}{\delta t}y^{(r-1)} + \beta(\lambda + \mu y^{(r-1)}) = 0.$$

Diese Gleichung spaltet sich aber sofort in

$$(6) \qquad \frac{\delta\beta}{\delta t} + \beta\mu = 0$$

und

$$(7) \qquad \frac{\delta\alpha}{\delta t} + \beta\lambda = 0.$$

Da $\xi p + \eta q$ mit jeder der infinitesimalen Transformationen (4) identifiziert werden muß, so sind in (6) folgende r Gleichungen zusammengefaßt:

$$(6') \quad \xi_\varrho\frac{\partial\log\beta}{\partial x} + \eta_\varrho\frac{\partial\log\beta}{\partial y} + \eta'_\varrho\frac{\partial\log\beta}{\partial y'} + \cdots + \eta_\varrho^{(r-2)}\frac{\partial\log\beta}{\partial y^{(r-2)}} = -\mu_\varrho,$$

$$(\varrho = 1, \ldots, r)$$

ebenso in (7) die Gleichungen

$$(7') \qquad \xi_\varrho\frac{\partial\alpha}{\partial x} + \eta_\varrho\frac{\partial\alpha}{\partial y} + \eta_\varrho'\frac{\partial\alpha'}{\partial y'} + \cdots + \eta_\varrho^{(r-2)}\frac{\partial\alpha}{\partial y^{(r-2)}} = -\beta\lambda_\varrho.$$

$$(\varrho = 1, \ldots, r)$$

Aus $(6')$ ergibt sich

$$(8) \qquad d\beta = \varDelta^{-1}\beta \begin{vmatrix} \xi_1 & \eta_1 & \eta_1' & \cdots & \eta_1^{(r-2)} & \mu_1 \\ \cdot & \cdot & \cdot & \cdots & \cdot & \cdot \\ \xi_r & \eta_r & \eta_r' & \cdots & \eta_r^{(r-2)} & \mu_r \\ dx & dy & dy' & \cdots & dy^{(r-2)} & 0 \end{vmatrix},$$

so daß man durch Quadratur $\log\beta$ erhält. Aus $(7')$ folgt, nachdem β gewonnen ist,

$$(9) \qquad d\alpha = \varDelta^{-1}\beta \begin{vmatrix} \xi_1 & \eta_1 & \eta_1' & \cdots & \eta_1^{(r-2)} & \lambda_1 \\ \cdot & \cdot & \cdot & \cdots & \cdot & \cdot \\ \xi_r & \eta_r & \eta_r' & \cdots & \eta_r^{(r-2)} & \lambda_r \\ dx & dy & dy' & \cdots & dy^{(r-2)} & 0 \end{vmatrix},$$

also α durch Quadratur Hierbei haben wir die Abkürzung

$$\varDelta = \begin{vmatrix} \xi_1 & \eta_1 & \eta_1{}' & \cdots & \eta_1^{(r-2)} \\ \cdot & \cdot & \cdot & \cdot & \cdot \\ \xi_r & \eta_r & \eta_r{}' & \cdots & \eta_r^{(r-2)} \end{vmatrix}$$

benutzt, die Lie für diese wichtige Determinante eingeführt hat. Sie ist, weil wir die Picksche Transitivitätsbedingung zugrunde legen, ungleich Null.

Aus (8) bestimmt sich β bis auf einen konstanten Faktor, der dann auch vermöge (9) in α eintritt. Zu α kommt aber noch eine additive Konstante hinzu. Man sieht, daß in Übereinstimmung mit unsern früheren Angaben $J = \alpha + \beta y^{(r-1)}$ insofern unbestimmt ist, als es durch $kJ + l$ (k und l konstant) ersetzt werden kann. Im Hinblick auf eine spätere Anwendung sei noch folgende elegante Formel hervorgehoben, die sich aus (8) und (9) ohne Schwierigkeit ergibt, wenn man Gleichung (5) beachtet:

$$(10) \qquad dJ = \varDelta^{-1} \beta \begin{vmatrix} \xi_1 & \eta_1 & \eta'_1 & \cdots & \eta_1^{(r-1)} \\ \cdot & \cdot & \cdot & \cdot & \cdot \\ \xi_r & \eta_r & \eta_r{}' & \cdots & \eta_r^{(r-1)} \\ dx & dy & dy' & \cdots & dy^{(r-1)} \end{vmatrix}$$

Führt man mit Lie die Ausdrücke

$$\omega_\varrho = \eta_\varrho - y' \xi_\varrho$$

ein, so ist, wie man leicht feststellt,

$$\eta_\varrho^{(n)} = \frac{d^n \omega_\varrho}{dx^n} + y^{(n+1)} \xi_\varrho .$$

Formel (10) nimmt dann folgende Gestalt an

$$(10') \qquad dJ = \varDelta^{-1} \beta \begin{vmatrix} \xi_1 & \omega_1 & \dfrac{d\,\omega_1}{dx} & \cdots & \dfrac{d^{r-1}\omega_1}{dx^{r-1}} \\ \cdot & \cdot & \cdot & \cdots & \cdot \\ \xi_r & \omega_r & \dfrac{d\,\omega_r}{dx} & \cdots & \dfrac{d^{r-1}\omega_r}{dx^{r-1}} \\ dx, & dy - y'dx, & dy' - y''dx, & \ldots, & dy^{(r-1)} - y^{(r)}dx \end{vmatrix}$$

Die Berechnung des Bogenelements $ds = \omega\,(e)\,dx$ aus den infinitesimalen Transformationen der Gruppe G_r erledigt sich noch einfacher als die von J. Man erhält, da

$$\delta\,dx = d\delta x = d\xi \cdot \delta t$$

ist, für ω folgende Differentialgleichungen

$$(11)\quad \xi_\varrho \frac{\partial \log \omega}{\partial x} + \eta_\varrho \frac{\partial \log \omega}{\partial y} + \eta_\varrho{}' \frac{\partial \log \omega}{\partial y'} + \cdots + \eta_\varrho^{(r-2)} \frac{\partial \log \omega}{\partial y^{(r-2)}} + \frac{d\xi_\varrho}{dx} = 0,$$

$$(\varrho = 1, \ldots, r)$$

woraus sich ergibt:

$$(12) \qquad d\omega = \varDelta^{-1}\omega \begin{vmatrix} \xi_1 & \eta_1 & \eta_1{}' & \cdots & \eta_1{}^{(r-2)} & \dfrac{d\,\xi_1}{d\,x} \\ \cdot & \cdot & \cdot & \cdot & \cdot & \cdot \\ \xi_r & \eta_r & \eta'_r & \cdots & \eta_r{}^{(r-2)} & \dfrac{d\,\xi_r}{d\,x} \\ d\,x & d\,y & d\,y' & \cdots & d\,y^{(r-2)} & 0 \end{vmatrix}$$

$\log \omega$ findet man durch Quadratur. ω liegt hiernach bis auf einen konstanten Faktor fest.

Diese Quadraturenmethode zur Berechnung von J und ds läßt sich, wie tiefer gehende Untersuchungen gezeigt haben, noch überbieten. Doch wollen wir hier nicht darauf eingehen und ohne Beweis mitteilen, daß sich bei den meisten Transformationsgruppen der Ebene J und ds vollkommen integrationslos aus den infinitesimalen Transformationen berechnen lassen.

§ 5. Kurven mit der natürlichen Gleichung $J =$ Const.

Wir haben bereits erwähnt, daß die Kurven mit der natürlichen Gleichung $J =$ Const. die W-Kurven der Gruppe G_r sind, d. h. die Bahnkurven ihrer infinitesimalen Transformationen. Den Beweis dafür können wir jetzt mit Hilfe der Formel $(10')$ führen.

Aus $(10')$ folgt, wenn dJ unter Fortrückung längs einer Kurve gebildet wird, wobei also

$$dy = y'\,dx, \ldots, \quad dy^{(r-1)} = y^{(r)}dx$$

ist,

$$\frac{dJ}{dx} = (-1)^r \varDelta^{-1}\beta \begin{vmatrix} \omega_1 & \dfrac{d\,\omega_1}{d\,x} & \cdots & \dfrac{d^{r-1}\omega_1}{d\,x^{r-1}} \\ \cdot & \cdot & \cdot & \cdot \\ \omega_r & \dfrac{d\,\omega_r}{d\,x} & \cdots & \dfrac{d^{r-1}\omega_r}{d\,x^{r-1}} \end{vmatrix}$$

J bleibt also dann und nur dann längs der Kurve konstant, wenn

$$\begin{vmatrix} \omega_1 & \dfrac{d\,\omega_1}{d\,x} & \cdots & \dfrac{d^{r-1}\omega_1}{d\,x^{r-1}} \\ \cdot & \cdot & \cdot & \cdot \\ \omega_r & \dfrac{d\,\omega_r}{d\,x} & \cdots & \dfrac{d^{r-1}\omega_r}{d\,x^{r-1}} \end{vmatrix} = 0$$

ist. Das Verschwinden der Wronskischen Determinante von $\omega_1, \ldots, \omega_r$ besagt aber, daß zwischen diesen Funktionen eine lineare Relation besteht:

$$c_1\omega_1 + c_2\omega_2 + \cdots + c_r\omega_r = 0$$

oder in ausführlicher Schreibung

$$y' = \frac{c_1\eta_1 + \cdots + c_r\eta_r}{c_1\xi_1 + \cdots + c_r\xi_r}.$$

Dies bedeutet, daß die betrachtete Kurve eine Bahnkurve der infinitesimalen Transformation

$$\Sigma c_\varrho \left(\xi_\varrho\, p + \eta_\varrho\, q\right)$$

ist, also einer infinitesimalen Transformation der Gruppe G_r.

§ 6. G. Picks kovariante Koordinaten und Identitätsbedingungen.

Was bisher dargelegt wurde, ist noch nicht der eigentliche Kern der verallgemeinerten natürlichen Geometrie, wie sie G. Pick in seiner Abhandlung von 1906 entwickelt hat. Vielmehr ist das Hauptstück der Pickschen Theorie die Einführung der kovarianten Koordinaten und die Aufstellung der Identitätsbedingungen.

In dem Cesàroschen Buche hat der Leser gesehen, welch nützliches Werkzeug der geometrischen Forschung das bewegliche Achsensystem (Tangente-Normale) ist, das längs der zu untersuchenden Kurve entlanggleitet, und wie bequem sich mit den Cesàroschen Unbeweglichkeitsbedingungen operieren läßt. Diese wichtigen Hilfsmittel auf die natürliche Geometrie der Gruppe G_r zu übertragen, ist G. Pick gelungen. Dabei ging er von folgender Überlegung aus.

Wenn der Punkt $P(X, Y)$ in bezug auf Tangente und Normale an einer Stelle x, y einer Kurve die Koordinaten u, v hat, so sind u, v Funktionen von X, Y und x, y, y'

$$u = \frac{X - x + y'\,(Y - y)}{\sqrt{1 + y'^2}},$$

$$v = \frac{-(X - x)\,y' + Y - y}{\sqrt{1 + y'^2}}.$$

Diese Ausdrücke haben, was geometrisch evident ist, die Eigenschaft, bei allen Bewegungen invariant zu bleiben. Das Analogon von u und v bei der Gruppe G_r sind nun G. Picks kovariante Koordinaten. Er definiert sie als zwei in bezug auf X, Y unabhängige Funktionen von X, Y und x, y, y', $\ldots$, $y^{(r-2)}$, die bei G_r invariant bleiben. Daß im wesentlichen nur zwei solche Funktionen existieren, ergibt sich bei Pick mittels der Theorie der vollständigen Systeme Wir geben weiter unten einen Beweis, der von dieser Theorie unabhängig ist.

Die Cesàroschen Unbeweglichkeitsbedingungen erhält man, wenn man unter Festhaltung von X, Y das Linienelement x, y, y' längs einer Kurve entlanggleiten läßt. Es drücken sich dann $\dfrac{du}{ds}$, $\dfrac{dv}{ds}$ durch u, v und die Krümmung aus. Ganz ähnlich entstehen die Pickschen Identitätsbedingungen, die in seiner verallgemeinerten natürlichen Geometrie die Rolle der Cesàroschen Unbeweglichkeitsbedingungen übernehmen. Man bildet unter Verwendung des Bogenelements $ds = \omega\,(e)\,dx$ der Gruppe G die Ausdrücke $\dfrac{du}{ds}$, $\dfrac{dv}{ds}$, wobei X, Y festgehalten werden,

während das Element $(r—2)$-ter Ordnung e längs einer Kurve vari-
iert. $\dfrac{du}{ds}$, $\dfrac{dv}{ds}$ haben, ebenso wie u, v und ds die Invarianteneigenschaft.
Andererseits entnimmt man der Theorie der vollständigen Systeme, daß
es im wesentlichen nur drei Invarianten gibt, die von X, Y und x, y, y',
..., $y^{(r-1)}$ abhängen, nämlich u, v und J. Infolgedessen bestehen Relationen von folgender Art:

$$\frac{du}{ds} = \varphi\,(u,\ v,\ J),$$

$$\frac{dv}{ds} = \psi\,(u,\ v,\ J),$$

und das sind die Pickschen Identitätsbedingungen.

§ 7. Existenzbeweis für die kovarianten Koordinaten.

Die Existenz der Pickschen Invarianten u, v läßt sich in ganz ähn
licher Weise dartun, wie die der Invariante J. Wir kehren zu diesem
Zweck zu den Gleichungen der erweiterten Transformation $T_a^{(r-2)}$ zurück,
d. h. den Gleichungen (T_a) und (1) in § 3, und fügen die Gleichungen

$$(13) \qquad \begin{cases} X_1 = f(X,\ Y,\ a_1,\ \ldots,\ a_r), \\ Y_1 = g(X,\ Y,\ a_1,\ \ldots,\ a_r) \end{cases}$$

hinzu. Wir wenden also eine und dieselbe Transformation T_a auf das
Element $(r-2)$-ter Ordnung e und auf den Punkt $P(X,\ Y)$ an. e geht
in e_1 und P in $P_1(X_1,\ Y_1)$ über.

Setzen wir nun in (13) für $a_1,\ \ldots,\ a_r$ die Ausdrücke (2) ein, so
nehmen die Gleichungen (13) folgende Form an:

$$(14) \qquad \begin{cases} X_1 = F(X,\ Y,\ e,\ e_1), \\ Y_1 = G(X,\ Y,\ e,\ e_1). \end{cases}$$

Man muß sich nun klarmachen, daß diese Gleichungen nur an die Bedingung geknüpft sind, daß X, Y und e mit X_1, Y_1 und e_1 durch eine Transformation der Gruppe zusammenhängen. Dieser Zusammenhang bleibt
aber erhalten, wenn man auf X, Y und e irgendeine Transformation der
Gruppe anwendet. Somit sind F und G, wenn man darin e_1 irgendwie
fixiert, invariante Funktionen von X, Y und e. Sie sind in bezug auf
X, Y unabhängig, weil diese Eigenschaft bei f und g bestand. Mithin
können F und G mit den kovarianten Koordinaten u, v, identifiziert
werden.

Die Transformation T_a ist dadurch vollkommen charakterisiert, daß
sie das Element e in e_1 überführt. Man kann sie deshalb zweckmäßig
durch das Symbol $T_e^{e_1}$ darstellen. Die Gleichungen (14) lassen sich dann
durch die symbolische Gleichung

$$(14') \qquad\qquad P_1 = (P)\, T_e^{e_1}$$

ersetzen, und man kann also auch sagen, daß die konvarianten Koordinaten des Punktes P in bezug auf e definiert sind als die cartesischen Koordinaten des Punktes, in den P durch die Transformation $T_e^{e_1}$ übergeführt wird. In dieser Form ordnet sich der Begriff der kovarianten Koordinaten dem allgemeinen Begriff der Relativkoordinaten unter, wie ihn E. Cartan in seiner inhaltreichen Arbeit übei das bewegliche Dreikant im Jahrgang 1910 des Bulletin des sciences mathématiques erklärt hat.

§ 8. Übertragung der natürlichen Geometrie auf räumliche Gruppen und auf Gruppen ebener Berührungstransformationen.

G. Pick hat in einer ungedruckten Abhandlung gezeigt, wie man auch bei räumlichen Transformationsgruppen eine natürliche Geometrie begründen kann. Einer seiner Schüler, E. Stransky, hat diese Ideen an einem speziellen Beispiel demonstriert (Wiener Akademieberichte 1912).

Auch bei Gruppen ebener Berührungstransformationen gibt es eine natürliche Geometrie im Sinne G Picks. Meine Schülerin Gertrud Wiegandt hat dies an dem Beispiel der 10-gliedrigen Gruppe der Kreisverwandtschaften nachgewiesen (Crelles Journal 1925).

Sachregister.

Abwickelbare Flächen (siehe auch Regelflächen) 170 ff. Definition 166. Jede abw. Fl. ist der Ort der Tangenten der Rückkehrkante. Die Enveloppe von ∞^1 Ebenen ist e. abw. Fl. 171. Bei Drehung der Erzeugenden um e. orthog. Trajectorie (um constanten Winkel) bleibt die Fl. abwickelbar 175.

Abwickelbarkeit zweier Flächen aufeinander 216 ff. Die Krümmung in entsprechenden Punkten ist dieselbe 217. Fl., die auf Rotationsfl. abwickelb. sind 228.

Abwickelung einer Curve auf e. andern (siehe auch Rollcurven) 81.

Ähnlichkeit zweier Curven 281.

Anharmonische Curven (von Halphen) 130 u. 131. Ihre barycentrische Gl. Sie sind e. Grenzfall der symmetrischen Dreieckscurven 131. Satz über ihre Krümmung 132.

Asymptote 7. As. als Grenzlage der Tangente 23. Asymptoten e. Kegelschnitts 41, Gl. des Asymptotenpaars in baryc. Coordinaten 121.

Asymptotenlinien auf einer Fläche 193, charakterisiert durch Verschw. der Normalkrümmung 194. Sie werden bei sphärischer Abbildung um $\pi/2$ abgelenkt 206. Formel von Bonnet für ihre Flexion 208.

Asymptotische Developpable e. Regelfläche 225, e. Fläche zweiten Grades 240.

Asymptotische Punkte e. eb. Curve 11—12.

Asymptotische Kreise e. eb. Curve 12—13. Mittelp. des as. Kr. als Grenzlage des Krümmungscentrums 23.

Astroide (Hypocycloide mit vier Spitzen) 10.

Axe eines linearen Complexes 163. Siehe auch Kegelschnitt, Rotationsfläche, Fl. zw. Grades.

Banal's Untersuch. über Räume mit vollst. oder teilw. Unbestimmtheit der Krümmungssysteme 317.

Barycentrische Analysis 111 ff. Anwend. auf Kegelschnitte, symmetr. Dreieckscurven, anharm. Curven (siehe diese).

Barycentrische Coordinaten e. Punktes auf e. Geraden 111, in der Ebene 112, in e. linearen n-dimensionalen Raume 297.

Basis e. Rollcurve 81.

Beez'sches Theorem über die Starrheit gewisser unausdehnbarer Räume 316.

Beltrami's Satz über die Krümmung des Schnittes e. Fläche mit d. Tang.-ebene 223, Relationen für sphärische dreidim. Räume 288.

Bertrand'sche Curven 186 ff. Ihre Hauptnormalen sind Hauptn. e. andern Curve 186. Kinematische Eigensch. der Bertrand'schen Curven 189. Allgemeinere Curven 189 u. 190.

Berührung n-ter Ordnung zwischen zwei ebenen Curven 67 ff. Notw. u. hinr. Beding. für ihr Bestehen 68. Die Curven durchsetzen einander nur bei Ber. gerader Ordn. 69. Ber. höherer oder niedrigerer Ordn. zwischen Tang. u. Curve 5.

Binormale e. gewundenen Curve 154.

Binormalebene e. Curve in e. linearen vierdim. Raume 281.

Bonnet's Satz über die Ribaucour'schen Curven als Rollcurven 85; Formel für die Krümmung einer Curve, die e. Schar von ∞^1 Curven angehört in der Ebene 147, auf einer Fläche 211; Satz über die geodät. Torsion e. Curve auf e. Fläche 196, Formel dafür 204; Satz über die geod. Torsionen von zwei sich rechtwinkl. schneidenden Curven 200; Formel für die Flexion der Asymptotenlinien 208.

Brennpunkte eines Kegelschnitts 48, einer Cassinoide 50.

Brioschi's Satz über Krümm.-linien const. geod. Krümm. 222.

Brunel's Theorem über Curven in Überräumen 295 f.

Catalan's Satz: Das einzige Elassoid

unter den Regelflächen ist die Schraubenfläche mit Leitebene 235.

Catenoid. Es ist das einzige Rotationselassoid. 228, 233.

Cardioide (besser Kardioide) 10, als Sinusspirale vom Index $\frac{1}{2}$ 62, als Fusspunktcurve des Kreises inbezug auf e. seiner Punkte 30 u. 64. Parabel und Kardioide sind inverse Curven 65.

Cassinoiden (Cassini'sche Ovale) 50—53. Brennpunkte u. Mittelpunkt 50. Ableitung aus e. Paar von Kreisen durch Transform. vom Index $\frac{1}{2}$ 53.

Centrafläche (= Evolute e. Fläche) 217

Centralaxe e. gewund. Curve in e. Punkte 176f. Kinematische Bedeutung 176, 177

Cesàro'sche Curven 54 ff. Definition, Directrix, Pol. Der Radiusvector teilt den Krümmungradius der Evolute in const. Verhältnis 54. Natürliche Gl. 56. Specielle Cesàro'sche Curven sind die Kreise (Index 1), die Kegelschnitte (Index — 2) 57. Curven vom Index 0 58. Invariante der Cesàro'schen Curven. Gleichung des Leitkreises 77. Osculierende Cesàro'sche Curven, Ort ihrer Pole 80. Zu jedem Index gehört e. Ribaucour'sche Curve u. e. Sinusspirale (siehe diese) 54, 57.

Chasles'sches Verteilungsgesetz der Tang.-ebenen e. Regelfl. 167.

Clairaut's Satz über die geod. Linien e. Rotationsfläche 227.

Codazzi's Formeln für Flächen im gewöhnl. Raume 202, in eine Formel zusammengefasst 323; für krumme dreidim. Räume 286, 287; für krumme n-dim. Räume 305 f.; für Congruenzen 264 f.

Complementärflächen zu einer gegebenen Fläche 220.

Complex, Liniencomplex im Raume 162. Linearer und specieller linearer Complex 163.

Congruenz (Schar von ∞^2 Geraden im Raume) 162, 259 ff. Lineare Congruenz 164. Satz von Sturm: Jede Congruenz verhält sich in der Umgeb. jeder ihrer Geraden wie eine lineare Congr. 263. Formeln von Hamilton 261. Mittelpunkt, Hauptebenen, Grenzpunkte, mittlerer Verteilungsparameter für eine Gerade der Congr. 262, Brennpunkte und Focalebenen 263. Normale Congruenzen (bestehend aus den Normalen einer Fläche) 263; ihre Geraden sind die Tangenten von ∞^1 geod. Linien e. Fl. 220. Anwendung des Satzes von Sturm auf norm. Congr.

264. Isotrope Congruenzen, Satz von Ribaucour über dieselben 268.

Conjugierte Dreiecke inbezug auf e. Kegelschnitt 119. Sie sind homolog 121.

Kegelschnitte, die zu einem Dreieck conjugiert sind 119. Sie teilen die Seiten des Dreiecks harmonisch 120.

Conjugierte Durchmesser e. Kegelschnitts 43.

Conjugierte Tangenten in e. Punkt einer Fläche: die Erzeug. e. längs e. Curve um die Fl. gelegten Developpablen sind zu den Tangenten der Curve conj. 205. Winkel zwischen conjugierten Tangenten. Die Tang. des sphär. Bildes steht senkr. auf der conj. Tang. 206.

Conoid. Definition; Plücker'sches Conoid = Cylindroid 166.

Coordinaten, krummlinige, und Coordinatenlinien in der Ebene 140, auf e. Fläche (Gauss'sche Coordinaten) 198, im Raume 270.

Curven in der Ebene 1 ff. Curven mit quadratischer nat. Gl. 18—20. Curven, deren Krümmung einer Potenz des Bogens proportional ist, 15—16; ihre Evoluten 38—39. Curven, deren Krümm. prop. dem Normalenabschnitt zw. Incidenzp. u. e. festen Geraden ist, 30—32. Curven, deren osc. Kreise e. festen Kreis unter const. Winkel schneiden, nachdem man sie von den Berührungspunkten aus gleich stark dilatiert oder contrahiert hat, 65—66. Curven, bei denen jeder Punkt u. das entspr. Krümmungscentr. der Evolute mit e. fest. Punkt in gerader Linie liegen, 37—38.

Curven im Raume 154 ff. Curven, deren Tangenten gleichen Abstand von e. festen Punkte haben, 183. Curven, deren Torsion proport. dem Quadrat der Flexion ist, 192.

Curven in einem linearen vierdim. Raume 281—282.

Curven in Überräumen 289 ff.

Curvenscharen (siehe unter Scharen).

Cuspidalasymptote 7.

Cycloidale Curven (Epi-, Hypocycloiden, Cycloiden u. Pseudocycloiden). Sie sind die Cesàro'schen Curven vom Index 0 58. Die Proj. des Radiusvectors auf die Tang. ist prop. dem Bogen 27. Das Krümmungscentrum gehört der Polare des Curvenpunktes inbez. auf den Leitkreis an 59.

Cycloide 10. Alle Cycloiden sind ähnlich 28. Die Cycl. ist allen ihren Evoluten congruent 36. Ihre Normalen (zwischen Incidenzp. und Krümmungscentr.) werden von der Directrix halbiert 26. Die Cycl. als Rollcurve 84. Rollt e. Kreis auf e. Geraden, so umhüllt jeder Durchmesser e. Cycloide 94.

Cylindroid = Plücker'sches Conoid 166.

Darboux' Satz über Curven auf e. Fl. 209.

Deformation, infinites., einer Fläche 249 ff. Es bleibt im allg. ein einziges Tangentenpaar orthogonal 251. Charakterist. Gleichung 253. Änderung der mittl. u. tot. Krümm. 255. Invarianz der tot. Krümm. bei unausdehnb. Fl. 256. Änd. der Krümmungen e. Linie auf e. Fl. 257. Invarianz der geod. Kr. bei Linien auf unausdehnb. Fl. 258.

Deformation von Überräumen 307 ff.

Delaunay'sche Curven als Rollcurven 86. Natürl. Gl., Einteilung in ellipt. u. hyperbol. Kettenlinien, Kettenl. als Grenzcurve zw. beiden 87. Jede Del. C. ist e. congr. C. parallel, Discussion der Del. C. 88. Die Basis umhüllt e. Punkt bei Abwickelung der Del. C. auf e. passenden Kreise 95.

Developpable (siehe auch abwickelbare Fl.), charakterisiert durch Abwickelbarkeit auf die Ebene 231. Dev., die e. Fl. längs e. geg. Curve umbeschr. ist. Bestimmung ihrer Rückkehrkante 222.

Differentialquotient e. Function in gegeb. Richtung in der Ebene 136—137, im Raume 269

Differentialparameter, erster, e. Function in der Ebene 137; gemischter Diff.-par. zweier Functionen, geom. Bedeut. seines Verschwind. 138; zweiter Diff.-par. e. Function in der Ebene 139 u. 144 (Form von Lamé), auf e. Fläche 210, in e. dreidim. Raume 278 u. 279 (Form von Lamé).

Dilatation, lineare, bei inf. Deform. e. Fl. 249. Flächendilatation 250.

Directrix e. Cesàro'schen Curve u. anderer Curven (siehe die Namen der Curven).

Dupin's Theorem über dreif. Orthogonalsysteme 271; analoger Satz in Überräumen 304.

Dupin'sche Indicatrix (siehe Indicatrix).

Durchmesser e. Kegelschnitts 42.

Einbeschriebene Kegelschnitte bei e. Dreieck 123, einbeschr. Kreis 124.

Elasticitätsgleichungen in Überräumen 327.

Elassoid (= Fläche mit mittlerer Krümm. Null). Die Asymptotenlinien bilden e. isothermes Orthogonalsystem 232 u. 234. Jedes zweif. Orthog.-syst. auf e. Elass. bleibt orthogonal bei sphär. Abbild. 234. Die beiden Evolutenmäntel sind abwickelbar auf die Evol. e. Catenoids 247. Das einzige Rotationselass. ist das Catenoid 233. Das einzige Elassoid unter den Regelflächen ist die Schraubenfläche mit Leitebene (Satz von Catalan) 235.

Ellipse 40 u. 118.

Ellipsoid 239.

Elliptische Punkte einer Fläche 204. In der Umgebung e. ell. P. liegt die Fl. ganz auf e. Seite der Tang.-ebene 205.

Enneper's Satz: Die tot. Krümm. einer Fläche in e. Punkte ist gleich dem negat. Quadr. der Torsion der Asymptotenlinien 204 u. 214.

Entfernung zweier Punkte der Ebene in barycentr. Coord. 114.

Enveloppe von ∞^1 Curven in der Ebene. Sie berührt die eingehüllten Curv. 25. Env. e. Linie, wenn e. andre Linie ihrer Ebene auf e. Curve rollt 93; Fälle, wo diese Env. sich auf e. Punkt reduciert 95.

Enveloppe von ∞^1 Ebenen im Raume ist e. abwickelbare Fläche 171. Enveloppen der Seitenfl. des Fundamentaltrieders e. Raumcurve 172 ff.

Epicycloide 10. Sie ist ihren Evoluten ähnlich. Die Evolute unendl. hoher Ordn. ist das Centr. des Leitkreises 37. Epicycl. als Rollcurve 83. Das Krümmungscentr. liegt auf der Polare des erz. Punktes inbez. auf d. Leitkreis 84.

Euler'sches Theorem für die Normalkrümmung auf Flächen 202 u. 203. Übertragung auf dreidim. Räume 285, auf n-dim. Räume 307.

Evolute und Evolventen e. ebenen Curve 33 ff. Natürl. Gl. der Evolute 34. Höhere Evoluten 34—35. Die Evolute unendl. hoher Ordn. reduc. sich auf e. Punkt 35. Entstehung der Evolventen durch Abwickelung e. Fadens 34.

Evoluten und Evolventen e. Raumcurve 174. Die Evoluten lieg. auf der Polardevelopp. und werd. geradl., wenn man diese auf die Ebene ausbreitet. Ableitung aller Evol. aus einer durch Dreh. der einhüllend. Normalen 175. Die Evolventen e. cylindr. Schraubenlinie sind eb. Curv. 184.

Evolute und Evolventen e. Fläche

217 ff. Die Evolute (Centrafl.) hat zwei Mäntel. Tangentialebenen der Evolute 218. Die Rückkehrk. der Normaldevelopp. e. Fl. sind geod. Linien der Evol. 219. Jede Fl. ist ein Evolutenmantel von unendl. viel. Scharen v. Parallelfl. Der andere Mantel ist d. Ort der geod. Krümmungscentra der orthog. Trajector. von ∞^1 geod. Linien der Fl. 220. Mechanische Erzeug. der Evolventen e. Fläche 221. Sätze über die Evoluten v. Weingarten'schen Flächen 243 ff.

Excentricität e. Kegelschnitts 48.

Flächen. Allg. Theorie der Fl. 193 ff.

Flächen constanter mittlerer Krümmung 232 ff. Die Krümmungslin. bild. e. isotherm. Syst. 234. Die Rotationsfl. const. mittler. Kr. entsteh. durch Rotat. der Delaunay'schen Curven um ihre Leitlinien 233. Fl. mit d. mittl. Kr. Null (siehe Elassoide).

Flächen constanter totaler Krümmung 229 ff. Rotationsfl. unter ihnen 229. Zwei Fl. mit gleicher const. Krümm. sind aufein. abwickelbar 230, jede Fl. const. positiver Kr. auf e. Kugel u. jede negativer Kr. in versch. Weisen auf e. Pseudosphäre 231. E. Fl. const. neg. Kr. lässt sich auf jede Rot.-fl. mit ders. Kr. derart abwickeln, dass e. belieb. Schar zusammenlauf. geod. Linien mit den Meridianen coincidiert 232. Die beiden Evolutenmäntel e. Fl. const. neg. Kr. sind auf e. Catenoid abwickelbar 247. Die einzigen Fl. mit d. Kr. Null sind die Ebene und die abwickelb. Fl. 247.

Flächen, die auf Rotationsfl. abwickelbar sind 227. Jede solche Fl. ist e. Evolutenmantel e. Weingarten'schen Fl. (Satz v. Weingarten) 247.

Flächen zweiten Grades 236 ff. Identität mit den quadr. Regelfl. 236. Die Krümmungslinien (siehe auch 241) bild. e. isothermes Syst. 237, sind die Ellipsen und Hyperbeln der Fl. 243. Längs jed. Krümm.-linie variiert die zugehör. Hauptkr. prop. mit d. Cubus der andern Hauptkr. 209. Jeder ebene Schnitt ist e. Kegelschnitt. Mittelpunkt, Scheitel der Fl. 238. Nabelpunkte 239. Krümmung in e. Punkte. Asymptot. Developpable 240. Satz von Joachimsthal über die geod. Linien 242. Die von e. Nabelp. ausgehend. geod. Linien laufen in dem diametral gegenüberlieg. Nabelp. zusammen 243.

Flexion (siehe Krümmung).

Focalaxe, Focaldistanz bei e. Kegelschnitt 43, bezw. 48.

Function, harmonische 139.

Fundamentalformeln für die natürl. Analysis der eb. Curven 21; der Curven auf e. Fläche 195, im Raume 156 u. 157, in e. linearen n-dim. Raum 293 (kinematisch abgeleitet 294); der Flächen 201; der zweif. Orthogonalsysteme ebener Curv. 142; für Regelflächen 168 u. 169.

Fundamentaltrieder e. gewundenen Curve 154.

Fusspunktcurven 29 Construction des Krümmungscentr. der Fusspunktc. 30.

Gauss'sche Formel (dritte Formel von Codazzi) 202.

Geodätisches Dreieck 215. Sein Flächeninhalt 216.

Geodätische Krümmung (siehe unter Krümmung).

Geodätische Linien auf e. Fläche 193. Sie sind charakter. durch das Verschwinden der geod. Krümm. 194, bestimm. d. kürzest. Weg zwischen zwei Punkten 200. Satz von Liouville: Zwei Scharen von ∞^1 geod. Linien e. nicht abwickelbaren Fl. können sich nicht unter const. Winkel schneiden 225. Zwei orthog. Trajectorien e. Schar von ∞^1 geod. Linien bestimm. auf allen gleiche Bogen 200. Geod. Linien auf Fl. zweiten Grades 242. Geod. Linien auf Kegelflächen 181; Satz über ihre oscul. Ebenen 182 u. 183; Satz von Enneper über ihre Torsion 182.

Geodätische Parallelen auf e. Fläche 211.

Geodätische Torsion (siehe unter Torsion).

Geraden in der Ebene 112 ff. Geradenpaare 115. Die Gerade als Rollcurve (siehe Rollcurven).

Geraden im Raume 161 ff.

Gleichgewicht biegsamer unausdehnbarer Fäden 324.

Gleichseitige Hyperbel (siehe unter Hyperbel).

Gleichung, natürliche, einer ebenen Curve 2; sie bestimmt die Curve bis auf e. Beweg. 4. Nat. Gleichungen e. gewundenen Curve 156; sie bestimm. die Curve bis auf e. Beweg. 159.

Grassmann'sche Zahlen 320.

Gravé's Satz über die osculierende Ellipse 76.

Grenzpunkte auf einer Geraden einer Congruenz 262.

Habich's Theorem über Rollcurven 90.

Halphen's Satz über die Krümm. der Evolutenmäntel e. Weingarten'schen Fläche 244 (siehe auch 246).

Hamilton'sche Formeln für Congruenzen 261.

Harmonische Function (siehe Function).

Hauptebenen durch e. Gerade einer Congruenz 262.

Haupterzeugende e. hyperbol. Paraboloids 165.

Hauptkrümmungen u. Hauptkrümmungsradien e. Fläche in e. Punkte 203.

Hauptnormale e. gewundenen Curve 154. Die Fläche der Hauptnormalen 177 u. 188. Curven mit gemeinsamen Hauptnormalen (siehe Bertrand'sche Curven). Hauptnormalen bei Curven in Überräumen 289.

Homologiepol e. Kegelschnitts inbez. auf e. Dreieck 121, inbez. auf e. einbeschriebenes Dreieck 122. Ort der Homologiepole der ein- und der umbeschriebenen Parabeln e. Dreiecks 123.

Hyperbel 41, 118. Gleichseitige Hyp. 41, 44, 118, als Sinusspirale (vom Index — 2) 57.

Hyperbolische Punkte e. Fläche 204. In der Umgeb. e. solch. Punktes wird die Fl. von der Tang.-ebene geschnitten 205.

Hyperboloid (einschaliges, zweischaliges) 239.

Hypocycloide 10. Sie ist allen ihren Evoluten ähnlich 37.

Indicatrix (Dupin'sche) 204.

Inflexionsasymptote bei e. ebenen Curve 7.

Inflexionskreis in der Ebene einer rollenden Curve 89.

Inflexionspunkt (siehe Wendepunkt).

Integrabilitätsbedingung in e. krummlinigen Coord.-syst. in der Ebene 144, auf e. Fläche 199.

Invariabilität. Bedingung. für d. Inv. e. Richtung inbez. auf das Fundamentaltrieder e. Curve 159.

Invariante e. (n—2)-fach unendl. Curvenschar. Mit ihrer Hilfe sind die höheren Krümm.-centra construierbar, wenn die n—1 ersten bekannt sind 74. Geom. Bedeutung des Verschwindens der Inv. in e. Punkt einer Curve 75. Inv. der cycloidalen Curven, Kreisevolventen, logar. Spiralen, Cycloiden, Pseudocycloiden, Epicycloiden mit drei Spitzen, Parabeln, gleichseit. Hyperbeln, Kegelschnitte, Kettenlinien

gleich. Widerst., Ribaucour'schen Curven, Sinusspiralen 75—76.

Inverse Curven 28. Satz über die Krümm.-centra in entspr. Punkten 29.

Isometrischer Parameter e. Isothermenschar in der Ebene 139.

Isothermenscharen in der Ebene 139. Notw. u. hinreich. Beding. dafür, dass e. Curvenschar isotherm ist 140. Die orthog. Trajector. bilden ebenfalls e. Isothermensch. 145. E. isoth. Orthog.-syst. teilt die Ebene in infin. Quadr. 146.

Isothermenscharen auf Flächen 211. Ist eine Schar eines Orthog.-syst. isotherm, so auch die andre 212. Notw. u. hinr. Beding. dafür, dass e. krumml. Coord.-syst. isotherm ist 212 u. 213. Jedes Orthog.-syst. aus Linien const. geod. Krümm. ist isotherm. Haben die Linien der einen Schar e. isothermen Orthog.-syst. const. geod. Krümm., so auch die andern 212. Differentialgleichung, von der die Bestimm. aller Isothermenscharen e. Fläche abhängt 213.

Jamet's Satz über symmetr. Dreieckscurven 129.

Joachimsthal's Satz über die geod. Linien auf Fläch. 2. Grades 242.

Kegelflächen 174.

Kegelschnitte 40 ff. Einteilung in Ellipsen, Hyperbeln und Parabeln. Asymptoten 41. Mittelpunkt. Durchmesser. Scheitel. Axen 42. Focalaxe. Conjugierte Durchmesser 43. Natürliche Gleichung der Kegelschnitte. Construction des Krümm.-centr. nach Mac-Laurin 45. Andere Constr. d. Krümm.-centr. Natürl. Gleich. der Parabel, der gleichseitigen Hyperbel. Die Fusspunktcurve inbez. auf e. Brennpunkt ist e. Kreis 47. Brennpunkte 47, 48, 49. Kegelschnitte in barycentrischer Behandl. 117 ff. Kegelschnitte als Cesàro'sche Curven 57; Construction des Krümm.-centr. auf Grund der Def. der Cesàro'schen Curven 58.

Kettenlinie 4. Satz über ihre Krümmungscentra 26—27. Alle Kettenlinien sind ähnlich 28. Die Kettenl. als Rollcurve 86. Die Directrix e. Parabel, die auf e. Geraden rollt, umhüllt e. Kettenlinie 94.

Kettenlinie gleichen Widerstandes 5. Ihre Asymptoten 8. Satz über den Krümm.-radius 27.

Klothoide 15.

Kreis 4. Er ist die einzige Curve const. Krümm. 26. Zweif. Orthog.-syst. von Kreisen 149—150.

Kreis, windschiefer, im Raume. Die oscul. Kugeln e. windsch. Kr. sind gleich. Der Ort der Krümm.-centra ist ebenfalls e. windsch. Kr. (Satz von Bouquet) 182.

Kreisevolvente 8. Alle Kreisevolventen sind ähnliche Curven 28, 37.

Krümmung, **Krümmungsradius**, **Krümmungscentrum** e. ebenen Curve 2, ausgedrückt in barycentr. Coord. 125. Krümm. e. Kegelschnitts 128, Touret's Constr. des Krümm.-centr. e. Kegelschn. 130.

Krümmungen e. gewundenen Curve (Flexion u. Torsion). Krümm.- u. Torsionsradius 154—155. Geom. Sinn ihres Vorzeichens 158. Ausdrücke durch die Coord. des Curvenpunktes inbez. auf e. festes Axensyst. u. ihre Ableitungen 161. Wird die Developpable der Tangenten auf d. Ebene ausgebreit., so bleibt die Flexion ungeändert 173.

Krümmungscentrum e. gewund. Curve 172. Es ist die Projection des Centrums der oscul. Kugel auf die oscul. Ebene 178. Das Krümm.-centr. e. Curve auf einer Fläche ist die Proj. des Krümm.-centr. des berühr. Normalschnittes auf die oscul. Ebene 196, Ausnahmen hiervon 197

Krümmungen e. Curve in e. linearen n-dim. Raume 293.

Normalkrümmung u. geodätische **Krümmung** einer Curve auf e. Fläche 194. Satz von Meusnier über die Normalkr.: sie hängt nur von der Tang. ab. Die Normalkr. ist gleich d. Kr. d. berühr. Normalschnitts 196. Die geod. Kr. ist die Krümm. der Proj. der Curve auf d. Tang.-ebene 196, ist proport. der Proj. des Winkels zweier unendl. benachb. Tang. auf die Tang.-ebene 197, gleich der Krümm., welche die Curve erhält, wenn man die umbeschr. Developp. auf die Ebene ausbreitet 208. Invarianz der geod. Krümm. auf unausdehnb. Fl. bei Biegungen 258.

Krümmung e. Fläche in e. Punkte. Mittlere Krümmung 213. Flächen const. mittl. Kr. (siehe unter Flächen). Totale Krümmung: Geometr. Def. Sie ist das Product der Hauptkrümmungen 214. Ausdruck von Gauss für die tot. Kr. 215 (siehe auch 217). Ihre Invarianz bei Biegungen e. unausdehnb. Fl. 256. Tot. Krümm. e. Fl. zweiten Grades 240, e. allgemeinen Regelfläche 225.

Krümmungen e. dreidim. Raumes 285; totale Kr., ausgedr. durch die

geod. Kr. u. ihre Variationen 287 (analoge Formel für e. n-dim. Raum 307).

Krümmungslinien (Curven mit verschwind. geod. Torsion) 494. Schneiden sich zwei Fl. unter const. Winkel und ist die Schnittcurve Krümm.-linie auf der einen, so auch auf der andern; Umkehrung 194. Die Kugel (Ebene) e. sphärischen (ebenen) Krümm.-linie schneid. d. Fl. unter const. W.; Umkehrung 195. Satz von Brioschi: Jede Krümm.-linie mit const. geod. Krümm. ist e. sphär. Curve, deren Kugel die Fl. senkr. schneidet 222; Specialfall: Jede geodät Krümm.-linie liegt in e. Ebene, die die Fl. senkr. schneidet 198. Durch jeden Punkt gehen zwei Krümm. linien senkr. zueinand. (Satz von Monge) 203. Sie werden bei der sphär. Abbild. nicht abgelenkt 206, bilden im allg. das einzige System, welches bei sphär. Abbild. orthog. bleibt 234 (siehe auch unter Elassoid). Krümm.-linien e. Fl. zweiten Grades 241.

Kugel. Sie ist die einz. Fl. mit lauter Nabelpunkten 203. Kugeln, die ihre Mittelp. auf e. gegeb. Curve haben u. eine u. dieselb. Curve oscul. (Aufgabe von Jamet) 185 u. 186.

Laguerre's Satz über Curven auf e. Fl. 209.

Lamé'sche Relation bei ebenen Orthog.-systemen 144.

Lamé'sche Formeln im Raume 272.

Lancret's Theorem über Curven in linearen n-dim. Räumen 293.

Laquière's Curven prop. Inflexion (siehe Sinusspiralen)

Leitebenen e. hyperbol. Paraboloids 165.

Leitlinie (siehe Directrix).

Lemniscate (Specielle Cassinoide). Natürl. Gleichung 51. D. Neigung d. Norm. geg. d. Focalaxe ist dreimal so gross als die des Radiusvectors, d. Proj. des Krümm.-radius auf d. Radiusvector der dritte Teil desselb. 52. Die Lemn. als Sinusspir. vom Index 2 62, als Fusspunktcurve der gleichs. Hyperbel inbez. auf d. Mittelp. 64, als inverse Curve der gleichs. Hyperbel 65.

Lemoine'scher Punkt bei e. Dreieck 123.

Linearität. Bedingungen für d. Lin. e. n-dim. Raumes 307.

Liouville's Satz über zwei Scharen von ∞^1 geod. Linien 225

Meridiane einer Rotationsfläche 226.

Meusnier's Satz über die Normalkrümmung von Curven auf e. Fl. 196 (Ausnahmen siehe 223).

Minimalflächen. Sie sind Elassoide 250.

Mittelpunkt eines Kegelschnitts 42; als Pol der unendl. fern. Geraden, seine barycentr. Coord. 120. Mittelp. des einbeschr. Kreises e. Dreiecks (seine barycentr. Coord.) 116. Mittelp. auf e. Geraden e. Congruenz 262. Mittelp. e. Fläche 2. Grades 238.

Nabelpunkte e. Fläche 2. Grades 239.

Natürliche Gleichung bezw. Gleichungen (siehe unter Gleichung).

Nodoid 233.

Normale e. ebenen Curve 1. Die Normalen e. gewundenen Curve bilden die Normalebene 154. Normalen, mehrfache Normalen e. Curve in e. linearen n-dim. Raume 289.

d'Ocagne's Satz über die Krümm. des scheinb. Umrisses e. Fläche 224.

Orthocentrum eines Dreiecks (seine barycentr. Coord.) 116.

Orthogonalitätsbedingung für zwei Geraden (barycentrisch) 114, 115.

Orthogonalsysteme (zweifache) in der Ebene. Der gemischte Diff.-parameter der beiden Curvenscharen verschwindet 138. Notw. u. hinr. Beding. dafür, dass e. Orthog.-syst. isotherm ist. Ein solches zerlegt die Ebene in inf. Quadrate 146. Orthog.-syst. von Kreisen 149—150.

Orthogonalsysteme (dreifache) im Raume. Part. Diff.-gl. von Bonnet (Notw. u. hinr. Beding. dafür, dass e. Schar v. ∞^1 Flächen e. dreif. Orthog.-syst. angehört) 277. Jede Schar von Parallelflächen, jede Ebenen- u. jede Kugelschar gehört e. dreif. Orthog.-syst. an, ebenso jede einzelne Fläche 278. Theorem von Dupin 271.

Osculierende Curve aus einer Schar von ∞^{n-2} Curven 70.

Osculierender Kegelschnitt: Seine natürl. Gleich., seine Axen 73. Der Inhalt der oscul. Ellipse kann nicht const. bleiben (Satz von Gravé); wird er ein Minim. oder Maxim., so steigt die Berühr. mind. bis zur 5. Ordn. 76. Ort der Mittelpunkte der oscul. Kegelschnitte 77, 78.

Osculierender Kreis 70. Er ist der Krümmungskreis, durchsetzt im allg. die Curve u. hat mit ihr e. Berühr. 2. Ordn.; wird er ein Maxim. oder Minim., so steigt die Berühr. mind. bis zur 3. Ordn. 71.

Osculierende gleichseitige Hyperbel. Ihre natürl. Gleich. 73. Ort

der Mittelpunkte 79; bei e. Hypocycloide mit drei Spitzen ist er e. sternförm. Epicycloide mit denselb. Spitzen 80; Curven, bei denen der Ort e. Gerade ist 80.

Osculierende Parabel. Ihre natürl. Gleich 73. Ort der Brennpunkte; bei e. Hypocycloide mit drei Spitzen ist er e. Epicycloide mit denselb. Spitzen; Ort der Brennp. bei e. gleichs. Hyperbel 79. Enveloppe der Leitlinien; bei e. Hypocycloide mit drei Spitzen ist sie der Leitkreis 78; bei e. gleichs. Hyperbel e. Sinusspirale (vom Index $-\frac{2}{3}$) 79.

Ort der Pole der osculierenden Sinusspiralen vom Index n 80.

Osculierende Ebene e. gewundenen Curve 154. Sie wird im allg. von der Curve durchsetzt. Die Entf. e. Curvenpunktes von derselb. ist mind. v. 3. Ordn. 158.

Osculierende Ebene u. osculierender linearer Raum e. Curve in e. linearen vierdim. Raum 281.

Osculierende Kugel e. gewundenen Curve. Der Ort der Mittelp. ist die Rückkehrk. der Polardeveloppablen 179.

Parabel 41, 44. 49 ff., 118. Tangentenconstruction. Directix 49. Jeder Punkt der Par. ist gleichweit entf. vom Brennp. u. der Directr. 50. Die Fusspunktcurve inbez. auf den Brennp. ist d. Scheiteltang. 49, 64. Constr. des Krümm.-centr. 50. D. Parab. als Ribaucour'sche Curve (v. Index — 2) 57, als Rollcurve (bei Abwickel. d. Kreisevolvente auf e. Geraden erzeugt vom Mittelp. des Kreises) 85.

Paraboloid (hyperbolisches) 164. Leitebenen u. Haupterzeugende. Scheitel. Gleichseitiges Paraboloid 165.

Parallele Curven in der Ebene. Sie sind äquidistant, haben dieselben Krümm.-centra. Natürl. Gl. v. Parallelcurven 32, 33. Beding. dafür, dass e. Curvenschar aus Parallelcurven besteht 138.

Parallelen, geodätische, auf e. Fläche 211.

Parallelismus zweier Geraden 113, 116.

Parameter, isometrischer, e. Isothermenschar 139.

Pol e. Geraden u. Polare e. Punktes inbez. auf e. Kegelschnitt 119, 120. (Siehe auch Homologiepol u. trilinearer Pol).

Polardeveloppable e. gewund. Curve 172. Ihre Rückkehrkante ist d. Ort der Mittelp. der osc. Kugeln 179.

Poloiden auf e. Fläche 2. Grades 241.

Potenzcurve in der Ebene 132—135.

Pseudocatenarie 17. Sie ist die Evolute e. Pseudotractrix 36.

Pseudocycloiden 10—11. Jede Pseudocycl. ist ihren Evoluten gerad. Ordn. congr. 36.

Pseudotractricen 18.

Pseudosphäre 229. Natürl. Gleichungen ihrer Asympt.-linien 230.

Puiseux' Satz über circulare Schraubenlinien 180. Verallgemeinerung auf einen linear. Raum mit ungerader Dim.-zahl 297.

Quadratische Regelflächen 164. (Siehe auch Flächen 2. Grades).

Räume, dreidimensionale, 269 ff. Unterschied zwisch. krumm. u. linearen Räumen 280. Überräume 303 ff.

Rectificierende Developpable e. gewund. Curve 172. Bei ihrer Ausbreit. auf d. Ebene wird d. Curve e. Gerade 173.

Rectificierende Ebene e. gewund. Curve 154.

Regelflächen 162, 166 ff. Abwickelbare Regelfl. Rückkehrkante 166 u. 168, Cylinder 166. Windschiefe Regelfl. Centralpunkt. Strictionslinie. Verteilungsparameter. Chasles' Verteilungsgesetz der Tang.-ebenen längs e. Erzeugenden 167. Die Normalen längs e. Erzeug. bild. e. hyperb. Paraboloid 168. Regelfl. der Binormalen e. Curve const. Torsion 235; sie sind abwickelbar auf die Schraubenfl. mit Leitebene 236.

Ribaucour's Satz über die Evolute e. Weingarten'schen Fläche 245, über e. spec. Klasse von Weingarten'schen Fl. 248, über isotrope Congruenzen 268.

Ribaucour'sche Curven 54 ff. Natürl. Gleichung 59. Die Rib. Curv. v. Ind. $\dfrac{n-1}{n+3}$ 94. Invariante der Rib. Curven. Gleichung der Directrix 77.

Roberts' Folgerungen aus dem Satze von Joachimsthal über Flächen 2. Grades 242.

Rollcurven 81 ff. Basis 81. Normale d. Rollcurve 82. Constr. des Krümm.-centr. 83. Beisp. für Rollcurven mit geradliniger Basis: Curve, die vom Mittelp. des Leitkreises e. cycloidalen Linie erzeugt wird 84, vom Pol e. Sinusspirale 85, von e. Brennpunkt e. Kegelschnitts (Delaunay'sche Curve) 86, 87, von e. Punkte der Peripherie e. Kreises (Cycloide) 84. Die Gerade als Rollcurve: erzeugt vom Pol e. logar. Spirale, die auf e. Geraden rollt 86; vom Pol e. Sinusspirale vom Index n, die auf e. Ribaucour'schen Curve v. Ind. $2n-1$ rollt 86; von e. Punkt in der Ebene e. Kreises, der auf e. bestimmten Delaunay'schen Curve rollt 91. — Sätze von Steiner u. Habich (siehe unter diesen Namen).

Rotationsflächen 226 ff. Axe. Meridian. Parallelkreis 226. Satz von Clairaut über die geod. Linien. Asymptotenlinien e. Rot.-fl. 227. Rot.-fl., deren Meridiancurve e. Ribaucour'sche Curve v. Ind. n ist; ihre Asymptotenlinien treffen die Meridiane unter const. Winkel 228. Flächen, die auf Rot.-fl. abwickelbar sind 228.

Rückkehrkante (oder Rückkehrcurve) e. abwickelbaren Fläche (siehe auch unter abwickelb. Fl.). Sie ist d. Ort der Rückkehrpunkte der orthog. Traject. der Erzeugenden 175. Bestimmung der Rückkehrk., ausgehend von e. belieb. Curve der Fl. 174. Rückkehrkante der Polardevelopp. e. Curve; ihre Hauptnormalen sind denen der Curve parallel 179.

Rückkehrkreis beim Rollen e. Curve auf e. andern 94.

Rückkehrpunkt bei e. ebenen Curve 6.

Savary's Formel für Curven, die von e. in der Ebene e. rollenden Curve bewegl. Punkte erzeugt werden 92.

Scharen ebener Curven 136 ff., Sch. v. Parallelcurven 136. Isothermenscharen 139.

Scheitel e. Kegelschnitts 42, e. Fläche 2. Grades 238.

Schnitt e. Fläche mit d. Tangentialebene (reell in hyperbolischen, imaginär in ellipt. Punkten) 205. Satz von Beltrami: Die Krümm. jedes Zweiges d. Schnittes gleich $\frac{2}{3}$ der Krümm. der berühr. Asymptotenlinie 223.

Schraubenlinien, cylindrische. Das Verhältnis der beid. Krümm. ist const. 180. Bestimm. des gerad. Schnittes des Cylinders. Cyl. Sch., die einer Kugel angehören 183. Circulare Schraubenl. Satz von Puiseux über die Constanz ihrer Krümmungen 180, 181. Conische Schraubenl. 181. Cylindrisch-conische Schraubenl. 183; ihre Krümmungen sind dem Bogen proport. 184.

Schraubenfläche mit Leitebene 165. Sie ist das einz. Elassoid unter den Regelfl. (Satz von Catalan) 235 abwickelbar auf das Catenoid 236.

Schwerpunkte 97 ff. Analyt. Def. Eindeutigkeit des Schwerp. Schwerp. e. const. Massenverteil. längs e. Curvenbogens 97; Grenzlage, wenn der Curvenb. nach Null converg. 99. Schwerpunktlinien 99; allgemeinere Curven (lignes de poursuite) 100 u. Bestimm. der Schwerpunkte mit Hilfe e. solch. Curve 101. Bestimm. der Schwerpunkte e. Curve, zurückgef. auf die Best. fester Punkte in der Ebene e. andern Curve 105 f. Geometr. Constr. der Schwerp. 106. Kinematische Constr. 107. Schwerpunkte von Kreisbögen 102 u. 107, von Bögen e. logarithm. Spirale, e. Klothoide 103 u. 108, v. Curven, deren Krümm. prop. einer Potenz des Bogens ist 108.

Sinusspiralen 54 ff. Pol 54. Natürl. Gleich. 61. Invariante 77. Sie sind Laquière's Curven proportionaler Inflexion 63. Inflexionspunkte od. Rückkehrp. bei e. Sinusspirale 63. Auftreten von Asymptoten 64. Verschiedene Transformationen, die Sinusspiralen in Sinusspiralen verwandeln 64 ff.

Sphärische Abbildung e. Fläche 206.

Sphärische Curven 178. Notw. u. hinr. Beding. dafür, dass e. Curve sphärisch ist 179. Rückkehrkante der Developpablen, die die Kugel längs der Curve berührt 185. Sph. Curv. const. Torsion. Sph. Curv. mit const. Product der Krümmungen 185.

Sphärische dreidim. Räume 287. Relationen von Beltrami 288.

Spirale, logarithmische 14. Sie trifft die vom Pol ausgehenden Strahlen unter const. Winkel 26, gestattet alle Dilationen vom Pole aus 28. Sie ist mit ihren Evoluten congruent; die Evolute unendlich hoher Ordn. ist der Pol 36. Fusspunkttransform. u. Inversion vom Pol aus verwandeln die log. Sp. wieder in e. solche 64, 65. Log. Sp. als Sinusspir. vom Ind. Null 61.

Steiner's Theorem über Rollcurven 90.

Steiner'scher Krümmungsschwerpunkt 98. Curven, bei denen er mit den Krümm.-centra der Endp. des Bogens in gerader Linie ist 109 (vgl. auch 13). Constr. des Krümm.-schwerp. bei den Curven $\varrho = k s^n$ 110.

Stereographische Coordinaten in dreidim. sphär. Räumen 288.

Strictionslinie e. Regelfläche 167. Sie ist der Ort der Punkte, in denen die Krümm. der orthog. Traject. der Erzeug. null ist 226. Ist sie e. geod. Linie, so trifft sie die Erzeug. unter const. Winkel u. umgek. 170. Strictionsl. e. Fl. 2. Grades 240.

Sturm's Satz über Congruenzen 263.

Superosculation 70.

Symmetrische Dreieckscurven 129 ff.

Tangente e. ebenen Curve 1 u. 2, e. gewund. Curve 154.

Tangentialebene e. Fläche in einem Punkte 193, 270.

Tangentialraum e. dreidim. krummen Raumes 281.

Tractrix 8. Die Strecke, welche die Asymptote auf den Tang. abschneidet, ist constant 27. Evolute der Tractrix 35.

Trajectorien, isogonale, e. Curvenschar 147—149. Die Krümm.-centra in jedem Punkt gehör. e. Geraden an 149. Die isog. Traj. einer Schar gleicher Kreise mit d. Mittelpunkten auf e. Geraden sind d. Evolv. e. Kettenlinie 36.

Transformation vom Index ν 29.

Trilinearer Pol einer Geraden u. trilineare Polare e. Punktes inbez. auf e. Dreieck 117. Der tril. Pol durchläuft e. dem Dreieck umbeschr. Kegelschnitt, wenn die Polare sich um e. Punkt dreht u. umgekehrt 122.

Torsion e. gewund. Curve 155.

Geodätische Torsion e. Curve auf e. Fläche 194; Satz von Bonnet: Die geod. Tors. hängt nur ab von der Tang. (Sie ist bis aufs Vorz. gleich der absol. Tors. der berühr. geod. Linie) 196. Sie ist prop. zur Proj. der Richtungsänd. der Flächennorm. auf die Normaleb. der Curve 197.

Überräume 303 ff.

Umbeschriebener Kreis e. Dreiecks. Sein Homologiepol ist der Lemoine'sche Punkt des Dr. 123. Radius des umbeschr. Kreises 124.

Umbeschriebene gleichseitige Hyperbeln e. Dreiecks. Sie gehen alle durch das Orthocentrum 122.

Umbeschriebene Kegelschnitte e. Dreiecks. Sie ordnen sich paarw. zusammen derart, dass d. Ort d. trilin. Pole der Durchm. des einen der andere ist. Zuordnung zwischen d. Punkten der Ebene u. d. umbeschr. Kegelschn. 122.

Umriss, scheinbarer, e. Fläche: Satz von d'Ocagne über seine Krümmung 224.

Unbeweglichkeitsbedingungen (bei bewegl. Axensystemen) für Punkte und Geraden, bezogen auf Tangente u. Normale e. eb. Curve 22, für Punkte inbez. auf das Fundamentaltrieder e. gewund. Curve 157 (auch 195), für Punkte inbez. auf die Axensyst. der

Coord. e. krumml. Coord.-syst. in der Ebene 142, im Raume 272.

Unendlich ferne Gerade in d. Ebene. Ihre barycentr. Gleich. 112.

Unendlich ferner Punkt auf e. Geraden. Seine barycentr. Coord. 111.

Unduloid 233.

Verteilungsgesetz, Chasles'sches, der Tang.-ebenen e. Regelfl. 167.

Verteilungsparameter e. Regelfläche 167 Er ist gleich d. Rad. der geod. Torsion der Erzeug. längs der Strictionslinie 225. Mittlerer Verteilungsparameter e. Congruenz in der Umgeb. e. ihrer Geraden 262.

Weingarten'sche Flächen 243 ff. Satz von Halphen über die Krümm. der beid. Mäntel d. Evol. e. Weing. Fl. 244. Satz von Ribaucour über das Entsprechen der Asymptotenl. beider Evolutenmäntel e. Weing. Fl. 245, über das Entspr. der Krümm.-linien auf den beiden Evolutenmänteln Weing. Flächen mit const. Distanz der beiden Krümm.-centra (beide Mäntel sind Fl. const. neg. Krümm.) 248. Jeder Evolutenmantel e. Weing. Fl. enth. e. Schar geod. Parall. mit const. geod. Krümm. Er ist auf e. Rotationsfl. abwickelbar (Satz von Weingarten) 246. Jede auf e. Rotationsfl. abwickelb. Fl. ist e. Evolutenmantel e. Weing. Fl. (Satz von Weingarten) 247.

Wendepunkt (Inflexionspunkt) 6.